万水 CAE 技术丛书

FLAC/FLAC3D 基础与工程实例

（第二版）

陈育民　徐鼎平　编著

中国水利水电出版社
www.waterpub.com.cn

内 容 提 要

本书系统介绍FLAC/FLAC3D软件的操作方法、基本理论和工程应用。全书分为三大部分共24章，即入门篇（第1～8章）、专题篇（第9～14章）和应用篇（第15～24章）。入门篇的主要对象是软件的初学者，主要介绍软件的功能与特性、FLAC和FLAC3D的入门知识、前后处理的基本方法以及初始应力的生成方法等，通过这些章节的学习可以使初学者达到快速入门的目的。专题篇主要针对FLAC3D中的一些常用功能做较深入的探讨，包括接触面、结构单元、动力分析、流固耦合分析、自定义本构模型以及边坡安全系数求解等，通过这些专题章节的学习，读者可以了解特定问题的解决方法和基本思路。应用篇介绍了FLAC和FLAC3D在岩土工程领域中的应用实例，包括冰碛土边坡稳定性分析、阪神地震的液化大变形分析、抗液化排水桩的抗震分析、深基坑开挖分析、板桩码头的变形分析、盾构隧道开挖、群桩相互作用、软土冻胀变形、隧道上跨基坑变形分析等，这些实例囊括了所有专题章节的内容，具有较强的针对性和实用性，其中有些实例也是作者多年来的研究成果。另外，本书还对FLAC/FLAC3D软件学习过程中会遇到的一些常见问题、软件的错误提示做了总结，并对软件学习提出一些建议。

本书所附光盘提供了书中所有章节涉及到的命令文件和计算结果，光盘中的文件是按照章节进行整理的，读者可以方便地查阅各章中出现的命令文件。同时，光盘中还包含作者近几年来在河海大学、同济大学、东南大学等高校做的FLAC/FLAC3D应用交流的PPT文件，供读者参考。

本书可作为土木工程、水利工程、采矿工程等学科领域研究生课程教材，也可供有关工程技术人员参考。

图书在版编目（CIP）数据

FLAC/FLAC3D基础与工程实例 / 陈育民，徐鼎平编著
. -- 2版. -- 北京 : 中国水利水电出版社，2013.6（2023.12重印）
（万水CAE技术丛书）
ISBN 978-7-5170-0908-5

Ⅰ. ①F… Ⅱ. ①陈… ②徐… Ⅲ. ①土木工程－数值计算－应用软件 Ⅳ. ①TU17

中国版本图书馆CIP数据核字(2013)第110146号

策划编辑：杨元泓　　责任编辑：杨元泓　　封面设计：李　佳

书　　名	万水CAE技术丛书 FLAC/FLAC3D基础与工程实例（第二版）
作　　者	陈育民　徐鼎平　编著
出版发行	中国水利水电出版社 （北京市海淀区玉渊潭南路1号D座　100038） 网址：www.waterpub.com.cn E-mail：mchannel@263.net（答疑） sales@mwr.gov.cn 电话：（010）68545888（营销中心）、82562819（组稿）
经　　售	北京科水图书销售有限公司 电话：（010）68545874、63202643 全国各地新华书店和相关出版物销售网点
排　　版	北京万水电子信息有限公司
印　　刷	三河市鑫金马印装有限公司
规　　格	184mm×260mm　16开本　28.25印张　727千字
版　　次	2009年1月第1版　2009年1月第1次印刷 2013年6月第2版　2023年12月第5次印刷
印　　数	10001—12000册
定　　价	72.00元（赠1DVD）

凡购买我社图书，如有缺页、倒页、脱页的，本社营销中心负责调换

第二版序

数值分析已成为土木、水利、采矿等工程领域的专业技术人员和研究人员进行岩土工程问题分析的重要手段。随着计算机技术的发展，数值分析方法在岩土工程问题的分析和处理方面越来越显示出其非凡的能力和广阔的应用前景。FLAC/FLAC3D 是由 ITASCA 公司于 20 世纪 80 年代提出并程序化，是岩土连续介质的二维和三维专业分析软件，目前在国际上应用得非常普遍。自 20 世纪 90 年代初引进到国内以来，在众多领域的科学研究和工程分析中取得了广泛应用，并获得了丰硕的成果。

本书是一部介绍 FLAC/FLAC3D 软件的基础理论、分析方法及工程应用的著作，自 2009 年第一版发行以来，屡次印刷，获得了读者和广大软件爱好者的一致好评。本书在广泛征求读者意见的基础上，对第一版进行了大量的修订和补充，增加了很多新的应用经验和工程实例。第二版囊括了静力分析、流固耦合分析、非线性动力分析以及热力学分析等方面的内容，为软件用户的入门及提高提供了重要的参考资料。

本书的两位作者均为从事岩土工程研究的青年才俊，有着多年软件研究和应用的经验，本书是他们多年使用经验的总结。相信广大的 FLAC/FLAC3D 软件学习者，以及利用 FLAC/FLAC3D 从事岩土工程数值分析的技术人员和研究人员都将会从本书中受益。

周丰峻

中国工程院院士

2013 年 4 月

第一版序

FLAC 是国际通用的岩土工程专业分析软件，具有强大的计算功能和广泛的模拟能力，尤其在大变形问题的分析方面具有独特的优势。软件提供的针对岩土体和支护体系的各种本构模型和结构单元更突出了 FLAC 的“专业”特性，因此在国际岩土工程界非常流行。在国内，FLAC 的应用也日渐广泛，拥有越来越多的用户群，而相关学习材料还不够丰富，本书为广大的 FLAC 使用者提供了新的参考素材。

全书分为入门篇、专题篇和应用篇，分别针对 FLAC 和 FLAC3D 的基础知识、专题模块和工程应用做了系统介绍。站在初学者的立场讲解复杂的软件应用方法是本书的最大特色，书中不乏大量简单却具有说明性的小算例，用以描述烦琐的软件命令和计算功能，通过循序渐进的学习，使读者尽快掌握软件的使用方法和基本命令。同时，本书还提供了岩土工程中常见工程的应用范例，为读者进一步开展软件的应用实践提供参考。全书涉及静力分析、动力分析、接触分析、流固耦合分析、二次开发等众多领域，既考虑到初学者的入门需求，又对已具有一定基础的读者提供引导和建议，是 FLAC 和 FLAC3D 软件爱好者和使用者值得参考的图书。

作者之一陈育民是我以前指导的博士生，在河海大学学习期间，他勤奋好学，品学兼优，通过博士期间的学习，他在 FLAC 和 FLAC3D 软件应用方面积累了一定的实践经验，尤其擅长利用 FLAC 进行非线性动力分析、本构模型的二次开发和流固耦合问题的求解。该书是陈育民和徐鼎平等宝贵经验的总结，相信不管是初学者还是具有一定使用经验的用户，都将从本书中获益。

刘汉龙
长江学者奖励计划特聘教授
国家杰出青年科学基金获得者
2008 年 9 月于江南文枢苑

第二版前言

本书第一版自 2009 年 1 月在中国水利水电出版社出版以来，已经印刷三次，累积发行 8000 余册，获得了广大 FLAC/FLAC3D 程序爱好者的肯定，一些高校将本书作为研究生岩土数值分析课程的参考教材，让编者感到无比荣幸。近几年来，编者经常收到读者来信，反映本书第一版中存在的问题，有的读者还会详细指出书中某页某行出现的错误和疑问，这也让编者感到一定的压力，期待本书的第二版将会呈现出更完美的作品，回馈广大读者的厚爱和支持。

本书修订工作历时近两年，除了修订第一版中出现的错误外，同时补充了以下内容：

（1）在第 5 章 FLAC3D 的网格建模方法中增加了 5.1.3 节，介绍利用基本形状网格建立模型的流程，便于初学者更好地掌握网格划分的方法。

（2）在第 9 章接触面中增加了 9.7 节，对水下接触面的水压力设置问题进行了讨论，提出了水下接触面上设置水压力的方法，这一点有些读者在分析时未进行考虑。

（3）增加了第 21 章群桩负摩阻力特性分析，介绍了群桩分析的基本流程和方法。

（4）增加了第 22 章软弱土层的冻胀性能分析，介绍了热力耦合分析的基本流程和方法，弥补了第一版中热力学分析的空缺。

（5）增加了第 23 章基坑工程中既有下穿隧道隆起变形分析，介绍了复杂隧道和基坑工程模拟的基本流程和方法。

（6）在第 24 章常见问题及学习建议中，搜集了更多常见的程序错误和警告提示，为读者在应用过程中遇到的常见问题提供了更多的参考。

修订版增加的 3 章均为岩土工程专业博（硕）士论文的主要研究成果，既丰富了本书的应用领域，也提供了多个工程计算和理论研究工作的样板，以飨读者。修订版仍以 FLAC 5.0 和 FLAC3D 3.0 为基础编写，现在 FLAC 和 FLAC3D 均有更高版本的程序，从 FLAC3D 4.0 开始已经有丰富的图形化界面，使得程序更加易用，执行效率更高，但是分析过程中的基本方法、计算思路和分析技巧等基本一致，因此本书仍有参考价值。

编者从事 FLAC/FLAC3D 程序的应用和研究工作已近 10 年，结合多年的实践经验和与读者交流的经历，让编者感觉到 FLAC 和 FLAC3D 程序包含的内容博大精深，要想全部掌握每一个细节十分不易，也无必要。但是仍然建议读者在学习程序时花费一定的时间来掌握基本的命令和分析方法，包括网格建立、初始应力生成、后处理、模型检查技巧等内容。同时需要根据自己所分析的问题，对所涉及的主要方面有详细的了解，比如在分析岩土工程中常见的桩土相互作用问题时，需要掌握本书中的接触面、流固耦合分析，甚至结构单元等章节的内容。

修订版的章节安排及统稿工作由陈育民负责，第 1、2、4、14 及 15 章由徐鼎平执笔，第 3、6、8、10、11、12、13、16、18、19、24 章由陈育民执笔，第 5、7、21 章由陈育民和徐鼎平共同执笔，第 9 章由任连伟和陈育民共同执笔，第 17 章由赵楠执笔，第 20 章由寇晓强执笔，第 21 章由孔纲强执笔，第 22 章由朱道建执笔，第 23 章由李平执笔。

河海大学刘汉龙长江学者创新团队的高星、吴海清、陶惠、徐呈祥、周葛、王维国、薛珊珊、徐君、王睿等对修订版进行了校对工作，在此表示感谢。

最后，特别感谢中国工程院周丰峻院士在百忙之中为本书作序。限于时间和作者水平，书中有不少纰漏或错误，敬请广大读者提出建议和批评。

编 者

2013 年 4 月

第一版前言

数值模拟是一门艺术，其“艺术性”（或效果）的高低有赖于艺术家（分析人员）的专业素养、经验和理论水平。但是，我们也不能忽略工具的重要性。倘若我们对优秀工具视而不见，或许就得在细枝末节和琐碎小事上花费过多的精力和时间，无疑影响心情，约束创造力。

这里我们首先声明，我们并非数值模拟技术的迷信者，我们深知前期工作的重要性，因为模型的合理简化、参数的选取、本构关系的选择无不依赖于工程地质勘察和试验研究。因此，我们强调在翔实的前期工作的基础上进行研究，因为它们是数值模拟的基础，基础不稳，何来万丈高楼的拔地而起？

作为有一定模拟经验的 FLAC/FLAC3D 的使用者和爱好者，我们也要提醒后学者，要注意积累和学习工程问题的诊断经验，要注重专业知识和计算理论等基础知识的学习，切莫“以方法套工程”，本末倒置，一味扎进软件操作学习的泥潭中。因为以我们的经验，很多时候计算结果的不合理，在于使用者进行模拟时边界条件设置不正确和参数取值不合理，更深层次的原因则在于使用者的数理、力学知识不扎实和专业知识的匮乏。因此，数值模拟技术的学习，功夫应花在软件外，而非关注软件本身的操作学习上。

我们深知，岩土工程包罗万象，任何一个方向都值得我们皓首穷经、终其一生去研究，因此，在本书的内容安排上，我们不求面面俱到，只期望将我们学习 FLAC/FLAC3D 时的心得、经验以及以它们为工具在各自熟悉和有所涉猎的领域的研究成果与大家共享。

本书系统地介绍了 FLAC/FLAC3D 软件的操作方法、基本理论和工程应用，适合土木工程、水利工程、采矿工程等领域的工程技术人员学习和参考。全书分为三大部分共 21 章，即入门篇（第 1～7 章）、专题篇（第 8～14 章）和应用篇（第 15～20 章）。入门篇的主要对象是软件的初学者，主要介绍软件的功能与特性、FLAC 和 FLAC3D 的入门知识、前后处理的基本方法以及初始应力的生成方法等，通过这些章节的学习可以使初学者达到快速入门的目的。专题篇主要针对 FLAC3D 中的一些常用功能做较深入的探讨，包括接触面、结构单元、动力分析、流固耦合分析、自定义本构模型以及边坡安全系数求解等，通过这些专题章节的学习，读者可以了解特定问题的解决方法和基本思路。应用篇介绍 FLAC 和 FLAC3D 在岩土工程领域中的应用实例，包括冰渍土边坡稳定性分析、阪神地震的液化大变形分析、抗液化排水桩的抗震分析、深基坑开挖分析、板桩码头的变形分析、盾构隧道开挖的数值模拟等，这些实例囊括了所有专题章节的内容，具有较强的针对性和实用性，其中有些实例也是作者近年来的研究成果。另外，本书第 21 章还对 FLAC/FLAC3D 软件学习过程中会遇到的一些常见问题、软件的错误提示做了总结，并对软件学习提出了一些建议。

本书所附光盘提供了书中所有章节涉及到的命令文件和计算结果，光盘中的文件是按照章节进行整理的，读者可以方便地查阅各章中出现的命令文件。同时，光盘中还包含作者近几年来在河海大学、同济大学、东南大学、河南工业大学等高校做的 FLAC/FLAC3D 应用交流的 PPT 文件，供读者参考。

全书编写分工如下：全书章节安排及统稿由陈育民负责，第 1、2、4、14 及 15 章由徐鼎平执笔，第 3、6、8、9、11、12、13、16、18、19 章由陈育民执笔，第 5、7、21 章由陈育民和徐鼎平共同执笔，第 10 章由任连伟执笔，第 17 章由赵楠执笔，第 20 章由寇晓强执笔。需要强调的是，本书的成稿绝非一、二人之功，而是多人智慧的结晶。同济大学殷翼博士为第 18 章提供了实例素材和命令文件，煤炭科学研究总院北京开采设计研究分院高富强工程师为第 10 章提供了部分素材，北京海通途公司、上海市水务工程设计研究院为第 19 章提供了素材，中国矿业大学尤立明对第 13 章提出了修改意见，河海大学岩土所陈磊、张建伟、仉文岗、高有斌、李平、杨星等为本书的完成提供了大力支持和帮助，在此致以诚挚的谢意。

此外，Simwe 仿真论坛 FLAC/FLAC3D 版的众多网友，如清华大学戴荣博士、中科院武汉岩土力学研究所张波博士、ITASCA（武汉）咨询有限公司朱永生工程师、河海大学郑文棠博士、同济大学朱道建博士、北京城建集团宋成辉博士、浙江建筑科学研究院秦建设博士以及中南大学林杭博士等均在 FLAC/FLAC3D 数值模拟研究工作中做出了大量卓有成效的工作，丰富了本书的内容，在此一并予以感谢。

在本书的编写过程中，参与具体工作的还有张赛桥、张代全、李琦、万雷、王斌、江广顺、李强、吴志俊、杜长城、余松、郭敏、董茜、陈鲲、王晓、陈洪军、余伟炜、王呼佳、许志清、刘军华、夏惠军、姚新军。最后，特别感谢河海大学刘汉龙教授在百忙之中为本书作序。还要感谢中国水利水电出版社老师的辛苦努力，正是因为你们辛苦的付出，才是本书能在第一时间和读者见面。

由于时间仓促，作者水平有限，书中错误、纰漏之处在所难免，敬请广大读者批评指正。

作 者

2008 年 8 月

目　　录

1

FLAC、FLAC3D 的功能与特性

自 R.W. Clough 1965 年首次将有限元引入土石坝的稳定性分析以来，数值模拟技术在岩土工程领域获得了巨大的进步，并成功解决了许多重大工程问题。特别是个人电脑的出现及其计算性能的不断提高，使得分析人员在室内进行岩土工程数值模拟成为可能，也使得数值模拟技术逐渐成为岩土工程研究和设计的主流方法之一。

数值模拟技术的优势在于有效延伸和扩展了分析人员的认知范围，为分析人员洞悉岩体、土体内部的破坏机理提供了强有力的可视化手段。因此，优秀的岩土工程数值模拟软件须在专业性、可视化及信息输出等方面做到相对完备，方能使分析人员专注于工程实际问题的研究、分析和解决。FLAC 系列软件的出现，为岩土工程研究工作者提供了一款功能强大的数值模拟工具。

本章重点：

- ✓ FLAC/FLAC3D 的主要特点
- ✓ FLAC/FLAC3D 的不足之处

1.1 FLAC/FLAC3D 简介

FLAC（Fast Lagrangian Analysis of Continua）是由 Itasca 公司研发推出的连续介质力学分析软件，是该公司旗下最知名的软件系统之一。FLAC 目前已在全球七十多个国家得到广泛应用，在国际土木工程（尤其是岩土工程）学术界和工业界享有盛誉。

FLAC 有二维和三维计算软件两个版本，即 FLAC2D（1984）和 FLAC3D（1994）。这里进行一下说明，本书在阐述软件系列时，以 FLAC 统一称谓 FLAC2D 和 FLAC3D；分述 FLAC2D 和 FLAC3D 时，FLAC 仅指代 FLAC2D。FLAC V3.0 以前的版本为 DOS 版本，V2.5 版本仅仅能够使用计算机的基本内存（64KB），因而求解的最大结点数仅限于 2000 个以内。1995 年，FLAC 升级为 V3.3 的版本，由于能够扩展内存，因此大大增加了计算规模。FLAC 目前已发展到 V7.0 版本。FLAC3D 作为 FLAC 的扩展程序，不仅包括了 FLAC 的所有功能，并且在其基础上进行了进一步开发，使之能够模拟计算三维岩体、土体及其他介质中工程结构的受力与变形形态。FLAC3D 目前已发展到 V5.0 版本。

1.2　FLAC/FLAC3D 的主要特点

FLAC/FLAC3D 界面简洁明了，特点鲜明，其使用特征和计算特征在众多数值模拟软件中别具一格。

1.2.1　FLAC/FLAC3D 的使用特征

FLAC/FLAC3D 的使用特征主要表现为：

1. 命令驱动模式

FLAC/FLAC3D 有两种输入模式：①人机交互模式，即从键盘输入各种命令控制软件的运行；②命令驱动模式，即写成命令流文件，由文件来控制软件的运行。其中，命令驱动模式为 FLAC/FLAC3D 的主要输入模式，尽管这种驱动方式对于简单问题的分析过于繁杂，对软件初学者而言相对较困难，但对于那些从事大型复杂工程问题分析而言，因涉及多次参数修改、命令调试，这种方式无疑是最有效、最经济的（当然，由于二维建模相对简单，照顾不少用户的使用习惯，在 FLAC 中也可以采用界面操作模式即 GIIC 模式进行分析计算）。

2. 专一性

FLAC/FLAC3D 专为岩土工程力学分析开发，内置丰富的弹、塑性材料本构模型（其中 FLAC 内置 11 个，FLAC3D 内置 12 个），有静力、动力、蠕变、渗流、温度 5 种计算模式，各种模式间可以相互耦合，以模拟各种复杂的工程力学行为。

FLAC/FLAC3D 可以模拟多种结构形式，如岩体、土体或其他材料实体：梁、锚元、桩、壳以及人工结构，如支护、衬砌、锚索、岩栓、土工织物、摩擦桩、板桩等。通过设置界面单元，可以模拟节理、断层或虚拟的物理边界等。

借助其强大的绘图功能，用户能绘制各种图形和表格。用户可以通过绘制计算时步函数关系曲线来分析、判断体系何时达到平衡与破坏状态，并在瞬态计算或动态计算中进行量化监控，从而通过图形直观地进行各种分析。

3. 开放性

FLAC/FLAC3D 几乎是一个全开放的系统，为用户提供了广阔的研究平台。通过其独特的命令驱动模式，用户几乎参与了从网格模型的建立、边界条件的设置、参数的调试到计算结果输出等的全部求解过程，自然能更深刻理解分析的实现过程。

利用其内置程序语言 FISH，用户可以定义新的变量或函数，以适应特殊分析的需要。例如，利用 FISH，用户可以设计自己的材料本构模型；用户可以在数值试验中进行伺服控制；可以指定特殊的边界条件；自动进行参数分析；可以获得计算过程中节点、单元的参数，如坐标、位移、速度、材料参数、应力、应变和不平衡力等。

此外，用户还可以利用 C++程序语言自定义新的本构模型，编译成 DLL（动态链接库），在需要时载入 FLAC/FLAC3D，且运行速度与内置模型相差不大；用户也可以利用有限元软件或其他专业建模工具建立复杂三维模型，导入 FLAC3D，以弥补在建立三维复杂模型等方面的不足。

1.2.2　FLAC/FLAC3D 的计算特征

作为有限差分软件，相对于其他有限元软件，在算法上，FLAC/FLAC3D 有以下几个优点：

- 采用“混合离散法”（Marti and Cundall，1982）来模拟材料的塑性破坏和塑性流动。这种方法比有限元法中通常采用的“离散集成法”更为准确、合理。
- 即使模拟静态系统，也采用动态运动方程进行求解，这使得 FLAC/FLAC3D 模拟物理上的不稳定过程不存在数值上的障碍。
- 采用显式差分法求解微分方程。对显式法来说，非线性本构关系与线性本构关系并无算法上的差别，根据已知应变增量，可以很方便地求得应力增量、不平衡力并跟踪系统的演化过程。此外，由于显式法不形成刚度矩阵，每一时步计算所需内存很小，因而使用较少的内存就可以模拟大量的单元，特别适于在微机上操作。在大变形问题的求解过程中，由于每一时步变形很小，因此可采用小变形本构关系，将各时步的变形叠加，得到大变形。这就避免了推导并应用大变形本构关系时所遇到的麻烦，也使得它的求解过程与小变形问题一样。

1.2.3 FLAC/FLAC3D 的求解流程

采用 FLAC/FLAC3D 进行数值模拟时，有三个基本部分必须指定，即：有限差分网格；本构关系和材料特性；边界和初始条件。

网格用来定义分析模型的几何形状；本构关系和与之对应的材料特性用来表征模型在外力作用下的力学响应特性；边界和初始条件用来定义模型的初始状态（即边界条件发生变化或者受到扰动之前，模型所处的状态）。

在定义完这些条件之后，即可进行求解获得模型的初始状态；接着，执行开挖或变更其他模拟条件，进而求解获得模型对模拟条件变更后作出的响应。图 1-1 给出的是 FLAC/FLAC3D 的一般求解流程。

对于多单元模型复杂问题，如动力分析、多场耦合分析等的模拟，可以按这一求解流程，先采用简单模型（单元数较少的模型）观察类似模拟条件下的响应，接着再进行复杂问题的模拟以使之更有效率。

1.3 FLAC/FLAC3D 的应用范围

尽管最初开发 FLAC 是用于岩土工程和采矿工程的力学分析，但由于该软件具有很强的解决复杂力学问题的能力，因此，FLAC 及其扩展软件 FLAC3D 的应用范围现已拓展到土木建筑、交通、水利、地质、核废料处理、石油及环境工程等领域，成为这些专业领域进行分析和设计不可或缺的工具。其研究范围主要集中在以下几个方面：

- 岩体、土体的渐进破坏和崩塌现象的研究；
- 岩体中断层结构的影响和加固系统（如喷锚支护、喷射混凝土等）的模拟研究；
- 岩体、土体材料固结过程的模拟研究；
- 岩体、土体材料流变现象的研究；
- 高放射性废料的地下存储效果的研究分析；
- 岩体、土体材料的变形局部化剪切带的演化模拟研究；
- 岩体、土体的动力稳定性分析、土与结构的相互作用分析以及液化现象的研究等。

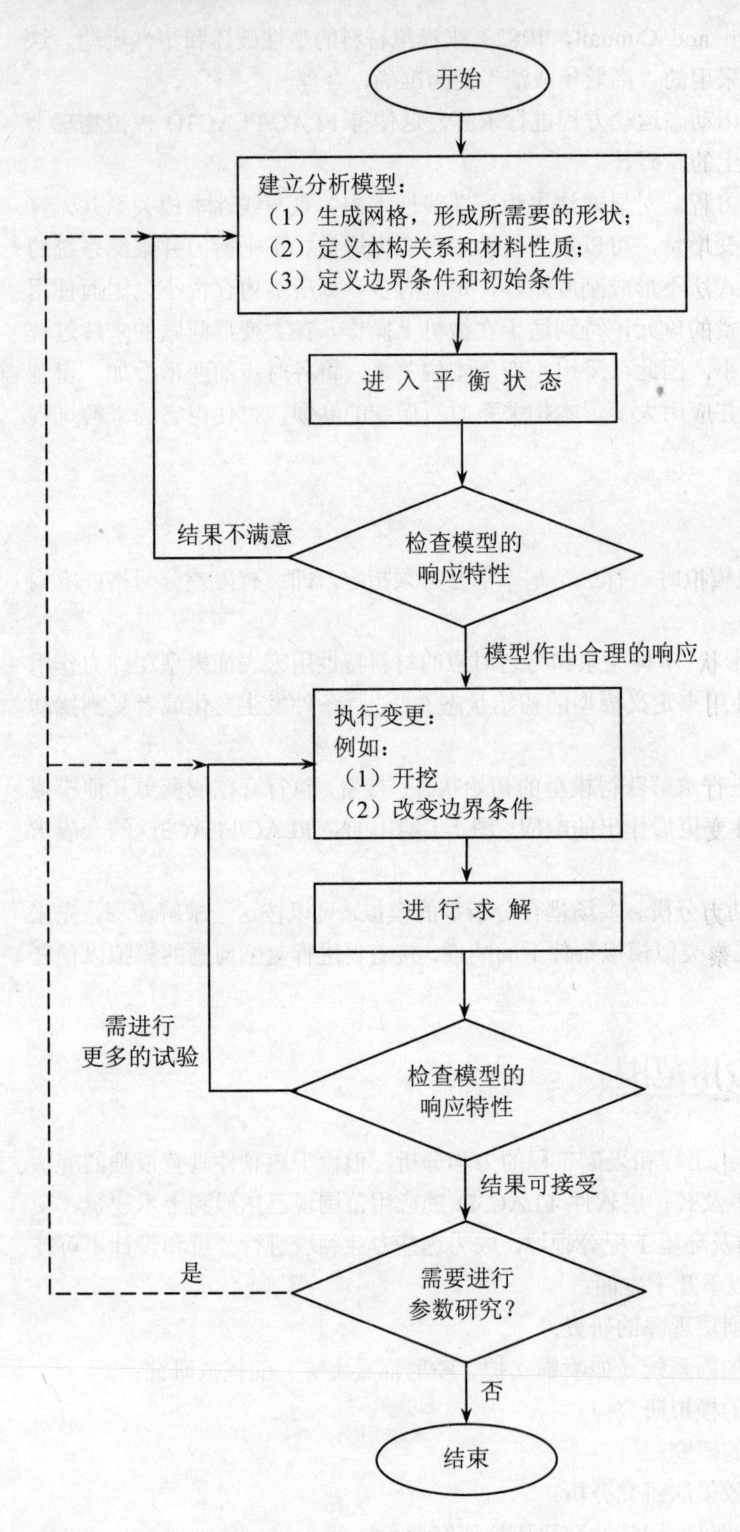

图 1-1 FLAC/FLAC3D 的一般求解流程

1.4　FLAC/FLAC3D 的不足

毋庸置疑，FLAC/FLAC3D 是十分优秀的岩土工程数值模拟软件，其实用性和专业性得到了广泛证实。但不可否认，FLAC/FLAC3D 尤其是 FLAC3D 也存在着诸多不足，主要集中在以下几个方面：

- 求解时间受网格尺寸的影响很大。

对于一般的弹塑性问题，FLAC 的求解时间大致与 $N^{3/2}$（N 为单元数目）成正比，FLAC3D 求解时间大致与 $N^{4/3}$ 成正比。由此可以看出，FLAC/FLAC3D 对网格尺寸十分敏感，同一模型采用不同尺寸的网格单元可能导致求解时间相差数倍之巨。

- 某些模式下的计算求解时间很长。

由于很多物理过程（如固结过程、长期动力影响、材料流变等）与时间相关，模拟时必须考虑时间效应。对于这些物理过程的时间效应，FLAC/FLAC3D 均采用真实时间予以考虑，因而造成求解时间很长，在有些情况下计算时间甚至是无法令人接受的。

- 前处理功能较弱。

FLAC3D 对于复杂三维模型的建立仍然十分困难。尽管 FLAC3D 软件为用户提供了 12 种初始单元模型，通过连接、组合匹配这些初始单元模型可方便快捷地建立规则的三维工程地质体模型；同时，也可通过内置语言 FISH，编写命令来调整、构建特殊的计算模型，使之更符合工程实际。但是，由于 FLAC3D 在建立计算模型时采用的是键入数据/命令行文件的方式，加上 FISH 语言独特的源代码表达方式，直接扼杀了一般工程技术人员运用 FLAC3D 进行工程分析的想法。即使对于有相当数值模拟经验和能力的分析人员来说，建立较复杂的地质体模型，如地形起伏大的峡谷区地质模型，也是一件费时费力的苦差。这也是造成 FLAC3D 三维模拟计算周期长、难度大，制约其进一步推广应用的主要原因之一（胡斌，张倬元等，2002；廖秋林，曾钱帮等，2005）。

尽管如此，FLAC/FLAC3D 的不足之处还是可以采取一定办法予以克服的。其计算时步受网格尺寸影响较大和某些模式下计算时间过长的问题，由于涉及到软件内核即算法和计算效率的问题，需从算法和计算机性能上予以改进（戴荣，李仲奎等，2006），普通用户是难以解决的。但随着算法的不断改进和完善，以及高性能计算机的普及，这些不足之处有望得到改善。至于 FLAC3D 前处理较弱的问题，普通用户即使在现有条件下也完全可以通过借助其他软件予以弥补和完善，对于这部分内容本书将单独成章予以详述。

2 FLAC3D 快速入门

FLAC3D 的命令驱动模式，使得初学者需花费较长的时间入门。本章将对 FLAC3D 进行粗略的浏览；以一个简单示例，介绍 FLAC3D 分析的基本求解过程，并对收敛标准以及求解过程中的一些基本变量予以说明，以便初学者在采用 FLAC3D 进行分析时有个大致的了解，更方便快速地入门。

本章重点：

✓ FLAC3D 分析的基本组成部分
✓ FLAC3D 的常用命令
✓ FLAC3D 的结果输出
✓ 简单示例
✓ 常用收敛标准
✓ 求解过程中有关变量的解释

2.1 初识 FLAC3D

FLAC3D 界面简洁，功能选项少，很多初学者难以适应。这里将从 FLAC3D 的图形界面、分析基本组成部分、常用命令、文件类型以及结果输出等方面对其进行简单介绍。

2.1.1 图形界面

执行【开始】|【所有程序】|【Itasca】|【FLAC3D】|【FLAC3D 3.0】，可以开启 FLAC3D 程序，进入如图 2-1 所示的图形界面。FLAC3D 的图形界面主要包括以下几个部分：

1. 标题栏

标题栏显示当前版本信息。

2. 菜单栏

菜单栏分为两种情况，即初始菜单模式和当前菜单模式。

初始菜单模式包括：File 菜单、Display 菜单、Options 菜单、Plot 菜单、Window 菜单和 Help 菜单。File 菜单提供文件的保存、读入、图形输出等功能；Display 菜单提供计算模型的单元、节点、本构模型等信息的输出功能；Options 菜单提供 log 文件、变形网格、图片输出等的设置选项；Plot 菜单用于当前计算模型显示的切换；Help 帮助菜单则提供较详细的版本信息。

当前菜单模式包括：File 菜单、Edit 菜单、Settings 菜单、Plotitems 菜单和 Window 菜单。File 菜单提供当前计算结果图形的格式设置和输出等功能；Edit 菜单提供当前模型的切片、放大等功能；Settings 菜单提供图形前景、背景等的设置选项；Plotitems 菜单提供当前计算模型显示的设置选项；Window 菜单则用于初始命令窗口和当前命令窗口的切换。

3. 命令窗口

用户在命令输入栏中输入的所有命令都会在命令窗口中记录并显示出来。当用户发现命令输入错误时，可以通过输入正确语句覆盖先前语句予以修改。少数界面操作也会在命令窗口中记录 FLAC3D 自身的命令语句格式。

4. 图形区域（绘图区）

图形区域显示当前状态下的网格、边界、后处理等信息，窗口左侧包含绘图内容的图例、说明。在命令输入栏中输入相关命令，可实现图形的缩放、平移、旋转，以及单元和节点编号的显示等操作。

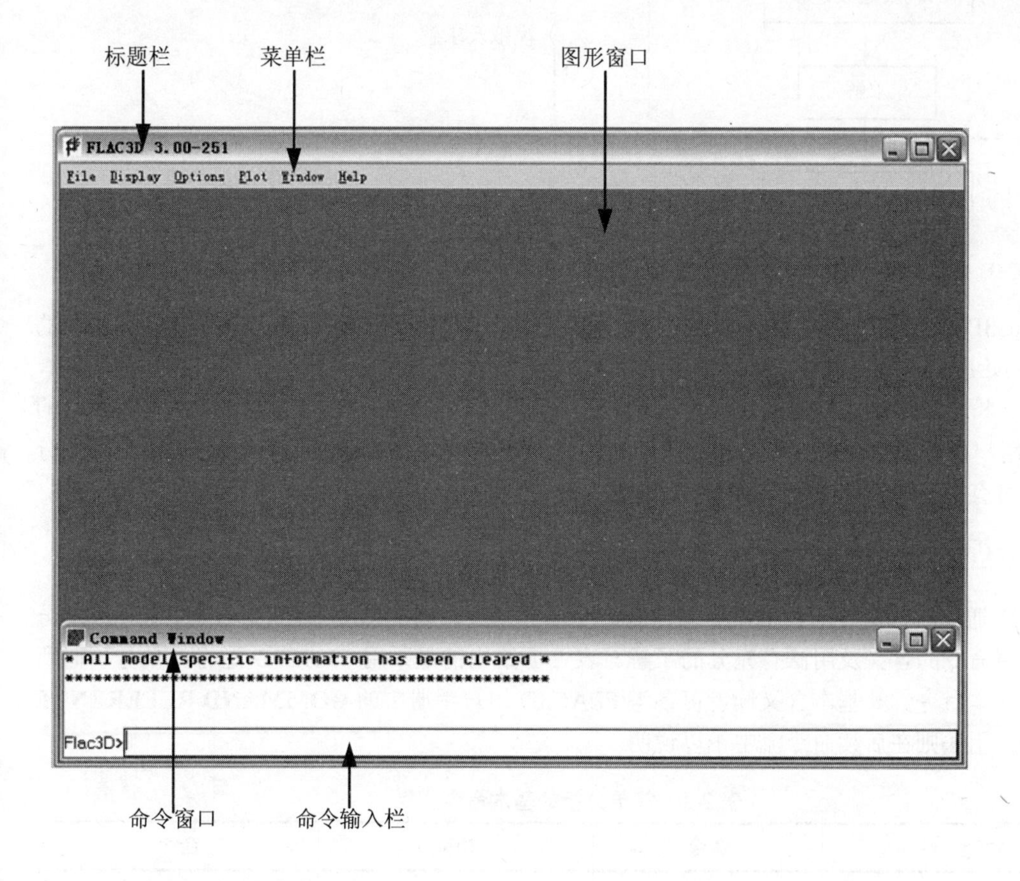

图 2-1　FLAC3D 的图形界面

2.1.2　分析的基本组成部分

第 1 章图 1-1 已给出了 FLAC3D 的一般求解流程，若从模拟命令执行的角度来说，可以归纳为三大基本组成部分如图 2-2 所示，即建立分析模型、模拟求解部分和输出计算结果部分。建立分析模型部分包括生成网格单元、设置初始条件和边界条件以及初始应力平衡等部分；模拟求解部分包括加载及场方程的有限差分求解；输出计算结果部分主要为图表的绘制、相关数据的输出等。

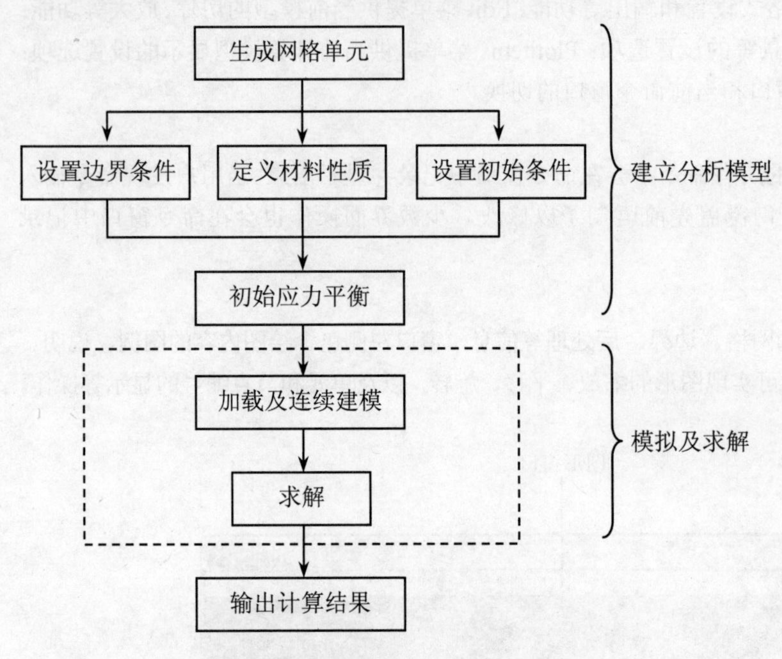

图 2-2　FLAC3D 分析的基本组成部分

在 FLAC3D 的建立分析模型部分，材料性质的定义、初始条件和边界条件的设置并无明显的先后顺序。初始应力平衡是分析中十分重要的一个环节，后续章节将会具体阐述，但并非为必需项，需根据实际分析对象所处的情况而定。至于用虚框框定的加载及连续建模和求解环节，具有较大的灵活性，需用户根据模拟的目的设定相应的加载顺序和收敛标准。在输出计算结果时，用户根据分析的需要，可有选择地选定绘图项和信息输出项。

2.1.3　简单分析命令概要

FLAC3D 通过软件内置的关键命令来控制命令流的运行，因此初步学习 FLAC3D 时，需对分析中一些常用命令的含义及用法有充分的了解。表 2-1 给出的是采用 FLAC3D 进行简单分析时所需要的一些基本命令，其基本含义读者可参考 FLAC3D 用户手册中的 **COMMAND REFERENCE** 部分，其具体用法则在后续命令流中予以说明。

表 2-1　简单分析的基本命令

功能	命令	功能	命令
清除、调用命令文件	New Call	初始平衡及计算求解	Step Solve Set mech Set gravity

续表

功能	命令	功能	命令
生成网格	Generate Impgrid Expgrid	执行变更	Model Property Apply Fix
定义材料本构关系和性质	Model Property	计算结果保存及调用	Save Restore
定义边界、初始条件	Apply Fix Initial	图形绘制及结果输出	Plot Hist

2.1.4 文件类型

FLAC3D 在调用、保存以及输出文件时，常用到以下几种类型的文件，下面分别对其进行介绍。

1. “.dat”文件、“.txt” 文件

FLAC3D 的命令文件一般默认保存为.dat 格式，可以采用记事本、UltraEdit 等工具打开、编辑和修改。FLAC3D 对命令文件格式要求不高，命令文件即使存为.txt 格式，也可通过 File 菜单中的 Call 选项调用并执行，如图 2-3（a）所示。

2. “.fis”文件

fis 文件是 FLAC3D 中二次开发语言的文件格式，可以用记事本、UltraEdit 等工具打开并进行编辑和修改；同样，它也可通过 File 菜单中的 Call 选项调用并执行。

3. “.tmp”文件

FLAC3D 计算过程中，会在目标文件夹内生成后缀为.tmp 的文件，这些是程序自动生成的一些临时文件，计算结束时，即自动消失，用户可以不必理会。

4. “.sav” 文件

每个计算阶段完成后，需要保存该阶段的计算成果，这时就可以保存为.sav 文件。在.sav 文件中，保存了计算的结果、绘制的图形等信息。此种类型的文件只能以下两种方式调用：

- 由 File 菜单中的 Restore 选项调用，如图 2-3（b）所示。
- 通过命令文件中的 **Restore** 命令调用。

5. “.log”文件

在计算过程中，设置日志文件（命令：**set log on**）来监测计算过程时，会在计算过程中生成后缀名为.log 的文件。该文件记录了计算过程中程序的每一步执行过程。在计算和操作结束后，可以使用记事本、UltraEdit 等工具打开，选用合适的信息供分析之用。

6. “.flac3d”文件

FLAC3D V3.00-238 以后的版本中增加了网格数据导入、导出的命令：**Impgrid** 和 **Expgrid**，与之匹配的文件类型是后缀名为.flac3d 的文件类型，该文件主要包含计算模型的网格单元点（GRIDPOINT）、单元（ZONE）和组（GROUP）的信息。可以使用记事本、UltraEdit 等工具打开并查看、编辑和修改。此种类型的文件只能以下通过两种方式调用：

- 由 File 菜单中的 **Import Grid** 选项调用，如图 2-3（c）所示。
- 通过命令文件中的 **Impgrid** 命令调用。

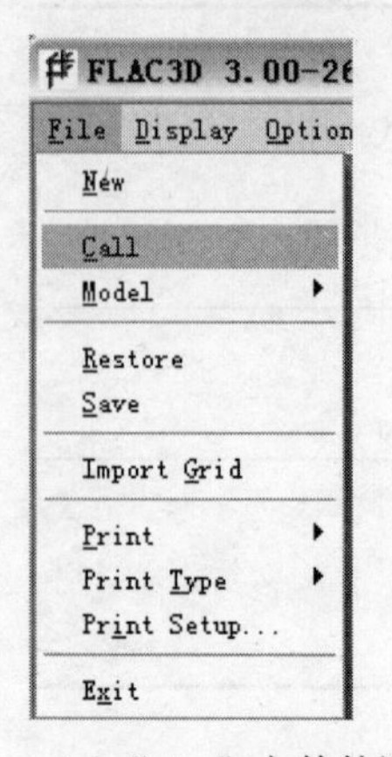

（a）“.dat”文件的调用

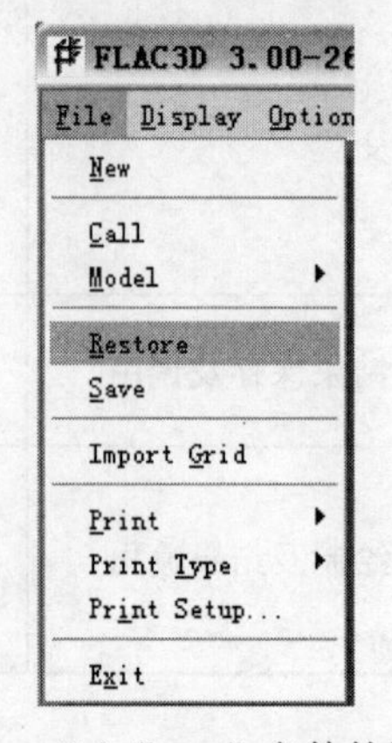

（b）“.sav”文件的调用

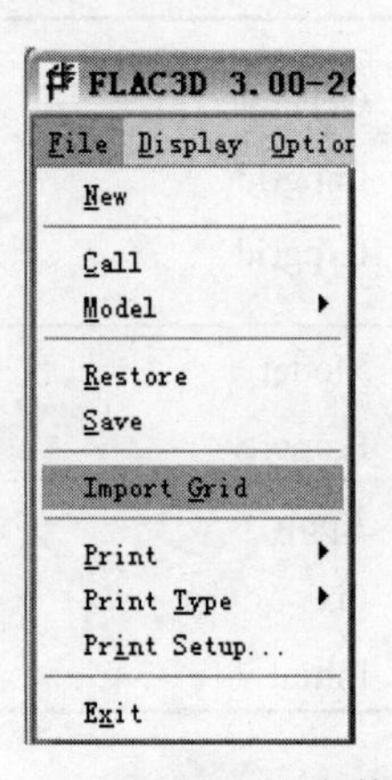

（c）“.flac3d”文件的调用

图 2-3　FLAC3D 中几种常见文件类型的调用

可以发现，FLAC3D 中用到的文件格式主要包括两种。一种是文本格式的文件，包括.dat 文件、.txt 文件、.fis 文件、.log 文件、.flac3d 文件等；另一种是 FLAC3D 计算结果保存的文件（.sav 文件）。文本格式的文件都可以使用记事本、UltraEdit 等工具打开，不同的后缀名只是为了便于用户区分各种文本文件的用途。而保存的文件只能用 FLAC3D 程序 Restore 命令读入，用记事板等程序是无法打开的。

2.1.5 结果输出

数值模拟的最终目的是为了进行工程分析，而计算结果中所记录和包含的信息是进行分析的依据。这里简略介绍计算结果中图片和记录的输出。

1. 图片输出

计算结果中的图片输出可以按下述步骤依次进行：

步骤 1　通过 File 菜单中的 Print Type 选项设置输出图片格式，如图 2-4 所示。

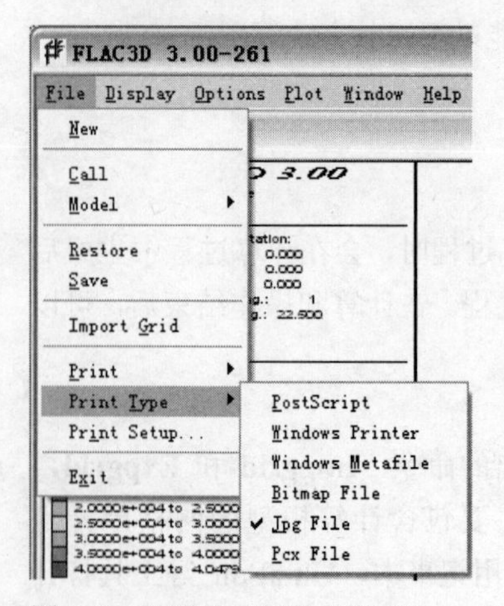

图 2-4　设置输出图片的格式

步骤 2　通过 File 菜单中的 Print Setup 选项设置输出图片的大小和质量（如图 2-5 所示），图中空格中的数字可以根据用户的需要进行更改。

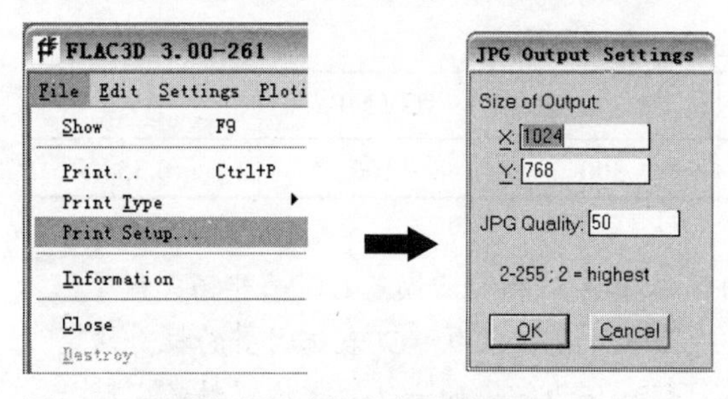

图 2-5　设置输出图片的大小和质量

步骤 3　通过 File 菜单中的 Print 选项输出图片并保存，图片保存的路径可以根据用户的需要进行更改，如图 2-6 所示。

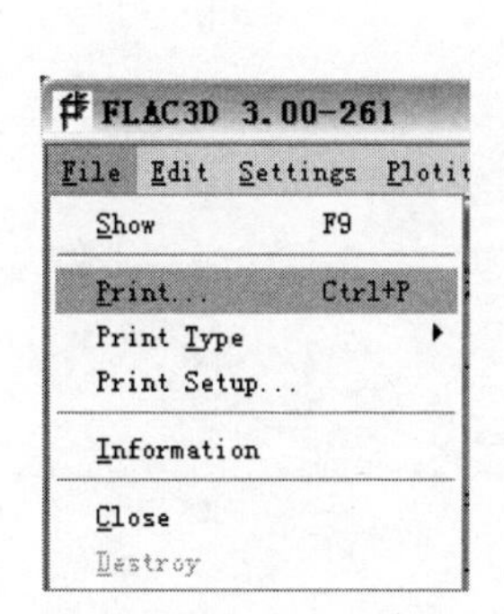

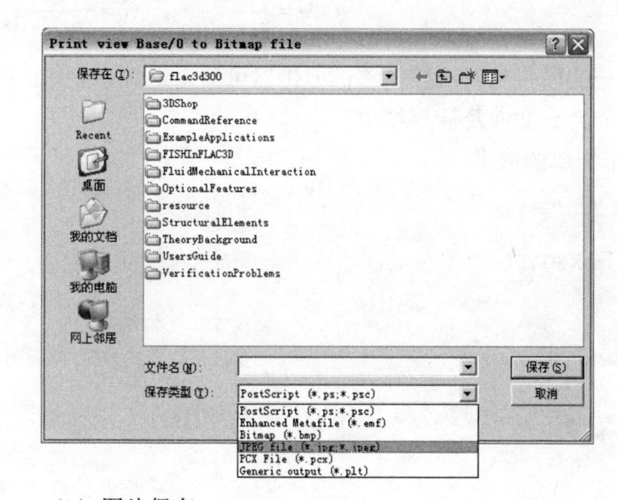

（a）图片输出　　（b）图片保存

图 2-6　图片的输出及保存

2. 记录结果输出

对于计算过程中某些变量的变化（历时记录），可以在命令文件中使用 **HIST** 命令进行记录和输出，命令组合如下：

```
hist <id nh>  <nstep=n> keyword…x y z
或
hist <id nh>  <nstep=n> keyword…id=n
……
solve
hist write nhist1 <nhist2…nhistn> <keyword…>
```

历时记录输出文件可以用记事本、UltraEdit 等工具打开、编辑。

2.2　简单示例

下面以一个简单的例子（例 2.1）说明 FLAC3D 的基本分析过程。该分析的目的主要是为了观察一周边（除上表面外）受约束的弹性材料，在上表面中部受均布荷载时所表现出来的力学响应特性。表 2-2 所列的是分析所采用模型的尺寸、密度和变形参数。

表 2-2 模型尺寸、密度及变形参数

尺寸($x \times y \times z$)/ m	单元数量/ 个	ρ / kg·m^{-3}	K / MPa	G / MPa	ν
3×3×3	3×3×3	2000	300	100	0.35

注意

在 FLAC3D 中，使用的变形参数为体积模量 K 和剪切模量 G，而非杨氏模量 E 及泊松比 ν，这是因为 K 表征材料的抗体积变形能力，G 表征材料的抗剪切变形能力，比 E 和 ν 更适合用来描述对静水压力敏感的岩体、土体材料的变形行为。不过实际应用中，通常提供的变形参数是 E 和 ν，需予以转换。一般而言，K 和 G 与 E 及 ν 之间的弹性转换关系如下：

$$K=\frac{E}{3(1-2\nu)}, \quad G=\frac{E}{2(1+\nu)}$$

虽然这一问题的模拟相对比较简单，但仍然可清晰地观察到 FLAC3D 的基本分析过程，以下是模拟这一问题的命令文件及计算结果。

例 2.1 一个简单的例子

```
new                                           ;开始一个新的分析
;生成网格
gen zone brick size 3 3 3                     ;生成块体网格
;定义材料性质
model elas                                    ;设置弹性本构模型
prop bulk 3e8 shear 1e8                       ;设置材料力学参数
;设置初始条件
ini dens 2000                                 ;初始化密度
;设置边界条件
fix z ran z -0.1 0.1                          ;固定模型底部边界的 z 方向速度
fix x ran x -0.1 0.1                          ;固定模型边界 x=0 面所有点的 x 方向速度
fix x ran x 2.9 3.1                           ;固定模型边界 x=3 面所有点的 x 方向速度
fix y ran y -0.1 0.1                          ;固定模型边界 y=0 面所有点的 y 方向速度
fix y ran y 2.9 3.1                           ;固定模型边界 y=3 面所有点的 y 方向速度
;生成初始应力
set grav 0 0 -10                              ;设置重力加速度
solve                                         ;求解（按默认精度）
;施加外荷载
app nstress -10e4 ran z 3 x 1 2 y 1 2         ;施加法向应力
solve                                         ;求解（按默认精度）
;输出计算结果
plo con zdisp outline on shade on             ;绘制模型 z 向位移（网格、阴影同时显示）
```

计算结束后，在当前菜单模式的 File 菜单中选择 Settings 选项，将背景（Background）设为白色，设置过程如图 2-7 所示，按顺序分别按 3 次 z 键、3 次 x 键、1 次↑键（向上方向键）、2 次 Shift+M 键，使模型缩小并显示在绘图区域的中间，得到的模型 z 向位移云图如图 2-8 所示。

这里提到的几个按键操作是 FLAC3D 图形输出界面上常用的操作，主要包括：

x（y 或 z）：将模型绕着 x 轴进行顺时针转动。

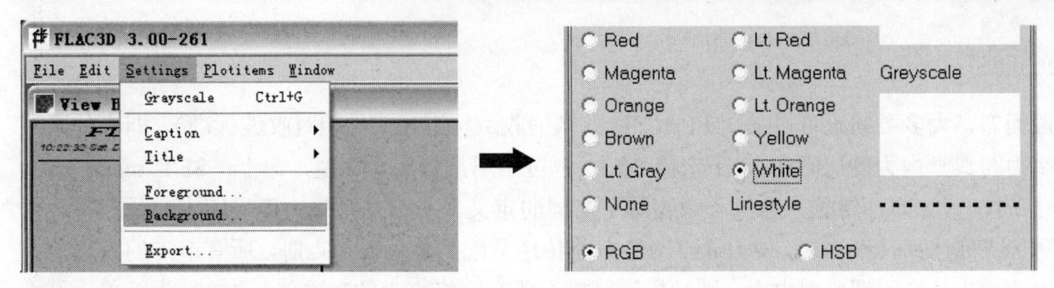

图 2-7　图形背景颜色的设置

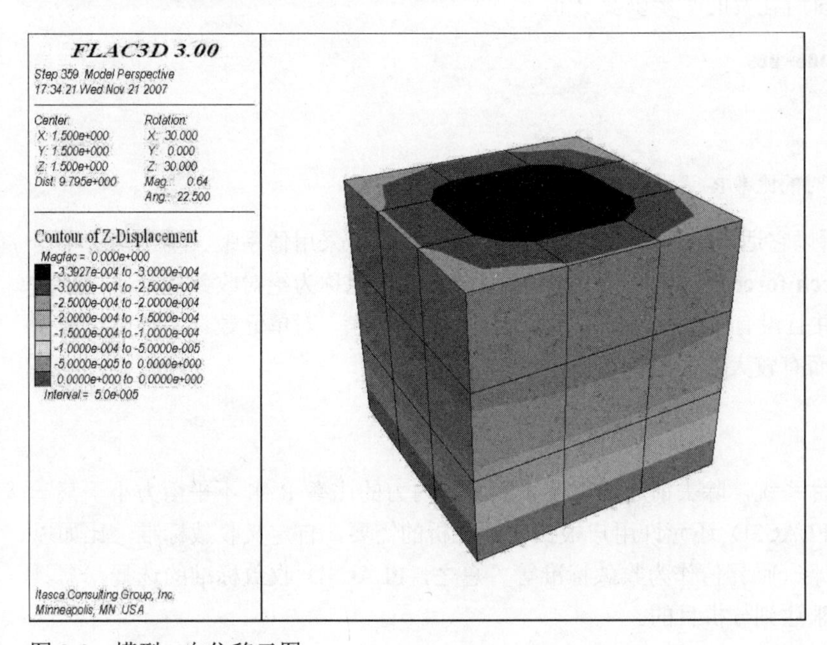

图 2-8　模型 z 向位移云图

X（Y 或 Z）：将模型绕着 x 轴进行逆时针转动，也可以用 Shift+x（y 或 z）来实现。

m：将模型进行放大，反之 M（Shift+m）将模型缩小。

↑（↓或←或→）：将模型向上（向下、向左、向右）移动。

Ctrl+r：将模型归为最初的状态。

Ctrl+z：对模型的部分进行框选放大，单键鼠标左键设定选择范围，可以放大模型的局部。

Ctrl+c：调出模型视角对话框。

Ctrl+g：将彩色模型视图设置为灰度显示。

Ctrl+l（L）：设置剖面视图的位置。

在模型上双击鼠标左键：可以提取鼠标当前位置单元的信息。

2.3　收敛标准

在数值分析中，收敛标准是一个十分重要的概念，它直接控制计算求解的时间以及精度。所谓收敛标准，是指数值计算求解过程终止的判定条件。在 FLAC3D 中，须由用户自己确定收敛标准。

2.3.1 常用收敛标准

一般而言，大多数问题可以采用 FLAC3D 默认的收敛标准（或称相对收敛标准），即当体系最大不平衡力与典型内力的比率 R 小于定值 10^{-5}（也可由用户自定义该值，命令：**SET mech ratio <value>**）时，计算即行终止。这里，阐述两个名词的定义。所谓体系最大不平衡力，是指每一个计算循环（或称计算时步）中，外力通过网格节点传递分配到体系各节点时，所有节点的外力与内力之差中的最大值；所谓典型内力，则是指计算模型所有网格点力的平均值。图 2-9 为简单示例中 R 默认为 10^{-5} 时，计算终止时所花费的时步以及 R 值。

```
Global Ratio Limit of 1.000e-005
  step  Mech. Ratio
------- -----------
    358  8.818e-006
```

图 2-9　计算所用的时步及结束时的比率 R

由于 R 为无量纲的，所以它适用于不同的单位系统。有时，也可采用体系最大不平衡力小于某一临界值（命令：**SET mech force <value>**）作为一个收敛标准，也称为绝对收敛标准。由于这一临界值需用户自行定义，并且没有比较统一的取值范围，若取较小值，对单元数众多的复杂模型而言无疑是十分苛刻的，因而有较大的局限性。

2.3.2 自定义收敛标准

作为一种全开放式的软件系统，除去前述的以不平衡力与内力的比率 R 和不平衡力小于某一临界值作为收敛标准以外，FLAC3D 还允许用户根据实际分析的需要，自定义收敛标准，比如以某关键点的位移或速度达到某一临界值作为收敛标准等。总之，FLAC3D 收敛标准的选择，需具体问题具体选择或定义，以求达到分析目的。

2.4 求解过程中有关变量的解释

FLAC3D 模拟的是非线性体系随时间演化的过程，为把握和研判这一演化过程，FLAC3D 采用不平衡力、网格节点速度①、塑性区标识以及某些重要变量的历时曲线等指标来评估数值模型所处的状态。

2.4.1 不平衡力

前面已对最大不平衡力进行了定义，鉴于其在数值计算中的重要性，本节将对不平衡力进行进一步的阐述。

从本质上来说，不平衡力是由于数值计算处理中产生的系统内、外力之差，因此，作用在体系上的外力是体系产生不平衡力的外因，数值计算的截断误差则是产生不平衡力的内因。需说明的是，在数值分析中，最大不平衡力是不可能达到零的，也即达到所谓的体系绝对力平衡状态（静态的），因为数值计算本身是一种插值逼近，不可避免地存在截断误差。但是，只要最大不平衡力与作用在

① FLAC3D 中，速度以位移除以时步表示。

体系上的外力相比很小时，即可认为体系达到了力平衡状态。下面仍以前述简单例子为例，显示最大不平衡力在默认的收敛标准下是如何随计算时步逐步演化的。在命令 **app nstress ……**与 **solve** 间插入下面的命令：

```
hist unbal                          ;记录计算过程中的体系最大不平衡力
plot hist 1                         ;绘制体系最大不平衡力历时曲线
```

根据上述命令即可观察计算过程中体系最大不平衡力随计算时步的演化过程，如图 2-10 所示。

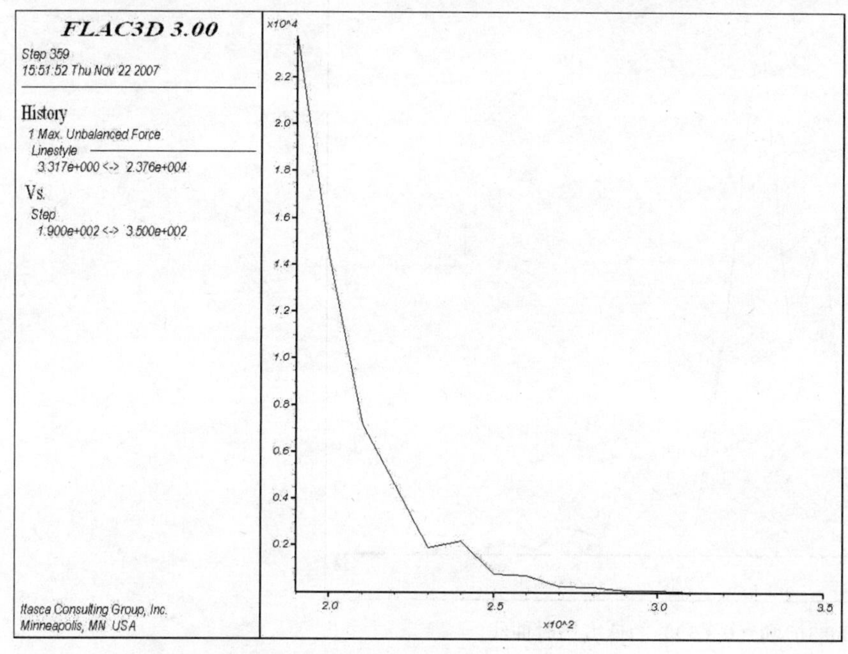

图 2-10　体系最大不平衡力的全程演化过程

从图 2-10 可以看出，体系最大不平衡力随着计算的进行，逐渐趋近于 0，表明体系最终达到了力平衡状态。不过，力平衡状态仅表示所有网格节点的合力为 0，并非表明体系处于真实的物理平衡状态，因为在力平衡状态下，体系也有可能正在发生稳定的塑性流动。这时，就需要借助其他方式如观察网格节点速度、塑性区标识等来进一步评估模型所处的状态。

2.4.2　网格节点速度

可采用两种方式观察网格节点速度来评估模型所处的状态，如下：

（1）跟踪记录网格中一些关键点的速度（命令：**HIST gp vel <x y z>**）并绘制其历时曲线。

- 如果速度历时曲线在最后阶段显示为水平线，表明体系达到了稳定状态；
- 如果速度历时曲线最终收敛并趋近于零（如图 2-11 模型顶部两点的速度历时曲线），表明体系已达到了真实的平衡状态；
- 如果速度历时曲线最终收敛但并未趋近于零，表明与记录相应的网格点进入塑性流动状态；
- 如果一个或多个点的速度的历时曲线都出现明显的上下波动，表明系统此时可能处于瞬时调整状态。

（2）采用 **PLOT vel** 命令绘制完整的速度矢量场图。

在体系达到力平衡状态时，由于网格节点力并不完全平衡，致使网格节点速度也不可能减小到零。假使再执行很大的时步数（如 1000 步），则体系仍有可能产生较大的位移。要评估这一位移是否值得关注，就必须考虑此阶段速度的大小。例如，假如体系当前位移为 1cm，速度矢量场图中最大速度为 10^{-8} m/时步，那么 1000 时步将会产生一个 10^{-5} m 或 10^{-3} cm 的位移增量，为当前位移的 0.1%，几乎可以忽略不计。在这种情况下，即使速度在某一方向看起来是“流动的”，也仍可以认为体系是平衡的。

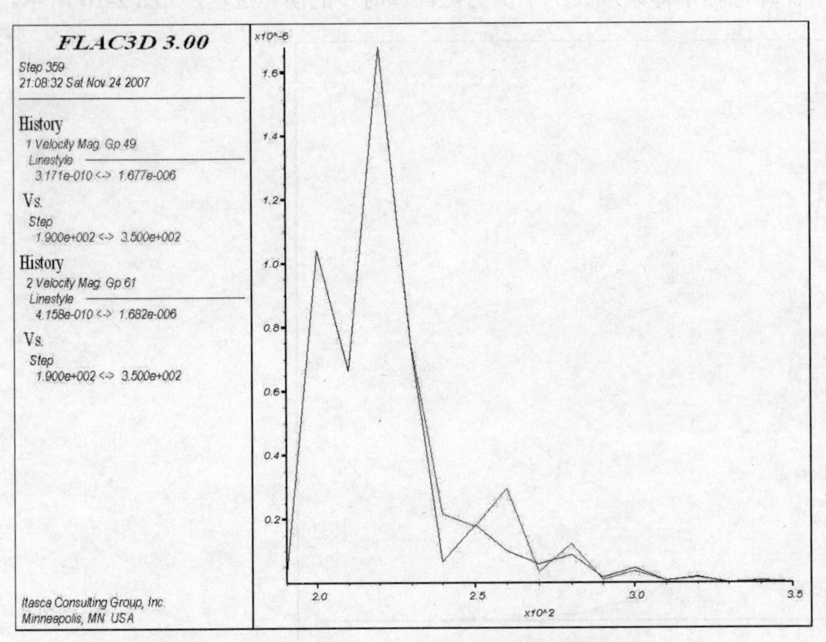

图 2-11　模型顶部两点（(0,0,3）和（0,3,3)）的速度历时曲线

通常，体系在达到真实平衡状态时，因网格节点力的变化已低于计算机的精度（约小数点后 6 位），速度场表现为大小和方向不确定的低振幅随机场。如果速度场矢量是一致的，且量级很大，则体系有可能正发生塑性流动或正进行弹性调整（如发生弹性阻尼振动）。在这种情况下，要确认塑性流动是否正在发生，则应观察塑性区标识来研判体系所处的状态。

2.4.3　塑性区标识

在 FLAC3D 中采用塑性本构模型进行模拟时，可以采用 **PLOT block state** 命令显示那些应力符合屈服准则的区域（或称塑性区），以观察潜在破坏区域的范围。尽管这种迹象表明塑性流动正在发生，但也可能会是这种情况：仅仅是某一个单元位于屈服面上，整个体系并没有产生明显的塑性流动。这就需要用户观察所有类型的塑性区标识，以判断是否有某种破坏机制发生。塑性区标识以不同的颜色显示两种类型的破坏机制，即剪切破坏（shear failure）和拉伸破坏（tensile failure）。

- 某一区域的应力正位于屈服面上，或者说正处于破坏状态时，以 **shear-n** 或 **tension-n** 标识；
- 某一区域在计算过程中曾进入过屈服状态，但现在已经退出，以 **shear-p** 或 **tension-p** 标识。

根据塑性区标识判断破坏机制是否在起作用，可按下述步骤进行：

步骤 1　观察连续两个面的活性塑性区域（由 **shear-n** 或 **tension-n** 标识）是否存在交线（或有

交集），若存在，表示破坏机制正在起作用；

步骤 2 观察速度矢量图，若速度矢量图出现了与破坏机制相一致的运动，则确认第 1 步的判断；

步骤 3 若活性塑性区域不存在交线或交集，则应再执行一些时步后比较前后两种图形：若塑性区域减少了，体系可能正向平衡发展；若增加了，体系最终有可能发生破坏。

如果确认是连续塑性流动的情形，则有一个问题需注意，人工边界的选取有可能影响塑性区的范围。所谓“人工边界”是指用来界定网格模型大小（或分析域）的边界。如果塑性流动沿着人工边界发生，那么求解是不真实的，因为破坏机制受到了人工边界的影响。因此，在实际分析时，应做些简单的人工边界设置比较分析，将其设置在对分析所关注区域的应力和位移影响较小的区域。

2.4.4 历时曲线

在实际问题的分析中，除去前述变量外，还有一些特定的变量有时也很重要，比如有的问题中位移可能很重要，有的问题中应力却是重点。FLAC3D 允许用户在关注区域使用 **HIST** 命令跟踪记录这些重要变量并绘制其历时曲线，以便观察体系在求解过程中所发生的变化，研判体系所处的状态。

2.5 本章小结

本章简略介绍了 FLAC3D 的图形界面、文件类型、常用命令和分析的基本组成部分；并以一简单模型为例，介绍了 FLAC3D 分析的基本过程，以便初学者通过这一范例的学习，能达到采用 FLAC3D 进行简单分析的水平。当然，软件的掌握并非一朝一夕之功，所面临的问题也不尽相同，因此，基本理论知识以及更多 FLAC3D 分析范例的学习是必需的，后续章节将会对这些内容有针对地进行阐述。

3 FLAC 快速入门

FLAC 是二维有限差分程序，可以进行平面应变、平面应力及轴对称问题的分析。本章介绍了 FLAC 的入门知识，主要包括 FLAC 的图形化界面操作、分析问题的基本步骤、文件系统、功能模块等。通过本章的学习，读者可以了解使用 FLAC 进行分析的基本方法和基本步骤。

本章要点：

✓ FLAC 基本界面操作
✓ FLAC 分析问题的基本步骤
✓ 简单实例：简单地基上的开挖模拟
✓ FLAC 的文件系统
✓ FLAC 工具栏的功能模块介绍
✓ 应用实例：路堤堆载的模拟

3.1 概述

FLAC（Fast Lagrangian Analysis of Continua）是由美国 Itasca 公司开发的二维有限差分程序，有的地方也称为 FLAC2D。与 FLAC3D 只能用命令驱动的方式不同，目前的 FLAC 版本拥有较好的图形用户界面（GIIC），提供了丰富的工具栏、命令按钮和鼠标操作功能，这使用户节约了大量用来熟悉命令语句的时间，因此更易入门。在图形界面中，FLAC 也提供了命令行的输入，类似于以前 FLAC 版本的 DOS 界面，这主要是为了方便熟悉命令操作的老用户。

一般情况下，使用 FLAC 的图形用户界面就可以完成绝大多数的计算和分析功能，只有在定义复杂的 FISH 函数等极少数情况下才必须使用命令流方式。因此，读者在初次学习 FLAC 时，要尽量掌握其图形用户界面的使用方法。

3.1.1 使用界面介绍

FLAC 在安装时默认的路径为“C:\Program Files\Itasca\flac500”。执行【开始】|【所有程序】|【Itasca】|【FLAC】|【FLAC 5.0】可以开启 FLAC 程序，首先打开的是 FLAC 的 DOS 窗口，

其中会显示该版本的可选模块内容、内存大小以及精度类型，随后程序自动打开 GIIC 用户界面。打开 FLAC 相当于新建一个计算工程，首先需要用户设定该工程的一些选项，即 Model Options 对话框，如图 3-1 所示。Model Options 对话框要求用户填写关于计算模式、系统单位、用户界面选项、工程记录的显示格式等信息，也可以通过 Open old Project 按钮打开已有的工程文件。

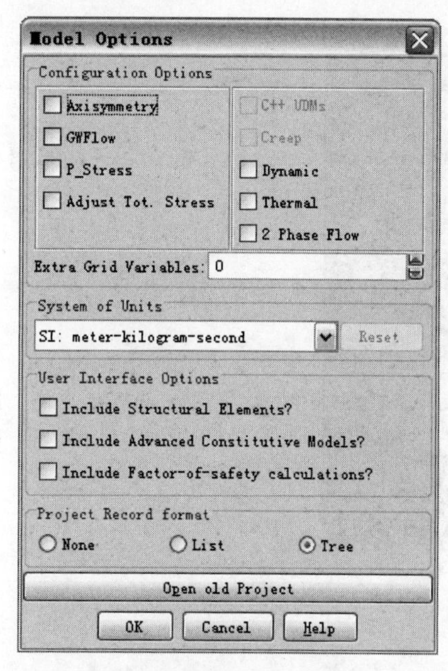

图 3-1 模型设置对话框

这里先不做任何设置，单击 OK 按钮进入 FLAC 界面，如图 3-2 所示，可以发现 FLAC 的图形界面主要包括以下部分：

1. 标题栏

标题栏显示了当前的版本信息。

2. 菜单栏

菜单栏包含了当前可用的主菜单，其中最常用的是 File 菜单，提供了文件的保存、读入、图形输出等功能，而 Tools 菜单和 View 菜单与界面操作中的按钮功能相同，因此不常用到。FLAC 在图形界面中设置了 Help 帮助菜单，提供了较详细的提示信息，在其他界面下也有 Help 菜单，读者可以对照其中的提示了解当前窗口的内容。

3. 工具栏和命令按钮

FLAC 用户界面中按照分析的先后顺序，设计了多个工具栏标签，不同的标签下又有一系列命令按钮，这些标签和按钮共同完成网格的建立、边界条件的设置、材料赋值、计算及后处理等功能。

4. 图形工具栏

为了便于用户进行图形操作，提供了图形的缩放、平移、旋转等功能，以及为了方便选择网格和节点，提供了标尺、坐标显示等功能。

5. 文件窗口

FLAC 生成的结果文件直观地保存在文件窗口中，方便用户了解计算的先后关系和对不同计算结果的调用。

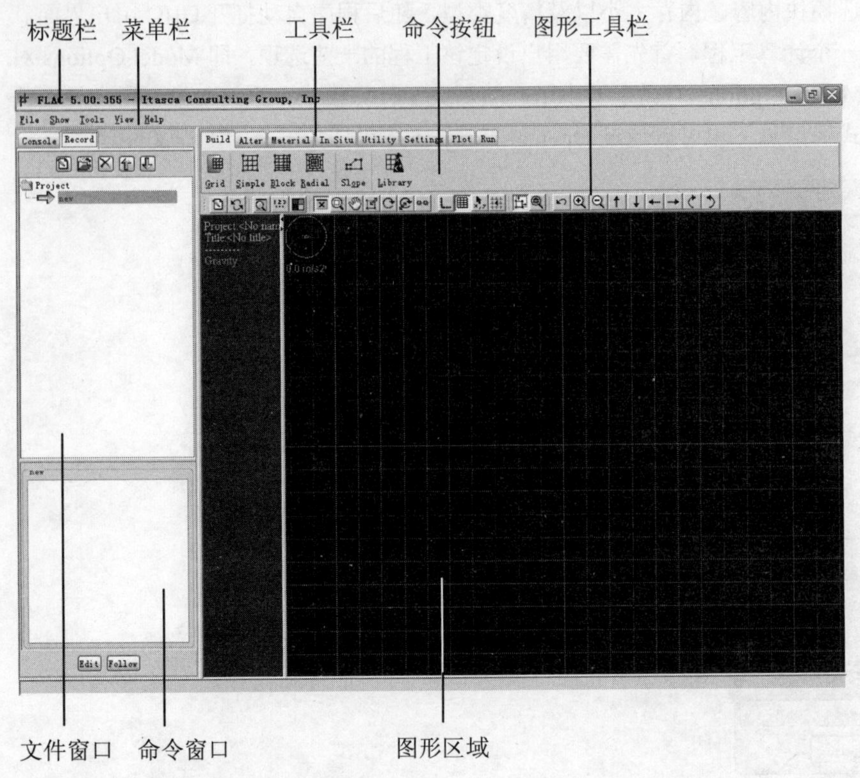

图 3-2 FLAC 图形用户界面

6. 命令窗口

用户在 FLAC 界面的操作（主要是工具栏标签和按钮操作）都按照 FLAC 命令流的方式记录在命令窗口中，用户在熟悉界面操作的同时，也能熟悉 FLAC 自身的命令语句。命令窗口最大的特点是，用户可以对命令窗口中的语句进行修改，相当于可以随时进行“撤销”和“恢复”操作，这为用户使用提供了极大的便利。

7. 图形区域（绘图区）

图形区域显示当前状态下的网格、边界、后处理等信息，窗口左侧包含绘图内容的图例、说明。

3.1.2 网格和节点

FLAC 采用的是有限差分网格，与常用的有限元网格相比存在一些不同，用户在初次使用 FLAC 时往往会遇到一些概念上的误解，所以有必要对 FLAC 特有的建模方式和网格特点做简要的介绍。

FLAC 的网格和节点都是按照（I,J）坐标系来建立的，I 表示水平的 X 轴，J 表示竖直的 Y 轴。图 3-3 中标出了节点的 I-J 坐标系，图中黑点的位置对应的坐标就是（I,J），阴影部分的网格对应的坐标系是（I,J）。在以前的 FLAC 版本中，网格和坐标的定义都是按照“数网格”的办法进行的，这给用户造成了很大的不便。同时，FLAC 中的网格 ID 号不同于常规有限元网格或 FLAC3D 中的顺序编号，而是需要 I、J 两个变量才能定义，这对于 FLAC 初学者来说很难接受。

不过，在 GIIC 用户界面中，程序提供了用户与网格、节点之间的直接交流，用户再不需要了解网格或节点出自哪一行哪一列，就可以准确无误地选择范围，这大大节约了用户的时间，提高了计算效率，同时也降低了出错的概率。

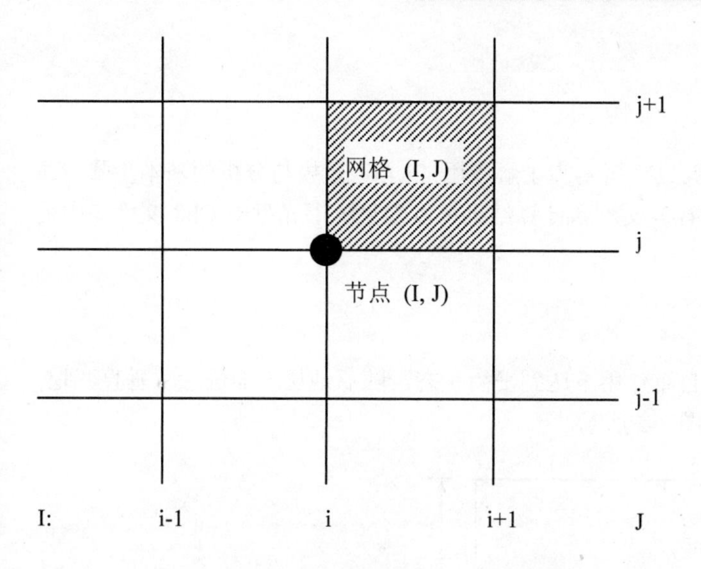

图 3-3　FLAC 差分网格和节点示意图

FLAC 中的网格是差分网格，必须具有外凸四边形的几何特征，因此类似于三角形、内凹四边形这样的网格形式在 FLAC 中是非法的。有些用户在执行 Set large 大变形模式计算或进行网格修改时，会常常出现 Bad geometry 这样的错误提示，很多都是因为差分网格不满足外凸四边形的要求而造成的，因此读者需引起注意。

3.1.3　修改程序内存

FLAC 为用户提供了修改程序内存的方法，更大的内存可以用于更多网格的计算。执行【开始】|【所有程序】|【Itasca】|【FLAC】命令，在 FLAC 5.0 快捷方式上单击右键，弹出 FLAC 5.0 属性窗口，如图 3-4 所示。目标中的内容为 "flacv_dp.exe" giic，表示启动 FLAC 双精度程序，并开启 GIIC 界面。用户可以在 giic 字符后输入空格+重新设定的内存数（以 MB 为单位）就可以修改 FLAC 程序的可用内存。由于 FLAC 采用的是有限差分方法，计算中不用保存大量矩阵，因此需要用到的内存容量较小。比如设定最大内存为 48MB 就可以满足 6 万个网格进行双精度计算。

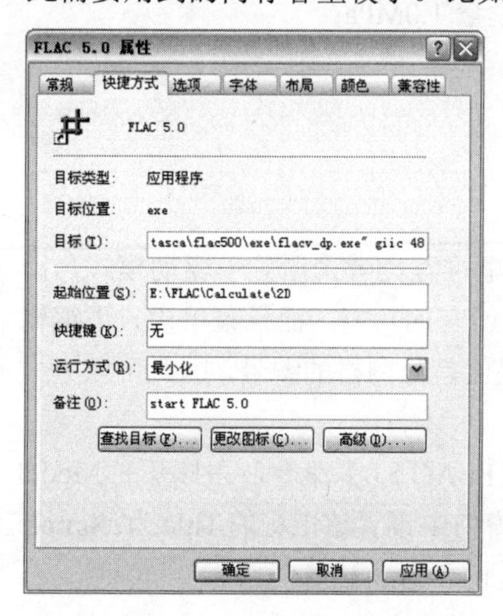

图 3-4　FLAC 安装好后程序菜单中 FLAC 5.0 快捷方式的属性

3.2 一个简单的实例

下面将介绍一个简单的分析实例，帮助读者初步了解应用 FLAC 建模与分析的基本步骤，掌握 FLAC 分析的基本菜单操作。本例的计算文件和计算结果可以参见随书光盘中 Ch3 文件夹中的 3-1.prj。

3.2.1 问题描述

计算对象为矩形均质弹性土层，在自重作用下达到平衡状态。随后地层表面进行了垂直开挖，要求分析开挖后土体的应力和变形，如图 3-5 所示。

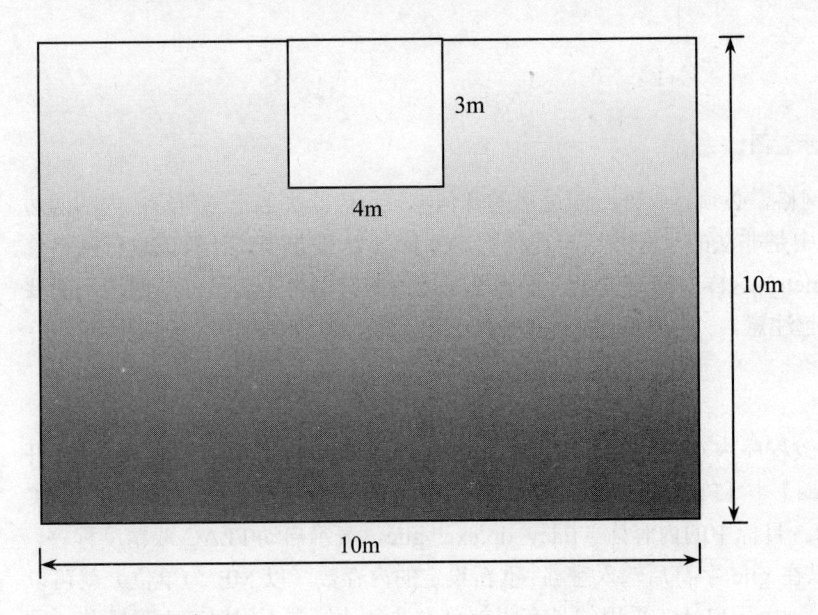

图 3-5 实例示意图

材料特性：土体密度 1500kg/m^3，体积模量 3.0MPa，剪切模量 1.0MPa；

土层计算范围：10m×10m；

开挖范围：4m×3m。

3.2.2 启动 FLAC

FLAC 可以在命令驱动模式或者菜单驱动模式下运行。这里推荐读者采用菜单驱动模式，即 GIIC 模式，因为菜单模式下可以完成 FLAC 建模、计算等几乎所有的功能，而且菜单模式下编辑网格、边界条件设置更简单，不用像命令模式下那样需要读者记住差分网格的编号，因此可以大大提高计算效率，减少错误。

执行【开始】|【所有程序】|【Itasca】|【FLAC】|【FLAC 5.0】命令，在打开的 Model Options 窗口中不做任何设置直接选择 OK，在 Project File (*.prj)窗口中设置该工程的 Title 为：Simple test，单击窗口中的 ?，选择工程的保存路径和文件名，设置文件名为 3-1.prj。

FLAC 的保存路径允许中文，也可以有空格，比如 Program files 这样的路径，但建议采用全英文的路径。

3.2.3 建立网格

在工具栏 Build 标签下，单击标签，弹出 How many zones 窗口，默认状态下，X 轴（水平，I）和 Y 轴（竖直，J）的网格数目均为 10，这里不作改动，单击 OK 按钮确认。确认后会在 FLAC 绘图区看到生成的 10m×10m 网格。

同时，在记录窗口中，会看到刚才网格生成操作形成的命令。命令第一行是由于在启动 FLAC 时没有在 Model Options 中进行设置，因此命令中的 Config 后面没有跟其他关键词。命令第二行是 GRID 生成网格的命令，建立了 10×10 的网格，网格的单位尺寸默认为 1m。第三行程序自动对生成的网格赋值为弹性材料，这主要是为了便于在图形区域显示生成的网格，如果未进行材料赋值，绘图区将不显示网格。

在命令窗口中进行键盘操作时，比如修改命令中的某个参数，或者使用 Ctrl+C 命令复制命令时，软件会出现如图 3-6 所示的警告提示。警告大意是，命令窗口的记录标签中保存的内容是当前模型的状态，如果用户手动编辑命令的内容，那么必须在编辑完成后单击Rebuild按钮来完成用户的修改。如果用户仅仅需要在当前状态下增加一条命令，那么更好的方法是在控制窗口底部的命令行输入相关的命令。这个警告提示在每个程序执行中只出现一次。

图 3-7 为网格建立以后程序的控制窗口和记录窗口，可以看出控制窗口和记录窗口对于命令记录的差别。控制窗口记录了详细的操作信息，包括系统目录的设置、操作过程中的提示（以！开头）等，而记录窗口中只保留了执行命令。另外，控制窗口中显示的信息不能修改，只能通过窗口底部的命令窗口“flac:”来输入独条的命令，而记录窗口中的命令类似于一个文本框，用户可以随意修改。

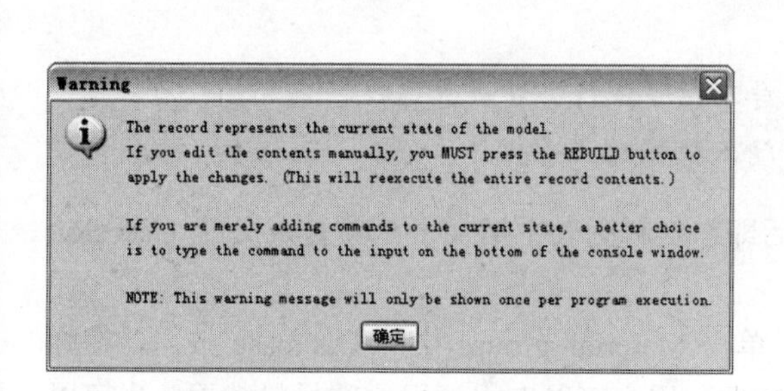

图 3-6 首次在命令窗口中操作时软件的提示

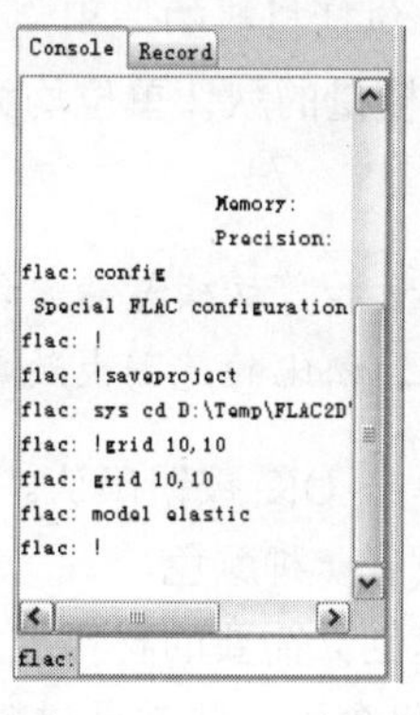

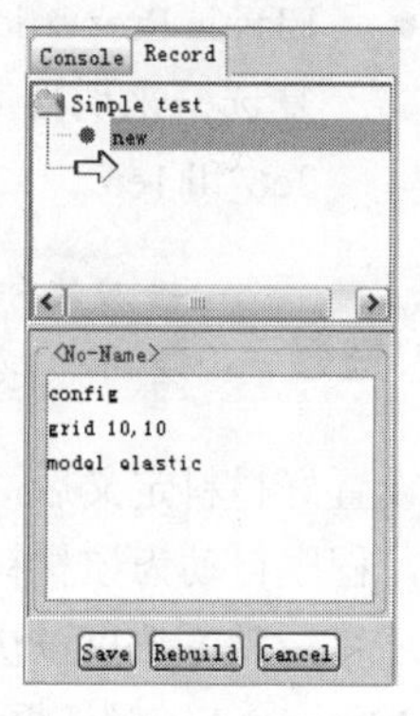

图 3-7 FLAC 中的控制窗口与记录窗口

3.2.4 定义材料

单击工具栏 Materials 标签下的按钮，软件的界面切换到材料赋值的窗口，如图 3-8 所示。

窗口右侧中间的文本框中列出了当前状态下的材料类型，默认状态下只有一个 null 材料，这个材料一般用于对初步建立的网格进行删除操作，以达到最终建模的目的。由于本实例中不涉及到网格的删除，因此需要新建一个材料。

单击窗口右下角 Material groups 中的 Create 按钮，弹出 Define Material 对话框，其中主要选项的含义是：

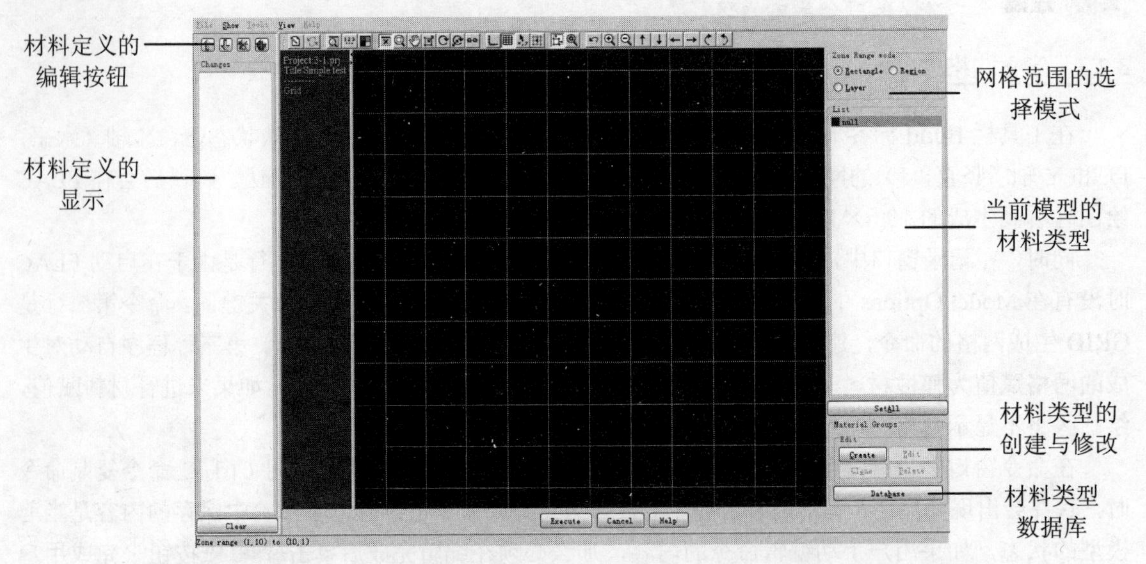

图 3-8　材料赋值窗口

- Class：材料的类别，常用来表示某一类材料的名称。比如土层中有多层粘土，不同的粘土层有不同的参数和名称，那么可以把这些材料归为一类，定义一个名称。这里不做修改。
- Name：材料的名称，这里修改为 Soil。
- Mass-density：材料的密度，单位是 kg/m^3，这里输入 1500。
- Model：包括 Elastic 和 Mohr-Coulomb 两个单选按钮，本实例土层材料为弹性。
- Elastic Properties：包括材料的体积模量和剪切模量（或弹性模量、泊松比，通过 Alternate 复选框来切换），模量的默认单位均为 Pa。本实例中给出的体积模量和剪切模量分别为 3e6 和 1e6。

注意　输入体积模量和剪切模量后，程序自动按照弹性公式计算弹性模量和泊松比。读者可以根据泊松比的范围大致判断输入数据的正确性。

设置好材料定义后，单击 OK 按钮确认。随后即在材料列表中增加了一项自定义的 User:Soil 材料，程序自动为该材料设置一种颜色。

还有一种方法可以快速创立需要的材料类型。单击 Material groups 中的 Database 按钮，在弹出的 Material list 对话框中包含了一些常见材料的数据，用户可以双击调用这些材料数据，也可以在已有材料数据的基础上进行修改。

下面将定义的材料赋值到网格中。在材料赋值窗口的左上角是 Zone Range mode（网格范围选择模式）的单选按钮，一共有 3 种网格范围可供选择。

- Rectangle：矩形范围，单击鼠标左键在绘图区域中拖拽形成矩形的网格范围；
- Region：区域范围，通过 Mark 标记可以将建立的网格分割成不同的区域范围，默认状态下建立的网格只有一个 Region；
- Layer：层状范围，在绘图区单击鼠标左键即选定左键位置的一层网格，也可以执行鼠标拖拽操作。这个选项一般可用于不同土层情况下的材料赋值。

读者可以分别采用这三种方法将所建立的网格全部选中，另外也可以通过窗口中的 Set All 按钮将网格全部选中。

注意

当使用鼠标进行网格选择时，绘图区中被选择的网格将会被高亮显示。当选择完成时，在材料定义窗口的左侧列表框内会生成刚才材料定义的命令语句。通过文本框上方的四个编辑按钮，可以对材料定义的属性进行修改和恢复操作。

材料定义完成后，单击材料赋值窗口下部的 Execute 按钮确认操作。

3.2.5 定义边界条件

本例中边界条件设置为：模型底部边界的水平、竖直方向的速度约束；模型两侧边界的水平向速度约束。

注意

同 FLAC3D 一样，FLAC 程序中的主要变量是节点速度，因此边界条件也按照速度的概念来设置。一般的，当模型未进行任何运算时，节点的初始速度为 0，此时若固定节点的速度（如本例），也就等效于施加了固定的位移边界条件。

单击工具栏 In-situ 选项卡中的按钮，进入 Fix 边界条件设置窗口。可以看出，Fix 边界条件窗口与刚才的材料赋值窗口类似，主要变化是窗口右侧的选项面板。

固定边界模式包括自由（Free）和固定（Fix）两种。固定边界类型包括节点速度、流体及温度三种类型。由于本例中没有选择流体和温度计算模式，所以一些单选按钮呈灰色，不能选择。

单击固定边界模式中的 Fix 单选按钮，在 Type 中单击 GP Velocity 中的 X&Y 单选按钮，表示将节点的 x 方向和 y 方向均进行固定。单击鼠标左键，沿着模型底部的节点进行拖拽操作，选择模型底部的所有节点，并松开左键。此时在刚才选择的节点旁边出现字母 B 的标志，表明该处节点两个方向的速度均（Both）被固定了。同时，在 Fix 边界条件设置窗口的左侧显出了刚才边界条件设置对应的命令如下：

```
fix x y j 1
```

同理，单击 GP Velocity 中的 X 单选按钮，对模型两侧的边界进行操作。操作完成后，模型底部和两侧边界的节点上出现了字母 B 或者字母 X 的标志，如图 3-9 所示。

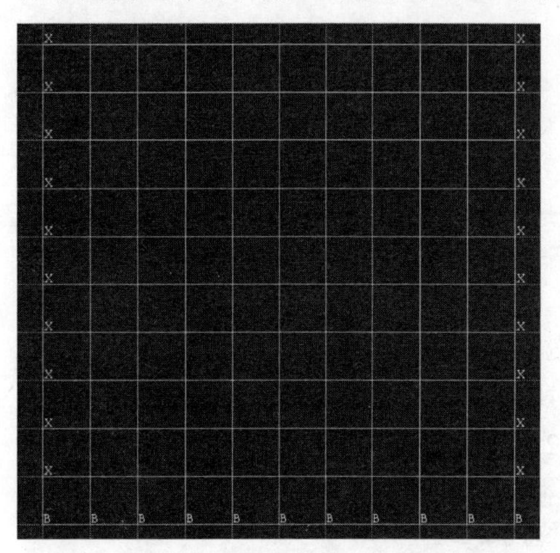

图 3-9　模型底部和两侧边界的固定边界条件

执行窗口下部的 Execute 按钮确认操作。

3.2.6 重力设置

单击 Settings 选项卡中的 Gravity 按钮，打开重力设置对话框，如图 3-10 所示。对话框中主要包括重力的大小和方向。单击对话框中的按钮，即可以设置默认重力大小（9.81m/s^2）和方向（竖直向下）。单击 Execute 按钮完成设置。

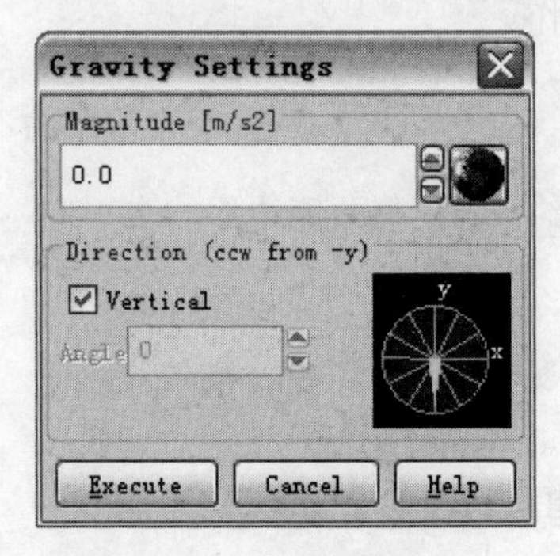

图 3-10 重力设置对话框

3.2.7 初始应力计算

在进行加载（卸载）计算前，首先要获得一个平衡的初始应力状态。获得平衡状态的方法有很多种，本例中采用最简单的方法：直接施加重力荷载使网格达到平衡。

单击 Run 选项卡中的 Solve 按钮，打开 Solve 求解对话框，见图 3-11 所示。直接单击 OK 按钮确认。这时，FLAC 程序会进行短暂的运行（由于网格数量很少，所以运行所需时间很短）并结束。

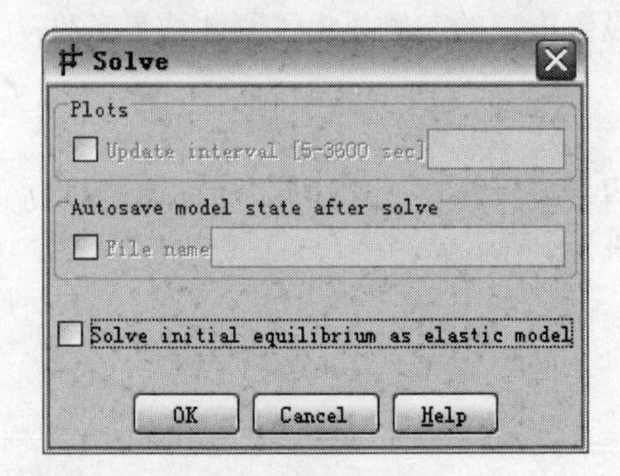

图 3-11 Solve 求解对话框

3.2.8 保存状态文件

初始应力计算完成后，先将计算结果进行保存。单击 FLAC 窗口左下角的 Save 按钮，在出现的 Save State File(*.sav)对话框中，可以看到启动 FLAC 时定义的工程名称（Title）。在 Filename 中输入文件名为 3-1-1.sav，并单击 OK 按钮确定，如图 3-12 所示。

与 FLAC3D 一样，FLAC 状态文件的后缀为.sav。

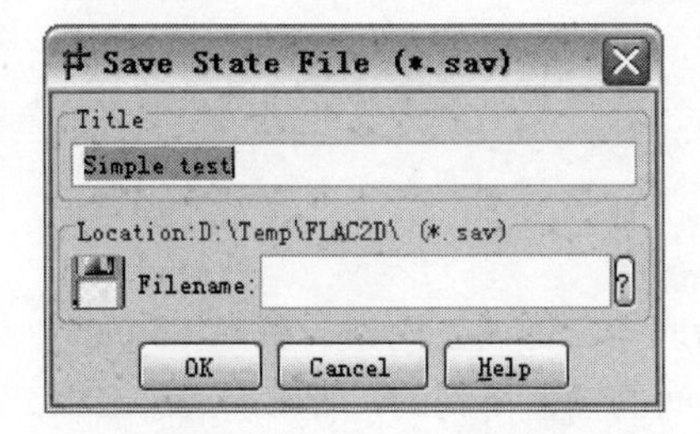

图 3-12 保存状态文件对话框

3.2.9 查看初始应力计算结果

下面对初始应力的计算结果进行检查，检查的主要目的是为了确保初始应力计算的正确性，计算结果的检查也是后处理的一部分。主要采用工具栏上的 Plot 选项卡。

单击 Plot 选项卡中的按钮，打开 Plot items 绘图项目对话框。首先绘出模型的竖向应力云图。在 Name 输入框中填写图名 syy，这是为了在一个计算中出现多个后处理图片时方便区分。单击快捷项目按钮的按钮，再在项目目录树中选择 Contour – Zone / Total stress / syy，双击或单击目录树上部的 Add 按钮，即可将 y 方向总应力加到已选绘图项目中，见图 3-13 所示。单击 OK 按钮确定。

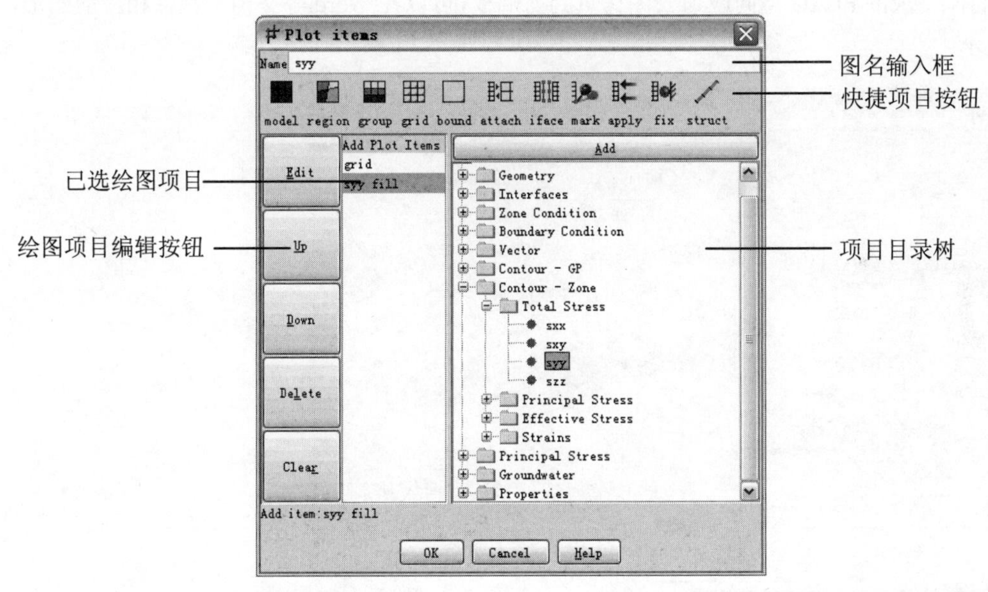

图 3-13 后处理 Plot items 对话框

执行后在绘图区增加了一个标签为 syy 的云图。从应力云图上可以看出，模型的竖向应力沿高度均匀分布，模型表层的竖向应力基本为 0，而随着深度的增加，竖向应力的数值（绝对值）逐渐增大，且为负（压为负）。这个计算结果与实际应力状态的基本规律相符。另一方面，还应从具体数值上进行判断。从应力云图的图例上发现，-1.25E+05 的数值对应的颜色分界线基本位于模型云图中的 1.5m 标高处，即此处上覆土体高度为 8.5m，土体密度为 1500kg/m^3，计算得到的竖向应力理论值应为：8.5×1500×9.8=124950 Pa，这与 FLAC 计算得到的结果十分接近，可以认为本例的初始应力计算合理。

注意 利用计算得到的理论值与 FLAC 结果进行比较是判断初始应力计算结果是否合理的重要方法。

另外，关于 FLAC 的云图还有一些注意事项：

- FLAC 的应力云图范围小于差分网格的范围，这是因为应力云图属于网格云图（Contour – Zone），网格云图是通过网格中心点处的数值及它们之间的插值得到的，所以形成的云图在外围网格的半个网格内是空白的。很多 FLAC 初学者会对这个问题很困惑，其实这个是软件自身绘图功能决定的。
- FLAC 云图的图例显示的数值是位于两种颜色的交叉处，这与 FLAC3D 是不同的。FLAC3D 中云图图例中的特定颜色对应的是一个数值范围。
- FLAC 云图的显示不随模型网格范围的变化而变化，这一点也与 FLAC3D 不同。
- FLAC 绘图区的出图一般不采用抓屏的办法，而是采用软件自带的打印绘图功能。

执行【File】|【Print setup】菜单，在弹出的打印设置对话框中设置输入的格式（包括 Windows 格式、图片格式、矢量图格式及 AutoCAD 格式）、彩色还是灰度、是否需要标题等，如图 3-14 所示。本例中选择 Windows 格式中的剪贴板，并选择灰度格式，设置好后单击 OK 按钮确定。再执行【File】|【Print plot】菜单，在弹出的打印图形对话框中可以填写图形的名称和范围，单击 OK 按钮确定便将刚生成的 FLAC 竖向应力云图拷贝到剪贴板，可以在 Word 等文档中粘贴相应的图形，如图 3-15 所示。

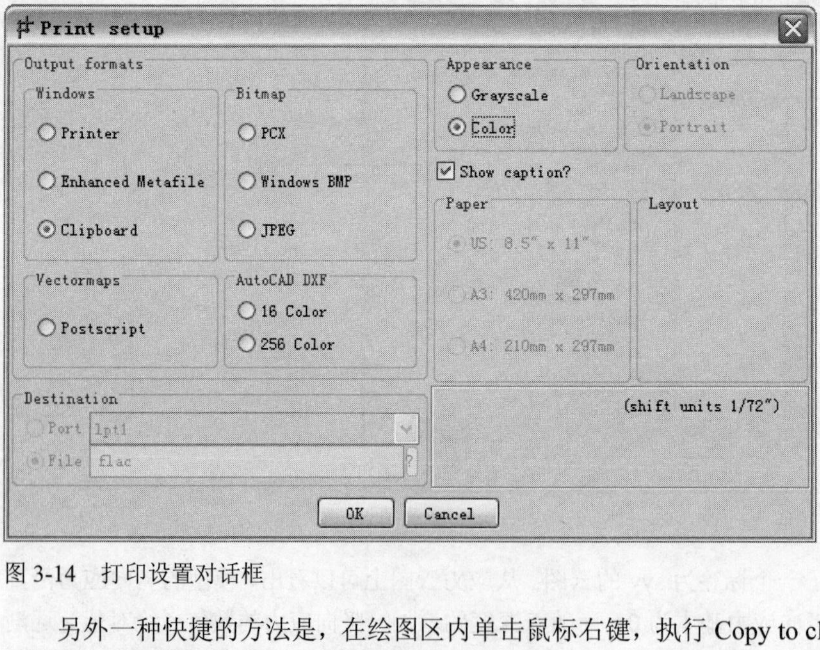

图 3-14　打印设置对话框

另外一种快捷的方法是，在绘图区内单击鼠标右键，执行 Copy to clipboard 命令，同样会弹出 Print plot 对话框，通过设置图形名称和范围即可将图形拷贝到剪贴板上。

利用 FLAC 自身的 Print Plot 功能生成的图形具有较高的清晰度，而且图例、坐标等比较规范，因此建议读者出图时采用软件自身的这种 Print Plot 方法。

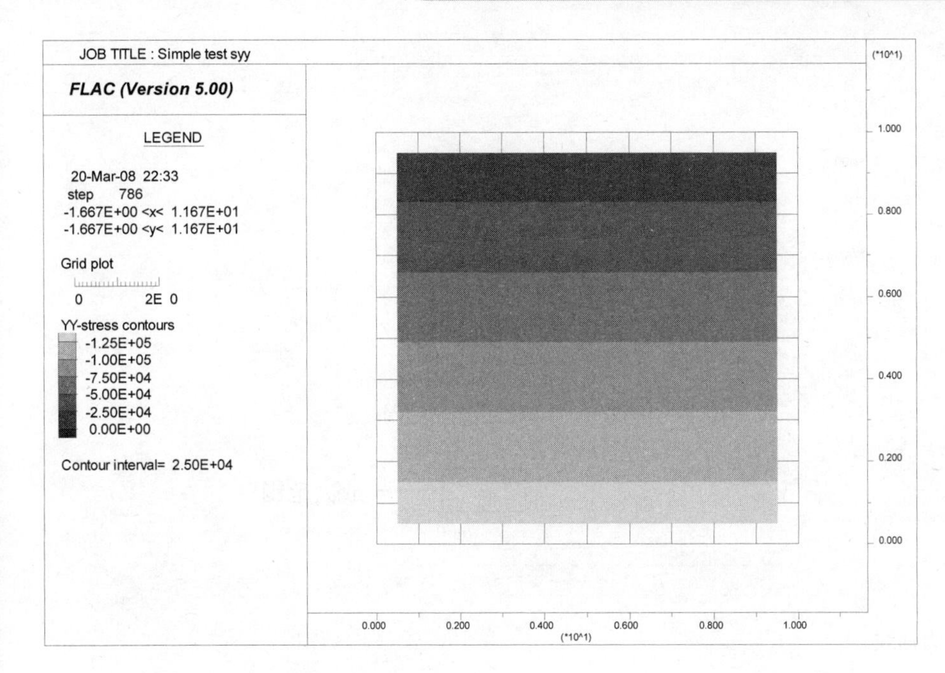

图 3-15　通过拷贝得到的竖向应力云图

3.2.10　查看最大不平衡力

不平衡力是 FLAC 计算中的一个主要概念，也是 FLAC 计算收敛的主要控制标准。在 FLAC 中，所有的网格均为四边形差分网格，对于其中的每个节点其周围至多有 4 个网格向其施加力的作用，这些力的合力称为不平衡力。如果这些力达到平衡，即表示这些网格作用到节点上的合力为 0。在一个平衡的力学体系中，节点处的不平衡力应该为 0，或者相对于体系所受的荷载而言，不平衡力相对很小，也可以近似认为是 0。在 FLAC 运算过程中，程序自动寻找所有节点上不平衡力的最大值并保存下来，称为最大不平衡力。

读者可以在 FLAC 的命令窗口中看到 solve 命令前有一条记录不平衡力的命令：

```
history 999 unbalanced
```

该命令将不平衡力设置成 ID 为 999 的历史变量，是为了不与计算中用户定义的历史变量 ID 相冲突，因为用户定义的历史变量的 ID 号是按照定义的先后顺序从 1 开始的。

单击工具栏 Plot 选项卡中的 Quick 按钮，该按钮的作用是建立快速绘图。快速绘图的内容包括：增加当前图形、编辑图形列表、绘制网格和绘制不平衡力。执行【unbalanced force】命令，就可以在绘图区增加一个标签为 Unbalanced force 的图形，见图 3-16 所示。图形中的横坐标为计算时步，纵坐标为最大不平衡力的大小，单位是 N。可以看出，随着计算的进行，最大不平衡力的大小逐渐减小，达到收敛。由于图形中纵坐标的刻度为 1×10^3N，所以很难看出计算收敛时最大不平衡力的大小。可以采用图形放大的方法将计算收敛时的不平衡力曲线显示出来，单击绘图工具栏中的按钮，在曲线绘图区中选择图 3-16 中的放大范围，必要的时候可进行多次放大，最后在图中较清楚地得到最大不平衡力的数值约为 25.3 N。这种放大绘图查看曲线数值的方法也可以用于其他历史变量。需要注意的是，由于程序的原因，最终的最大不平衡力基本不可能为 0，只要小于预先设置的容许值，即可认为达到平衡状态。

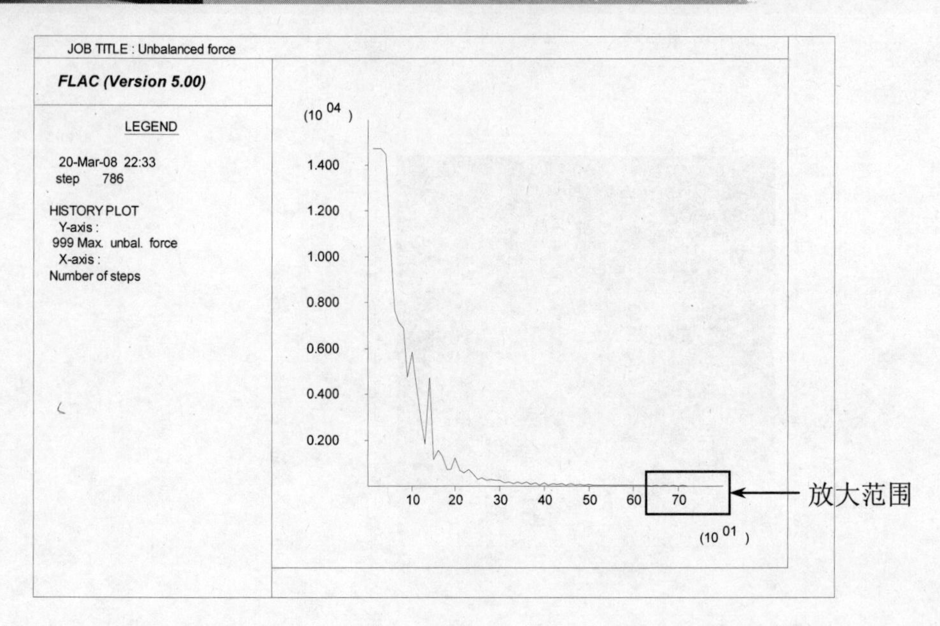

图 3-16　最大不平衡力曲线

3.2.11　实施开挖

下面将在初始应力计算结果的基础上进行荷载施加，本例中的荷载是模型开挖造成的应力释放。

上述计算得到的初始应力计算文件保存后，FLAC 窗口左下角的命令窗口呈灰色显示，表示此时处于保存状态，是不可编辑的。如果要进行命令修改或在此基础上执行其他菜单操作（比如修改边界条件等），需要单击左下角的 Edit 按钮，使命令处于可编辑的状态，这样生成的命令才会保存在当前的状态文件中。若不单击 Edit 按钮，直接操作工具菜单，则生成的命令会自动保存在新的 sav 文件的窗口中。

在进行荷载施加前，需要对初始应力计算中节点的速度、位移进行清零处理。单击工具栏的 In-situ 选项卡中的 Initial 按钮，在打开的初始条件窗口中，单击右下角的 Displmt & Velocity 按钮，这样在窗口左侧的初始条件显示栏中就出现了两行命令：

```
initial xdisp 0 ydisp 0
initial xvel 0 yvel 0
```

执行窗口下部的 Execute 按钮确认。在 FLAC 命令窗口中也将出现上述两行命令，而且对应的是一个新建的状态文件。也就是说，此时的操作不是针对 3-1-1.sav 文件进行的编辑，而是在 3-1-1.sav 文件基础上进行的编辑。

首先进行开挖操作。开挖主要应用 Material 选项卡中的材料赋值操作。单击 Material 选项卡中的 Assign 按钮，在材料列表中选择黑色代表的 null 材料（空材料），选择网格范围模式为 Rectangle 矩形，准备选择需要开挖掉的网格。为了便于选择，可以将绘图区的坐标尺打开。单击绘图工具栏中的 按钮（位于工具栏中间）即可打开坐标尺。单击鼠标左键，选择 x 范围为 3～7m，y 范围为 7～10m 的 4m×3m 的 12 个网格。选择好后，单击 Execute 按钮确定。完成开挖后的模型形状如图 3-17 所示。

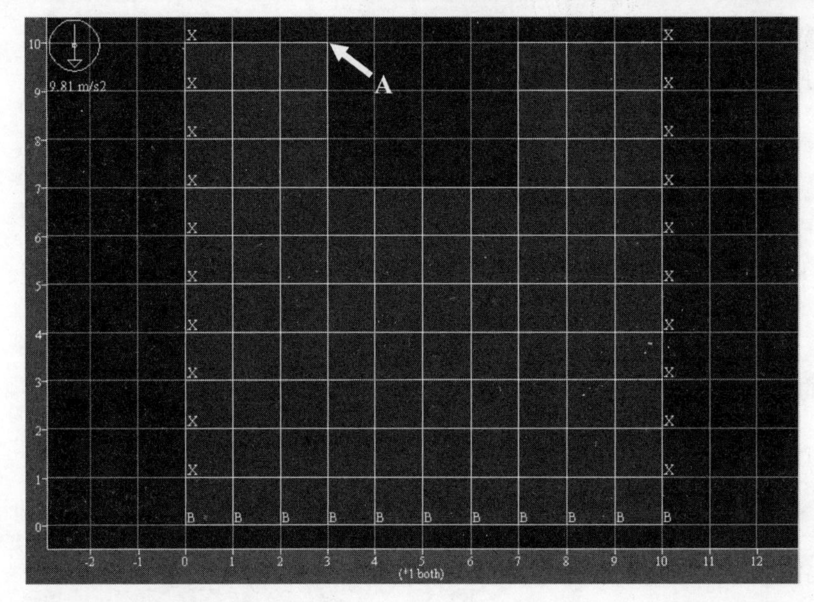

图 3-17　开挖后的网格

3.2.12　设置历史变量

完成好开挖操作后就可以进行计算了。在计算过程中常常要对一些关键网格或节点的响应（包括变形、应力、孔压等）进行监控，以了解这些响应随着计算的进行而发生的变化。本例中选择开挖顶面左侧顶点（图 3-17 中的 A 点）的水平位移进行监测。历史变量的监测需要用到工具栏中的 Utility 选项卡。单击 Utility 选项卡中的 History 按钮，进入历史变量设置窗口。在窗口右侧的变量模式 Mode 中选择 GP（节点），在 History information 目录树中选择 X Components / xdisp，如图 3-18 所示，然后在绘图区单击图 3-17 中对应的 A 点，这时窗口左侧的变量列表中就增加了一个 history 选项，单击 Execute 按钮确定。读者会发现在绘图窗口中 A 点处的位置增加了一个数字标号 1，这个数字表示该点定义了一个 ID 号为 1 的历史变量。同时，在左下角的命令窗口中增加了一行命令：

```
history 1 xdisp i=4, j=11
```

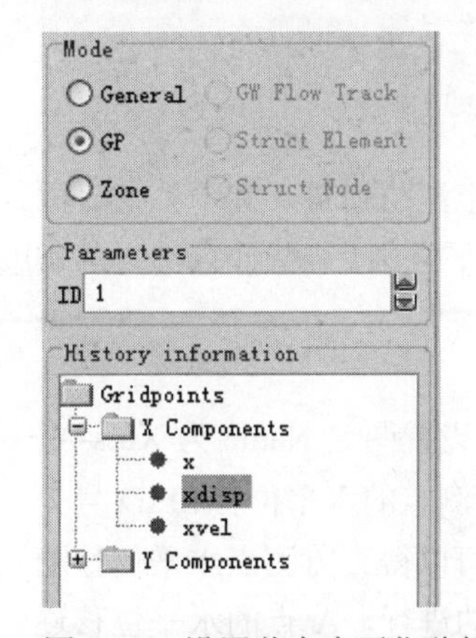

图 3-18　设置节点水平位移的历史变量

可见，刚才操作的 A 点对应的 I，J 坐标应该是 I=4，J=11。利用界面操作的优势就是，让用户专心于考虑具体点的宏观位置，而不用关心该点处于哪个差分节点上，以及对应的横向网格数是多少，竖向网格数是多少。因此，利用 FLAC 的界面操作可以大大提高使用者的效率，并且能降低用户的出错率。

3.2.13 开挖计算并保存

下面开始执行开挖计算。计算主要使用的是工具栏中的 Run 选项卡。单击 Run 选项卡中的 Solve 按钮，打开 Solve 对话框，不做任何修改，直接单击 OK 按钮执行求解。只需很短的时间，程序便完成了求解过程。

完成计算后，要对计算的状态文件进行保存。单击 FLAC 界面左下方的 Save 按钮，输入保存文件名为 3-1-2.sav。

3.2.14 后处理

计算完成后查看得到的相关结果，称为后处理，本例中后处理的内容包括开挖后的竖向应力云图、变形后的网格、监测点的响应及不平衡力曲线等。

1. 查看竖向应力云图

可以从已经建立的 syy 标签中看到实施开挖后模型的竖向有效应力云图。若云图未发生变化，可以单击绘图工具栏上的按钮对绘图区进行刷新。

2. 查看网格变形情况

在数值计算后处理方案中，常常将原有网格与变形后的网格进行比较，以形象地展示模型变形的趋势。单击 Plot 选项卡中的 Model 按钮，打开 Plot items 对话框。在对话框的 Name 输入框中输入图形的名称为 Grid。单击两次名称输入框下面的按钮，在 Add Plot Items 列表中增加了两个 grid 选项，目的是一个 grid 表示变形前的网格，另一个 grid 表示变形后的网格。单击第一个 grid 选项，并单击左边的 Edit 按钮，在弹出 Plot Item Switches 对话框中可以修改 grid 的颜色、放大倍数等变量。这里将 Color 修改为 lred，Magnify 放大系数改为 20，单击 OK 按钮确定，再单击 OK 按钮执行修改。

注意

Plot Item Switches 中的 Color、Magnify 等选项有时需要根据计算结果与其他图形显示的颜色进行修改。

从图 3-19 中可以看出，在弹性土体中进行开挖后，网格整体呈现上浮的趋势，其中开挖底面出现较大的隆起，而开挖面两侧的土体会发生一定的朝向开挖坑内的水平位移。这些计算结果与常识基本符合。

3. 查看关键点 A 的变形情况

单击 Plot 选项卡中的按钮，弹出 History Plot 对话框。同样，首先设置图名 Name 为 Xdis-A。在 Item ID 列表栏中可以看到共有 2 个历史变量，分别是 ID 号为 1 的监测点的水平位移和 ID 号为 999 的最大不平衡力。选择监测点的水平位移，并单击 OK 按钮确定，可以得到监测点水平位移随着计算时步的变化情况，见图 3-20 所示。从图中可以看出，随着计算的进行，A 点的水平位移逐渐增大，随后又减小并达到稳定。这种求解过程中的曲线振荡是由于 FLAC 的算法决定的，是合理的，读者不用担心。

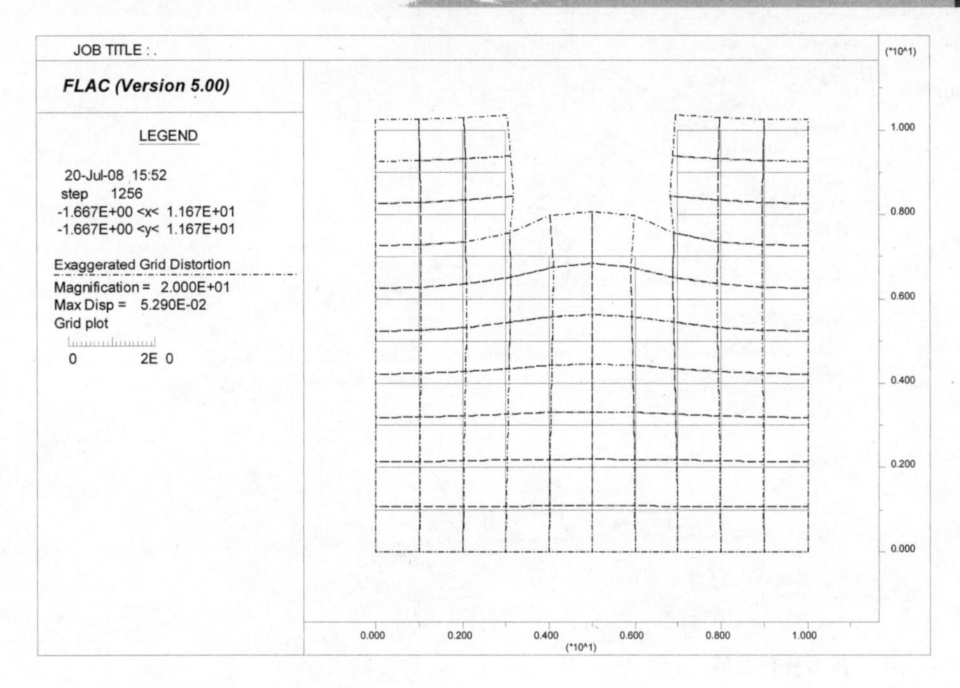

图 3-19　开挖计算后网格变形图

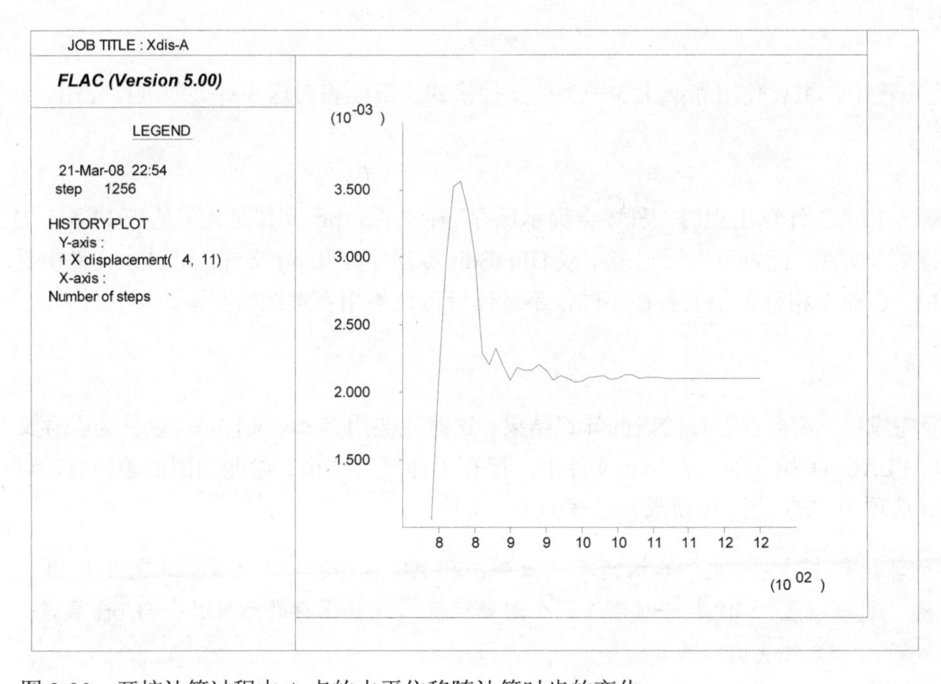

图 3-20　开挖计算过程中 A 点的水平位移随计算时步的变化

4. 查看最大不平衡力的变化

在 Unbalanced force 窗口中可以看到不平衡力的变化。同样，可以单击按钮刷新图形，见图 3-21 所示。可以看出，由于土体的开挖引起了较大的不平衡力，但随着计算的进行不平衡力也能逐渐减小，模型再次达到平衡状态。

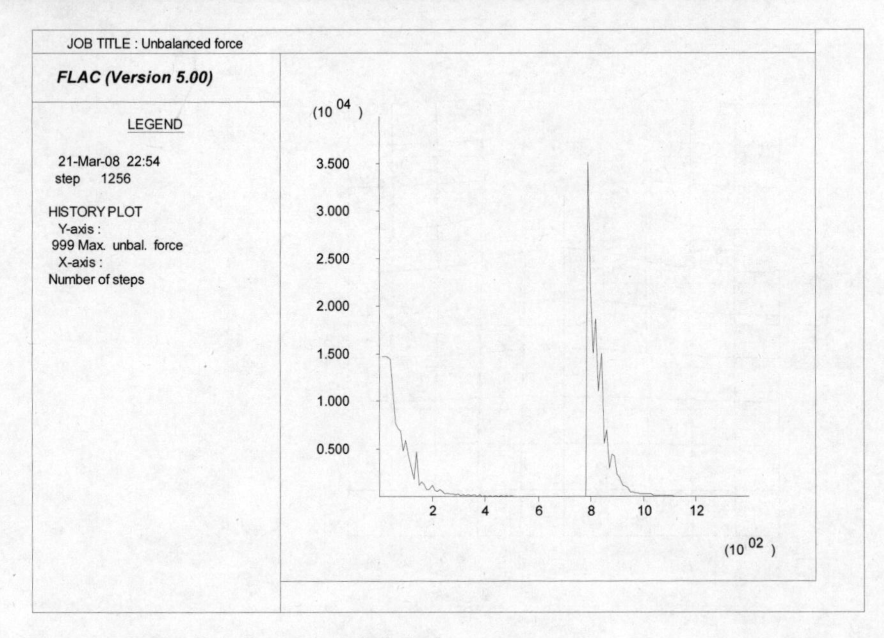

图 3-21　两次计算中的不平衡力变化曲线

3.3　文件系统

FLAC 运行过工程中，主要使用和产生 5 种类型文件格式，下面将对这 5 种类型进行介绍。

3.3.1　prj 文件

在创建一个新的 FLAC 计算工程时，程序会提示保存 prj 文件。prj 文件是为了适应 FLAC 的界面操作而生成的文本文件，读者可以用记事本或 UltraEdit 等程序打开 prj 文件，可以在文件中看到有一些语句与 FLAC 命令相似，但又存在不同，不过读者可以不用在意这些文本。

3.3.2　sav 文件

每个计算阶段完成后，需要保存该阶段的计算结果，这时就要用到 sav 文件，可以称为保存文件，这种格式是与 FLAC3D 相同的。在 sav 文件中，保存了计算的结果、绘制的图形等信息，可以通过工具栏 Run 选项卡中的 RestoreState 按钮载入已有的 sav 文件。

注意

计算过程中的 sav 文件默认情况下保存在 FLAC 程序快捷方式属性（图 3-4）中的“起始位置”，读者可以删除这个起始位置，这样保存的结果就会与 prj 文件处于同一文件夹。

3.3.3　dat 文件

对于已有的 prj 计算工程，可以输出计算中生成的命令文件。执行【File】|【Export Record】命令，设置保存的文件名为 3-1.dat，这样便形成了大家熟悉的 FLAC 命令文件。

由 FLAC 生成的命令文件结构清晰，有详细的注释，很易于读懂。以 3-1.dat 为例，命令共包括 3 个部分。

（1）工程信息，给出了工程的名称。

（2）计算过程，本例中包含了 2 个计算过程。计算过程中的命令是按照 FLAC 界面操作的顺序生成的，如果对 FLAC 的命令操作较熟悉，那么这些语句很容易读懂。

（3）后处理，包括绘制的 4 个后处理图形的命令操作。

```
;----------------------------------工程信息
;Project Record Tree export
;Title:Simple test
;-------------------------------计算第一步
;... STATE: STATE1 ....
config
grid 10,10
model elastic
group 'User:Soil' notnull
model elastic notnull group 'User:Soil'
prop density=1500.0 bulk=3E6 shear=1E6 notnull group 'User:Soil'
fix   x y j 1
fix   x i 1
fix   x i 11
set gravity=9.81
history 999 unbalanced
solve
save state1.sav
;--------------------------------计算第二步
;... STATE: STATE2 ....
initial xdisp 0 ydisp 0
initial xvel 0 yvel 0
model null i 4 7 j 8 10
group 'null' i 4 7 j 8 10
group delete 'null'
history 1 xdisp i=4, j=11
solve
save state2.sav
;------------------------------绘图命令
;*** plot commands ****
;plot name: syy
plot hold grid syy fill
;plot name: Unbalanced force
plot hold history 999
;plot name: grid
plot hold   grid magnify 20.0 lred grid displacement
;plot name: Xdis-A
plot hold history 1 line
```

3.3.4 fis 文件

fis 文件是 FLAC 中的二次开发语言的文件格式，可以用记事本、UltraEdit 等工具打开。

3.3.5 tmp 文件

FLAC 计算过程中，会在目标文件夹中生成后缀为.tmp 的文件，这些是程序自动生成的临时文件。

3.4 功能模块介绍

通过上述的实例，读者可以基本了解利用 FLAC 界面操作完成一个工程计算的步骤和方法。除上述实例中涉及到的菜单和按钮以外，FLAC 还具有非常多的功能模块，下面将介绍 FLAC 工具栏中的不同选项卡的功能和应用。

为了全面反映选项卡上的信息，有必要打开 FLAC 的所有计算模式。执行【File】|【New Project】命令，在打开的 Model Options 中进行图 3-22 中的设置。

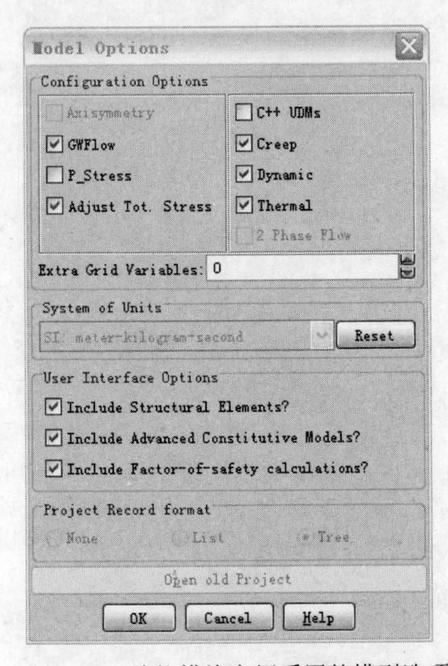

图 3-22 功能模块介绍采用的模型选项

3.4.1 Build 选项卡——建立网格

Build 选项卡的主要作用是建立网格，FLAC 提供了多种网格建模方法，用户可以根据分析问题的类型选择合适的建模方法。Build 选项卡中的命令按钮介绍如表 3-1 所示。

表 3-1 Build 选项卡

Grid	生成一定数量的差分网格，默认网格尺寸均为 1m，3.5 节的实例中采用的就是这种网格生成方法。
Simple	生成简单的差分网格，可以指定模型四个角点的坐标、网格数量、网格过渡比率等，适合于均质材料的模型建立。
Block	按照块体生成网格，首先指定 x 和 y 两个方向上的块体数量，然后对每个块体的角点、网格数、比率等进行设置。这种建模方法最常用，适合于水平和竖直方向均存在分层的情况，下面会有一个实例讲述这种建模方法。
Radial	生成辐射状的网格，适合于建立矩形洞室模型的建立。可以设置不同角点的坐标以及是否包含周围网格。

续表

Slope	生成边坡模型，可以设置边坡各点的坐标、坡度，有陡坡、缓坡两种建模方法。
Library	程序自带的一些网格库，包括部分网格加密的地基模型、挡土墙模型等。每个模型均有一个简要的说明，读者可以针对自己分析的问题，在 Library 中找到最近似的模型，并进行修改，以满足自己分析的要求。

3.4.2 Alter 选项卡——修改网格

Alter 选项卡的主要作用是对 Build 生成的差分网格进行修改，包括网格形状的修改、对网格进行标注以及生成接触面等功能。Alter 选项卡中的命令按钮介绍如表 3-2。

表 3-2 Alter 选项卡

Mark	标注功能。对模型中的关键线进行标注，程序会自动根据标注的结果将模型分成不同的区域（Region），在本章的 3.5 节中会有标注功能的介绍。
Shape	形状修改功能。可对已有的网格形状进行修改，也可以在网格中生成线、弧、圆等几何形状，让程序自动调整网格。
Attach	连接网格功能。对两个几何上相邻（坐标位置相同）但物理上分离（拥有不同的节点 ID 号）的网格边界进行连接，相当于 FLAC3D 中的 attach 命令。连接后的两个界面网格同时变形。
Interface	接触面功能。在两个几何上相邻、物理上分离的网格边界上设置接触面，可以模拟两个界面之间的滑动、分开等相互作用。

3.4.3 Material 选项卡——材料赋值

Material 选项卡的作用是对网格进行材料赋值，包括材料的本构模型、参数。Material 选项卡的命令按钮介绍如表 3-3 所示。

表 3-3 Material 选项卡

Assign	简单的材料赋值功能。主要用于两类情况： （1）默认情况下，对部分网格赋空模型（Null 模型），用来删去部分多余的网格； （2）创建新的材料模型（只有弹性模型和 Mohr 模型可供选择），并赋值到相应的网格上。
Cut&Fill	开挖/填筑网格。用于模拟土体的开挖、回填等。 **注意：在未定义网格的材料时，不能执行此命令。**
GWProp	定义网格的流体参数，包括孔隙率、渗透系数等，该按钮只有在 Model Option 中选中 GWFlow 的模式下才会出现。 **注意：设置时需要注意渗透系数 k 的单位为 m^2/(Pa-sec)，与土力学中渗透系数 K 之间的换算关系为：k (m^2/(Pa-sec)) = K (cm/sec) × 1.02 × 1.0e−6**
Model	定义网格的本构模型。提供了 null 模型、2 个弹性模型和 8 个弹塑性模型。选定相应的本构模型，再在绘图区中选择网格范围，程序会自动弹出对应模型的材料属性对话框。
Property	定义模型的参数。弹性模型、弹塑性模型和流体（选择 GWFlow 计算模式下）参数，用户可以针对本构模型中的特定参数进行修改。

3.4.4 In-situ 选项卡——初始条件和边界条件

In-situ 选项卡主要设置模型的初始条件和边界条件，主要命令按钮介绍如表 3-4。

表 3-4 In-situ 选项卡

Apply	施加边界条件。可以施加包括应力、速度、集中力和流体（GWFlow 模式下）等边界条件。 **注意**：边界条件只能施加在模型的边界上，不能用于模型内部的节点或网格。
Fix	设置固定（自由）的节点条件，包括节点速度、流体条件和温度条件等。 **注意**：可以在模型的边界和内部节点进行设置。
Initial	设置初始条件。主要分为节点（gridpoint）初始条件和网格（grid）初始条件。 其中节点（gridpoint）对应的初始条件包括：速度、静态阻尼和地下水条件； 网格（grid）对应的初始条件包括：4 个方向的应力。
Interior	设置模型内部条件，分为内部节点（gridpoint）条件和内部网格（grid）条件。 内部节点条件包括：节点速度、节点力和孔压； 内部网格条件包括：流体中的水井。

3.4.5 Structure 选项卡——结构单元

在 Model Options 中选择 Include Structure Elements? 复选框后，会在工具栏中出现 Structure 标签，如图 3-23 所示，其中包括各种结构单元形式。

图 3-23 结构单元按钮

Beam，梁单元——可以用于各种类型的支护模拟，包括开挖支护、隧道中的支架等。可以在其两侧连接 Interface 单元来模拟岩土介质中的挡土墙，还可以通过 Interface 单元与 FLAC 网格相连以模拟土工格栅。

Liner，衬砌单元——主要用于隧道衬砌，包括混凝土初衬或喷射混凝土初衬。

Cable，锚索单元——不能承受弯矩，可以施加预应力，常用于模拟受拉构件，包括岩石中的锚杆。

Pile，桩单元——常用于模拟地基中的桩。

Rockbolt，岩石锚杆单元——常用于模拟岩石中的锚杆。

Strip，条形锚单元——用来模拟加固堤防或土坝中的多层条带型结构。

Support，支撑单元——用来模拟液压支柱、木质支撑等。

3.4.6 Utility 选项卡——应用功能

Utility 选项卡提供了一些计算分析的辅助功能，包括历史变量的定义、表格的定义、信息的输出等，具体命令按钮介绍如表 3-5。

表 3-5　Utility 选项卡

History	设置历史变量。共有 6 种变量类型：（1）通用变量，如不平衡力，动力时间；（2）节点型变量，包括节点速度、位移；（3）单元型变量，包括应力、应变；（4）渗流轨迹；（5）结构单元变量，包括轴力、弯矩；（6）结构节点，包括位移、受力等。
Table	设置表格。有 2 种方法建立表格： （1）通过在绘图区网格上单击鼠标左键建立表格； （2）Edit numerically 手动输入创建表格。
Info	输出信息。有 4 种类型的信息可供用户输出：（1）通用信息，包括边界条件、流体状况、模型基本信息等；（2）结构单元信息，包括各种结构单元、结构节点以及结构属性等；（3）节点信息，包括位移、状态、流体情况等；（4）单元信息，包括应力、应变等。 相当于 FLAC3D 中的 print 命令。
FishLib	Fish 函数库。Fish 是 FLAC 二次开发的语言，为了方便用户使用，程序提供了一个 fish 函数库，内容包括本构模型、函数计算、网格生成、流体计算等。在每个 fish 函数中程序给出了简要的描述及所需参数的含义。

3.4.7　Settings 选项卡——计算设置

Settings 选项卡的作用是对计算中的一些参数进行设置，包括重力、各种计算模式的求解设置等，具体命令按钮说明如表 3-6。

表 3-6　Settings 选项卡

Gravity	重力设置。在例 3.1 中已经使用过重力设置的功能，除了正常的竖向重力外，还可以指定特定方向和大小的重力。
Mech	力学计算设置。包括是否进行力学计算、节点阻尼形式、结构单元阻尼形式、大（小）变形模式等。
GW	流体计算设置。在 Model options 中打开 GWFlow 选项才会看到此设置，设置包括是否进行流体计算、流体参数、快速渗流模式等。
Solve	求解设置。主要设置求解结束的判断标准，包括总的计算步、花费的计算时间、最大不平衡力比和最大不平衡力的值。 注意：在进行复杂问题的动力、渗流等计算时，往往需要较长的时间，因此需要将总的计算步数（默认为 100000 步）和计算时间（默认为 1440.0 分钟，24 小时）调大，以免程序中途停止。
Misc	其他设置。包括随机数产生、计算过程中图形更新方式等。

3.4.8　Plot 选项卡——后处理

Plot 选项卡的作用是计算结果的后处理，包括云图、曲线、数据信息等的输出，具体命令按钮介绍如表 3-7。

表 3-7　Plot 选项卡

Model	输出模型。该功能已在例 3.1 中使用过，是 FLAC 后处理中最主要的功能。能输出包括几何形状、接触面、网格条件、边界条件、矢量图、节点云图、网格云图等。对照 Plot Items 中的目录树，读者可以方便地生成各种后处理图形。

续表

Table	输出表格信息。对已有的表格进行曲线输出。
History	输出历史变量。在例 3.1 中已使用过历史变量的输出功能。
Profile	输出剖面曲线。可以对节点、结构单元和 Interface 单元进行输出。
Quick	快速绘图。例 3.1 中已使用快速绘图中的最大不平衡力曲线的功能。
ScLine	等值线命令。用户在绘图中建立一条直线，然后选定需要输出的等值线内容，包括节点位移、网格应力等，FLAC 程序自动生成等值线，且在等值线与用户建立的直线相交点处标注等值线的图例。
Color	修改绘图颜色。
DXF	修改 DXF 输出格式。
Manager	管理已绘制的图形，包括显示的顺序、图形的删除等。

3.4.9 Run 选项卡——求解

Run 选项卡的主要作用是 FLAC 求解以及结果文件的保存等，具体命令按钮的作用介绍如表 3-8。

表 3-8 Run 选项卡

RestoreState	读入保存文件（.sav）。
Call	调用命令文件（.dat）或 FISH 文件（.fis）。
Movie	将计算过程生成影像文件。
Solve	求解命令。根据需要选择计算模式（力学、流体、动力、温度等）。
Cycle	循环命令。执行一定步数的计算循环。
SolveFoS	执行安全系数求解。该功能在 Model Options 中选中 Include Factor-of-safety calculation? 复选框时才会出现。
PlotFoS	安全系数求解后处理。该功能在 Model Options 中选中 Include Factor-of-safety calculation? 复选框时才会出现。

3.5 应用实例——路堤堆载的模拟

经过简单实例和功能模块的介绍，读者基本了解了 FLAC 计算的基本流程和方法。下面通过一个路堤堆载的实例来学习 FLAC 处理实际问题的其他技巧和方法。本节的主要知识点包括：

- 利用 Block 建立多块网格
- 利用 Mark 进行网格标记
- 利用 Alter 选项卡修改网格

- 利用 Cut&Fill 进行堆载施工的模拟
- 利用 Profile 生成变形曲线

3.5.1 问题描述

如图 3-24 所示，地基土分为两层，厚度为 20m，上部为粘土层，厚度为 8m，下部为砂土层，厚度为 12m，具体的土层参数如图 3-24 所示。路堤填筑高度为 4m，分两次进行填筑。要求分析路堤填筑后土层的应力、位移状态。

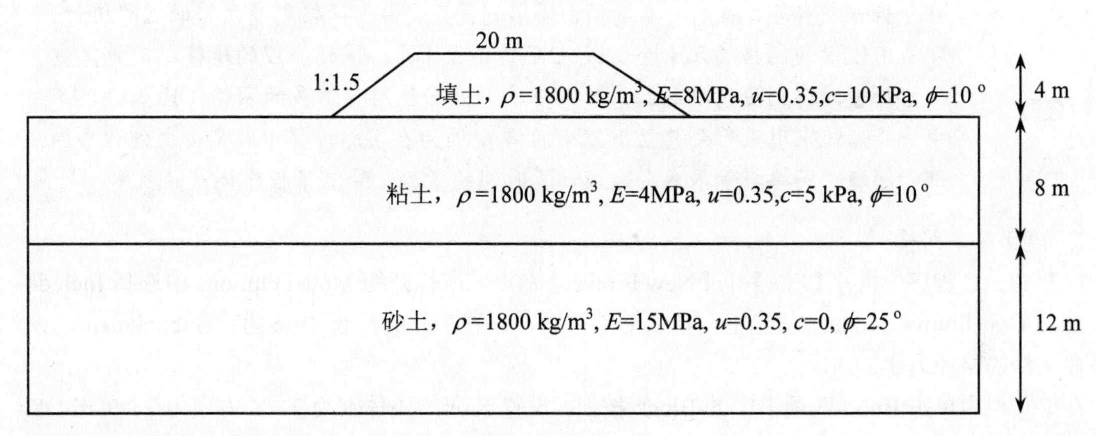

图 3-24 路堤堆载工况图

3.5.2 建立网格

1. 建模思路

由图 3-24 可以看出，由于路堤断面具有竖直方向的对称性，因此可以考虑选择对称的一半断面进行建模计算，见图 3-25 所示，以便减少网格数量，提高计算效率。考虑到模型边界的影响，将底部尺寸设置为路堤底部宽度的 4 倍，即取 64m。

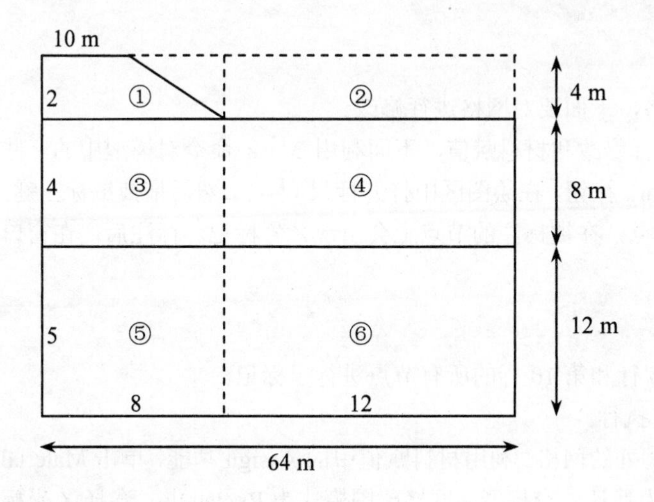

图 3-25 路堤堆载的建模思路

观察图 3-25 中的模型，可以发现模型具有明显的分块性，可以采用 Block 建模思路，将模型按照水平方向分为 2 块，竖直方向分为 3 块，这样可以建立其基本模型。在此基础上，删除块②的网格，并对块①的网格进行修改，形成一定的坡度就能得到需要的模型了。

FLAC 在建立模型前首先要确定网格的数量。由于本例中主要考虑路堤堆载产生的影响，因此在确定网格数量时要考虑路堤附近区域网格具有较大的密度，而较远的区域，如块⑥偏右的区域，可以利用渐变网格的办法设置较少的网格。本例中各边的网格数量见图 3-25 所示，共划分 20×11=220 个网格。

在分析一个实际工程时，要遵循由简单到复杂、由少网格到多网格的思路进行，即先用较少的网格（几十个，或几百个）来计算，得到合理的规律以后再考虑网格加密，得到更精确的结果。而不能一开始就用非常多的网格（比如 FLAC 中一开始就采用上千个甚至上万个网格），因为在实际计算中经常会遇到程序调试的问题，网格数量很多会造成计算时间的增加，降低了程序调试的效率。

2. 建立基本网格

打开 FLAC 程序，执行【File】|【New Project】命令，在打开的 Model Options 中选择 Include Advanced Constitutive Model ?复选框，单击 OK 按钮，设置工程的标题 Title 为：embankment，设置保存文件的路径为 3-2.prj。

在工具栏中单击 Build 选项卡中的 Block 按钮，设置 X 向的块体数为 2，Y 方向为 3，单击 OK 确认。假定图 3-25 的左下角点为坐标原点，在弹出的 Edit Block Grid 对话框中进行如图 3-26 设置，并执行 Execute 按钮确认。

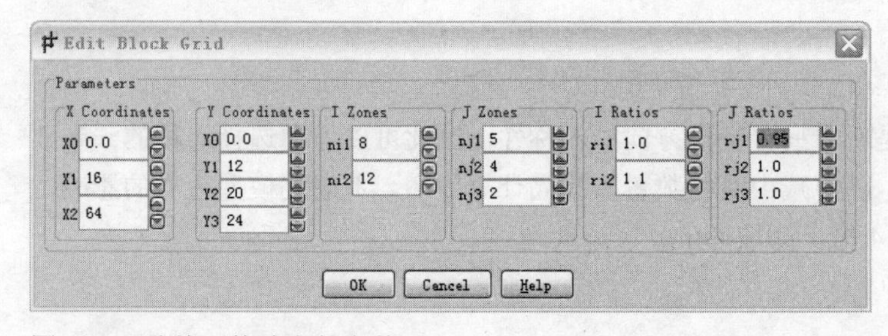

图 3-26　分块网格建立的参数

此时，在绘图区可以看到生成的网格，下面要对网格进行修改。

（3）网格标记。为了便于对模型进行修改和材料赋值，下面利用 Mark 命令对模型中的一些位置进行标记。单击 Alter 选项卡中的 Mark 按钮，在绘图区中打开标尺（），然后拖拽鼠标左键，选择纵坐标分别为 12m 和 20m 的全部节点，在被标注的节点上会出现×号标记。标注后，在窗口左侧的标注列表中会出现下面两行命令：

```
mark j 6
mark j 10
```

这说明，刚才的操作分别对竖向第 6 行和第 10 行的所有节点进行了标记。

标记完成后，单击 Execute 按钮确定执行。

（4）网格修改。首先要删除模型中②处的网格。利用材料赋值中的 Assign 功能，单击 Material 选项卡中的 Assign 按钮，选择材料类型为默认的空模型，网格范围模式为 Rectangle，选择 X 坐标范围为 16～64，Y 范围为 20～24 的网格。为了便于定位，可以打开绘图区工具栏中的按钮，在窗口左下角会显示鼠标所处位置的坐标。当确定选择范围正确时，单击 Execute 按钮确定。此时生成的网格如图 3-27 所示。

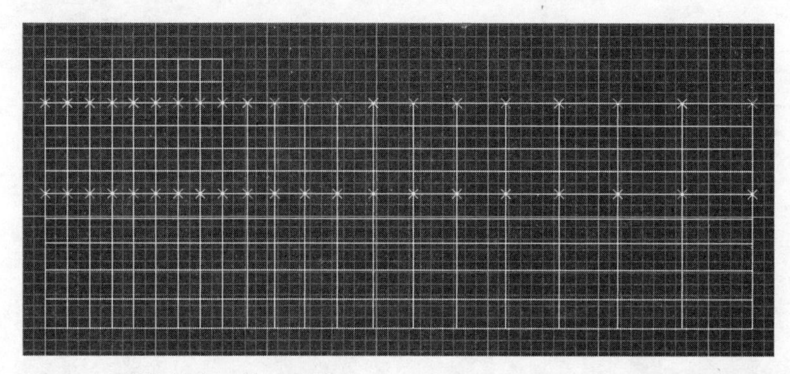

图 3-27　删除部分网格后的模型

下面要对①区的网格进行形状修改。单击 Alter 选项卡中的 Shape 按钮，在打开的形状修改窗口中，选择形状模式为 Range，按住鼠标左键选择①区的网格，选择完后松开左键。此时会发现，在被选中的网格出现 5 个红色的方框，方框四周的四个角点可以修改坐标，中间的方框用于修改两个方向的渐变比率。在右上角的红色方框上单击鼠标右键，在弹出的节点坐标对话框中将该节点的横坐标设置为 10，纵坐标为 24，单击 OK 按钮确定，再单击窗口右下角的 Generate 按钮完成修改，确定无误后，再单击窗口下部的 Execute 按钮，这样就完成了路堤的建模，完成后的绘图区网格图形见图 3-28 所示。

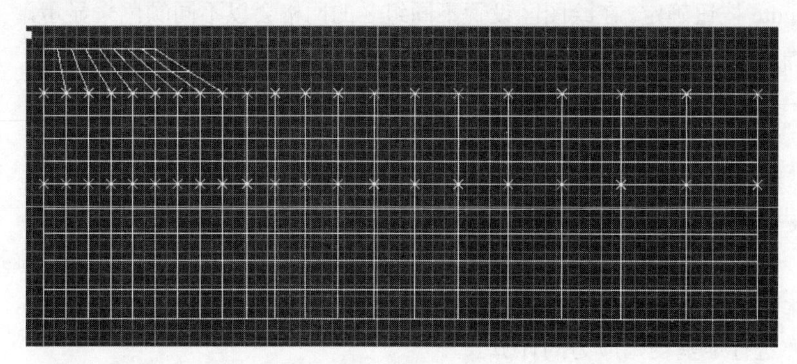

图 3-28　修改完成的网格图

拖动鼠标左键可以拉动这些红色方框，若同时按住 Ctrl 键则程序自动将目标点对准已有的网格节点，这种操作在接触面设置过程中很实用。

3.5.3　材料赋值

下面对建立好的网格模型进行材料赋值。单击 Material 选项卡中的 Assign 按钮，进入材料赋值窗口。

首先对地基土进行赋值。选择 Range 模式为 Region，此时会看到绘图区的网格上出现了一些高亮显示的白线，这些白线就是由于 Mark 标记产生的。由于 Mark 标记的作用，网格被自动分成了 3 个区域（Region）。在 Models 中选择 Plastic，在模型列表中选择 Mohr 模型，在 Group name 中设置组名为 Sand，在绘图区模型的下部网格任一处单击，这时被选择的区域网格高亮显示，并弹出 Mohr 模型参数对话框，按照图 3-29 进行材料赋值。同样，上层地基土设置组名为 Clay，并赋予相关参数。

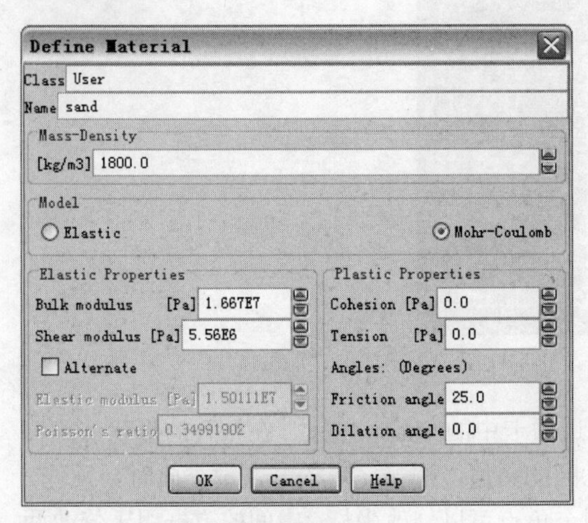

图 3-29 砂土 Mohr 模型参数

再对上部路堤进行赋值。由于本例中采用 Mohr 模型计算，因此需要进行分级加载，将路堤荷载分两级施加，每次施加的高度为 2m。选择 Range 模式为 Layer，表示成层网格选取。设置组名为 Fill-1，单击路堤下部网格，并设置相关参数，同理，上部路堤网格的组名设为 Fill-2。

材料赋值完成后，单击 Execute 按钮确定。在绘图区设置不同组名的网格会以不同颜色来显示，读者需要核对赋值结果是否正确。

3.5.4 边界条件

本例的边界条件较简单，模型底部采用两个方向的固定边界，模型两侧采用水平方向的固定边界。单击 In-situ 选项卡中的 Fix 按钮，具体操作同本章的 3.2.5 节。

3.5.5 初始应力计算

在进行路堤堆载计算前，要进行地基初始应力的计算。

步骤 1 要“挖”掉路堤部分的网格。单击 Material 选项卡中的 Cut&Fill 按钮，在打开的窗口右侧是刚才定义好的组名列表，这说明要在 FLAC 中实现开挖（或回填）操作必须将开挖（回填）部分设置为不同的组，这样才可以方便地使用 Cut&Fill 工具。分别单击 Fill-1 和 Fill-2，并单击 Excavation 按钮，完成网格的“开挖”操作，单击 Execute 按钮确定。

步骤 2 设置重力，采用默认的重力大小和方向。

步骤 3 进行求解。单击 Run 选项卡中的 Solve 按钮，选中 Solve Initial equilibrium as elastic model 复选框，并单击 OK 按钮执行计算。

步骤 4 查看初始应力计算结果。分别建立标签为 syy 的竖向应力云图和标签为 ydisp 的竖向节点位移云图，以观察初始应力的计算结果，按照本章 3.2.9 节的方法对初始应力计算结果的合理性进行判断。同时利用快速绘图命令绘出计算中不平衡力的变化曲线图，见图 3-30 所示。

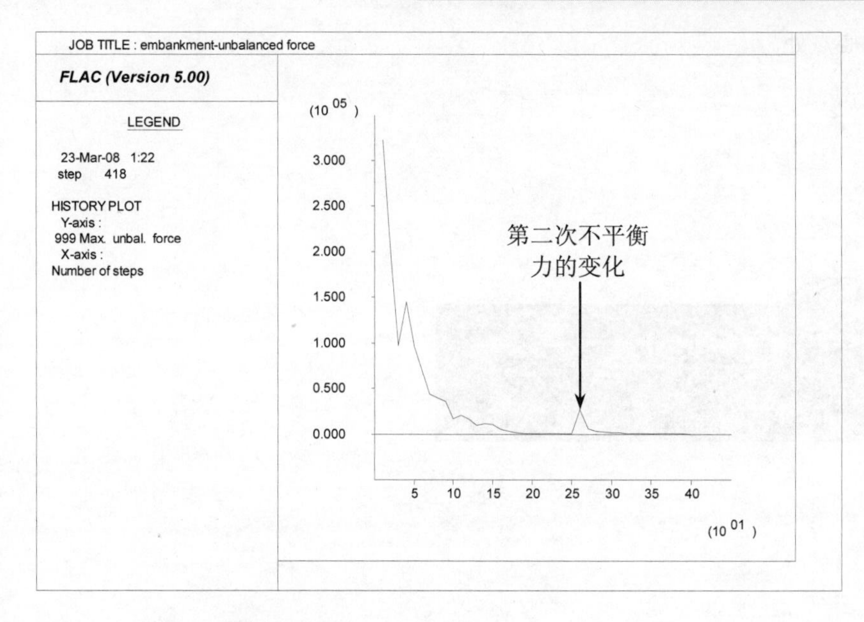

图 3-30　不平衡力的变化曲线

在本例的初始应力计算中，由于选择了 Solve Initial equilibrium as elastic model 选项，因此采用的计算方法是弹性模型方法。这种获得初始应力的方法计算过程分两步：①按照弹性参数进行计算（将塑性模型的强度参数 c 值和 tension 值取得无穷大），达到平衡状态；②再将材料的属性设置为真实的弹塑性参数，进行第二次计算达到平衡。所以，读者可以看到本例中生成的不平衡力曲线在计算过程的中间时步上又出现了一次不平衡力的突变。这种采用弹性模型求解初始应力的方法较方便，但是有一个前提条件，就是所有参与计算的网格均为 Mohr 材料，若该条件不满足则计算中会出现错误提示。

3.5.6　路堤堆载的模拟

初始应力计算完成后，将计算结果保存为 Embank1.sav，下面开始路堤堆载的模拟。

步骤 1　单击命令窗口下面的 Follow 按钮，表示在 Embank1.sav 的基础上打开一个新的状态文件，并将初始应力计算中的节点速度和位移清零。

步骤 2　堆载第一层土。利用 Cut&Fill 按钮，将 Fill-1 组网格设为 Fill，利用 Solve 命令进行求解，求解完成后将计算结果保存为 Embank2.sav。

步骤 3　继续 Follow 一个新的计算状态，注意此时不用再将节点的位移和速度清零，以相同的方法堆载第二层土，计算结果保存为 Embank3.sav。

3.5.7　后处理

后处理的内容包括显示加载后土体的水平位移、沉降、应力等，主要使用 Plot 选项卡。

步骤 1　查看已有的 syy 标签和 ydisp 标签的图形，了解计算结束后土体的竖向应力和沉降分布情况。从沉降云图（图 3-31）中可以看出，路堤堆载作用引起的地基沉降最大值约为 20cm，且最大沉降位置位于路堤中心点处。

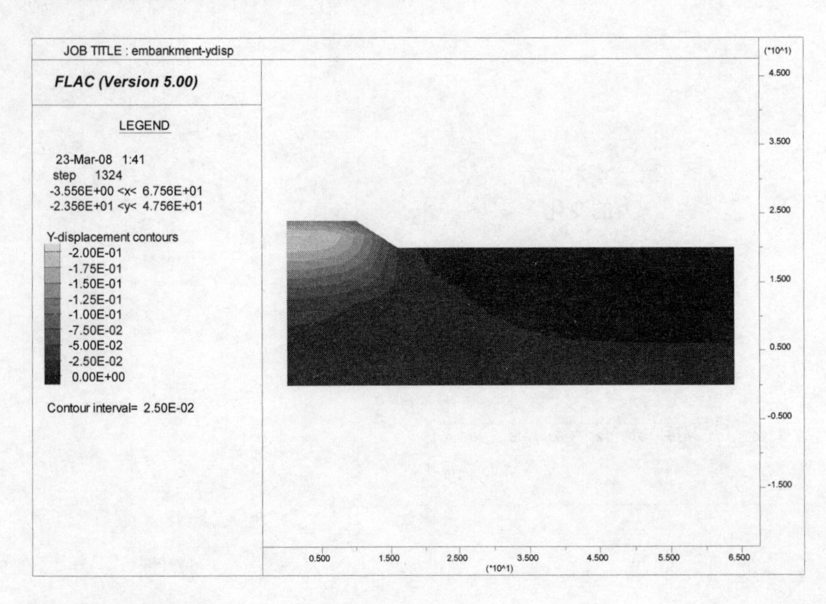

图 3-31　堆载结束后土体沉降云图

步骤 2　建立模型的水平位移云图，标签为 xdisp，如图 3-32 所示。可以看出，水平位移主要发生在坡脚以下一定深度处，最大水平位移约 7cm。

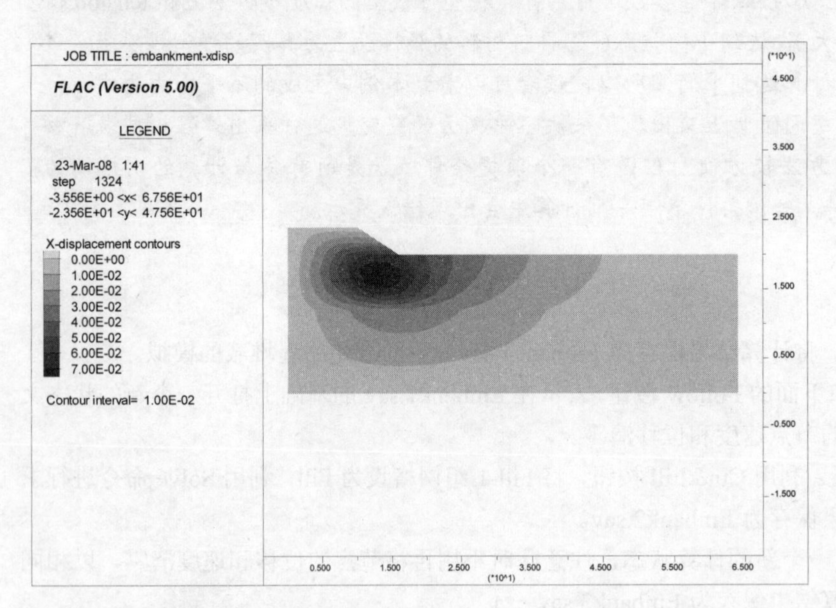

图 3-32　堆载结束后土体的水平位移云图

步骤 3　查看表层沉降曲线。采用 Plot 选项卡中的 Profile 按钮，选择模式为 grid，节点变量为 Contour – GP / ydisp，将绘图窗口中的红色标线设置到地基表面（标高 20m 处），单击 Create Profile 按钮，生成地基表面的沉降曲线，见图 3-33 所示。可以看出，堆载作用使堆载区域的地基产生了沉降，而路堤坡脚位置以外的地表出现了一定的隆起变形，但隆起变形量较小，且随着离开坡脚距离的增加而逐渐减小。

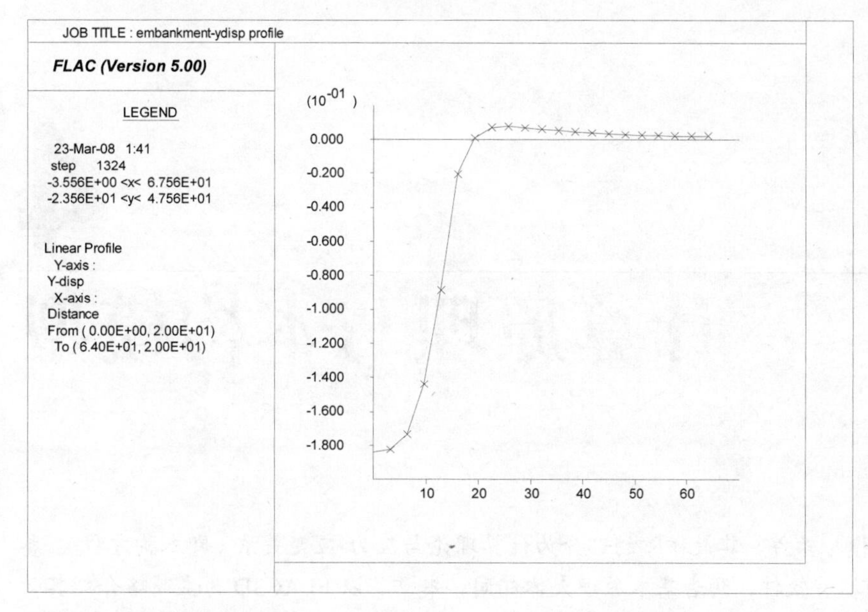

图 3-33 地基表面沉降曲线

3.6 本章小结

本章介绍了 FLAC 入门的基本知识，包括图形化界面、节点和网格、文件系统、功能模块等，并通过一个简单模型的开挖实例和路堤堆载的应用实例对 FLAC 的具体操作做了讲解。通过本章的学习，读者可以利用 FLAC 进行简单的静力分析。

FLAC 是二维程序，某种程度上具有一定的使用局限性，但是二维问题通常采用的网格数较少，边界条件相对简单，适合进行问题的机理分析，同时相对于 FLAC3D 而言，具有较快的分析速度和较高的计算效率，因此在工程问题中可以普遍采用。

4

计算原理与本构模型

作为一款岩土工程模拟软件，其最核心的部分为计算理论与应力-应变关系（即本构方程）。鉴于 FLAC3D 为 FLAC 的扩展软件，两者基本原理大体相同，本章将以 FLAC3D 为主简略介绍其计算的基本理论和本构模型。

本章重点：

✓ FLAC/FLAC3D 的基本理论

✓ 岩体、土体常用本构模型及其适用范围

4.1 计算基本原理

FLAC/FLAC3D 软件的名称源于其采用的拉格朗日连续介质法（Fast Lagrangian Analysis of Continua），因拉格朗日连续介质法属于有限差分法，因此，FLAC/FLAC3D 是有限差分软件，而非有限元软件。此外，FLAC/FLAC3D 还采用了混合离散法和动态松弛法，这与有限元软件不同。本节将简略介绍这些基本理论。

4.1.1 有限差分法

在采用数值计算方法求解偏微分方程时，若将每一处导数由有限差分近似公式替代，从而把求解偏微分方程的问题转换成求解代数方程的问题，即所谓的有限差分法。有限差分法求解偏微分方程的步骤如下：

步骤 1 区域离散化，即把所给偏微分方程的求解区域细分成由有限个格点组成的网格，如图 4-1 所示。

步骤 2 近似替代，即采用有限差分公式替代每一个格点的导数。

步骤 3 逼近求解。换而言之，这一过程可以看作是用一个插值多项式及其微分来代替偏微分方程的解的过程（Leon，Lapidus，George F.Pinder，1985）。

由于岩土工程问题的基本方程（平衡方程、几何方程、本构方程）和边界条件多以微分方程的形式出现，对此，FLAC/FLAC3D 采用有限差分法求解，这便是 FLAC/FLAC3D 被称为有限差分软件的原因。

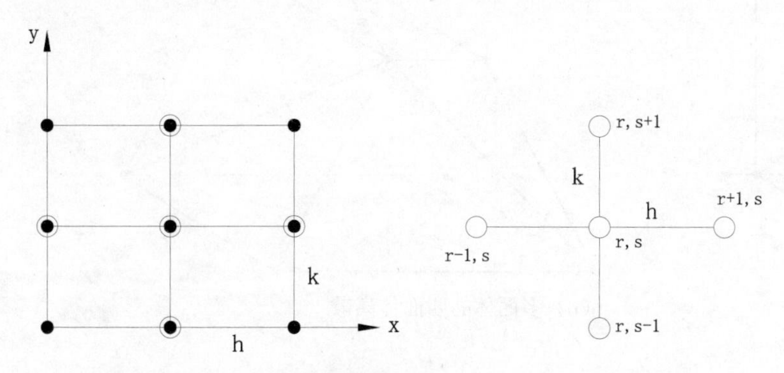

（a）标准的五点格式二维有限差分网格

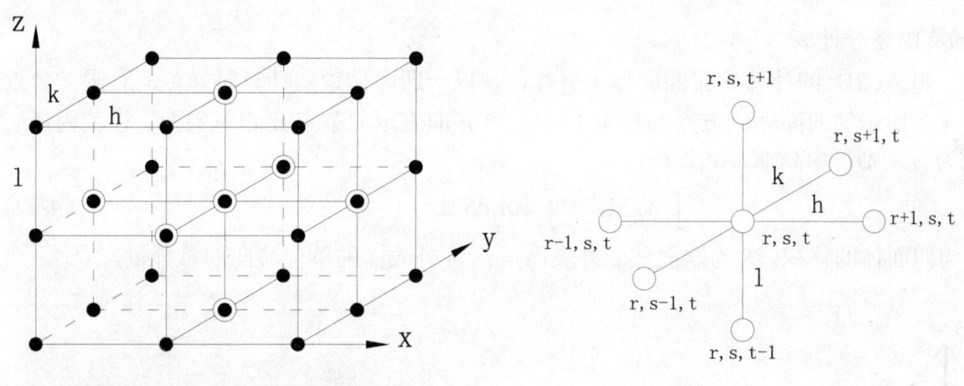

（b）标准的七点格式三维有限差分网格

图 4-1　标准的有限差分网格（r，s，t 为节点编号；h，k，l 为步长）

4.1.2　混合离散法

在三维常应变单元中，四面体具有不产生沙漏变形的优点（例如，节点合速度引起的变形不产生应变率，自然也不会产生节点力增量）。但是，将其应用于塑性结构中时，四面体单元提供不了足够的变形模式。例如，在特殊情况下，某些本构方程要求单元在不产生体积变形的情况下发生单独变形，但四面体单元无法满足这一要求。因为在这种情况下，单元通常会表现出比理论要求的刚度大得多的响应特性。为解决这一难题，FLAC3D 采用了“混合离散化法”（Marti and Cundall，1982）。

混合离散化法的基本原理是通过适当调整四面体应变率张量中的第一不变量，来给予单元更多体积变形方面的灵活性。在这一方法中，区域先离散为常应变多面体单元；接着，在计算过程中，每个多面体又进一步离散为以该多面体顶点为顶点的常应变四面体，如图 4-2 所示，并且所有变量均在四面体上进行计算；最后，取多面体内四面体应力、应变的加权平均值作为多面体单元的应力、应变值。在此特定变形模式下，单个常应变单元将经历一个与不可压缩塑性流动理论不符的体积改变过程。在这一过程中，四面体组（或称区域）的体积保持不变，并且每个四面体都能映射区域的性质，以使其力学行为符合理论预期。

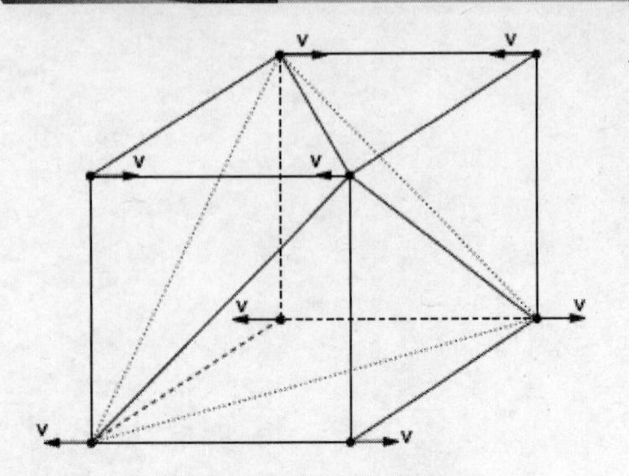

（a）标准六面体的四面体离散

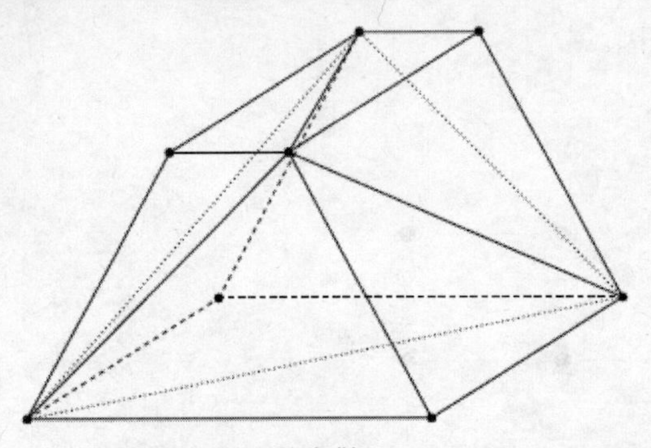
（b）多面体的四面体离散

图 4-2　有限差分区域的四面体离散

4.1.3　求解过程

1. 导数的有限差分近似

前已述及，FLAC3D 的计算均在四面体上进行，现以一四面体说明计算时导数的有限差分近似过程。如图 4-3 所示的四面体，节点编号为 1～4，第 *n* 面表示与节点 *n* 相对的面，设其内任一点的速率分量为 v_i，则可由高斯公式得：

$$\int_V v_{i,j}\mathrm{d}V = \int_S v_i n_j \mathrm{d}S \tag{4-1}$$

式中：*V* 为四面体的体积，*S* 为四面体的外表面，n_j 为外表面的单位法向向量分量。

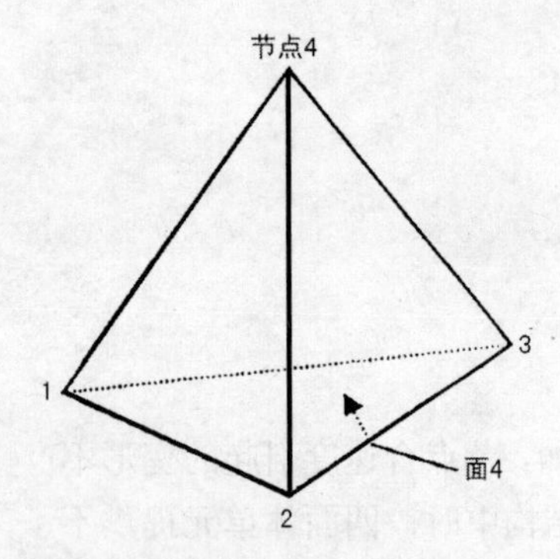

图 4-3　四面体

对于常应变单元，v_i 为线性分布，n_j 在每个面上为常量，由式（4-1）可得

$$v_{i,j} = -\frac{1}{3V}\sum_{i=1}^{4} v_i^l n_j^{(l)} S^{(l)} \tag{4-2}$$

式中：上标 *l* 表示节点 *l* 的变量，(*l*) 表示面 *l* 的变量。

2. 运动方程

FLAC3D 以节点为计算对象，将力和质量均集中在节点上，然后通过运动方程在时域内进行求解。节点运动方程可表示为如下形式：

$$\frac{\partial v_i^l}{\partial t} = \frac{F_i^l(t)}{m^l} \tag{4-3}$$

式中：$F_i^l(t)$ 为在 *t* 时刻 *l* 节点的在 *i* 方向的不平衡力分量，可由虚功原理导出；m^l 为 *i* 节点的集中质量，在分析静态问题时，采用虚拟质量以保证数值稳定，而在分析动态问题时则采用实际的集中质量。

将式（4-3）左端用中心差分来近似，则可得到

$$v_i^l(t+\frac{\Delta t}{2})=v_i^l(t-\frac{\Delta t}{2})+\frac{F_i^l(t)}{m^l}\Delta t \tag{4-4}$$

3. 应变、应力及节点不平衡力

FLAC3D 由速率来求某一时步的单元应变增量，如下式：

$$\Delta e_{ij}=\frac{1}{2}(v_{i,j}+v_{j,i})\Delta t \tag{4-5}$$

式中：速率可由式（4-5）近似。

有了应变增量，可由本构方程求出应力增量，然后将各时步的应力增量叠加即可得到总应力。在大变形情况下，尚需根据本时步单元的转角对本时步前的总应力进行旋转修正。随后，即可由虚功原理求出下一时步的节点不平衡力，进入下一时步的计算，其具体公式不再赘述。

4. 阻尼力

对于静态问题，FLAC3D 在式（4-3）的不平衡力中加入了非粘性阻尼，以使系统的振动逐渐衰减，直至达到平衡状态（即不平衡力接近零）。此时式（4-3）变为

$$\frac{\partial v_i^l}{\partial t}=\frac{F_i^l(t)+f_i^l(t)}{m^l} \tag{4-6}$$

阻尼力 $f_i^l(t)$ 为

$$f_i^l(t)=-\alpha\left|F_i^l(t)\right|\mathrm{sign}(v_i^l) \tag{4-7}$$

式中：α 为阻尼系数，其默认值为 0.8，而

$$\mathrm{sign}(y)=\begin{cases}+1 & (y>0)\\ -1 & (y<0)\\ 0 & (y=0)\end{cases} \tag{4-8}$$

5. 计算循环

由以上可以看出 FLAC3D 的计算循环，如图 4-4 所示。

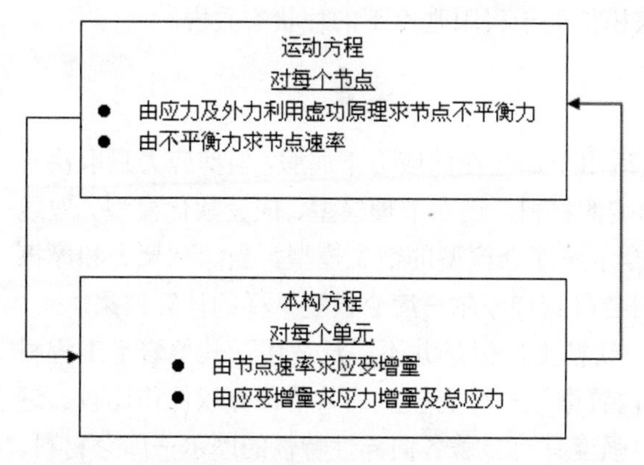

图 4-4 FLAC3D 的计算循环图

4.2 本构模型

岩土本构关系是指通过一些试验测试少量的岩体、土体弹塑性应力－应变关系曲线，然后再通过岩土塑性理论及某些必要的补充假设，将这些试验结果推广到复杂应力、组合状态上去，以求取应力－应变的普遍关系；将这种应力－应变关系以数学表达式表达，即称为岩土本构模型。岩土材料的多样性及其力学特性的差异性，使得人们无法采用统一的本构模型来表达其在外力作用下的力学响应特性，因而开发出了多种岩土本构模型。FLAC3D 中内置 12 种岩土本构模型以适应各种工程分析的需要，它们是：

- 空模型；
- 3 个弹性模型（各向同性、横观各向同性和正交各向同性弹性模型）；
- 8 个塑性模型（德鲁克-普拉格模型、摩尔-库仑模型、应变硬化/软化模型、遍布节理模型、双线性应变硬化/软化遍布节理模型、修正的剑桥模型、双屈服模型和霍克－布朗模型）。

本节简略介绍这 12 种本构模型并推荐几种使用它们的方法，模型的背景知识和相关公式可参考 FLAC3D 理论与背景中的本构模型部分和其他有关文献（郑颖人，沈珠江，等，2002），本节不予介绍。

4.2.1 空模型

空模型通常用来表示被移除或开挖的材料，且移除或开挖区域的应力自动设置为零。在数值模拟的后续阶段，空模型材料也可以转化成其他的材料模型。采用这种模型，可以进行诸如开挖、回填之类的模拟。

4.2.2 弹性模型

弹性本构模型具有卸载后变形可恢复的特性，其应力－应变规律是线性的，与应力路径无关。各向同性弹性模型提供了材料性质最简单的表述，这种模型适用于应力－应变特性呈线性关系的无卸载和滞后现象的均质、各向同性、连续介质材料。横观各向同性弹性模型适用于模拟在各层的法线方向和切线方向的弹性模量有明显差异的层状弹性材料。正交各向异性弹性模型适用于具有良好各向异性弹性性质的弹性材料。例如，它可以用来模拟处于极限强度下的柱状玄武岩。

4.2.3 塑性模型

摩尔－库仑模型是最通用的岩土本构模型，它适用于那些在剪应力下屈服，但剪应力只取决于最大、最小主应力，而第二主应力对屈服不产生影响的材料。遍布节理模型、应变软化模型、双线性应变软化/遍布节理模型和双屈服模型实际上是摩尔－库仑模型的衍生模型。当除粘聚力和摩擦角外的其他摩尔－库仑参数都取很大的值时，它们会得到和摩尔－库仑模型一样的计算结果。

德鲁克－普拉格模型适用于模拟摩擦角较小的软粘土，但是并不广泛适用于其他岩土工程材料，将它内置于 FLAC3D 中主要是用来同其他未内置摩尔－库仑模型的数值计算软件作比较。遍布节理模型适用于模拟因内部存在软弱层致使材料强度具有显著各向异性特性的摩尔－库仑材料。应变硬化/软化摩尔－库仑模型适用于模拟外荷载超过屈服极限时抗剪强度会增大或减小的摩尔－库仑材料。双线性应变硬化/软化遍布节理模型是广义的遍布节理模型，它允许材料基质和节理的强度发生硬化或软化。双屈服模型是应变软化模型的延伸，它适用于模拟会产生不可恢复压缩变形和剪切屈服的岩土材料。修正的剑桥模型适用于模拟体积变化会对变形和抗屈服能力产生影响的岩土材料。霍克－布朗模型为一个经验关系式，它表示各向同性的完整岩石或岩体的非线性强度屈服面，其塑性流动法则是随侧限应力水平变化的函数。

4.2.4 本构模型的选择

本构模型是对岩土材料力学性质特性的经验性描述，表达的是外载条件下岩体、土体的应力－应变关系，因此，本构模型的选择是数值模拟的一个关键性步骤。当为某个具体的工程分析选择本构模型时，必须考虑以下两点：

- 工程材料的已知力学特性；
- 本构模型的适用范围；

只有当选择的本构模型与工程材料力学特性契合度较高时，其选择才是合理的。这里简述 FLAC3D 中各本构模型的典型特点，表 4-1 给出的是各本构模型适用的典型材料和应用范围。

表 4-1 FLAC3D 中的本构模型

本构模型	代表的材料类型	应用范围
空模型	空	洞穴、开挖以及回填模拟
各项同性弹性模型	均质各向同性连续介质材料，具有线性应力应变行为的材料	低于强度极限的人工材料（如钢材）力学行为的研究、安全系数的计算等
正交各向异性弹性模型	具有三个相互垂直的弹性对称面的材料	低于强度极限的柱状玄武岩的力学行为研究
横观各向同性弹性模型	具有各向异性力学行为的薄板层装材料（如板岩）	低于强度极限的层状材料力学行为研究
德鲁克－普拉格塑性模型	极限分析、低摩擦角软粘土	用于和隐式有限元软件比较的一般模型
摩尔－库仑塑性模型	松散或胶结的粒状材料：土体、岩石、混凝土	岩土力学通用模型（如边坡稳定、地下开挖等）
应变强化/软化摩尔－库仑塑性模型	具有非线性强化和软化行为的层状材料	材料破坏后力学行为（失稳过程、矿柱屈服、顶板崩落等）的研究
遍布节理塑性模型	具有强度各向异性的薄层状材料（如板岩）	薄层状岩层的开挖模拟
双线性应变强化/软化摩尔－库仑塑性模型	具有非线性强化和软化行为的层压材料	层状材料破坏后的力学行为研究
双屈服塑性模型	压应力引起体积永久缩减的低胶结粒状散体材料	注浆或水力充填模拟
修正剑桥模型	变形和抗剪强度是体变函数的材料	位于粘土中的岩土工程研究
霍克－布朗塑性模型	各向同性的岩质材料	位于岩体中的岩土工程研究

德鲁克－普拉格模型和摩尔－库仑模型是计算效率最高的两种塑性模型，其他塑性模型的计算则需要更大的内存和更多的时间。不过，这两个模型并不能直接计算出塑性应变；要获得塑性应变，

需采用应变软化、双线性遍布节理或双屈服模型，它们适用于破坏后的阶段对材料力学特性有重要影响的分析，如矿柱屈服、坍塌或回填的研究。

德鲁克－普拉格模型、摩尔－库仑模型、遍布节理模型、应变软化模型、双线性应变软化/遍布节理模型及双屈服模型均采用相同的拉伸破坏准则，该准则定义一个有别于抗剪强度的抗拉强度，以及一个与拉伸破坏相关的流动法则。对德鲁克－普拉格模型、摩尔－库仑模型、遍布节理模型来说，拉伸破坏时，抗拉强度是保持不变的。如果要模拟拉伸软化，则需采用应变软化模型、双线性应变软化节理模型和双屈服模型则。值得注意的是，理应伴随拉伸破坏和拉伸应变出现的孔隙并不记录下来，因为一旦应变率表现出压缩变形的特征时，所有模型都会立即采用压缩荷载进行处理。

双屈服模型和修正剑桥模型有以下 2 个共同点：

- 考虑了体积变化对材料变形和屈服特性的影响；
- 体积模量和剪切模量是塑性体积变形的函数。

上述的共同点使得很多用户容易产生混淆，以为这两种模型是可以相互替代的，实际上这两个模型有很大的不同，双屈服模型适用于模拟前期固结压力比较低的矿井回填材料，修正的剑桥模型则更适用于模拟前期固结压力对材料特性有重要影响的软粘土。其不同之处具体体现在：

在剑桥粘土模型中：

- 弹性变形是非线性的，弹性模量取决于平均应力的大小；
- 剪切破坏受塑性体积应变的影响：材料的硬化或软化程度取决于其前期固结程度；
- 随着应力的增加，材料将朝着临界状态发展，在此临界状态下，剪应力不断增加，比容和应力保持不变；
- 不能承受拉伸应力。

在双屈服模型中：

- 在弹性加载和卸载过程中，弹性模量保持不变；
- 由于发生的是体应变屈服，剪切和拉伸屈服与塑性体积变化没有关系；剪切屈服遵从摩尔－库仑准则，拉伸屈服通过拉伸强度评价；
- 通过表格（table）定义摩擦角和粘聚力与塑性剪切应变的关系以及拉伸强度与塑性拉伸应变的关系，以此来反映剪切或拉伸屈服时材料的硬化或软化；
- 体应变屈服发生时，帽盖压力并不随剪切或拉伸塑性变形变化，但随体积塑性应变增加；
- 可定义拉伸极限强度和拉伸软化程度。

霍克－布朗模型包括广义霍克－布朗准则和随侧限应力变化的塑性流动法则。在低侧限应力下，因轴向劈裂及楔入效应的影响，材料在破坏时会产生明显的体胀现象；在高侧限应力下，因侧向应力的约束作用要大于轴向劈裂及楔入效应的影响，材料几乎不产生体胀。

4.2.5　本构模型的执行方式

在 FLAC3D 中，有多种执行本构模型的方式，其中，通过命令 MODEL 调用内置模型或用户自定义模型是其中的标准方式。在 FLAC3D 启动时，内置本构模型即作为动态链接库（DLL）载入。这些模型的动态链接文件和可执行代码存放于文件夹“\FLAC3D”中，源代码存放于子文件夹“\ITASCA\Models”中。用户可以参考这些内置模型以建立自己的本构模型。如果用户的自定义模型是采用 C++语言编译的，那么它们与内置模型一样，可在 FLAC3D 启动时作为动态链接库载入。

当用户希望修改已有的本构模型（内置的或用户自定义的），以使其更符合特定材料的力学特性时，可通过下述 3 种方法实现：

- 调用 FISH 函数，以一个指定的步长增量（如每次 10 个时步）遍历所有区域，来修改内置模型的属性；
- 参阅本构模型的表达式，在每一时步中对用户自定义的模型属性进行修改；
- 以查阅表格（命令 **TABLE**）的方式对模型属性进行修改，例如在内置应变软化模型和双屈服模型中，使用表格将抗剪强度定义为塑性应变的函数。

在上述修改方法中，建议采用第三种方法，因为它是执行效率最高的方法；第一种方法是效率最低的。

4.3　本章小结

本章以 FLAC3D 为主，对 FLAC/FLAC3D 的基本计算理论和本构模型作了简略介绍，以使初学者对其核心的理论基础有个大体了解。事实上，软件使用水平的提高与使用者对其核心理论的了解和熟悉程度息息相关。因此，对 FLAC/FLAC3D 的掌握达到一定水平后，应适时了解和学习其相关理论。

5 FLAC3D 的网格建模方法

网格建模是数值分析软件计算的前提，是前处理的主要内容。FLAC3D 拥有功能强大的网格生成工具，可以快速生成各种复杂的三维网格，同时，FLAC3D 的网格模型可以用特定的数据文件来描述，用户可以在其他软件中生成三维网格，再将网格数据导入到 FLAC3D 中。本章将介绍 FLAC3D 的网格建模方法，包括利用网格生成器建立网格和其他软件的导入建模两种方法。

本章要点：

- ✓ FLAC3D 的基本形状网格
- ✓ 基本形状网格的连接和分离
- ✓ FISH 语言在网格建模中的应用
- ✓ 应用实例——层状边坡三维网格的建立
- ✓ FLAC3D 的网格数据形式
- ✓ 其他软件模型导入 FLAC3D 的方法
- ✓ ABAQUS 模型导入 FLAC3D 的转换程序

5.1 网格生成器及应用

FLAC3D 内置功能强大的网格生成器，它包含多种基本形状的网格，通过匹配、连接这些基本形状网格单元，能够生成一些较为复杂的三维结构网格。下面将详细讲述网格生成器在 FLAC3D 网格建模中的应用。

5.1.1 基本形状网格的特征

网格生成器中内置 13 种基本形状网格，作为网格模型的基本组成单元，它们是：六面块体网格（brick）、楔形体网格（wedge/uwedge）、四面体网格（tetra）、棱锥体网格（pyramid）、柱体网格（cylinder）、退化块体网格（dbrick）、块体外围渐变放射网格（radbrick）、六面体隧道外围渐变放射网格（radtunnel）、圆柱形隧道外围渐变放射网格（radcylinder）、柱形壳体网格（cshell）、柱形交叉隧道网格（cylint）和六面体交叉隧道网格（tunint）。这些基本形状网格的特征如表 5-1 所示。

表 5-1 FLAC3D 基本形状网格的基本特征

形状	名称	关键词	控制点个数	单元划分的方向个数	内部区域单元划分的方向个数	能否填充	适用范围
	六面块体网格	brick	8	3	0	不能	使用最广泛的网格形状
	退化块体网格	dbrick	7	3	0	不能	不常用
	楔形体网格	wedge	6	3	0	不能	用于存在坡面的模型的建立
	均匀楔形体网格	uwedge	6	3	0	不能	用于存在坡面的模型的建立
	棱锥体网格	pyramid	5	3	0	不能	不常用
	四面体网格	tetrahedron	4	3	0	不能	不常用
	柱体网格	cylinder	6	3	0	不能	用于圆柱体模型的建立，如桩、三轴试验的模型
	块体外围渐变放射网格	radbrick	15	4	3	能	用于硐室模型的建立
	六面体隧道外围渐变放射网格	radtunnel	14	4	4	能	用于隧道模型的建立
	柱形隧道外围渐变放射网格	radcylinder	12	4	4	能	用于隧道模型的建立
	柱形壳体网格	cshell	10	4	4	能	用于隧道模型的建立

续表

形状	名称	关键词	控制点个数	单元划分的方向个数	内部区域单元划分的方向个数	能否填充	适用范围
	柱形交叉隧道网格	cylint	14	5	7	能	用于交叉隧道模型的建立
	六面体交叉隧道网格	tunint	17	5	7	能	用于交叉隧道模型的建立

可以发现，数量众多的基本形状网格为特定的岩土工程问题的建模提供了便利，比如使用柱形网格就可以完成桩土相互作用的建模，使用交叉隧道的基本网格可以完成复杂隧道的建模。

5.1.2 基本形状网格的建立

FLAC3D 使用命令 generate zone 生成三维实体网格，它实际上是通过调用网格库中的基本形状网格，对其进行匹配、连接，最终得到用户期望的几何形状的实体网格模型。表 5-2 列出的是生成基本形状的网格时常用的关键词。

表 5-2　使用 generate zone 生成基本形状网格的常用关键词

关键词	用途	关键词	用途
add	用于以 p0 为原点的局部坐标系建模	group	定义某一范围内网格组名
dimension	定义内部区域的尺寸	p0～p16	建立各种形状网格的控制点
edge	定义网格边长	ratio	定义相邻网格单元尺寸大小比率
fill	定义网格内部填充区域	size	定义网格在各坐标方向上的单元数目

尽管 FLAC3D 内置网格数目多达 13 种，但基本可以归为四大类，即六面块体网格、退化网格、放射网格和交叉网格，下面将分别详述这四大类基本形状网格的建立。

1. 块形网格

六面块体网格（如图 5-1 所示）是 FLAC3D 中最常用的网格形式，通过它可以组合成各种六面体网格单元实体。

生成这种实体网格的完整命令文件如下：

```
generate zone brick p0 x0 y0 z0 p1 x1 y1 z1 …… p7 x7 y7 z7 size n1 n2 n3 ratio r1 r2 r3
```

或者

```
generate zone brick p0 x0 y0 z0 p1 add x1 y1 z1 …… p7 add x7 y7 z7 size n1 n2 n3 ratio r1 r2 r3
```

命令文件中，generate 为“生成网格”之意，可以缩写为 gen，zone 表示该命令文件生成的是实体单元，brick 关键词表明建立的网格采用的是 brick 基本形状，p0，p1……p7 是块体单元的 8 个控制点，其后跟这些点的三维坐标值（xn, yn, zn），含义是由 8 个点可确定一个六面体网格。不过，p0～p7 各点的定义需遵从“右手法则”，不能随意颠倒顺序。如果采用全局坐标系，三维坐标值应为建模空间内的全局三维坐标值；若采用局部坐标系，则除 p0 点采用全局三维坐标值外，其他点的坐标值都必须取其相对于点 p0 的三维坐标值，且在点编号后加关键词 add（见本节第 2 行命令）。size 为定义坐标轴（x，y，z）方向网格单元数目的关键词，其后跟划分的单元数目（n1，n2，n3）；ratio 为定义相邻单元尺寸大小比率的关键词，其后跟坐标轴方向相邻网格单元的比率（r1，r2，r3）。

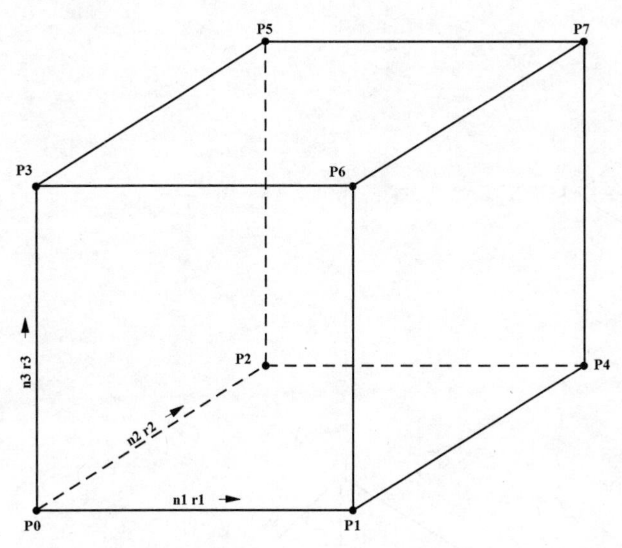

图 5-1　六面块体网格

如果生成的是长方体网格，前述命令可以简化为：

```
generate zone brick p0 x0 y0 z0 p1 x1 y1 z1 p2 x2 y2 z2 p3 x3 y3 z3 size n1 n2 n3 ratio r1 r2 r3
```

或者

```
generate zone brick p0 x0 y0 z0 p1 add x1 y1 z1 p2 add x2 y2 z2 p3 add x3 y3 z3 size n1 n2 n3 ratio r1 r2 r3
```

即只需采用 4 个控制点即可确定该长方体。此外，当网格的几何形状为立方体时，上述命令文件可以用

```
generate zone brick p0 x0 y0 z0 edge evalue size n1 n2 n3 ratio r1 r2 r3
```

替代，进一步简化，关键词 edge 后跟的 evalue 是立方体的边长。

2. 退化网格

除退化块体网格外（如图 5-2 所示），楔形体网格、棱锥体网格和四面体网格（如图 5-3 至图 5-5 所示）也可视为块体网格的变种，故统称它们为退化网格。之所以将它们归为一类，原因在于将六面块体网格的控制点数目适当减少，就能生成这些网格单元形状。这些网格形状都不是常用的网格类型，它们一般用来构建和组合几何形状较为复杂的网格。它们的生成命令文件形式与块体网格单元的文件形式类似，更换 zone 后的网格类型关键词，然后按照命令要求按“右手法则”有序地输入各控制点的三维坐标值即可生成各种形状的退化网格，其命令文件不再赘述。

3. 放射状网格

所谓放射状网格是指由于基本形状网格区域的内外边长（或对边）大小不等，从而造成剖分后的网格单元呈放射状扩散的网格，柱体网格、块体外围渐变放射网格、六面体隧道外围渐变放射网格、柱形隧道外围渐变放射网格和柱形壳体网格（见图 5-6 至图 5-10）都可归为此类。这类网格在一些特殊几何形状网格模型（如隧道、硐室模型）的建立过程中经常用到，配合“镜像”等操作可以有效减小建模的工作量。这类形状网格的建模命令与退化网格基本相同。

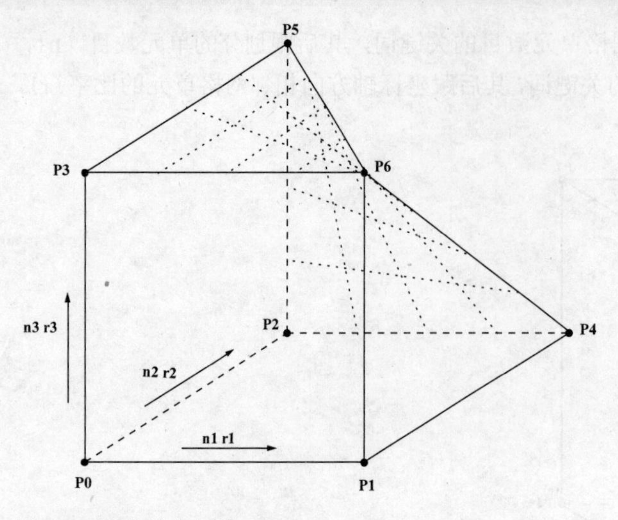

图 5-2　退化块体网格

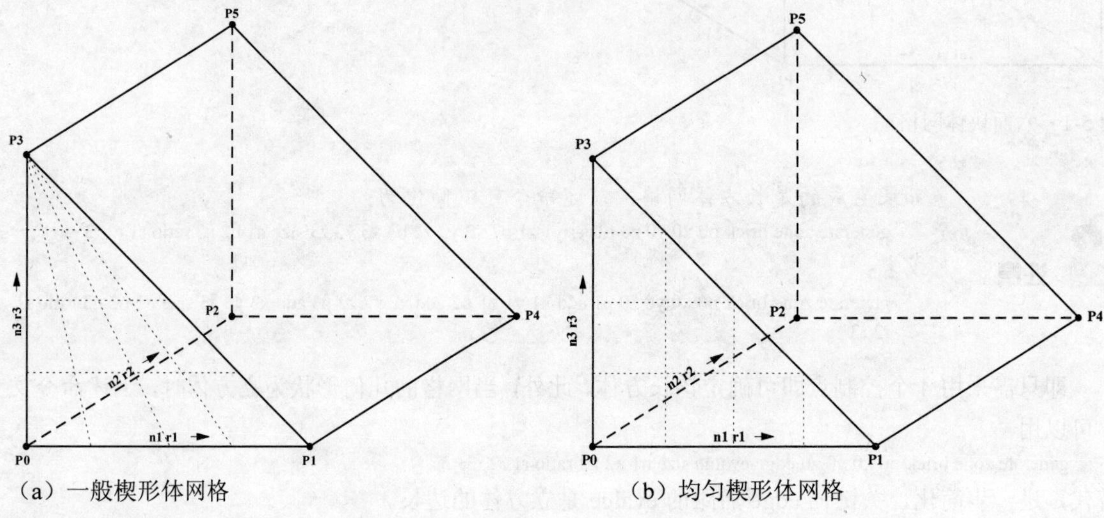

（a）一般楔形体网格　　　　（b）均匀楔形体网格

图 5-3　楔形体网格

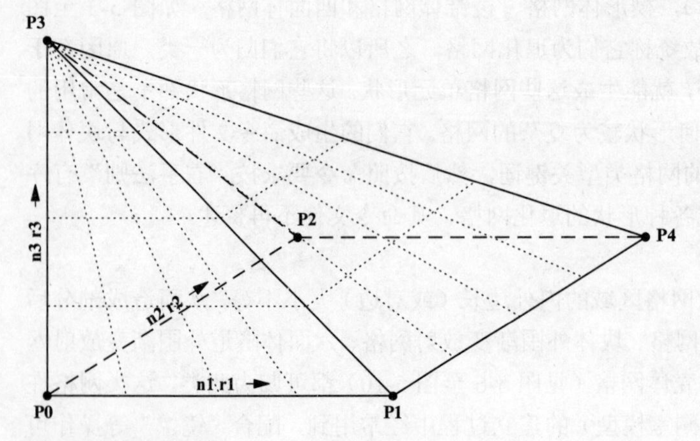

图 5-4　棱锥体网格

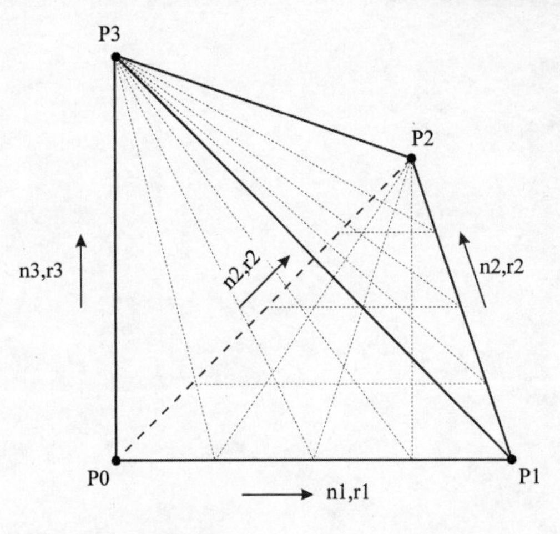

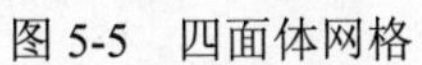
图 5-5　四面体网格

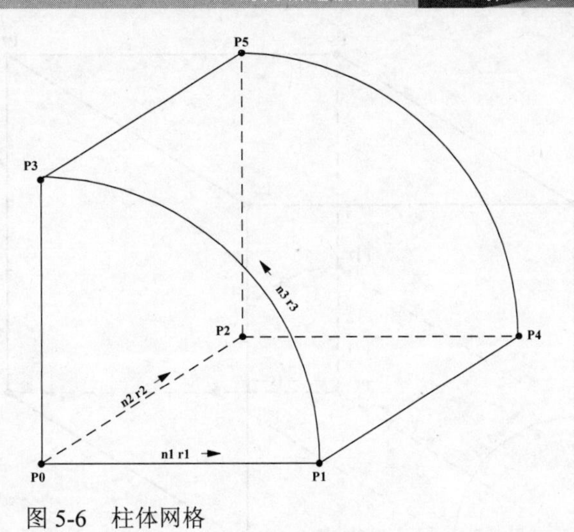

图 5-6　柱体网格

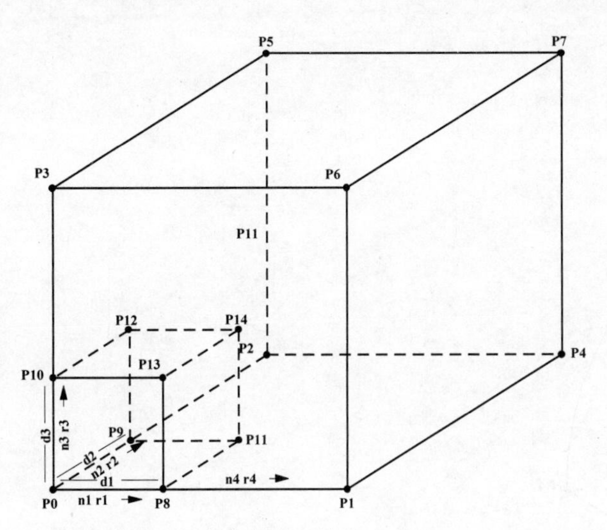

图 5-7　块体外围渐变放射网格单元

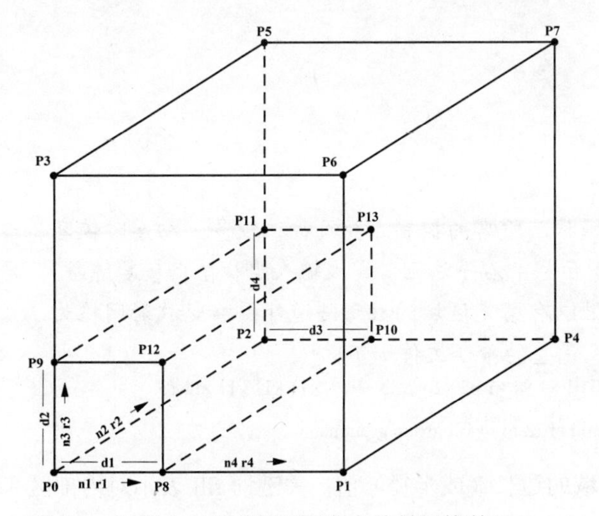

图 5-8　平行六面体隧道外围渐变放射网格单元

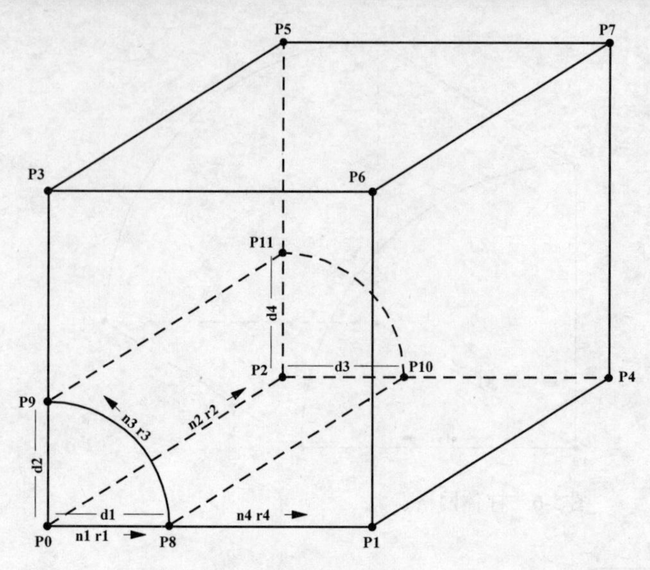

图 5-9　柱形隧道外围渐变放射网格单元

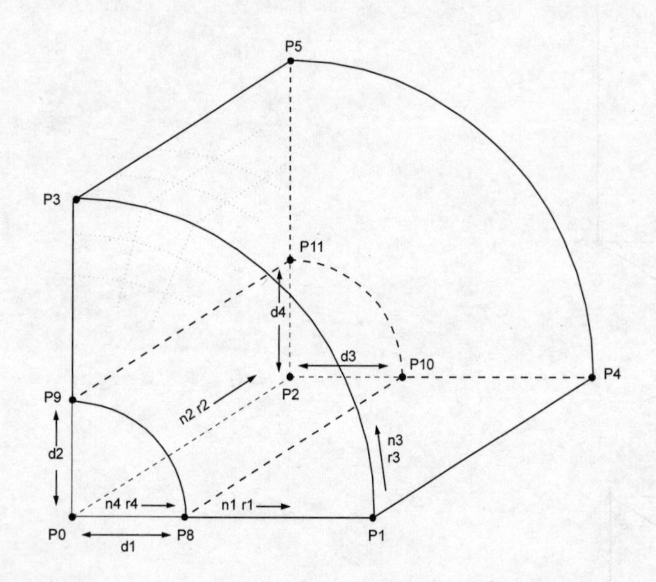

图 5-10　柱形壳体单元

注意

这类网格内部若存在可填充区域时，所需的控制点数目往往较多，初学时较容易犯错，建议读者根据各网格图示按“右手法则”逐次输入坐标值，反复练习，予以体会，做到熟能生巧。这里以有填充区域的柱形隧道外围渐变放射网格为例，说明这类网格的建立过程。完整的命令文件如下：

```
generate zone radcylinder p0 x0 y0 z0 p1 x1 y1 z1 p2 x2 y2 z2 …… p11 x11 y11 z11 &
dimension d1 d2 d3 d4 size n1 n2 n3 n4 ratio r1 r2 r3 r4 fill group groupname
```

命令中，关键词 dimension 后跟确定内部区域的边长（或半径）值；关键词 fill 表示对内部区域进行填充，其后如跟关键词 group，则表明对填充区域进行了有别于外围材料的命名，组名为

groupname。组名可随意更改，只要它不与 FLAC3D 中的命令、关键词和内置变量名冲突即可。

4. 交叉网格

交叉网格是 FLAC3D 中最复杂的基本形状网格，需用的控制点数目最多达 16 个。这类网格主要包括柱形交叉隧道网格和六面体交叉隧道网格（如图 5-11 和图 5-12 所示），通常用于存在相互交叉的隧道和巷道网格的建立。交叉网格的生成命令文件与前述的柱形隧道外围渐变放射网格极为类似，这里不再赘述。

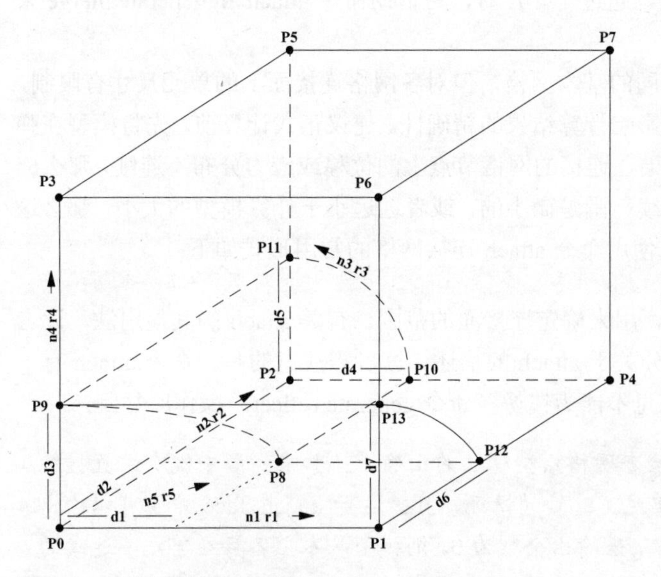

图 5-11　柱形交叉隧道网格

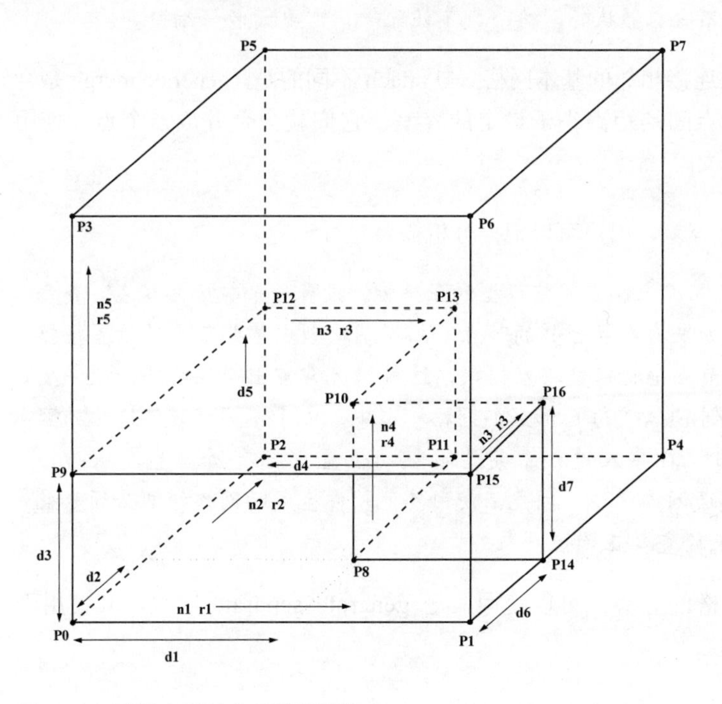

图 5-12　平行六面体交叉隧道网格

5.1.3 基本形状网格的连接与分离

建立复杂几何形状的网格时，单一采用某一基本形状网格有时候难以达到目的，这时就要对基本网格进行匹配、连接，才能得到与分析对象相符的网格形状。使用 generate zone 生成网格时，系统会自动检测连接处的节点，如果已有节点和将要生成的节点的坐标值不超过 1×10^{-7} 时，系统默认它们为相同的点，生成新网格时，在连接处直接使用基本网格节点，不再生成新的节点。如果已有节点和将要生成的节点的坐标值差别较大，超过 1×10^{-7} 时，可借助命令 attach 和 generate merge 来实现基本形状网格的连接。

命令 attach 可以用来连接单元大小不同的基本网格，但对各网格连接面上的单元尺寸有限制，要求它们之间的比率成整数倍，以使得不影响计算结果的精确性。建议正式计算前，先将模型在弹性条件下试运行以检测比率是否合适。如果在连接的网格节点上的位移或应力分布不连续，那么应调整连接面上单元尺寸的比率；如果不连续范围是微小的，或者远远小于计算模型的大小，那么这对计算结果的影响有限，可不进行调整。使用命令 attach 连接网格的常用形式如下：

```
attach face range <……>
```

命令中 range 后跟定义范围的关键词，用来确定连接面的范围。有关 attach 的其他用法，读者可以参考用户手册 command reference 部分关于 attach 的描述。读者需注意的是，命令 attach 有一定的适用范围，采用它连接后的网格的信息不能为镜像（命令 generate reflect）操作所复制。

attach face 命令常用来检查网格模型建立的正确性。如果模型中没有设置接触面，也没有设置特定的单元不连续的情况，直接运行 attach face 命令可以输出网格中被连接的节点个数，若输出个数为 0，则模型基本上不存在单元不连续的情况；若输出被连接的节点个数不为 0，则要特别注意，很可能建模过程中存在一些错误，比如相邻基本形状的网格个数不匹配等，需要读者仔细检查。

命令 generate merge 也可以用来连接相邻的基本网格。与 attach 不同的是，generate merge 是合并某一容差范围内的节点，即相邻点间的距离小于设定的容差，它们就会合并成一个点。使用 generate zone 生成基本网格后，输入如下命令：

```
generate merge vtol
```

即可实现基本网格间的连接，vtol 为容差，用户可以根据分析需要自行设定。

gen merge 命令也可以用来检查网格模型的正确性。设置一个较小的容差，查看命令的运行结果，如果存在被合并的节点，则说明模型中某些节点的位置很接近，建模时设置的节点坐标可能存在错误，这种情况常常出现在将其他软件生成的网格文件导入到 FLAC3D 后形成的网格模型中，由于不同的软件输出的网格信息的精度不同，在导入过程中某些节点的位置坐标有所偏差，从而在 FLAC3D 读入时造成网格错误。因此，使用其他软件生成的网格模型必须要采用 gen merge 命令来检查其正确性。

对于已建成的网格，要实现网格的分离，可以使用命令 generate separate 实现，其使用形式如下：

```
generate separate gname
```

关键词 separate 后的 gname 为分离母体网格的网格组名，名称可自行设定。这一命令使用后，分离网格与母体网格共用的面上的点将会复制一份，从而实现网格的真正分离。generate separate 常与命令 interface wrap 联合应用于接触面单元的生成，这一用法将在本书第 9 章予以详述。

5.1.4　FISH 在网格建模中的应用

当模型较为复杂，采用 FLAC3D 中内置的基本网格不容易构造时，可以使用 FISH 语言调整基本网格的节点来生成模型。这里介绍清华大学戴荣博士完成的一个球体模型的有趣例子，读者可参考学习。

例 5.1　球体模型的建立

```
new                                                     ;开始一个新的分析
; ================================
; 定义球体半径和半径方向上单元网格数
; ================================
def parm
  rad=10.0                                              ;定义球体半径
  rad_size=5                                            ;定义球体半径方向网格单元数目
end
parm
; ================================
; 建立八分之一球体外接立方体网格
; ================================
gen zone pyramid p0 rad 0 0 p1 rad 0 rad p2 rad rad 0 p3 0 0 0 &
p4 rad rad rad size rad_size rad_size rad_size group 1
gen zone pyramid p0 0 rad 0 p1 rad rad 0 p2 0 rad rad p3 0 0 0 &
p4 rad rad rad size rad_size rad_size rad_size group 2
gen zone pyramid p0 0 0 rad p1 0 rad rad p2 rad 0 rad p3 0 0 0 &
p4 rad rad rad size rad_size rad_size rad_size group 3
; ===================================
; 利用 FISH 语言将内部立方体节点调整到球面
; ===================================
def make_sphere
  p_gp=gp_head
  loop while p_gp#null
; 获取节点点坐标值：P=(px,py,pz)
    px=gp_xpos(p_gp)
    py=gp_ypos(p_gp)
    pz=gp_zpos(p_gp)
    dist=sqrt(px*px+py*py+pz*pz)                        ;计算球心到节点的距离
if dist>0 then
; 节点位置调整
      maxp=max(px,max(py,pz))                           ;获得某一节点坐标值中的最大值
      k=(maxp/rad)*(rad/dist)                           ;计算坐标调整参数
      gp_xpos(p_gp)=k*px                                ;调整节点 x 坐标
      gp_ypos(p_gp)=k*py                                ;调整节点 y 坐标
      gp_zpos(p_gp)=k*pz                                ;调整节点 z 坐标
    end_if
    p_gp=gp_next(p_gp)
  end_loop
end
make_sphere
; ================================
; 利用镜像生成完整球体网格
; ================================
```

```
gen zone ref                          ;以 z=0 平面为对称面镜像生成网格
gen zone ref dip 90                   ;以 y=0 平面为对称面镜像生成网格
gen zone ref dip 90 dd 90①            ;以 x=0 平面为对称面镜像生成网格
; ===============================
; 显示球体网格
; ===============================
plot surf
pl set back wh
pl bl gr
```

这一球体模型构建的基本思路如图 5-13 所示。

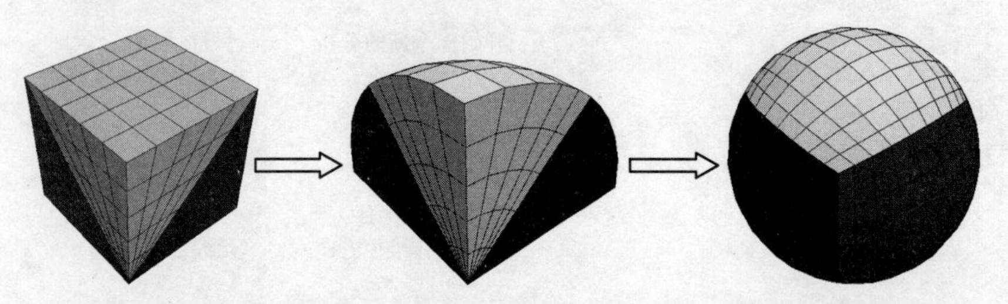

图 5-13　球体网格构建基本思路

步骤 1　建立球体的外接立方体模型的八分之一网格（由三个棱锥体网格组合而成）（以模型左下角顶点为球心）；

步骤 2　通过函数 make_sphere 循环将每个内部立方体节点从原位置调整到相应的球面上，具体做法是通过在球心到节点处的线段上设置距离球心长度为球体半径的点来实现；

步骤 3　利用球体的对称性，通过镜像操作建立完整的球体模型。思路的核心是利用 FISH 语言编程将网格内部立方体节点从原位置调整到相应的球面上。

5.1.5　应用实例——层状边坡三维网格的生成

这里介绍河海大学郑文棠博士利用 SURFER 软件提供的层状边坡坡面和分界面网格数据，然后在 FLAC3D 中采用网格生成器和 FISH 语言生成层状边坡三维网格的例子（例 5.2）。这一实例的命令文件包含一个 SURFER 软件格式的数据文件 Sufer_Data，一个主命令文件 command 和 01_Surfer_To_Table、02_creat_table、03_Gen_FlacMode 等三个 fish 文件。在执行主命令文件 command 后，软件会自动生成边坡网格（如图 5-14 所示）和一个名为 Flac3D_Model 的网格建模命令文件（可为 FLAC3D 直接调用生成网格）。鉴于命令文件较多，这里只列出主命令文件 command 和创建网格建模命令文件的 FISH 文件 03_Gen_FlacModel，其他文件读者可在随书光盘中找到，用记事本、UltraEdit 等工具打开查看。这一实例的数据准备采用了软件 SURFER，有关它的使用技巧及方法可参考软件说明书或其他教材。

例 5.2　层状边坡三维网格的生成

主命令文件 command

```
new
def para_set
```

① dip 为平面在空间坐标系下沿着 z 轴负向与 xy 平面所成的夹角；dd 为平面的 dip 方向角，即在空间坐标系的 xy 平面从 y 轴正向顺时针旋转到指定方向的夹角。关键词 dip 和 dd 常用来确定一个平面，不过由于它是地质术语，有较强的专业性，建议读者以关键词 normal 和 origin（即点法式）来确定一个平面。

```
  suferfile = 'Sufer_Data.dat'               ;命名来自 Surfer 软件的数据文件
  Tablefile = 'Table_data.dat'               ;命名来自表格（table）的数据文件
  FlacFile    = 'Flac3D_Model.dat'           ;命名来网格建模命令的数据文件
  Col_Num    = 36                            ;SURFER 中插值网格 x 方向上的插值点个数
  Row_Num  = 26                              ; SURFER 中插值网格 y 方向上的插值点个数
  dx_size      = 2                           ;x 方向上的单元的大小(m)
  dy_size      = 2                           ;y 方向上的单元的大小(m)
  z_base       = 0.0                         ;模型 z 方向底座高程
  z_size        = 10                         ;z 方向上的单元的大小(m)
  xor            = 0.0                       ;模型左下角的 x 坐标
  yor            = 0.0                       ;模型左下角的 y 坐标
  n_zon_col   = Col_Num - 1                  ;x 轴方向单个单元生成循环次数
  n_zon_row  = Row_Num - 1                   ;y 轴方向单个单元生成循环次数
  xdiv          = 1                          ;flac3d 模型中每个单元在 x 方向上的剖分个数
  ydiv          = 1                          ; flac3d 模型中每个单元在 y 方向上的剖分个数
  zdiv          = 2                          ; flac3d 模型中每个单元在 z 方向上的剖分个数
end
para_set

;=========================
cal 01_Surfer_To_Table.fis                   ;调用名为 01_Surfer_To_Table 的 fish 文件
read_data                                    ;输入 SURFER 网格数据

cal 02_creat_table.fis                       ;调用名为 02_creat_table 的 fish 文件
creat_table                                  ;创建名为 myTopoTab.dat 的 table 格式文件
cal Tablefile                                ;调用 myTopoTab.dat 文件

cal 03_Gen_FlacModel.fis                     ;调用名为 03_Gen_FlacModel 的 fish 文件，生成建立网格
                                             ;的命令文件 Flac3D_Model
new
cal Flac3D_Model.dat                         ;调用文件 Flac3D_Model 生成网格
```

图 5-14　层状边坡的三维网格

FISH 文件 03_Gen_FlacModel

```
; Fish function to generate a model surface
; from a topographic map
;
```

```
; FISH variables:
;       dx_size      :  element size in x-direction
;       dy_size      :  element size in y-direction
;       n_zon_col    :  number of elements in x-direction
;       n_zon_row    :  number of elements in y-direction
;       z_base       :  elevation (in z-direction) of base of brick primitive
;       z_size       :  number of elements in z-direction
;       xor          :  minimum x-coordinate
;       yor          :  minimum y-coordinate
; Enter the command TOPO to invoke this function
;
def WriteFlac3D
status = open(FlacFile, IO_WRITE, IO_ASCII)
;=========================
; 定义界面与坡面网格数据数组
;=========================
array Layer1(1)
array Layer2(1)
;==============================
; 第一层地层网格建模命令文件的生成
;==============================
; 定义构成四棱柱的 2 个楔形体（wedge）的控制点坐标
loop i (1,n_zon_col)
   loop j(1,n_zon_row)
       x1=xor+dx_size*(i-1)
       x2=x1+dx_size
       y1=yor+dy_size*(j-1)
       y2=y1+dy_size
       zg1=table(j,x1)
       zg2=table(j+1,x1)
       zg3=table(j+1,x2)
       zg4=table(j,x2)
       zr1=table(j+n_zon_row,x1)
       zr2=table(j+n_zon_row+1,x1)
       zr3=table(j+n_zon_row+1,x2)
       zr4=table(j+n_zon_row,x2)

      ; 生成第一层地层网格的命令文件（gen zon wedge……）
      ;command
        ;   gen zon wedge p0 x1 y1 zr1 p1 x1 y2 zr2 p2 x1 y1 zg1 p3 x2 y1 zr4 &
        ;                        p4 x1 y2 zg2 p5 x2 y1 zg4 size ydiv zdiv xdiv
        ;   gen zon wedge p0 x2 y1 zr4 p1 x1 y2 zr2 p2 x2 y1 zg4 p3 x2 y2 zr3 &
        ;                        p4 x1 y2 zg2 p5 x2 y2 zg3 size ydiv zdiv xdiv
        ;end_command
        Layer1(1) = 'gen zon wedge p0 '+ string(x1) + ' ' + string(y1) + ' ' + string(zr1)
        Layer1(1) = Layer1(1) + ' p1 '+ string(x1) + ' ' + string(y2) + ' ' + string(zr2)
        Layer1(1) = Layer1(1) + ' p2 '+ string(x1) + ' ' + string(y1) + ' ' + string(zg1)
        Layer1(1) = Layer1(1) + ' p3 '+ string(x2) + ' ' + string(y1) + ' ' + string(zr4) + ' & '+ '\n'
        Layer1(1) = Layer1(1) + ' p4 '+ string(x1) + ' ' + string(y2) + ' ' + string(zg2)
        Layer1(1) = Layer1(1) + ' p5 '+ string(x2) + ' ' + string(y1) + ' ' + string(zg4)
        Layer1(1) = Layer1(1) + ' size '+ string(ydiv) + ' ' + string(zdiv) + ' ' + string(xdiv) + ' \n'
        Layer1(1) = Layer1(1) + 'gen zon wedge p0 '+ string(x2) + ' ' + string(y1) + ' ' + string(zr4)
        Layer1(1) = Layer1(1) + ' p1 '+ string(x1) + ' ' + string(y2) + ' ' + string(zr2)
        Layer1(1) = Layer1(1) + ' p2 '+ string(x2) + ' ' + string(y1) + ' ' + string(zg4)
        Layer1(1) = Layer1(1) + ' p3 '+ string(x2) + ' ' + string(y2) + ' ' + string(zr3) + ' & '+ '\n'
```

```
        Layer1(1) = Layer1(1) + ' p4 '+ string(x1) + ' ' + string(y2) + ' ' + string(zg2)
        Layer1(1) = Layer1(1) + ' p5 '+ string(x2) + ' ' + string(y2) + ' ' + string(zg3)
        Layer1(1) = Layer1(1) + ' size '+ string(ydiv) + ' ' + string(zdiv) + ' ' + string(xdiv)
        ; 将第一地层网格定义为组 soil
          if i = n_zon_col then
           if j = n_zon_row then
              Layer1(1) = Layer1(1) + '\n '
              Layer1(1) = Layer1(1) + 'group soil '
           endif
        endif
        status = write(Layer1,1)
     end_loop
end_loop
;==============================
; 第二层地层网格建模命令文件的生成
;==============================
; 定义构成四棱柱的 2 个楔形体（wedge）的控制点坐标
loop i (1,n_zon_col)
   loop j(1,n_zon_row)
        x1=xor+dx_size*(i-1)
        x2=x1+dx_size
        y1=yor+dy_size*(j-1)
        y2=y1+dy_size
        zg1=table(j,x1)
        zg2=table(j+1,x1)
        zg3=table(j+1,x2)
        zg4=table(j,x2)
        zr1=table(j+n_zon_row,x1)
        zr2=table(j+n_zon_row+1,x1)
        zr3=table(j+n_zon_row+1,x2)
        zr4=table(j+n_zon_row,x2)
        zb=z_base
        ; 生成第一层地层网格的命令文件（gen zon wedge……）
        Layer2(1) = 'gen zon wedge p0 '+ string(x1) + ' ' + string(y1) + ' ' + string(zb)
        Layer2(1) = Layer2(1) + ' p1 '+ string(x1) + ' ' + string(y2) + ' ' + string(zb)
        Layer2(1) = Layer2(1) + ' p2 '+ string(x1) + ' ' + string(y1) + ' ' + string(zr1)
        Layer2(1) = Layer2(1) + ' p3 '+ string(x2) + ' ' + string(y1) + ' ' + string(zb) + ' & '+ '\n'
        Layer2(1) = Layer2(1) + ' p4 '+ string(x1) + ' ' + string(y2) + ' ' + string(zr2)
        Layer2(1) = Layer2(1) + ' p5 '+ string(x2) + ' ' + string(y1) + ' ' + string(zr4)
        Layer2(1) = Layer2(1) + ' size '+ string(ydiv) + ' ' + string(zdiv) + ' ' + string(xdiv) + ' \n'
        Layer2(1) = Layer2(1) + 'gen zon wedge p0 '+ string(x2) + ' ' + string(y1) + ' ' + string(zb)
        Layer2(1) = Layer2(1) + ' p1 '+ string(x1) + ' ' + string(y2) + ' ' + string(zb)
        Layer2(1) = Layer2(1) + ' p2 '+ string(x2) + ' ' + string(y1) + ' ' + string(zr4)
        Layer2(1) = Layer2(1) + ' p3 '+ string(x2) + ' ' + string(y2) + ' ' + string(zb) + ' & '+ '\n'
        Layer2(1) = Layer2(1) + ' p4 '+ string(x1) + ' ' + string(y2) + ' ' + string(zr2)
        Layer2(1) = Layer2(1) + ' p5 '+ string(x2) + ' ' + string(y2) + ' ' + string(zr3)
        Layer2(1) = Layer2(1) + ' size '+ string(ydiv) + ' ' + string(zdiv) + ' ' + string(xdiv)
        ; 将第二地层网格定义为组 rock
        if i = n_zon_col then
           if j = n_zon_row then
              Layer2(1) = Layer2(1) + '\n '
              Layer2(1) = Layer2(1) + 'group rock range group soil not' + '\n '
              Layer2(1) = Layer2(1) + 'pl s b w' + '\n '
              Layer2(1) = Layer2(1) + 'pl bl gr'
           endif
```

```
            endif
            status = write(Layer2,1)
        end_loop
    end_loop
        status = close
end
;===========================
; 输出网格建模命令文件
;===========================
WriteFlac3D
```

这一实例的基本思路是利用有限的钻探数据，在 SURFER 软件中插值拟合生成地层界面和边坡坡面并离散化；然后输出地层界面和边坡坡面的网格数据，利用 FISH 文件 01_Surfer_To_Table 将之转换为符合 FLAC3D 要求的表格（table）数据；接着以这些表格数据为基础，固定单元在 x、y 方向的尺寸大小，以两个楔形体为一组构成一个四棱柱，在这两个方向上循环生成一系列四棱柱体，最终组合成边坡三维网格。这一思路与用户手册 LIBRARY OF FISH FUNCTIONS 部分中 Grid Generation of Topography 所述思路基本相同，在 FLAC3D 的网格建模中有较强的通用性。

在这一实例中，只考虑了两层地层，第一层为地貌，第二层为基岩。如果要多考虑几个地层，可以构建 SURFER 数据文件，构建的 SURFER 插值数据格式如下：

```
x 坐标，y 坐标，第一层插值高程，第二层插值高程，……
0, 0, 5.2109784409276, 2.210978441, ……，……
2, 0, 5.2530368758511, 2.253036876 , ……，……
4, 0, 5.2963541616273, 2.296354162, ……，……
6, 0, 5.3423741282441, 2.342374128, ……，……
8, 0, 5.3926157829582,2.392615783, ……，……
…………………………………………………………
```

参照第二层代码的做法，在 FISH 文件 03_Gen_FlacModel 中加入第三层和其他层的 fish 模块，即可建立三层或三层以上层状边坡的三维网格。

5.2 其他软件的网格导入

尽管采用 FLAC3D 内置网格生成器配合 FISH 语言可以生成一些较为复杂形状的网格，但是这要求用户具有较高的编程水平，对于单元和节点众多的网格建模而言，这种建模方式生成网格的速度也较慢；此外，FLAC3D 的网格和几何模型是同时生成的，这不利于复杂形状网格单元的连接、匹配和修改，制约了其在复杂网格模型分析中的广泛应用。而其他一些有限元软件和专业建模软件在网格建立方面具有较大的优势，它们一般是先通过布尔加、减操作实现复杂几何模型的建立，然后再进行模型离散化并最终建立网格，因而在网格建立方面的通用性更强。所幸的是，无论是有限元软件还是专业建模软件所建立的网格都能以节点、单元和组（材料）的数据格式输出，为这些软件的网格导入 FLAC3D 中提供了可能。

5.2.1 FLAC3D 的网格单元数据形式

要实现其他软件网格的导入，首先需要了解 FLAC3D 的网格单元数据格式。FLAC3D 遵从的是点（GRIDPOINT）、单元（ZONE）、组（GROUP）自下而上的网格建立模式，即在建立实体模型同时，软件自动完成该实体的剖分，并以点、单元和组的形式予以保存下来。下面以一简单网格模型为例（例 5.3）来说明其网格单元的数据形式。

例 5.3　一个简单的网格模型

```
n                                   ;开始一个新的分析
gen zon bri size 1 1 2              ;生成网格
group soil ran z 1 1                ;定义一个为 soil 的组
group rock ran z 0 1                ;定义一个为 rock 的组
expgrid 5-3.flac3d                  ;输出网格单元数据①
```

运行上述命令后，程序会在命令所在文件夹内生成 5-3.flac3d 文件，即 FLAC3D 的网格数据，这是一个文本文件，可以使用记事本、UltraEdit 等打开。对这一数据格式进行分解后的解释如表 5-3 所示。

表 5-3　FLAC3D 网格单元的数据形式

编号	图形单元	数据结构
1	节点表头	* GRIDPOINTS
	节点 1 坐标	G 1 0.000000000e+000 0.000000000e+000 0.000000000e+000
	节点 2 坐标	G 2 1.000000000e+000 0.000000000e+000 0.000000000e+000
	节点 3 坐标	G 3 0.000000000e+000 1.000000000e+000 0.000000000e+000
	节点 4 坐标	G 4 0.000000000e+000 0.000000000e+000 1.000000000e+000
	节点 5 坐标	G 5 1.000000000e+000 1.000000000e+000 0.000000000e+000
	节点 6 坐标	G 6 0.000000000e+000 1.000000000e+000 1.000000000e+000
	节点 7 坐标	G 7 1.000000000e+000 0.000000000e+000 1.000000000e+000
	节点 8 坐标	G 8 1.000000000e+000 1.000000000e+000 1.000000000e+000
	节点 9 坐标	G 9 0.000000000e+000 0.000000000e+000 2.000000000e+000
	节点 10 坐标	G 10 0.000000000e+000 1.000000000e+000 2.000000000e+000
	节点 11 坐标	G 11 1.000000000e+000 0.000000000e+000 2.000000000e+000
	节点 12 坐标	G 12 1.000000000e+000 1.000000000e+000 2.000000000e+000
2	单元表头	* ZONES
	单元 1	Z B8 1 1 2 3 4 5 6 7 8
	单元 2	Z B8 2 4 7 6 9 8 10 11 12
3	组表头	* GROUPS
	组 1 标志	ZGROUP soil
	组 2 标志	ZGROUP rock

表中，第一段表示节点的生成，格式为：节点标志、节点序号、节点（x，y，z）坐标；第 2 段表示单元的生成，格式为：单元标志、单元类型、单元中的节点号，其中 B8 代表的单元类型为 brick 单元；第 3 段标明单元所属的组。除本例的 B8 外，FLAC3D 的网格数据格式还规定，W6 表示 wedge 单元，P5 表示 pyramid 单元，T4 代表 tetrahedral 单元，它们都有各自的节点编号顺序（见本章 5.1.2 节）。采用其他软件导入网格时，只要将这些软件输出的网格数据中的单元节点，按 FLAC3D 单元的节点编号顺序重新组合，就可转换为符合 FLAC3D 网格数据形式的文件。

① 自 FLAC3D V2.1 238 以后的版本才有网格数据导入、导出命令 impgrid 和 expgrid。

5.2.2　与其他软件的导入接口——以 ABAQUS 为例

目前，已有很多读者自行编制了从其他软件将网格数据导入到 FLAC3D 的接口程序，这些软件包括 ANSYS、ABAQUS、ANSA、HyperMesh 等，读者可以根据自己熟悉的三维软件，选用或自行编制响应的接口程序。本节以 ABAQUS 6.7 为例，说明其他软件的网格模型导入到 FLAC3D 的接口程序的编制方法。

ABAQUS 是功能强大的通用有限元程序，在岩土工程中的应用十分广泛，其前处理功能也日臻完善。接口程序的主要功能是从 ABAQUS 的输出文件（.inp）中提取节点、单元和材料分组等信息，并将这些信息按照 FLAC3D 软件的要求，写入成新的文件，以供 FLAC3D 读取。在编制接口程序中，要注意 ABAQUS 与 FLAC3D 在单元节点的编号方式上存在的差别。如图 5-14 是 ABAQUS 中生成的一个堤坝网格模型，其数据文件（位于光盘\Ch05\Abaqus67ToFlac3d\Release\2.inp）中 ID 号为 1 的六面体单元的 8 个节点坐标排列为：

```
1,   68,  741, 1587,  717,   1,  37,  715,   40
```

而在 FLAC3D（位于光盘\Ch05\Abaqus67ToFlac3d\Release\2.flac3d）中对应的排列位置将改变为：

```
Z B8 1 715 37 40 1587 1 717 741 68
```

本节提供的转换接口是作者自行编制的，它有以下几个方面的特点：

（1）允许 inp 文件最大的行数为 1000k（即 100 万行）；

（2）最大材料数量为 200；

（3）材料名称为英文，中间不允许有空格；

（4）允许六面体、四面体、金字塔型五面体、三棱柱型五面体等四种单元形式；

（5）无需用户自己输入单元数量、节点数量等信息，程序会自动读取；

（6）读入文件的后缀必须为 inp；

（7）输出文件的后缀自动为.flac3d；

（8）目前仅针对 ABAQUS 6.7 版本的 inp 文件。

该转换接口是通过 VC++6.0 编译的，读者也可以采用自己熟悉的编程语言来写，程序文件位于光盘\Ch05\Abaqus67ToFlac3d 目录下，程序运行的输入和输出窗口见图 5-15 所示。图 5-16 为运行的一个实例。

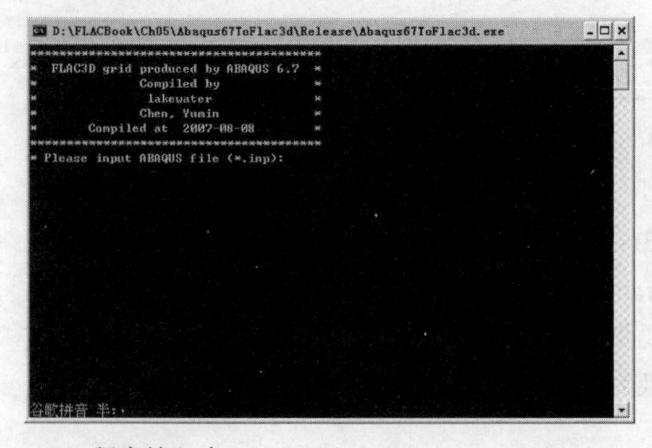

（a）程序输入窗口

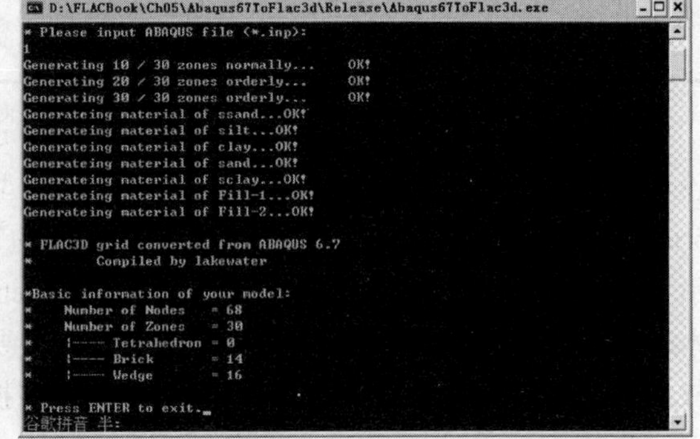

（b）程序输出窗口

图 5-15　Abaqus67ToFlac3d 转换程序的输入和输出

（a）ABAQUS 网格

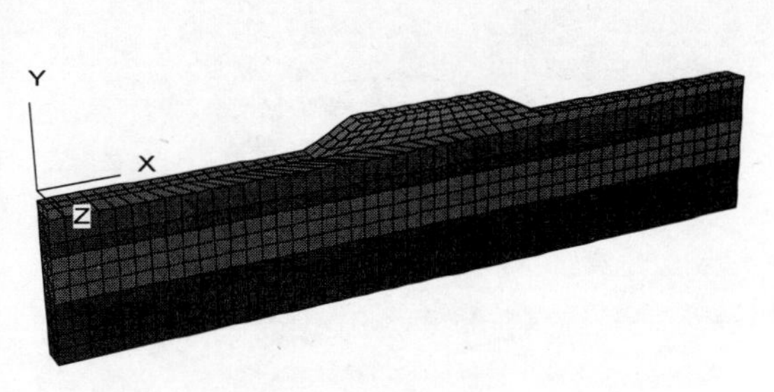

（b）FLAC3D 网格

图 5-16 ABAQUS 网格与导出的 FLAC3D 网格

5.3 本章小结

本章介绍了 FLAC3D 的网格建模方法，包括软件自身的网格生成器及通过其他软件导入网格的办法。对于复杂的工程问题，有时需要进行合理的简化，而不是一味地追求网格模型要与实际工程“如何相似”，这种“相似”的要求往往使得网格建模时消耗巨大的精力，分析人员应该把更多的精力投入到如何分析、如何解释计算结果上来。

6

FLAC3D 的后处理

FLAC3D 计算的结果文件为.sav 格式，后处理的作用是从这些结果文件中提取和输出所需的计算信息。一方面，FLAC3D 提供了强大而又丰富的后处理功能，可以生成图形、曲线、动画等多种形式的后处理结果，另一方面，FLAC3D 的某些计算结果并不容易轻松获得，需要用户采用一些手段、编制一些程序，甚至利用其他的软件才能得到更生动、更形象的结果，因此有必要对 FLAC3D 的后处理功能进行专门的介绍。

本章要点：

✓ PLOT 命令的绘图功能

✓ FLAC3D 绘图的使用

✓ 计算动画的制作

✓ 利用 Tecplot 处理 SAV 文件

6.1 概述

数值计算软件的后处理功能通常是指查看分析的结果，包括图形化的输出和数据输出。FLAC3D 具有强大的后处理功能，可以输出包括云图、矢量图、曲线、数据、动画等各种格式的结果，同时借助于 Tecplot 软件还可以绘制等值线图的结果。

本章通过一个简单的实例对后处理的基本命令、基本方法进行介绍，读者在学习过程中要掌握一些常用的后处理命令，这些命令有助于快速分析计算结果，提高分析效率。

6.2 基本后处理功能

本章的例子仍然采用简单的网格，首先看初始应力的计算命令。这个例子将在本书中反复使用。

例 6.1 简单网格的初始应力计算

```
gen zon bri size 3 3 3
model mohr
```

```
prop bu 3e6 sh 1e6 coh 10e3 fric 15
fix z ran z -.1 .1
fix x ran x -.1 .1
fix x ran x 2.9 3.1
fix y ran y -.1 .1
fix y ran y 2.9 3.1
ini dens 2000
hist unbal
set grav 10
solve elastic
save 6-1.sav
```

6.2.1 PLOT 命令的格式

当计算完成后，可以首先通过 PLOT 命令来查看计算的模型。通常使用如下命令：

```
PLOT block group
```

也可以使用菜单操作。在菜单操作之前，首先要生成一个绘图。执行 PLOT 菜单【1Base/0】|【Show】命令，可以看到图形界面中生成了一个空的绘图区。然后在绘图窗口被激活的情况下，执行【Plotitems】|【Add】|【Block】|【Group...】命令，打开【Block Group】对话框，单击【OK】按钮就可以完成绘图操作。

可以看出，菜单操作虽然更加简单易学，但操作起来比较繁琐，而命令语言仅用很少的几个单词就可以达到相同的目的，所以读者在学习后处理的过程中，要尽可能多地使用命令来绘制图形。

该命令的作用是显示当前计算模型中的分组情况，由于本次计算未设置分组，所以图形界面左侧的提示栏中显示的组名是“None”，若计算模型中设置了多个 group 分组，则各组单元将会被赋予不同的颜色。在默认情况下，FLAC3D 的出图背景是灰色，图形显示为彩色，而在很多情况下我们需要黑白或者灰度的图形，可以使用快捷键 Ctrl+G 或者在图形状态下执行【Settings】|【Grayscale】命令，将图形转换成灰度显示的效果。图 6-1 给出了 FLAC3D 彩色效果与灰度效果的出图，不过读者看到的是黑白打印的输出结果，可以看出彩色效果图的印刷效果很不理想，而灰度显示的图形则较清晰，因此本书的图形大部分都是按照灰度显示的效果来出图的。

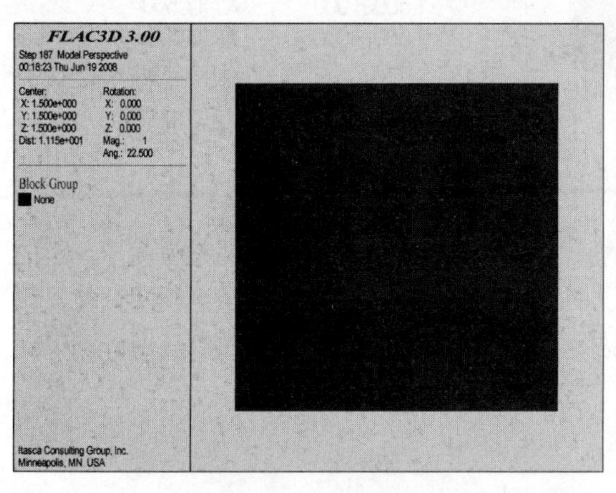

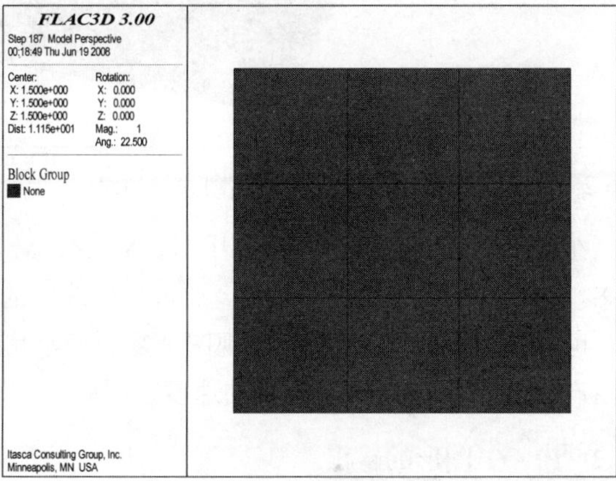

图 6-1 FLAC3D 后处理中的彩色效果和灰度效果

当图形界面被激活的状态下，利用键盘操作可以对图形进行缩放、旋转和平移，常用的图形区域操作按键及快捷键见表 6-1 所示，表中还给出了各种按键操作对应的视图变量，读者在使用这些按键时可以观察 FLAC3D 视图窗口中的变量信息的变化，如图 6-2 所示，以理解各种按键的功能。

表 6-1　FLAC3D 图形窗口的交互管理按键及快捷键

按键	功能说明	控制视图变量
X，Y，Z	使模型围绕 X（Y，Z）轴旋转	Rotation
Shift+ X，Y，Z	使模型围绕 X（Y，Z）轴反向旋转	Rotation
M 和 Shift+M	放大和缩小模型	Mag
+，-	增加/减少增量（1.25 倍/0.8 倍）	Move 和 Rot
↑，↓，←，→	方向键可以上下左右移动模型	X，Y，Z
Del，Ins	增加（减少）对模型的视距	Dist
Home，End	将模型拉近（远离）	X，Y，Z
Ctrl+C	设置相机对话框	
Ctrl+G	切换灰度显示和彩色显示	
Ctrl+R	重置视图参数为默认值	
Ctrl+Z	矩形缩放（配合鼠标使用）	

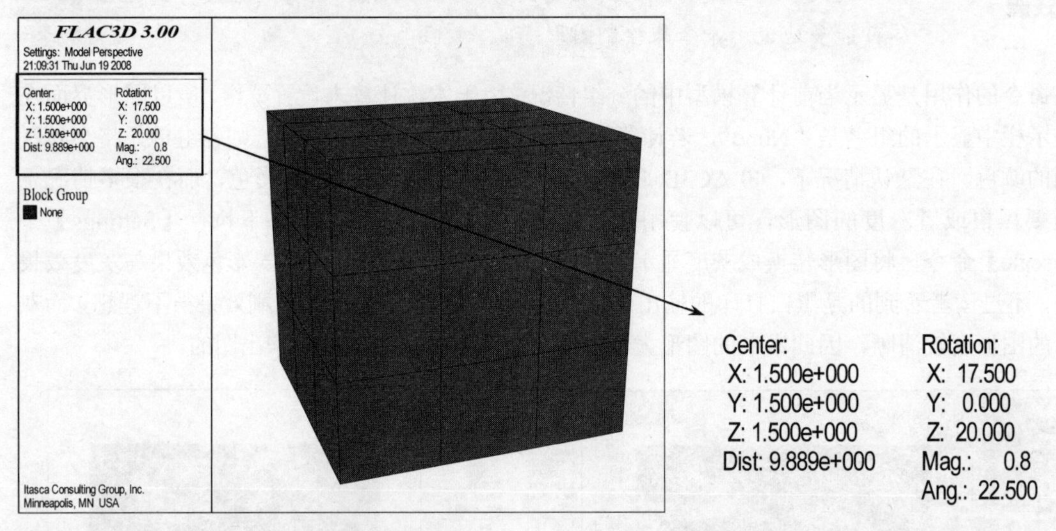

图 6-2　FLAC3D 绘图窗口左侧的视图变量信息

在实际操作过程中，经常使用 X、Y、Z、M 配合上下左右方向键，将视图调整为便于观察的状态。还可以使用快捷键 Ctrl+Z，通过鼠标选取的方法将图形的某部分进行放大。当视图调整失败时，可以使用快捷键 Ctrl+R 将视图恢复到初始状态。这些键盘按键和快捷键的熟练运用，可以提高用户分析 FLAC3D 输出结果的速度，因此在学习中要多次试用。

6.2.2　PLOT 图形的输出

PLOT 命令的主要作用是在 FLAC3D 软件的绘图区中显示图形，在整理计算成果时需要将绘图区的图形输出到文档（如 Word）中。FLAC3D 提供了多种图形输出功能，这里主要介绍输出成图片的功能。

本章 6.2.1 节已经介绍了 FLAC3D 图形有彩色和灰度两种形式，当文档使用黑白打印时，最好使用灰度图形，而当文档进行彩色打印时使用彩色图形会使结果更形象。使用快捷键 Ctrl+G 可以将绘图区中的彩色图形转换成灰度显示。在图形窗口被激活时，执行【Edit】|【Copy to clipboard】命令，即可将当前绘图区的图形拷贝到 Windows 剪贴板中，在 Word 等文档编辑软件中使用粘贴操作便可将该图形插入到文档中。本书中的大部分图形采用的就是这种方法。

另外，还可以将图形结果保存成图片文件。采用菜单操作的具体方法是：

在命令窗口激活的条件下，执行【File】|【Print type】|【jpg file】命令，可以将 FLAC3D 的输出格式更改成 jpg 文件格式，另外还可以更改成 bmp、pcx 等图片格式。

若需要更改图片的大小和图片质量，可以在输出图片前执行【File】|【Print setup】命令，打开 JPEG output settings 对话框，可以更改图片的像素大小、图片质量等。

执行【File】|【Print】|【1Base/0】命令，打开文件保存对话框，在保存类型中选择 JPEG file (*.jpg, *.jpeg)，并输入文件名，单击保存按钮即可将当前视图保存为图片文件。

上述操作也可以使用如下命令来完成：

```
set plot jpg
set plot quality 100
plot hard file 1.jpg
```

这些命令可以放到求解命令中，在存在多个 Solve 求解的过程中可以让程序自动保存各个阶段的计算结果，这样在处理多情况分析时将具有较高的效率。

这里介绍了 PLOT 图形输出到剪贴板和图片文件两种形式，在进行文档引用时，建议读者使用剪贴板格式，因为各种格式不是完全的位图或 jpg 图片，粘贴得到的图形具有矢量图的特性，即使将图片放大也不会影响图片的质量，尤其是在云图显示时信息栏中的颜色标识会十分清晰。

6.2.3 初始应力计算结果的后处理

下面分析例 6.1 中的计算结果，以熟悉 PLOT 命令在基本后处理中的应用。

首先输出计算得到的竖向（Z 方向）应力的云图，采用以下命令：

```
PLOT con szz
```

图形状态下菜单操作为：【Plotitems】|【Add】|【Zone contour】|【Stresses】|【ZZ-Stress】，并单击 OK 按钮确定。

操作结束后，通过 X 和 Z 键使模型旋转一定的角度以便于观察，得到图 6-3 的图形。从图中可以看出，绘图区的左侧增加了各种颜色代表的数值区域。

FLAC3D 云图中的颜色代表的是一个数据区间，而不是具体的数据值，这与 FLAC（2D）是有区别的。

云图颜色的说明只针对当前视图中的模型，读者可以通过方向键调整模型的位置，当部分模型超出了视图范围时，云图颜色代表的数据区间可能会发生变化。而在 FLAC 中，颜色代表的数值是不变的。通过 FLAC3D 的这个特性，读者可以方便地了解模型中某个特定范围的计算结果，比如读者可以使用方向键将模型逐渐移出视图，只显示底部的拐角，这时可以从云图颜色标示中近似得到模型底部拐角处的应力值大小。

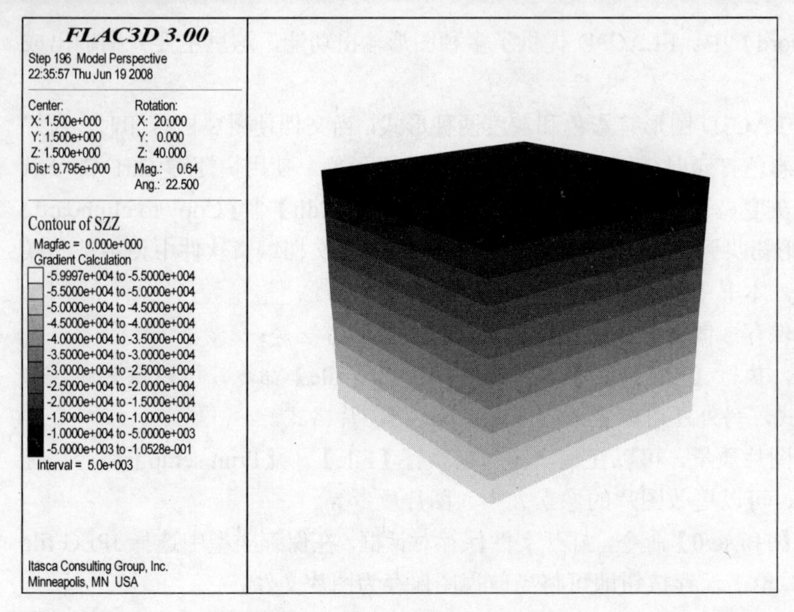

图 6-3　初始应力计算得到的竖向应力云图

在输出应力云图时，常常还用到以下命令：

```
PLOT con syy     ;表示 Y 方向应力云图
PLOT con sxy     ;表示 XY 方向的应力云图
```

在应力云图输出时，命令后还可以跟一些关键词以提高显示效果，常用的有（以 Z 方向应力云图为例）：

```
PLOT con szz ou on          ;ou 是 outline 的缩写，用来显示网格
PLOT con szz ef on          ;ef 是 effective 的缩写，用来显示 z 方向有效应力的云图
PLOT con szz inter 1e4      ; inter 是 interval 的缩写，以改变云图显示中的增量大小，本例中默认为 5.0E3
PLOT con szz max -10e3      ;max 表示显示的应力数值最大不超过-10e3，本例中默认为 0
PLOT con szz min -40e3      ;min 表示显示的应力数值最小值为-40e3，本例中默认为-60e3
```

这些显示效果的命令都可以通过绘图窗口的菜单操作来实现，执行【Plotitems】|【Contour of SZZ】|【Modify】命令，可以打开 Contour of SZZ 对话框（图 6-4），可以对上述参数进行更改。只不过，利用命令操作可以更方便快捷地实现相关功能。

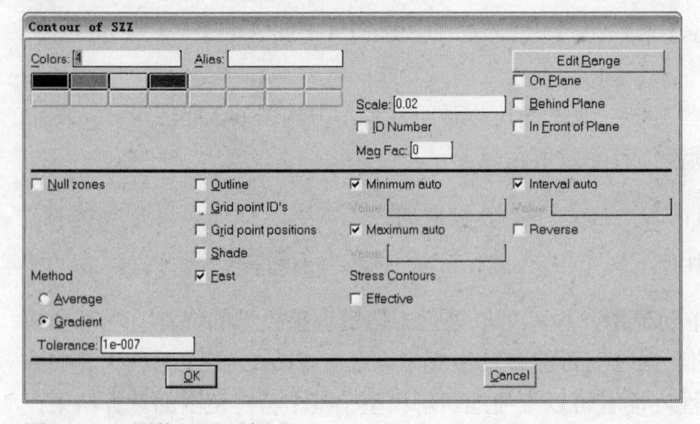

图 6-4　云图修改对话框

下面比较 PLOT con 与 PLOT bcon 的区别，使用下列命令并观察得到的图形结果。

```
PLOT bcon szz
```

这时得到的图形如图 6-5 所示，可以看出，结果显示中每个单元具有一种颜色，在单元内部颜色不变，这就是所谓的“块云图”（Block contour），通过菜单操作读者便可了解它与云图（Contour）的区别。

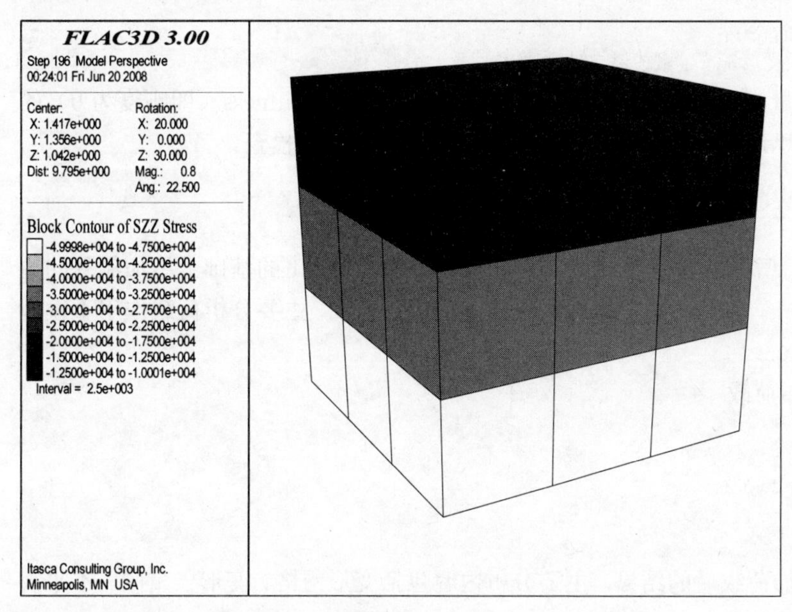

图 6-5　竖向应力的块体云图结果

执行【Plotitems】|【Add】|【Block contour】|【Stresses】|【ZZ-Stress...】命令，并单击【OK】按钮完成图形的输出。

关于 con 与 bcon 的区别可以概括为：

con 既可以表示节点上的云图信息（比如位移、速度），也可以表示单元体上的云图信息（包括应力、应变）。在菜单操作上，PLOT con 包含【Contour】菜单和【Zone Contour】菜单中的内容（图 6-6（a）和（b）），而 bcon 仅仅针对于单元体上的信息，也就是【Block Contour】菜单（图 6-6（c））。

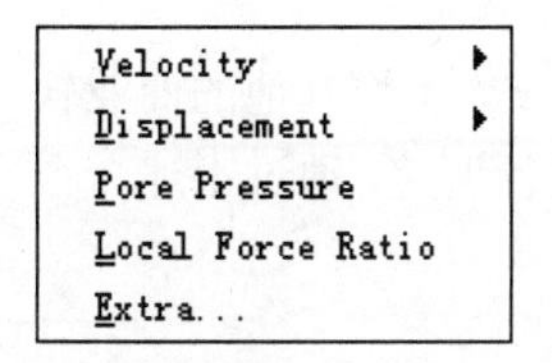

（a）【Add】|【Contour】菜单

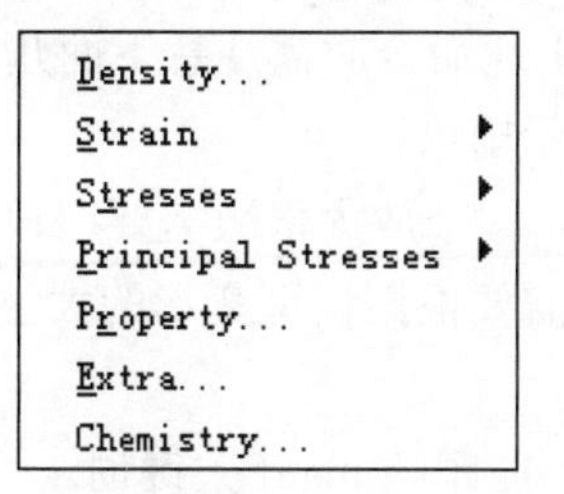

（b）【Add】|【Zone Contour】菜单

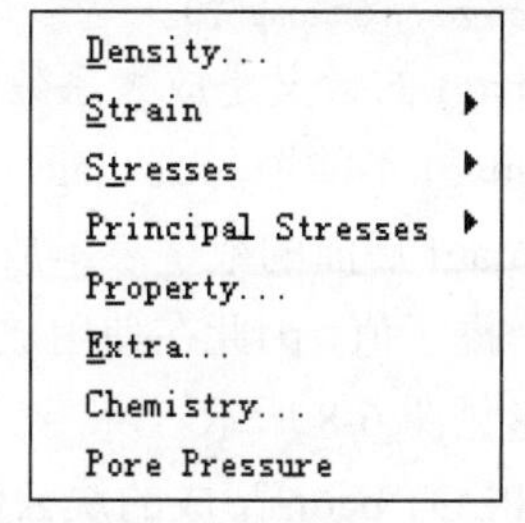

（c）【Add】|【Block Contour】菜单

图 6-6　Con 与 Bcon 关键词所包含的菜单操作差别

con 在表示单元信息时，由于单元信息（包括应力、应变、孔压）均定义在单元体的中心点上，因此在生成 con 云图时，程序自动根据单元体中心点上的数据进行插值计算，显示的云图中同一个单元内可能会分成很多种颜色。而 bcon 反映的是单元体上的信息，所以每个单元上都有一种颜色，而且一个单元内部颜色不会发生改变。在分析 bcon 云图时，要注意单元中心点所处的位置，如图 6-5 所示，图形左侧颜色标识信息中最大应力数值为-4.9998E4，这个数值其实是最底层网格中心点处（Z 坐标为 0.5m）的应力值，而不是模型底部的应力值。

块云图 bcon 反映的是单元体的真实信息，不存在单元之间的插值计算，因此常用来检查模型参数赋值的情况。比如，使用命令：

```
PLOT bcon prop bu       ;显示体积模量 bulk 的赋值块云图
```

如果输出结果中出现了模量为 0 的情况，则计算中必然会出现 Zero stiffness（即刚度为 0）的错误提示。通过上述命令可以迅速定位模量为 0 的单元，从而进行命令的检查。

6.2.4 查看施加荷载后计算结果的后处理

例 6.1 仅仅是初始应力的计算，为了使算例具有典型性，下面在例 6.1 的基础上施加额外的边界条件。这里将在模型顶部的一个单元表面上施加竖直向下的均布荷载，主要分析荷载作用下模型的响应。具体的命令文件见例 6.2。

例 6.2 模型顶部施加均布荷载

```
rest 6-1.sav
ini xd 0 yd 0 zd 0 xv 0 yv 0 zv 0
app nstress -100e3 ran z 2.9 3.1 x 1 2 y 1 2
solve
save 6-2.sav
```

运行结束后，开始分析施加荷载后的结果，主要分析内容包括变形网格、变形矢量图、不平衡力的发展以及典型节点的位移输出等。

1. 变形云图

首先分析面荷载施加造成的沉降云图，使用下面的命令。

```
PLOT con zd
```

菜单操作方法为，执行【Plotitems】|【Add】|【Contour】|【Displacement】|【Z-Displacement】命令，并单击【OK】按钮，生成 Z 方向变形云图。

通过一些旋转操作，可以得到如图 6-7 所示的图形，可以看出，模型顶部施加荷载的地方产生了明显的沉降变形（图中的白色区域）。

为了更形象地表示模型变形结果，常常使用变形后的网格图，可以使用如下命令：

```
PLOT con zd ou on magf 20
```

其中 magf 的含义是放大系数，在使用上述命令时需注意下面几个问题：

（1）magf 不能缩写成 mag，否则会提示出错；

（2）magf 后面的数字表示放大的倍数，这个放大倍数需要用户自行制定，不像其他的商业软件会有一个提示值，因此在使用放大倍数时需要根据模型变形的大小情况进行调整。通过上述命令形成的图形见图 6-8 所示。

（3）PLOT bcon 形成的块云图命令后不能跟随 magf 关键词。

（4）PLOT 图形可以在计算过程中进行显示，如在例 6.2 中的 Solve 命令之前，增加 PLOT 命令就可以实现在计算过程中动态显示计算结果，这也是 FLAC3D 后处理的优势之一，就是能够动态观察计算过程中的模型响应，包括应力、变形、数据监测等所有 PLOT 项目，这给用户使用带来了很大的便利。在某些情况下，用户在程序计算结束之前，通过计算过程中某些响应的变化（如变形已经非常巨大）可以提前终止无效的计算。

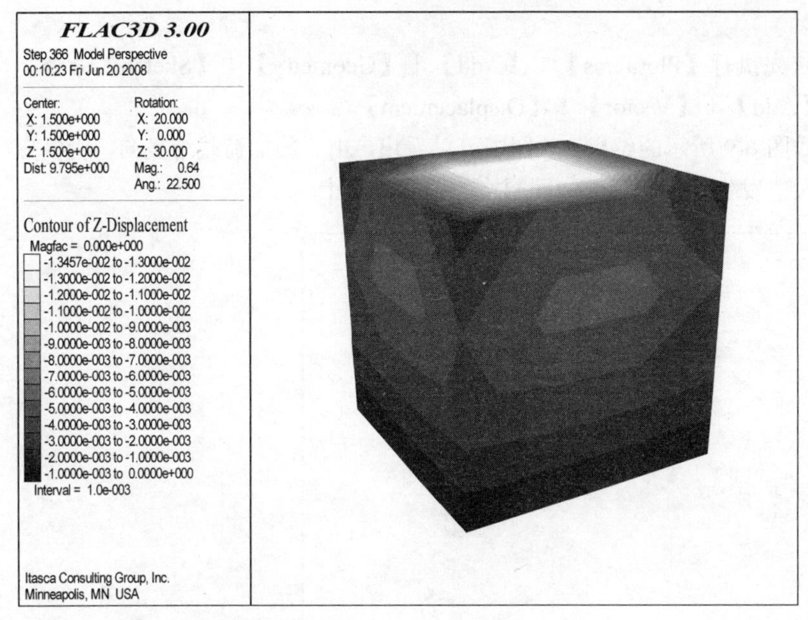

图 6-7　施加面荷载后的沉降云图

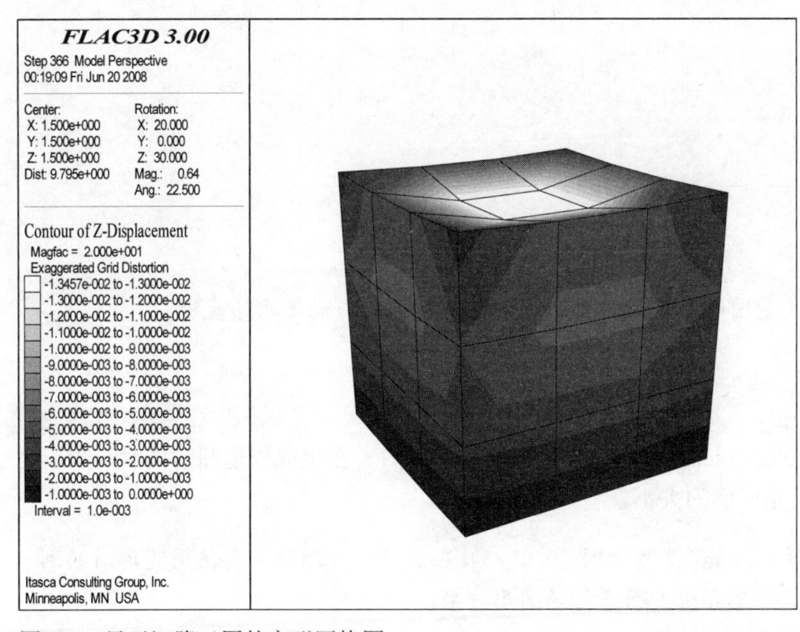

图 6-8　显示沉降云图的变形网格图

同样，读者可以尝试以下命令来了解变形网格的功能。

```
PLOT sk magf 20
```

上述命令中的 sk 是草图（sketch）的缩写，作用是显示模型的外围网格线。

还可以将变形后的网格与应力云图结合起来，使用下面的命令：

```
PLOT con szz ou on magf 20
```

2. 变形矢量图

变形矢量图可以形象地表征变形的发生方向和相对大小，生成变形矢量图可以采用以下命令：

```
PLOT sk dis
```

菜单操作要分成两步：首先执行【Plotitems】|【Add】|【Geometry】|【Sketch】命令，然后再执行【Plotitems】|【Add】|【Vector】|【Displacement】命令。

通过上述操作可以得到如图 6-9 所示的结果，从图中可以看出，由于施加荷载为竖向，所以变形矢量基本为向下，同时最大值发生在模型顶部中间网格的四个节点上。

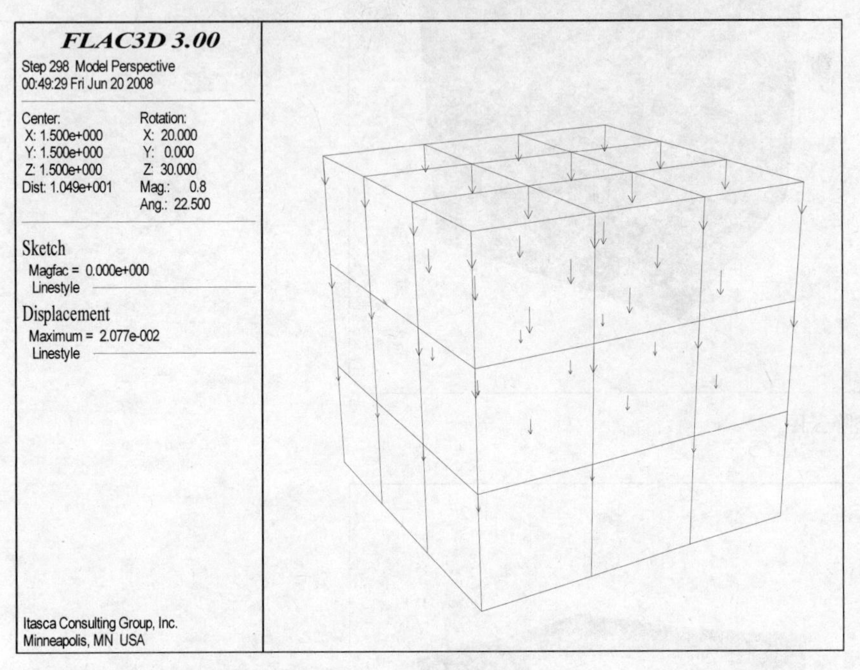

图 6-9 带草图的变形矢量图

注意 在生成变形矢量图时，一般都要配以网格，否则生成的图形不直观。

可以通过 Scale 关键词来调整矢量箭头的大小，命令为：

```
PLOT sk dis scale 0.07
```

FLAC3D 默认的 scale 是 0.05，scale 数值越大，矢量箭头越大。在生成矢量图的同时，图形区域左侧的信息栏中会给出最大变形值的大小。

注意 变形矢量图没有 magf 放大选项，所以一般在显示矢量图时不要使用变形后的网格，比如以下命令会生成很奇怪的图形结果：

```
PLOT sk magf 20 dis
```

上述命令生成的图形会使得网格与变形矢量不对应。另外，由于 dis 矢量图没有 magf 放大选项，所以 magf 不能放在 dis 关键词后面，如下面的命令会出现语法错误：

```
PLOT skdis magf 20
```

运行上述命令会出现“Unrecognized parameter”（无法识别的参数）错误提示。

3. 塑性区分布

对 FLAC3D 中大多数弹塑性模型来说，都可以显示应力符合屈服准则的区域，这些区域通常被称为塑性区，FLAC3D 提供了 PLOT 和 PRINT 两种方法显示单元的塑性状态。

```
plot block state
print zone state
```

下面对例 6.2 的计算结果进行观察，首先调用 6-2.sav 文件，然后在命令行中输入上述命令，观察所得到的图形和命令窗口信息，如图 6-10 所示。

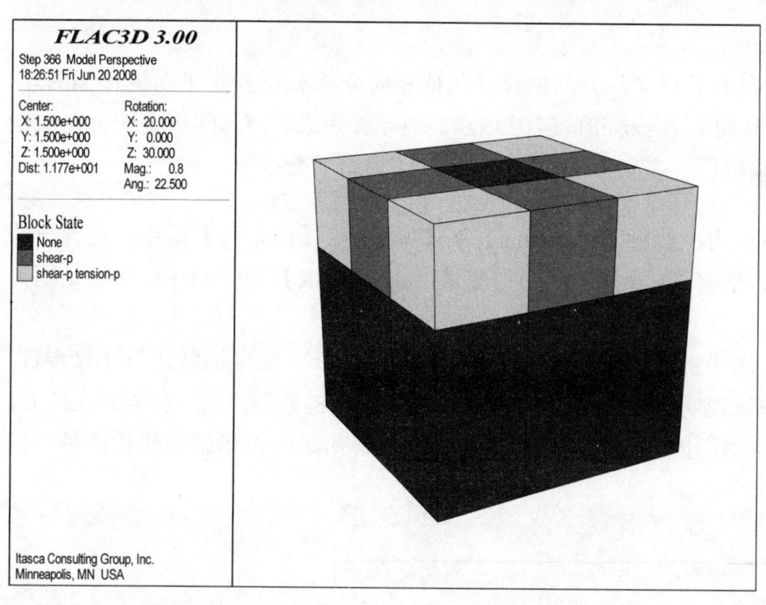

图 6-10 单元塑性状态指示

FLAC3D 的弹塑性模型中对每个屈服函数均赋予了两种状态：now 和 past。其中 now 表示该单元在本次计算时步中正处于屈服面上，而 past 表示该单元过去曾经处于屈服面上，而现在已经离开屈服面，处于弹性的范围。因此，针对实际工程问题分析塑性区域时，要了解模型中塑性状态为 now 的单元，也就是关注正处于塑性流动状态的那些区域，只有 now 状态的单元才对模型的破坏起作用。从图 6-10 可以看出，目前所有单元的塑性状态都处于 past，因此可以认为该面在荷载作用下模型仍然处于弹性变形阶段，至于单元状态中显示的 shear-p 和 tension-p 仅仅表示 FLAC3D 计算过程中这些单元的应力曾经到达过屈服面。

另外，在 PLOT block state 命令的基础上，还可以增加其他的关键词，以获得更多的状态信息，比如：

```
plot block state shear          ;获得剪切屈服的单元，包括 shear-n 和 shear-p
plot block state tension-p      ;获得过去拉伸屈服的单元
plot block state now            ;获得当前处于塑性状态的单元，包括 shear-n 和 tension-n
plot block state past           ;获得过去处于塑性状态的单元，包括 shear-p 和 tension-p
```

4. 变量监测（历史跟踪）

FLAC3D 提供了 HISTORY 命令，可以对计算过程中节点、单元、接触面、结构单元等对象的响应进行监测。为了说明变量监测的使用，在例 6.2 的计算中加入了几个监测的内容，如例 6.3。

例 6.3 计算结果的跟踪

```
rest 6-1.sav
ini xd 0 yd 0 zd 0 xv 0 yv 0 zv 0
app nstress -100e3 ran z 2.9 3.1 x 1 2 y 1 2
hist id=2 gp zdis 1 1 3
hist id=3 gp zdis 1 1 2
```

```
hist id=4 gp xdis 1 1 3
hist id=5 gp xdis 1 1 2
hist id=6 zone szz 1 1 3
hist id=7 zone szz 1.5 1.5 2.5
hist id=8 zone sxz 1.5 1.5 2.5
solve
save 6-3.sav
```

例 6.3 中监测的内容主要涉及到节点（gp）的位移（包括竖向位移 zdis 和水平向位移 xdis），以及单元（zone）的应力（包括竖向应力 szz 和剪应力 sxz）。当计算完成后，这些历史变量已经保存在 6-3.sav 文件中，下面首先输出历史变量 ID 为 2 的结果，使用如下命令：

```
PLOT hist 2
```

输出历史变量的菜单操作方法为：执行【Plotitems】|【Add】|【History】命令，在弹出的 History 对话框中单击 Add 按钮，选择 ID 号为 2 的历史变量，执行【OK】，回到 History 对话框，再执行【OK】完成操作。

生成的图形见图 6-11 所示，图中的纵坐标为历史变量（即沉降变形），横坐标默认为计算步数，这种变量与计算步之间的关系曲线说明了 FLAC3D 在求解过程中变量的收敛过程。另外，在例 6.1 中对不平衡力（unbal）进行了监测，读者可以使用以下命令来了解初始应力和施加荷载两种情况下不平衡力的收敛情况。

```
PLOT hist 1
```

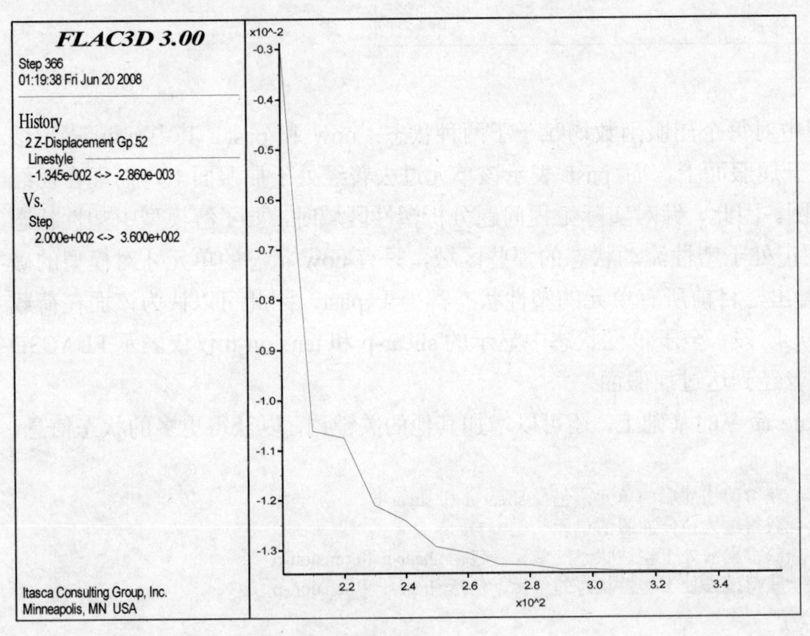

图 6-11　计算过程中历史变量 2 的变化

本例中节点和单元的监测变量都是根据坐标来指定的，对于节点而言，HIST gp 命令会监测距离输入坐标最近的节点，而对于单元来说，HIST zone 命令会自动监测距离输入坐标最近的单元。因此在以下两个情况下需要注意：

（1）当模型中存在接触面，而且监测坐标处有多个节点时，程序认为监测节点为该坐标位置上 ID 号最小的节点。因此，当对接触面上的节点进行监测时，HIST gp 后面最好使用节点的 ID 号。

（2）对于单元的监测，若输入坐标正好是节点的位置，如例 6.3 中的 Hist id 6，则程序认为监测对象是该节点位置周围单元中 ID 号最小的单元。所以，一般对具体的单元进行监测时，最好使用单元中心点的坐标（即 Hist id 7）或者单元的 ID 号。图 6-12 为 Hist id 6 和 7 的输出结果，可以看出两个监测命令监测了不同的单元响应。

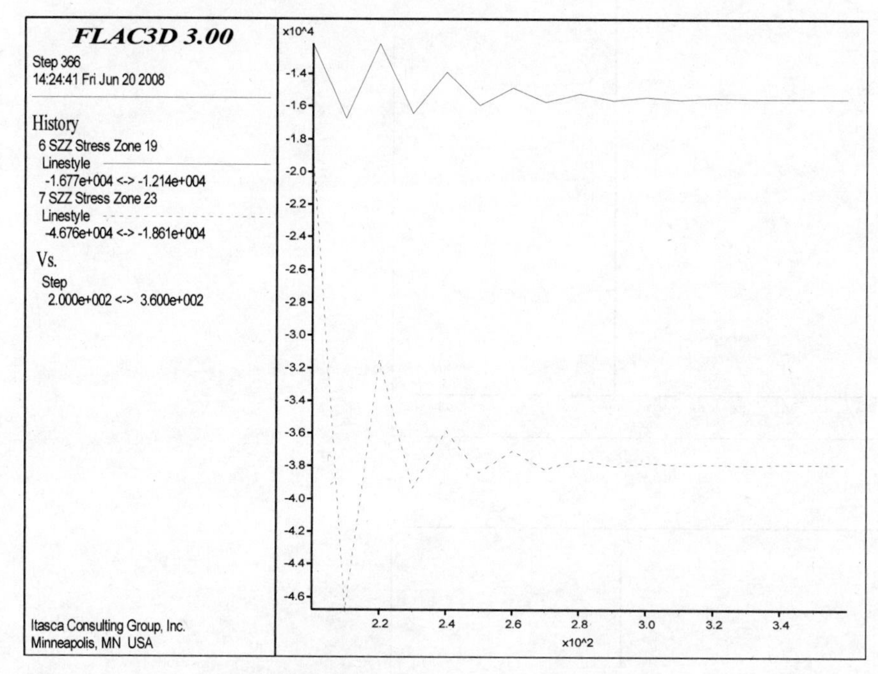

图 6-12 Hist id 6 和 7 的输出结果

Hist 命令后面的关键词 id 表示的是给定该监测变量的编号，如果用户不指定编号，则程序按照从 1 开始的顺序自动进行编号，比如例 6.1 中的不平衡力监测 unbal，其编号为 1。在实际计算中，建议读者对所列监测变量进行编号，这样便于后处理时对各监测变量的调用。

在 PLOT hist 命令中，还可以使用关键词 vs 表示两个监测变量之间的关系，比如例 6.3 中分别对顶部中心单元的竖向应力和 XZ 向应力进行监测（ID 号为 7 和 8），可以使用下面的命令来得到计算过程中竖向应力与 XZ 向应力之间的关系。

```
PLOT hist 7 v 8          ;v 是 vs 的缩写
```

也可以在菜单操作中对 History 对话框进行设置，生成的结果见图 6-13（a）所示，由于本例的计算步数不多，而 FLAC3D 在监测历史变量时存在一个监测间隔，即每一定步数存储一个结果，这个间隔是由 hist_rep 变量来控制的。可以使用 SET 命令对这个变量进行修改，比如在例 6.3 的 Solve 命令之前增加下面的语句：

```
SET hist_rep 1
```

表示将监测记录间隔改成 1，每一个时步保存一个数据结果，这样再输出 7 v 8 的曲线，如图 6-13（b）所示，可以看出曲线明显变得光滑。而在计算步数非常多时，为了减小计算文件的大小，也可以将 hist_rep 设置成较大的整型数值。

变量监测的数据还可以写成数据文件的格式，以便于在其他数据处理软件（如 Excel）当中对监测结果进行引用，比如把 hist 7 v 8 的结果输出到一个文本文件 6-3hist.txt 中，可以使用如下的命令：

```
hist write 7 v 8 file 6-3hist.txt
```

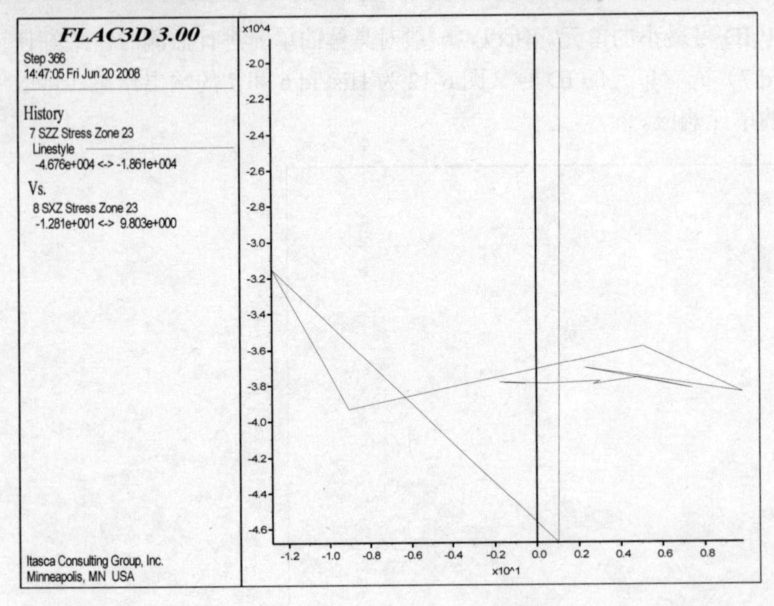

（a）hist_rep=10

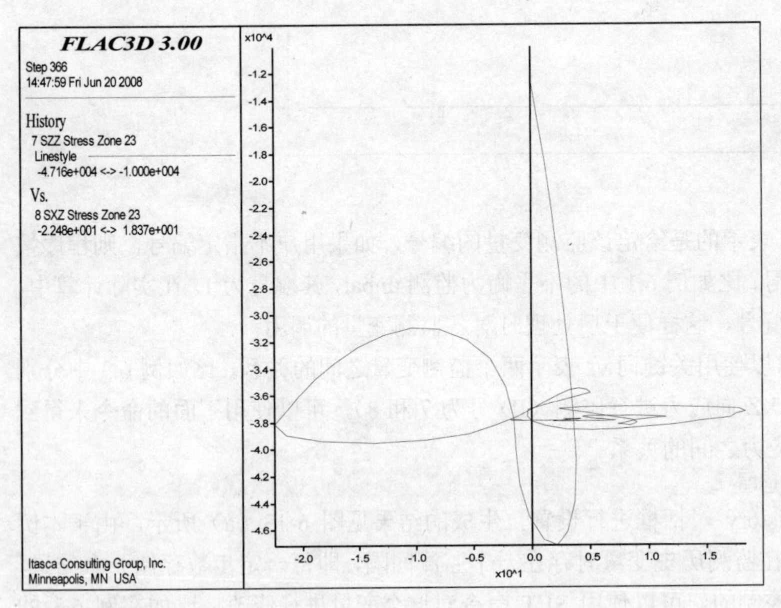

（b）hist_rep=1

图 6-13　Hist id 7 v 8 的结果

使用该命令，程序会在默认文件夹中生成一个名为 6-3hist.txt 的文本文件，读者可以打开这个文本文件观察所得的数据结果。通过观察 FLAC3D 的输出信息可以发现，所有的信息都是按照科学计数法来输出的，而且数据的有效数字均为小数点后 3 位（如单元应力信息）或 4 位（如节点变形信息）。在有些情况下这个输出精度并不能满足数据整理的需求，比如迭代步数达到 100 万步时，如果 hist_rep 仍然按照默认的 10 进行监测，则输出迭代步时 1 000 000 步和 1 000 010 步的数据结果都是 1.0000e+006，在这种情况下的数据整理需要注意，可以在计算前采用较大的 hist_rep 数值，或者在计算后整理时合理选择数据点，如在输出结果中每隔 10 行选择一个数据点作为分析所用。

5. 结果输出

在分析计算结果时，除了需要一些云图、曲线以外，往往需要了解模型中某些结果的具体数值，这是需要用到 PRINT 命令的输出功能。

PRINT 命令的功能十分丰富，后面可以跟如下的关键词，以输出模型中的各种信息。这里根据例 6.3 的内容，主要输出节点（gp）、单元（zone）以及监测变量（history）的相关信息。

```
apply, attach, creep, directory, dynamic, fish, fishcall, fluid, generate, gp, group, history,
information, interface, macro, memory, model, rlist, sel, table, tet, thermal, water, zone
```

在 FLAC3D 命令窗口中使用“?”可以获得程序给予的命令提示。读者可以使用下面的命令以获得关于 PRINT zone 的命令提示，见图 6-14 所示，命令提示中简短的英文很易读懂，因此在使用中比较方便用户掌握。

```
print zone ?
```

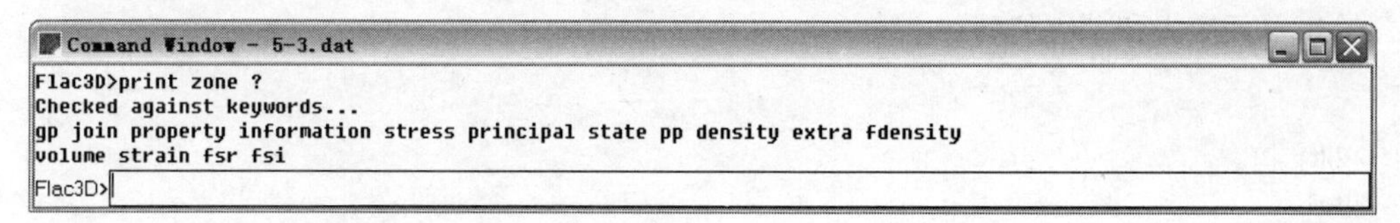

图 6-14　使用 PRINT zone ? 获得的命令提示

下面首先输出单元的应力结果，使用如下命令：

```
print zone stress
```

在命令窗口中会输出模型全部 27 个单元的 6 个方向应力数值，为了便于用户浏览信息，在命令窗口中进行 PRINT 命令操作时，输出信息采用了分页显示的方法，在显示一页信息以后会提示用户按任意键继续。同样，还可以输出节点的变形信息，使用如下命令：

```
print gp dis
```

该命令会显示模型中 64 个节点三个方向的变形大小。

在实际应用中，通常需要读取这些输出的信息，那么如何将这些信息转换成数据文件呢？这里介绍是用 log 文件的方法。log 文件是 FLAC3D 输出文件的格式之一，其主要作用是记录 FLAC3D 在运行过程中命令提示行的数据结果，在使用 log 文件之前，首先需要设置 log 文件为打开的状态。

```
SET log on
```

在命令行中使用上述命令后，程序在默认目录下自动建立一个名为 flac3d.log 的文件，并开始记录命令窗口中的所有信息，直到用户设置 log 状态关闭（set log off）为止。在实际应用中，最好建立另外一个文件，以免与已有的 flac3d.log 文件混淆。这里将建立一个名为 6-1.log 的文件，使用如下命令：

```
SET logfile 6-1.log
```

设置好 log 文件以后，可以使用 print 命令来输出单元或节点的相关信息，这里以输出单元应力为例，输入如下命令：

```
print zone stress
```

这时打开 FLAC3D 默认的目录，可以发现已经存在 flac3d.log 和 6-1.log 两个文件，这些文件属于文本文件，可以用记事本、UltraEdit 等打开。打开 6-1.log 文件，可以发现如下信息：

```
;****************************************
;Log File Started 15:52:22 Fri Jun 20 2008
;Using FLAC3D version 3.00-251
;By: Itasca Consulting Group, Inc.
```

```
;    Minneapolis, MN    USA
;Job:
```

这里记录了 log 文件生成的时间以及软件的版本等信息，而 PRINT 命令的输出结果暂时没有看到。这是因为输出结果还没有被记录到 log 文件当中，如果此时需要查看 log 文件的输出结果，可以采用关闭 FLAC3D 程序或者通过 SET log off 命令将 log 记录格式设为关闭的方法，使 log 文件进行更新，重新打开 6-1.log 将会得到单元的应力信息。

注意

6-1.log 文件中存在一些空行，这是在输出过程中为了便于用户浏览而分页显示结果造成的，这给数据处理造成了一定的困难，为了使输出结果更易于用户操作，可以将 PRINT 命令和 log 文件设置写成一个数据文件，这样程序在输出结果时就不会设置分页显示，从而避免 log 文件中出现的空行。比如例 6.4 中的命令文件。

例 6.4 输出单元应力和节点位移

```
rest 6-3.sav
set log on
set logfile 6-2.log
print zone stress
print gp dis
set log off
```

6. 切片操作

为了形象描述模型的内部信息，在后处理时常常需要对模型进行切片操作，即在模型中设置剖面，然后输出剖面上的响应结果。这里以例 6.3 的计算结果为例，说明在 FLAC3D 中建立切片的方法。

通过命令方法建立切片之前，需要预先定义一个剖面的位置，通常在 PLOT set plane 命令中利用切面中一点的坐标（ori）和切面的法向（norm）来确定，如下面的命令在模型中部建立了一个垂直于 y 轴的剖面：

```
plot set plane ori 0 1.5 0 norm 0 1 0
```

剖面建立好后，可以使用 PLOT 命令来输出该剖面上的节点或单元信息，下面的命令给出了剖面上竖直方向（Z 方向）的变形云图：

```
plot con zd plane
```

可以发现，切片操作只需要在原来的 PLOT 绘图命令后增加 plane 关键词即可，输出结果如图 6-15（a）所示，通过剖面的云图可以直观地了解模型内部的变形情况。另外，还可以配合其他的 PLOT 命令来获得更为直观的效果，比如在剖面沉降云图上增加网格线、剖面上的矢量及坐标系等，可以获得图 6-15（b）的效果，具体命令如下：

```
plot add ske
plot add dis plane
plot add axe
```

FLAC3D 剖面上的数据结果是根据周围节点或单元信息进行插值得到的，因此剖面的位置并不要求沿着某个特定的界限或单元边界，而可以设置在任意位置，比如上述剖面的位置设置在模型的中部，穿过模型中间的单元。

在剖面图形显示的状态下，用户可以在命令行中直接更改剖面位置，绘图区的图形会自动根据新的剖面位置进行更新，比如读者输入以下的命令重新建立剖面：

```
plo set pla ori 1.5 1.5 1.5 norm 1 1 1
```

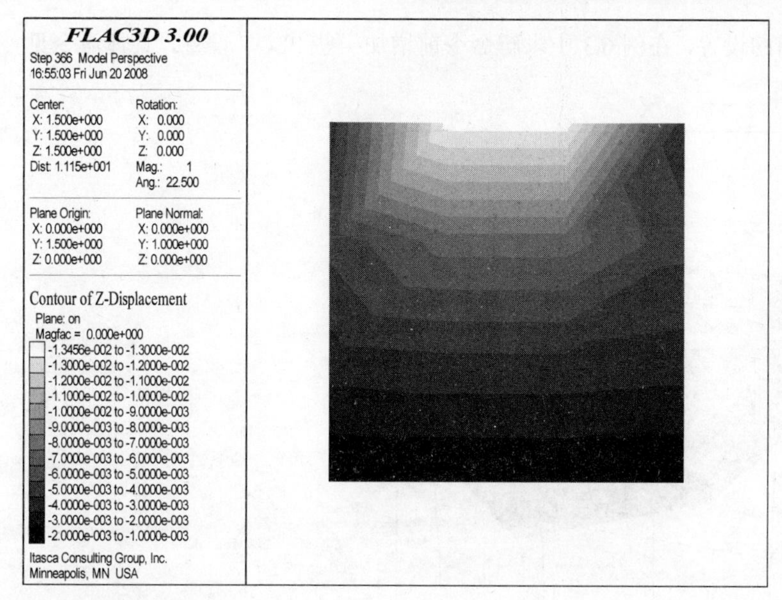

（a）剖面上的沉降云图

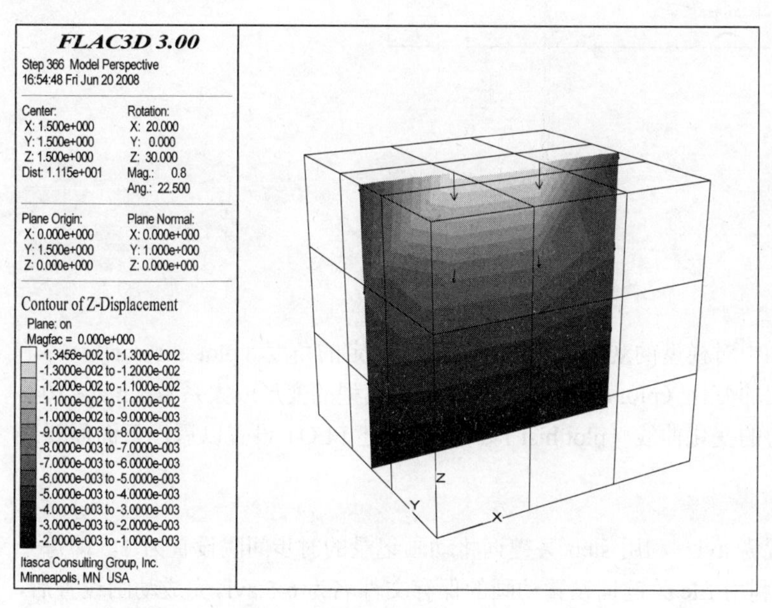

（b）配合网格、矢量后的剖面沉降云图

图 6-15　剖面的沉降云图

可以看到，在输出结果中生成了新的剖面图形，如图 6-16 所示。

7．动画制作

目前，很多数值计算软件都提供了动画制作的功能，用户可以将计算过程中的响应动态地输出，形成影片文件，FLAC3D 也提供了这样的功能。这里将以例 6.3 中面荷载施加的计算为例来说明动画文件的制作方法。

FLAC3D 中的动画其实是将计算过程中 PLOT 图形的动态显示效果生成影片文件，因此在动画制作前首先要完成 PLOT 绘图的设置，在例 6.3 中求解命令前增加一些 PLOT 设置，具体命令见例 6.5。

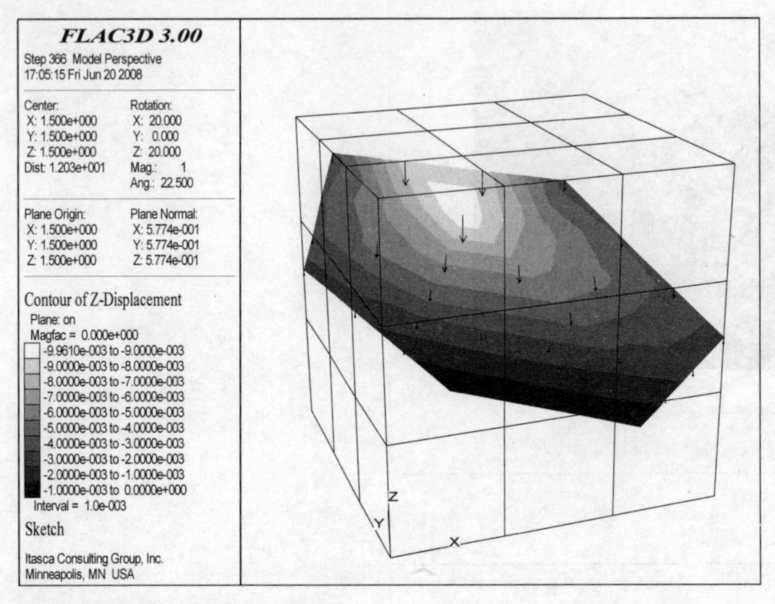

图 6-16　新建剖面的切片效果

例 6.5　生成影片文件

```
rest 6-1.sav
ini xd 0 yd 0 zd 0 xv 0 yv 0 zv 0
app nstress -100e3 ran z 2.9 3.1 x 1 2 y 1 2
plot set rot 20 0 30
plot con szz ou on magf 10
plot add hist 1
```

其中，为了便于在动画文件中对模型的观察，将视图设置了一定的角度（plot set rot 命令），动画文件中记录了竖向应力云图的变化（plot con szz），并设置了模型的变形放大系数（magf 10），另外在绘图区还增加了不平衡力的变化曲线（plot hist 1）。完成上述 PLOT 设置以后，下面需要进行动画参数的设置：

```
set movie avi step 1 file 6-5.avi
```

将本次动画文件的格式设置为 avi，利用 step 关键词将动画记录的时步间隔设置为 1，即每一时步计算均记录在动画文件中，利用 file 关键词设置动画的保存文件名为 6-5.avi。完成动画设置后，开启动画记录开关，并进行求解。

```
movie start
solve
```

在求解过程中，在绘图区可以看到应力云图的变化及不平衡力的发展曲线。计算完成后，关闭 FLAC3D 窗口，打开命令所在的文件夹，可以发现生成的 6-5.avi 文件。打开该动画文件，即可看到刚才计算中记录的计算过程。

求解完成后，动画记录尚未完成，动画文件的大小可能为 0，或者打开该文件时出现“文件正在使用的错误”，这时只需要关闭 FLAC3D 程序，即可发现记录完成的动画文件。

当带有动画记录的命令文件重复运行时，有时会发现类似于图 6-17 中的错误提示，这是由于命令保存文件夹中已经包含了一个 6-5.avi 文件，FLAC3D 在创建动画文件时会出错。这时可以删除已存在的 6-5.avi 文件，即可避免这类错误。

图 6-17　由于命令文件已存在时动画生成发生的错误

FLAC3D 的动画文件使用的是 avi 格式，所以一般生成的动画文件较大，读者可以使用其他视频编辑软件将其转换成大小较小的影片文件。

6.3　其他软件的后处理——Tecplot

FLAC3D 本身具备了强大的后处理功能，但是在使用过程中仍然存在一些缺点，尤其是不具备输出等值线图的功能。在整理计算成果时，相对于色彩缤纷的云图来说，等值线图更清晰易懂，线条配合标签可以直观地将分析结果展示出来，同时图形可以用黑白打印，避免了云图印刷困难的弱点。由于 FLAC3D 具备丰富的 FISH 函数，因此可以将 FLAC3D 的计算结果输出，并通过第三方软件（比如 Surfer、Tecplot 等）将计算结果再次整理成图。本节介绍 FLAC3D 转换成 Tecplot 图形的方法。

该方法需要编制一个 FISH 程序，用户必须十分了解 FLAC3D 的 FISH 输出功能，并且了解 Tecplot 数据文件的格式，这是一个复杂的过程。好在清华大学戴荣博士首先开发了这个转换程序，并公布在 Simwe 论坛的 FLAC 版上，该程序使众多的 FLAC3D 爱好者可以将自己的计算结果用 Tecplot 软件重新生成美观而实用的图形，因此戴荣博士的帖子被徐鼎平（FLAC 版主 benjackxu）誉为“最具原创精神的好帖”，程序下载次数超过了 1800 次。

戴荣博士提供的程序只能输出三个方向的坐标以及变形结果，在戴荣博士程序的基础上，用户可以方便地增加自己想要输出的结果，这里提供的转换程序已经包含了作者陈育民以及河海大学郑文堂博士编写的包括总变形、三个方向应力、三个方向主应力的结果，读者还可以自行增加感兴趣的结果，包括孔压、有效应力等。这里对 FLAC3D 转换成 Tecplot 的程序文件不做详细介绍，感兴趣的读者可以仔细阅读本书光盘中提供的转换程序。

首先利用 FLAC3D 读入已完成的计算文件，这里以例 6.3 形成的 6-3.sav 文件为例。读入结束后，运行 flac3d2Tecplot.dat 文件，运行结束时会在命令提示行的上方显示成功写入的提示，在命令保存文件夹中会发现 tec10.dat 的数据文件，该文件就是用于 Tecplot 进行图形输出的文件。

下面简要介绍利用 Tecplot 进行图形输出的步骤：

步骤 1　打开 Tecplot 程序，执行【File】|【Load Data File(s)】命令，在打开的载入数据文件对话框中，选择刚刚生成的 tec10.dat 文件，并执行【打开】命令，在出现的 Select Initial Plot 对话框中，单击 OK 按钮。

步骤 2　在 Tecplot 程序左上角显示了三维笛卡尔坐标系下（3D Cartesian）的绘图选项，见图

6-18 所示。

步骤 3　单击绘图选项中的 Contour 复选框，便可在绘图窗口中看到模型中的等值线云图。单击 Contour 复选框后方的按钮，可以打开 Contour Details 对话框，见图 6-19 所示。

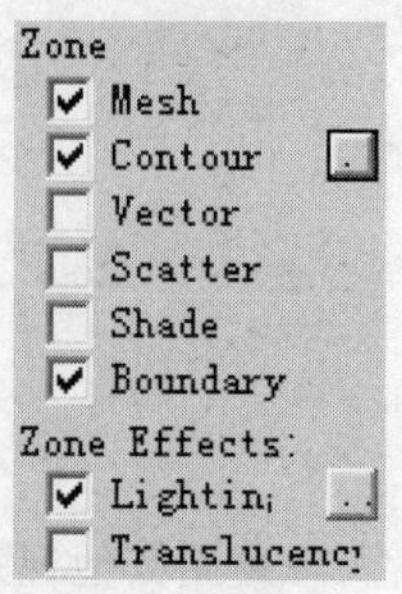

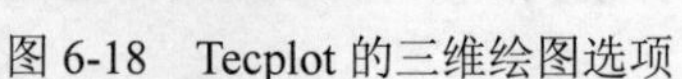

图 6-18　Tecplot 的三维绘图选项　　　　　图 6-19　Contour Details 对话框

步骤 4　在 Contour Details 对话框中，选择 Var 变量为 SIG1(kPa)，显示模型中大主应力的云图。并单击 More >>按钮，打开绘图细节的更多选项。

步骤 5　选择 Labels 标签，并选择 Show labels 复选框，打开云图中等值线上的标签，还可以通过 Fill 输入框更改标签的大小。

步骤 6　选择 Legend 标签，并选择 Show contour legend 复选框，打开云图中的图例，可以发现大主应力云图已经按照常规土力学的惯例，将数据符号设置为“压为正”，并将应力单位取为了 kPa。

通过以上操作可以得到如图 6-20 所示的云图。

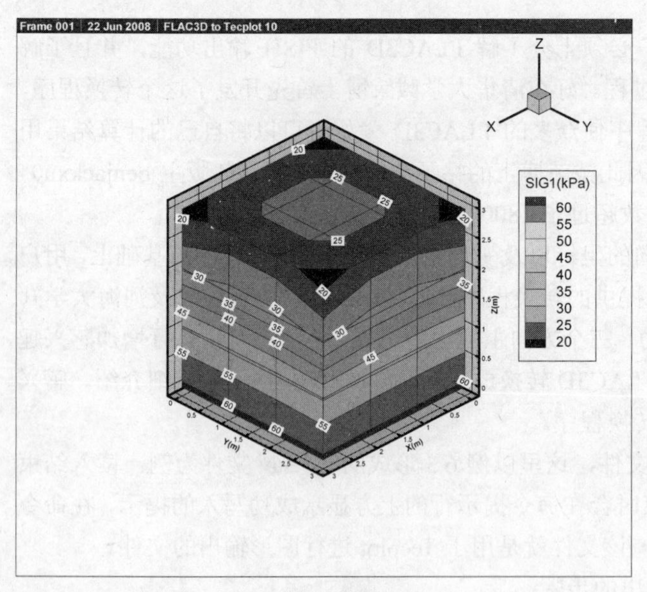

图 6-20　输出的大主应力等值线及云图

Tecplot 还有一个实用的功能，就是多重切面的绘图功能。在 FLAC3D 中每次只能对一个剖面进行切面绘图，而 Tecplot 中可以允许有多个切面，下面简要介绍多重切面的操作方法。

步骤 1　首先仍然需要选择 Contour 选项中的变量 Var，这里以 ZDISP(m)为例。

步骤 2　执行【Data】|【Extract】|【Slice from plane】命令，打开切面对话框。Tecplot 提供了多种切面方式，包括任意切面、定常数切面等。先选择固定 Y 的切面，拖动 Position as % of Ran 的滑块或者输入 Position 坐标，可以在云图中看到所生成切面的位置情况，这里先设置 Y=1.5 的切面。

步骤 3　重复**步骤 2**的操作，建立 Z=1 的切面。

步骤 4　在绘图区中对云图双击鼠标左键，打开 Zone Style 对话框，见图 6-21 所示。在 Contour 标签中，将 Zone Num 为 1 的 Con show 设置为 No，即关掉全局模型的云图，只留下全局模型的单元显示。

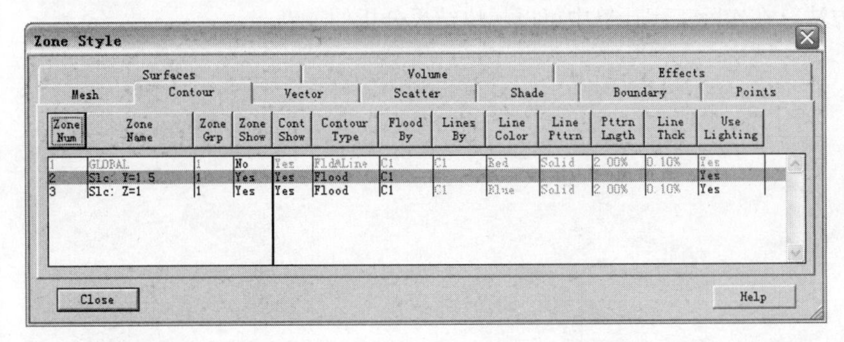

图 6-21　Zone style 对话框

步骤 5　继续选择 Zone Num 中的 2 和 3，将 Contour Type 选择为 Both line & flood，即同时包括线和云图。

步骤 6　对绘图区中的坐标系双击，可以去掉背景及坐标系信息，形成的图形见图 6-22 所示。

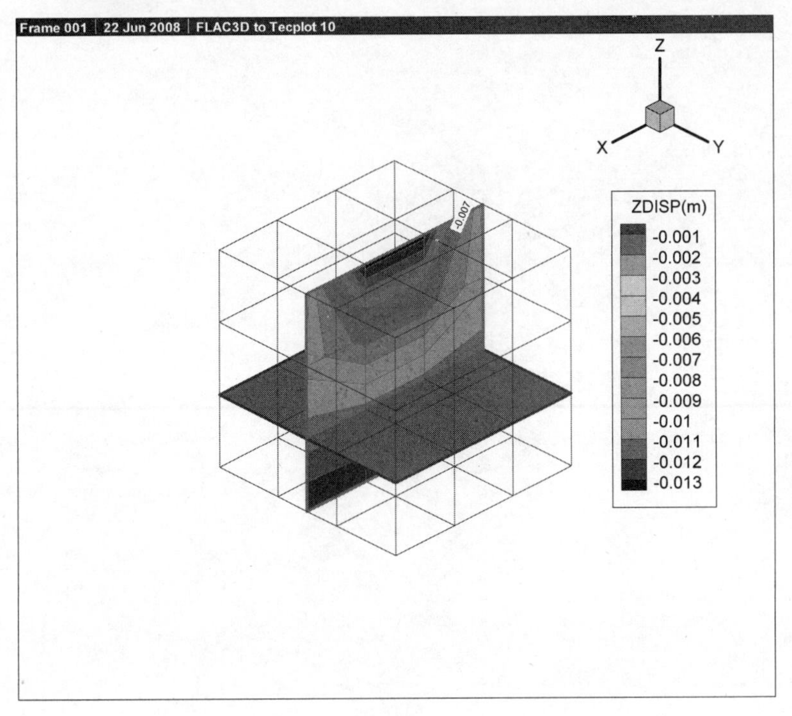

图 6-22　Tecplot 生成的两个剖面的云图

这里简要介绍了利用 Tecplot 处理 FLAC3D 计算文件的基本方法，关于 Tecplot 的使用技巧及详细方法请参考软件说明书或其他教材。

6.4 本章小结

本章对 FLAC3D 的后处理功能进行了介绍，FLAC3D 具有强大而基本完善的后处理功能，可以形成多种格式的数据结果，包括图片、数据、动画，还可以借助 Tecplot 等其他软件对 FLAC3D 的计算结果进行整理。通过本章的学习，读者需要熟悉一下基本后处理命令，这些命令操作的效率远远高于采用菜单操作的方法，在实际工程计算中可以加快结果分析的速度。

7

初始地应力场的生成及应用

在土木工程或采矿工程领域中，初始地应力场的存在和影响不容忽略，它既是影响岩体力学性质的重要控制因素，也是岩体所处环境条件下发生改变时引起变形和破坏的重要力源之一。因此，要想较真实地进行工程模拟仿真，就必须保证初始地应力场的可靠性。初始地应力场生成的主要目的是为了模拟所关注分析阶段之前岩、土体已存在的应力状态。

目前有些读者对初始地应力场的生成并不很重视，往往是一上来就进行复杂的动力计算，殊不知动力计算是建立在正确的初始应力分析结果的基础上的。如果静力分析（初始地应力场）这个基础是错误的，那么在这个错误的基础上进行的所有“花哨”的分析都应当是错误的。

本章将介绍 FLAC3D 中初始地应力场的生成方法及应用。

本章重点：

✓ 常用的初始地应力场生成方法

✓ 常见工程初始地应力场的生成

✓ 路基施工过程的模拟

7.1 初始地应力场生成方法

在 FLAC3D 中，初始应力场的生成办法较多，但通常用的是以下三种方法，即弹性求解法、改变参数的弹塑性求解法以及分阶段弹塑性求解法。下面将以表 7-1 所述简单模型为例，介绍这三种生成初始地应力场的方法。

表 7-1 模型尺寸、土体密度及变形参数

尺寸($x\times y\times z$)/ m	单元数量/ 个	ρ / kg • m^{-3}	K / MPa	G / MPa	ν
1×1×2	1×1×2	2000	30	10	0.35

7.1.1 弹性求解法

初始地应力的弹性求解法生成是指将材料的本构模型设置为弹性模型，并将体积模量与剪切模量设置为大值，然后求解生成初始地应力场。例 7-1 叙述的是采用该法生成上述简单模型的初始地应力场的过程。

例 7.1　弹性求解生成初始地应力场

```
new                              ;开始一个新的分析
gen zone brick size 1 1 2        ;生成网格模型
model elas                       ;设置弹性本构模型
prop bulk 3e7 shear 1e7          ;设置体积模量和剪切模量
fix z ran z 0                    ;固定 z=0 平面所有节点 z 向速度
fix x ran x 0                    ;固定 x=0 平面所有节点 x 向速度
fix x ran x 1                    ;固定 x=1 平面所有节点 x 向速度
fix y ran y 0                    ;固定 y=0 平面所有节点 y 向速度
fix y ran y 1                    ;固定 y=1 平面所有节点 y 向速度
ini dens 2000                    ;设置密度
set grav 0 0 -10                 ;设置重力加速度
solve                            ;按软件默认精度求解
```

图 7-1 为运行上述命令文件后得到的初始地应力场应力云图。从图中可以看出，模型底部 σ_{zz} = 40 kPa，$\sigma_{xx}=\sigma_{yy}$ =21.54 kPa，这与采用公式 $\sigma_{zz}=\rho gz$（z 为土层深度）、$\sigma_{xx}=\sigma_{yy}=\sigma_{zz}\nu/1-\nu$ 的计算结果基本一致。此法常用于浅埋工程和地表工程数值模拟时的初始地应力场生成，因为此类工程的初始地应力场主要是由岩、土体在自重作用下产生的。此外，由于为弹性求解，在体系达到平衡时，岩、土体中并未有产生屈服的区域。

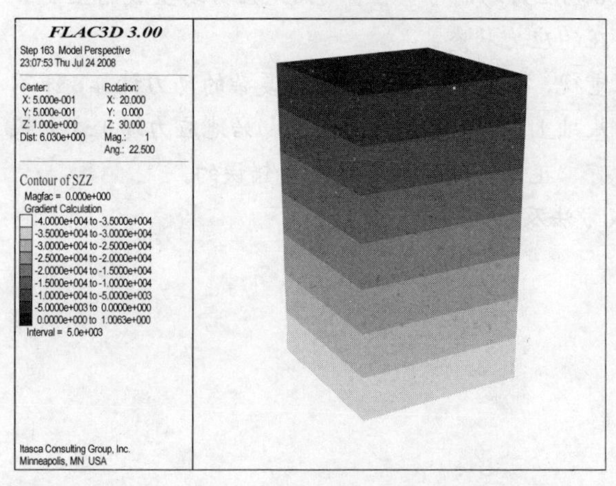

（a）竖向应力云图

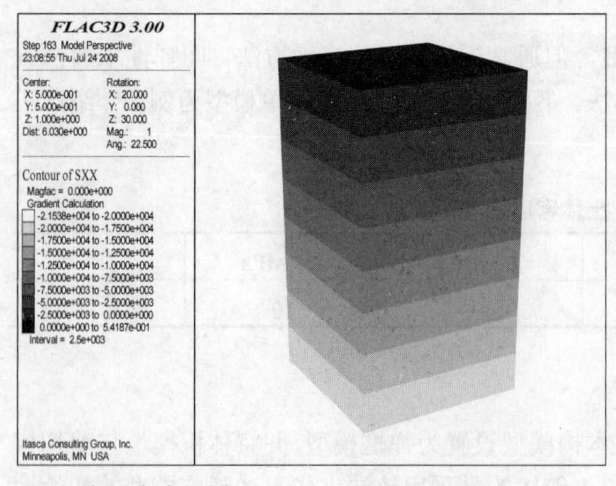

（b）水平应力云图

图 7-1　初始地应力场应力云图（step=162）

7.1.2　更改强度参数的弹塑性求解法

更改强度参数的弹塑性求解法生成是指求解过程中始终采用塑性模型，但为防止在计算过程中出现屈服流动，将粘聚力和抗拉强度设为大值，计算至平衡后，再将粘聚力和抗拉强度改为分析所采用的值计算至最终平衡状态。例 7.2 叙述的是采用该方法成一个简单模型初始地应力场的过程。计算条件中，除采用例 7.1 所列参数外，增加表 7-2 所列土体强度参数。

表 7-2　土体的强度参数

c / kPa	ϕ /（°）	ψ /（°）	σ^t / MPa
10 (10^7)	15	0	0 (10^4)

粘聚力与抗拉强度栏中，括号内值为更改参数求解前的设定值。

例 7.2　更改强度参数求解生成初始地应力场

```
new                                                 ;开始一个新的分析
gen zone brick size 1 1 2                           ;生成网格模型
model mohr                                          ;设置摩尔-库仑模型
prop bulk 3e7 shear 1e7 coh 1e10 fri 15 ten 1e10    ;设置力学参数
fix z ran z 0                                       ;固定 z=0 平面所有节点 z 向速度
fix x ran x 0                                       ;固定 x=0 平面所有节点 x 向速度
fix x ran x 1                                       ;固定 x=1 平面所有节点 x 向速度
fix y ran y 0                                       ;固定 y=0 平面所有节点 y 向速度
fix y ran y 1                                       ;固定 y=1 平面所有节点 y 向速度
ini dens 2000                                       ;设置密度
set grav 0 0 -10                                    ;设置重力加速度
solve                                               ;按软件默认精度求解
prop bulk 3e7 shear 1e7 coh 10e3 fri 15 ten 0       ;重新设置力学参数
solve                                               ;按软件默认精度求解
```

图 7-2 为运行上述命令文件后得到的初始地应力场竖向应力云图。从图中可以看出，该竖向应力云图与图 7-1（a）基本相同。

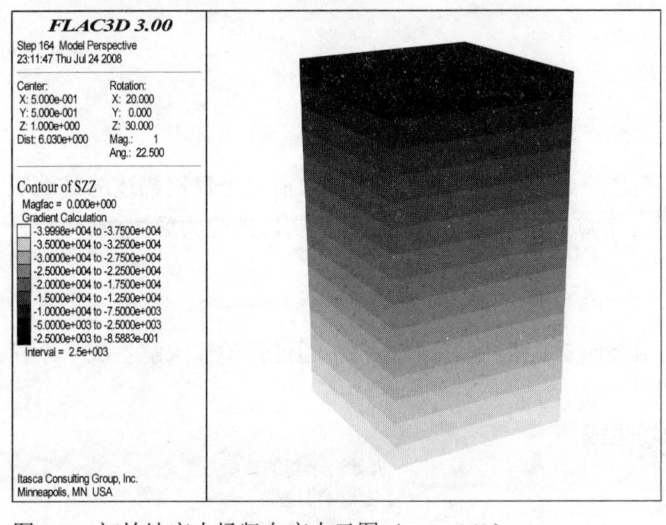

图 7-2　初始地应力场竖向应力云图（step=163）

此法与前述弹性求解方法的不同之处在于，计算达到最终平衡时，岩、土体中可能有产生屈服的区域。相对而言，此法生成的初始地应力场比弹性求解方法生成的要合理一些，因为在实际工程中，即使是在初始地应力场作用下，岩、土体内部存在屈服区域也是有可能的。但由于是弹塑性求解，其生成初始地应力场的时间要更长一些，特别是对于网格和节点数目较多的模型来说更是如此。本例仅为说明该方法生成初始地应力场的过程，由于模型尺寸较小，在重力作用下，并未有屈服区域产生，读者可按此例自行设置节点和单元数较多的模型观察计算结果。

7.1.3 分阶段弹塑性求解法

分阶段弹塑性求解方法是直接采用 Solve elastic 命令来进行弹塑性模型的初始地应力场求解。例 7.3 叙述的是分阶段弹塑性求解法生成一个简单模型初始地应力场的过程。采用的计算条件与 7.1.2 节完全相同。采用此法生成的初始地应力场竖向应力云图与图 7-2 相同，不在此列出。

例 7.3 分阶段弹塑性求解生成初始地应力场

```
new                                             ;开始一个新的分析
gen zone brick size 1 1 2                       ;生成网格模型
model mohr                                      ;设置摩尔-库仑模型
prop bulk 3e7 shear 1e7 coh 10e3 fri 15 ten 0   ;设置力学参数
fix z ran z 0                                   ;固定 z=0 平面所有节点 z 向速度
fix x ran x 0                                   ;固定 x=0 平面所有节点 x 向速度
fix x ran x 1                                   ;固定 x=1 平面所有节点 x 向速度
fix y ran y 0                                   ;固定 y=0 平面所有节点 y 向速度
fix y ran y 1                                   ;固定 y=1 平面所有节点 y 向速度
ini dens 2000                                   ;设置密度
set grav 0 0 -10                                ;设置重力加速度
solve elas                                      ;按软件设置步骤分阶段求解
```

目前，在 FLAC3D 中，此法只适合计算模型采用摩尔－库仑模型的情况，此时，它与前述更改强度参数的弹塑性求解方法（采用摩尔－库仑模型时）是等效的。若初始平衡计算时采用的是其他弹塑性本构模型，则需采用更改强度参数的弹塑性求解法来生成初始地应力场。该求解过程中分为两个阶段进行：首先，程序自动将模型所有组成材料的粘聚力和抗拉强度分别设置为较大值，进行弹性求解，直至体系达到力平衡状态；接着将粘聚力和抗拉强度重置为初始设定值进行塑性阶段的求解，直至体系达到力平衡状态。

7.2 几个简单的例子

本节将举例说明采用 FLAC3D 生成各类岩土工程的初始地应力场。前三个算例描述的是地表工程或浅埋工程的初始地应力场生成，后一个算例描述的是深埋工程的初始地应力场生成。

7.2.1 设置初始应力的弹塑性求解

例 7.4 叙述的是设置初始应力后，采用与例 7.1 相同的计算条件，通过弹塑性求解生成一个简单模型初始地应力场的过程。

例 7.4 设置初始应力的初始地应力场生成

```
new                                             ;开始一个新的分析
gen zone brick size 1 1 2                       ;生成网格模型
model mohr                                      ;设置摩尔-库仑模型
```

```
prop bulk 3e7 shear 1e7 coh 10e3 fri 15 ten 0        ;设置力学参数
fix z ran z 0                                        ;固定 z=0 平面所有节点 z 向速度
fix x ran x 0                                        ;固定 x=0 平面所有节点 x 向速度
fix x ran x 1                                        ;固定 x=1 平面所有节点 x 向速度
fix y ran y 0                                        ;固定 y=0 平面所有节点 y 向速度
fix y ran y 1                                        ;固定 y=1 平面所有节点 y 向速度
ini dens 2000                                        ;设置密度
ini szz -40e3 grad 0 0 20e3 ran z 0 2                ;设置竖向初始应力
ini syy -20e3 grad 0 0 10e3 ran z 0 2                ;设置水平 y 向初始应力
ini sxx -20e3 grad 0 0 10e3 ran z 0 2                ;设置水平 x 向初始应力
set grav 0 0 -10                                     ;设置重力加速度
solve                                                ;按软件默认精度求解
```

图 7-3 为运行上述命令文件后得到的初始地应力场竖向应力云图，该竖向应力云图与图 7-1（a）相同。加入初始应力，其作用主要是是为了加速模型与重力平衡的时间，以缩短生成初始地应力场的时间（如本例，未进行计算，模型即已达到平衡）。一般按 K_0（水平应力与竖向应力之比，按弹性力学公式，$K_0 = \nu/1-\nu$，因此，本例取为 0.5 来设置初始应力，可最大程度上减少计算收敛时间。

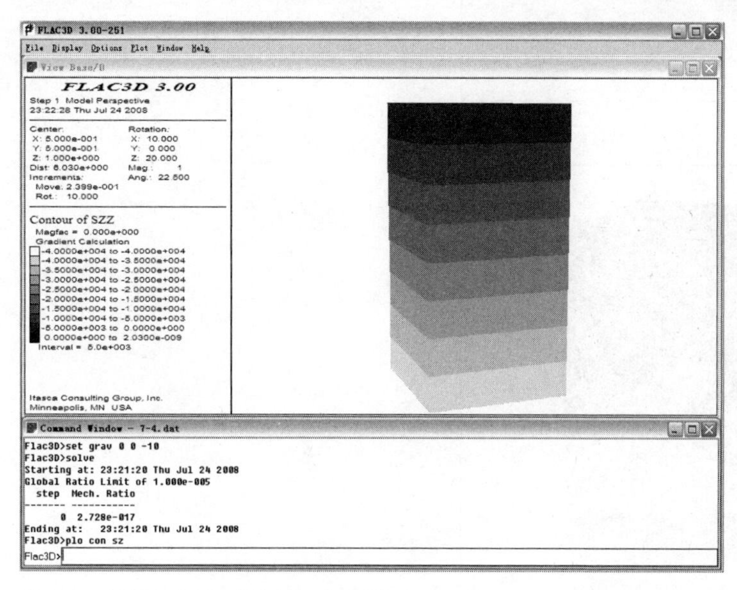

图 7-3　初始地应力场竖向应力云图（step=0）

在浅埋工程和地表工程初始地应力场模拟中，通过测定 K_0 值，根据手算加入较为合理的初始应力值，可有效缩短计算时间；而在深埋工程中，若机械套用此法，则会造成较大的误差。因深埋工程中，初始地应力场主要由构造应力构成，重力所起作用相对较小，如在模拟中设置不恰当的初始应力值，计算求解得到的初始地应力场有可能只是众多平衡结论中的一个，并不能反映或接近真实的初始地应力场。

7.2.2　存在静水压力的初始地应力场生成

例 7.5 叙述的是设置初始应力和孔隙水压力后，通过弹塑性求解生成一个简单模型初始地应力场的过程。土体孔隙率为 0.5，水位线从模型底部起为 1m，计算中土体密度分水上和水下分别设置为天然密度和饱和密度，采用无渗流模式进行计算，其他计算条件与例 7.2 相同。采用此法生成的初始地应力场应力云图如图 7-4 所示。

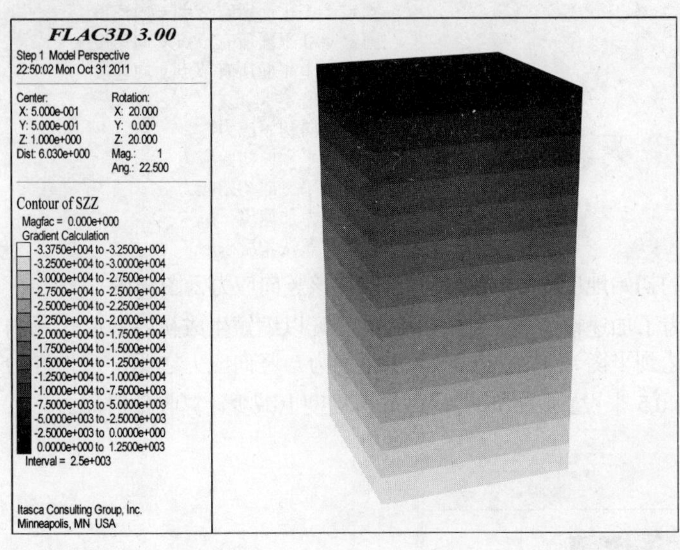

（a）竖向应力云图

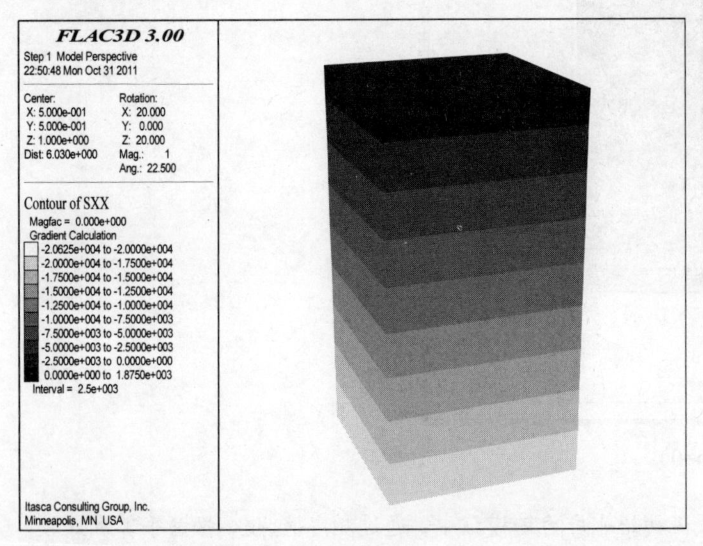

（b）水平应力云图

图 7-4 初始地应力场应力云图（step=0）

例 7.5 存在孔隙水压力的初始地应力场生成

```
new                                             ;开始一个新的分析
gen zone brick size 1 1 2                       ;生成网格模型
model mohr                                      ;设置摩尔-库仑模型
prop bulk 3e7 shear 1e7 coh 10e3 fri 15 ten 0   ;设置力学参数
fix z ran z 0                                   ;固定 z=0 平面所有节点 z 向速度
fix x ran x 0                                   ;固定 x=0 平面所有节点 x 向速度
fix x ran x 1                                   ;固定 x=1 平面所有节点 x 向速度
fix y ran y 0                                   ;固定 y=0 平面所有节点 y 向速度
fix y ran y 1                                   ;固定 y=1 平面所有节点 y 向速度
```

```
ini dens 2000 ran z 0 1                     ;设置土体饱和密度（水位线以下）
ini dens 1500 ran z 1 2                     ;设置土体干密度（水位线以上）
ini szz -35e3    grad 0 0 20e3   ran z 0 1  ;设置水下土体竖向初始应力
ini syy -22.5e3 grad 0 0 15e3   ran z 0 1   ;设置水下土体 y 向初始应力
ini sxx -22.5e3 grad 0 0 15e3   ran z 0 1   ;设置水下土体 x 向初始应力
ini szz -30e3    grad 0 0 15e3   ran z 1 2  ;设置水上土体竖向初始应力
ini syy -15e3    grad 0 0 7.5e3   ran z 1 2 ;设置水上土体 y 向初始应力
ini sxx -15e3    grad 0 0 7.5e3   ran z 1 2 ;设置水上土体 x 向初始应力
ini pp 10e3 grad 0 0 -10e3 ran z 0 1        ;设置初始孔隙水压力
set grav 0 0 -10                            ;设置重力加速度
solve                                       ;按软件默认精度求解
```

本例需对水上和水下部分土体密度分别进行设置，饱和密度ρ^s、干密度ρ^d、孔隙率n以及饱和度s间关系式为：$\rho^s = \rho^d + ns\rho_w$；初始应力也分为水上和水下分别设置。

另外，要注意 Initial 命令在设置初始应力时，其实设置的是模型总应力的分布。拿本例来说，如图 7-5，在 z=2 的位置，应力和孔压均为 0。在 z=1 的位置，由于上部没有水压力作用，所以此时的孔压为 0，总应力与有效应力相等，可以按照 K0 系数来计算 z 方向的应力为-15kPa，x 方向和 y 方向的应力为-7.5kPa。而在 z=2 的位置，由于上部单元和水压力共同作用产生的 z 方向总应力为-35kPa，孔压为 10kPa，则 z 方向的有效应力为-25kPa。根据 K0 系数公式，x 方向和 y 方向有效应力应为 z 方向有效应力的 0.5 倍，即-12.5kPa。由此计算，z=2 位置上的 x 方向和 y 方向的总应力应为-22.5kPa。根据不同位置上 z 方向和 x（y）方向上的总应力分布，来确定 Initial 命令中 grad 梯度参数的取值。

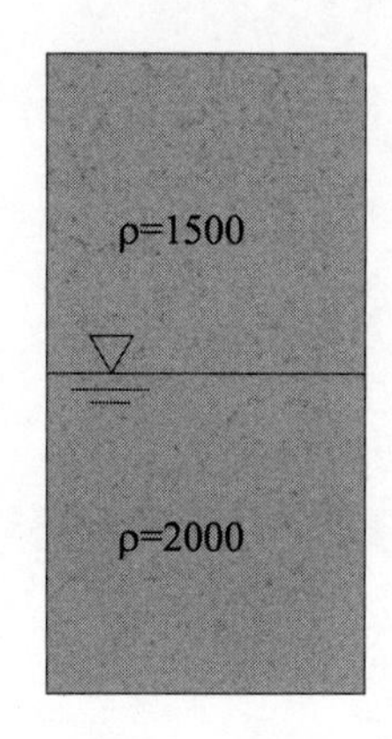

z=2: σ_z=0, σ_x=σ_y=0, pp=0
σ_z'=0, σ_x'=σ_y'=0

z=1: σ_z=-15, σ_x=σ_y=-7.5, pp=0
σ_z'=-15, σ_x'=σ_y'=-7.5

z=0: σ_z=-35, σ_x=σ_y=-22.5, pp=10
σ_z'=-25, σ_x'=σ_y'=-12.5

图 7-5 初始应力赋值计算示意图（图中应力孔压单位均为 kPa，密度单位为 kg/m^3）

Initial 设置初始应力命令中主要确定两个值，比如命令如下：

```
ini szz σ0 grad 0 0 g0 range z z1 z2
```

其中σ0 和 g0 就是要确定的初始值和梯度，这两个值一般通过两个确定位置的应力值反算得到。比如本例中 z=0~1 范围内的 z 方向应力设置。

根据上述的分析，已知：

z1=0 时，σ_{z1}=-35kPa；z2=1 时，σ_{z2}=-15kPa，则可列如下方程：

$\sigma_{z1} = \sigma0 + g0 * z1 = \sigma0 + g0 * 0 = \sigma0 = -35e3$

以及：

$\sigma_{z2} = \sigma0 + g0 * z2 = \sigma0 + g0 * 1 = \sigma0 + g0 = -35e3 + g0 = -15e3$

可求得：σ0 = -35e3，g0 = 20e3。

即可得到上例中的命令 ini szz -35e3　grad 0 0 20e3　ran z 0 1。

本例中，由于设置了正确的初始应力，在求解分析时，程序并未求解就自动达到了平衡状态。

7.2.3　水下建筑物的初始应力场生成

例 7.6 叙述的是设置初始应力，通过弹塑性求解生成一个位于水下的简单模型初始地应力场的过程。水位线位于模型顶部以上 1m，采用无渗流模式进行计算，其他计算条件与例 7.2 相同。采用此法生成的初始地应力场应力云图如图 7-6 所示。

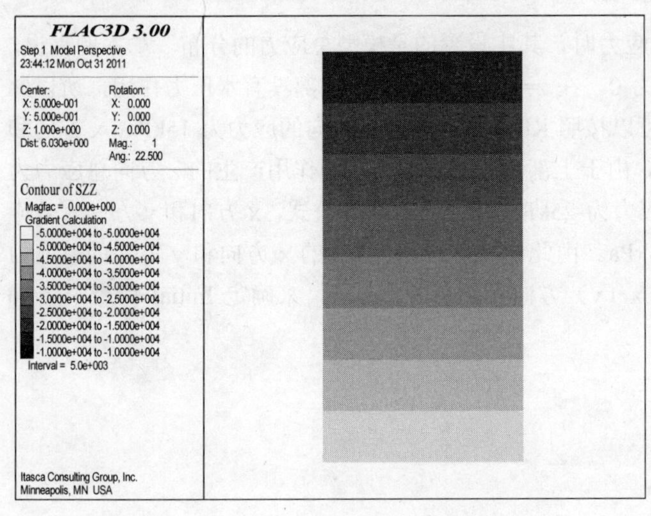

（a）竖向应力云图

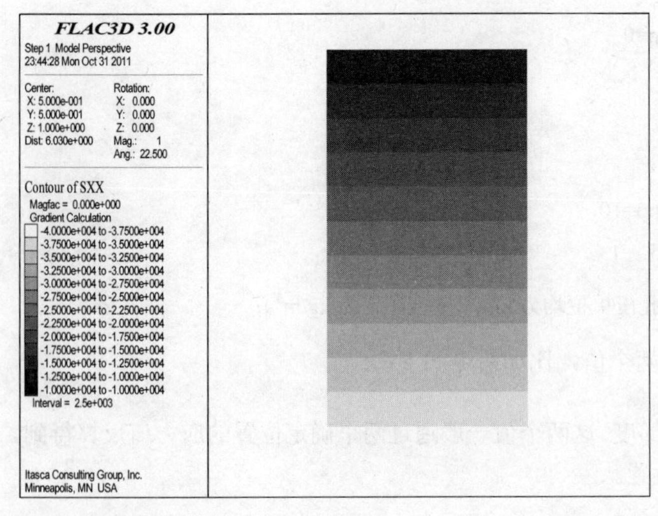

（b）水平应力云图

图 7-6　初始地应力场应力云图（step=0）

例 7.6　水下建筑物的初始地应力场生成

```
new                                                  ;开始一个新的分析
gen zone brick size 1 1 2                            ;生成网格模型
model mohr                                           ;设置摩尔-库仑模型
prop bulk 3e7 shear 1e7 coh 10e3 fri 15 ten 0        ;设置力学参数
fix z ran z 0                                        ;固定 z=0 平面所有节点 z 向速度
fix x ran x 0                                        ;固定 x=0 平面所有节点 x 向速度
fix x ran x 1                                        ;固定 x=1 平面所有节点 x 向速度
fix y ran y 0                                        ;固定 y=0 平面所有节点 y 向速度
fix y ran y 1                                        ;固定 y=1 平面所有节点 y 向速度
ini dens 2000 ran z 0 2                              ;设置土体饱和密度
ini szz -50e3 grad 0 0 20e3   ran z 0 2              ;设置水上土体竖向初始应力
ini syy -40e3 grad 0 0 15e3   ran z 0 2              ;设置水下土体水平 y 向初始应力
ini sxx -40e3 grad 0 0 15e3   ran z 0 2              ;设置水下土体水平 x 向初始应力
ini pp 30e3 grad 0 0 -10e3 ran z 0 2                 ;设置初始孔隙水压力
app nstress -10e3 ran z 2                            ;施加应力边界条件（静水压力）
set grav 0 0 -10                                     ;设置重力加速度
solve                                                ;按软件默认精度求解
```

与上例不同，模型处于水位线以下，由于设置为非渗流求解模式，孔隙水压力值始终等于静水压力值。本例中由于设置了正确的初始应力，所以模型无需求解，自动达到了平衡状态。

注意

模型上部受到顶部面法线方向的静水压力，不能遗漏，需以应力边界条件施加。

7.2.4　深埋工程的初始应力场生成

在深埋工程中，初始应力场通常为构造应力场和自重应力场的叠加。在 FLAC3D 中，边界条件的定义中并无通常的位移边界条件，而是速度边界条件，即通过设定模型边界节点的速度（通常设定边界节点某个方向速度为零）来实现位移边界条件的控制。FLAC3D 中也不存在真正的力边界条件，模型内的应力只能通过自身的应力重分布达到平衡，由于岩体自重是以体力作用在模型上的，这就使得模型的应力重分布成为应力与自重应力相平衡的结果，得到的初始应力场往往只是自重应力场，并不符合深埋工程初始地应力场的实际情况。经过对 FLAC3D 的不断研究与尝试，李仲奎、戴荣等人（2002）提出了快速应力边界法（S-B 法），用来在 FLAC3D 中模拟深埋工程的初始地应力场。

这一方法的思路是：在初始地应力场的生成过程中，数值模型不设速度边界条件，仅在模型表面根据地应力场的分布情况施加应力边界条件并保持恒定。在模型表面施加的应力边界可以认为是模型最外层单元受到的应力，这一应力转化成节点力作用在模型最外层单元的节点上。图 7-7 所示为一最外层单元体，σ 为作用在单元上的应力，F 为节点力。对于单元的任何一个面，有

$$\sigma A = \sum_{i=1}^{n} F_i \tag{7-1}$$

式中，A 为单元表面积，i 为节点个数。

假定单元右侧表面（面 1）是模型外边界，左侧表面（面 2）与模型内部单元相连。在初始应力场平衡计算过程中，应力边界保持恒定，即最外层单元边界（面 1）处的节点力标尺不变，这就相当于给模型添加了构造应力的边界条件；表层单元与模型内部单元接触面（面 2）的节点力向模型内部传播，使得表面的应力分布模型向模型内部扩散，直至达到平衡，这时得到的（初始）应力

场可以认为是构造应力场和自重应力场相叠加的结果。由于模型没有位移边界条件，模型在平衡过程中可能会产生很大的位移，但可以通过在模型达到平衡后将所有节点速度清零的方式，来模拟岩、土体在初始地应力场作用下的静力平衡状态。现仍以李仲奎，戴荣等人（2002）一文给出的算例为例，说明这一方法是如何模拟深埋工程的初始地应力场的。

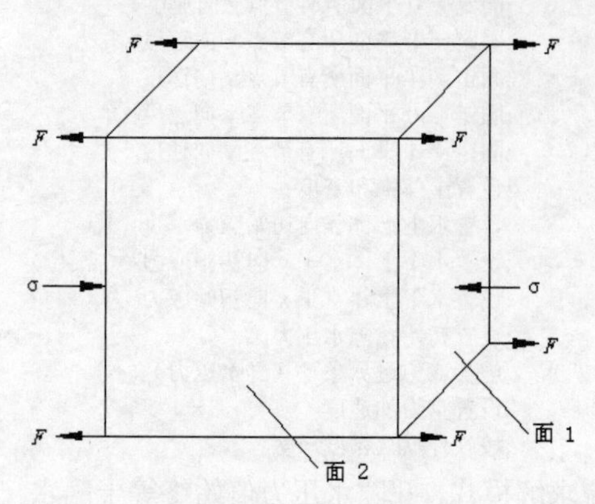

图 7-7　计算域边界上的单元体

假定对山体内某一深层岩体进行某岩石工程的开挖，为计算其稳定性，现对其周围一定范围内的岩石进行模拟。其初始条件为：模型的长×宽为 60m×60m；垂直方向延伸到地表，地表为一山坡；从模型地面到地表平均深度为 120m，最深处 150m。根据地应力勘测资料，地应力场远远大于自重应力场，模型底面处 $\sigma_{xx}=\sigma_{yy}$ =1000MPa，σ_{zz} =100MPa，从底面到地表呈线性分布。假定岩体密度 ρ =2500 kg/m³；同时，为保证弹性模型中岩体的变形很小，假定岩体的体积模量 K =1.0×10^6 MPa，剪切模量 G =1.0×10^6 MPa。例 7.7 为模拟这一初始地应力生成过程的命令文件。

例 7.7　深埋工程初始地应力场的 S-B 法生成

```
new                                                          ;开始一个新的分析
gen zone brick p0 0 0 0 p1 60 0 0 p2 0 60 0 p3 0 0 90 &      ;生成网格单元
p4 60 60 0 p5 0 60 90 p6 60 0 150 p7 60 60 150 &
size 6 6 10
model elas                                                   ;设置弹性本构模型
pro bulk 10e10 she 10e10                                     ;设置力学参数
ini den 2500                                                 ;设置密度
apply sxx -1e9 grad 0 0 1.1111111e7 range x -.1 .1           ;设置 x=0 边界 x 向水平应力
apply sxx -1e9 grad 0 0 6.6666666e6 range x 59.9 60.1        ;设置 x=60 边界 x 向水平应力
apply syy -1e9 grad 0 0 8.3333333e6 range y -.1 .1           ;设置 y=0 边界 y 向水平应力
apply syy -1e9 grad 0 0 8.3333333e6 range y 59.9 60.1        ;设置 y=60 边界 y 向水平应力
apply szz -1e8 grad 0 0 8.3333333e5 ran z 0 120              ;设置 z=0 边界 z 向竖向应力
set grav 0 0 -10                                             ;设置重力加速度
step 30000                                                   ;按设定的计算时步数计算
ini xdisp 0 ydisp 0 zdisp 0                                  ;位移场清零
ini xvel 0 yvel 0 zvel 0                                     ;速度场清零
plo cont szz                                                 ;显示竖向应力云图
```

图 7-8 为运行上述命令文件后得到的初始地应力场竖向应力云图，从图中可以看出，模型中部与底部的应力场分布与假定较为接近（底部 σ_{zz} =1.1601×10^8Pa）。顶部的应力场分布与实际情况有一定的出入，这主要是因为 y 和 z 方向的应力边界梯度值（命令文件第 9~12 行）是根据模型的平均高度设置的，与地形的实际起伏高度有一定差异，当然，可以通过细化分区设置应力梯度来获得

更为完美的云图，但由于关注的是岩体深部的工程问题，顶部的初始地应力分布对计算结果的影响较小，不应成为此类分析关注的重点。

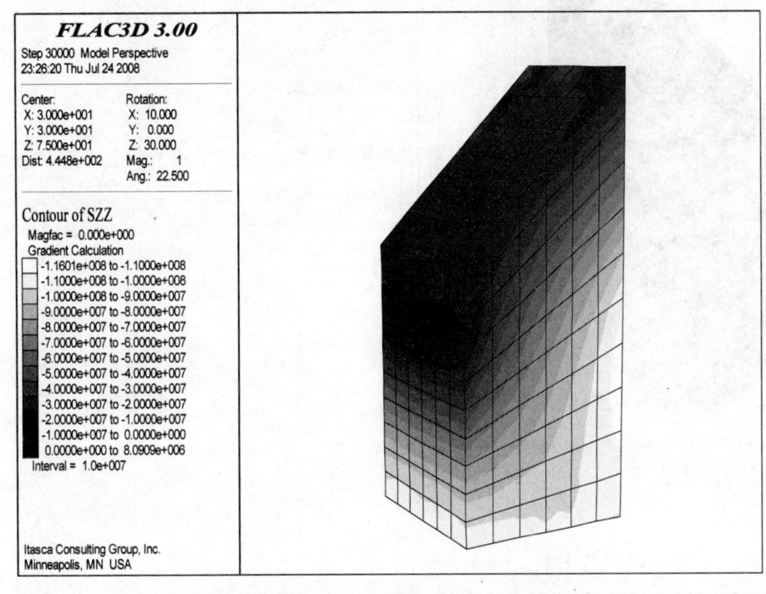

图 7-8　应力边界法得到的初始地应力竖向应力云图

为证明 S-B 法在深埋工程的适用性，这里也给出采用常规方法来得到的上述工程的初始地应力场（例 7.8）：即固定模型底面的 z 向位移及地面 4 个交点的水平方向位移，然后让整个体系应力重分布达到平衡。

例 7.8　深埋工程初始地应力场的常规方法生成

```
new                                                          ;开始一个新的分析
gen zone brick p0 0 0 0 p1 60 0 0 p2 0 60 0 p3 0 0 90 &      ;生成网格单元
p4 60 60 0 p5 0 60 90 p6 60 0 150 p7 60 60 150 &
size 6 6 10
model elas                                                   ;设置弹性本构模型
pro bulk 10e10 she 10e10                                     ;设置力学参数
ini den 2500                                                 ;设置密度
ini sxx -1e9 grad 0 0 1.1111111e7 range x -.1 .1             ;设置 x=0 边界初始水平应力
ini sxx -1e9 grad 0 0 6.6666666e6 range x 59.9 60.1          ;设置 x=60 边界初始水平应力
ini syy -1e9 grad 0 0 8.3333333e6 range y -.1 .1             ;设置 y=0 边界初始水平应力
ini syy -1e9 grad 0 0 8.3333333e6 range y 59.9 60.1          ;设置 y=60 边界初始水平应力
ini szz -1e8 ran z -.1 .1                                    ;设置 z=0 边界初始竖向应力
fix x y z ran z -.1 .1                                       ;固定底部边界速度
set grav 0 0 -10                                             ;设置重力加速度
solve                                                        ;求解
ini xdisp 0 ydisp 0 zdisp 0                                  ;位移场清零
ini xvel 0 yvel 0 zvel 0                                     ;速度场清零
plo cont szz                                                 ;显示竖向应力云图
```

图 7-9 为运行上述命令文件后得到的初始地应力场的竖向应力云图。从图中可以看出，该方法仅生成了自重地应力场（szz=3.8492e006 Pa），这与假定显然不符。通过对比这两种方法的计算结果，可以看出 S-B 法要比常规方法更适合模拟深埋工程的初始地应力场。

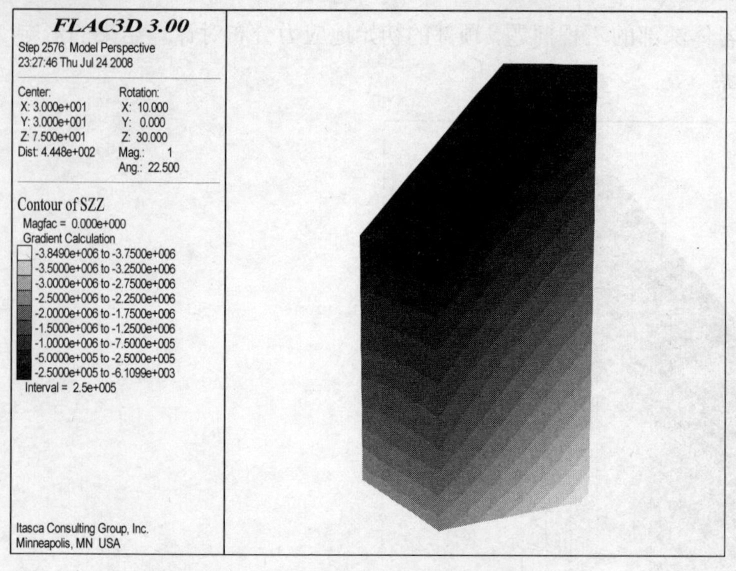

图 7-9 常规方法得到的初始地应力竖向应力云图

7.3 应用实例——路基施工过程模拟

经过 7.1 节和 7.2 节关于初始地应力场生成的介绍，读者已经了解了 FLAC3D 的初始地应力生成方法。下面通过一个路基施工过程模拟的实例来学习如何利用 FLAC3D 处理施工过程中的地应力场。

主要知识点：

- model null 的运用
- 分次堆载过程的模拟

7.3.1 问题描述

如图 7-10 所示，地基计算深度为 50m，分为两层，上部为回填土，厚度为 10m，下部为粘土，厚度为 40m；路基计算宽度为 200m，填筑高度为 5m，坡度为 1:1.5。要求分析路堤填筑后土层的应力、位移状态。各土层物理、力学参数见表 7-3 所示。

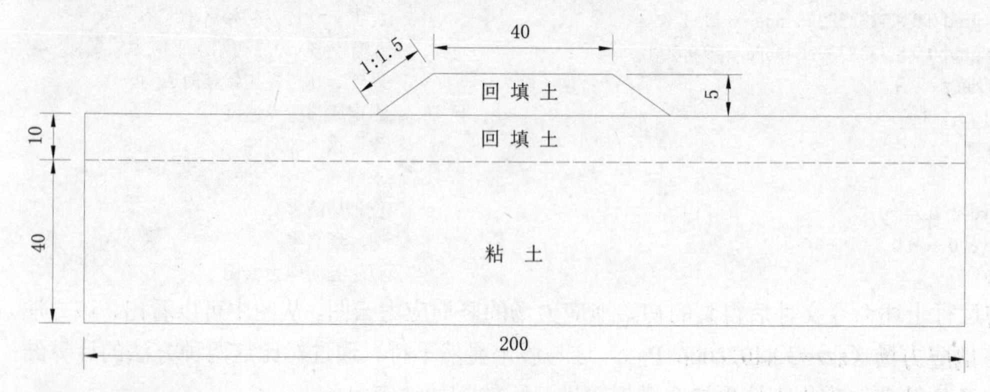

图 7-10 路堤施工的几何模型

表 7-3　各土层物理力学参数

土层名称	ρ / kg・m^{-3}	c / kPa	ϕ / （°）	E / MPa	ν
回填土	1500	10	15	8.0	0.33
粘　土	1800	20	20	4.0	0.33

7.3.2　模型建立

由于几何模型具有对称性，可以采用 1/2 模型进行分析。首先建立坐标系，坐标系的圆点 O 设置在地基表面与模型对称轴的交点，水平向右为 x 方向，竖直向上为 z 方向，垂直于分析平面的方向为 y 方向。

网格的建立按照分区域建模的思路进行，如图 7-11 所示。由于路基坡脚的位置存在一个关键点，所以将模型划分成 5 个矩形区域，对每个区域按照控制点利用 brick 单元建立网格，并进行分组后赋值。考虑到网格尺寸的一致性，本例中 y 方向只设置一个单元，该方向单元尺寸为 5 m。网格建立的命令如下：

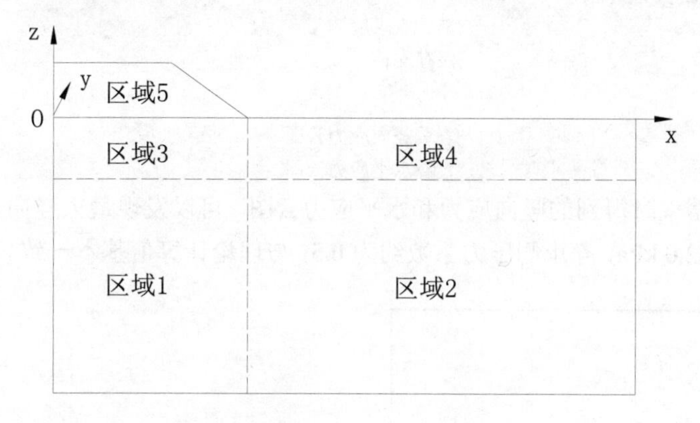

图 7-11　模型网格建立的思路

```
;模型建立
gen zone brick p0 0 0 -50 p1 27.5 0 -50 p2 0 5 -50 p3 0 0 -10 size 8 1 10 group clay            ;建立区域 1
gen zone brick p0 27.5 0 -50 p1 100 0 -50 p2 27.5 5 -50 p3 27.5 0 -10 ratio 1.1 1 1 size 12 1 10 group clay
;建立区域 2
gen zone brick p0 0 0 -10 p1 27.5 0 -10 p2 0 5 -10 p3 0 0 0 ratio 1 1 0.8 size 8 1 4 group soil     ;建立区域 3
gen zone brick p0 27.5 0 -10 p1 100 0 -10 p2 27.5 5 -10 p3 27.5 0 0 ratio 1.1 1 0.8 size 12 1 4 group soil
;建立区域 4
gen zone brick p0 0 0 0 p1 27.5 0 0 p2 0 5 0 p3 0 0 5 p4 27.5 5 0 &
          p5 0 5 5 p6 20 0 5 p7 20 5 5 size 8 1 5 group dam                                        ;建立区域 5
```

网格建立以后，首先设置边界条件。本例对底部边界节点的 x、y、z 三个方向的速度进行约束，相当于固定支座，对 x 两侧的边界进行水平速度约束。由于 y 方向只设置一个单元长度，所以对模型中所有节点的 y 方向速度均进行约束，相当于进行平面应变分析。

```
;边界条件
fix x y z ran z -49.9 -50.1          ;固定模型底部边界的三个方向速度
fix x ran x -.1 .1                   ;固定模型左侧边界的 x 方向速度
fix x ran x 99.9 100.1               ;固定模型右侧边界的 x 方向速度
fix y                                ;固定模型所有节点的 y 方向速度
```

7.3.3 初始应力计算

在路基施工前，需要将路基部分网格赋值为空模型，而将地基部分的网格赋值为 Mohr 模型。由于本例中存在了 null 模型，不能采用 solve elastic 的求解方法获得初始应力，所以采用分阶段的弹塑性求解方法。先将 Mohr 模型的凝聚力 c 值和抗拉强度 σ^t 赋值为无穷大进行求解，保证在重力作用下单元不至于发生屈服，然后再将 Mohr 模型参数赋值为真实值，再进行求解。

```
model mohr ran z -50 0                                                    ;将地基部分网格赋值为 Mohr 模型
model null ran z 0 5                                                      ;将路基部分网格赋值为空模型
prop bulk 7.8e6 shear 3.0e6 coh 10e10 tension 1e10 ran group soil         ;对填土层网格进行赋值
ini dens 1500 ran group soil
prop bulk 3.91e6 shear 1.5e6 coh 10e10 tension 1e10 ran group clay        ;对粘土层网格进行赋值
ini dens 1800 ran group clay
set grav 0 0 -9.8
hist id=1 unbal                                                           ;设置不平衡力监测
solve                                                                     ;第一次求解
prop bulk 7.8e6 shear 3.0e6 coh 10e3 fric 15 ran group soil               ;赋值真实参数
prop bulk 3.91e6 shear 1.5e6 coh 20e3 fric 20 ran group clay
solve                                                                     ;第二次求解
save 初始应力.sav                                                          ;保存文件
```

查看计算结果：

```
plot con szz outline① on                                                  ;查看竖向应力云图
plot con sxx outline on                                                   ;查看水平应力云图
```

图 7-12 和图 7-13 为初始应力计算结束时得到的竖向应力和水平应力云图，可以发现最大竖向应力值为 85.3 kPa，最大水平应力值为 42.0 kPa，静止侧压力系数约为 0.5，与理论计算值基本一致。

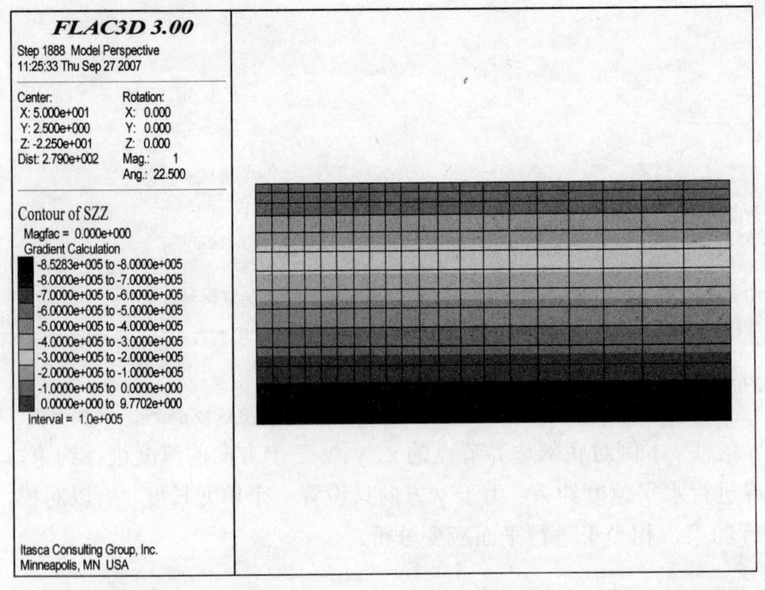

图 7-12 初始竖向应力云图

① plot 命令后面的 outline on 表示显示模型的边界，默认为 off。

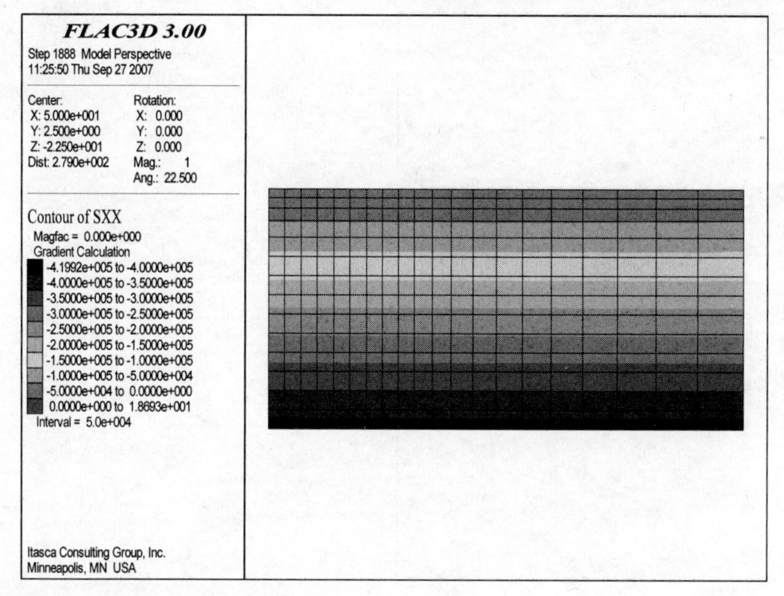

图 7-13 初始水平应力云图

7.3.4 施工过程模拟

在进行路基施工模拟前要将初始应力计算过程中产生的节点位移和速度进行清零处理。本例中路基高度为 5m，高度方向共划分了 5 个单元，为了模拟路基填筑的施工过程，采用了分级加载的方法激活路基单元，每次激活 1 m 高度的单元，相当于每次填土高度为 1 m，分 5 次填筑完成，每次填土进行一次求解。

```
;第一次填筑
ini xdis 0 ydis 0 zdis 0                    ;将节点位移清零
ini xvel 0 yvel 0 zvel 0                    ;将节点速度清零
hist id=2 gp zdis 0 0 0                     ;记录地基顶部中心点的沉降
hist id=3 gp zdis 27.5 0 0                  ;记录路基坡脚处的沉降
hist id=4 gp xdis 27.5 0 0                  ;记录路基坡脚处的水平位移
model elastic ran z 0 1                     ;激活 0 m ~ 1 m 的单元
prop bulk 7.8e6 shear 3.0e6 ran z 0 1
ini dens 1500 ran z 0 1
solve                                       ;按软件默认精度求解
save fill-1.sav                             ;保存文件名为：fill-1.sav
```

查看计算结果：

```
plot con zdis outline on                    ;z 方向变形云图
plot con xdis outline on                    ;x 方向变形云图
```

图 7-14 和图 7-15 分别为第一次填筑结束时沉降云图和水平位移云图，可以发现最大沉降发生在地基表面的左侧边界处，而最大水平位移发生在坡脚以下的深部地基中。

计算进行后续的填筑计算，并分别将计算结果保存为 fill-2.sav、fill-3.sav、fill-4.sav、fill-5.sav。

```
model elastic ran z 1 2                     ;激活 1 m ~ 2 m 的单元
prop bulk 7.8e6 shear 3.0e6 ran z 1 2
ini dens 1500 ran z 1 2
solve
save fill-2.sav
model elastic ran z 2 3                     ;激活 2 m ~ 3 m 的单元
```

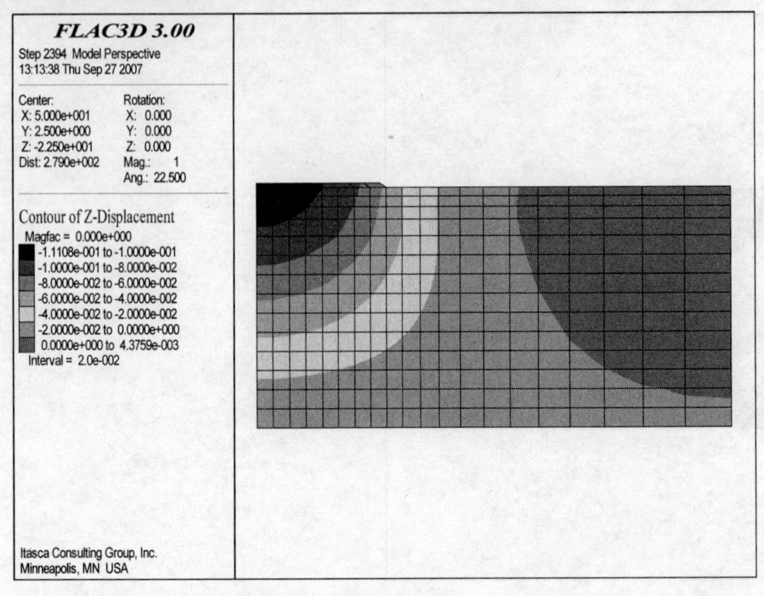

图 7-14　第一次填筑结束时的沉降云图

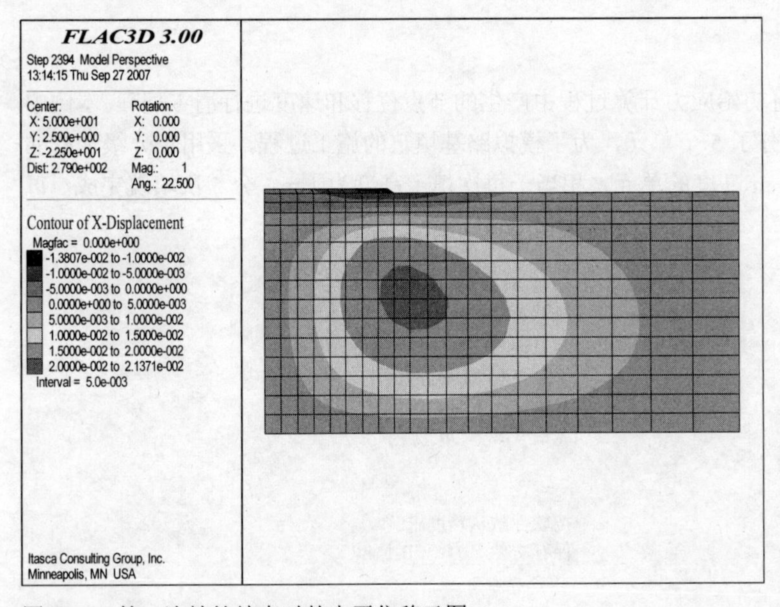

图 7-15　第一次填筑结束时的水平位移云图

```
prop bulk 7.8e6 shear 3.0e6 ran z 2 3
ini dens 1500 ran z 2 3
solve
save fill-3.sav
model elastic ran z 3 4                                   ;激活 3 m ~ 4 m 的单元
prop bulk 7.8e6 shear 3.0e6 ran z 3 4
ini dens 1500 ran z 3 4
solve
save fill-4.sav
model elastic ran z 4 5                                   ;激活 4 m ~ 5 m 的单元
prop bulk 7.8e6 shear 3.0e6 ran z 4 5
```

```
ini dens 1500 ran z 4 5
solve
save fill-5.sav
```

分别键入下面的命令，得到的变形云图如图 7-16 和图 7-17 所示。

```
plot con zdis                          ;查看沉降云图
plot con xdis                          ;查看水平位移云图
```

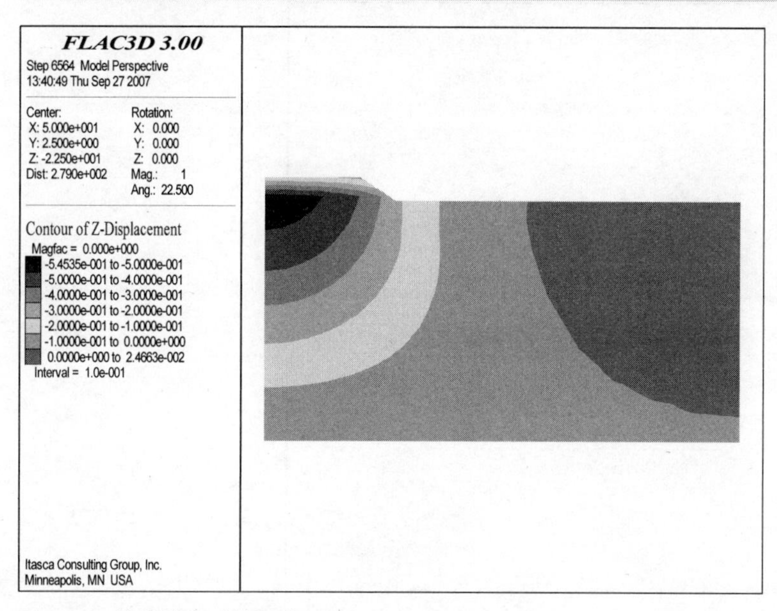

图 7-16 填筑结束时的沉降云图

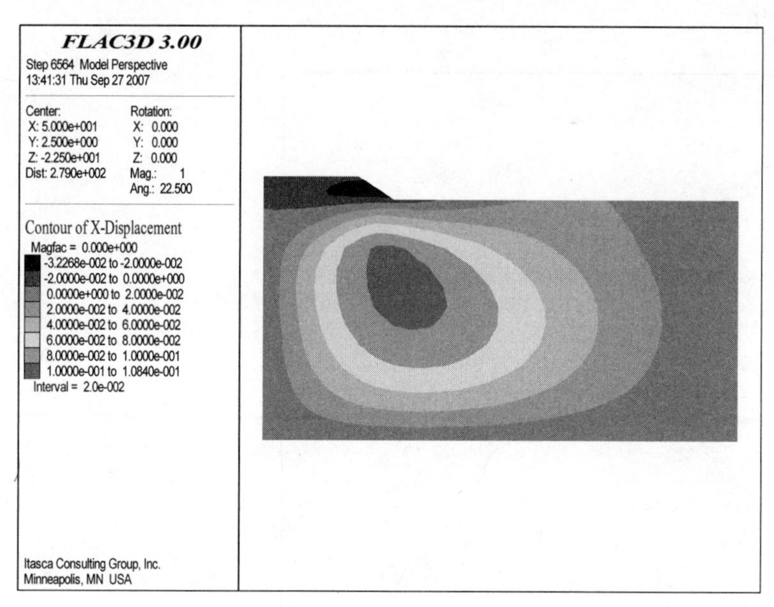

图 7-17 填筑结束时的水平位移云图

查看监测历史结果：

```
plot hist 1                            ;查看不平衡力的变化
plot hist 2 3                          ;查看监测历史的 2 和 3
```

图 7-18 给出了计算过程中不平衡力的收敛过程，在初始应力计算过程中有很大的数值逐渐收敛，在后续路基填筑过程中，每一次填筑引起的不平衡力在计算过程中逐渐收敛。路基填筑计算过程中监测了路基中心点和路基坡脚处节点的沉降和水平位移，图 7-19 为监测结果，可以看出在迭代过程中节点位移随迭代步数的变化。

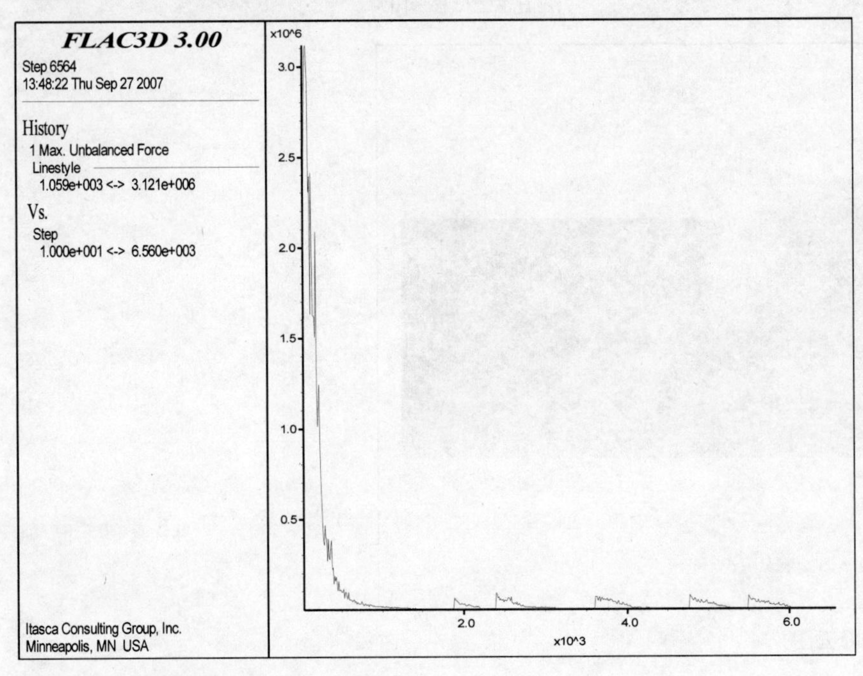

图 7-18　计算过程中的不平衡力变化

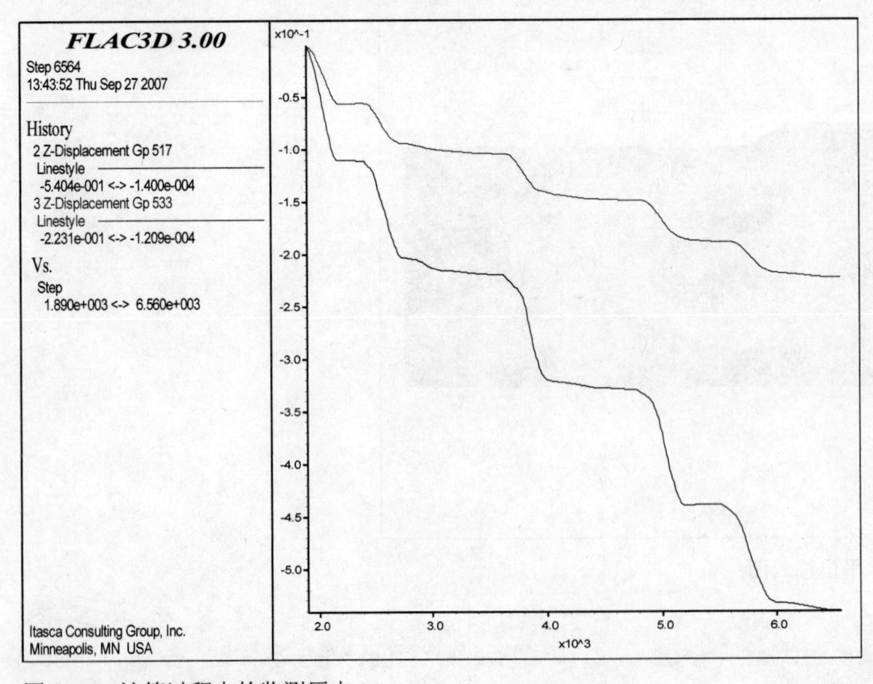

图 7-19　计算过程中的监测历史

7.3.5 绘制沉降曲线

在工程应用中常常需要得到某些关键点的沉降曲线，而图 7-15 给出的监测历史曲线包含了计算迭代过程中的数值，这样的图形难以为工程设计人员接受，因此本小节给出了一种 FLAC3D 常用的后处理方法，利用 print 输出命令配合 log 文件记录的方式对计算结果进行进一步处理。

首先，要找出关键节点（单元）对应的 ID 号，对于本例而言主要关心的是路基中心节点和坡脚节点的变形结果。如何快速准确地找到这两个节点的 ID 号呢？这里提供两种思路。

第 1 种：已设置历史变量监测的节点。

对于已设置历史变量监测的节点，可以直接通过输出历史曲线上的标志看到节点的 ID 号，比如本例中对所关心的两个节点进行了监测，图 7-20 给出了计算过程中的监测曲线，在图形的主题区可以看到这两个节点对应的 ID 号分别是 517 和 533。

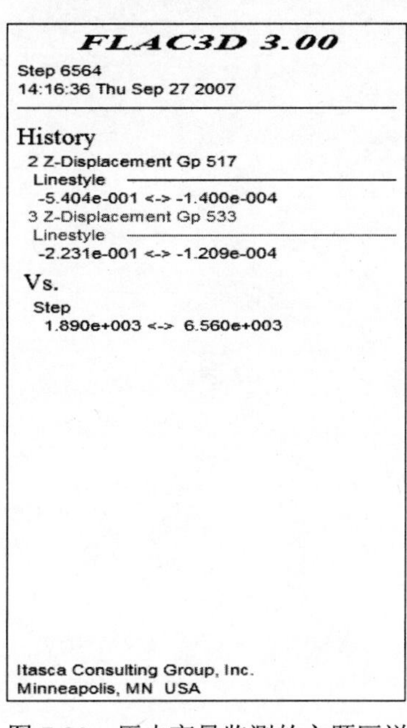

图 7-20　历史变量监测的主题区详图

第 2 种：未设置历史变量监测的节点。

在未设置历史监测变量的情况下，需要手动查找某点的 ID 号。具体做法是在显示关键点附近的局部区域（因为单元越少，查找时的效率越高）中进行查找。本例中用以下命令显示未带节点 ID 号的路基单元：

```
plot block group range group dam                    ;只显示路基单元
```

接着按顺序分别按 3 次 z 键、3 次 x 键、3 次 → 键、3 次 m 键、2 次 ↓ 键、3 次 m 键使模型放大并显示在绘图区域的中间，如图 7-21 所示。在绘图窗口被激活的状态下，执行【Plotitems】|【1 Block group】|【Modify】命令，打开图形修改对话框，如图 7-22 所示，勾选☑ Grid point ID's 复选框，必要时可以调整 Scale: 0.02 文本框中的数值，单击 OK 按钮退出当前对话框。可以发现绘图区域中所有的节点上都标注了 ID 号，如图 7-23 所示，从中可以找到路基中心点和坡脚处节点的 ID 号分别为 517 和 533。

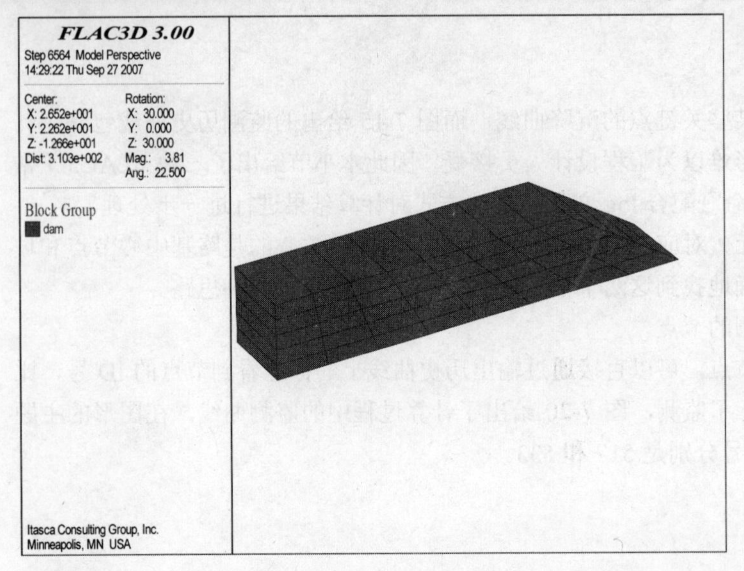

图 7-21　未显示节点 ID 号的路基单元

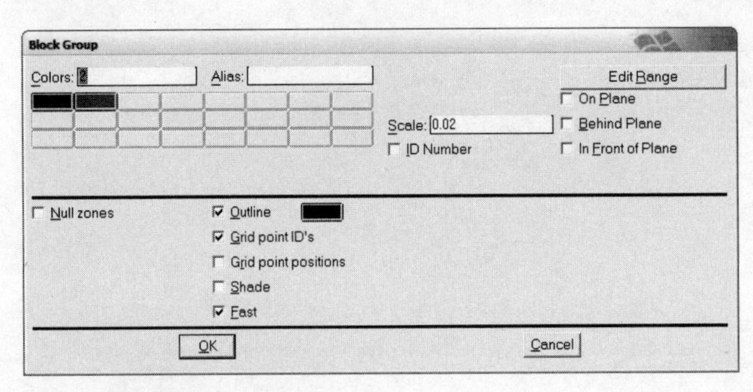

图 7-22　图形修改对话框

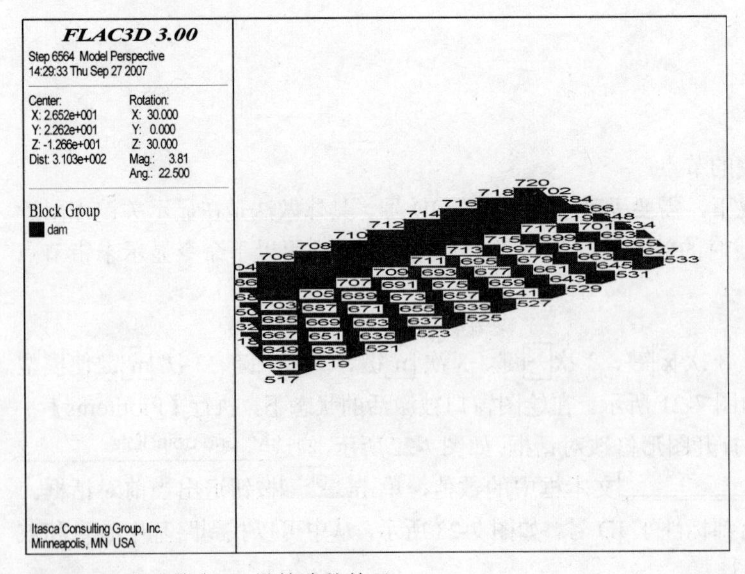

图 7-23　显示节点 ID 号的路基单元

找到所需节点 ID 号以后，可以利用输出命令：**print** 配合 log 文件来得到这两个节点的变形量。编写以下命令：

```
set log on                                         ;打开 log 记录
set logfile 1.log                                  ;设置记录文件名为：1.log
restore fill-1.sav                                 ;调用保存的文件
print gp dis range id 517 any① id 533 any          ;输出两个节点的变形值
restore fill-2.sav
print gp dis range id 517 any id 533 any
restore fill-3.sav
print gp dis range id 517 any id 533 any
restore fill-4.sav
print gp dis range id 517 any id 533 any
restore fill-5.sav
print gp dis range id 517 any id 533 any
set log off                                        ;关闭 log 记录
```

运行这段命令以后，在当前文件夹会看到两个“.log”文件：flac3d.log 和 1.log，其中 flac3d.log 是程序自动设置的一个 log 文件，而 1.log 是需要的记录文件，可用记事本打开。

有些操作系统设置不显示已知文件类型的扩展名，可能只看到文件名为 flac3d 和 1 的两个文件，这时不是没有生成 log 文件，而是系统去掉了已知文件类型（log 类型）的扩展名。FLAC3D 在 log 文件生成时若发现已存在重名的 log 文件，则默认的处理方式是 Append，即新的 log 内容将补充在已有的 log 文件内容后面，而不是覆盖掉原来的文件，所以在操作的时候最好将原有的 log 文件删掉。命令中 set log on 的作用是打开 log 记录功能，所以在没有执行到 set log off 命令前 log 文件均在后台运行执行记录，此时若删除 log 文件则会跳出“无法删除”的错误提示，如图 7-24 所示。若出现这种情况，可以在命令栏中执行 set log off 命令或者将 FLAC3D 关闭就可以删除 log 文件了。

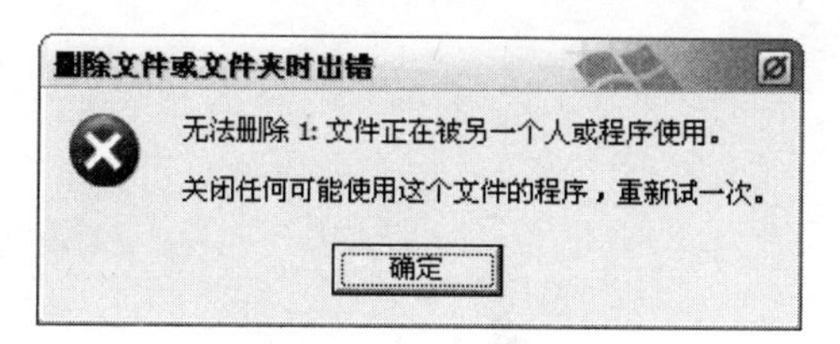

图 7-24　删除 log 文件时的错误提示

打开 1.log 后会看到很多 log 文件生成的相关信息，在文件中可以找到如下几行：

```
Flac3D>print gp dis range id 517 any id 533 any
Gridpoint Displacement ...
   id          X-Dis          Y-Dis          Z-Dis
------  ------------- ------------- -------------
   517 (  0.0000e+000,  0.0000e+000, -1.1068e-001)
   533 ( -9.8237e-003,  0.0000e+000, -5.5652e-002)
```

这些就是所需要的两个节点的变形信息，通过打印操作可以将 Z-Dis 中的数值拷贝出来，在

① range 后面跟随 any 表示“并集”

Excel 或 Origin 中生成沉降曲线，如图 7-25 所示。

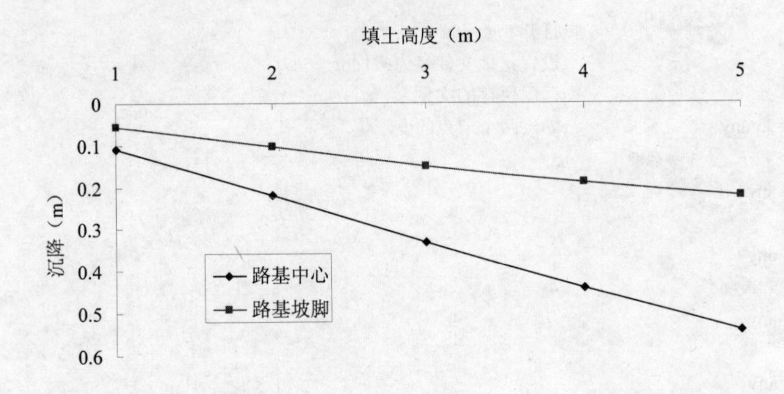

图 7-25　关键点的沉降曲线

7.4　本章小结

初始地应力场问题，应该说是岩土工程数值模拟的一个难题，并没有一个完整的解决方案。比较理想的做法是在确知岩土材料应力路径的情况下，模拟材料在这一应力路径下的整个演化进程，从而获得真实的初始地应力场。但是，这种做法的效果在实际模拟过程中往往要大打折扣，因为地质演化是一个复杂而漫长的过程，初始地应力场的生成在数值模拟过程中却往往只是个短暂的力学平衡过程，两者的契合度并不高。从这个意义上来说，本章所述的初始地应力场的生成方法都只是近似做法。但是，在大多数数值模拟分析中，关心的往往是后续工况的模拟，只要生成的初始应力场在分布和大小上与实际状况没有较大差异，是不会对岩、土体破坏规律的呈现造成影响的。

8 FISH 语言

FISH 是 FLAC 和 FLAC3D 内嵌的程序语言，是 FLAC 开放系统的重要表现。读者可以根据需要编写自定义的函数、变量，充分扩展 FLAC/FLAC3D 自身的功能。本章将以 FLAC3D 为例，讲述 FISH 语言的基本语法、编程技巧等。

本章要点：

- ✓ FISH 函数的功能与特点
- ✓ 变量与函数的区别
- ✓ FISH 程序的基本构成
- ✓ 选择语句、条件语句、循环语句与命令语句
- ✓ 内置变量与函数
- ✓ 单元遍历和节点遍历的方法
- ✓ 分级加载的实现
- ✓ 分级保存的方法
- ✓ 表的 FISH 应用
- ✓ 额外变量的使用
- ✓ 编程技巧
- ✓ 查错方法

8.1 两个问题

在开始正文之前，先提出两个问题：

1. 是否需要学习 FISH

对于初学者而言，常常觉得一个程序的编程语言可能会很复杂，会有很多的命令、很多的语法，尤其是在学习 FLAC3D 这种本身就是以命令为主要驱动方式的程序时更会有这样的感觉。于是，“是否需要学习 FISH”就成为一个重要的问题，因为如果不需要，则会大大减轻初学者的心理负担。

其实，FISH 语言并不是每个计算都用得上，尤其是在 FLAC3D 初学阶段运算的简单算例中基

本用不到。因为 FISH 实质上是 FLAC3D 计算功能的高级扩充，如果计算中不需要这些扩充的功能，那自然就不用掌握。建议接触 FLAC3D 不久的读者，应该将学习的重点放在入门材料上，掌握基本的计算命令和计算方法。

那么，什么时候需要掌握 FISH 呢？随着读者对 FLAC3D 学习的逐渐深入，会渐渐遇到一些用现有命令难以解决的问题。比如想得到计算模型中变形最大的节点位置、施加一个曲线变化的荷载、将土体的某个参数设置为沿模型高度而变化等，这些问题只有借助 FISH 语言才能加以解决，此时读者就可以将目光转移到 FISH 语言的学习上来。

2. 如何学习 FISH

对于具备一定基础的读者来说，了解 FISH 将更深刻地体会到 FLAC3D 强大而又开放的功能。那么面对一堆复杂的英文帮助，从何学起呢？其实，FISH 语言非常简单，只要读者曾经学习过一种程序语言，了解变量、函数、运算符、浮点数、字符串等这些基本的概念，就能快速地掌握 FISH 程序的要领，开始编写自己的 FISH 程序。

本章将会循序渐进地讲述 FISH 语言的一些基础知识，并带领读者编一些简单而又实用的 FISH 程序，从这些程序中读者能掌握 FISH 语言的主要内容，从而解决实际计算中存在的问题。

8.2 从最简单的程序开始

首先编写一个最简单的 FISH 函数。在 FLAC3D 命令窗口中输入以下命令：

例 8.1 简单的 FISH 程序

```
def abc
   abc = 1 + 2 * 3
   abcd = 1.0 / 2.0
end
```

这样就完成了一个 FISH 程序的编制。FISH 程序均是以 DEFINE 开头，后面跟随需要定义的函数名称，并以 END 作为结束，DEFINE 和 END 之间是函数的主体部分。例 8.1 定义了一个名称为 abc 的函数，函数主体包含两个赋值语句，分别对函数 abc 和变量 abcd 进行赋值操作。

这里注意到函数与变量之间的差别，函数是通过 DEFINE 命令定义的，并可以在函数体内进行赋值，而变量则可以自行定义。

下面开始执行这个函数，执行时只需要在命令窗口中输入函数的名称即可。

```
abc
```

函数执行以后 FLAC3D 不会有任何提示，读者可以通过 PRINT 命令来查看函数运行的效果。

```
print fish
```

读者会在 FLAC3D 的命令窗口中得到如图 8-1 所示的信息，其中显示了函数 abc 和变量 abcd 的值，其中函数 abc 的数值前有（function）函数名这样的提示，便于读者了解哪些是函数，哪些是变量。

```
                       Value    Name
                       -----    ----
 (function)                7    abc
                 5.0000e-001    abcd
Flac3D>
```

图 8-1 函数查看的输出信息

也可以通过 PRINT 命令查看具体变量或函数的值，比如：

```
print abc
```

FISH 程序可以保存为文本文件，后缀一般为.txt 或.fis。

8.3 基本知识

通过上述一个简单的 FISH 函数，读者可以大致了解 FISH 程序的基本构成，下面将对 FISH 程序的主要概念进行介绍，包括函数与变量、数据类型等。

8.3.1 函数与变量

对于函数和变量需要注意以下几点：

（1）函数和变量都可以在 FISH 函数中进行赋值，赋值操作与常规的编程语言类似，按照运算符的优先级的先后顺序来执行。

（2）函数和变量的赋值遵守数据类型的规则，即整型的计算结果为整型，浮点型的计算结果为浮点型，因此读者在进行除法运算、开方运算时都需要将数据类型设置为浮点型，数字尽量使用小数点以保证运算正确。

（3）变量和函数名的命名规则是不能以数字开头，不能含有中文，并且不能包含如下字符：

```
. , * / + - ^ = < > # ( ) [ ] @ ; ' "
```

（4）变量和函数名不能与 FLAC3D、FISH 的保留字相冲突，FLAC3D 和 FISH 的保留字很多，具体见本书附录所示。一般在变量和函数的命名时不要采用过于简单的单词，比如 a、hist 等，这些都与保留字相冲突。

注意

即使程序中存在与保留字相冲突的变量，FLAC3D 也不会提供任何提示，所以提醒读者在编制 FISH 程序时尽量使用较长的、复杂的变量和函数名。

（5）对变量进行赋值时，不能使用当前函数的函数名放在“=”的右边，比如采用下面的定义：

```
abcd = abc + 1.0
```

在 FISH 程序执行时会提出错误，因为这样会形成递归调用，这种调用方式在 FISH 程序中是不允许的。

（6）变量和函数的作用是全局的，在命令中的任何地方修改变量的值都会立即生效，因此在实际应用中尽量避免不同的函数中含有相同的变量，因为这样可能会造成赋值错误，并难以检查。

（7）在 FLAC3D 中可以用如下的命令来引用 FISH 函数和变量：

- PRINT 用于查看函数和变量的数值；
- HISTORY 命令可以对函数和变量的数值进行记录；
- SET 命令用于变量的赋值。

8.3.2 数据类型

FISH 变量和函数有 4 种数据类型。

- 整型：-2147483648～+2147483648；
- 浮点型：10^{-300}～10^{300}；

- 字符型：以（'）为分界符，常用于保存时对文件名的定义；
- 指针型：类似于 C 语言中的指针变量，常用于表示单元或节点的存储地址。

8.4 主要语句

FISH 程序的语句除包括上述提到的函数定义语句外，常用的还包括选择语句、条件语句、循环语句、命令语句等。这些语句的构成都与函数定义语句类似，都以定义开头，以 END 相关命令结束，具体的语句如下：

8.4.1 选择语句

选择语句的作用是根据表达式的值，分别执行不同的 FISH 语句，相当于 C 语言中的 switch 开关语句。选择语句的基本结构是：

```
CASEOF 表达式
…默认语句
CASE n1
…表达式的值为 n1 时的语句
CASE n2
…表达式的值为 n2 时的语句
ENDCASE
```

8.4.2 条件语句

条件语句主要根据表达式的不同值来进行不同的操作，其基本结构是：

```
IF 条件表达式 [THEN]
…
[ELSE]
…
ENDIF
```

在条件语句中使用条件表达式来描述具体的条件要求，条件表达式的构成一般为：

```
表达式 1 条件运算符 表达式 2
```

FISH 中的条件运算符主要有：

```
= # > < >= <=
```

其中“#”为不等于运算符。

注意

FISH 中条件运算符没有“并”、“或”、“否”这样的符号，如果需要建立上述条件关系的表达式，则需要使用多个 IF 语句，比如需要表达“1<aa<2”的条件，则可以使用两个 IF、ENDIF 语句，如下：

```
if aa > 1.0
  if aa < 2.0
    执行语句
  endif
endif
```

条件语句常用于描述分段函数，例如建立如下函数 abc 的表达式，其中，abc 是变量 aa 的函数：

$$abc=\begin{cases}0 & aa<0\\ 2\cdot aa & aa\geqslant 0\end{cases} \qquad (8\text{-}1)$$

可以编写以下的 FISH 函数来描述：

例 8.2　分段函数的 FISH 程序

```
def abc
  if aa < 0 then
    abc = 0.0
  else
    abc = 2.0 * aa
  endif
end
abc
```

为了检验编写的函数是否正确，可以在命令窗口中分别执行变量 aa 的赋值，并查看输出结果，比如：

```
set aa = -5
print abc
```

输出结果为 abc = 0.000000000000e+000。

```
set aa = 3
print abc
```

输出结果为 abc = 6.000000000000e+000。

8.4.3　循环语句

循环语句有两种形式，分别针对变量的数值及条件表达式。其中变量 var 的数值变化范围为 exp1 至 exp2。执行循环时，首先将 var 赋值为 exp1，每循环一次，var 的数值增加 1，直到超过 exp2 的值而循环结束，所以数值上 exp1 应小于 exp2，否则该循环只执行一次。

```
LOOP var (exp1, exp2)
…
ENDLOOP
```

或者

```
LOOP WHILE  条件表达式
…
ENDLOOP
```

下面给出一个简单的例子。

例 8.3　循环语句的例子

```
def abc
  loop aa (1, 2.5)
    command
      print aa
    endcommand
  endloop
end
```

abc 这个命令的作用是将变量 aa 在 1 到 2.5 之间产生循环，并从 FLAC3D 命令窗口中输出 aa 的值，输出结果为：

```
aa = 1
aa = 2
```

若对例 8.3 中的循环语句做如下修改：

```
loop aa (1.0, 2.5)                    ;初始值改成 1.0
```

则输出结果变为：

```
aa = 1.000000000000e+000
aa = 2.000000000000e+000
```

可见由于变量 aa 初始赋值的数据类型不同，会导致不同的结果，因此读者在使用循环变量时需要特别注意变量的数据格式，必要时需要将其转换成浮点型。

另外，FISH 语言较 FLAC3D 本身的命令更严谨，所有 FISH 程序中的关键词都不能缩写，而且还需要注意不同语句的语法要求，比如 loop 语句中括号和逗号都不能省略，否则会提示出错。

8.4.4 命令语句

命令语句的作用是在 FISH 函数内部执行 FLAC3D 的命令，在例 8.3 中已经使用到了该语句，其语句形式如下。

```
COMMAND
…（FLAC3D 命令）
ENDCOMMAND
```

8.5 内置变量与函数

FLAC3D 的 FISH 语言包含众多的内置变量和函数，访问或修改这些变量和函数是用户与 FLAC3D 进行交互的主要方式。

8.5.1 变量与函数的类型

FISH 内置变量与函数很多，具体见本书的附录部分，主要可以分为以下几类：

- FLAC3D 标量：包括流变时间、节点总数、最大不平衡力等；
- 常规标量：包含时钟变量、随机数、空指针（null）、π 常数等；
- FLAC3D 模型变量：包括内存变量、节点变量、单元变量、接触面变量等；
- 数学函数：包括绝对值函数、三角函数、对数函数等；
- 表格函数和内存函数；
- 结构单元变量：包括结构单元的常规变量、结构变量、节点变量及连接变量等；
- 绘图函数：在 FLAC3D 图形窗口中自定义绘图，这在制作后处理动画时可以采用。

这些众多的函数读者不需要全部掌握，但读者应了解各类变量的大致功能，在分析实际问题时可以有的放矢，能够在用户手册中找到自己需要的函数。一般地，最常用的 FISH 变量是模型变量，包括读取节点信息、单元信息等。

8.5.2 单元遍历与节点遍历

遍历是指沿着一定的搜索路线，依次对模型中的每个单元（或节点）均做一次且仅做一次访问。FISH 程序中常常需要对所有单元（或节点）进行遍历，以获得单元（或节点）的信息，或者对单元（或节点）进行赋值操作。

单元（或节点）遍历操作主要用到以下两个基本变量：

- zone_head 与 gp_head：分别表示单元和节点的头指针；
- z_next()与 gp_next()：分别表示下一个单元（节点）；

单元遍历的程序框架为：

```
p_z = zone_head
loop while p_z # null
  ;语句
  p_z = z_next(p_z)
endloop
```

节点遍历的程序框架为：

```
p_gp = gp_head
loop while p_ gp # null
  ;语句
  p_gp = gp_next(p_gp)
endloop
```

在本章的 8.6 节将有具体的实例对这两种遍历程序进行介绍。

8.6　应用实例

本节将针对一个简单的计算模型，用一些实例来说明 FISH 语言的使用方法。计算模型与初始应力分析中的算例相同，命令见例 8.4。

例 8.4　用 FISH 函数编制的程序算例

```
gen zon bri size 3 3 3
model elastic
prop bu 3e7 sh 1e7
ini dens 2000
fix x y z ran z -.1 .1
fix x ran x -.1 .1
fix x ran x 2.9 3.1
fix y ran y -.1 .1
fix y ran y 2.9 3.1
set grav 10
solve
ini xd 0 yd 0 zd 0 xv 0 yv 0 zv 0
save 8-4.sav
```

8.6.1　让土体的模量随小主应力变化

采用 Mohr-Coulomb 模型分析土体的变形时，很多用户希望材料的模量能够反映小主应力的影响，也就是说深度越大的地方模量也相应提高，这个过程可以通过 FISH 程序来实现。

采用 Duncan-Chang 本构模型中土体切线模量随小主应力变化的公式：

$$E = kp_a\left(\frac{\sigma_3}{p_a}\right)^n \tag{8-2}$$

其中，k 和 n 为 Duncan-Chang 模型参数，这里取 $k = 704$，$n = 0.38$，p_a 为大气压力，σ_3 为小主应力。

由公式（8-2）可知，切线模量与小主应力有关，因此首先需要得到各单元小主应力的大小，查阅附录部分的 FISH 变量汇总表，可得到描述单元三个主应力的变量分别是 z_sig1、z_sig2 和 z_sig3。注意到，FISH 中三个主应力是按照数值的大小来排列的，数值最大的为第一主应力（z_sig1），最小的为第三主应力（z_sig3）。由于 FLAC3D 中压为负，所以公式（8-2）中的小主应力相当于 FISH 变量中的第一主应力，并取负号。

然后根据公式（8-2）可以计算新的弹性模量，并对所有单元进行参数赋值。材料赋值可以使用 FISH 程序内置的 z_prop 函数，它可以按照参数的名称对单元参数进行赋值。根据上述的思路，可以编写 FISH 程序，见例 8.5。

例 8.5　让土体的模量随小主应力变化的 FISH 程序

```
rest 8-4.sav
def E_modify
  p_z = zone_head
  d_k = 704
  d_n = 0.38
  d_pa = 101325.0          ;标准大气压
  loop while p_z # null
    sigma_3 = -1.0 * z_sig1(p_z)
    E_new = d_k * d_pa * (sigma_3 / d_pa) ^ d_n
    z_prop(p_z,'young') = E_new
    p_z = z_next(p_z)
  endloop
end
E_modify
save 8-5.sav
```

该程序完成了模量的调整，通过以下的命令可以查看弹性模量的修改情况。

```
plot cont prop young
```

由于 FLAC3D 程序中自动计算弹性参数的功能，因此只需要对弹性模量进行修改，而其他的弹性参数（包含体积模量和剪切模量）能够自动计算。

模量设置完成以后再进行一次求解平衡，并保存文件，以供后续计算使用。

8.6.2　分级加载的施加与监测

下面在例 8.5 计算的基础上，在模型表面实施分级荷载，并对每次加载保存计算结果，同时对加载过程中模型顶部节点的沉降变形进行监测，建立荷载-沉降曲线。

（1）分级加载的实现要采用循环语句，通过设置循环中变量的大小来描述作用在模型上的荷载大小。

（2）模型的分级保存在实际问题中也经常用到，可以采用字符串变量预先对计算结果的文件名进行定义，在计算结束后利用 FLAC3D 的 save 命令进行保存。

（3）变形监测是在每一级荷载结束后进行，所以不能使用常规的 HISTORY 命令，而可以用表格（TABLE）的形式进行记录。在 FISH 程序开始前建立一个空表，在计算过程中分别对表的 x 列和 y 列进行赋值，达到记录的目的。

这里用到的主要 FISH 函数包括：

- gp_near(x,y,z)：得到最靠近坐标（x,y,z）的节点地址；
- xtable(n,s)：对 ID 号为 n 的表的第 s 行、x 列进行赋值；
- ytable(n,s)：对 ID 号为 n 的表的第 s 行、y 列进行赋值；
- gp_zdisp(p_gp)：地址为 p_gp 的节点的 z 向变形；
- string(n)：将变量 n 转换成字符串格式。

注意　如果 n 的数据类型是浮点型，则转换得到的字符串中含有空格，这将不利于 RESTORE 命令的读入。

编辑好的 FISH 程序如例 8.6 所示。

例 8.6 分级加载的施加与监测的 FISH 程序

```
rest 8-5.sav
table 1 name load_settlement
def add_load
  p_gp = gp_near(2,1,3)
  loop n (1,5)
    app_load = n * (-1000e3)①
    file_name = '7-6_add_step' + string(n) + '.sav'
    command
      app nstress app_load ran z 2.9 3.1 x 1 2 y 1 2
      solve
      save file_name
    endcommand
    xtable(1,n) = -1.0 * app_load
    ytable(1,n) = gp_zdisp(p_gp)
  endloop
end
add_load
save 8-6.sav
```

程序运行结束后，读者会在命令文件夹中看到生成的 5 个结果文件，同时可以查看 table 记录的荷载-沉降曲线，使用下面的命令：

```
plot table 1 both②
```

也可以通过 PRINT table 的方法查看表格的具体数值，如图 8-2 所示。

```
print table 1
```

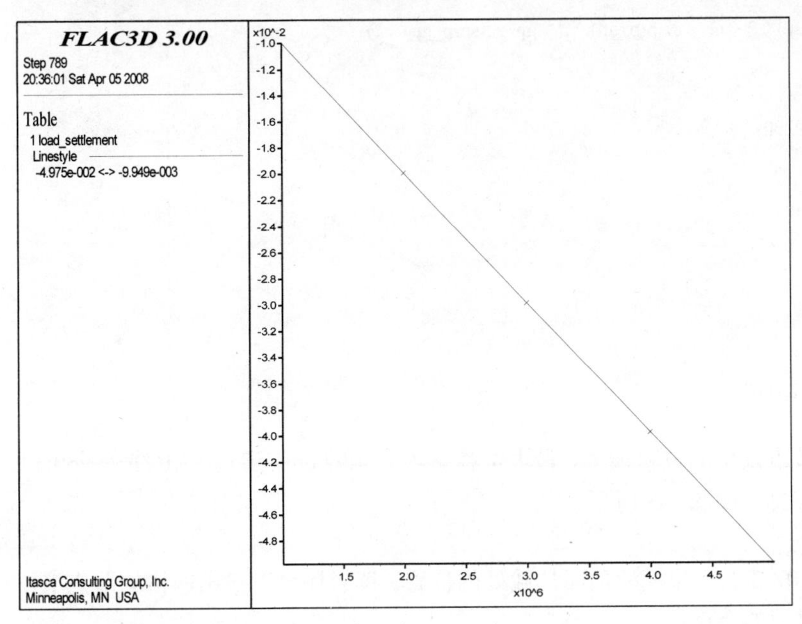

图 8-2 计算得到的荷载-沉降曲线

---

① 注意：负数在进行运算时，需要使用括号，否则程序会认为*和-在一起，提示语法错误。

② plot table 1 后面可以加 line（或 mark，both）关键词描述曲线的类型，分别表示线、标记以及二者的综合。

8.6.3　获得最大位移的大小及发生位置

在对 FLAC3D 的计算结果进行处理时，往往关注一些响应极值的大小，比如最大沉降、最大水平位移、最大变形、最大剪应力等。当单元数较多，模型较复杂时，这些信息难以从模型云图中直观地观察出来，此时可以通过 FISH 函数对结果进行处理。

本节对例 8.6 的计算结果进行处理，找到最大位移的数值以及产生的具体位置。其主要思路是，对模型中所有节点进行循环，比较节点位移量的大小，并保存位移量的最大值和相应的节点编号，最后将最大值和节点 ID 号输出。

FISH 函数见例 8.7 所示。由于 FISH 没有直接提供节点位移的变量，因此需要对 x、y、z 三个方向的位移进行叠加，得到节点的合成位移。另外，在程序中分别定义了两个变量（maxdisp_value 和 maxdisp_gpid）用来保存最大位移的大小和节点 ID 号。

注意　节点 ID 号应该使用整型数据类型。在计算合成位移时，幂运算符（^）不能实现负数的实数次幂，因此^后用的是整型数 2，而不是浮点数 2.0。

例 8.7　获得最大位移的大小及发生位置的函数

```
rest 8-6.sav
def find_max_disp
  p_gp = gp_head
  maxdisp_value = 0.0
  maxdisp_gpid   = 0
  loop while p_gp # null
    disp_gp = sqrt(gp_xdisp(p_gp) ^ 2 + gp_ydisp(p_gp) ^ 2 + gp_zdisp(p_gp) ^ 2)
    if disp_gp > maxdisp_value
      maxdisp_value = disp_gp
      maxdisp_gpid   = gp_id(p_gp)
    endif
    p_gp = gp_next(p_gp)
  endloop
end
find_max_disp
print maxdisp_value maxdisp_gpid
```

程序输出结果为：

```
maxdisp_value = 4.974569680471e-002
maxdisp_gpid = 59
```

结果表明 ID 号为 59 的节点发生的位移最大，最大位移量约为 4.97 cm。通过 PRINT 命令可以得到 ID 号为 59 的节点坐标信息，如图 8-3 所示。

```
print gp pos ran id 59
```

输出节点坐标为（2.0，2.0，3.0），即模型顶面加载处的位置。读者还可以输出网格的节点 ID，查看节点的具体位置，使用以下的命令：

```
plot block group white
```

也可以通过绘图菜单的操作，在绘图区窗口执行【Plotitems】|【Modify】命令，在 Block group 对话框中选择 Grid point ID's 复选框。

讨论：例 8.7 给出的程序只能找到模型中最大位移点中的一个，而且是节点 ID 号最大的一个，因为节点指针的循环是从 ID 号最小的地址开始的。如果模型中存在多个最大值，读者也可以在例 8.7 的基础上进行修改，保存多个最大值的节点编号。

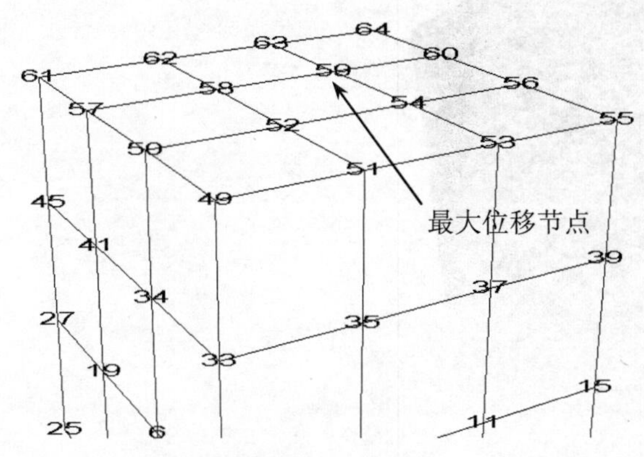

图 8-3　FISH 函数得到的最大节点位置

8.6.4　得到主应力差云图

FISH 除了众多的内置函数和变量以外，还为用户提供了可以自定义的额外变量，包括单元额外变量和节点额外变量，主要是以下两个函数：

- z_extra(p_z, n)：地址为 p_z 的单元额外变量；
- gp_extra(p_gp, n)：地址为 p_gp 的节点额外变量。

这两个额外变量的使用需要进行 CONFIG 配置，具体格式为：

```
config zextra n
config gpextra n
```

其中的 n 表示额外变量的数量。这些额外变量常用于了解模型中单元或节点变量的其他响应云图，而这些云图无法通过 FLAC3D 自身的绘图命令产生，比如单元的主应力差、广义剪应力、超静孔隙水压力以及节点的位移增量等。本节中基于例 8.6 的计算结果，利用 FISH 程序得到主应力差的分布情况。FISH 程序见例 8.8 所示。

例 8.8　得到主应力差云图的 FISH 程序

```
rest 8-6.sav
config zextra 1
def get_sigma_dif
  p_z = zone_head
  loop while p_z # null
    sigma_dif = z_sig3(p_z) - z_sig1(p_z)
    z_extra(p_z,1) = sigma_dif
    p_z = z_next(p_z)
  endloop
end
get_sigma_dif
plot con zextra 1
```

程序完成后可以通过 PLOT 命令查看主应力差的云图，如图 8-4 所示，具体命令为：

```
plot cont zextra 1
```

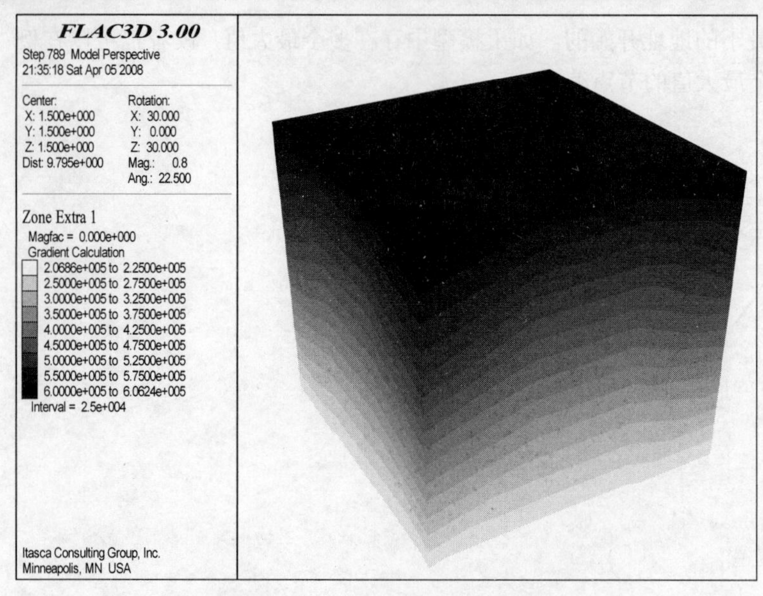

图 8-4　FISH 程序得到的主应力差云图

8.7　编程与查错技巧

FISH 是 FLAC3D 的二次开发语言，一方面 FISH 语言自身有着严格的语法规则，另一方面由于其结构清晰，因此也很易于掌握，读者在练习编制 FISH 程序时需要具备一定的编程技巧和查错技巧，本节将介绍这方面的一些技巧。

8.7.1　编程技巧

在 FISH 程序编制过程中，应遵守以下几条准则：

- 逐级编写的习惯。读者在进行 FISH 程序编制时，要养成逐级编写的习惯，即首先建立好 DEF-END 框架，然后再在其中增加 LOOP-ENDLOOP 框架，并以缩进作为次级框架的标志，这样形成的 FISH 程序可读性好，出错率低。表 8-1 给出了一个简单程序的逐级编写示例。

表 8-1　逐级编写的示例

第一步	第二步

def abc
end
abc
	def abc
	  p_gp = gp_head
	  loop while p_gp # null
	    p_gp = gp_next(p_gp)
	  endloop
	end
	abc

续表

第三步	第四步
def abc p_gp = gp_head loop while p_gp # null command endcommand p_gp = gp_next(p_gp) endloop end abc	def abc p_gp = gp_head loop while p_gp # null command app nstress … endcommand p_gp = gp_next(p_gp) endloop end abc

- 变量名不能与常见的 FLAC3D、FISH 中的保留字相冲突，在实际编写中可以采用多个单词的组合来给变量命名，这样既不会与已有关键词冲突，也有利于提高程序的可读性。
- FISH 变量无大小写的区别，但是有时采用一些大小写组合也会提高变量名称的可读性。
- 在变量较多的时候，最好将同一类变量的变量名采用相同的开头字母，比如例 8.7 中的变量 maxdisp_value 与 maxdisp_gpid。由于 FLAC3D 在输出 FISH 信息时，变量是按照字母顺序排列的，所以采用相同的开头字母会让相近的变量排列在一起，有利于读者进行数据检查。
- 在进行表达式编写时，注意数据类型，一般程序都要求用浮点数格式，因此尽量使用 1.0 而不是 1。
- 由简单到复杂，编写一部分就开始试运行，及时修正编写过程中的错误。
- FISH 程序具有较严格的语法，不能像 FLAC3D 命令那样使用缩写、简写，也不能省略语句中的逗号、括号等标点符号。

8.7.2 查错方法

主要采用 PRINT fish 命令对编写的 FISH 程序进行信息输出，查看变量的赋值是否合理，主要检查值为 0 的函数和变量，因为 FISH 程序中的变量无需预先定义，可以直接使用。没有经过赋值的变量的值一般都是 0；并且程序中定义的变量一般都有实际的意义，输出为 0 的变量很可能是与保留字相冲突的变量（如 a 就是 apply 的保留字），或者由于编写笔误产生的变量（如数字 1 与字母 *l*，数字 0 与大写字母 O 等）。

8.8 本章小结

本章对 FLAC3D 中的 FISH 语言做了简要介绍，主要对其中的基本变量、基本函数和编程方法做了阐述，没有对 FISH 程序中众多的变量一一进行介绍。本章中采用的 FISH 函数实例简单而又实用，通过这些实例的应用来说明 FISH 程序的应用方法和编程技巧。读者在学习过程中，关键要领会 FISH 程序的特点，并举一反三，为自己面对的实际问题找到合适的 FISH 解决方案。

9 接触面

岩土工程中涉及到很多的接触问题，比如挡土墙与墙后填土之间的接触、桩与土接触、土石坝中混凝土防渗墙与土体之间的接触等。FLAC/FLAC3D 提供了接触面单元，可以分析一定受力条件下两个接触的表面上产生错动滑移、分开与闭合。本章分别对 FLAC 和 FLAC3D 中的接触面单元进行了介绍。

本章重点

✓ 接触面的原理

✓ FLAC 与 FLAC3D 接触面的建模方式

✓ 接触面参数的选取

✓ 单桩静荷载试验的模拟方法

9.1 概述

FLAC 和 FLAC3D 中的接触面单元可以用来模拟：

- 岩体中的节理、断层；
- 地基与土体之间的接触；
- 矿仓与仓储物的接触面；
- 相互碰撞物体之间的接触面；
- 空间中的障碍边界（即固定的不变形的边界）条件。

FLAC3D 中建立接触面单元应遵循以下原则：

- 小的表面与大的表面相连时，接触面应建立在小的表面上；
- 如果两相邻的网格有不同的密度，接触面应建立在密度大的区域上；
- 接触面单元尺寸通常应该等于或小于相连的目标面的尺寸；
- 使用 Attach 命令连接的两个表面不应再建立接触面。

9.2 基本理论

FLAC 和 FLAC3D 中的接触面采用的是无厚度接触面单元，接触面本构模型采用的是库仑剪切模型，本节主要介绍 FLAC 和 FLAC3D 的接触面模型的基本理论。

9.2.1 FLAC3D 中接触面的基本理论

FLAC3D 中接触面单元由一系列三节点的三角形单元构成，接触面单元将三角形面积分配到各个节点中，每个接触面节点都有一个相关的表示面积。每个四边形区域面用两个三角形接触面单元来定义，然后在每个接触面单元顶点上自动生成节点，当另外一个网格面与接触面单元相连时，接触面节点就会产生。图 9-1 为接触面单元、接触面节点以及节点表示面积的示意图。

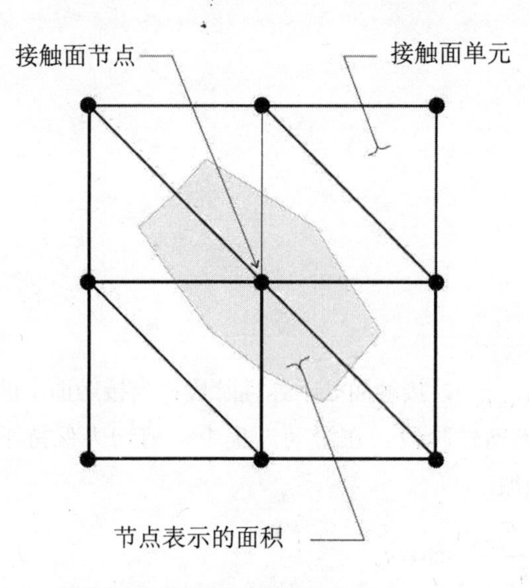

图 9-1 接触面节点相关面积的分布

FLAC3D 中接触面是单面的，认识这一点很重要，这点与二维 FLAC 中所定义的双面接触面不同。可以把接触面看作“收缩带”，可以在指定面上拉伸，从而导致接触面和与之可能相连的其他任何面的相互刺入变得敏感。

接触面单元可以通过接触面节点和实体单元表面（称为目标面）之间来建立联系。接触面法向方向所受到的力由目标面方位所决定。在每个时间步计算中，首先得到接触面节点和目标面之间的绝对法向刺入量和相对剪切速度，再利用接触面本构模型来计算法向力和切向力的大小。在接触面处于弹性阶段，$t+\Delta t$ 时刻接触面的法向力和切向力通过式（9-1）得到。

$$\begin{aligned} F_n^{(t+\Delta t)} &= k_n u_n A + \sigma_n A \\ F_{si}^{(t+\Delta t)} &= F_{si}^{(t)} + k_s \Delta u_{si}^{(t+0.5\Delta t)} A + \sigma_{si} A \end{aligned} \tag{9-1}$$

式中：$F_n^{(t+\Delta t)}$ 为 $t+\Delta t$ 时刻的法向力矢量；$F_{si}^{(t+\Delta t)}$ 为 $t+\Delta t$ 时刻的切向力矢量；u_n 为接触面节点贯入到目标面的绝对位移；Δu_{si} 为相对剪切位移增量矢量；σ_n 为接触面应力初始化造成的附加法向应力；σ_{si} 为接触面应力初始化造成的附加切向应力；k_s 为接触面单元的切向刚度；k_n 为接触

面单元的法向刚度；A 为接触面节点代表的面积。

图 9-2 为接触面的本构模型示意图。对于 Coulomb 滑动的接触面单元，存在两种状态：相互接触（intact）和相对滑动（broken）。根据 Coulomb 抗剪强度准则可以得到接触面发生相对滑动所需要的切向力 $F_{s\max}$ 为：

$$F_{s\max} = c_{if} A + \tan\phi_{if}(F_n - uA) \tag{9-2}$$

式中，c_{if} 为接触面的凝聚力，ϕ_{if} 为接触面的摩擦角，u 为孔压。

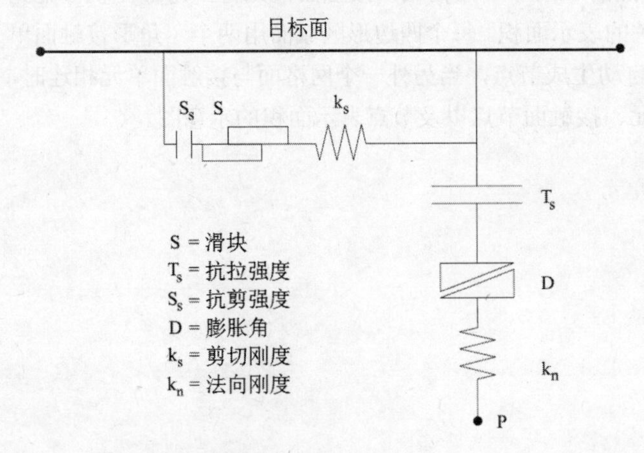

图 9-2　接触面单元原理示意图

当接触面上的切向力小于最大切向力（$|F_s| < F_{s\max}$），接触面处于弹性阶段；当接触面上的切向力等于最大切向力（$|F_s| = F_{s\max}$），接触面进入塑性阶段。在滑动过程中，剪切力保持不变 $|F_s| = F_{s\max}$，但剪切位移会导致有效法向应力的增加：

$$\sigma_n := \sigma_n + \frac{|F_s|_o - F_{s\max}}{Ak_s} \tan\psi k_n \tag{9-3}$$

式中，ψ 为接触面的膨胀角，$|F_s|_o$ 为修正前的剪力大小。

如果接触面上存在拉应力并且超过了接触面上的抗拉强度，那么接触面就会破坏，切向力和法向力就会为零。默认情况下，抗拉强度为零。

节点上计算出的法向力分布在目标面上，节点上的剪切力分布在与节点相连的反方向的面上。把这些力加权平均分布到每个面的节点上。接触面刚度加到了接触面两边节点的计算刚度上，这是为了保持数值计算的稳定性。

接触面的接触性体现在接触面节点上，并且接触力仅在节点上传递。节点应力假定在节点的代表区域上统一分布。接触面参数与每个节点都有联系，并且每个节点也可以有自己不同的参数。

9.2.2　FLAC 中的接触面理论

FLAC 中的接触面与 FLAC3D 中的接触面不同，如前一节所述，FLAC 中的接触面是两面的，但两者受力机理是相通的。接触面受力示意图如图 9-3 所示。接触面每边上用的是触点逻辑法，这种方法本质上类似于相异元素法。

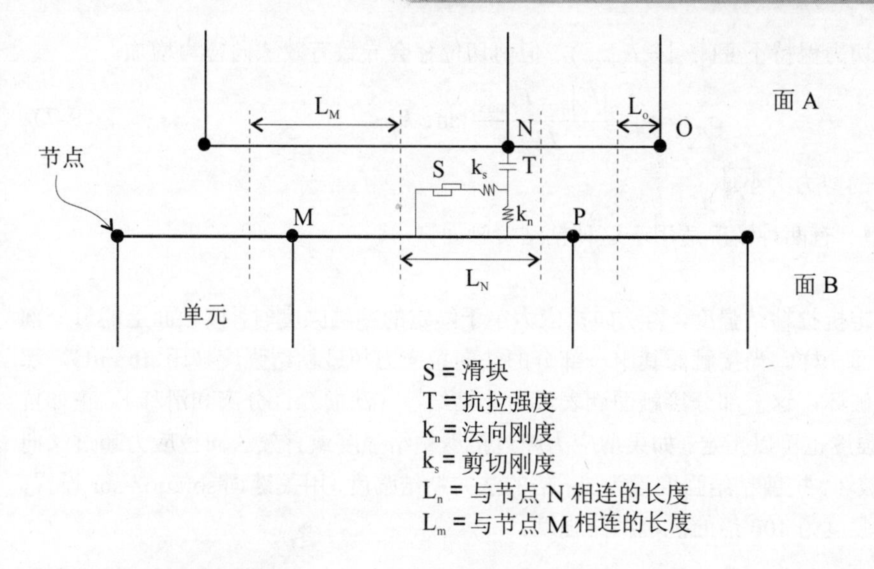

图 9-3　接触面受力示意图

这个理论规则让一系列节点位于任何特殊面的各个边上，每个节点轮流采用，检查是否与接触面相反边上最近相邻的点接触。如图 9-3 所示，节点 N 检查节点 M 和 P 的接触性，如果接触删除，触点 N 的法向矢量 *n* 就会计算出来。长度"L"用于定义接触面上节点 N 的接触长度，这个长度等于节点 N 与左边最近节点之间长度的一半加上节点 N 与右边最近节点之间长度的一半，与相邻节点是否在接触面和节点 N 在同一个边上或相反边上无关。这样，整个接触面被分为连续的部分，每一部分由节点控制。

每个时步后，节点的速度确定下来，因为速度的单位是位移/时步，并且为了加快收敛计算时步已换算成统一的单位，所以任一给定的时步的位移增量为：

$$\Delta u_i \equiv \dot{u}_i \tag{9-4}$$

接触点上位移增量的矢量方向可分解为法向和剪切方向，法向和剪切方向的总荷载由下面两式决定：

$$\begin{aligned} F_n^{(t+\Delta t)} &= F_n^{(t)} - k_n \Delta u_n^{(t+(1/2)\Delta t)} L \\ F_s^{(t+\Delta t)} &= F_s^{(t)} - k_s \Delta u_s^{(t+(1/2)\Delta t)} L \end{aligned} \tag{9-5}$$

接触面有 3 种选项可用来模拟实际工程中的不同情况，如下：

（1）胶合模型。如果接触面是胶合的，不允许张开和滑移，但弹性位移根据给定的刚度仍然会发生。

（2）库仑剪切模型。库仑剪切强度准则如下式所示：

$$F_{s\max} = cL + \tan\varphi F_n \tag{9-6}$$

这里 L 是图 9-3 所示的有效连接长度，其他与式（9-2）有相同的含义。

如同 FLAC3D 接触面受力机理一样，当接触面上的切向力小于最大切向力（$|F_s| < F_{s\max}$），接触面处于弹性阶段；当接触面上的切向力等于最大切向力（$|F_s| = F_{s\max}$），接触面进入塑性阶段。另外，滑移（非弹性滑移）开始的时候，接触面可能发生膨胀。库仑模型中的剪胀性由剪胀角控制，是剪切方向的函数。如果剪切位移增量在同一方向上，剪胀性就会随着总剪切位移的增加而增加，在相反的方向，剪胀性就会减小。

在滑动过程中，剪切力保持不变($|F_s| = F_{s\max}$)，但剪切位移会导致有效法向应力增加：

$$\sigma_n := \sigma_n + \frac{|F_s|_o - F_{s\max}}{Lk_s}\tan\psi k_n \tag{9-7}$$

式中，$|F_s|_o$ 修正前的剪力大小。

（3）抗拉粘结模型。有两种情况适用于这种粘结接触面。

- 粘结型。

如果接触面上有指定抗拉粘结强度，当法向拉应力小于给定的粘结强度时，接触面上的每一部分都表现得如胶合接触面一样。当接触面其中一部分的法向拉应力超过粘结强度（用 **tbond**），那么这一部分的粘结就会破坏，这一部分接触面就表现为非粘结性（法向允许分离和滑移）。正如抗拉粘结强度，抗剪粘结强度也可以指定。如果剪应力超过抗剪粘结强度或有效法向拉应力超过法向粘结强度，接触面就会破坏。抗剪粘结强度设为 sbr 倍的法向粘结强度，用关键词 sbratio =sbr 设置，默认状态下，抗剪粘结强度为 100 倍的抗拉粘结强度。

- 滑移型。

有一个选择开关（**bslip=on**）可以允许粘结接触面发生滑移，即使没有发生分离。剪切屈服也由摩擦角和粘聚力参数来控制。

注意

当 **bslip=on** 时剪胀性就会被抑制（例如$\psi = 0$）。默认情况下，**bslip=off**。

换算力然后被旋转回归到 xy 参考坐标系中（法向和剪切方向），然后集中到相邻节点上，达到一定的比率来保持力矩平衡。当每个时步计算总不平衡力时，这些力就可以与其他力累加起来。

接触面计算中有孔隙水压力效应，对于滑移情况可以用有效应力作为基础进行计算，但只应用于 **CONFIG gw** 计算模式下。压力沿节点法向方向减小以及孔隙水压力对法向位移的影响这两者都不参与计算，这两者也不是沿接触面渗流引起的。

9.3 FLAC3D 接触面几何模型的建立

FLAC3D 中常用的接触面建立方法有 3 种，通俗地说可以分别称为“移来移去”法、“导来导去”法和“切割模型”法。

9.3.1 移来移去法

首先将需要建立接触面的两个网格分开建立，然后在一个网格的指定位置建立接触面，然后把另外一部分网格移到特定的位置，这种方法称为移来移去法。FLAC3D 手册中的接触面模型采用的都是移来移去法。

例 9.1 桩的竖向和水平向的受力模拟就是用的这个方法。具体的命令文件见 9-1.dat。

步骤 1 建立土层网格和接触面，如图 9-4 所示。

```
n
gen zone radcyl p0   (0,0,0)   p1   (8,0,0)   p2   (0,0,-5)   p3   (8,0,0)   &
                p4   (8,0,-5) p5   (0,8,-5) p6   (8,8,0)     p7   (8,8,-5) &
                p8   (.3,0,0)   p9   (0,.3,0)   p10 (.3,0,-5)   p11 (0,.3,-5) &
                size 3 10 6 15   ratio 1 1 1 1.15
gen zone radcyl p0   (0,0,-5)   p1   (8,0,-5)   p2   (0,0,-8)   p3   (0,8,-5)   &
```

```
                p4  (8,0,-8)  p5  (0,8,-8)  p6  (8,8,-5)  p7  (8,8,-8)  &
                p8  (.3,0,-5) p9  (0,.3,-5) p10 (.3,0,-8) p11 (0,.3,-8) &
                size 3 6 6 15  ratio 1 1 1 1.15 fill
gen zone reflect dd 270 dip 90
group clay
interface 1 face range cylinder end1 (0,0,0)  end2 (0,0,-5.1) radius .31 &
                    cylinder end1 (0,0,0)  end2 (0,0,-5.1) radius .29 not
interface 2 face range cylinder end1 (0,0,-4.9)  end2 (0,0,-5.1) radius .31
```

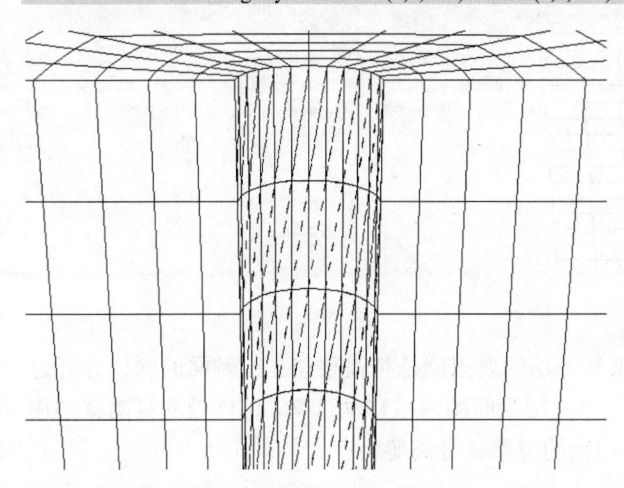

图 9-4　土体和接触面的建立

步骤2　建立桩体单元，如图 9-5 所示。

```
gen zone cyl p0 (0,0,6) p1 (.3,0,6) p2 (0,0,1)  p3 (0,.3,6)  &
        p4 (.3,0,1) p5 (0,.3,1) &
        size 3 10 6
gen zone cyl p0 (0,0,6.1) p1 (.3,0,6.1) p2 (0,0,6)  p3 (0,.3,6.1)  &
        p4 (.3,0,6) p5 (0,.3,6) &
        size 3 1 6
gen zone reflect dd 270 dip 90 range z 1 6.1
group pile range z 1 6.1
```

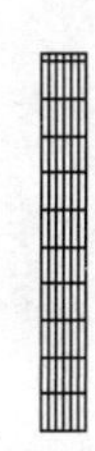

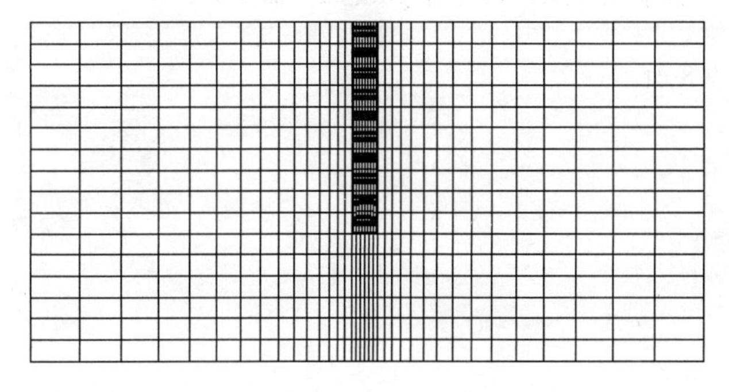

图 9-5　桩体分别建立

步骤3　桩体单元下移，完成桩土接触模型的设置，如图 9-6 所示。

```
ini z add -6.0 range group pile
```

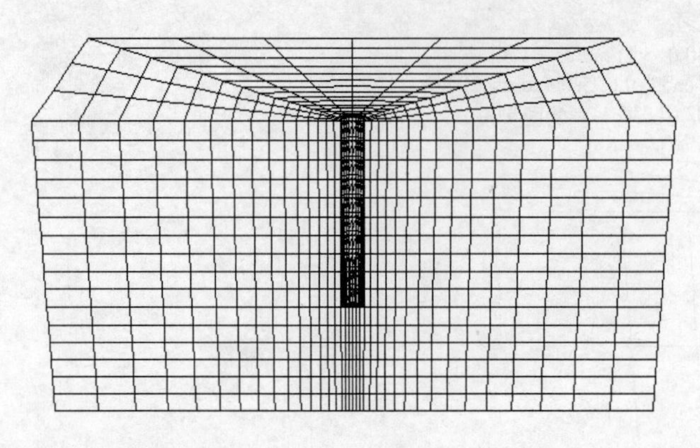

图 9-6　桩体下移

由图 9-4、图 9-5 和图 9-6 可以看出，移来移去法的要点就是把需要建立接触面的网格分开建立，然后在相应的网格上建立接触面，再把没有建立接触面的网格移动过来，这样做的目的就是使同一坐标点有不同的节点号，从而可以模拟结构物的滑移、分离等情况。

9.3.2　导来导去法

移来移去法是在建模中首先建立两个分开的模型，然后在一个模型表面建立接触面，最后将另外一个模型"移动"过来。这种方法在已完成的模型中显然是不能奏效的，同时因为模型通常都较复杂，建模本身花费的精力就是巨大的，如果修改模型的话，就会造成大量不必要的重复劳动。导来导去法建立接触面可以解决这个问题，命令文件见 9-2.dat。

例 9.2　利用导来导去的方法建立接触面

工况：3m×3m×3m 模型，两个 group，模型正中间的一个单元为 group 2，其他为 group 1，如图 9-7 所示。

```
gen zone brick size 3 3 3
group 2 range x 1 2 y 1 2 z 1 2
group 1 range gr 2 not
save 1.sav
```

- 将模型文件存为 1.sav；
- 将除了需要加接触面的单元以外的所有单元删除，仅保存 group 2，命令为：

```
del ran group 2 not
```

- 在 group 2 周围建立接触面，如图 9-8 所示。

```
interface 1 face range x 1 y 1 2 z 1 2
interface 1 face range x 2 y 1 2 z 1 2
interface 1 face range x 1 2 y 1 z 1 2
interface 1 face range x 1 2 y 2 z 1 2
interface 1 face range x 1 2 y 1 2 z 1
interface 1 face range x 1 2 y 1 2 z 2
或 interface 1 face 也可以
```

建成后可以看到接触面的效果：

```
plo inter yel ske
```

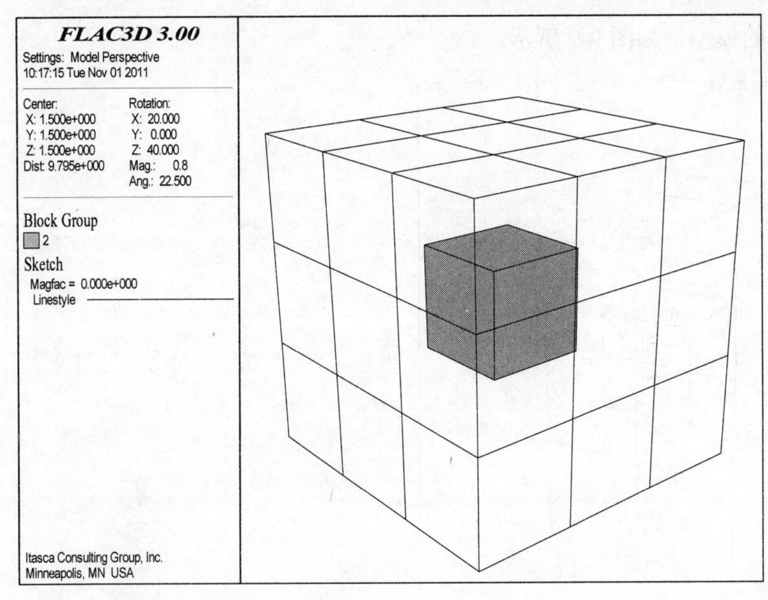

图 9-7　网格分为两组

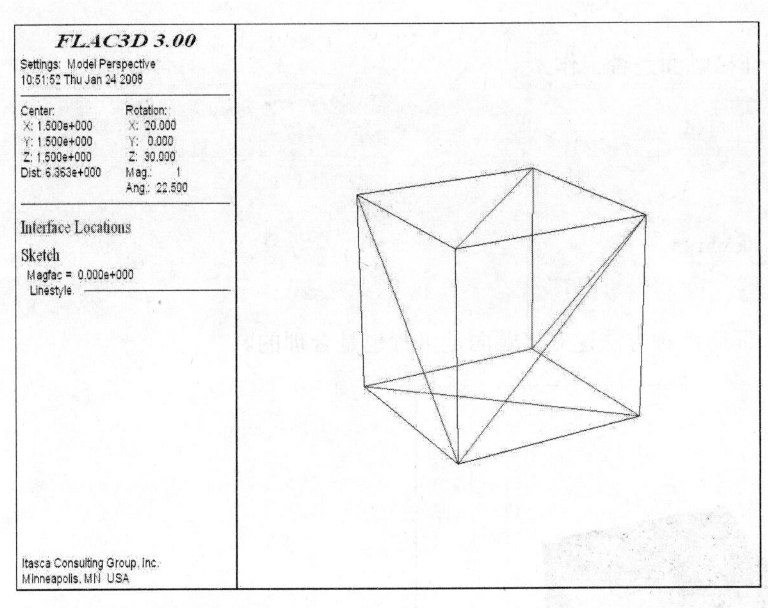

图 9-8　建立接触面

- 这时候需要将上面建好的 group 2 和接触面进行保存为 save 2.sav；
- 重新 restore 先前的模型，并将需要建立接触面的实体删除，再将整个模型用 expgrid 命令进行导出：rest 1.sav。

```
del ran group 2
expgrid 1.flac3d
```

- 重新读入先前保存的 group2 和接触面的模型 2.sav，并把其他的模型用 impgrid 命令进行导入。

```
rest 2.sav
impgrid 1.flac3d
```

得到的就是已经建好接触面的模型，如图 9-9 所示。

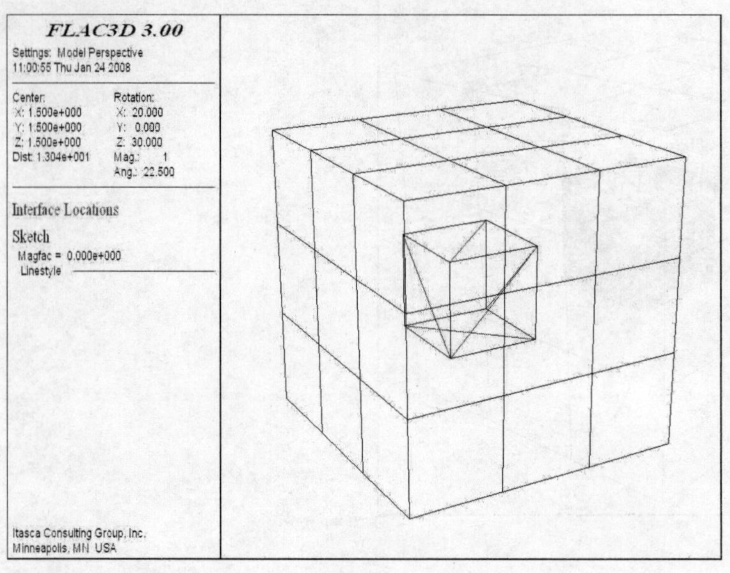

图 9-9　导入网格

下面进行简单的计算，以验证接触面是否工作。

```
model ela
prop bulk 3e7 shear 1e7
fix x y z ran z 0
ini den 2000
set grav 0 0 -10
interface 1 prop kn 20e6 ks 20e6 coh 10e3 fri 15
app nstr -200e3 ran x 0 1 y 1 2 z 3
solve
```

得到的结果如图 9-10 所示，证明此种方法建立接触面是可行也是合理的。

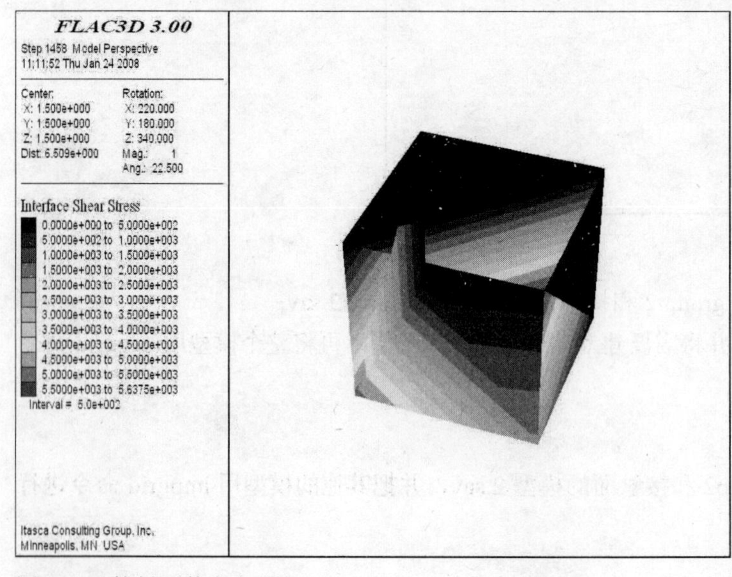

图 9-10　接触面剪应力分布

9.3.3　切割模型法

此种方法用到的关键命令如下：

```
gen separate group1 ; 将 group1 与主体模型分开
int 1 wrap group1 group2
```

此方法是在已建好的模型上使用，先把 group1 与周围组分开，这个组的周围点虽说和周围相邻的组的点有相同的坐标，但有不同的节点号。然后在 group1 上建立接触面，此法称之为切割模型法，也可称为“分离法”。下面尝试用切割模型的方法生成例 9.2 中的接触面单元，命令文件见 9-3.dat。

例 9.3　利用切割模型法建立接触面

```
gen zone brick size 3 3 3
group 1 range x 1 2 y 1 2 z 2 3
group 2 range group 1 not
gen separate 1
int 1 wrap 1 2
int 1 maxedge 0.5
plo int red
```

这样就可以在 group 1 周围建立接触面，如图 9-11 所示。

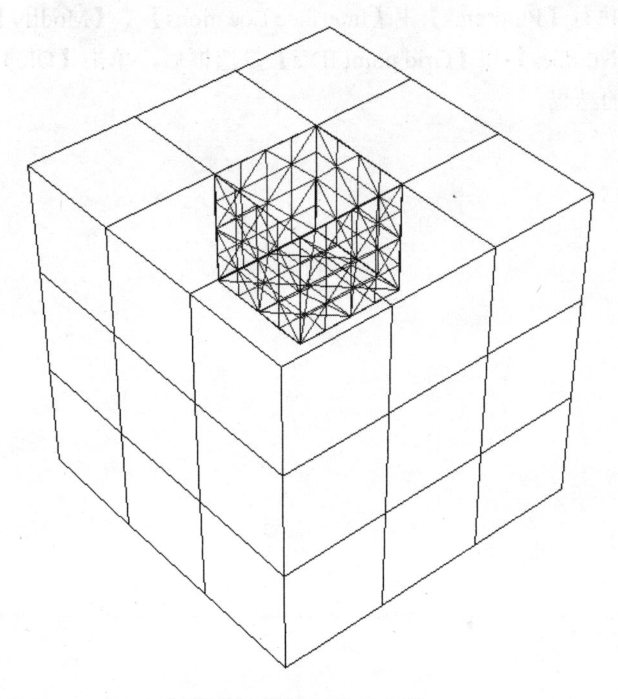

图 9-11　建立切割模型法接触面的示意图

9.3.4　建立接触面存在的问题

以手册上桩的接触面建立模型为例，桩与桩周土建立 ID 号为 1 的接触面，桩与桩底土建立 ID 号为 2 的接触面，分别表示桩与桩周土、桩与桩底土的受力特性。但这样建立接触面会产生接触面 1 和接触面 2 交接处有两个不同的节点 ID 号，如图 9-12 所示。

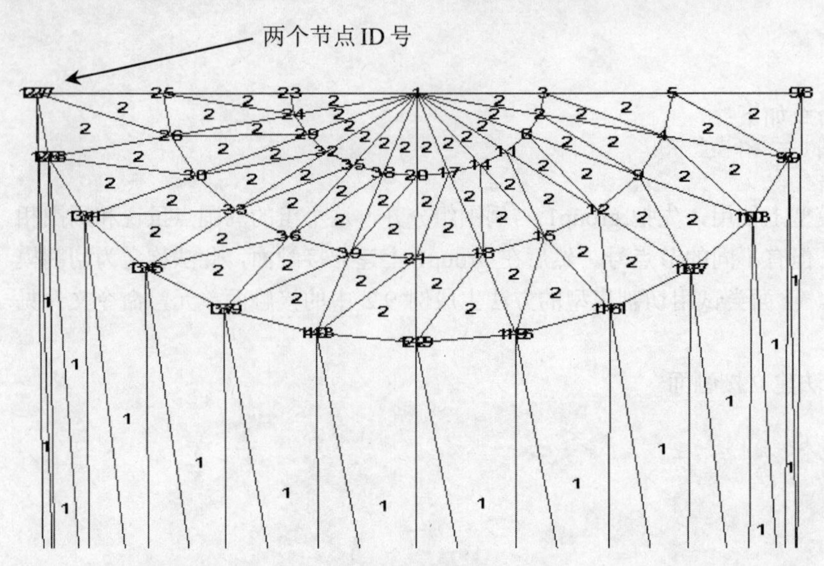

图 9-12　两接触面交接处有不同的节点 ID 号

命令显示：plo int id on gpnum on

菜单操作：先用鼠标单击图形对话框，执行【Plotitems】|【Interface Locations】|【Modify】命令，如图 9-13 和图 9-14 所示，勾选【ID Number】和【Grid point ID's】复选框后，单击【OK】按钮，就可以显示如图 9-12 和图 9-15 所示的结果。

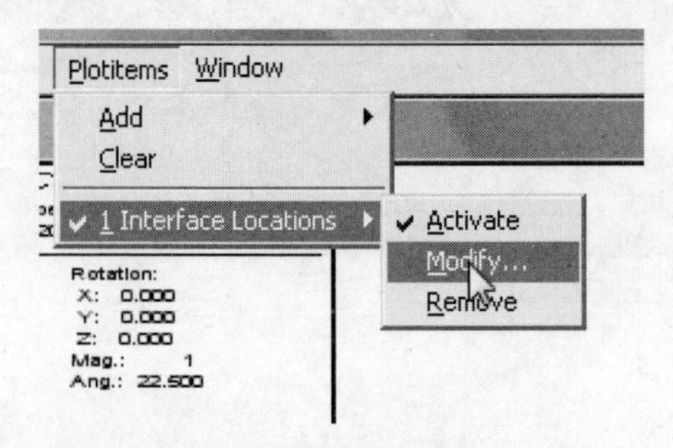

图 9-13　接触面显示菜单操作

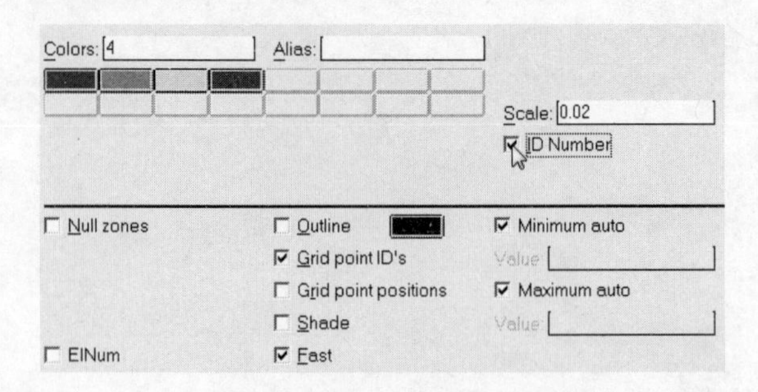

图 9-14　接触面 ID 号以及节点 ID 号显示

菜单操作对初学者来说比较方便，随着学习的深入，命令操作还是比较方便快捷的。

现在，使用另外一种不同的接触面的建立方式，即两个接触面的 ID 号相同，都为 1，这样桩侧接触面和桩端接触面交接处就不会产生两个节点编号，如图 9-15 所示。

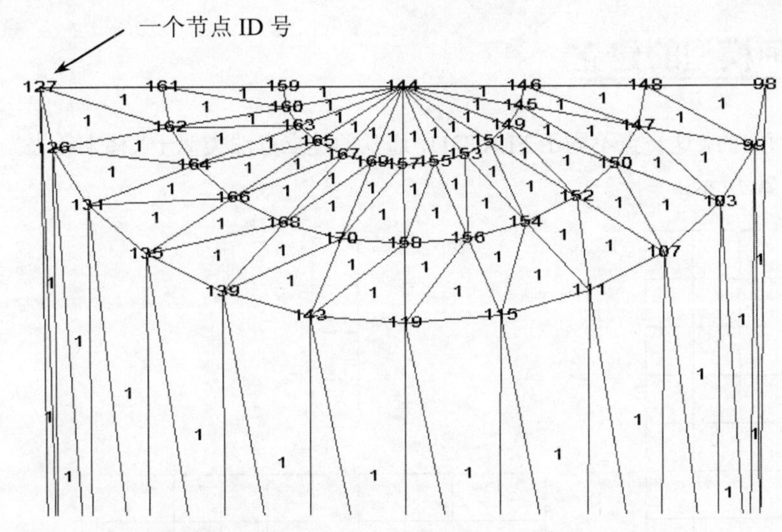

图 9-15　两接触面交接处有相同的节点 ID 号

那么这两种不同的接触面建立方法会对模拟静荷载试验产生多大的影响呢？以手册上的桩的算例为例，其他参数都不变，只是用第二种接触面的建立方法与手册上作对比，然后分析这两种接触面的建立方法对静荷载试验模拟结果的影响，图 9-16 是模拟计算结果。

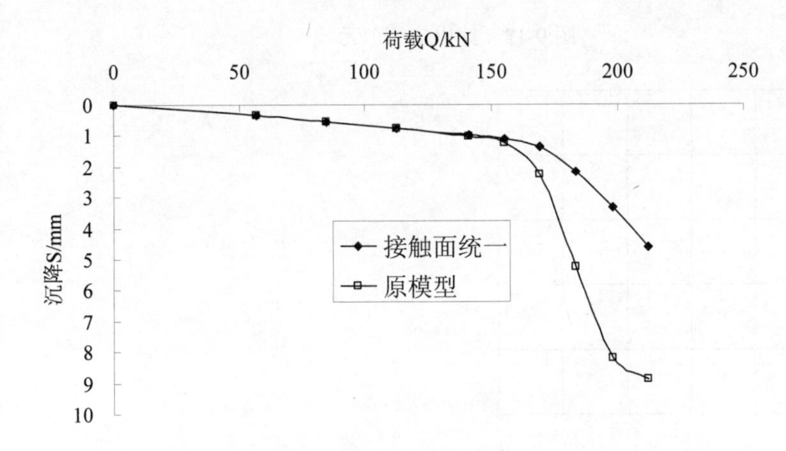

图 9-16　两种不同接触面的建立方法对静荷载模拟的对比

可以看出，两种不同的接触面的建立方式对静荷载试验的模拟结果影响还是挺大的。对于原模型，前期荷载阶段，桩顶的沉降位移与接触面统一模型相差不多，但随着荷载的增加，桩侧接触面产生破坏，桩侧接触面和桩底接触面交接处的节点开始分离，产生不同的沉降，这样导致沉降迅速增加。对于统一模型，桩顶沉降整体上小于原模型，特别是后期沉降明显小于原模型的沉降，这是由于桩侧接触面与桩底接触面交接处节点没有产生分离导致接触面同时受力造成的。

从桩的实际受力机理来看，桩侧摩阻力的变化和桩端阻力的变化是不相同的，所以桩侧和桩端用不同 ID 号的接触面可以近似模拟桩的受力机理，也可以得出比较理想的结论。所以建议桩侧和桩端用不同 ID 的接触面来反映两者不同的受力情况，即是手册中的建立方法。遇到类似的工程情况，也要用不同 ID 号的接触面来反映实际的受力机理。

9.4 FLAC 接触面几何模型的建立

FLAC 中接触面的建立是两面的，这一点不同于 FLAC3D，通常的建立方法类似于“移来移去”法。建立过程如图 9-17 至图 9-20 所示：

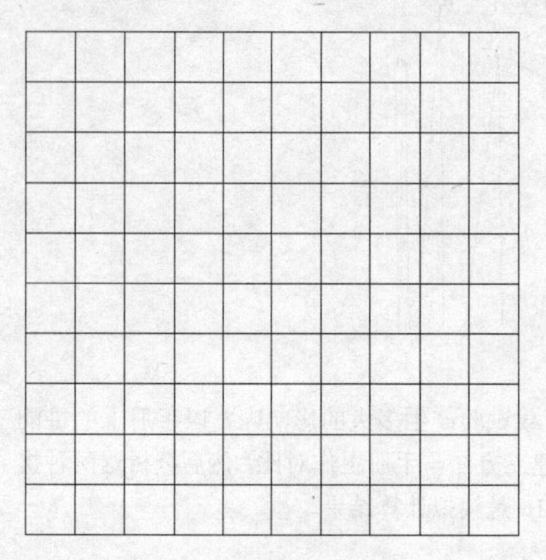

图 9-17 建立 10×10 网格

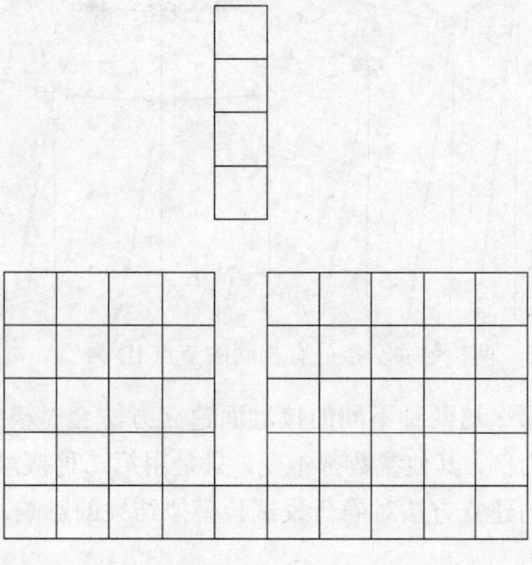

图 9-18 挖出多余单元

图 9-19 上部网格下移

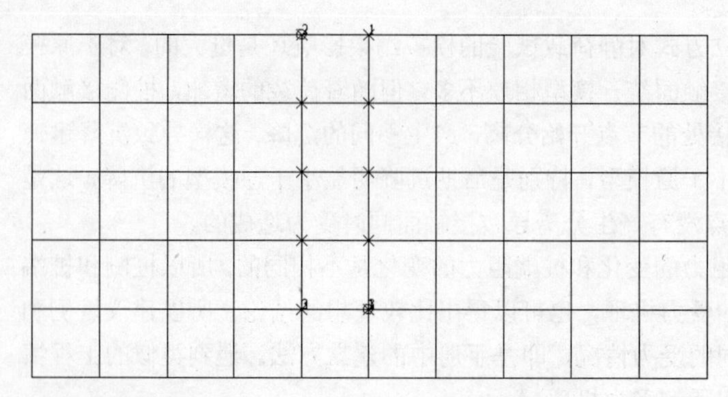

图 9-20 建立接触面

接触面参数的选取原则与 FLAC3D 中接触面参数的选取原则基本一致。

9.5　接触面参数的选取

接触面参数的确定是很困难的一件事情，如果要准确确定接触面参数需要做大量的试验，并且耗费大量的人力物力，所以在试验条件不允许的情况下，许多学者的研究成果以及宝贵经验可以借鉴。

9.5.1　接触面参数的确定

接触面参数选取由接触面的不同方式决定，接触面所用方式通常有 3 种可能：

- 把两个网格连接在一起；
- “硬”接触面，相对于周围材料接触面是刚性的，在荷载作用下可以产生滑移和分离的真实接触面；
- “软”接触面，可以反映模型整体的变形特性。

用 property 关键字设定界面的参数，在所有的情况下，必须设定法向刚度 kn 和剪切刚度 ks，对这些参数必须使用一致的单位设置，如果不设置，接触面参数默认为 0。property 参数关键字包括：

- cohesion：粘结力[应力]；
- dialation：膨胀角[角度]；
- friction：摩擦角[角度]；
- kn：法向刚度[应力/位移]；
- ks：切向刚度[应力/位移]；
- tension：抗拉强度[应力]。

如果沿着界面发生滑动，那么粘结力的值不改变；如果超过抗拉强度，那么抗拉强度就设置为 0。

法向刚度 kn 和剪切刚度 ks 可以取周围“最硬”相邻区域的等效刚度的 10 倍，即：

$$k_n = k_s = 10\max\left[\frac{(K+\frac{4}{3}G)}{\Delta z_{\min}}\right]$$

式中，K 是体积模量，G 是剪切模量，$\Delta z_{\min}$ 是接触面法向方向上连接区域上最小尺寸，如图 9-21 所示。可以发现，随着垂直于接触面的最小单元尺寸的减小，接触面的计算刚度将会增加。

对于模拟滑移和分离的情况，接触面摩擦参数（比如粘聚力、剪胀角、抗拉强度）相对于刚度（kn 和 ks）而言就比较重要，所以这种情况下接触面摩擦参数的选取就尤为重要。

以模拟单桩静荷载试验为例，在工程实际中，常用的有预制桩和灌注桩，当然还有其他不同类型的桩。总的来说，灌注桩的桩土界面的摩擦特性要好于预制桩。

Potyondy 和 Acer 等的研究表明，桩土界面之间的摩擦角 δ 是影响摩擦桩的承载性能的关键因素，对于粘土取 $\delta/\phi' = 0.6-0.7$ （ϕ' 是桩周土体的有效内摩擦角）是比较合适的。

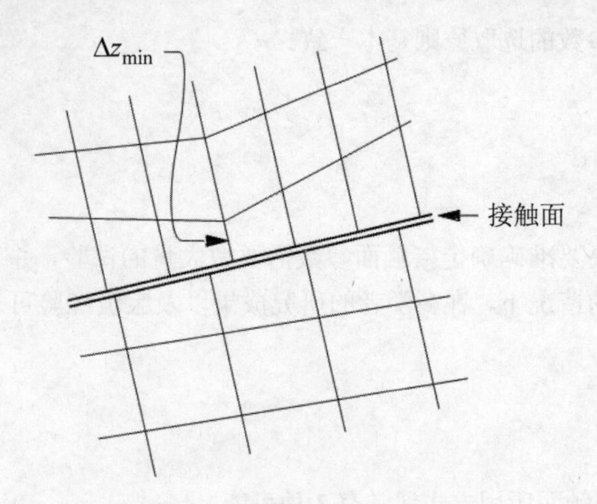

图 9-21　接触面法向方向上最小尺寸示意图

灌注桩的摩擦特性要好于预制桩，所以灌注桩的 δ/ϕ' 的比值应高于预制桩。

如果有现场静荷载试验数据，也可以采用反演分析。就是先假定桩土界面的摩擦参数（主要是 c、ϕ）是桩周土摩擦参数的一个倍数（例如 0.7），然后模拟得出静荷载试验数据，与现场静荷载试验数据作对比，看哪个倍数情况下的模拟荷载－沉降曲线与现场荷载－沉降曲线接近就取哪个倍数。

通过对一些工程实例的模拟试验研究，有以下几点建议：

- 现场浇注的桩如灌注桩、水泥土桩、高喷插芯组合桩（JPP）、PCC 桩等，桩土界面比较粗糙，接触面上的摩擦特性较好，接触面上的 c、ϕ 值可以取与桩相邻土层的 c、ϕ 值的 0.8 倍左右，可以根据现场静荷载试验数据作适当调整；
- 预制桩桩土接触面上的 c、ϕ 值可以取与桩相邻土层的 c、ϕ 值的 0.5 倍左右。

当然由于实际工程中千差万别，不可能接触面参数的选取完全统一，上面的两点也只是建议，如果有条件做试验以确定相应的参数则最好。

9.5.2　接触面参数的影响

手册中有个例子（ftd132.pdf），设置接触面上粘聚力 $c=0$，在自重作用下下滑，模拟结果如图 9-22 所示，可以看出在重力作用下，已明显向下滑移。命令流如下，参见 9-4.dat。

例 9.4　料仓下料的模拟

```
; Create Material Zones
gen zone brick size 5 5 5 &
        p0 (0,0,0) p1 (3,0,0) p2 (0,3,0) p3 (0,0,5) &
        p4 (3,3,0) p5 (0,5,5) p6 (5,0,5) p7 (5,5,5)
gen zone brick size 5 5 5 p0 (0,0,5) edge 5.0
group Material
; Create Bin Zones
gen zone brick size 1 5 5 &
        p0 (3,0,0) p1 add (3,0,0) p2 add (0,3,0) &
        p3 add (2,0,5) p4 add (3,6,0) p5 add (2,5,5) &
        p6 add (3,0,5) p7 add (3,6,5)
gen zone brick size 1 5 5 &
        p0 (5,0,5) p1 add (1,0,0) p2 add (0,5,0) &
        p3 add (0,0,5) p4 add (1,6,0) p5 add (0,5,5) &
```

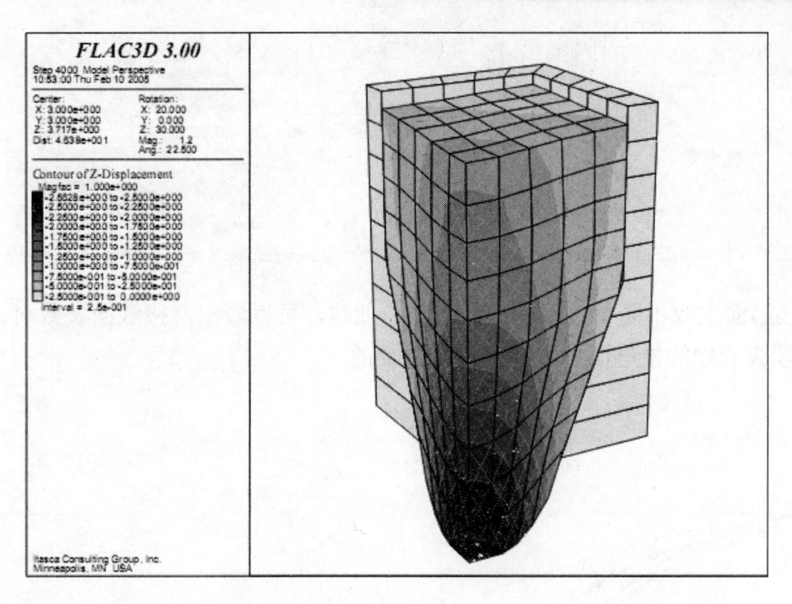

图 9-22 接触面上粘聚力 c=0 模拟示意图

```
            p6 add (1,0,5) p7 add (1,6,5)
gen zone brick size 5 1 5 &
            p0 (0,3,0) p1 add (3,0,0) p2 add (0,3,0) &
            p3 add (0,2,5) p4 add (6,3,0) p5 add (0,3,5) &
            p6 add (5,2,5) p7 add (6,3,5)
gen zone brick size 5 1 5 &
            p0 (0,5,5) p1 add (5,0,0) p2 add (0,1,0) &
            p3 add (0,0,5) p4 add (6,1,0) p5 add (0,1,5) &
            p6 add (5,0,5) p7 add (6,1,5)
group Bin range group Material not
; Create named range synonyms
range name=Bin group Bin
range name=Material group Material
; Assign models to groups
model mohr range Material
model elas range Bin
gen separate Material
interface 1 wrap Material Bin range plane ori 0 0 0 normal 1 -1 0 above
interface 2 wrap Material Bin range plane ori 0 0 0 normal 1 -1 0 below
int 1 maxedge 0.55
int 2 maxedge 0.55
; Assign properties
prop shear 1e8 bulk 2e8 fric 30 range Material
prop shear 1e8 bulk 2e8          range Bin
ini den 2000
int 1 prop ks 2e9 kn 2e9 fric 15          ;设置接触面 1 粘聚力为零，不设置默认为零
int 2 prop ks 2e9 kn 2e9 fric 15          ;设置接触面 2 粘聚力为零，不设置默认为零
; Assign Boundary Conditions
fix x range x -0.1 0.1 any x 5.9 6.1 any
fix y range y -0.1 0.1 any y 5.9 6.1 any
fix z range z -0.1 0.1 Bin
; Monitor histories
hist unbal
```

```
hist gp zdisp (6,6,10)
hist gp zdisp (0,0,10)
hist gp zdisp (0,0,0)
; Settings
set large                              ；设置大变形
set grav 0,0,-10
; Cycling
step 4000
save bin.sav
```

图 9-23 是在同一工况下接触面上取不同参数单桩静荷载 P-S 曲线，可以看出，接触面参数对 P-S 曲线影响较大，所以选取较为合理的接触面参数是非常有必要的。

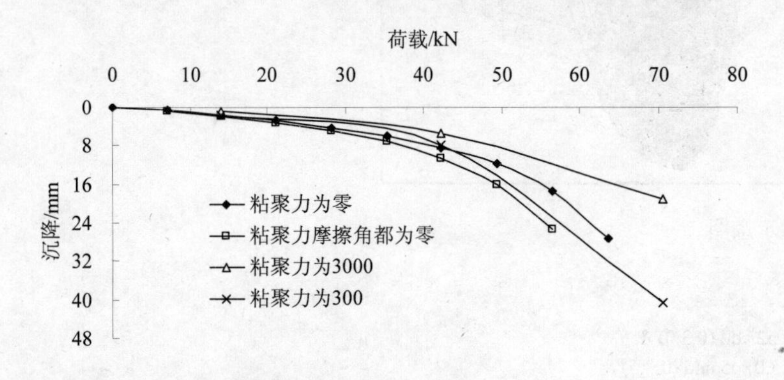

图 9-23　接触面不同参数对 P-S 曲线的影响

9.6　单桩静荷载试验模拟

手册中有关于单桩静荷载试验的模拟，接触面的建立是采用的“移来移去”法，这里重点介绍两种不同的加载方式：应力加载和速度加载。

- 应力加载：按静荷载试验在桩顶上逐级加载，计算结束后提取每级荷载下的桩顶位移，这样就可以得到 P-S 曲线。

例 9.5　单桩静荷载试验的模拟

```
rest pile1.sav                                    ;调用保存文件
ini state 0
ini xdis 0.0 ydis 0.0 zdis 0.0                    ;位移清零
apply szz -0.4e6 range z 0.05 0.15 group pile     ;桩顶加第一级荷载
solve
save app0.4.sav
print gp disp range id 1                          ;输出第一级荷载下的桩顶位移，假定桩顶中心的 id 号为 1
apply szz -0.6e6 range z 0.05 0.15 group pile     ;桩顶加第二级荷载
solve
save app0.6.sav
print gp disp range id 1                          ;输出第二级荷载下的桩顶位移
……………………………………………                        ;依次加载，直到桩破坏
```

- 速度加载：就是在桩顶上加一固定的速度，然后算出一定时步下的沉降位移，然后输出这个沉降位移情况下桩顶所承受的荷载，进而可以得出单桩静荷载试验曲线，程序如下所示：

```
rest pile1.sav
ini state 0
ini xdis 0 ydis 0 zdis 0
def zs_top          ;检测桩顶竖向荷载
    ad = top_head
    zftot = 0.0
    loop while ad # null
        gp_pnt = mem(ad+1)
        zf = gp_zfunbal(gp_pnt)
        zftot = zftot + zf
        ad = mem(ad)
    endloop
    zs_top = zftot / 0.1414
end
fix z   range z 0.05 .15 group pile        ;固定桩顶速度，用速度来确定位移
def ramp
    while_stepping
    if step < ncut then
        udapp = float(step) * udmax / float(ncut)
    else
        udapp = udmax
    endif
    ad = top_head
    loop while ad # null
       gp_pnt = mem(ad+1)
       gp_zvel(gp_pnt) = udapp
       ad = mem(ad)
    endloop
end
hist gp zdis 0,0,0
hist gp zvel 0,0,0
hist zs_top
hist zone szz 0,0,-.1
set mech damp comb
set udmax = -1e-8   ncut 30000
```

在 30000 步内速度从 0 增加到 1e-8，超过 30000 步后速度为固定值（1e-8）。

```
step 225000
save pile2.sav
```

图 9-24 就是手册中用速度加载而实现的荷载－沉降曲线，可以看出已明显出现拐点，从而可以判断出单桩极限承载力。

另外，可以确定沉降位移，然后输出相应沉降位移所对应的桩顶荷载。例如命令 set udmax = -5e-8　ncut 40000，第一个 40000 步所产生的位移为 5e-8×40000/2=1mm，以后每一个 40000 步都可以得到 5e-8×40000＝2mm 的沉降位移，那么就可以得到一系列桩顶的沉降 1mm、3mm、5mm、7mm、9mm、11mm、13mm、15mm、17mm、19mm、21mm、23mm……，得出这些确定沉降位移的保存文件，然后可以输出相应沉降位移的桩顶荷载，就可以得出荷载－沉降曲线。可以用一个简单的 FISH 语言来实现：

```
def solve_steps
   loop n (1,21)
      save_file = string(n) + '-step.sav'
      command
         step 40000
         save save_file
         pri zone stress ran id 2381 a id 2361 a id 2341 a              ;输出桩顶网格单元的应力
      endcommand
   endloop
```

```
end
solve_steps
```

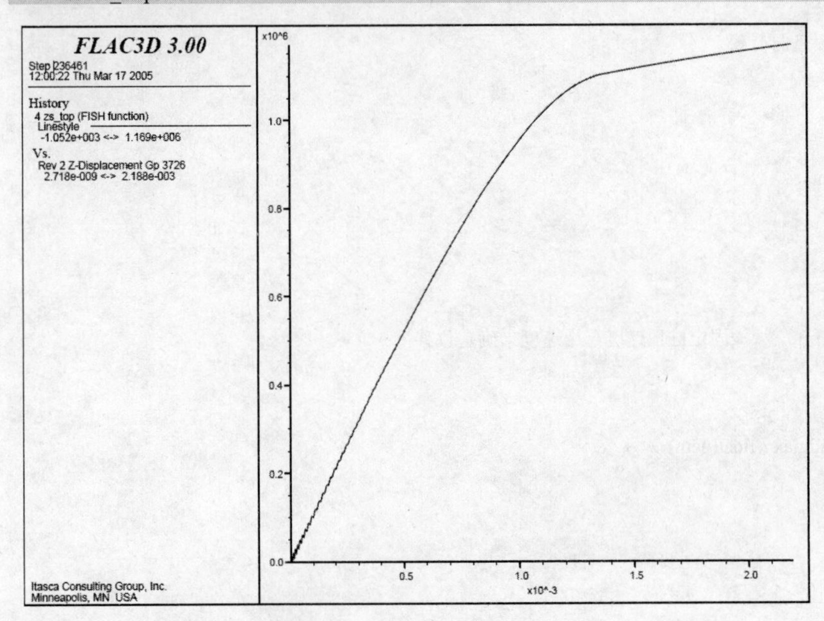

图 9-24　手册中速度加载情况下

图 9-25 是应力加载和速度加载所得结果的对比图，可以看出与应力加载相比，速度加载所得到的单桩极限承载力小于直接加载，不过相差不是很多，这是由于两种不同的加载方式导致计算结果有一定的差别，不过应力加载中，如果累加荷载取得越小，两者所得出的荷载－沉降曲线越趋于一致。

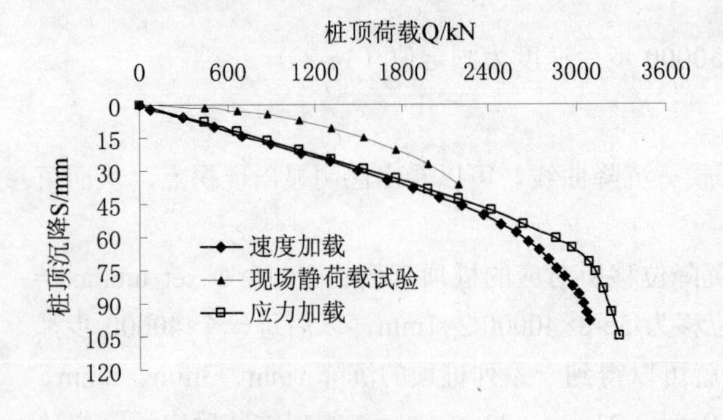

图 9-25　两种加载方式的对比

9.7　水下接触面上的水压力设置问题

本章 9.6 节在分析时未考虑地下水的作用，但是在饱和土体中进行桩土相互作用分析时，往往要采用流固耦合的分析方法。在这种情况下，由于桩与土之间设置了接触面，实际上是在饱和地基中人为设置了“临空面”（surface），根据本书 7.2.3 节的介绍，在水下的临空面上需要施加由于水头存在而产生的水压力（面力），而这一点很多读者在分析时未做考虑。本节设计了一个简单的算例，对水下接触面上的水压力设置问题进行了讨论，通过施加水压力和不施加水压力两种情况进行对比分析，发现施加水压力情况下计算出的结果才是合理、正确的，因此读者在遇到类似问题的时候，要考虑接触面上的水压力，否则计算结果将是不可信的。

9.7.1 问题描述

计算模型的示意图见图 9-26 所示，在一饱和地基中有一根方桩，地基的水位位于模型表面。为了考虑桩与周围土体的相互作用，在桩与土之间设置了接触面。由于接触面的存在，将在地基中产生两个临空面，分别是土体单元的临空面和桩单元的临空面（图 9-27）。为了说明接触面上水压力的作用机理，图 9-27 中将原本位于同一位置的土体单元和桩单元分开，土体单元和桩单元之间是设置的接触面（图中的 interface）。可以发现，当地基中的水位位于模型表面时，土单元临空面和桩单元临空面都将受到水压力的作用，水压力作用的大小相等，方向相反（图中虚线箭头所示）。由于本例中的桩采用的是方桩，因此在三维模型中，地基土体临空面受到的是四个方向的水压力作用，而桩单元也将受到四个方向的水压力作用。

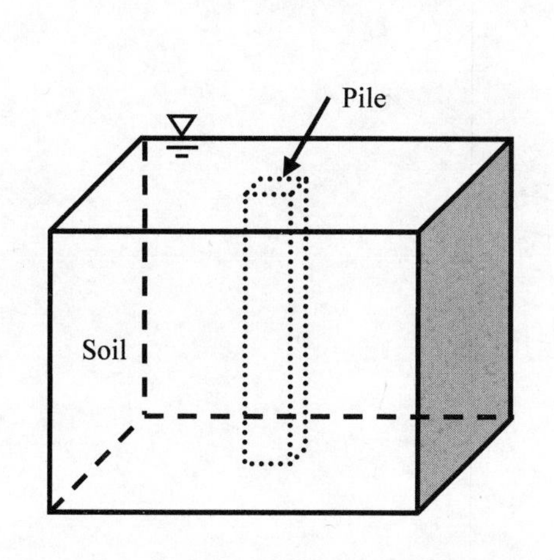

图 9-26 水下接触面设置的计算模型示意图

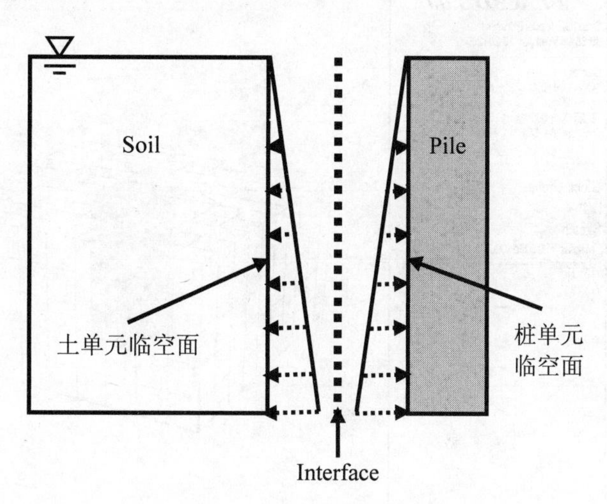

图 9-27 水下接触面设置的计算模型示意图

在分析中，考虑了以下两个工况下模型的应力分析结果：

（1）考虑接触面上的水压力作用；

（2）不考虑接触面上的水压力作用。

9.7.2 分析流程

本节计算的文件见例 9.6 所示。首先建立模型，设置边界条件，并设置初始应力和初始孔隙水压力，计算中采用了渗流模式（config fluid），关于渗流模式的流体模型、计算参数请参见本书第 11 章。

例 9.6 水下接触面的水压力设置

```
config fluid                                  ;设置流体计算模式，考虑流场
gen zone brick size 10 10 5 group soil        ;建立网格模型
fix z ran z 0                                 ;设置边界条件
fix x ran x 0
fix x ran x 10
```

```
fix y ran y 0
fix y ran y 10
model elastic                                     ;土体为弹性模型
model fl_iso                                      ;流体为各向同性弹性模型
set grav 10.0                                     ;设置重力方向
prop dens 1500 bu 3e7 sh 1e7 por 0.5 perm 1e-13
ini fdens 1000
ini pp 50e3      grad 0 0 -10e3 ran z 0 5         ;设置初始孔压
ini szz -100e3   grad 0 0 20e3 ran z 0 5          ;设置初始应力
ini syy -75e3    grad 0 0 15e3 ran z 0 5
ini sxx -75e3    grad 0 0 15e3 ran z 0 5
set mech on fluid off                             ;关闭流场计算
ini fmod 0                                        ;设置流体模量为 0，使计算过程中孔压不变
solve
save 9-6-1.sav
```

计算采用的模型见图 9-27 所示，图中阴影部分的网格是桩单元所在的位置。在初始应力计算时，没有考虑桩土的接触，而是当成一个整体来分析的。

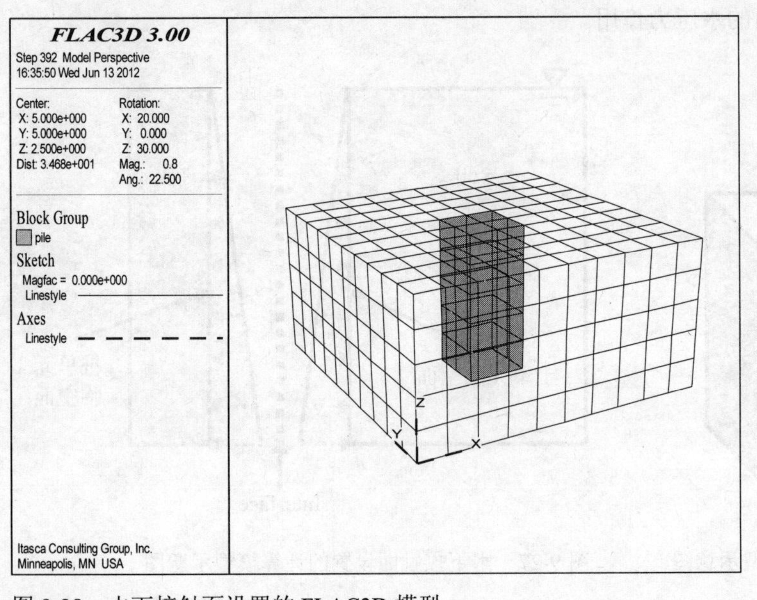

图 9-28　水下接触面设置的 FLAC3D 模型

在初始应力分析的基础上，首先删除方桩所在位置的单元，在模型上方建立桩单元，然后在地基对应位置设置接触面，再把桩单元用“移来移去”的方法移动到对应位置上，这样桩单元和土体单元就完成了接触设置。本例中桩单元设置为不排水材料，所以要设置渗流空模型（fl_null）。

接触面设置好以后，在桩单元和土体单元临空面上施加了水压力，保存的文件为 9-6-2.sav，同时还考虑了不施加水压力的计算情况，计算结果保存为 9-6-3.sav 文件。

```
del ran x 4 6 y 4 6                                  ;删除桩所在的单元
gen zone brick size 2 2 5 p0 4 4 6 group pile        ;在模型外部建立好桩单元
interface 1 face range x 4 6 y 4 6 z .1 4.9          ;设置接触面
ini z add -6.0 ran gro pile                          ;将桩单元“移”到对应位置
fix z ran z 0                                        ;由于桩单元底部位于模型底部，需要重新固定底部边界
m e ran gro pile                                     ;桩为弹性材料
model fl_null ran gro pile                           ;桩为不透水材料
prop dens 2000 bu 3e7 sh 1e7 ran gro pile
app nstress -50e3 grad 0 0 10e3 ran z 0 5 x 4 6 y 4 6   ; interface position
int 1 prop kn 1e8 ks 1e8 f 0 c 0                     ;接触面参数
```

```
solve
save 9-6-2.sav
rest 9-6-1.sav
del ran x 4 6 y 4 6
gen zone brick size 2 2 5 p0 4 4 6 group pile
interface 1 face range x 4 6 y 4 6 z .1 4.9
ini z add -6.0 ran gro pile
fix z ran z 0
m e ran gro pile
model fl_null ran gro pile
prop dens 2000 bu 3e7 sh 1e7 ran gro pile
;app nstress -50e3 grad 0 0 10e3 ran z 0 5 x 4 6 y 4 6 ; interface position
int 1 prop kn 1e8 ks 1e8 f 0 c 0
solve
save 9-6-3.sav
```

9.7.3 结果分析与讨论

计算结果主要分析桩身单元、桩侧土体单元以及模型边界上土体单元上的应力对比，分析模型见图 9-29 所示。该图可以通过下述命令获得：

```
plot sketch
plot add block group range y 5 6 id on
```

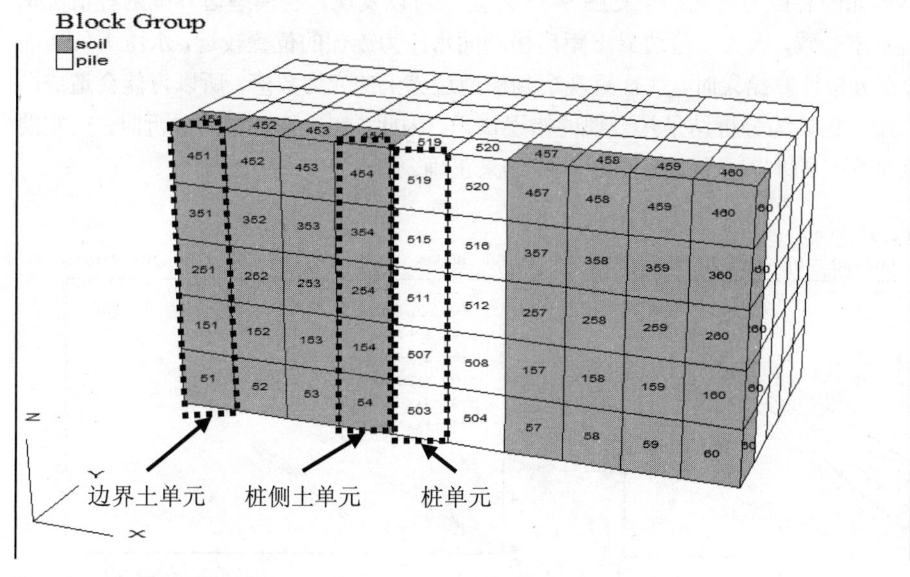

图 9-29 分析模型示意图

桩身单元的三个方向的总应力随深度变化的计算结果比较见图 9-30 所示，其中标注“app”的结果是施加接触面水压力情况下的应力计算曲线，标注“Noapp”的结果是未施加接触面水压力情况下的曲线。由图可知，两种情况计算的 z 方向总应力和 y 方向总应力差别不大，而 x 方向总应力的结果差别很大。这是因为，在图 9-29 中分析的对象中，桩单元和土体单元受到的都是 x 方向的水压力作用。两种情况下模型底部单元（标高 4.5m）的 x 方向总应力大小分别为 61.3kPa（app）和 30.1kPa（Noapp），可见是否施加接触面水压力对计算结果的影响非常大，在计算中不能忽视。

桩身单元的三个方向的剪应力随深度变化的计算结果比较见图 9-31 所示，由图可知，计算结果差别较大的是 sxy 剪应力，具体数值为 52.1kPa（app）和 15.7kPa（Noapp），虽然数值不大，但是差别明显，在计算中显然不能忽略水压力的作用。

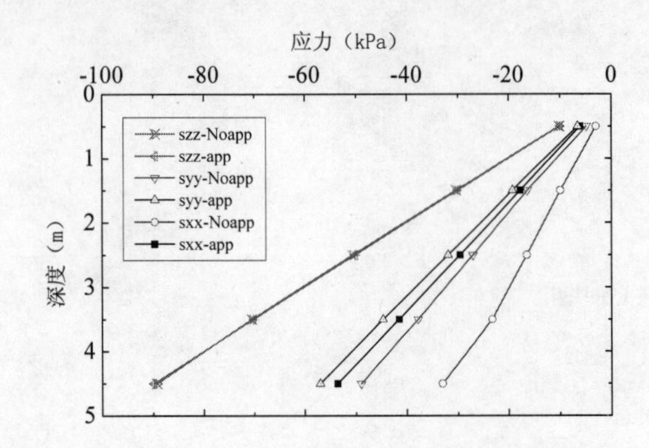

图 9-30　桩身单元应力的计算对比（app 表示施加接触面水压力，Noapp 表示没有施加接触面水压力）

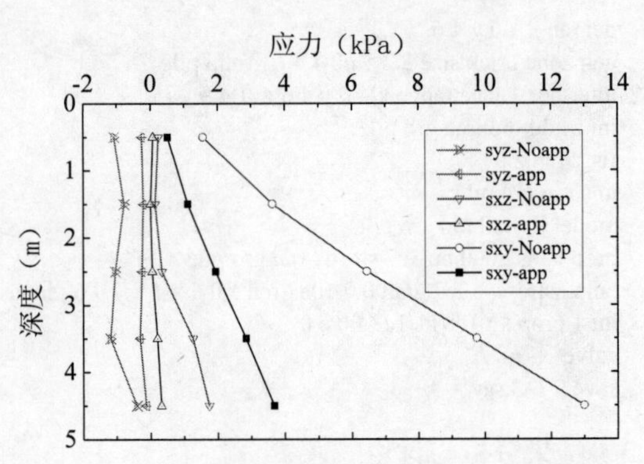

图 9-31　桩身剪应力的计算对比（app 表示施加接触面水压力，Noapp 表示没有施加接触面水压力）

桩侧土体单元总应力的计算结果对比见图 9-32 所示，由图可知，两种情况下 z 方向的总应力基本一致，但是 x 和 y 方向的总应力有一定的差别。

模型边界上土体单元的总应力对比结果见图 9-33 所示，可以发现，在模型边界上两种情况下计算得到的应力数值基本一致，因为模型边界上距离接触面水压力施加的位置较远，水压力的影响已经很小。由于读者在分析计算结果时，往往只观察到模型边界上的应力数值，所以可能会造成即使没有施加接触面水压力也认为分析结果是合理的错误认识。因此，在类似工程的分析时，一定要考虑水下接触面（临空面）的水压力问题，确保计算结果正确。

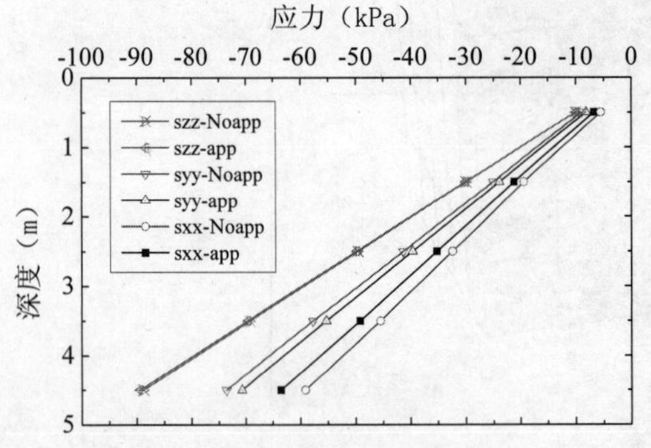

图 9-32　桩侧土体总应力的计算对比（app 表示施加接触面水压力，Noapp 表示没有施加接触面水压力）

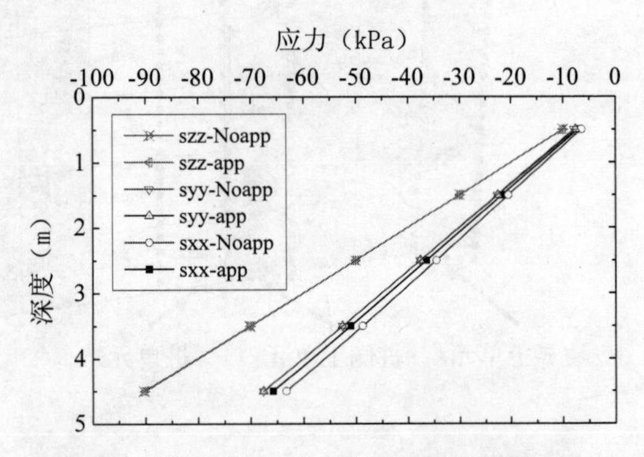

图 9-33　模型边界上土体总应力的计算对比（app 表示施加接触面水压力，Noapp 表示没有施加接触面水压力）

9.8　与接触面有关的常用命令

与接触面有关的常用命令概括如下：

- interface i effective = on/off，接触面上有效应力打开或关闭，默认情况下是 on。在计算滑移或抗拉破坏为目的的情况下，接触面节点上的流体压力可用于确定有效应力，但流体不在接触面面上施加任何力的作用。

- interface i perm = on/off，打开或关闭渗流，默认情况下是 on。只用于 CONFIG fluid 模式下，如果 perm 是开的（on），不要设置 maxedge 的大小，不然接触面就自动变为不透水。
- interface i maxedge value，设置接触面单元的最大边长，然后接触面按小于 value 数据进行划分。默认情况下，每个四边形由两个三角形单元构成。
- History interface n keyword，记录接触面上性质的变化。关键词包括：nstress（法向应力），ndisplacement（法向位移），sstress（剪切应力），sdisplacement（剪切位移）。
- interface 命令的标准格式如下：interface i keyword <range...>，界面是子网格之间相互作用的平面。界面用来模拟体与体之间节理、断层和摩擦界面的影响。界面可以附着于一个子网格上，也可以放置在空间内的任何位置。当子网格接触界面时，产生剪切力和法向力。允许沿着界面发生滑动或分离。界面由连接在节点顶点的三角形元组成。每一个界面元有一个主动面和一个被动面，由界面的法向矢量的方向来确定。界面节点可以直接附着到一个网格面上或者放置在空间内的任何位置。
- 可以用下面的关键字删除界面：delete，在选择范围内的与该界面相关的所有界面元被删除。
- interface i nstress/interface i sstress，初始化接触面上的法向应力和切向应力。
- plot interface <keyword> <switches>，下面选择的关键字绘制界面变量的等值线。例如 penetration：界面节点的相互贯入量；ndisplacement：相对法向位移（与贯入相同），nstress：在界面元上的法向应力，sdisplacement：相对剪切位移，sstress：在界面元上的剪切应力，可以使用下面的开关值——color，activite on/off，alias，fast on/off，gpnum on/off，id on/off，interval v，maximum v，minimum v，null on/off，outline on/off，reverse on/off，shade on/off。
- plot bcontour/contour gpnum on（默认为 off），绘制界面节点 IDs 的网格点数目。
- print interface：接触面数据输出。

例如 print inter i stress 输出接触面上 nstress、sstress 和 shear stress direction；

print inter i displacement 输出接触面节点上的位移，包括 xdisp、ydisp、zdisp；

print inter i position 输出对应节点的坐标；

print inter i property 输出接触面参数的数值，如 cohesion、friction、kn、ks；

print inter i target 输出接触面 i 上所有节点上的目标面。

9.9 本章小结

本章介绍了 FLAC、FLAC3D 中接触面单元的应用，主要包括接触面模型的建立、接触面参数的设置及应用实例。接触面的实质是要在相同的位置（坐标）上生成不同的节点，以模拟两个面的的相互滑移、分开。设置接触面会增加问题的复杂性，因此需要对 FLAC、FLAC3D 接触面上的反应做出分析判断。

另外，本章对水下接触面的水压力设置问题进行了详细探讨，通过算例对比了是否施加水压力对计算结果的影响，结论表明，在采用渗流模式进行桩土相互作用等问题的分析时，一定要考虑接触面上作用的水压力，否则计算结果貌似合理，但可能包含着重大的错误，请读者引起重视。

10 结构单元及应用

在岩土工程中，涉及到很多岩土体与结构的相互作用，由于结构材料形式各异、性质各不相同，所以土与结构的相互作用一直都是岩土数值模拟中的一大难题。作为岩土工程专业程序，FLAC 和 FLAC3D 提供了丰富而功能强大的结构单元模型，这些结构单元功能成为 FLAC 和 FLAC3D 软件中的一大亮点。FLAC 和 FLAC3D 共有的结构单元包括：梁（beam）单元、锚索（cable）单元、桩（pile）单元、壳（shell）单元、土工格栅（geogrid）单元和初衬（liner）单元，而 FLAC 又特有二维条形锚（strip）单元和二维支撑（support）单元。

本章将主要介绍 FLAC3D 中结构单元的基本原理、建模方法、参数设置、后处理等，对于 FLAC 中的结构单元，本书第 19 章给出了一个实例，其中包含结构单元的建模、连接已经后处理的内容，读者可以参考。

本章要点：

- ✓ FLAC 和 FLAC3D 中结构单元的类型
- ✓ FLAC3D 中的线型结构单元与面型结构单元
- ✓ 结构单元的建模方法
- ✓ 结构单元的参数取值
- ✓ 结构单元的边界条件设置
- ✓ 结构单元的后处理

10.1 概述

FLAC3D 中包含 6 种形式的结构单元，可以分成两类，一类由结构节点和直线段组成，称为线型结构单元，包括梁（beam）单元、锚索（cable）单元和桩（pile）单元；另一类是由结构节点和三角形组成的面状结构，称为壳型结构单元，包括壳（shell）单元、土工格栅（geogrid）单元和初衬（liner）单元。

10.1.1 基本术语

在介绍具体的单元形式前，首先对结构单元中的一些术语进行介绍。FLAC3D 中的结构单元是岩土工程中实际结构的一种“抽象”，即采用简单的单元形式来模拟复杂的结构体。图 10-1（a）为一根圆形截面的桩，利用结构单元来简化时就可以描述成图 10-1（b）的一系列结构节点（structure node）和结构构件（pileSELs），结构节点与结构构件一起形成了一个桩单元。

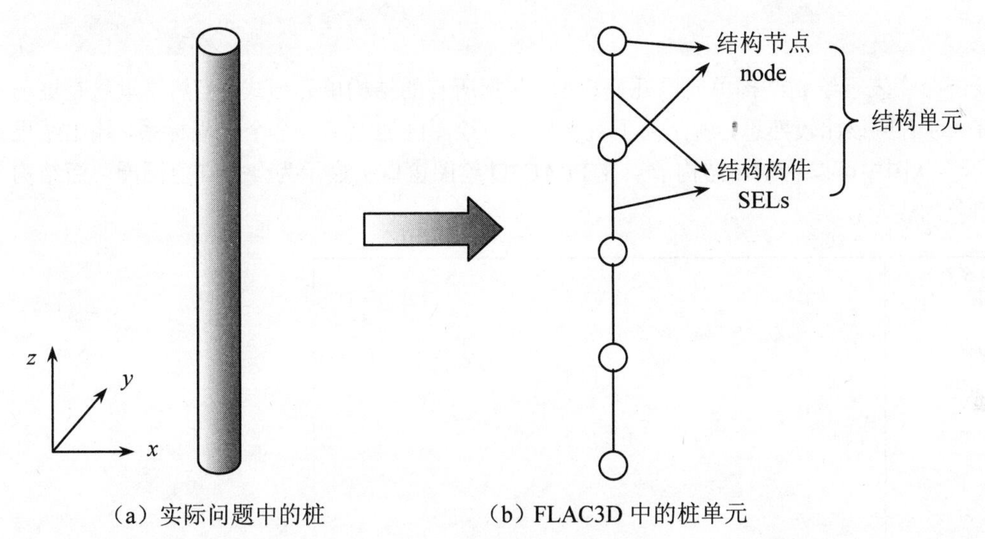

（a）实际问题中的桩　　（b）FLAC3D 中的桩单元

图 10-1　实际问题中的结构与 FLAC3D 中的结构单元

结构单元中的节点（node）可以与周围的实体网格（zone）或其他结构节点建立连接（link），通过连接实现结构与岩土体或结构与其他结构发生相互作用。

结构节点并不是简单地与实体网格的节点（gridpoint）建立联系，也不能建立 node 与 gridpoint 之间的 link。

结构单元的构件是构成结构单元的主要部分，与 6 种结构单元类型相对应，FLAC3D 中有 6 种结构构件，包括 beamSELs、cableSELs、pileSELs、shellSELs、geogridSELs 和 linerSELs。

为了对上述的基本术语有更清楚的理解，下面将在 FLAC3D 软件中建立图 10-1 中的桩单元。与实体单元建模时采用的 GNERATE 命令不同，结构节点以及结构单元建模采用的是 SEL 命令。假定采用图中左下角的坐标系，桩长为 10m，采用下面的命令即可以建立一个 pile 结构单元：

```
sel pile id=1 beg 0 0 0 end 0 0 10 nseg① 4
```

可以发现在 FLAC3D 的命令窗口中出现图 10-2 的提示，可以看出结构单元生成过程中的几个步骤：

步骤 1　在两个端点坐标 end[0]和 end[1]上生成了两个结构节点（node）；

步骤 2　根据 pile 单元构件的数量生成了 3 个内部的节点；

步骤 3　通过这些节点，生成了 4 个 pile 单元构件（pileSELs）。

---

① nseg 表示结构单元的构件数量。

```
Flac3D>sel pile id=1 beg 0 0 0 end 0 0 10 nseg 4
SEL 2D element generation. Please wait...
+++ pile end[0]: new node created.
+++ pile end[1]: new node created.
+++  3 new internal nodes created.
+++  4 new pileSELs created.
```

图 10-2　建立桩单元的命令提示

那么如何能看到生成的结构单元呢？尝试下面的命令：

```
plot sel geo
plot add ax
```

第一条绘图命令表示绘制结构单元的几何模型，包括所有的结构单元形式，当然这里只有桩单元。第二条命令读者应该比较熟悉，就是为了直观显示在绘图区加上了一个全局坐标系，输出结果见图 10-3 所示，从图中可以看出，结构节点在 FLAC3D 绘图窗口中显示为一个红色圆圈，而结构构件表示为黑色的线段。

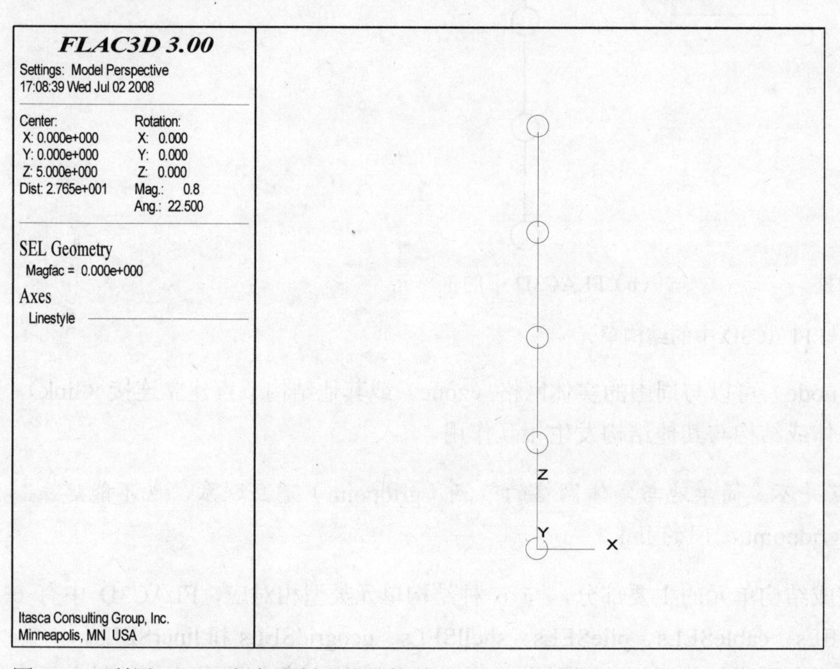

图 10-3　利用 PLOT 命令绘制成的结构单元

也可以使用菜单操作，在绘图区被激活时，执行【Plotitems】|【Add】|【Structure Elements】|【Geometry】|【All】命令，打开结构单元几何形状对话框，单击【OK】按钮，就可以显示图 10-3 中所有结构单元的形状。

在几何形状对话框中，可以看到更多关于结构节点的信息。在绘图窗口激活时，执行【Plotitems】|【SEL Geometry】|【Modify】命令，选择 ID 复选框，并将 Scale 的数值改成 0.04，如图 10-4 所示，单击 OK 按钮。从图中可以看到表现为结构节点的红色圆圈内标注了红色的数字，这些数字表示的就是结构节点的 ID 号，而结构构件的 ID 号标注在构件的中心处，颜色为黑色。设置中 Scale 参数的作用是放大结构节点的显示。

图 10-4 除了 ID 复选框以外，还有 CID 复选框、node 复选框、link 复选框等，这些复选框的作用是显示各种形式的 ID 号。结构单元中的 ID 号主要有 4 种类型，包括：

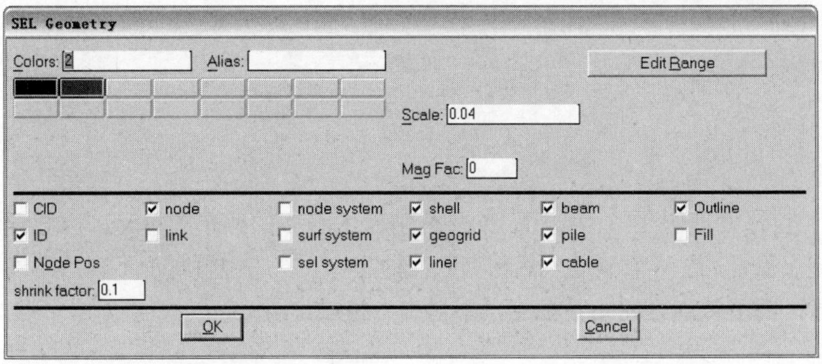

图 10-4 结构单元几何形状对话框

- ID 复选框表示的是结构单元的 ID 编号，这个编号常常是在结构单元建模时由用户指定的，比如建立图 10-3 桩单元的命令中使用的“id=1”，若用户不指定则由程序自动分配。FLAC3D 中可以让多个相同类型的结构单元共享一个结构单元 ID 号。采用 ID 号对结构单元进行参数赋值时，是对该编号的所有结构单元进行赋值。
- CID 复选框表示的是结构构件的编号，一般是由程序自动分配的，也可以使用 SEL beamSEL 等命令单独建立结构构件，并指定编号。采用 CID 编号对结构单元进行赋值，表示赋值的对象仅仅是 CID 编号对应的结构构件。
- node 复选框表示结构节点的编号，用户可以用 SEL node 命令生成结构节点时指定 ID 号，否则也由程序自动分配。读者可以查看上述桩单元中结构节点 ID 号的分配规律，可以发现桩单元的 end[0]和 end[1]两个端点的 ID 号分别为 1 和 2，而中间的三个节点 ID 号则为后续的 3～5。这说明，结构单元生成时，结构节点的编号是按照节点生成的顺序来指定的。
- link 复选框表示结构连接的编号，在结构单元生成时会自动分配，用户也可以根据实际情况对连接情况进行修改，在涉及到多个结构单元或结构与周围网格复杂接触问题时，常常需要修改某些连接特性。本节中桩单元未涉及周围网格和其他结构，因此此处的 link 编号为空。

注意

ID 和 CID 的编号显示在构件的中部，在绘图时二者只能选其一；node 和 link 编号显示在结构单元的中心，绘图中二者也只能选其一。

10.1.2 几何模型的建立

在本章 10.1.1 节中已经给出了一个桩单元建立的例子，可以发现结构单元的建模主要用到 SEL 命令，下面对线型结构单元和壳型结构单元的几何建模方法进行系统介绍。

1. 线型结构单元的建立

线型结构单元的建立有两种方法，可以直接通过坐标点指定线型结构的两个端点（beg 和 end 关键词）来建立；也可以首先建立结构节点，然后通过节点建立结构单元。在建立结构单元时最好指定其 ID 编号，以便对该结构进行参数赋值。

例 10.1 给出了建立梁单元的例子，注意命令中的前两行没有指定梁单元的 ID 号，只在第三条命令中指定了 ID，注意程序自动配置 ID 编号的情况。

例 10.1　梁单元的生成

```
sel beam beg 0 0 0 end 2 0 0 nseg 2
sel beam beg 2 0 0 end 4 0 -1 nseg 3
sel beam id=2 beg 4 0 -1 end 5 0 -2 nseg 2
plot sel geo id on nod on scale 0.04
plot ad ax
```

运行结果如图 10-5 所示，可以发现例 10.1 生成了 ID 号分别为 1 和 2 的两个梁单元，因此导致编号为 2 和 4 的两个结构节点重合，这两个节点虽然都有共同的坐标，但是它们属于不同的结构单元，如果不进行其他的设置，两个节点之间相互独立，不会产生相互作用。

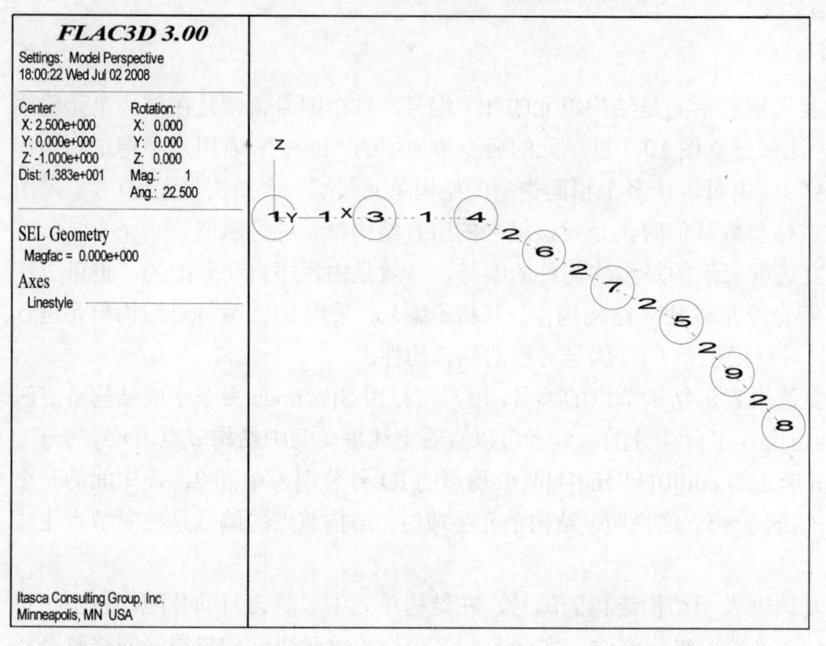

图 10-5　例 10.1 运行后的结果

采用结构节点进行线型结构单元的建模时，只能在两个节点之间建立一个结构构件，建模时不能在两个节点之间生成中间节点，例 10.2 给出了一个简单的例子。

例 10.2　多个梁单元的生成

```
sel node id=1 0 0 0
sel node id=2 2 0 0
sel node id=3 4 0 -1
sel node id=4 5 0 -2
sel beamsel id=1 cid=1 node 1 2
sel beamsel id=1 cid=2 node 2 3
sel beamsel id=1 cid=3 node 3 4
plot sel geo id on nod on scale 0.04
plot ad ax
```

运行结果如图 10-6 所示。从命令中可以看出，利用结构节点来建立结构单元需要首先建立所有的结构节点，这看似比较繁琐，但如果需要建立的结构单元并不是规则的“直线”，并且结构节点的位置具有一定的规律（可以用 FISH 函数来描述），在这种情况下使用结构节点的建模方法可能更可靠。另外，使用结构节点来建立结构单元也可以指定结构的 ID 编号，也可以指定结构构件的 CID 编号。

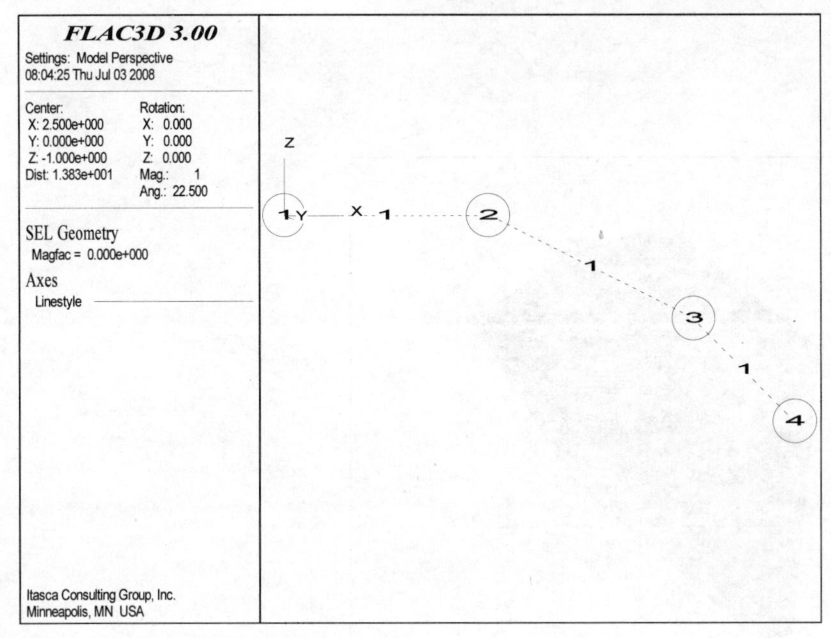

图 10-6　利用节点建立结构单元

2. 壳型结构单元的建模

壳型结构单元的建模也有两种方法，一种使用 SEL shell（geogrid，liner）命令，可以在实体单元（zone）的表面建立壳型单元的节点、构件以及结构单元与 zone 之间的连接，在壳型单元建模完成后，可以将实体单元删除，仅保留结构单元。另一种方法是首先建立结构节点，然后用 SEL shellSEL（geogridsel，linersel）命令建立壳型结构的构件，从而组成壳型单元。由于壳型结构单元的构件一般为三角形，采用结构节点的方法比较复杂，所长一般都采用在实体单元表面建立模型的方法。

例 10.3 给出了一个曲面壳单元的例子，首先使用 GEN zone cylinder 命令创建了一个表面为曲面的网格，然后在曲面上建立了壳单元，最后将原先创建的实体单元删除。使用 SEL node init 命令可以改变结构单元的位置。例 10.3 运行的结果如图 10-7 和图 10-8 所示。

例 10.3　曲面壳单元的生成

```
def set_vals
   ptA = 25.0 * sin( 40.0*degrad )
   ptB = 25.0 * cos( 40.0*degrad )
end
set_vals
gen zone cylinder p0=( 0.0, 0.0, 0.0 ) &
                  p1=( ptA, 0.0, ptB ) &
                  p2=( 0.0, 25.0, 0.0 ) &
                  p3=( 0.0, 0.0, 25.0 ) &
                  p4=( ptA, 25.0, ptB ) &
                  p5=( 0.0, 25.0, 25.0 ) &
                  size=(1, 2, 2)
sel shell id=5 range cylinder end1=(0.0, 0.0,0.0) &
                              end2=(0.0,25.0,0.0) radius=24.5 not
plot blo gro
plot ad sel geom black black cid on scale=0.03
```

```
plot ad ax
pau①
delete ; delete all zones
sel node init zpos add -25.0
```

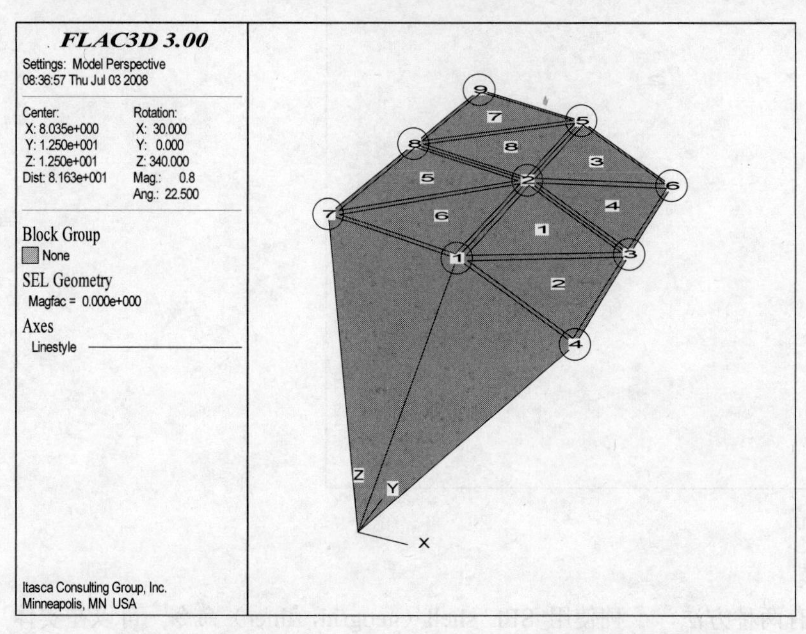

图 10-7　建立曲面壳型结构单元（第一步：建立与实体网格相连的壳）

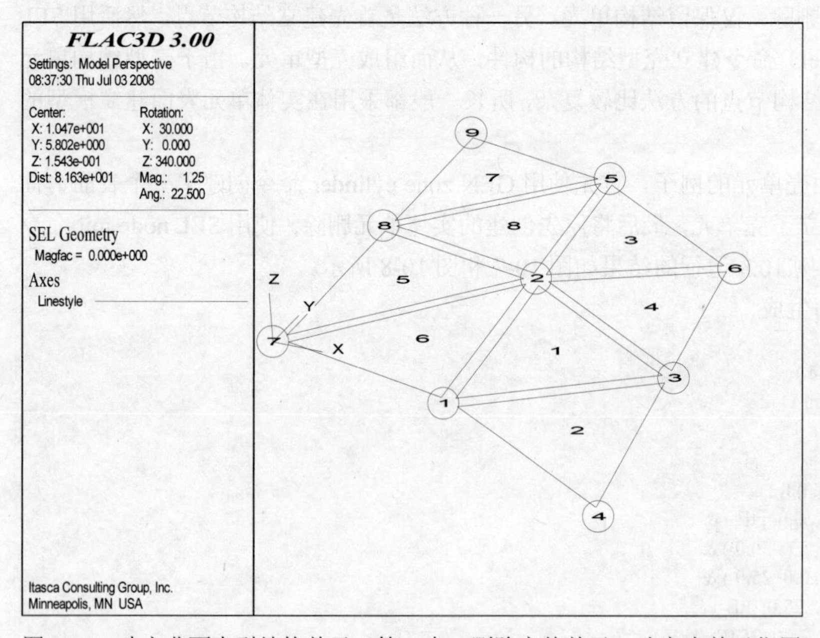

图 10-8　建立曲面壳型结构单元（第二步：删除实体单元，改变壳单元位置）

① pau 命令的作用是让程序在此处暂停，以便于用户进行操作，可以在命令行中输入 continue 让程序继续运行。

3. 结构单元建模的基本规则

FLAC 和 FLAC3D 是岩土工程的专业程序，因此一般很少用来做专门的结构分析。在涉及到结构单元的问题中，往往都要考虑结构与周围的实体单元的相互作用。在结构单元的建模时要特别注意一个基本原则：**一个 zone 至多包含一个 structure node！**

也就是一个实体单元中（包括单元表面）最多只能有一个结构单元节点，如果超出了一个，则计算会出现错误。因此在建立线型结构单元时，要特别注意 nseg 变量的大小，过小的 nseg（即过少的构件数量）可能使计算不精确，但是过大的 nseg（过多的构件数量）也会违反结构单元建模的基本原则，所以要根据实际的实体单元建模情况来确定结构单元的构件数量。

10.1.3 结构单元的连接

结构单元与实体单元或其他结构单元发生作用都是通过结构节点的连接（link）来实现的。结构节点的连接（link）有 2 种类型：一种是 node-zone 连接，表示节点与所属实体单元之间的连接；另一种是 node-node 连接，表示节点与另外一个结构节点之间的连接。这 2 种连接形式可以通过 SEL link 命令进行设置。如果使用 SEL delete 命令删除了某个部分的结构单元，则与之相关的所有结构单元信息（包括构件、节点和连接）都将被删除。

如果两个或多个结构单元共用一个结构节点，则所有的力和力矩将在共享该节点的构件中传递。如果需要在这些共享节点的构件之间限制、删除或指定特定的力或力矩，则需要创建两个分开的结构节点，将这两个节点创建成 node-node 的连接，并设置合适的连接条件。例如，如果需要将两个独立的梁单元连接成铰接的形式，则需要创建 node-node 连接，并且将平移自由度属性设为刚性（rigid），而转动自由度属性设为自由（free）。

在实体单元内部或表面创建结构单元时，程序自动对所有的结构节点创建了 node-zone 连接，以例 10.3 中创建的壳单元为例，当程序运行到 pau 暂停命令时，可以查看程序创建的连接属性。采用以下命令：

```
print sel link attach
```

在 FLAC3D 的命令窗口输出结构连接的属性，如图 10-9 所示，可以看出程序创建的 node-zone 连接都是将三个平移自由度设置为刚性（表示为+），而将转动自由度设为自由（表示为-）。还可以查看实体单元删除后的结构单元连接情况，在命令行中输入 continue 命令让程序继续运行，并再次使用 print sel link attach 查看连接情况，就会发现由于实体单元的删除，相应的 node-zone 连接也被删除，不再存在任何连接形式。

```
Flac3D>pri sel link at
Attachment conditions ( - free, + rigid, LIN linear,
SY shear-yield, NY normal-yield, PY pile-yield,
PYDP pile-yield dependent )...
   ('used_by = unknown' means that link conditions have been
    modified and no longer correspond with those set during
    SEL creation and positioning.)
link-id     x     y     z    xr    yr    zr    used_by
-------- ---- ---- ---- ---- ---- ----   -------
       1    +     +     +     -     -     -    shell
       2    +     +     +     -     -     -    shell
       3    +     +     +     -     -     -    shell
       4    +     +     +     -     -     -    shell
       5    +     +     +     -     -     -    shell
       6    +     +     +     -     -     -    shell
       7    +     +     +     -     -     -    shell
       8    +     +     +     -     -     -    shell
       9    +     +     +     -     -     -    shell
```

图 10-9 壳单元中的结构连接属性

10.1.4 边界条件与初始条件

和实体网格分析一样，在结构单元的分析中，也会涉及到边界条件和初始条件，比如梁和桩上的均布荷载，作用在壳、土工格栅以及初衬上的压力，施加在锚索上的预应力等。结构单元所有的边界条件和初始条件都是通过结构节点来设置的，采用 SEL node 命令来实现。结构节点的条件主要包括 3 种类型：

- 速度约束条件；
- 当前的速度分量；
- 施加的点荷载（包括力和弯矩）。

结构节点有两套坐标系统：全局坐标系和节点局部坐标系。全局坐标系与计算中实体网格采用的坐标系相同，而局部坐标系通常与结构单元的构件类型有关，并在计算中的第一个循环中由程序自动进行设置。具体的局部坐标系默认规则会在后续的结构单元类型中做介绍。

节点的局部坐标系主要用来指定节点与周围网格的连接关系，同时运动方程也在局部坐标系下进行求解，因此使用 SEL node fix（free）命令只能对局部坐标系方向上的速度进行约束或去除约束。

如果要对全局坐标系上结构节点的速度进行设置，需要使用 SEL node init 命令，具体格式如下：

```
sel node ini [add, multiply] v [grad gx gy gz] [关键词]
```

表示设置结构节点的初始条件，其中关键词可以包括全局位移（xdisp, ydisp, zdisp）、全局速度（xvel, yvel, zvel）、全局旋转位移（xrdisp, yrdisp, zrdisp）、全局旋转速度（xrvel, yrvel, zrvel），还可以是节点的坐标（xpos, ypos, zpos）。

对于结构单元上的荷载边界条件可以分别结构节点上的荷载以及结构单元上的荷载，具体包括下面的 2 种命令方式：

```
sel node apply
sel type① apply
```

其中，结构节点上的荷载是一种点荷载，可以为集中力或弯矩，可以施加在全局坐标系，也可以在局部坐标系。而结构单元上的荷载是分布荷载，命令中的 type 可以为 beam、pile 这样的线型单元，也可以是 shell、geogrid 和 liner 这样的壳型单元。其中设置线型单元上的分布荷载时，可以使用 ydist 和 zdist 关键词来指定作用梁或桩构建局部坐标系上的 y 方向和 z 方向的荷载大小。而设置壳型单元的分布荷载时，正的荷载表示作用力的方向与在壳型构建局部坐标系的 z 方向相同。

对于锚索的预应力设置要使用 SEL cable pretension 命令来实现，正值表示锚索的拉伸。

在大应变模式下，施加的荷载将与对应构件的局部坐标系一致。当结构构件发生坐标改变时，边界条件也会随之发生旋转。

10.1.5 局部坐标系与符号约定

每个结构构件都有相应的局部坐标系统，后续的章节将对具体的结构单元形式介绍其局部坐标系的规定。对于 beam 和 pile，局部坐标系常用于指定截面上的弯矩和施加的分布荷载，而对

① type 包括 beam，pile，cable，shell，geogrid，liner。

shell、geogrid 和 liner 等壳型单元来说，局部坐标系的作用是指定正交各向异性材料参数和施加的压力荷载。

每个结构节点也有局部坐标系统，节点的局部坐标系用于指定连接条件，从而控制节点与实体单元之间的相互作用。结构节点的局部坐标系是在程序开始循环（cycle）时，由程序根据该节点所属的结构构件类型而自动设置的。

结构单元计算得到的信息主要包括结构节点和构件的信息。其中结构节点的响应包括力、弯矩、平移速度（位移）和转动速度（位移）。力和平移速度为正方向与全局（或局部）坐标系的正向相同，弯矩、转动速度的正方向是根据“右手法则”来确定的，具体做法是将右手大拇指指向坐标系的正向，其他手指弯曲的方向即为弯矩和转动位移的正方向。

10.2 结构单元的基本原理

FLAC3D 中共有三种线型结构单元和三种壳型单元，本节将介绍各种结构单元的基本原理，包括局部坐标系的定义、相关参数和命令。

10.2.1 梁（beam）单元

梁结构单元由两个节点之间的具有相同对称截面的直线段构成，而一个整体的结构梁则由许多这样的梁结构组合而成。默认每个梁构件是具有各向同性、无屈服的线弹性材料，也可以指定塑性力矩，或者在两个梁构件之间设置塑性铰链。在创建梁单元时，程序自动将通过两个端点的位置和矢量来定义梁构建的坐标系统，如图 10-10 所示，规则如下：

- 中心轴与 x 轴一致；
- x 轴的方向为从节点 1 到节点 2；
- y 轴与矢量 Y 在横截面上的投影对齐。

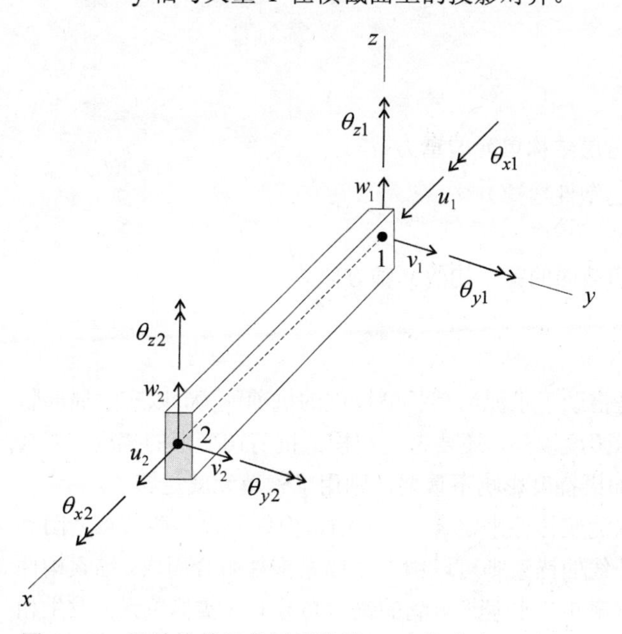

图 10-10　梁结构单元坐标系统及 12 个自由度

梁结构构建的力和力矩符合规定，如图 10-11 所示，梁结构构件有 12 个活动自由度，对于结构节点的位移和旋转相应地有力和力矩，对于构件中点有轴向、剪切和弯曲特性的 6 个自由度。

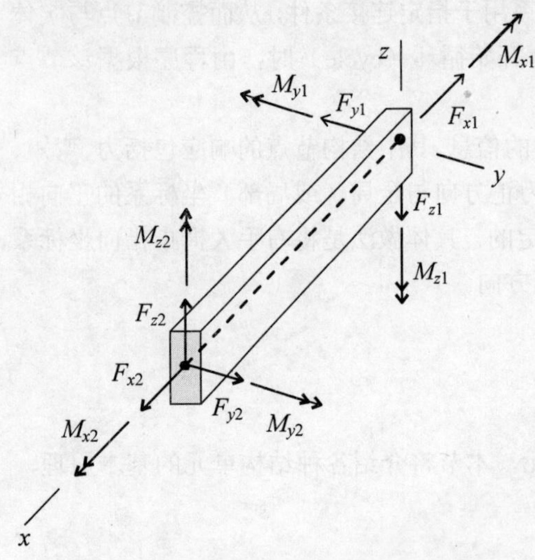

图 10-11　梁结构构件力和力矩的符号规定

结构单元的参数一般分成必选参数和可选参数，必选参数是必须要赋值的参数，而可选参数一般在特定的条件下才使用。梁单元一共有 10 个参数，其中必选参数 6 个，可选参数 4 个。必选参数有：

- emod——弹性模量，E；
- nu——泊松比，ν；
- xcarea——横截面积，A；
- xciy——梁结构 y 轴的惯性矩，I_y；
- xciz——梁结构 z 轴的惯性矩 I_z；
- xcj——极惯性矩，J；

梁单元的可选参数有：

- density——密度，ρ（动力分析或考虑结构单元的重力）；
- pmoment——塑性矩，M_p（考虑梁的塑性弯矩）；
- thexp——热膨胀系数，α_t（热力学分析）；
- ydirection——矢量 Y（定义投影到横截面的梁结构的 y 轴方向）。

10.2.2　锚索（cable）单元

锚索常用来加固岩石工程，其主要作用是借助于水泥沿其长度提供的抗剪能力，以产生局部阻力，从而抵抗岩块裂缝的位移。如果除了轴向强度以外，还要考虑结构抵抗剪切变形的挠度，那么这种类型的锚索应该由桩结构单元来模拟；如果挠度影响不重要，则用锚索单元就足够了。

锚索加固单元由几何参数、材料参数和水泥浆特性来定义。一个锚索构件假设为两节点之间具有相同的横截面及材料参数的直线段，任意曲线的锚索则可以由多个锚索构件组合而成。锚索构件是弹塑性材料，在拉、压中屈服，但不能抵抗弯矩。水泥浆填满的锚索与岩石（实体单元）发生相对移动时会产生抵抗力。

锚索构件的局部坐标系统由两个结构节点的位置来定义，规则如下：

- 中心轴与 x 轴一致；
- x 轴的方向为从节点 1 到节点 2；
- y 轴与不平行局部 x 轴的全局 y 轴或全局 x 轴在横截面上的投影对齐（如图 10-12 所示）。

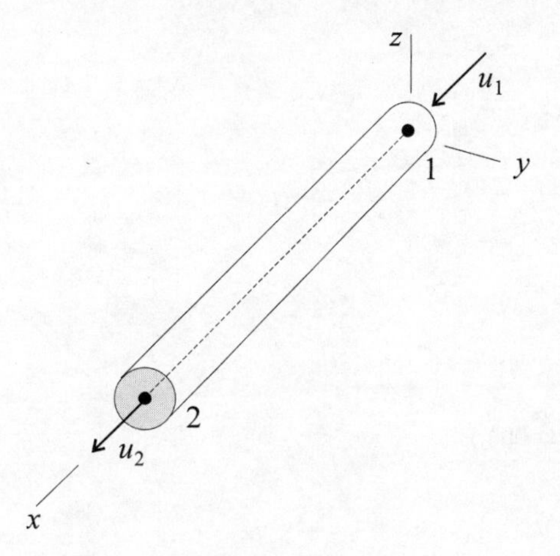

图 10-12　锚索构件的局部坐标系及两个自由度

锚索构件有两个自由度，对每个轴向位移相应地有轴向力，可以用一维本构模型来描述锚索的轴向特性，轴向刚度 K 与加固横截面 A、弹性模量 E 及构件长度 L 的关系如下：

$$K = \frac{AE}{L} \tag{10-1}$$

可以指定锚索的拉伸屈服强度 F_t 和压缩强度 F_c，锚索在应用时不能超过这两个极限，如图 10-13 所示；如果没有指定 F_t 或 F_c，则说明在相应方向上无强度极限。

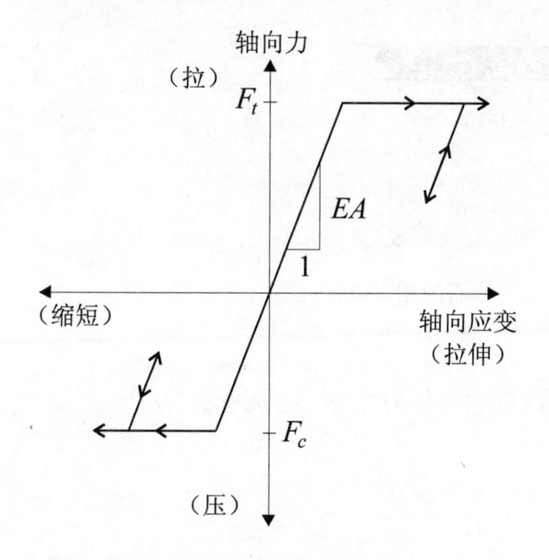

图 10-13　锚索构件的材料性能

锚索与周围岩石的接触具有粘结性和自然摩擦，在理想情况下（如图 10-14 所示），节点轴向上采用弹簧-滑块来描述，如图 10-15（a）所示。锚索与水泥浆的接触面和水泥浆与岩石的接触面发生相对位移时（见图 10-15（b）），对水泥浆加固环的剪切描述如下：水泥浆剪切刚度 K_g；水泥浆粘结强度 c_g；水泥浆摩擦角 ϕ_g；水泥浆外圈周长 P_g；有效周边应力 σ_m（如图 10-15（c）所示）。

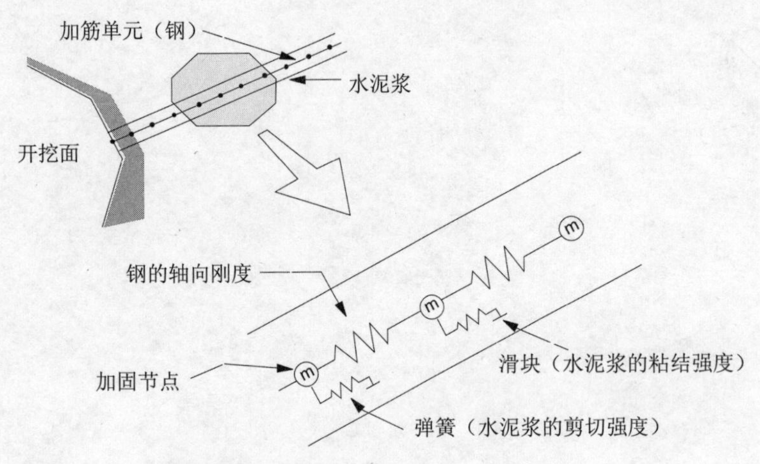

图 10-14　全长灌浆锚索的力学机理

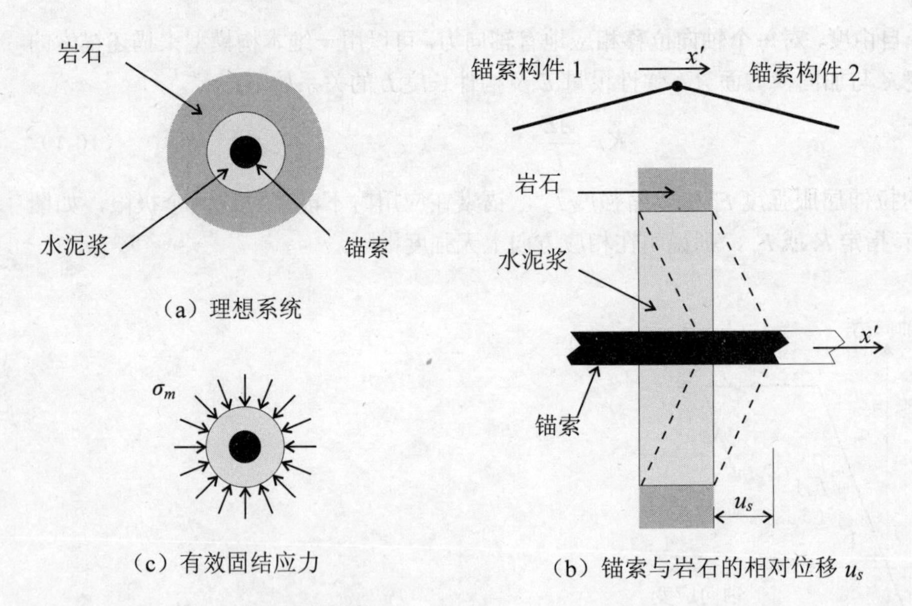

图 10-15　理想水泥浆、锚索系统

锚索单元一共有 11 个参数，其中必选参数 9 个，可选参数为 2 个。必选参数有：

- emod——弹性模量，E；
- xcarea——横截面积，$A\ [L^2]$；
- gr_coh——单位长度上水泥浆的粘结力 $c_g\ [F/L]$；
- gr_fric——水泥浆的摩擦角 $\phi_g\ [^{\circ}]$；
- gr_k——单位长度上水泥浆刚度 $k_g\ [F/L^2]$；

- gr_per——水泥浆外圈周长，$P_g[L]$；
- slide——大变形滑动标志（默认：off）;
- slide_tol——大变形滑动容差；
- ycomp——抗压强度（力），F_c；

可选参数有：

- density——密度，ρ（动力分析或考虑结构单元的重力；
- thexp——热膨胀系数，α_t（热力学分析）。

10.2.3 桩（pile）单元

桩结构单元要通过几何参数、材料参数和耦合弹簧参数来定义。两个结构节点之间的直线段表示为一个桩单元构件，两节点之间的构件具有相同的对称横截面参数。任意曲线的桩可以由多个桩构件组合而成。

桩构件的刚度矩阵与梁构件的刚度矩阵是相同的。除了提供梁的构造特性外，桩还提供了与实体单元法线方向和剪切方向发生的相互摩擦作用。在这点上，桩实际上是组合了梁和锚索的作用，适合于模拟法向和轴向都有摩擦作用的桩基，因此桩单元是常用的结构单元形式。由于结构单元的建模与实体单元位置没有具体要求，因此利用桩结构单元可以轻松实现群桩的分析。

每个桩构件都有自己的局部坐标系统（如图 10-16 所示）。用这个系统来指定惯性矩和分布荷载，以及定义其上的力和力矩的符号。桩构件局部坐标系统是由其两节点（1 和 2）的位置和矢量 Y 来定义的，定义规则如下：

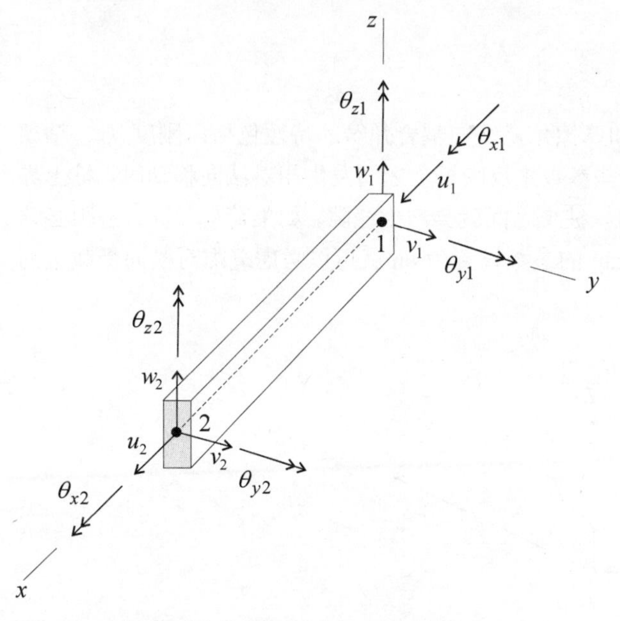

图 10-16　桩单元构件的局部坐标系及 12 个自由度

- 中心轴与 x 轴重合；
- x 轴方向是从节点 1 到节点 2;
- y 轴在横截平面中。

桩与实体单元之间的相互作用是通过耦合弹簧来实现的。耦合弹簧为非线性、可滑动的连接体，能够在桩身节点和实体单元之间传递力和弯矩。切向弹簧的作用同灌浆锚杆的切向作用机理是相同的。法向弹簧可以模拟法向荷载的作用以及桩身与实体单元节点之间缝隙的形成，还可以模拟桩周土对桩身的挤压作用。

1．切向耦合弹簧的作用

桩土接触面的剪应力作用主要考虑其粘聚力和摩擦力。其机理同灌浆锚索是相同的（见图10-17），只需要将切向耦合弹簧的性质代替灌浆的性质就可以了。切向耦合弹簧的特性包括：刚度 k_s、粘聚力 c_s、内摩擦角以及桩外边界半径。桩周切向弹簧的作用通过以上几个参数和桩周有效应力进行反映。

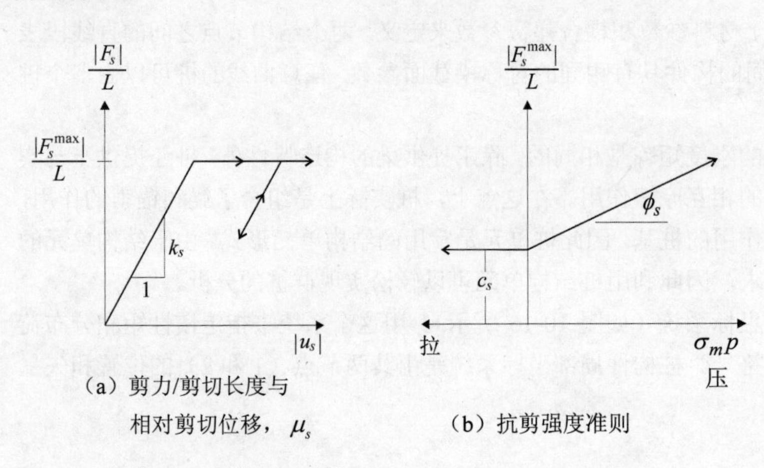

（a）剪力/剪切长度与相对剪切位移，μ_s　（b）抗剪强度准则

图 10-17　桩周切向弹簧的力学性质

2．法向耦合弹簧的力学作用

桩土接触面的法向作用主要考虑粘聚力和摩擦角，法向耦合弹簧的特性包括：刚度 k_n、粘聚力 c_n、内摩擦角、缝隙以及有效应力，通过这些参数来反映桩土之间发生相对法向移动时，桩土界面之间的法向力学作用。当桩承受横向荷载时，桩土之间就会产生缝隙。如果荷载反向，缝隙必须首先闭合，然后才能够承受反方向的力。将 gap 的参数设置为 on 就可以考虑缝隙对横向受载桩的影响（如图 10-18 所示）。

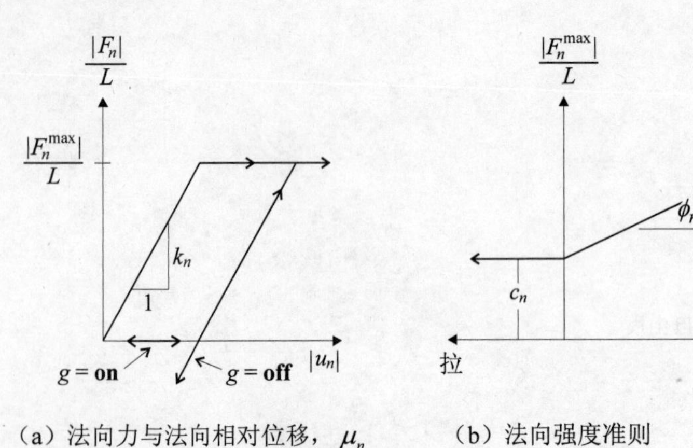

（a）法向力与法向相对位移，μ_n　（b）法向强度准则

图 10-18　桩单元法向材料的力学特性

3. 锚杆的作用机理

桩单元还有一种功能，就是可以模拟锚杆支护的特性，使用命令 SEL pile prop rockbolt on 可以激活锚杆特性，能够计算支护四周的约束应力、锚杆与周围单元之间的应变软化特性以及锚杆拉断、拉裂等现象。具体的功能包括：

- pileSEL 单元本身延轴向方向可能屈服，屈服长度可以采用（tyield）指定。
- 根据用户定义的最大拉裂应变（tfstrain），可以模拟锚杆的断裂。各节点处的应变包括轴向和弯曲塑性应变。轴向应变是桩构件各节点塑性应变的平均值。整个塑性拉应变的计算公式为：

$$\varepsilon_{pl} = \sum \varepsilon_{pl}^{ax} + \sum \frac{d}{2} \frac{\theta_{pl}}{L} \tag{10-2}$$

式中：d 为锚杆直径；L 为 pileSEL 长度；θ 为 pileSEL 的平均转角。

如果应变超过了限值，桩构件中的力和弯矩就会设为 0；pileSEL 单元就认为已经破坏。

- 作用在桩身的侧限压力在设置桩单元后随着计算的进行会不断发生变化，默认情况下，桩身侧限有效应力是根据当前应力分布来计算的。
- 在非均匀应力条件下，用户可以定义 cs_cftable 表格来指定侧应力系数，并且需要设置 cs_cfincr 标志。
- 用户可以采用表（table）的形式指定切向耦合弹簧的粘粘聚力和内摩擦角，以此来模拟应变软化。

每个桩结构拥有下列 16 个参数：

- emod——弹性模量，$E\ [F/L^2]$。
- nu——泊松比，ν。
- xcarea——横截面积，$A\ [L^2]$。
- xciy——关于桩结构 y 轴的二次矩（惯性矩），$I_y\ [L^4]$。
- xciz——关于桩结构 z 轴的二次矩（惯性矩），$I_z\ [L^4]$。
- xcj——极惯性矩，$J\ [L^4]$。
- cs_scoh——剪切耦合弹簧单位长度上的内聚力，$c_s\ [F/L]$。
- cs_sfric——剪切耦合弹簧的摩擦角，$\phi_s\ [°]$。
- cs_sk——剪切耦合弹簧单位长度上的刚度，$K_s\ [F/L^2]$。
- cs_ncoh——法向耦合弹簧单位长度上的内聚力，$c_n\ [F/L]$。
- cs_nfric——法向耦合弹簧的摩擦角，$\phi_n\ [°]$。
- cs_nk——法向耦合弹簧单位长度上的刚度，$K_n\ [F/L^2]$。
- cs_ngap——法向耦合弹簧裂缝标志，g（默认为 off）。
- perimeter——外圈长度，$P\ [L]$。
- slide——大变形滑动标志（默认为 off）。
- slide_tol——大变形滑动容差。

如果用命令 sel pile prop rockbolt on 激活了锚杆特性，则另附加 7 个参数：

- cs_cfincr——激活增加约束应力的标志（默认为 off）。
- cs_cftable——相对应的有效约束应力系数与偏应力的表号。

- cs_sctable——相对应的剪切耦合弹簧内聚力与剪切位移的表号。
- cs_sftable——相对应的剪切耦合弹簧摩擦角与剪切位移的表号。
- rockbolt——激活锚杆特性标志（默认为 off）。
- tfstrain——拉破坏应变。
- tyield——轴向抗拉强度[F]。

可选参数包括：

- density——密度，ρ（可选项，用于动力学分析和考虑重力荷载）[M/L^3]。
- thexp——热膨胀系数 α_t，[$1/T$]
- ydirection——矢量 Y，用来定义投影到横截面的桩结构的 y 轴方向（可选项，默认为全局的 y 轴或 x 轴方向，但不能平行于桩构件的 x 轴）。
- pmoment——塑性矩，M_p（可选项，不指定则为无穷大）[$F \cdot L$]。

10.2.4 壳（shell）单元

每个壳型结构单元是由其几何形状与材料参数来定义的，一个壳构件被假定为由 3 节点组成的均厚度的三角形，由这些三角形壳型构件组成的面可以形成一个任意形状的壳。每个壳构件可视为各向同性或异性的线性弹性材料，并且无破坏极限。当然，也可以沿壳型构件边沿使用塑性铰。每个壳构件提供了 5 种有限单元：包括 2 个膜单元、1 个平板弯曲单元和 2 个壳单元。由于这些全是薄壳有限单元，所以壳构件适合于模拟那些忽略横向剪切变形的薄膜结构。

如图 10-19 所示，每种壳型构件都有其局部坐标系统，用来指定材料参数和外加的荷载。一个独立的面坐标系统是用来更新应力的。壳型构件的坐标系统是由 1、2、3 三个节点来定义的，定义如下：

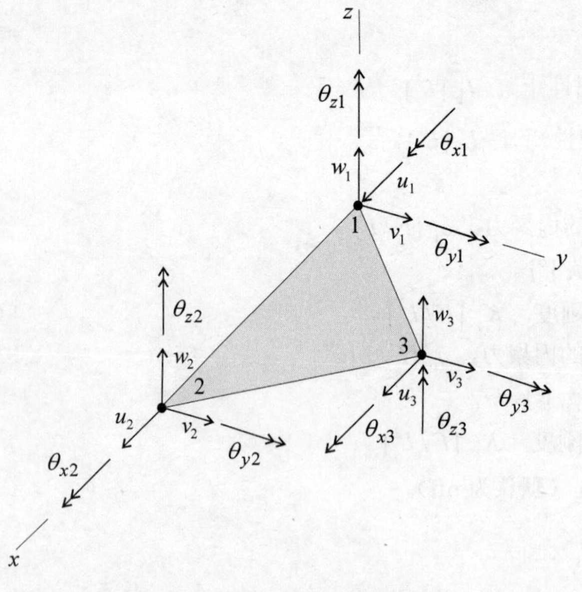

图 10-19 壳构件的局部坐标系及自由度

- 壳型构件位于 x-y 平面内；
- x 轴方向是从节点 1 到节点 2；
- z 轴垂直于构件平面，且指向朝外。

注意　不能修改壳型构件的局部坐标。

每种壳型构件均拥有下列 4 个参数：

- density——密度，ρ（可选项，用于动力学分析和考虑重力荷载）$[M/L^3]$。
- isotropic——各向同性材料参数：包括弹性模量 $E\ [F/L^2]$ 和泊松比 ν；或正交各向异性参数：$\overline{e}_{11}$、$\overline{e}_{12}$、$\overline{e}_{22}$、$\overline{e}_{33}$。
- thexp——热膨胀系数，可用于热力学分析。
- thickness——厚度，$t\ [L]$。

10.2.5 土工格栅（geogrid）单元

每个土工格栅结构单元的力学性能，可以分成格栅材料自身的结构响应以及格栅构件与实体单元之间的相互作用。默认情况下，土工格栅构件一般采用 CST 壳有限单元，即能抵抗薄膜荷载而不能抵抗弯曲荷载。土工格栅一般具有无破坏极限，并且是各向或正交各向异性、线性弹性材料。土工格栅与 FLAC3D 实体单元之间发生直接的剪切摩擦作用，格栅法向的运动从属于 FLAC3D 实体单元。可以认为土工格栅单元是一维锚索的二维扩展，一般用来模拟与土体发生相互剪切作用的柔性薄膜，如实际工程中的土工网织物和土工格栅。

当计算迭代开始时，土工格栅构件所使用的节点局部坐标系统就进行定位设置（如图 10-20 所示）。土工格栅是内嵌于 FLAC3D 实体单元之内的，土工格栅与土界面特性如图 10-21 所示，界面的剪切特性包括粘聚力和摩擦作用，它由下面的耦合弹性参数控制：

- 单位面积的刚度 D；
- 粘滞强度；
- 有效侧限压力 σ_m 下的摩擦角 ϕ。

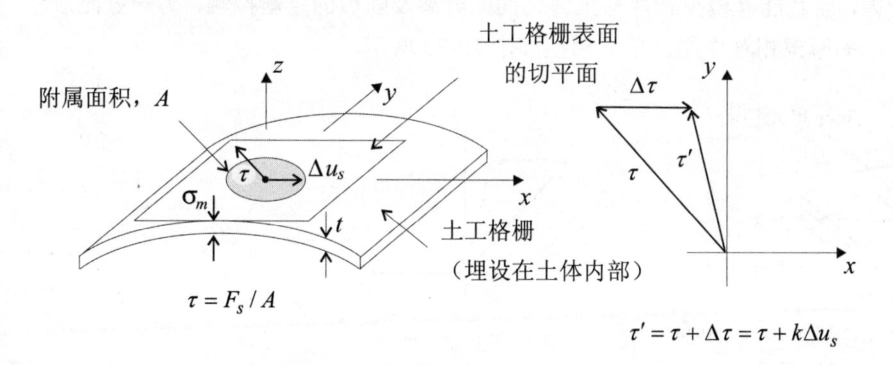

图 10-20　土工格栅构件的局部坐标系统及自由度

有效侧限压力 σ_m 垂直作用于土工格栅表面，并在每个土工格栅节点处依据与该点相连的单个区域上的作用力来计算，用 z 表示土工格栅表面的法线方向。σ_m 值计算如下：

$$\sigma_m = \sigma_{zz} + p \tag{10-3}$$

其中：p——孔隙压力。

每种格栅均拥有下列 9 个参数：

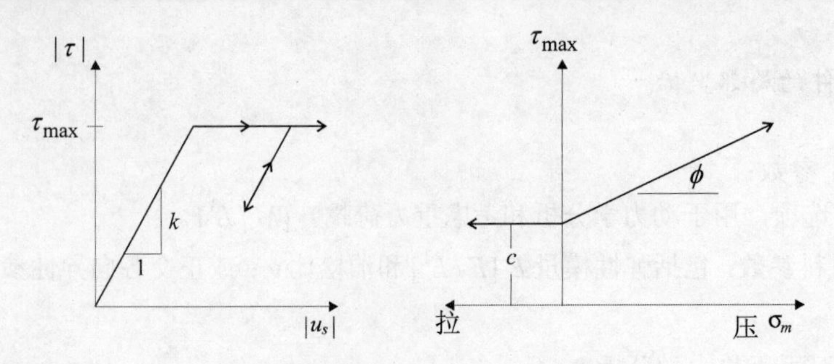

图 10-21　土工格栅构件的力学性质

- density——密度，ρ（可选项，用于动力学分析和考虑重力荷载）$[M/L^3]$。
- isotropic——各向同性材料参数：包括弹性模量 $E[F/L^2]$和泊松比ν；或正交各向异性参数：$\overline{e}_{11}$、$\overline{e}_{12}$、$\overline{e}_{22}$、$\overline{e}_{33}$。
- thexp——热膨胀系数，可用于热力学分析。
- thickness——厚度，$t\,[L]$。
- cs_scoh——耦合弹簧的粘聚力 $c\,[F/L^2]$。
- cs_sfric——耦合弹簧的摩擦角 φ [º]。
- cs_sk——耦合弹簧的切向刚度 $k\,[F/L^3]$。
- slide——大变形滑动标志（默认为 off）。
- slide_tol——大变形滑动误差。

10.2.6　初衬（liner）单元

初衬结构单元是 3 节点（每个节点有 6 个自由度，3 个移动，3 个旋转）扁平有限单元，它能够抵抗剪力及弯矩荷载，其模拟的衬砌结构由多个与土体单元相连的初衬构件单元组成，它不但能够承受主方向的拉压应力，而且能够模拟管片与土体之间的分离及随后的重新接触，另一方面，它能够模拟管片与土体之间的摩擦相互作用，单元模型如图 10-22 所示。

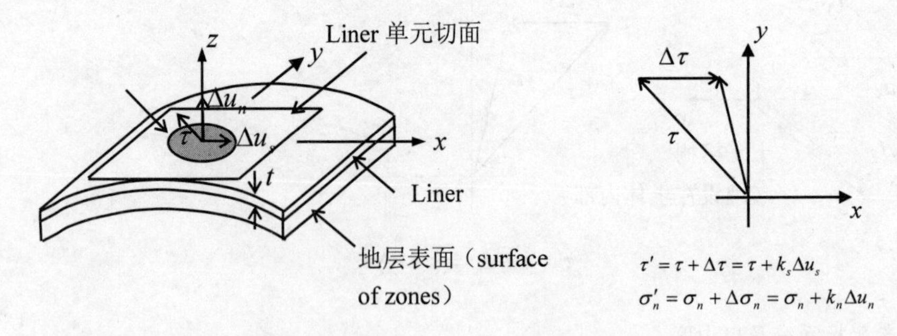

图 10-22　Liner 单元与土体接触

Liner 单元模拟的支护结构与周围介质相互作用通过以下设置 Liner 单元的下列属性实现：

（1）正向连接弹簧：①单位面积刚度 k_n；②抗拉强度 f_t：反应土与管片结构之间的正向接触与分离；

（2）剪切连接弹簧：①单位面积刚度 k_s；②粘结强度 c；③残余粘结强度 c_r；④摩擦角 ϕ 及接触面主向应力 σ_n：反映土与管片之间的侧向摩擦作用。

Liner 单元的受力与变形如图 10-23 所示，当支护结构与土体接触面受拉时，有效粘结力由 c 下降到 c_r ，并且抗拉强度变为零，此时主向相对位移继续跟踪，当接触面面间（管片与周围介质）的孔隙重新闭合时，主向压应力可以继续计算获得。

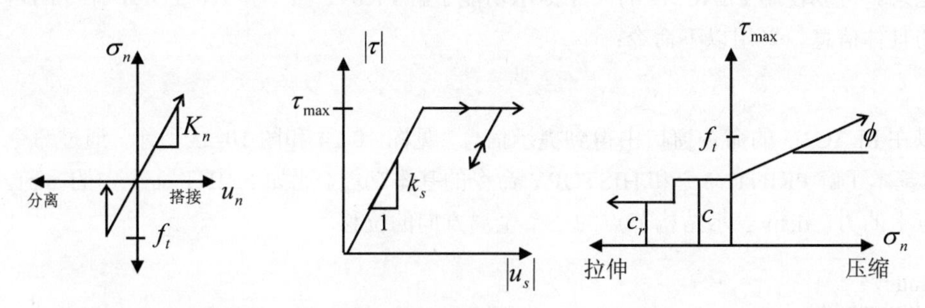

(a) 主向应力与位移关系 (b) 剪应力与位移关系 (c) 剪应力与强度准则

图 10-23 初衬单元的力学特性

环间 Liner 单元的连接可以采用以下方式：

- 冷连接（cold-joint），弯矩和剪力不能直接在环与环间传递，只能通过其相邻的介质传递；
- 全连接，相邻的 Liner 单元在连接处共用一个节点，连接处重叠单元不能发生移动或旋转；
- 节点连接，即节点间的连接在 6 个方向的自由度上用弹簧来模拟，每个自由度都可具有一定的特性。

初衬单元共有 12 个参数：

- density——密度，ρ（可选项，用于动力学分析和考虑重力荷载）$[M/L^3]$。
- isotropic——各向同性材料参数：包括弹性模量 $E\ [F/L^2]$ 和泊松比 ν；或正交各向异性参数：$\overline{e}_{11}$、$\overline{e}_{12}$、$\overline{e}_{22}$、$\overline{e}_{33}$。
- thexp——热膨胀系数，可用于热力学分析。
- thickness——厚度，$t\,[L]$。
- cs_ncut——法向耦合弹簧的抗拉强度，$f_t\,[F/L^2]$。
- cs_nk——法向耦合弹簧的刚度 k_n，$[F/L^3]$。
- cs_scoh——切向耦合弹簧的粘聚力 $c\,[F/L^2]$。
- cs_scohres——切向耦合弹簧的参与凝聚力 $c_r\,[F/L^2]$。
- cs_sfric——耦合弹簧的摩擦角 φ [°]。
- cs_sk——耦合弹簧的切向刚度 $k\,[F/L^3]$。
- slide——大变形滑动标志（默认：off）。
- slide_tol——大变形滑动误差。

10.3 后处理

FLAC3D 结构单元的后处理内容包括结构节点响应的输出和结构构件响应的输出，与实体单元的后处理一样，也使用 PLOT 命令，这里没有对具体的后处理内容做过多详述，读者可以使用“?”命令获得程序帮助或者查阅软件的用户手册。

10.3.1 结构节点的输出信息及历史变量

结构节点中的信息可以通过 PRINT 命令进行打印输出，也可以通过 HISTORY 命令进行变量监测，形成历史记录。可以使用 FLAC3D 的命令提示功能了解 PRINT 命令和 HISTORY 命令的格式以及可以输出的具体信息。采用以下命令：

```
print sel node ?
hist sel node ?
```

以上命令可以在 FLAC3D 的命令窗口中得到提示信息，见图 10-24 和图 10-25 所示。通过命令提示的信息，可以基本了解 PRINT 命令和 HISTORY 命令的基本功能。比如 PRINT 命令中的 apply 表示输出结构节点上的力，disp 表示结构节点的三个全局方向的位移。

```
Flac3D>pri sel node ?
Checked against keywords...
apply disp fixity fob ldamp link local local_fix mass pos stiff velocity
```

图 10-24 结构节点输出信息的 FLAC3D 提示

```
Checked against keywords...
xpos ypos zpos xdisp ydisp zdisp xrdisp yrdisp zrdisp xvel yvel zvel xrvel
yrvel zrvel xfob yfob zfob xrfob yrfob zrfob
```

图 10-25 结构节点历史记录信息的 FLAC3D 提示

命令提示中的 fob 表示不平衡力的大小，local 表示结构节点的局部坐标系，其他提示信息读者均可以根据具体的提示内容了解其含义。

10.3.2 结构构件的输出信息及历史变量

FLAC3D 中的 6 种不同的结构构件也有特定的输出信息内容，比如梁单元的轴力、弯矩，锚索单元的内力等。采用 PLOT 命令和 HISTORY 命令可以对特定的构件信息进行输出和监测，具体的命令格式分别为 plot sel type 和 hist sel type，其中 type 可以为 beam、pile、cable、shell、geogrid、liner 等 6 种结构类型，在使用过程中可以采用“?”的方式获取 FLAC3D 的命令提示，比如：

```
plot sel beam ?
```

便可以获得 force moment 等命令提示，说明 beam 单元可以输出构件的轴力和弯矩，其他的结构类型以此类推。

10.4 应用实例

10.4.1 使用梁单元进行开挖支护

问题描述：分析范围的尺寸为 6m×8m×8m，开挖部分的尺寸为 2m×4m×3m。开挖时采用梁单元进行支撑，分析采用支撑后模型的变形情况和梁单元的受力情况。

梁单元的生成使用 SEL beam 命令，两个端点的坐标位于开挖面上，坐标分别为（2, 4, 8）和（4, 4, 8），这样建立的梁单元将与实体单元产生连接，其连接属性为 3 个平动自由度固定，而 3 个转动自由度自由。计算中采用的模型见图 10-26 所示，计算得到的位移云图和梁单元的轴力图见

图 10-27 所示。计算中的命令文件见例 10.4 所示。

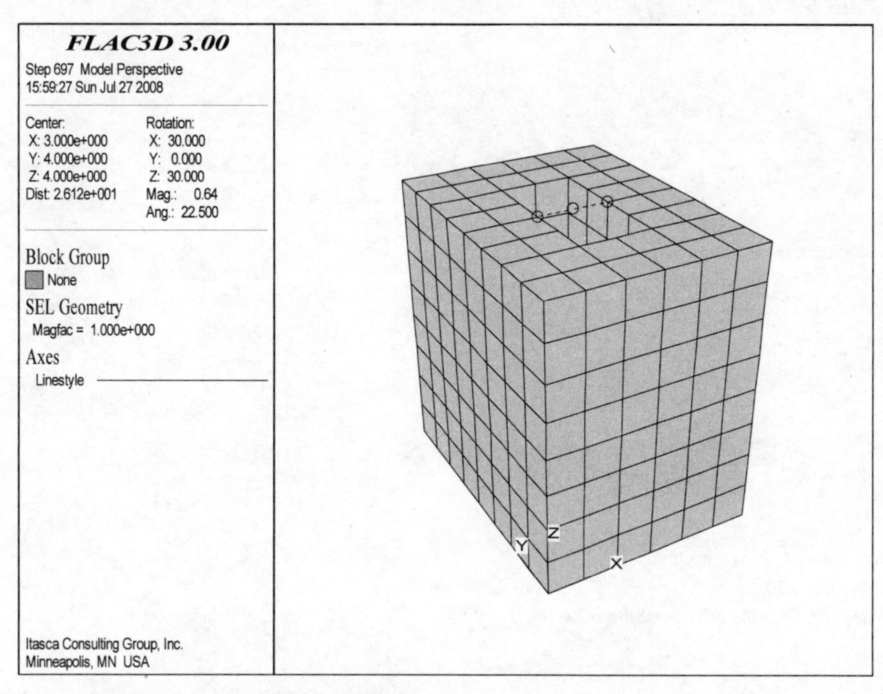

图 10-26 梁单元支撑开挖的计算模型

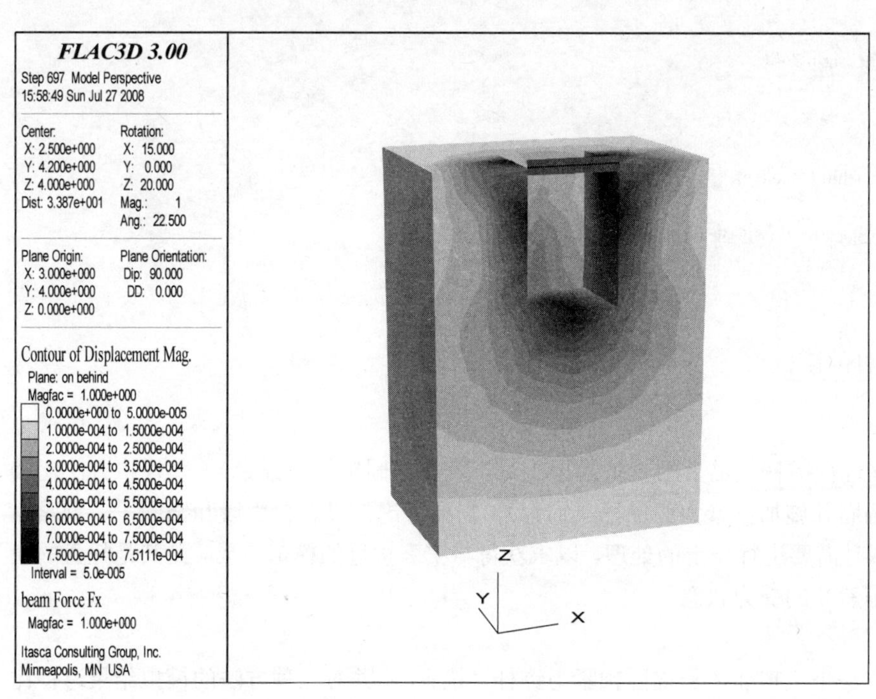

图 10-27 梁单元支撑开挖的计算结果

例 10.4 梁单元支护开挖

```
new
gen zone brick size 6 8 8
```

```
model mohr
prop bulk 1e8 shear 0.3e8 fric 35
prop coh 1e10 tens 1e10
set grav 0 0 -9.81
ini dens 1000
fix x range x -0.1 0.1
fix x range x    5.9 6.1
fix y range y -0.1 0.1
fix y range y    7.9 8.1
fix z range z -0.1 0.1
hist n 5
hist unbal
set mech force 50
solve
save beam-brace0.sav
;
prop coh 1e3 tens 1e3
model null range x 2 4    y 2 6    z 5 8
set large
ini xdis 0 ydis 0 zdis 0
sel beam begin=( 2, 4, 8)    end=( 4, 4, 8)    nseg=2
sel beam prop emod=2.0e11 nu=0.30
sel beam prop XCArea=6e-3 XCIz=200e-6 XCIy=200e-6 XCJ=0.0
hist gp zdisp 4 4 8
solve
save beam-brace1.sav
;
plot create GravV
plot set plane dip 90 dd 0 origin 3 4 0
plot set rot 15 0 20
plot set center 2.5 4.2 4.0
plot set cap size 25
plot add cont disp plane behind shade on
plot add sel beam force fx
plot add sel geom black black node=off shrinkfac=0.0
plot add axes
plot show
```

10.4.2 关于预应力锚杆的模拟

1. 问题描述

Cable 单元常用来进行锚杆、锚索的支护模拟。对于全长锚固锚杆（锚索），其模拟方法比较简单，但对于非全长锚固并施加预紧力的锚杆（锚索），需要考虑托盘、自由段和锚固段、预紧力的施加等问题，在模拟时需要进行一定的处理，以求获得与实际接近的模拟效果。尤其是托盘的模拟，它决定了锚杆（锚索）的受力状态。

2. 分析过程

这里介绍了三种方法来模拟非全长锚固预紧力锚杆（锚索），并对三种方法的模拟结果进行比较分析。

- 方法 1：通过删除-建立 link 连接来模拟托盘。

通过删除锚索端头，即 Cable 单元头部的 node 和 ZONE 之间自动建立的连接，然后在它们之间建立钢性链接来模拟托盘。锚杆（锚索）自由段和锚固段通过设置不同的锚固剂参数来模拟，预紧力加在锚杆（锚索）自由段。这种方法的示例命令见例 10.5[①]。

例 10.5　模拟预应力锚杆（方法一）

```
sel cable id=1 beg 0, 0, 0   end 0 ,29, 0 nseg 10                    ;建立锚杆自由段
sel cable id=1 beg 0,29,0 end 0,35,0 nseg 6                          ;建立锚杆锚固段
sel cable id=1 prop emod 2e10 ytension 310e3 xcarea 0.0004906 &
          gr_coh 1 gr_k 1 gr_per 0.0785 range cid 1,10               ;设置锚杆自由段参数
sel cable id=1 prop emod 2e10 ytension 310e3 xcarea 0.0004906 &
          gr_coh 10e5 gr_k 2e7 range cid 11,16                       ;设置锚杆锚固段参数
sel delete link range id 1                                           ;删除原来自动建立的链接
sel link id=100 1 target zone                                        ;建立新链接
sel link attach xdir=rigid ydir=rigid zdir=rigid xrdir=rigid yrdir=rigid zrdir=rigid range id 100
;把新链接设置为刚性链接
sel cable id=1 pretension 60e3 range cid 1,10                        ;在锚杆（锚索）自由段施加预紧力
```

- 方法 2：通过设置极大锚固剂参数模拟托盘。

将锚杆（锚索）的端头、自由段、锚固段赋不同的属性来模拟非全长锚固预应力锚杆（锚索），端头的锚固参数设为极大值来模拟托盘，这样在锚杆（锚索）受力时，端头将不会滑动，相当于托盘的作用。预紧力加在锚杆（锚索）自由段。这种方法示例命令见例 10.6。

例 10.6　模拟预应力锚杆（方法二）

```
sel cable id=1 beg 0, 0, 0   end 0 ,29, 0 nseg 10                    ;建立锚杆自由段
sel cable id=1 beg 0,29,0 end 0,35,0 nseg 6                          ;建立锚杆锚固段
sel cable prop emod 2e10 ytension 310e3 xcarea 0.0004906 &
          gr_coh 1 gr_k 1 gr_per 0.0785 range cid 2,10               ;设置锚杆自由段参数
sel cable prop emod 2e10 ytension 310e3 xcarea 0.0004906 &
          gr_coh 10e5 gr_k 2e7 range cid 11,17                       ;设置锚杆锚固段参数
sel cable prop emod 2e10 ytension 310e3 xcarea 0.0004906 &
          gr_coh 10e8 gr_k 2e10 range cid 1,1                        ;设置端头参数模拟托盘
sel cable id=1 pretension 60e3 range cid 1,10                        ;在锚杆（锚索）自由段施加预紧力
```

- 方法 3：借助别的结构单元（如 liner 单元）来模拟托盘。

删除掉锚杆（锚索）端头的 link，然后建立新的 link，新 link 的 target 为 liner 上的 node。预紧力加在锚杆（锚索）自由段。这种方法的示例命令见例 10.7。

例 10.7　模拟预应力锚杆（方法三）

```
sel cable id=1 beg 0, 0, 0   end 0 ,29, 0 nseg 10                ;建立锚杆自由段
sel cable id=1 beg 0,29,0 end 0,35,0 nseg 6                      ;建立锚杆锚固段
sel cable id=1 prop emod 2e10 ytension 310e3 xcarea 0.0004906 &
          gr_coh 1 gr_k 1 gr_per 0.0785 range cid 1,10           ;设置锚杆自由段参数
sel cable id=1 prop emod 2e10 ytension 310e3 xcarea 0.0004906 &
          gr_coh 10e5 gr_k 2e7 range cid 11,17                   ;设置锚杆锚固段参数
sel liner range y=-.1, .1 x=-1,1 z=-1,1                          ;建立 liner
sel liner PROP iso=( 25e9, 0.15) thick=0.1
 sel liner PROP cs_nk=8e8 cs_sk=8e8 &
        cs_ncut=0.0 cs_scoh=0.0 cs_scohres=0.0 cs_sfric=0.0      ;设置 liner 属性模拟托盘
sel delete link range id 1                                       ;删除原来的链接
sel link id=100 1 target node tgt_num 18                         ;在 Cable 单元与 liner 单元之间建立链接
sel link attach xdir=rigid ydir=rigid zdir=rigid xrdir=rigid yrdir=rigid zrdir=rigid range id 100
;把新链接设置为刚性链接
sel cable id=1 pretension 60e3 range cid 1,10                    ;在锚杆（锚索）自由段施加预紧力
```

① 文中仅显示了锚杆部分的命令，完整的命令文件可参见光盘 Ch10 目录。

3. 分析结果及讨论

为了对上述三种方法进行比较分析，本节建立一个简单的数值模型。模型不考虑原岩应力，仅对锚杆施加预紧力，以分析预紧力锚杆（锚索）对岩体附加应力场的影响。图 10-28 至图 10-30 分别是采用三种方法所获得的岩体附加应力场，可以看出，上述三种方法的模拟效果基本相同，第一种方法较为简单、方便。

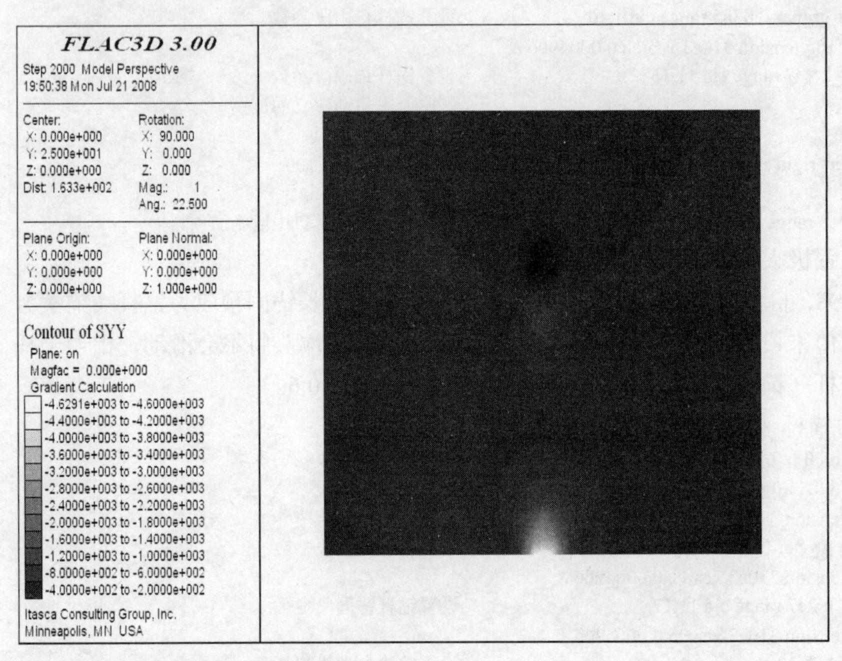

图 10-28　方法 1 获得的附加应力场

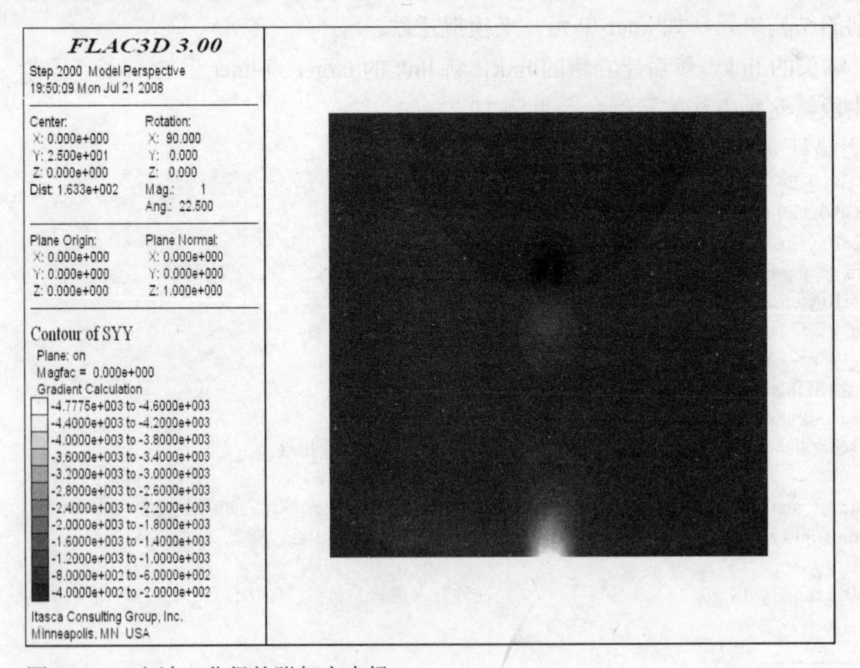

图 10-29　方法 2 获得的附加应力场

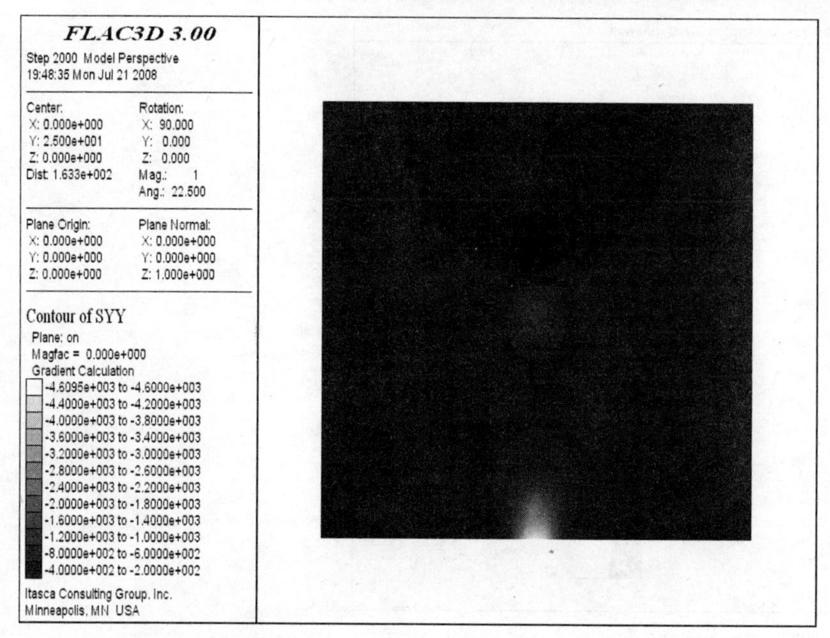

图 10-30　方法 3 获得的附加应力场

10.4.3　结构单元的动力响应

问题描述：桩单元的底部固定，顶部受到周期荷载的作用（见图 10-31 所示），要求分析动力荷载作用下桩单元的响应。

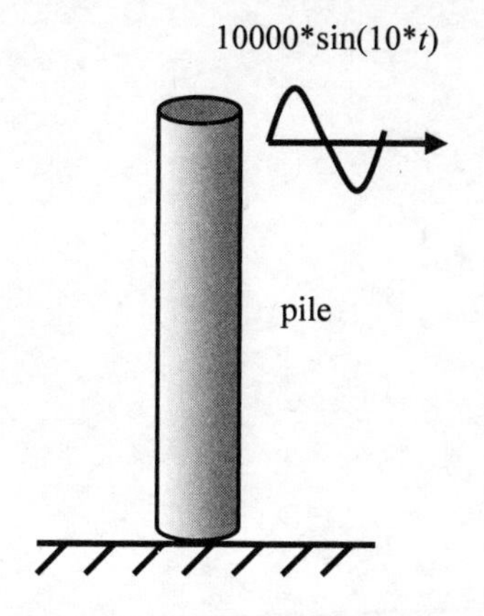

图 10-31　结构单元的动力响应示意图

计算中取桩单元的长度为 1m，仅设置 1 个桩构件和 2 个结构节点。将底部节点的 6 个自由度均固定，动力荷载通过 FISH 函数施加在桩顶部的节点上。在求解过程中，还设置了动画文件的制作，可以将计算过程保存为影片文件（avi）。本例的命令文件见例 10.8，计算过程中某一时刻桩身弯矩和变形情况见图 10-32 所示。

例 10.8　结构单元的动力响应

```
config dyn
sel pile id=1 beg 0 0 0 end 0 0 1
```

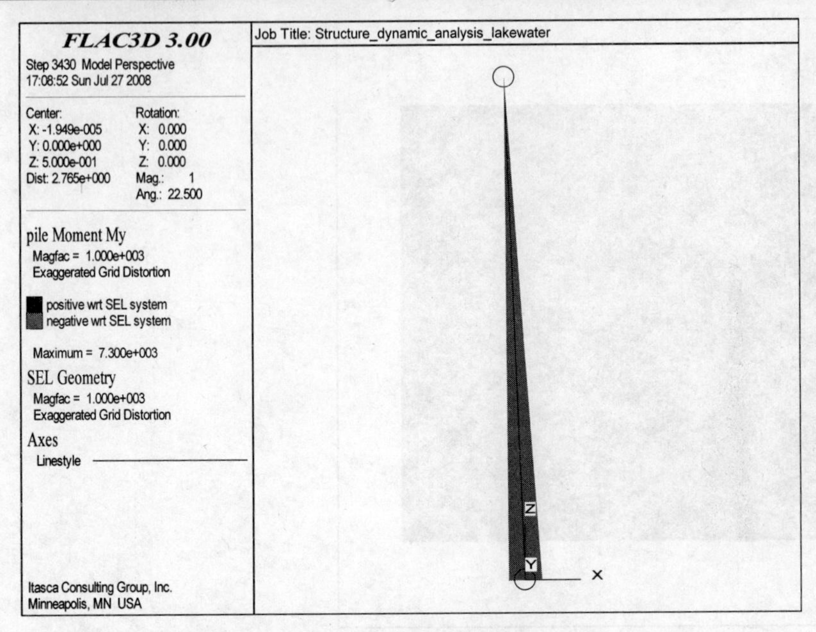

图 10-32　计算过程中某一时刻桩身弯矩和变形

```
sel pile prop dens 2400[1] &
              Emod 1.0e10 Nu 0.3 XCArea 0.3 &
              XCJ 0.16375 XCIy 0.00625 XCIz 0.01575 &
              Per 2.8 &
              CS_sK 1.3e11 CS_sCoh 0.0 CS_sFric 10.0 &
              CS_nK 1.3e11 CS_nCoh 0.0 CS_nFric 0.0 CS_nGap off

def f1
  whilestepping
  f0=10000*sin(10*dytime)
  np = nd_head
  loop while np # null
    if nd_pos(np,1,3)=1
      nd_apply(np,1)=f0
    endif
    np = nd_next(np)
  endloop
end
sel node fix x y z xr yr zr ran id=1
sel set damp combined[2]

plo cre pile
plo current pile
plo set back black fore white mag 0.8
plo add sel geo id on sca .04 magf 1e3
plo add sel fapp lgreen magf 1e3
plo add sel pile mom my lblue lred magf 1e3 axe yel
set movie avi step 100 file pile.avi
movie start
sol age 1
movie finish
```

① 在动力计算中必须要设置结构单元的密度。
② 在动力计算中要设置结构单元的阻尼。

10.5　关于群桩分析思路的讨论

岩土工程问题中常遇到需要进行群桩分析的情况，比如桩土复合地基问题、群桩基础问题等。这一类问题中，如果把桩全部按照实体单元来划分，则需要设置大量的接触面，产生大量的网格，计算工作将变得异常复杂。实际上，FLAC3D 提供的桩（pile）单元可以将这一类问题变得更简单，但是 pile 结构单元的参数众多，如何确定合理的结构单元参数又成为读者常常面临的难题。这时要遵循一定的计算流程（图 10-33），才能保证群桩分析结果的合理可靠。

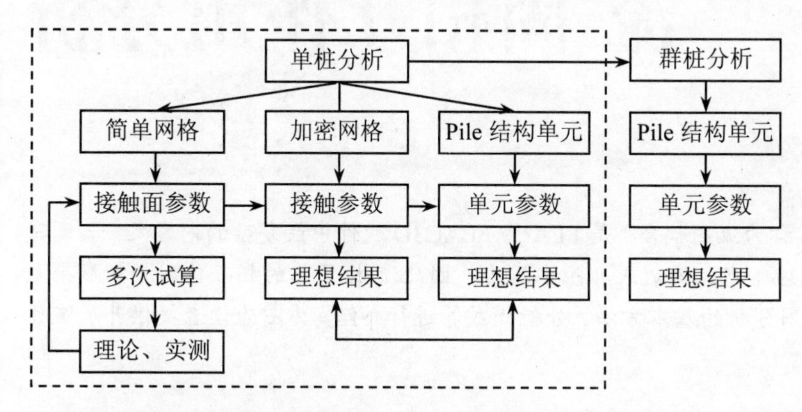

图 10-33　群桩分析的计算流程

简单地说，首先要进行实体单元的单桩分析。通过建立简单网格，开展接触面参数的试算，并与现场桩基承载力试验（或理论值）进行比较，确定合理的接触面参数。再将网格加密，进一步对接触面参数进行校核和验证。在此基础上，将实体桩网格换成 pile 结构单元，采用得到的接触面参数作为 pile 单元的参数进行试算，以确保单桩分析结果的正确。

进一步，开展 pile 单元的群桩分析。这时候，由于 pile 单元参数已经通过用户的验证，群桩分析应该是可靠的。由于 FLAC3D 中的结构单元与实体网格之间不存在对应关系，仅需要注意实体网格内部不能含有过多的结构节点，因此建模变得非常简单。

上述的这种由简到繁、循序渐进的分析思路，适合于任何条件下采用 FLAC3D 解决实际问题，多开展简单模型的“数值试验”将有助于读者了解程序的功能，同时也对后续复杂模型的分析提供重要参考。

10.6　本章小结

结构单元是 FLAC 和 FLAC3D 软件的一大特色，利用这些结构单元可以模拟众多在实际工程中出现的结构类型。本章对结构单元的基本原理和使用方法进行了介绍，读者在学习过程中首先要学会结构单元的建模方法，其次要把重点放在结构单元的参数选择上。因为 FLAC3D 中有众多复杂的结构单元类型，比如 pile 单元和 liner 单元，每个单元都有很多个参数，这些参数有些有精确的取值方法，而有些则需要经验、试算并与实际试验结果对比才能确定，因此在学习时也要对这些参数的取值规律进行积累，以便将计算结果更好地指导工程实践。

11 流-固相互作用分析

流体-固体的相互作用（常称为流固耦合）是 FLAC / FLAC3D 软件中最复杂的内容之一，同时岩土工程问题大多都会涉及到地下水、渗流或孔隙水压力，因此流体-固体的相互作用分析显得尤为重要。本章将对流固相互作用分析的基本方法、分析模式等进行介绍，力图为读者提供开展流体分析的入门基础。

本章重点：

✓ FLAC3D 渗流分析的基本功能
✓ 流固耦合作用的两种计算模式：渗流模式和无渗流模式
✓ 流体分析的参数和单位
✓ 流体分析的渗透系数
✓ 流体分析中的密度
✓ 渗流边界条件
✓ 流体问题的求解思路
✓ 完全耦合问题的求解方法

11.1 概述

FLAC3D 可以模拟多孔介质中的流体流动，比如地下水在土体中的渗流问题。FLAC3D 既可以单独进行流体计算，只考虑渗流的作用，也可以将流体计算与力学计算进行耦合，也就是常说的流固耦合计算。比如土体的固结，就是一种典型的流固耦合现象，在土体固结过程中超孔隙水压力的逐渐消散导致了土体发生固结沉降，在这个过程包含两种力学效应：

- 孔隙水压力的改变导致了有效应力的改变，从而影响土体的力学性能，如有效应力的减小可能使土体达到塑性屈服；
- 土体中的流体会对土体体积的改变产生反作用，表现为流体孔压的变化。

FLAC/FLAC3D 具有强大的渗流计算功能，可以解决完全饱和及有地下水变化的渗流问题。对于地下水问题，FLAC/FLAC3D 认为地下水位以上的孔压为零，且不考虑气相的作用，这种近似方法对于可忽略毛细作用的材料是适用的。

FLAC3D只能考虑单相流体，而二维的FLAC还提供了二相流模型，可以在多孔介质中同时存在两种互不相溶的流体，如可以考虑毛细压力的作用，因此二维的FLAC非常适用于非饱和土的渗流计算。

本章主要讲述FLAC3D的单相流计算，对于FLAC3D中的渗流计算具有以下特点：

- 针对不同材料的渗流特点，提供了三种渗流模型：各向同性、各向异性及不透水模型。
- 不同的单元可以赋予不同的渗流模型和渗流参数。
- 提供了丰富而又实用的流体边界条件，包括流体压力、涌入量、渗漏量、不可渗透边界、抽水井、点源或体积源等。
- 计算完全饱和土体中的渗流问题，可以采用显式差分法或者隐式差分法，其中隐式差分法有较快的计算速度；而非饱和渗流问题只能采用显式差分法。
- 渗流模型可以与固体（力学）模型、热模型进行耦合。
- 流体和固体的耦合程度依赖于土体颗粒的压缩程度，用Biot系数表示颗粒的可压缩程度。
- 可以分析动荷载引起的动水压力的升高和液化问题，这部分内容可以参照第12章的内容。
- FLAC3D虽然不能考虑毛细力、土体颗粒间的电化学作用力等作用，但是这些力的作用可以通过FISH语言来描述。FISH程序的内容参照第8章的内容。

注意

在学习本章之前，强烈建议先熟悉FLAC3D静力分析的内容。因为FLAC3D中的渗流分析，尤其是流固耦合分析非常复杂，需要读者具备对计算结果的合理判断与分析能力。在开始进行流体分析前，有必要使用简单的网格进行数值模拟试验，对流体的边界条件、模型参数、计算方法进行尝试，当得到合理的粗略结果以后再进行复杂问题的分析。

11.2 流固相互作用的两种计算模式

岩土工程问题常常涉及到孔隙水压力的作用，比如地基中的地下水、土坝的渗流、基坑的降水等。FLAC/FLAC3D在分析含有孔隙水压力的问题时，根据是否设置流体计算，有两种计算模式，分别称为渗流模式和无渗流模式。

- 渗流模式：计算中设置CONFIG fluid；
- 无渗流模式：计算中不设置CONFIG fluid。

11.2.1 无渗流模式

在无渗流模式下，虽然没有设置CONFIG fluid，但也可以在节点上设置孔隙水压力。只是在这种分析模式下，孔隙水压力保持不变，土体单元的屈服判断由有效应力决定。

1. 孔压生成方式

无渗流模式下的孔隙水压力需要用户自行设置，可以通过INITIAL pp命令或WATER table命令两种设置方法。

- INITIAL pp命令

使用INITIAL一般需要施加流体的梯度和初始值，下面用一个简单的例子来说明孔压场的设置。假设模型的底部标高为0 m，高度为3 m，水位线位于模型顶面（标高3 m），坐标系原点位于模型的底面，重力方向为垂直向下，大小为 10 m/s^2，水的密度为 1000 kg/m^3，则模型表面的孔压为 0，而底部的孔压为 30 kPa，由此可以计算出 INITIAL pp 命令中的初值和孔压梯度，孔压初始条件的设置命令见例 11.1 所示。

例 11.1　孔压的生成方式

```
gen zon bri size 3 3 3
ini pp 30e3 grad 0 0 -10e3
plot con pp outline on                                    ;outline 的作用是在云图中显示网格的轮廓
```

若将模型的底部标高设置为-3 m，则需要修改 INITIAL 命令中的数值。

```
gen zon bri size 3 3 3 p0 0 0 -3
ini pp 0 grad 0 0 -10e3
```

计算得到的孔压场云图如图 11-1 所示，在孔压赋值以后可以通过 PLOT 命令查看孔压场的分布，以判断赋值是否合理。

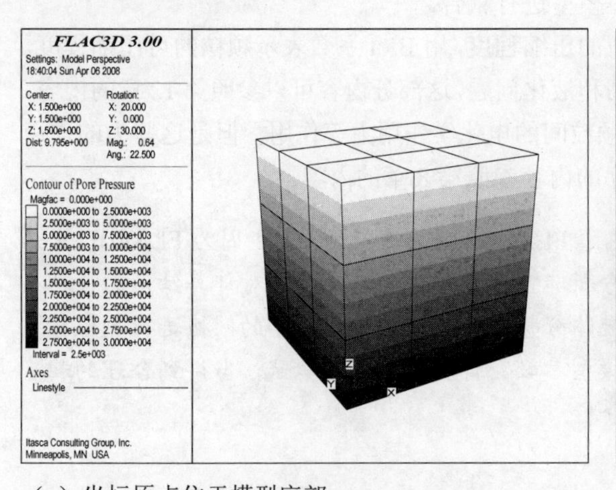

（a）坐标原点位于模型底部

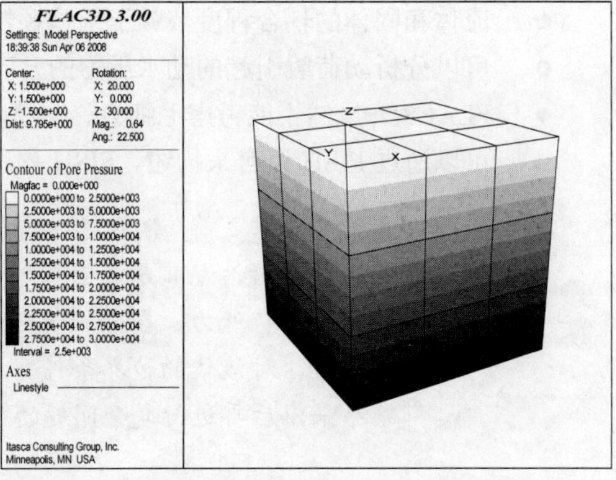

（b）坐标原点位于模型顶部

图 11-1　使用 INITIAL 命令得到的孔压场云图

FLAC3D 中的流体压力的符号规定为压为正，拉为负，与单元上的应力规定正好相反；在重力加速度为-z 方向时，孔压梯度为$-10^3 \times g$（其中，g 为重力加速度的大小）。

- WATER table 命令

也可以使用 WATER table 命令设置水位面，FLAC3D 会在水位面以下的单元中自动计算静水压力。使用 WATER table 命令时之前需要指定流体的密度（WATER density）和重力加速度的大小（SET gravity），否则在计算中会提示错误。对于水位面的设置方式，可以采用以下两种类型：

- ✧ WATER table origin （面上任一点的坐标） norm （面的法向）；
- ✧ WATER table face （在同一个平面上（至少）三点的坐标）。

下面采用 WATER table 的方法对例 11.1 中的模型进行孔压赋值，见例 11.2。

例 11.2　WATER table 进行孔压场赋值的例子

```
gen zon bri size 3 3 3
water density 1000
set grav 10
water table ori 0 0 3 norm 0 0 1
```

由于水面的位置位于模型的表面，所以选择了模型表面的一点（0, 0, 3）和通过该点的法向方向（0, 0, 1）来描述这个面的位置。读者可以通过 PLOT con pp 命令来检查上述设置的孔压场结果。

注意

FLAC3D 在区分水面的“上”和“下”是通过重力方向来判断的，即以水位面为分隔，与重力方向相同的为水下，相反的为水上。所以在例 11.2 中的 WATER table 命令中，norm 的方向也可以设置为（0, 0, -1），这对结果不会产生影响。

还可以采用第二种方法，通过水位面上的三点的坐标来确定水位的位置，点的个数也可以超过三个，但这些点必须形成一个平面，否则会提示错误。下面选择模型顶部的三个顶点来确定水位面的位置，使用下面的命令。

```
water table face (0 0 3) (3 0 3) (3 3 3)
```

命令中的括号并不是必须使用的，只是为了便于程序的阅读而对节点坐标进行的标注。注意，如果使用括号，必须使用半角的括号，而不能使用全角的括号。

另外，还可以通过 PRINT water 命令和 PLOT water 命令查看通过 WATER table 建立的水面情况，比如采用如下命令可以得到如图 11-2 所示的水面情况。

```
plot water sk①
```

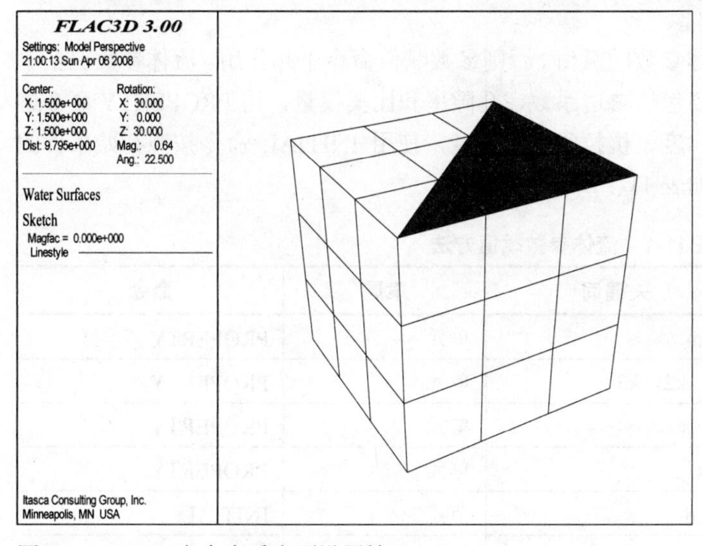

图 11-2　PLOT 命令查看水面设置情况

2. 计算要点

FLAC3D 中的孔压值定义在模型节点上而不是在单元上，单元上的孔压值是根据节点上的孔压插值得到的，并用于有效应力计算。在无渗流模式下，FLAC3D 在体积力计算时不能自动考虑流体质量的作用，因此需要用户手动对水位面以上的单元设置干密度，而水位面以下的单元设置湿密度。

对于孔压场的显示主要有以下几个命令：

```
PRINT gp pp                                   ;输出节点孔压
PRINT zone pp                                 ;输出单元孔压
```

① sk 是 sketch（模型草图）的缩写，用在这里表示输出水面的同时显示模型的草图，以便于观察水面的位置。

```
PLOT cont pp                                    ;绘制节点孔压云图
PLOT bcont pp                                   ;绘制单元上的平均孔压块图
```

11.2.2 渗流模式

只要在计算命令中设置 CONFIG fluid，就进入渗流模式，不论渗流计算是否打开（SET fluid on 或 off，默认为 on）。在渗流模式中，可以进行瞬态渗流计算，孔隙水压力的改变随着浸润线的改变而改变。也可以进行有效应力计算和不排水计算，还可以进行完全流固耦合计算。在完全流固耦合情况下，孔隙水压力的改变会产生力学变形，同时体积应变又会导致了孔隙水压力的改变。

1. *参数赋值情况*

与无渗流模式不同，在渗流模式下，无论浸润线上下都需要设置土体的干密度，FLAC3D 在计算中自动将流体质量计入体积力部分。

在渗流模式下，单元必须要赋予渗流模型，有以下三种渗流模型可供选择，有一点需要注意：开挖掉的单元不会自动设置为不透水模型，需要用户在完成开挖后将挖除的单元设置为不透水模型。

```
MODEL fl_isotropic        ;各向同性渗流模型
MODEL fl_anisotropic      ;各向异性渗流模型
MODEL fl_null             ;不透水材料模型
```

流体模型设置好以后才能进行流体参数的赋值，否则参数赋值命令不起作用。流体参数包括单元参数和节点参数，其中单元参数主要包括渗透系数、孔隙率和比奥模量，用 PROPERTY 命令进行赋值；节点参数包括流体模量、饱和度、抗拉强度和密度，使用 INITIAL 命令按照初始条件的方法进行赋值。具体的参数赋值方法如表 11-1 所示。

表 11-1　流体参数赋值方法

属性	关键词	隶属	命令
渗透系数（各向同性渗流模型）	perm	单元	PROPERTY
渗透系数（各向异性渗流模型）	k1，k2，k3	单元	PROPERTY
孔隙率（默认为 0.5）	poros	单元	PROPERTY
比奥系数（默认为 1）	biot_c	单元	PROPERTY
流体模量	fmod	节点	INITIAL
比奥模量	biot_mod	节点	INITIAL
饱和度	sat	节点	INITIAL
流体抗拉强度	ftens	节点	INITIAL
流体密度	fdens	单元	INITIAL
	dens	全局变量	WATER

2. WATER dens 与 INITIAL fdens

WATER dens 和 INITIAL fdens 都可以设置流体的密度，但是二者存在一定的区别。

- WATER dens 仅用于水位面设置命令（WATER table）之前，dens 的值只用于孔压场的生成，而不能用于饱和密度的计算。另外，由于计算孔压场需要重力的大小和方向，因此使用 WATER table 命令之前必须设置重力加速度，否则程序提示错误。

- INITIAL fdens 的作用是设置流体的密度，但不能完成 WATER dens 命令的功能，因此在使用 WATER table 命令时仍然需要 WATER dens 指定水的密度。

3. 流体的可压缩性

在渗流模式下，有两种方法可以考虑流体的可压缩性。

- 定义比奥模量和比奥系数：考虑土体颗粒的可压缩性；
- 定义流体的体积模量和孔隙率：假设土体颗粒不可压缩。

11.3 流体分析的参数和单位

FLAC3D 渗流计算中涉及的参数包括渗透系数、密度、Biot 系数和 Biot 模量（颗粒可压缩土体中的渗流），或者流体体积模量和孔隙率（只适用于颗粒不可压缩的土体）。

11.3.1 渗透系数

渗透系数是流体计算的主要参数之一，值得注意的是，FLAC3D 中渗透系数 k 与一般土力学中的概念不同。FLAC3D 中 k 的国际单位是（m^2/Pa-sec），与土力学中渗透系数 K（cm/s）之间存在如下换算关系：

$$k(\mathrm{m}^2/\mathrm{Pa-sec}) \equiv K(\mathrm{cm/s}) \times 1.02 \times 10^{-6} \tag{11-1}$$

可见，在 FLAC3D 计算中需要将实验室获得的土体渗透系数参数乘以 1.02×10^{-6} 才能用于计算。

FLAC3D 流体计算的时间步与渗透系数有关，渗透系数越大，则稳定时间步越小，达到收敛的计算时间就越长。如果模型中含有多种不同的渗透系数时，时间步是由最大的渗透系数决定的。在稳态渗流计算中，可以人为地减小模型中多个渗透系数之间的差异，以提高收敛速度。例如，渗透系数之间的差异 20 倍与 200 倍计算得到的最终稳定的渗流状态基本没有差别。以下是一些渗透系数的典型值：

- 花岗岩、岩石：10^{-19} m^2/Pa-sec；
- 石灰岩：10^{-17} m^2/Pa-sec；
- 砂岩：10^{-15} m^2/Pa-sec；
- 粘土：10^{-13} m^2/Pa-sec；
- 砂土：10^{-7} m^2/Pa-sec。

另外，渗透系数是单元参数，必须使用 PROPERTY 命令进行赋值。

11.3.2 密度

当问题中涉及到重力荷载时必须设置密度参数，FLAC3D 中涉及的密度参数有 3 种：土体的干密度 ρ_d、土体的饱和密度 ρ_s 以及流体的密度 ρ_f。

在渗流模式（设置 CONFIG fluid）中，只需要设置土体的干密度，FLAC3D 会按照式（11-2）自动计算每个单元的饱和重度。

$$\rho_s = \rho_d + ns\rho_f \tag{11-2}$$

其中，n 为孔隙率，s 为饱和度。

在无渗流模式（未设置 CONFIG fluid）中，需要对水下的单元设置饱和密度，这也是唯一一种设置饱和密度的情况。

与密度相关的命令如下：

```
INITIAL density                    ;土体的密度
WATER density                      ;设置流体密度（全局）
INITIAL fdensity                   ;设置流体密度，可以对不同位置设置不同的流体密度
```

注意

所有的密度是单元变量，默认的密度单位为 kg/m^3。

11.3.3 流体模量

FLAC3D 渗流模式中的流体模量是一个比较复杂的参数，对于不同的情况有不同的取值方法，而且流体模量也与渗流计算时间步有很大的关系，本节将对流体模量参数进行介绍。

1. 比奥系数和比奥模量

当考虑固体介质（比如土颗粒）的压缩性时，需要用到比奥系数和比奥模量两个参数。

比奥（Biot）系数α，定义为孔隙压力改变时单元中流体体积的改变量占该单元本身的体积改变量的比例，可以根据排水试验测得的排水体积模量来确定。比奥系数的取值变化范围为（$\frac{3n}{2+n}$~1）之间，n 是土体的孔隙率。FLAC3D 默认土体颗粒不可压缩，比奥系数为 1。

对于理想多孔介质，比奥系数与体积模量 K 和土颗粒的体积模量 K_s 存在如下关系：

$$\alpha=1-\frac{K}{K_s} \tag{11-3}$$

比奥（Biot）模量定义为储水系数的倒数。储水系数是指在体积应变一定的情况下，单位孔隙压力增量引起的单元体积内流体含量的增量。比奥模量 M 可以按下式进行定义：

$$M=\frac{K_u-K}{\alpha^2} \tag{11-4}$$

其中 K_u 为介质的不排水体积模量。

对于理想多孔介质，比奥模量与流体模量 K_f 的关系为：

$$M=\frac{K_f}{n+(\alpha-n)(1-\alpha)K_f/K} \tag{11-5}$$

因此，当土颗粒不可压缩的情况下（α=1），比奥模量为：

$$M=K_f/n \tag{11-6}$$

FLAC3D 中若考虑土颗粒的可压缩性需要打开比奥计算模式（默认为 off），命令为：

```
SET fluid biot on
```

注意

比奥系数是单元参数，使用 PROPERTY biot_c 命令进行赋值，而比奥模量是节点变量，使用 INITIAL biot_mod 命令进行赋值。

2. 体积模量

如果分析中不考虑土颗粒的可压缩性，则可以使用默认的比奥系数（α=1），并使用由式（11-6）计算得到的比奥模量；也可以不使用比奥系数和比奥模量，而直接使用流体的体积模量。

流体的体积模量是表示流体可压缩性的物理量，定义为流体压力增量 ΔP 与 ΔP 作用下引起的流体体积应变 $\Delta V_f / V_f$ 的比：

$$K_f = \frac{\Delta P}{\Delta V_f / V_f} \tag{11-7}$$

对于室温下纯水而言，体积模量为 2×10^9Pa。在实际的土体中，由于孔隙水含有溶解的空气气泡，使得体积模量有所降低。对于地下水问题，考虑到水中气泡含量的不同，水在不同的节点位置可能有不同的流体模量，可以通过 FISH 程序来描述这种变化规律。

当使用流体模量作为输入参数时，不考虑固体介质的压缩性，FLAC3D 会自动计算比奥模量，并且将比奥系数赋值为 1，忽略用户对比奥系数的赋值。

流体模量使用 INITIAL fmod 命令进行赋值。

3. 流体模量和计算收敛速度

根据分析问题的不同，流体模量对计算收敛速度存在不同的影响。

- 在饱和的稳态渗流分析中，流体模量（比奥模量 M 或流体模量 K_f）的取值不会影响计算的收敛速度，因为达到稳态所需的流动时间及流体计算的时间步都与模量（M 或 K_f）成反比，所以不论设置多大的模量值，所需的迭代步数是相同的，也就是程序运行所需的时间也是一样的。
- 在含有浸润面的稳态渗流分析中，使用较低的流体模量可以加快问题的收敛，因为饱和度增量的计算公式中涉及到时间步，具体可以参考流体计算的理论公式。
- 对于完全流固耦合问题的分析，非常复杂，在 11.5.6 节中将做详细介绍。一般地，相对于固体的体积模量（K），如果流体模量（M 或 K_f）越大，则收敛速度越慢。从数值分析的角度，流体模量的数值不必大于 20 倍$\left(\dfrac{K+4/3G}{\alpha^2}\right)$或$\left(\dfrac{K+4/3G}{n}\right)$。

4. 排水和不排水分析的流体模量

在 FLAC3D 的渗流模式下，如果设置了流体模量（M 或 K_f），则土体模量应当设置为排水模量，土体的表观模量（不排水模量）由 FLAC3D 自动计算，而且在计算中更新。

在渗流模式下，也可以进行不排水计算，此时需要直接设置土体的不排水体积模量，可以按照下式进行计算：

$$K_u = K + \alpha^2 M \tag{11-8}$$

如果土颗粒不可压缩，则 α =1，$M = K_f / n$，则式（11-8）变为：

$$K_u = K + \frac{K_f}{n} \tag{11-9}$$

11.3.4 孔隙率

孔隙率是一个无量纲数，定义为孔隙的体积与土体的总体积的比值。FLAC3D 中默认孔隙率为 0.5，孔隙率的取值范围为 0～1，但是当孔隙率较小（比如小于 0.2）时需要引起注意，因为流体模量是与 K_f/n 相关，当孔隙率 n 较小时，流体模量会远大于土体材料的模量，这样会使收敛速度变得很慢。这种情况下，可以适当减小流体模量的 K_f 值。

注意

在 FLAC3D 中，孔隙率主要用来计算饱和密度，当使用流体模量作为输入参数时，孔隙率还用来估算比奥模量的值；FLAC3D 在计算中不会对孔隙率进行更新；孔隙率是单元变量，使用 PROPERTY poros 命令进行赋值。

11.3.5 饱和度

饱和度定义为流体所占的体积与所有孔隙体积的比值。FLAC3D 认为，如果一点处的饱和度小于 1，那么该点处的孔隙水压力为 0。如果需要考虑流体中溶解的空气和存在的气泡，则可以在饱和度为 1 的情况下，通过降低流体模量的方法近似实现。

注意

用户可以设置初始饱和度，但是 FLAC3D 计算中为了遵守质量守恒定律，会自动更新饱和度。另外，饱和度不是一个独立的变量，不能在节点上对饱和度进行固定。

11.3.6 流体的抗拉强度

在细粒土中，孔隙水可以承受明显的拉力（负孔隙水压力）。FLAC3D 可以描述负孔隙水压力的产生，土体中存在的负超孔隙水压的极限值定义为流体的抗拉强度，用 INITIAL ftens 命令设置，程序默认值为-10^{15}，即为无限大，表明可以产生无限大的负孔压。若在计算中不希望产生负的孔隙水压力，则可以设置流体的抗拉强度为 0，或者采用下面的命令，以避免土体产生负的孔隙水压力。

```
SET fluid pcut on
```

11.4 流体边界条件

FLAC3D 在渗流模式下提供了多种边界条件，可以模拟透水边界、不透水边界、水井、渗透量等不同的渗流条件，本节将对渗流边界条件进行介绍。

11.4.1 透水边界与不透水边界

1. 不透水边界条件

FLAC3D 默认情况下模型边界都是不透水边界，即边界上节点与外界没有流体交换，边界节点上的孔压值可以自由变化。

2. 透水边界条件

设置孔隙压力固定表示透水边界条件，沿着透水边界，流体可以流入（或流出）模型边界。当孔隙压力固定为零时，饱和度才会变化，否则饱和度为 1，而且孔隙压力的固定值不能小于流体的抗拉强度。设置透水边界条件可以用如下两个命令：

- FIX pp [孔压值] range 节点范围
- APPLY pp 孔压值 range 节点范围

其中 FIX pp 命令后可以跟随一个固定的孔压值，表示所选范围内的所有节点拥有相同的孔压，也可以不给定孔压值，表示所选范围内节点保持已有的孔压值不变。在设置特定的孔压边界条件时，可以配合 INITIAL pp 命令一起使用。

APPLY pp 命令后必须跟随孔压数据，不过可以使用 grad 关键词来表示孔压的变化梯度，或使用 hist 关键词使用 table、FISH 函数等进行孔压值的定义。

下面用一个简单的实例来说明两种命令的区别，如图 11-3 所示，模型高度为 3m，坐标系原点设置在模型底部，需要将模型左侧的边界（x=0）设置为透水边界条件，边界上孔压按照顶部为 0、底部 30 kPa 的梯度变化。

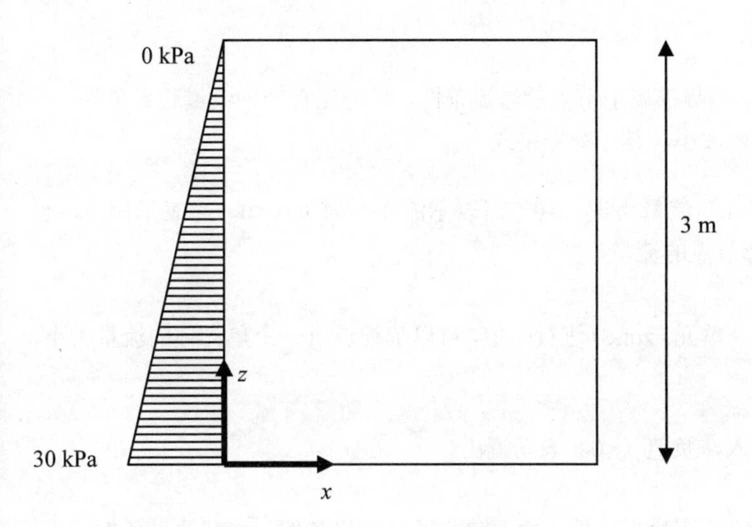

图 11-3 透水边界条件实例

两种命令的设置方法见例 11.3 和例 11.4 所示。

例 11.3 透水边界条件的设置（FIX 命令）

```
gen zon bri size 3 3 3
ini pp 30e3 grad 0 0 -10e3 ran x -.1 .1
fix pp ran x -.1 .1
```

例 11.4 透水边界条件的设置（APPLY 命令）

```
gen zon bri size 3 3 3
app pp 30e3 grad 0 0 -10e3 ran x -.1 .1
```

可以对孔压边界条件的施加效果进行观察，使用如下命令，效果如图 11-4 所示。

```
plot con pp outline on      ;显示节点上的孔压云图
plot bcon pp outline on     ;显示单元中心点处平均孔压块图
```

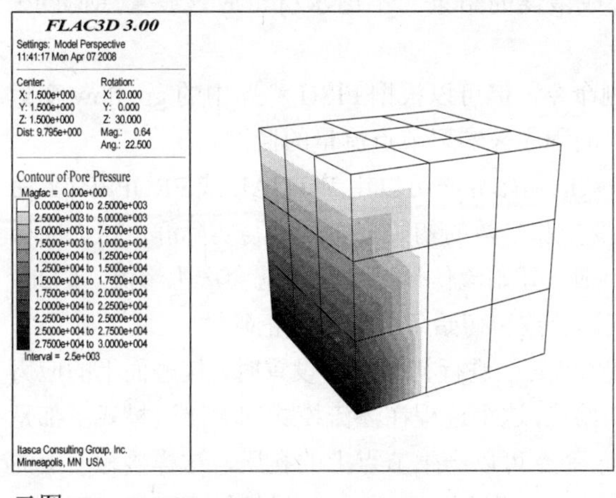

云图

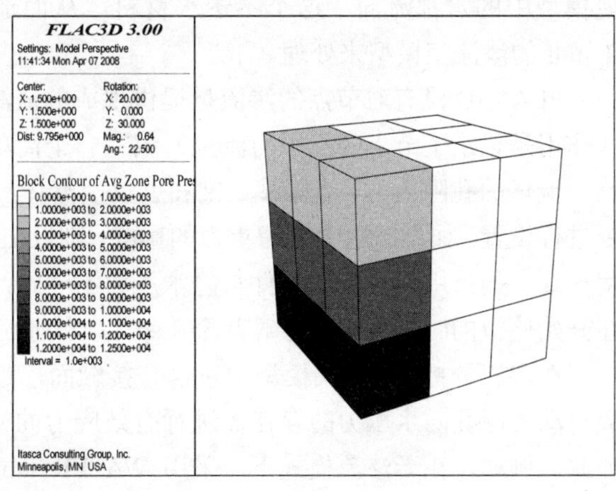

块图

图 11-4 孔压边界条件设置的效果

11.4.2 其他渗流条件

FLAC3D 中的渗流边界条件按照赋值对象的不同，可以分为节点的渗流条件、单元的渗流条件和平面的渗流条件。

1. 节点的渗流边界条件

11.4.1 节中的透水边界和不透水边界都属于节点的渗流条件，另外还有一种流量边界条件，可以描述从节点流入（或流出）的流量大小。具体命令格式为：

```
APPLY pwell 流量
```

命令中流量的默认单位是 m^3/sec，流量为正（>0）时表示流入，为负（<0）时表示流出，也可使用 interior 关键词表示模型内部节点的流量。

2. 单元的渗流边界条件

单元的渗流条件对模型中的一个单元（zone）进行赋值，可以描述通过一个单元体的流量大小，具体命令格式为：

```
APPLY vwell 流量
```

其中流量的正值（>0）表示流入，负值（<0）表示流出。

3. 平面的渗流边界条件

也可以在模型边界的平面上设置渗流边界条件，主要包括通量边界条件和渗漏边界条件。

- 通量边界条件：表示通过平面的流量在平面法向方向的分量，默认单位为 m/sec，命令格式为：

```
APPLY discharge 渗流通量（m/sec）
```

- 渗漏边界：命令格式为：

```
APPLY leakage v1 v2
```

其中 v1 表示渗漏面上的孔压，v2 表示渗漏系数（默认单位是：m^3/N sec）。

11.4.3 关于流体边界条件的讨论

固定孔隙压力的节点的作用相当于一个恒水位的水井，这样有助于一些问题的理解。比如在分析包含不透水材料的渗流问题时，如果想当然地把不透水材料的孔压固定为 0 的话，则分析中会发现模型中的水都流向了这个不透水材料，从而造成错误的结果。不透水材料应该设置 MODEL fl_null 的渗流空模型来处理。

FLAC3D 没有对节点的渗流量提供现成的监测命令，但可以根据 FISH 程序中的 gp_flow 变量（作用是记录了节点的不平衡流量）编写一个简单的程序来实现节点流量的监测。

流体的孔隙压力、孔隙率、饱和度以及流体参数的初始分布可以用 INITIAL 或 PROPERTY 命令进行设置。如果问题中考虑重力的影响，则以上变量和参数的初始分布必须与实际静水压力的梯度一致。如果用户设置的条件与静水压力不一致，则一开始流体计算单元内就会产生渗流。因此，在开始模拟的时候可以先运算几个 step，以检验流体参数和初始条件设置的正确性。

在渗流分析中，如果模型中包含有接触面，则在单元上进行初始应力设置时，接触面上的应力会自动考虑孔隙水压力的存在而进行有效应力的初始化，这个过程在渗流模式和无渗流模式下都是如此。例如，在无渗流模式下，采用 WATER table 命令可以产生节点上的孔压，这样接触面上的孔压也会自动生成，因为接触面的孔压是通过节点上的孔压插值得到的。如果接触面两侧的两个平面之间是接触状态，则流体可以从接触面的一面渗透到另一面，并不受任何阻力。但沿着接触面方向的渗流是不能计算的，也就是说 FLAC3D 不能解决诸如沿裂隙方向渗流的问题。

11.5 流体问题的求解

FLAC3D 可以进行单纯渗流问题的分析，也可以进行流固耦合的分析。耦合分析可以与 FLAC3D 中的任意本构模型进行。对于一个特定的流体问题，在使用 FLAC3D 进行计算之前，首先需要对该问题进行分析，考察该问题的一些指标，以便于采用合理的 FLAC3D 分析方法。

11.5.1 时标（Time scale）

时标的概念类似于时间，在分析含有流体作用的问题时，会涉及到两个进程的计算，即流体进程和力学进程，在使用 FLAC3D 进行分析之前，需要考虑问题中流体计算和力学计算的时标，了解问题中的时标、扩散率等概念可以有助于确定问题中的最大网格范围、最小单元尺寸、时间步及利用 FLAC3D 分析的可行性。如果流体进程和力学进程之间的时标差别很大，则有可能使用简化的不耦合方法来分析。

时标可以通过特征时间来得到，通过特征时间可以得到 FLAC3D 中各进程时标的大致值。其中，力学过程的特征时间定义为：

$$t_c^m = \sqrt{\frac{\rho}{K_u + 4/3G}} L_c \tag{11-10}$$

其中，K_u 是不排水体积模量，G 为剪切模量，ρ 为密度，L_c 为特征长度（即模型的平均尺寸）。

流体扩散过程的特征时间定义为：

$$t_c^f = \frac{L_c^2}{c} \tag{11-11}$$

其中，L_c 为渗流特征长度（即模型中渗流路径的平均尺寸），c 为扩散率，定义为渗透系数与储水系数的比值：

$$c = \frac{k}{S} \tag{11-12}$$

在 FLAC3D 中储水系数的定义有不同的定义。

- 饱和渗流模式，储水系数 S 定义为：

$$S = \frac{1}{M} \tag{11-13}$$

则流体扩散率为：

$$c = kM \tag{11-14}$$

- 非饱和渗流计算中，储水系数 S 定义为：

$$S = \frac{1}{M} + \frac{n}{\rho_w g L_p} \tag{11-15}$$

则流体扩散率为：

$$c = \frac{k}{\frac{1}{M} + \frac{n}{\rho_w g L_p}} \tag{11-16}$$

- 流固耦合问题中，储水系数 S 定义为：

$$S=\frac{1}{M}+\frac{\alpha^2}{K+4G/3} \tag{11-17}$$

则流体扩散率为真实扩散率，或称为广义固结系数：

$$c=\frac{k}{\dfrac{1}{M}+\dfrac{\alpha^2}{K+4G/3}} \tag{11-18}$$

11.5.2 完全耦合分析方法的选择

使用 FLAC3D 进行流体-固体的完全耦合分析通常需要耗费大量的时间，而实际上并不是所有有关流体的问题都必须进行完全耦合的分析方法进行求解。在很多情况下，可以使用不同程度的不耦合方法进行简化分析，加快计算速度。在进行方法选择时有三个主要因素：

- 问题的力学时标与扩散特征时间之间的比值；
- 施加扰动的属性（流体扰动还是力学扰动）；
- 流体刚度与土骨架的刚度比，称为流固刚度比 R_k。

下面分别对这三个因素进行介绍。

1. 时标

定义 t_s 为问题需要分析的时标，t_c 为耦合扩散时间所需要的特征时间，根据 t_s 与 t_c 之间的关系，可以将问题分为短期分析和长期分析两种情况。

- 短期（不排水）分析（$t_s \ll t_c$）

相对于流体的耦合扩散时间而言，力学计算时间很短，因此可以不考虑渗流的影响，属于不排水分析。对于不排水分析，既可以用渗流模式（设置 CONFIG fluid）来分析，也可以用无渗流模式（不设置 CONFIG fluid）来分析。对于这种问题的模拟，不包括真实的时间变量，但是如果给定真实的流体模量（M 或 K_f）也可以计算由于体积应变的改变引起的孔压的改变。

这种不排水分析的问题包括：饱和地基上的瞬时加载问题（如路基堆载）。

- 长期（排水）分析 $t_s \gg t_c$

计算时间远远大于渗流扩散的时间，称为排水分析，孔压场可以不与应力场相耦合。可以首先通过单渗流计算得到稳态的孔压场（SET fluid on mech off），然后再将流体模量 K_f 设置为 0 达到力学平衡状态（SET mech on fluid off）。

这种排水分析的问题包括路堤荷载的最终沉降问题。

2. 扰动的类型

扰动是指流固耦合问题中引起系统平衡状态改变的外界条件，包括流体边界条件和力学边界条件。比如，水井的抽水、真空预压等问题就是由于孔隙水压力的改变引起的，属于流体扰动；而路基的填筑问题则是由于路基荷载的影响，属于力学扰动。如果问题中的扰动仅仅是由于孔隙水压力的改变引起的，那么流体进程和力学进程可以不耦合。如果是由于力学扰动引起的，则流体进程和力学进程的耦合程度需要考虑流固刚度比的影响。

3. 流固刚度比

流固刚度比是指流体模量和固体模量（土体模量）之间的比值，定义为：

$$R_k = \frac{\alpha^2 M}{K + 4G/3} \tag{11-19}$$

流固刚度比在流固耦合问题分析中具有重要的作用，根据流固刚度比的大小，可以将流固耦合问题分为刚性骨架问题和柔性骨架问题两类。

（1）相对刚性骨架（R_k <<1）。

如果固体的刚度很大，或流体具有高压缩性，则得出 R_k 很小，这种情况下可以不进行耦合计算，同时根据扰动的属性又分为两种情况。

力学扰动：孔压可以假设保持不变。在弹性分析中，土骨架相当于没有流体影响，而在弹塑性分析中，孔压的出现会导致单元的屈服，这种方法在边坡稳定分析中有应用。

流体扰动：比如抽水引起的地面沉降问题，体积应变不会受孔压场的影响，因此可以单独分析渗流场（SET fluid on mech off），通常孔压场的改变会影响应变，可以在随后进行力学循环得到力学的结果（SET mech on fluid off）。

（2）相对柔性骨架（R_k >>1）。

如果土体的模量较小，流体不可压缩，则计算得到的 R_k 会很大，这种情况下需要进行耦合分析，根据扰动属性的不同，也有不同的分析方法。

力学扰动：这是流固耦合问题中最费时的一种问题，不过可以通过减小流体模量（M 或 K_f）的方法使 R_k 降低到 20 左右，这样对计算结果不会影响，同时又能提高计算速度。

孔压扰动：一般情况下，耦合较弱。对于弹性分析，可以通过两步法来进行，首先进行单渗流分析（SET fluid on mech off），再计算孔压场的改变对力学场的影响（SET mech on fluid off）。

注意

为了保持真实的扩散率以及系统的特征时标，流体模量（M 或 K_f）需要进行调整：

$$M^a = \frac{1}{\dfrac{1}{M} + \dfrac{\alpha^2}{K + 4G/3}} \tag{11-20}$$

或者

$$K_f^a = \frac{n}{\dfrac{n}{K_f} + \dfrac{1}{K + 4G/3}} \tag{11-21}$$

而在力学计算中，为了避免体积应变对孔压场造成新的修改，需要将流体模量设为 0[①]。

4．选择流程

对于一个流固耦合问题，需要按照以下步骤来选择合适的分析方法，具体分析方法的选择参照表 11-2 进行。

- 确定扩散过程的特征时标，并与真实时标相比较；
- 确定扰动属性为孔压扰动还是力学扰动；
- 判断流固刚度比的大小。

① 注意：在设置孔压分布的初始应力计算中，为了保持设置好的孔压场不变，也需要将流体模量设置为 0，很多读者在初始应力计算时发现孔压场改变了，主要是没有设置流体模量为 0 的原因。

表 11-2　FLAC3D 分析流固耦合问题的步骤

时标	扰动属性	流固刚度比	模拟方法和主要命令	流体模量
$t_s \gg t_c$ 稳定渗流分析	流体或力学	任意	无渗流模式下的有效应力分析	无流体
			渗流模式下的有效应力分析 CONFIG fluid SET fluid off mech on	0
$t_s \ll t_c$	流体或力学	任意	孔隙水压力的生成	实际值
t_s 在 t_c 范围内	流体	任意	不耦合，两步法求解 CONFIG fluid （1）SET fluid on mech off	调整 M^a（K_f^a）
			（2）SET fluid off mech on	M^a（K_f^a）=0
	力学	任意	流固耦合 CONFIG fluid SET fluid on mech on	调整 M^a（K_f^a） 使得 $R_k \leqslant 20$

11.5.3　固定孔压分析（有效应力分析）

比如分析边坡稳定性时，可以使用固定的水面条件，在这种情况下孔压不受力学作用的影响。使用 WATER table 或 INITIAL pp 命令可以在水位面以下生成静水压力条件，另外也可以通过 FISH 产生需要的孔压分布。当使用 WATER table 命令时，必须要给定水的密度（WATER dens），并且在水上水下要分别设置干密度和饱和密度。

11.5.4　单渗流分析建立孔压分布

不考虑力学作用时，可以用 FLAC3D 分析单纯的渗流场变化。比如，在分析排水沟、抽水井的作用时必须分析地下水的改变，或者耦合求解建立孔压场的分布。在这两种情况下，FLAC3D 仅仅进行渗流进程的计算，而不进行力学进程的计算。

1. 设置渗流模式

使用 CONFIG fluid 命令设置计算模式为渗流模式，同时要将力学进程关闭（因为 FLAC3D 默认力学进程为打开的状态），也就是使用如下命令组合：

```
CONFIG fluid
SET mech off
```

2. 确定显式算法或隐式算法

FLAC3D 的渗流计算可以用显式算法和隐式算法两种计算方法进行，默认使用显式算法，适用于所有渗流问题的求解，利用显式算法进行渗流分析的计算时间步不能更改。

也可以使用隐式算法来求解，设置命令为：

```
SET fluid implicit on
```

隐式算法仅仅适用于完全饱和的渗流情况，即饱和度始终保持为 1，如果在模拟中出现非饱和时，计算结果会错误，在使用隐式算法过程中需要经常查看模型的饱和度情况，可以使用如下命令：

```
PLOT cont sat
```

在显式算法中，FLAC3D 按照自动计算的渗流时间步进行计算，用户也可以设置更小的时步，而在隐式算法中，需要用户自己定义时间步的大小，通常可以设置更大的时间步，所以在饱和渗流问题的分析中，隐式算法的求解速度更快。

3. 设置流体参数

对渗流区域进行渗流模型和参数的赋值。渗流区域是指模型中不含 fl_null 模型的单元集合，还是要提醒一次，使用 null 模型的单元程序不会自动赋值为 fl_null 模型，需要用户进行指定。

4. 渗流求解

渗流求解命令包括 STEP 和 SOLVE 两种，命令格式如下：

```
STEP 步数
SOLVE [age 时间]
```

STEP 后面可以加一定的步数，在计算中完成相应的步数以后程序自动结束。SOLVE age 后面加的是流动时间，这个时间并不一定都是真实的时间，只有当所有的流体参数都为真实时才是真实的时间。也可以直接使用 SOLVE 命令得到渗流平衡状态下的孔压场。渗流平衡的概念类似于力学平衡，表示节点上的不平衡流量比达到了程序设置的最小值。

可以使用 SET 命令对流体运行的步数和时间进行设置：

```
SET fluid step
SET fluid age
```

如果渗流计算完成后还要进行力学计算，则首先需要将流体进程关闭，将力学进程打开，同时要把流体模量设置为 0，以避免力学进程计算中再次引起孔压场的改变。

```
SET fluid off mech on
SET fmod 0
```

11.5.5 无渗流——力学引起的孔压

这类问题诸如路基荷载施工中地基产生的超孔隙水压力问题，这些超孔隙水压力主要由于模型的力学边界条件发生改变造成的，而不是由于地下水的渗流作用。

1. 干法与湿法

FLAC3D 在进行短期分析（不排水分析）时可以使用“干法”和“湿法”两种分析方法。

- 在干法中，体积应变产生的孔压并不是直接计算，而是将土体模量设置为不排水模量来考虑，使用式（11-8）。

在干法模拟中，Mohr-Coulomb 材料有两种破坏方式。

- ✧ 使用 WATER 或 INITIAL pp 命令设置固定的孔隙场，使用不排水粘聚力和摩擦角。
- ✧ 假定材料为 0 摩擦角并且粘聚力等于不排水强度。

第一种方法适用于孔压改变量相对于初始孔压而言较小的情况，第二种严格地说只适用于 Skempton 系数为 1 的平面应变问题，即流体模量远远大于土体模量的情况。

注意 干法的模拟不一定需要指定渗流模式，在无渗流模式下也可以进行，而在渗流模式下，必须将流体模量赋值为 0，以避免力学进程引起孔压改变。

- 湿法必须在渗流模式下才能进行，使用参数为排水的体积模量、粘聚力和摩擦角。如果设置流体进程关闭，并且比奥模量（或流体模量）为真实值，则计算得到的孔压响应就是力学变形产生的。

例如，在使用湿法进行路基瞬时填筑的模拟时，如果流体模量远大于土体的体积模量，则收敛速度会非常慢，可以尝试减小流体的体积模量而不影响分析的结果。

2. 实例——荷载引起的地基土体的超孔隙水压力

问题描述：如图 11-5 所示，地基土的宽度为 20 m，高度为 10 m，采用弹性模型进行模拟，地基土表面为透水边界条件，孔压固定为 0。在地基土表面 3m 的范围内缓慢施加 40kPa 的荷载，计算荷载作用下土体超静孔隙水压力的产生情况。

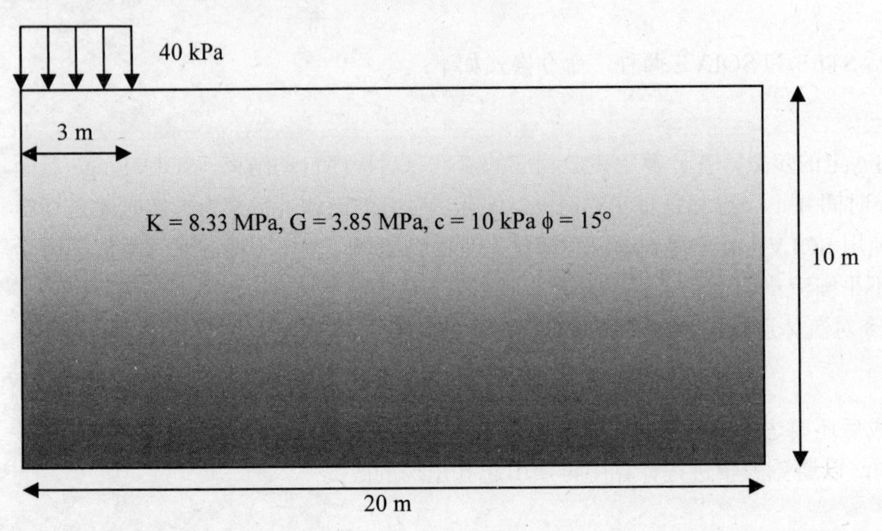

图 11-5　荷载引起的孔压变化

本例中主要对力学作用引起的孔压响应进行分析，所以做了很多的简化处理，没有考虑重力作用，不设置初始应力和初始孔压。为了模拟荷载的缓慢施加，采用一个 FISH 函数进行模拟。

计算命令见例 11.5 所示。

例 11.5　荷载引起的孔压变化

```
config fluid
gen zone brick size 20 1 10
model mohr
prop bulk 8.33e6 shear 3.85e6 fric 15 coh 10e3 tens 1e10; ①
fix x       range x -.1 .1
fix x       range x 19.9 20.1
fix x y z range z -.1 .1
fix y
; --- apply load slowly ---
def ramp
   ramp = min(1.0,float(step)/200.0)
end
apply nstress = -40e3 hist ramp range x -.1 3.1 z 9.9 10.1
; --- fluid flow model ---
model fl_iso
ini fmod 2e9
; --- pore pressure fixed at zero at the surface ---
fix pp 0 range z 9.9 10.1②
```

① 将土体抗拉强度设置很大（1e10），以防止运行中的拉裂破坏。

② FLAC3D 中的边界默认都是不透水的，对于路基分析问题，地基表面一般都是透水的，因此要设置 FIX pp 边界条件。

```
; --- settings ---
set fl off
; --- histories ---
hist gp pp 2,.5,9
; --- test ---
step 750①
save load.sav
plot set plane ori 0 0.5 0 norm 0 1 0
plot con pp plane ou on
plot add fap red plane
```

计算得到的孔压云图见图 11-6 所示，可以发现在荷载作用下地基土体中产生了超孔隙水压力，其中超孔压最大值发生在荷载作用位置以下，由于地基表面设置成为透水边界，因此荷载作用的位置没有产生超孔隙水压力。

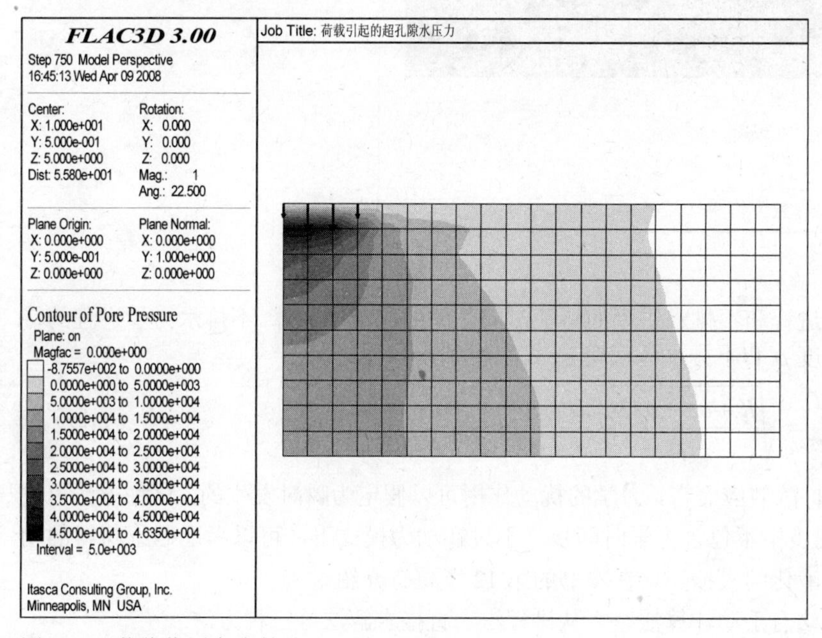

图 11-6　荷载作用产生的孔压云图

可以观察荷载作用产生的瞬时沉降，使用如下命令，计算结果见图 11-7 所示：

```
plot con zd ou on plane
plot add dis plane
```

11.5.6　流固耦合分析

在渗流模式下，如果比奥模量（或流体模量）、渗透系数都为真实值的话，FLAC3D 默认是进行完全的流固耦合分析，完全的流固耦合分析包括两个方面：

- 孔压的改变引起体积应变的变化，进而影响应力；
- 同时，应变的发生也会影响孔压的改变。

必须重视固结（渗流）和力学加载的相对时标大小。一般地，力学扰动都是瞬时的，而渗流往

① 因为本例中没有设置初始应力，这里只进行了 750 步的求解。

往需要更长的时间，比如土体中超孔隙水压力的消散与固结往往要发生数小时、数天甚至是数年的时间。

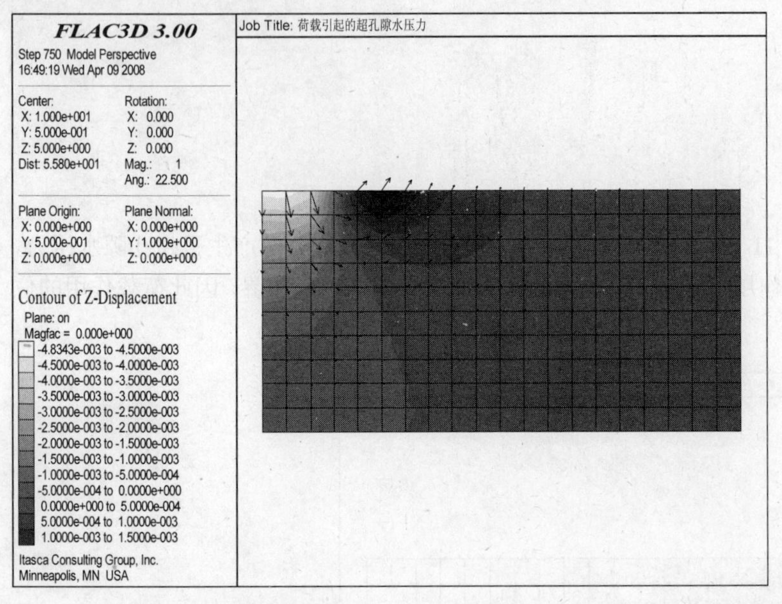

图 11-7　荷载作用下的瞬时沉降

相对时标可以通过耦合进程和不排水进程的特征时间之间的比值来估算。不排水力学进程的特征时间可以使用饱和质量密度 ρ 和不排水体积模量 K_u 来得到，

$$\frac{t_c^f}{t_c^m}=\sqrt{\frac{K+\alpha^2+4/3G}{\rho}}\frac{L_c}{k}\left(\frac{1}{M}+\frac{\alpha^2}{K+4/3G}\right) \tag{11-22}$$

实际上，相对于流体的扩散效应而言，力学的扰动作用可以假定为瞬时发生的，这种方法也被 FLAC3D 接受，在渗流时间步中不包含力学时间步。不过在动力模式下，可以考虑砂土材料的动力流固耦合作用，比如砂土液化的模拟，这在本书的第 12 章将有介绍。

流固耦合问题的求解方法有手动计算法、主从进程法、直接求解法等三种方法。

1. 手动计算法

对于一个小的无量纲的渗流时间，在每个渗流步中需要使用一定的力学步才能达到力学的平衡；对于大的无量纲的渗流时间，如果系统达到稳态渗流，一定步数的渗流计算不会对力学状态造成影响。根据这个原理，流固耦合的分析方法是手动控制单渗流计算和单力学计算的时间步，使用 STEP 命令进行。命令格式为：

```
SET fluid on mech off
STEP n1
SET fluid off mech on
STEP n2
```

2. 主从进程法

上述手动调试的方法非常繁琐，可以使用子进程的方式提高计算效率，这种方法需要进行一定的设置：

```
SET mech force
```

设置一个不平衡力的大小，达到这个不平衡力系统认为暂时达到平衡状态；

```
SET mech substep n auto
```

设置力学进程为从进程，在主进程每执行一步中必须执行 n 步，当系统达到平衡时也可以少于 n 步；

```
SET fluid substep m
```

设置流体进程为主进程。

注意　主进程设置不需要 auto 关键词。

执行过程是，如果对于每一个渗流时间步，力学从进程仅需要一个子步来达到平衡，那么渗流子步的步数将会加倍，但不会超过数值 m（默认的情况下 m=1），而一旦这种连续性被打破时，系统将会采用原有的子步设置方案。在主从进程法中，可以使用 SOLVE age 命令给渗流计算设置一定的渗流时间。

采用主从进程法进展流固耦合计算中，FLAC3D 命令窗口显示信息分别是：①当前迭代步数；②主进程子循环的步数；③从进程子循环的步数；④当前进程类型（Mech 或 Fluid）；⑤当前进程的子循环步数；⑥当前最大不平衡力（比）；⑦主进程的渗流时间；⑧当前时间步。

讨论 1：对收敛准则进行对比分析。

主从进程方法的关键是设置好合适的力学子步数量，如果在计算中，子步数量一直保持用户设置的数值 n 的话，那么这个计算结果肯定是错误的，要么就是子步数量设置得太少，要么就是系统已经是不稳定的，不能达到平衡。所以力学的误差的设置是求解的关键：一个很小的收敛误差可以得到精确的解答，但是计算会很慢，而大的误差会很快得到结果，但可能是一个错误的结论。下面将分别对不同的不平衡力和不平衡力比的计算结果进行对比，对比方案如下。

不平衡力（force）：1E3、5E3、1E4、5E4。

不平衡力比（ratio）：1E-4、1E-3、1E-2、1E-1。

通过计算，不同收敛准则采用的计算时间见表 11-3 所示，可以发现，不平衡力及其比值越小所需的迭代步数和计算时间越长。另外，不同收敛准则计算得到的固结沉降曲线见图 11-8 和图 11-9 所示。首先分析不平衡力的取值变化对计算结果的影响，可以发现不平衡力比越大，产生的计算误差也越明显。而不平衡力比为 1E-3 和 1E-4 时，沉降曲线基本一致，但是两者计算花费的求解时间差别很大（分别为 10s 和 189s），因此可以认为在本例中采用 1E-3 的收敛准则既可以满足计算流固耦合过程中的计算精度要求，同时又具有较高的计算效率。

表 11-3　不同收敛准则对比分析采用的计算时间

不平衡力比	总步数	求解时间①（sec）	不平衡力	总步数	求解时间（sec）
1E-4	4956	189.4	1E3	3335	47.8
1E-3	2801	10.5	5E3	2603	14.0
1E-2	2259	4.6	1E4	2412	7.8
1E-1	2107	3.6	5E4	2166	4.0
mech 10 fluid 10	2278	9.3			
mech 1 fluid 1	6605	11.2			

① 求解时间随着计算机配置的不同而不同。

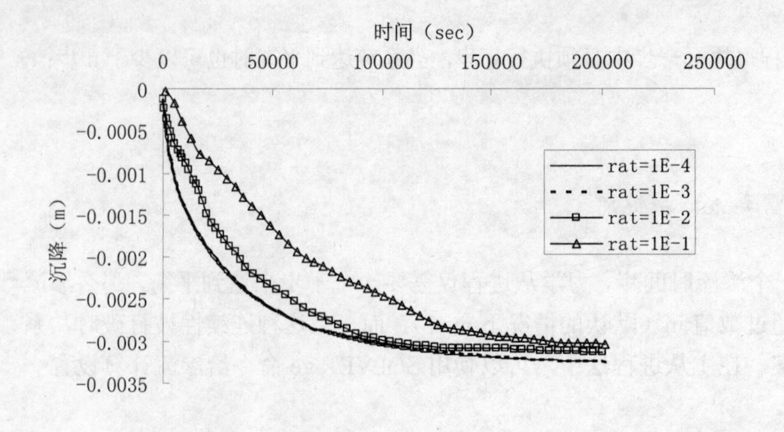

图 11-8　不平衡力比对计算结果的影响

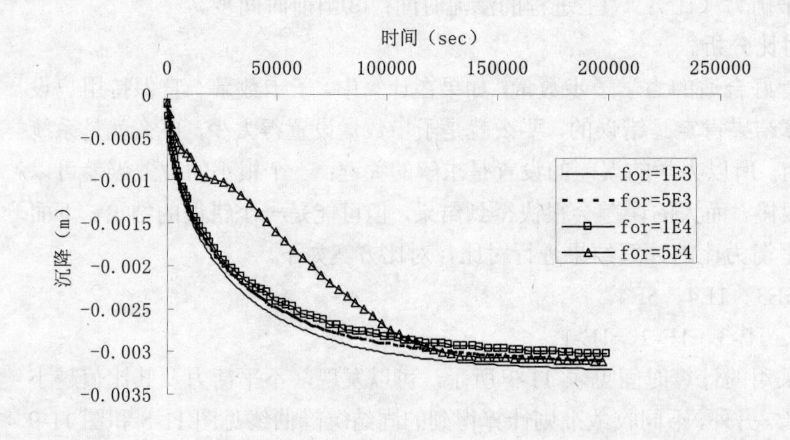

图 11-9　不平衡力对计算结果的影响

对于不平衡力的收敛准则，从图 11-9 中可以看出，不平衡力的设置对计算结果也有一定的影响，不平衡力越小得到的结果越精确。由于在实际计算中，不平衡力的具体数值很难确定，因此不推荐采用具体数值的不平衡力收敛标准，而尽量使用不平衡力比的标准。

讨论 2：子步数的影响。

计算中还对以下三种不同的子步数设置情况做了对比分析，计算结果如图 11-10 所示，计算中所需的时间如表 11-3 所示。通过各种情况得到的固结曲线可知，不同的子步设置方法对计算结果也存在一定的影响，而且影响主要是在初始固结的计算，如图 11-10（b）所示。因此在流固耦合计算时，设置合理的子步数也很重要。设置过大，则会导致计算时间大大增加，过小又会造成计算结果的误差。

```
set mech sub 100 fluid sub 10
set mech sub 10 fluid sub 10
set mech sub 1 fluid sub 1
```

3．直接求解法

在流体模式和力学模式都处于打开状态下，可以直接使用 STEP 或者 SOLVE 命令进行流固耦合求解。在这种求解方法中，每个渗流时间步中都有一个力学时间步，由于每一步都要使系统达到平衡状态，所以这个渗流时间步要足够小，因此这种求解方法虽然最省事，但同时也是最费时的求解方法，一般不推荐采用这种方法求解流固耦合问题。

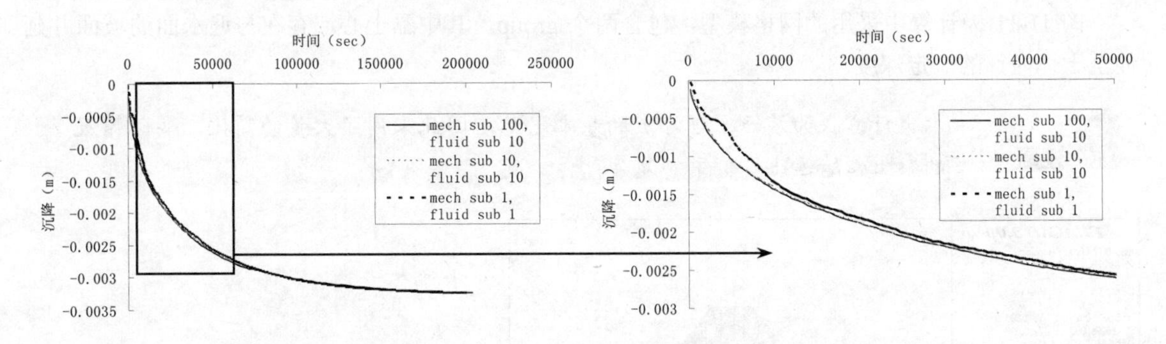

（a）子步数对计算结果的影响　　（b）局部放大

图 11-10　子步数对计算结果的影响

11.6　应用实例

下面介绍应用流固耦合分析的两个简单而又典型的实例：心墙土坝的渗流计算和真空预压的模拟。

11.6.1　心墙土坝的渗流

问题描述：土坝中存在一道黏土心墙，心墙的渗透系数远远低于周围土体的渗透系数，因此认为是不透水材料，要求计算在水位上升时土坝内的渗流情况。计算分三步进行。

步骤 1　计算水位未上升时的初始应力状态和孔压场，命令见例 11.6 所示。

例 11.6　心墙土坝的渗流计算

```
config fluid
set fluid off
gen zon brick p0 0 0 -10 size 20 1 10
gen zon brick p0 5 0 0 p1 15 0 0 p2 5 1 0 p3 9 0 5 p4 15 1 0 p5 9 1 5 p6 11 0 5 p7 11 1 5 &
size 10 1 5
group soil
group dam ran x 5 7 z -5 0
group dam ran id 201 a id 211 a id 221 a id 231 a id 241 a
group dam ran id 202 a id 212 a id 222 a id 232 a id 242 a
m e
prop bu 3e7 sh 1e7
ini pp 0 grad 0 0 -10e3 ran z 0 -10
ini dens 2000
model fl_iso
prop por 0.5 perm 1e-10
ini fden 1000 ften -1e10
ini sat 0.0 ran z 0 5
model fl_null ran gro dam
;ini pp 0 ran gro dam
fix z ran z -10
fix x ran x 0
```

```
fix x ran x 20
fix y
set grav 10
solve
save elastic.sav
```

图 11-11 为计算中采用的网格模型，包含两个 group，其中黏土心墙存在与迎水面的坡面并延伸至土体内部的一定深度。

注意

本次计算仅为演示土坝渗流的基本思路，因此采用了大量的简化，实际情况下的黏土心墙远比本例中的复杂。

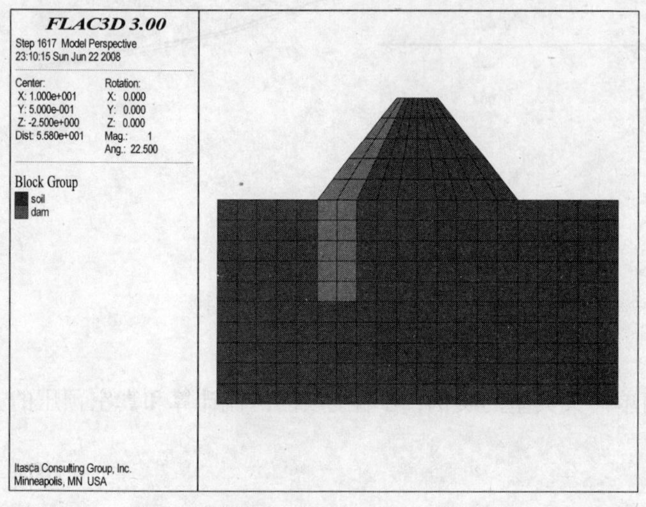

图 11-11　心墙土坝的模型

图 11-12 和图 11-13 分别为初始应力计算得到的孔压云图和竖向应力云图，其中从孔压云图中可以看到在心墙的位置上的孔压情况，由于采用了不透水材料模型，因此孔压为 0。但是在云图上可以看出并不是所有的心墙单元上的孔压显示都是 0，这是由于 FLAC3D 的 PLOT 绘图命令会将定义在节点上的信息进行插值。读者可以尝试在心墙周围采用接触面的方式来避免这种显示问题。

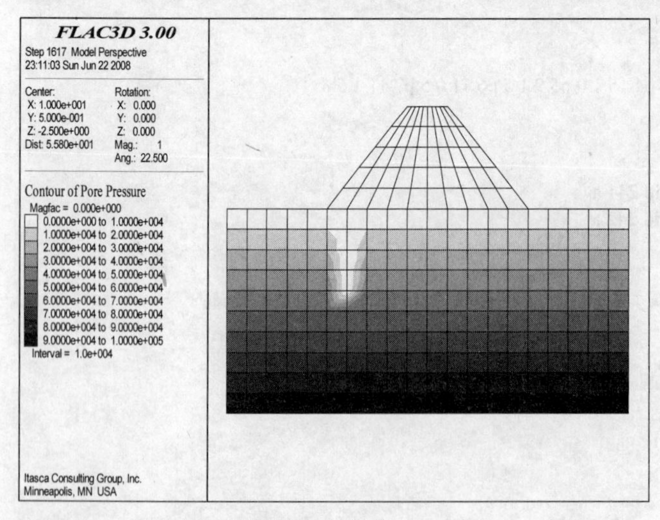

图 11-12　初始应力计算的孔压云图

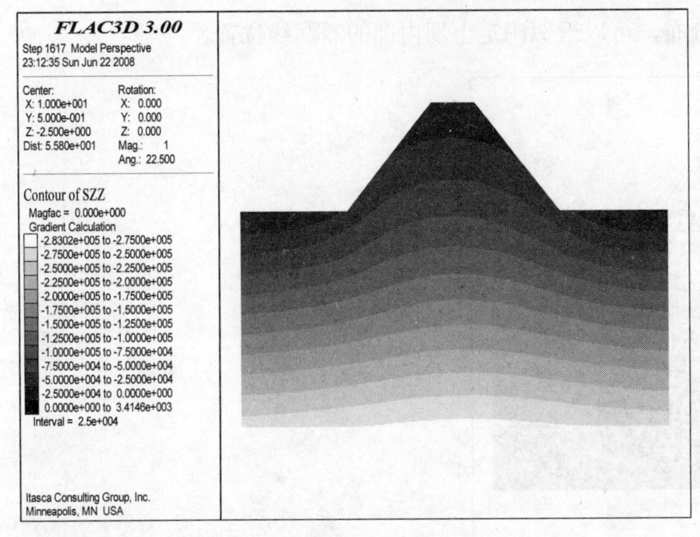

图 11-13　初始应力计算得到的竖向应力云图

步骤 2　计算水位上升情况下水压力对模型应力的影响。计算命令见例 11.7。这时由于流体模式处于关闭的状态，因此模型中的孔压场不随面荷载的影响而改变。计算得到的竖向应力云图如图 11-14 所示。

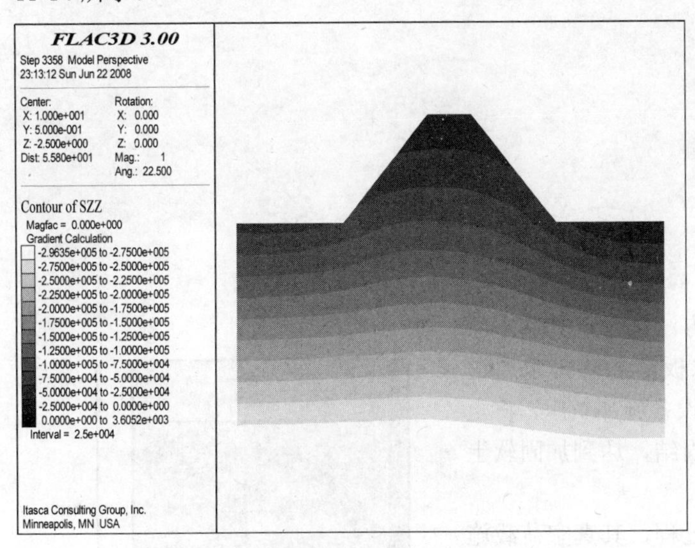

图 11-14　施加水压力面荷载后的竖向应力云图

例 11.7　水压力对模型的影响

```
rest elastic.sav
ini xd 0 yd 0 zd 0 xv 0 yv 0 zv 0
app nstress -40e3 grad 0 0 10e3 ran z 0 4 x 0 9
solve
save pressure.sav
```

步骤 3　施加孔压边界条件，升高迎水面的孔压值，并在背水面设置透水的孔压边界条件。计算命令见例 11.8。计算得到的水位上升后的孔压分布及渗流矢量图如图 11-15 所示。可以看出，在水位上升时，由于迎坡面存在不透水材料，造成渗流矢量绕过了位于地基内部的心墙，在墙后形成了渗流场，通过渗流场和渗流矢量的分布，可以近似确定土坝内部的浸润线位置。

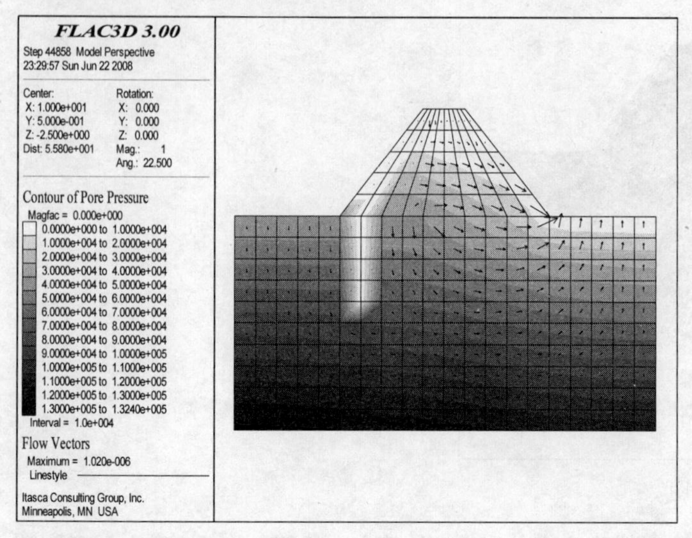

图 11-15　水位上升后孔压云图

例 11.8　水压力作用

```
rest pressure.sav
set fluid on mech off
ini fmod 2e3 ften 0.0 ran gro soil
ini xd 0 yd 0 zd 0 xv 0 yv 0 zv 0
app pp 40e3 grad 0 0 -10e3 ran z 0 4 x 0 9
app pp 0 ran z 0 x 15 20
hist id=10 zone pp id 215
solve
```

11.6.2　真空预压的简单模拟

真空预压技术是软土地基处理的方法之一，其基本原理就是在软土地基内部打设塑料排水板等竖向排水通道（PVD），并在地基土体通过真空泵等设备施加负压，将土体内部的水、气等抽出，使土体快速固结，达到加固软土地基的作用，如图 11-16 所示。

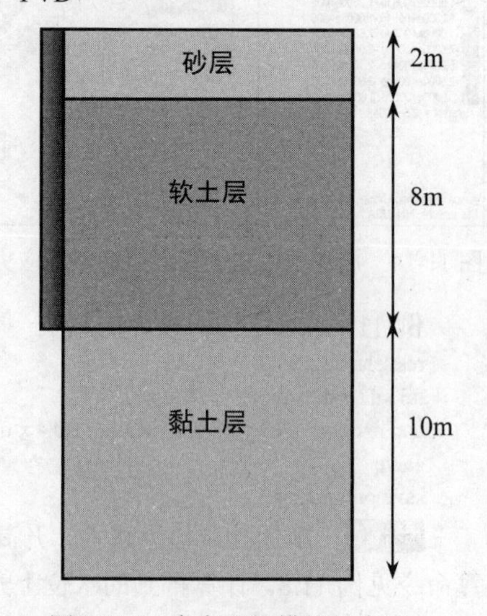

图 11-16　真空预压模拟示意图

真空预压是一种典型的流固耦合过程，其真空荷载施加的时间一般为 2～4 个月，属于长期排水过程。另外，真空预压加固的土体属于软土，因此土骨架比较软，再加上外界扰动为孔压扰动，根据流固耦合分析方法，需要对土体的比奥模量进行调整。具体计算命令见例 11.9 所示。

计算得到的结果如图 11-17 和图 11-18 所示，可以发现通过真空预压方法的处理，软土层产生了较大的沉降，而黏土层的沉降很小。另外，从孔压分布情况看，由于 PVD 传递真空荷载的原因，砂层及软土层中的土体已经产生了较大的负孔压，正是这种负的孔压作用引起了软土层的快速固结。

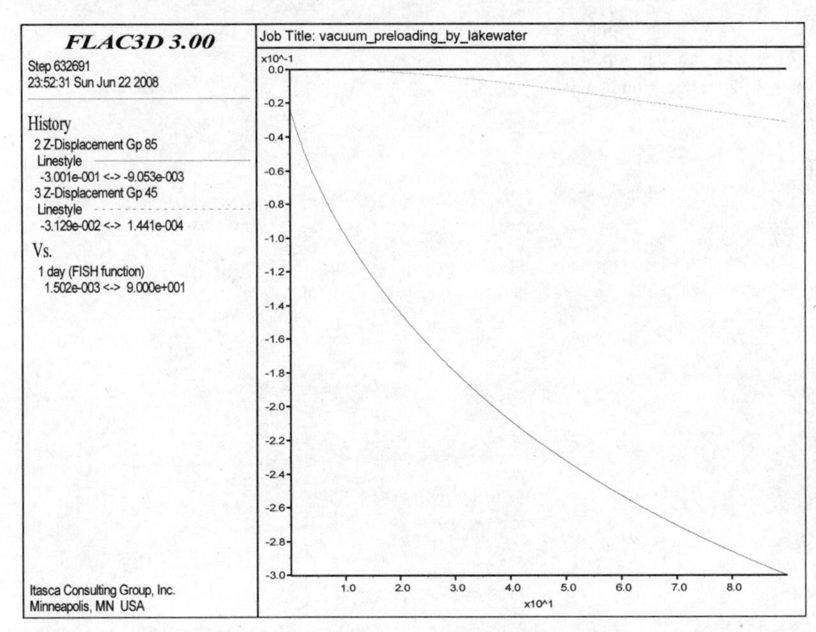

图 11-17　计算得到的粘土层、软土层中的沉降曲线

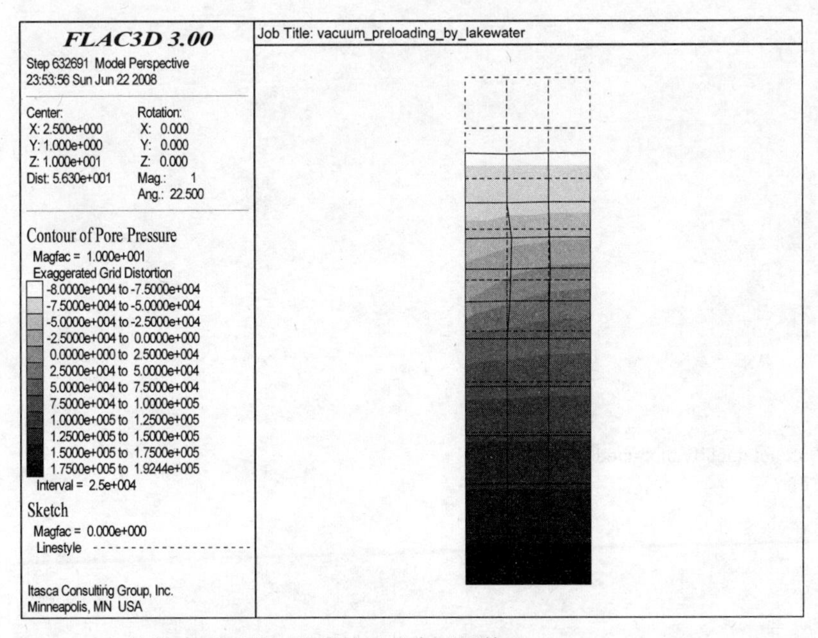

图 11-18　计算完成时孔压分布情况及变形网格

例 11.9　真空预压的模拟

```
config fluid
set fluid biot on
gen zone bri p0 0 0 0 p1 5 0 0 p2 0 2 0 p3 0 0 20 size 3 1 10
group Face range z 18 20
group Soft range z 10 18            ;soft soil 8m
```

```
group Clay range z 0    10
model mohr
prop bulk    33e6 shear      7e6 c        0 f 30 range group Face
prop bulk   .83e6 shear   .17e6 c 7.0e3 f 5   range group Soft
prop bulk 6.66e6 shear 1.42e6 c  8.0e3 f 20 range group Clay
ini dens 1500
model fl_iso
ini ftens -5e5
ini fdens 1000
ini biot_mod 4e9
prop perm 10e-13 biot_c 1
prop perm 10e-10 ran grou Face
fix x y z range z -0.1 0.1
fix y rang y -.01 0.01
fix y rang y 1.9 2.1
fix x range x -.01 .01
fix x range x 4.9 5.1
;Initial Stress   K0=1
set grav 0 0 -10
ini szz -400e3 grad 0 0 20e3
ini syy -400e3 grad 0 0 20e3
ini sxx -400e3 grad 0 0 20e3
ini pp     200e3 grad 0 0 -10e3
set fluid off
step 5000
ini xd 0 yd 0 zd 0 xv 0 yv 0 zv 0
;for fixed pp on the PVD position
def fixPP
   loop i(1,10)
     pv = -80e3 +(i-1)*10e3
     zt = 20.1-(i-1)
     zb = 20.1-i
     command
        fix pp pv rang x -.1 .1 z zb zt
     end_command
   end_loop
end
fixpp
step 5000
set fluid on
ini biot_mod 4.3e7 rang group Soft not ;modify biot_mod
ini biot_mod 9.0e6 rang group Soft
set mech force 1.5e3
set mech subs 100 auto ;slave
set fluid subs 30
; --- histories ---
def day
   day=fltime/24/3600
end
day
hist id=1   day
hist id=2 gp zd 2.5,0,20
hist id=3 gp zd 2.5,0,10
sol age 7.776e6
```

本例简单地模拟了真空预压加固软土地基的过程，在分析过程中做了很多简化，比如排水板的等效、真空荷载的深度衰减规律、土层的简化等，在进行实际工程的计算时需要考虑上述问题，同时计算时间也会大大增加。

11.7　本章小结

流固耦合是 FLAC3D 计算的难点之一，本章对流固耦合的基本分析方法和思路做了介绍。在学习这一章时要注重日常计算经验的积累，对各种渗流问题要有清晰的解决思路。另外，渗流计算需要耗费大量的时间，在确定具体的分析方法之前，需要多进行简单模型的试算，当试算完成后再将模型细化、加密进行计算。这些试算的步骤虽然花费一些时间，但却必不可少，因为这是成功确定合理分析方法的重要手段。

12 非线性动力反应分析

FLAC/FLAC3D 可以进行非线性动力反应分析，而且具有强大的动力分析功能。本章以 FLAC3D 为例，详细介绍了动力分析过程中的边界条件、阻尼形式、荷载要求等，并通过一些实例对个别问题做了详细解答。

本章要点：

- ✓ FLAC 动力分析与等效线性方法的差别
- ✓ 动力分析时间步的确定方式及影响因素
- ✓ 动态多步的概念
- ✓ 动力荷载的形式及施加方法
- ✓ 动力边界条件的类型及适用条件
- ✓ 地震荷载输入的要点
- ✓ 三种阻尼形式的概念、参数确定及适用条件
- ✓ 网格尺寸的要求
- ✓ 输入荷载的校正
- ✓ 地震液化的模拟
- ✓ 完全非线性动力分析的步骤

12.1 概述

FLAC/FLAC3D 可以进行二维或三维的完全动力分析，FLAC/FLAC3D 中的动力分析功能是可选模块，需要在程序中添加动力分析模块才可以进行。

FLAC3D 中在动力分析前需要采用以下命令：

```
CONFIG dynamic
```

对于二维程序 FLAC，应在程序开始时的 Model Options 对话框中选择 Dynamic 复选框。

FLAC/FLAC3D 中的动力分析并不是只能孤立进行的，还可以与其他 FLAC/FLAC3D 元素进行耦合。

（1）与结构单元相耦合，可以用来进行土与结构的动力相互作用。

（2）与流体计算相耦合，可以模拟动力作用下土体孔隙水压力的上升直至土体液化。

（3）与热力学计算相耦合，可以计算热力荷载和动力荷载的共同作用。

（4）采用大变形计算模式，可以分析岩土体在动力荷载作用下发生的大变形。

FLAC 和 FLAC3D 可以模拟岩土体在外部（如地震）或内部（如风、爆炸、地铁振动）荷载作用下的完全非线性响应，因此可以适用于土动力学、岩石动力学等学科的计算。

本章将以 FLAC3D 为例讨论动力计算的相关内容，FLAC 的动力分析可以参照执行。

注意 FLAC 和 FLAC3D 的动力计算十分复杂，在阅读本章内容之前要对 FLAC3D 的静力计算、流体计算十分熟悉，具体可以参阅本书的第 7 章和第 11 章的内容。

对于初次接触 FLAC3D 动力计算的读者，大多数都会提以下两个问题：

（1）FLAC3D 动力分析与一般的等效线性方法有什么区别？

（2）FLAC3D 动力分析怎么会采用静力本构模型，比如 Mohr-Coulomb 模型？

下面就这两个问题展开初步的讨论。

12.1.1 与等效线性方法的关系

在岩土地震工程中，等效线性方法广泛应用于计算地基土体中波的传播及土与结构的动力相互作用。该方法已被工程师、科研人员广泛接受。而 FLAC3D 采用的完全非线性方法没有获得广泛使用，因此需要对这两种方法之间的差异做简要介绍。

1. 等效线性方法的特点

等效线性方法的基本原理是，假定土体是粘弹性体，参照实验室得到的切线模量及阻尼比与剪应变幅值的关系曲线，对地震中每一单元的阻尼和模量重新赋值。目前用于土动力分析的等效线性模型已有数种，根据骨干曲线的形状可以分为双直线模型、Ramberg-Osgood 模型、Hardin-Drnevich 模型等，其中又以 Hardin 模型使用最多。等效线性方法有如下特点：

- 使用振动荷载的平均水平来估算每个单元的线性属性，并在振动过程中保持不变。在弱震阶段，单元会变得阻尼过大而刚度太小；在强震阶段，单元将会变得阻尼太小而刚度太大。对于不同部位不同运动水平的特性存在空间变异性。
- 不能计算永久变形。等效线性方法模型在加荷与卸荷时模量相同，不能计算土体在周期荷载作用下发生的残余应变或位移。
- 塑性屈服模拟不合理。在塑性流动阶段，普遍认为应变增量张量是应力张量的函数，称之为“流动法则”。然而，等效线性方法使用的塑性理论认为应变张量（而不是应变增量张量）是应力张量的函数。因此，塑性屈服的模拟不合理。
- 大应变时误差大。等效线性方法所用割线模量在小应变时与非线性的切线模量很相近，但在大应变时二者相差很大，偏于不安全。
- 本构模型单一。等效线性方法本身的材料本构模型包括应力应变的椭圆形方程，这种预设的方程形式减少了使用者的选择性，但却失去了选择其他形状的适用性。方法中使用迭代程序虽然部分考虑了不同的试验曲线形状，但是由于预先设定了模型形式，所以不能反映与频率无关的滞回圈。另外，模型是率无关的，因此不能考虑率相关性。

2. FLAC3D 非线性方法的特点

FLAC3D 采用完全非线性分析方法，基于显式差分方法，使用由周围区域真实密度得出的网格节点集中质量，求解全部运动方程。相对于等效线性方法而言，完全非线性分析方法主要有以下优点：

- 可以遵循任何指定的非线性本构模型。如果模型本身能够反映土体在动力作用下的滞回特性，则程序不需要另外提供阻尼参数。如果采用 Rayleigh 阻尼或局部（local）阻尼，则在动力计算中阻尼参数将保持不变。
- 采用非线性的材料定律，不同频率的波之间可以自然地出现干涉和混合，而等效线性方法做不到这一点。
- 由于采用了弹塑性模型，因此程序可以自动计算永久变形。
- 采用合理的塑性方程，使得塑性应变增量与应力相联系。
- 可以方便地进行不同本构模型的比较。
- 可以同时模拟压缩波和剪切波的传播及两者耦合作用时对材料的影响。在强震作用下，这种耦合作用的影响很重要，比如在摩擦型材料中，法向应力可能会动态地减小，从而降低土体的抗剪强度。

另外，FLAC3D 3.0 以上版本已将等效线性方法中的模量衰减曲线以阻尼的形式嵌入到程序当中（见本章 12.6.3 节），使得 FLAC3D 的动力分析结果更易于被岩土地震工程师们接受。

12.1.2 FLAC3D 动力计算采用的本构模型

FLAC3D 的动力计算可以采用任意的本构模型，比如弹性模型、Mohr-Coulomb 模型。这一点很多读者都不能接受，他们普遍认为 Mohr-Coulomb 是静力本构模型，不适合用于动力分析，而应当采用更合适的 Hardin 模型。

其实这是对 FLAC3D 动力计算的误解。FLAC3D 的原理是求解动力方程，所以从其算法上来说，不管是进行静力分析还是动力分析，其实质都是求解运动方程。只是对于静力分析而言，采用了特定的阻尼方式以达到快速收敛的目的。所以，有的场合将 FLAC3D 的静力分析方法称为“拟动力方法”。相应的，FLAC3D 在进行动力分析时，通过求解动力方程理所当然地可以得到合适的动力问题解答。对于本构模型的选择，主要是描述单元的应力-应变关系，如果是弹塑性的，则考虑的是单元的屈服准则、流动法则等。

等效线性方法考虑土体的滞后性常常是通过将骨干曲线进行变换，比如 Masing 二倍法，而在 FLAC3D 的动力分析中，滞后性是通过阻尼来考虑，通过设置合适的阻尼形式和阻尼参数，同样可以描述土体在动力作用下的滞回特性。

因此，FLAC3D 动力分析中采用的本构模型可以选取任意模型，其参数也是对应静力本构模型的参数，关键是要设置合适的阻尼形式、阻尼参数、边界条件等，这些内容将在本章的后续内容中进行讲解。

12.2 动力时间步

动力计算中临界计算时间步 Δt_{crit} 的计算如下：

$$\Delta t_{crit} = \min\left\{\frac{V}{C_p A_{\max}^f}\right\} \tag{12-1}$$

其中，C_p 为 p 波波速，与材料的体积模量 K 和剪切模量 G 有关，在弹性理论中可以表示为：

$$C_p = \sqrt{\frac{K + 4/3G}{\rho}} \tag{12-2}$$

V 为四面体子单元（sub-zone）的体积，$A_{\max}^f$ 为与四面体子单元相关的最大表面积，min{} 表示遍历所有的单元，包括结构单元和接触面单元。

由于式（12-1）只是临界时间步的一个估计值，因此在使用中采用了一个安全系数，乘以 0.5。因此，当采用无刚度比例的阻尼时，动力分析的时间步为：

$$\Delta t_d = \Delta t_{crit}/2 \tag{12-3}$$

如果采用了刚度比例的阻尼，那么为了保持数值稳定性，时间步必须减小。Belytschko（1983）提出了一个临界时间步的公式 Δt_β，其中考虑了刚度比例阻尼的影响。

$$\Delta t_\beta = \left\{\frac{2}{\omega_{\max}}\right\}\left(\sqrt{1+\lambda^2} - \lambda\right) \tag{12-4}$$

其中，$\omega_{\max}$ 为系统的最高特征频率，λ 为该频率下的临界阻尼比。

注意

FLAC3D 在动力计算中，程序会根据数值计算的稳定性自动设置动力计算时间步，一般不建议读者对这个默认的时间步进行放大。甚至在大应变计算过程中，如果出现很大的网格变形并导致网格的几何错误时，还要对默认的时间步进行折减，降低动力时间步，以达到数值稳定的目的。

12.3　动态多步

由式（12-1）可知，FLAC3D 动力计算中时间步需要遍历所有单元，取所有单元临界时间步中的最小值，因此时间步是由几何尺寸较小、模量较大的单元来确定的。因此，在计算中，尤其是在试算期间，要尽量避免较小的单元尺寸及刚度很大的材料，比如用实体单元来模拟较薄的混凝土墙，这种情况下必然会使动力时间步非常小，从而造成计算时间过长。可以通过采用结构单元或暂时不考虑混凝土墙的办法来进行试算，等到有关参数调试完成后再进行细化计算。

当计算模型中存在刚度差异较大、模型网格尺寸不均匀的情况时，FLAC3D 可以采用“动态多步”（Dynamic Multi-stepping）的过程来有效减少计算所需要的时间。在此过程中，模型单元和节点按照相近最大时步进行分组和排序，然后每个组在特定的时步下运行，信息在适当的时候在单元之间进行交换。

动态多步的调用采用如下命令：

```
SET dyn multi on
```

下面用一个简单的例子来描述动态多步的应用效果，同时也可以从例子中了解到利用 FISH 函数来编写简单的动力荷载的方法。

1. 问题描述

如图 12-1 所示，土体的深度为 10 m，挡土墙的高度为 5 m，两者的模量差异为 20 倍。动力荷载从模型底部输入，主要分析目的是了解动态多步对计算时间的影响。

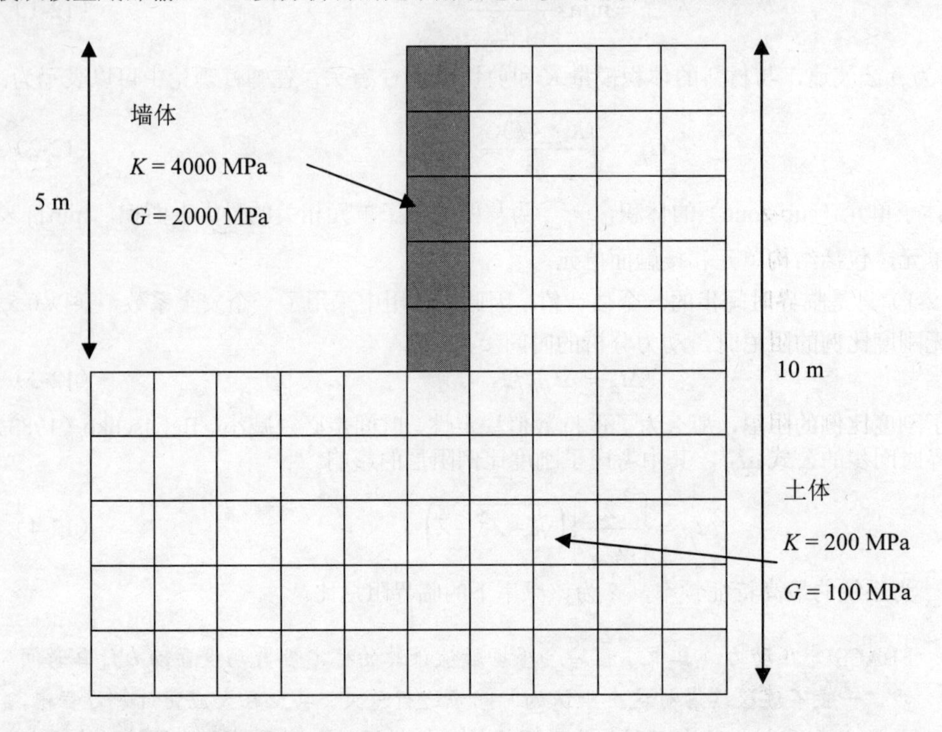

图 12-1　动态多步作用的实例

本例计算中不考虑重力的影响[①]，因此不用进行初始应力设置和平衡，而直接进行动力计算。动力荷载采用正弦函数，采用 FISH 函数的方法进行定义，可以方便修改荷载的频率（freq）、幅值等。

2. 命令流

例 12.1　动态多步实例

```
new
conf dyn                                          ;打开动力计算功能
gen zone brick size 10 5 10
mod elas
mod null range x=0,5 z=5,10                       ;删除部分网格
fix z range x=-.1 .1 z=.1 10.1                    ;设置静力边界条件
fix z range x=9.9,10.1 z=.1 10.1
fix y range y=-.1 .1
fix y range y=4.9 5.1
prop bulk 2e8 shear 1e8                           ;设置土体参数
prop bulk 4e9 shear 2e9 range x=5,6 z=5,10        ;设置墙体参数（土体参数的 20 倍）
ini dens 2000                                     ;设置密度
def setup                                         ;动荷载中的变量赋值
    freq = 1.0
    omega = 2.0 * pi * freq
    old_time = clock②
end
```

① 在实际工程问题的计算中，一般都是要考虑重力的，这里不考虑重力，只是为了说明动态多步的原理。例 12.2 也是如此。

② clock 是 FISH 变量，表示计算机当前的时间。

```
setup                                        ;执行变量赋值
def wave                                     ;定义动荷载函数
    wave = sin(omega * dytime)               ;定义动荷载变量
end
apply xvel = 1 hist wave range z=-.1 .1      ;施加动荷载
apply zvel = 0          range z=-.1 .1
hist gp xvel 5,2,0
hist gp xvel 5,2,10
hist gp zvel 5,2,10
hist dytime
def tim                                      ;估算程序运行的时间
    tim = 0.01 * (clock - old_time)
end
set dyn multi on                             ;设置动态多步
solve age 1.0①
print tim                                    ;输出计算时间
print dyn                                    ;输出动力计算相关信息
save mult1.sav
```

注意

动力计算中必须设置材料的密度，若模型中存在结构单元，也必须设置结构单元的密度，否则会出错。采用 FISH 函数定义动力荷载时，FISH 函数和变量应具有相同的名称。因为设置动力边界条件命令中的 hist 关键词后面必须要跟随一个 FISH 函数名，FISH 变量需要调用 FLAC3D 中的内置标量 dytime，该标量是动力计算的真实时间，通过调用可以给函数提供预定变化的数值。所以，一般 FISH 定义动荷载的方法如下（以定义函数 xxx 为例）：

```
def xxx
xxx = …dytime
end
app xvel = 1.0 hist xxx range …
```

3. 计算过程与输出结果

计算过程中命令窗口会提示动力计算的步数、动力时间和时间步，计算结束后可以将模型底部和墙体顶部节点的水平速度时程输出，使用以下命令：

```
plot hist 1 2 v 4
```

输出结果见图 12-2 所示。可以采用设置动态多步和不设置动态多步两种情况分别进行计算，观察图 12-2 中的速度时程曲线以及 FLAC3D 命令窗口中输出结果（图 12-3 和图 12-4）。可以发现，时程曲线、动力计算的时间步、迭代步数均一致，不同的是设置动态多步的情况下花费的计算时间较少。

注意

程序运行的时间将由于计算机配置的不同而存在差别。

从图 12-3 中的输出信息可以看出，动态多步将模型中的 375 个单元分成了两类，并提供了不同的时步乘子，其中只有小部分单元（墙体单元 65 个）的时步乘子为 1，其他大部分单元（土体单元 310 个）拥有较高的时步乘子，这样可以大大加快计算的进度。

① SOLVE age 命令后面跟随的数据是动力计算的时间，此处 1.0 表示计算 1.0s。计算时间的单位一般是秒。

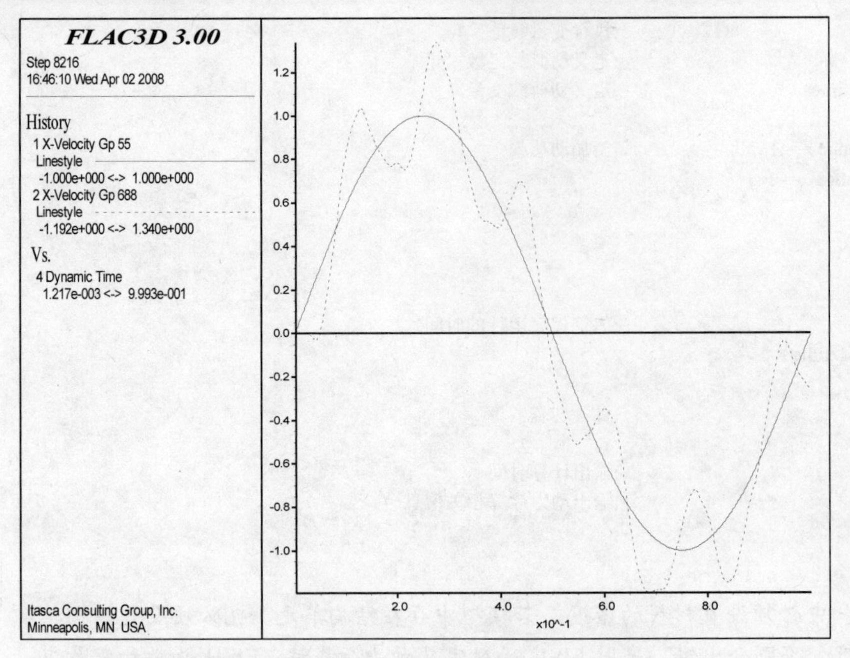

图 12-2 动力计算结束时模型底部和顶部的水平速度时程曲线

```
Flac3D>print tim                                    ;输出计算时间
tim = 1.380000000000e+001
Flac3D>print dyn                                    ;输出动力计算相关信息
  Dynamic data ...
    Dynamic                        : On
    Time step                      : 1.217161e-004
    Dynamic time                   : 1.000020e+000
    Solve Age Limit                : 1.000000e+020
    Dynamic Damping type           : Rayleigh
    Local damping constant         : 8.000000e-001
    Rayleigh damping constants
      Alpha (Mass damping)         : 0.000000e+000
      Beta (Stiffness damping)     : 0.000000e+000
    Multistepping                  : On
    Time Step multipliers          : no. zones
                                 1 : 65
                                 2 : 0
                                 4 : 310
                                 8 : 0
                                16 : 0
                            Total: 375
```

图 12-3 设置动态多步情况下的输出信息

```
Flac3D>print tim                                    ;输出计算时间
tim = 2.681000000000e+001
Flac3D>print dyn                                    ;输出动力计算相关信息
  Dynamic data ...
    Dynamic                        : On
    Time step                      : 1.217161e-004
    Dynamic time                   : 1.000020e+000
    Solve Age Limit                : 1.000000e+020
    Dynamic Damping type           : Rayleigh
    Local damping constant         : 8.000000e-001
    Rayleigh damping constants
      Alpha (Mass damping)         : 0.000000e+000
      Beta (Stiffness damping)     : 0.000000e+000
    Multistepping                  : Off
```

图 12-4 未设置动态多步情况下的输出信息

12.4 动力荷载和边界条件

利用 FLAC3D 进行动力计算时，有以下 3 个问题需要读者认真考虑：

- 动力荷载和边界条件；
- 力学阻尼；
- 模型中波的传播。

本节及后续的两节将分别针对以上三个问题展开讨论。

12.4.1 动力荷载的类型与施加方法

FLAC3D 可以在模型边界或内部节点施加动荷载来模拟材料受到外部或内部动力作用下的反应，程序允许的动力荷载输入可以是：①加速度时程，②速度时程，③应力（压力）时程，④集中力时程。

动力荷载的施加采用 APPLY 命令，另外，采用 APPLY Interior 命令可以将加速度、速度和力的时程施加到模型内部的节点上。动力荷载的形式主要有两种：

- FISH 函数。FISH 函数表达的动力荷载往往比较规则，也常用于试算阶段的动力输入，因为试算时可以不用过多考虑荷载的频率、基线校正等问题。本章例 12.1 中已经给出了一个 FISH 函数作为动力荷载的例子，这里不再赘述。
- TABLE 命令定义的表。常用于离散的动力荷载输入，包括地震波、实测振动数据、不规则动力输入等。下面简要介绍利用 TABLE 命令形成的表作为动力荷载的方法。

表（table）是 FLAC3D 中的一种数据格式，表中的数据成对出现，相当于两列的表格。表建立的基本命令是：

```
TABLE n x1 y1 x2 y2 x3 y3
```

其中 n 表示表的 ID 号，（x1,y1）、（x2,y2）、（x3,y3）分别为表格中的三对数据，例如在命令行中输入如下命令：

```
table 1 1 1 2 4 3 6
```

表示建立了一个 ID 号为 1 的表，表中有 3 对数据。可以通过 PLOT 命令绘出该表的图形：

```
plot table 1 line
```

也可以通过 PRINT 命令打印该表的内容：

```
print table 1
```

在 FLAC3D 动力计算中，动力荷载往往数据点很多，用命令输入的方法显然不便，因此常用编辑文本文件的方法进行表的读入与调用，编辑文本文件的表有两种格式。

- x 列均匀间隔的表，常用于等间隔的动力荷载形式。

```
第 1 行：表的名称
第 2 行：数据对的个数 空格 时间间隔（x 列的数据间隔）
第 3 行：y 列的第 1 个数据
第 4 行：y 列的第 2 个数据
……
空行
```

- 分别给出 x，y 数据对的表。

```
第 1 行：表的名称
第 2 行：数据对的个数 空格 0.0（0.0 表示表格中的 x 间隔非常量）
第 3 行：x1 空格 y1
```

第 4 行：x2 空格 y2
……
空行

注意

在表的文本文件最后，需要有一个回车换行符，否则会出现“Error reading file xxx.dat”的错误；表的名称可以用英文、中文，也可以包含空格；表的文本文件可以保存成.dat、.txt 等格式。

完成的文本文件需要进行读入操作才可以供 FLAC3D 调用。采用 TABLE read 命令进行读入引用：

```
table 1（ID 号） read 文件名
```

读入后，读者可以使用 PLOT table 和 PRINT table 命令来查看生成的表文件是否读入正确。在进行 FLAC3D 动力边界条件设置时，使用 APPLY 命令调用已读入的表，下面的命令以施加水平向速度荷载为例。

```
app xvel 1.0 hist table 1 range …
```

命令中的 1.0 表示表格 y 向数据的乘子，可以方便地控制荷载幅值的大小。另外，动荷载的输入可以沿着 x，y，z 的任意方向施加或者沿模型边界的法向和切向施加。

注意

特定的边界条件不能在相同的边界上进行混合施加，否则程序会提示出错。

12.4.2 边界条件的设置

在动力问题中，模型周围边界条件的选取是一个主要内容，因为边界上会存在波的反射，对动力分析的结果产生影响。把分析模型的范围设置得越大，分析结果就越好，但较大的模型会导致更大的计算负担。FLAC3D 中提供了静止（粘性）边界和自由场边界两种边界条件来减少模型边界上波的反射。

1. 静态边界

FLAC3D 中允许采用静态边界（也称粘性边界、吸收边界）条件来吸收边界上的入射波。FLAC3D 中的静态边界是 Lysmer 和 Kuhlemeyer（1969）提出的，具体做法是在模型的法向和切向分别设置自由的阻尼器从而实现吸收入射波的目的，阻尼器提供的法向和切向粘性力分别为式（12-5）和（12-6）。

$$t_n = -\rho C_p v_n \tag{12-5}$$

$$t_s = -\rho C_s v_s \tag{12-6}$$

其中，v_n，v_s 分别为模型边界上法向和切向的速度分量，ρ 为介质密度，C_p，C_s 分别为 p 波和 s 波的波速。

这种静态边界对于入射角大于 30 度的入射波基本能够完全吸收，对于入射角较小的波，比如面波，虽然仍有一定的吸收能力，但吸收不完全。静态边界可以加在整体坐标系上，也可以加载在倾斜边界的法向和切向上。如果在倾斜边界的法向和切向施加静态边界，则需要同时使用 nquiet，dquiet，squiet 条件。

整体坐标系的静态边界条件设置使用命令为：

```
APPLY xquiet (yquiet, zquiet) range …
```

使用倾斜边界上的静态边界条件命令为：

```
APPLY nquiet (dquiet,squiet) range …
```

注意

（1）施加动力边界条件后，这些边界上原先的静力边界条件将被自动去掉（free），在动力荷载施加期间，程序始终自动计算边界上的作用力，用户不能将静态边界条件去掉，也不能在静态边界上施加加速度、速度边界条件，因为静态边界上的作用力是根据边界上的速度分量计算得到的。如果再施加速度荷载就会使静态边界失效。若需要在静态边界上输入动荷载，则只能输入应力时程。可以将加速度、速度时程通过转换公式（12-7）和（12-8）形成应力时程施加到静态边界上。

$$\sigma_n=-2(\rho C_p)v_n \tag{12-7}$$

$$\sigma_s=-2(\rho C_s)v_s \tag{12-8}$$

式中的σ_n，σ_s分别为施加在静态边界上的法向应力和切向应力，公式中的系数 2 表示施加的能量中只有一半是向上传播作为动力输入的，另一半向边界下部传播。公式中的负号是为了使应力施加后节点的速度能与实际一致。

（2）对于动力荷载来源于模型内部（如隧道中的列车振动问题）的情况，可以将动力荷载直接施加在节点上，这种情况下使用静态边界可以有效减小人工边界上的反射，并且不需要再施加下面提到的自由场边界。

（3）动力计算过程中应避免静力荷载的变化。比如，在一个已经施加底部静态边界的模型上进行开挖，会造成整个模型向上移动。因为施加静态边界时程序自动计算了施加在模型底部边界上的反力，这些边界反力不能与开挖后的模型相平衡，会引起模型的整体上移。

下面给出一个简单的静态边界的例子。

问题描述：如图 12-5 所示，一根竖直的弹性杆，高 50 m，宽 1 m，体积模量和剪切模量分别为 20 MPa 和 10 MPa，材料密度为 1000 kg/m^3。在杆的底部边界的两个水平方向设置静态边界条件，而杆的顶部为自由表面，在杆的底部施加水平方向的应力冲击荷载。根据材料参数，可以计算得到剪切波速C_s为 100 m/s，ρC_s的乘积为 10^5。应力冲击荷载的幅值设置为 2×10^5，根据公式（12-8）可以得到等效速度荷载幅值为 1 m/s。计算中不考虑重力的作用，因此不需要进行初始应力的计算。

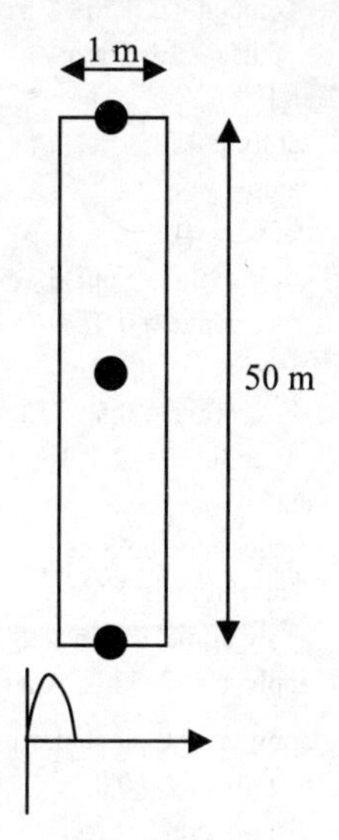

图 12-5　静态边界条件示例

分析杆的底部、中心点、顶部三个典型节点的速度响应，计算结果如图 12-6 所示。可以发现模型底部产生的速度荷载幅值就是 1 m/s，图中最后两个脉冲是从模型顶部自由面反射回来的波。在模型顶部节点的速度幅值是底部输入幅值的两倍，而且顶部反射回来的波传到模型底部以后，模型基本结束了振动。这些现象说明采用静态边界的设置是合理有效的。

计算文件如下：

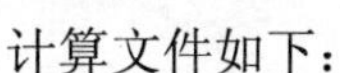

例 12.2　静态边界的例子

```
new
config dyn
gen zone brick size 1,1,50
```

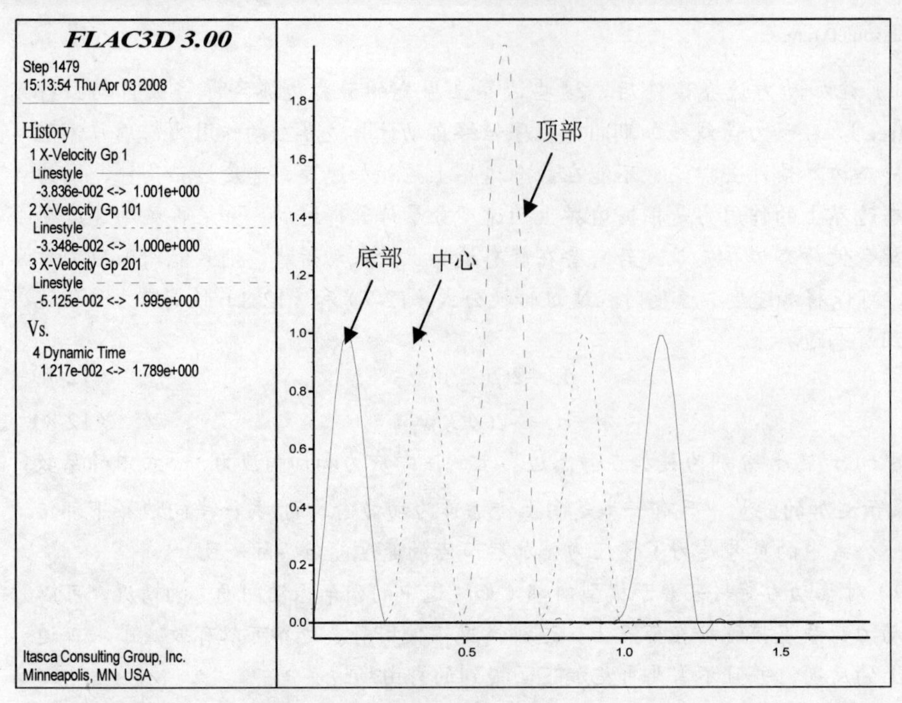

图 12-6　在静态边界上输入应力荷载得到的响应

```
model elas
prop shear 1e7 bulk 2e7
ini dens 1000
def setup
   omega = 2.0 * pi * freq
   pulse = 1.0 / freq
end
set freq=4.0
setup
def wave
     if dytime > pulse
        wave = 0.0
     else
        wave = 0.5 * (1.0 - cos(omega * dytime))
     endif
end
range name bottom z=-.1 .1
fix z range z=.5 55                                    ;将上部网格都施加竖直向约束
apply dquiet squiet range bottom
apply sxz -2e5 hist wave syz 0.0 szz 0.0 range bottom           ;-2e5 的系数来源于-2* ρC_s 的值
apply nvel 0 plane norm 0,0,1 range bottom
hist gp xvel 0,0,0
hist gp xvel 0,0,25
hist gp xvel 0,0,50
hist dytime
hist wave
plot create hhh
plot add hist 1 2 3 vs 4
plot show
solve age 2
```

2. 自由场边界

对诸如大坝之类的地面结构进行动力反应分析时，在模型各侧面的边界条件须考虑为没有地面结构时的自由场运动。FLAC3D 通过在模型四周生成二维和一维网格的方法来实现这种自由场边界条件（见图 12-7 所示），主体网格的侧边界通过阻尼器与自由场网格进行耦合，自由场网格的不平衡力施加到主体网格的边界上。由于自由场边界提供了与无限场地相同的效果，因此向上的面波在边界上不会产生扭曲。

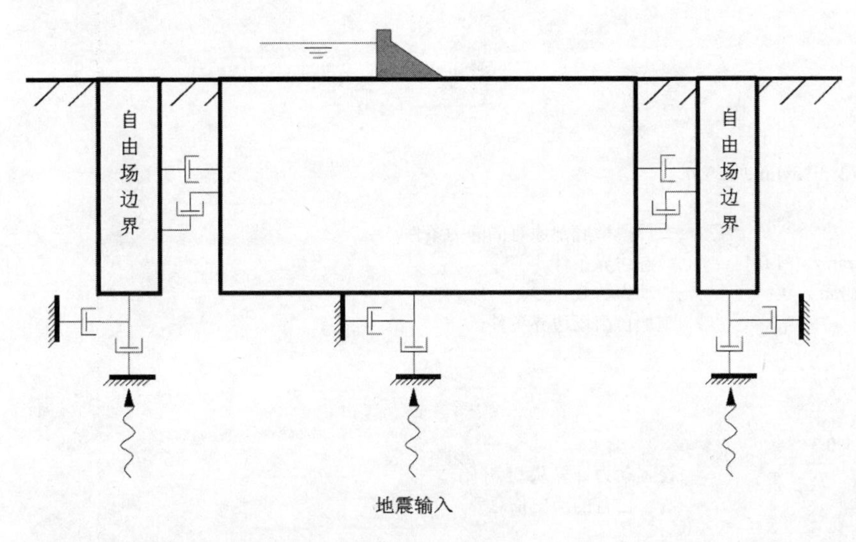

图 12-7　自由场边界示意图

对于 FLAC3D 而言，自由场边界模型包括 4 个二维平面网格和 4 个一维柱体网格，平面网格在模型边界上与主体网格是一一对应的，柱体网格相当于平面自由场网格的自由场边界。其中，平面自由场网格进行的是二维计算，假设在面的法向无限延伸；柱体自由场网格进行的是一维计算，假设在柱体两端无限延伸。

下面给出一个简单的自由场边界条件的例子，见例 12.3。

例 12.3　自由场边界条件的实例

```
new
;第一步：静力计算阶段
config dyn
set dyn off①
gen zone brick size 6 3 2
gen zone brick size 2 3 2 p0 0 0 2
gen zone brick size 2 3 2 p0 4 0 2
gen zone wedge size 1 3 2 p0 2 0 2
gen zone wedge size 1 3 2 p0 4 3 2 p1 3 3 2 p2 4 0 2 p3 4 3 4    &
                                          p4 3 0 2 p5 4 0 4
model elastic
prop bulk 66667 shear 40000
ini dens 0.0025
set grav 0 0 -10
fix x    range x -0.01 0.01
```

① SET dynamic off 的意思是暂时关闭动力计算模式，先进行静力计算。

```
fix x   range x   5.99 6.01
fix y   range y -0.01 0.01
fix y   range y   2.99 3.01
fix z   range z -0.1 0.1
hist unbal
solve
save 12-3_1.sav
;第二步：动力计算阶段
set dyn on①
def iniwave
  per = 0.01
end
iniwave
def wave
  wave = 0.5 * (1.0 - cos (2*pi*dytime/per))
end
free x y z   ran z -0.1 0.1                    ;去掉模型底部原有的静力条件
apply nquiet squiet dquiet ran z -0.1 0.1      ;静态边界条件
apply dstress 1.0 hist wave ran z -0.1 0.1     ;加动力荷载
apply ff                                       ;施加自由场边界条件
group ff_corner
group ff_side    ran x 0 6
group ff_side    ran y 0 3
group main_grid ran x 0 6 y 0 3
set dyn time = 0                               ;设置动力计算从 0s 开始
hist reset                                     ;清空已有的历史信息
hist   unbal
hist   dytime
; 主体网格
hist   gp xvel 2 1 0
hist   gp xvel 2 1 5.0
; 柱体网格
hist   gp xvel -1 -1 0
hist   gp xvel -1 -1 5.0
; 平行于 y 方向的二维自由场网格
hist   gp xvel -1 0 0
hist   gp xvel -1 0 5.0
; 平行于 x 方向的二维自由场网格
hist   gp xvel 2 -1 0
hist   gp xvel 2 -1 5.0
solve age 0.015
save 12-3_2.sav
```

计算分两步，第一步进行重力作用下的初始应力计算，这里采用的是直接重力加载的方法生成初始应力，第二步进行动力计算。在设置动力边界条件时采用了以下 4 个步骤：

步骤 1 去掉模型底部已有的静力约束条件；

步骤 2 施加静态边界条件；

步骤 3 施加动力荷载；

步骤 4 施加自由场边界条件。

① 此处命令 SET dynamic on 与上述 SET dynamic off 是对应的，此处静力计算结束，要打开动力计算模式。

施加自由场边界条件以后，程序自动在主体网格（图 12-8（a））周围生成一圈自由场网格。当计算模型的单元数较多时，这个生成过程需要花费较多的时间。可以对生成的自由场网格定义 group，如例 12.3 中就将二维自由场网格和一维自由场网格分别赋值了 group，这样便于模型的观察和主体网格结果的后处理（图 12-8（b））。

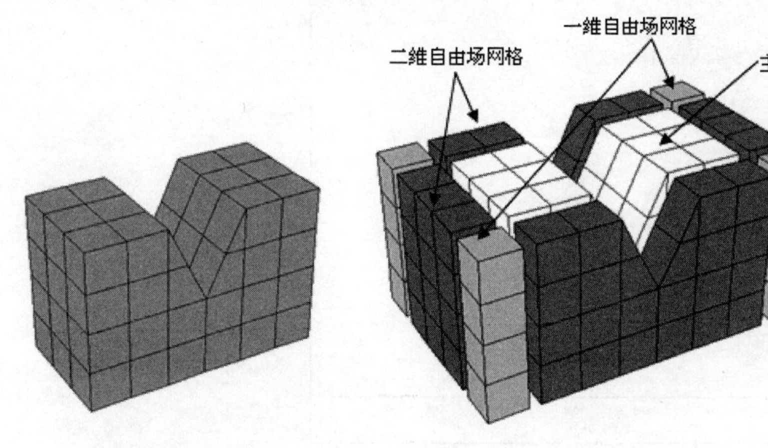

（a）自由场边界施加前　　（b）自由场边界施加后

图 12-8　自由场边界施加前后的网格

计算中对主体网格、柱体自由场网格和平面自由场网格对应位置的水平向速度进行了监测，计算结果见图 12-9 所示。可以发现，主体网格与周围的自由场网格同步运动，达到了自由场边界的目的。

讨论：读者可以修改例 12.3 中边界条件设置的命令，比如去掉某个命令或者调换命令的前后位置，可以得到以下结论：

- free 命令在本例中可以删去，因为接下来设置静态边界本身就会将模型底部边界上已有的静力条件设置为 free。但是如果静力计算阶段模型底部的边界条件设置为 fix x y z，而且施加的动力荷载形式为加速度或者速度，就需要首先将这些 fix 速度的静力条件设置为 free，否则会出现动力加载的错误。
- 本例中 app ff 的位置对结果没有影响，但是在动力计算中仍然要把 app ff 放在所有边界条件的后面，换句话说，静态边界条件、动力荷载施加等必须在自由场边界条件设置之前完成。

另外，使用自由场边界条件还需要注意以下几点：

- 如果动力源只存在于模型的内部，那么可以不必设置自由场边界。
- 自由场边界设置对模型的形状有一定的要求：模型底部水平，重力方向为 z 向，四个侧面垂直，法向分别为 x、y 向。如果地震波的传播方向不是竖直方向的，则应当进行坐标轴旋转，使得 z 轴与地震波传播方向相同。这种情况下，重力方向将与 z 轴存在一定的夹角，而且模型边界也与水平面产生倾斜。
- APPLY ff 将边界上单元的属性、条件和变量全部转移至自由场边界的单元上，并且设置以后主体网格上的改动将不会被自由场边界响应，这一点与静态边界类似。
- 使用自由场边界对主体网格的本构模型没有要求，并可以进行竖向流体计算相耦合。

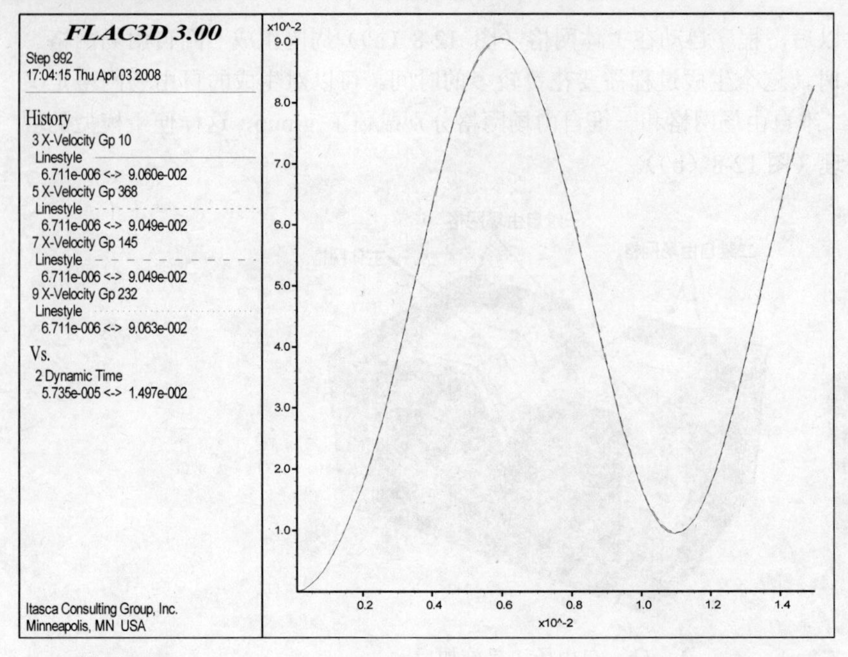

（a）模型底部

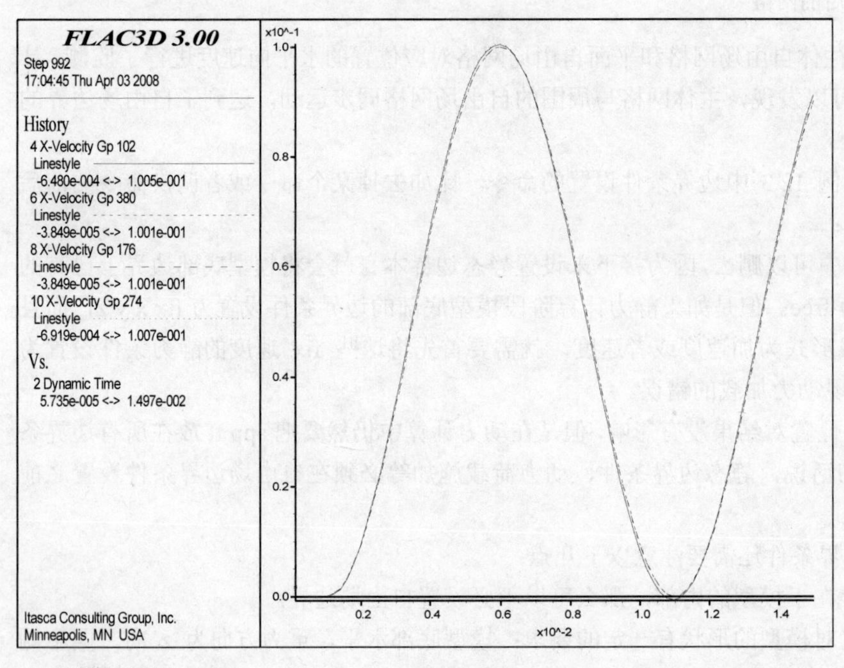

（b）模型顶部

图 12-9　自由场边界条件的示例结果

- 自由场边界进行的是小变形计算，主体网格可进行大变形计算，因此自由场边界上的变形要相对较小，如果自由场网格上的变形较大，那么需要扩大人工边界条件的选取。
- 存在 attach 的边界将不能设置 FF 边界，而且主体网格边界上的 Interface 将不能连续到自由场网格。

- 可以对生成的自由场网格进行 group 赋值，这样在后处理的云图显示时去掉自由场网格，生成只有主体网格的图形。

12.4.3　地震荷载的输入

地震反应分析是 FLAC3D 动力计算的主要应用领域，所以有必要对地震荷载的输入做单独介绍。地震荷载常用表（table）的文本文件格式读入到 FLAC3D 中，再施加到模型底部的边界上。对于地震荷载的动力边界条件的选择可以参考以下标准：

1. 刚性地基

如果模型底部为岩石等模量较大的材料，可以在底部直接施加加速度或速度荷载，并采用自由场边界条件，模型底部无需施加静态边界条件。

2. 柔性地基

如果模型底部的单元为土体，尤其是软土，则不能直接施加加速度和速度，而需要将加速度、速度转换成应力时程，再施加到模型底部，具体转换公式可参考公式（12-7）和（12-8）。模型周围采用自由场边界条件，模型底部可采用静态边界条件（nquiet，dquiet，squiet）。

12.5　力学阻尼

阻尼的产生主要来源于材料的内部摩擦以及可能存在的接触表面的滑动。FLAC3D 采用求解动力方程的方法解决两类力学问题：准静力问题和动力问题。在这两类问题中都要使用阻尼，但准静力问题需要更多的阻尼使得动力方程能够更快地收敛平衡。对于动力问题中的阻尼，需要在数值模拟中重现自然系统在动荷载作用下的阻尼大小。目前，FLAC3D 动力计算提供了三种阻尼形式供用户选择，分别是瑞利阻尼、局部阻尼和滞后阻尼。

12.5.1　瑞利阻尼（Rayleigh damping）

瑞利阻尼最初应用于结构和弹性体的动力计算中，以减弱系统的自然振动模式的振幅。在计算时，假设动力方程中的阻尼矩阵 C 与刚度矩阵 K 和质量矩阵 M 有关：

$$C = \alpha M + \beta K \tag{12-9}$$

其中，α 为与质量成比例的阻尼常数，β 为与刚度成比例的阻尼常数。

瑞利阻尼中的质量分量相当于连接每个节点和地面的阻尼器，而刚度分量则相当于连接单元之间的阻尼器。虽然两个阻尼器本身是与频率有关的，但是通过选取合适的系数，可以在有限的频率范围内近似获得频率无关的响应。图 12-10 为归一化的临界阻尼比与角频率之间的关系曲线，其中包含仅设置刚度分量、仅设置质量分量以及二者叠加的三种结果。可以看出，采用叠加的方法得到的阻尼比在较大的频率范围内保持定值，因此瑞利阻尼可以近似地反映岩土体具有的频率无关性。

1. 瑞利阻尼的两个参数

设置瑞利阻尼的命令为：

```
SET dyn damp rayleigh 参数 1 参数 2
```

根据图 12-10 叠加结果的阻尼比曲线最小值可以确定瑞利阻尼的两个参数，分别是最小临界阻尼比 $\xi_{\min}$（参数 1）和最小中心频率 $\omega_{\min}$（参数 2），可以按照式（12-10）进行计算：

$$\xi_{\min} = (\alpha \cdot \beta)^{1/2}$$
$$\omega_{\min} = (\alpha / \beta)^{1/2} \tag{12-10}$$

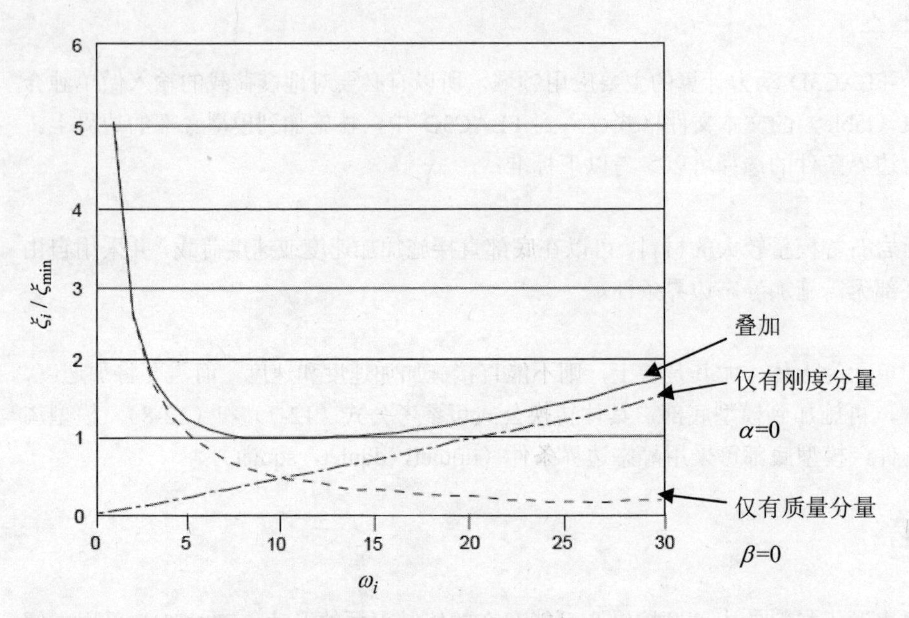

图 12-10　归一化的临界阻尼比与角频率之间的关系

参数 2 中的单位是 Hz，而不是角频率的单位。

2. 瑞利阻尼参数选择的原则

很多读者十分关心瑞利阻尼参数的选择。对于岩土材料而言，临界阻尼比的范围一般是2%～5%，而结构系统的临界阻尼比为 2%～10%。在使用弹塑性模型进行动力计算时，相当多的能量消散于材料发生的塑性流动阶段，因此在进行大应变的动力分析时，只需要设置一个很小的阻尼比（比如 0.5%）就能满足要求，而且达到塑性以后，随着应力-应变滞回圈的扩大，能量的消散也逐渐明显。

（1）中心频率的确定。

瑞利阻尼是与频率相关的，但是在一定的频率范围内，瑞利阻尼基本与频率无关。这个频率范围的最大频率常是最小频率的 3 倍。对于任何动力问题，可以对速度时程进行谱分析得到速度谱与频率之间的关系，见图 12-11 所示。可以逐渐调整 $f_{\min}$，使得频率范围在 $f_{\min}$ ～3× $f_{\min}$ 之间包含了动力能量的主要部分，这时的 $f_{\min}$ 就是瑞利阻尼的中心频率。在实际分析中，比如多种材料的土石坝动力分析，需要首先将分析模型假设为弹性材料进行动力计算，得到各种材料关键位置的功率谱，根据功率谱的分布来确定该区域的瑞利阻尼中心频率的大小。通过这种方法确定的中心频率 $f_{\min}$，既不是输入频率，也不是系统的自振频率，而是二者作用的叠加。

对于简单的模型，也可以采用自振频率作为瑞利阻尼的中心频率，这需要对模型进行无阻尼的自振计算，下面给出一个实例。

自振频率的计算要求设置正确的边界条件，不设置阻尼，在重力作用下求解一定的步数，使模型产生振荡，分析模型中关键节点的响应（包括速度、位移随动力时间的变化曲线）。具体的求解步数可以根据输出结果，至少完成一个或几个周期的振荡，从而确定自振频率的大小。

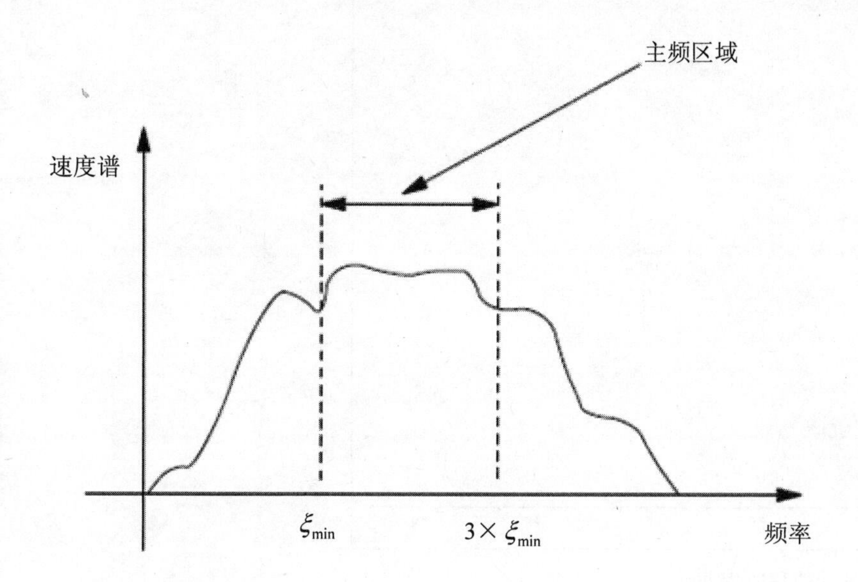

图 12-11 速度谱与频率之间的关系

例 12.4 自振频率的计算

```
conf dy
gen zone brick size 3,3,3
model elas
prop bulk 1e8 shear 0.3e8
ini dens 1000
fix z range z -.1,.1
set dyn=on,   grav 0 0 -10,   hist_rep=1①
hist gp zdisp 3.0,1.5,3.0
hist dytime
plot create hh
plot add his 1 vs 2
save 12-4_1.sav                                  ;保存文件，在后续计算中需调用该文件
cyc 150
```

例 12.4 中记录了模型边界上一个节点的位移振荡曲线，见图 12-12 所示。可以发现完成一个振荡周期需要的时间约为 0.0438s，据此可以计算出系统的自振频率为 22.8Hz。在确定振荡周期时，可以将计算结果输出到文本文件，再通过 Excel 操作得到更精确的周期值。

（2）阻尼比的确定。

经验方法是，直接选取岩土体的阻尼比参数，如 2%~5%。

另外一种，通过弹性阶段的动力计算，了解各关键位置的动应变幅值，并根据实验室得到的阻尼比-应变幅值曲线来选择阻尼比的大小。

3. 瑞利阻尼的实例

以例 12.4 中保存的 12-4_1.sav 文件为基础，采用如下 3 种参数形式的瑞利阻尼进行动力计算：

① 变量 hist_rep 的作用是将设置历史记录的间隔，默认为 10，即每 10 步记录一次数据。由于本例中计算时间步较少，为了得到更平滑的记录曲线，将 hist_rep 取为 1。

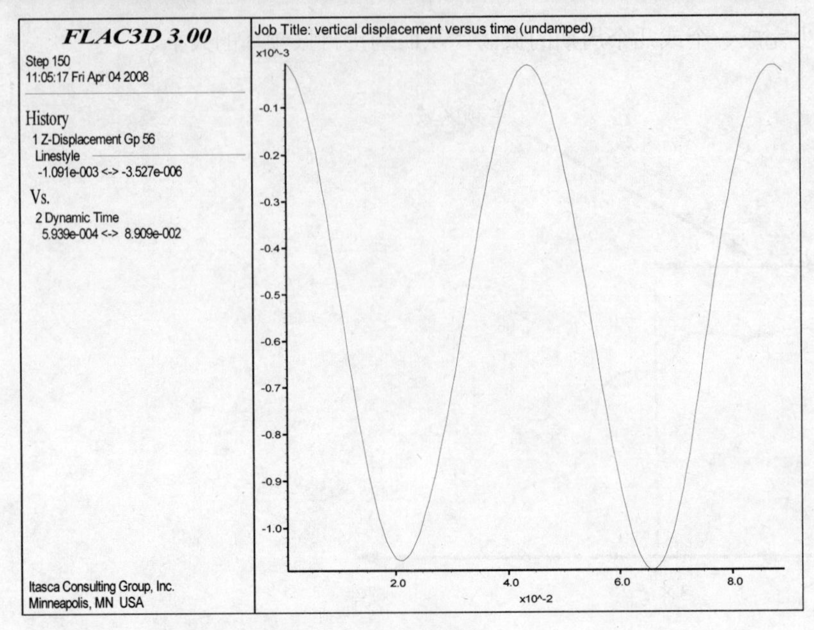

图 12-12　自振频率计算得到的位移时程曲线

- 质量分量和刚度分量共同作用；
- 仅有质量分量；
- 仅有刚度分量。

为了更好地进行比较，上述三种参数均调试为临界阻尼状态，即模型刚好不做周期振动而回到平衡位置。达到临界阻尼状态必须将临界阻尼比设为 1，使用自振频率作为瑞利阻尼的中心频率，而且同时使用质量分量和刚度分量，即例 12.5 的第（1）种情况。

如果仅采用质量阻尼或刚度阻尼，则需要将阻尼比设置为共同作用下的 2 倍，具体命令文件如下。

例 12.5　瑞利阻尼的例子

```
;（1）质量分量和刚度分量共同作用
rest 12-4_1.sav
set dyn damp rayleigh 1 22.8
solve age=0.2
title
vertical displacement versus time (mass & stiffness damping)
plot show
pause①
;（2）只有质量分量
rest 12-4_1.sav
set dyn damp rayleigh 2 22.8 mass
solve age=0.08
title
vertical displacement versus time (mass damping only)
plot show
```

① 命令 pause 的作用是在命令文件执行中设置暂停，以便于用户观察暂停状态下的计算结果，在命令行中输入 continue 可以继续执行，若输入命令中存在错误，就停止执行。pause 后面可以跟 keyword 关键词，表示暂停状态下按任意键即可继续。

```
pause
;（3）只有刚度分量
rest 12-4_1.sav
set dyn damp rayleigh 2 22.8 stiffness
solve age=0.08
title
vertical displacement versus time (stiffness damping only)
plot show
```

三种计算结果得到的竖向位移时程曲线均如图 12-13 所示，表明三种情况都达到了临界阻尼状态。但是三种计算工况下的时间步存在较大差别，具体见表 12-1 所示。可以看出，瑞利阻尼中刚度分量的设置大大降低了 FLAC3D 中的动力时间步。

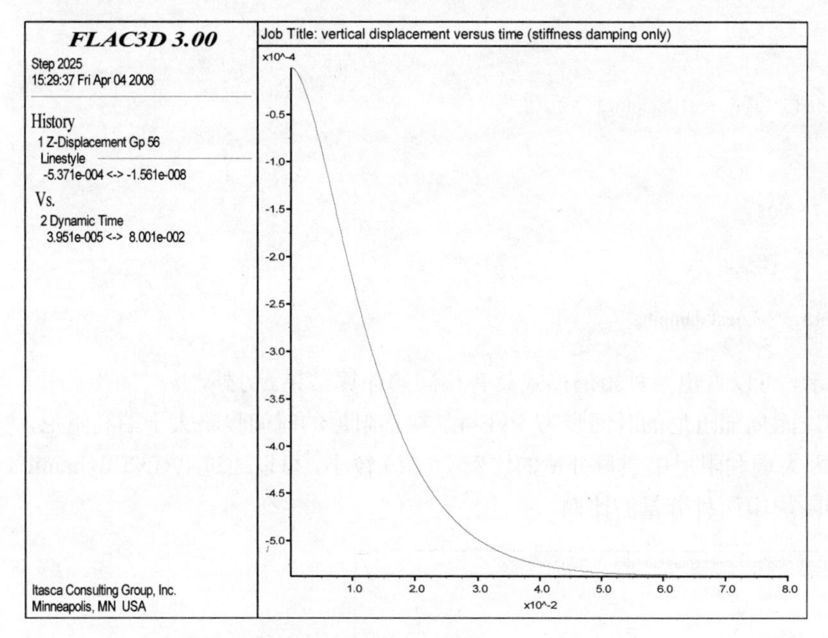

图 12-13　竖向位移时程曲线的临界阻尼状态

表 12-1　瑞利阻尼三种参数格式下的计算时间步比较

计算工况	（1）质量分量和刚度分量共同作用	（2）只有质量分量	（3）只有刚度分量
时间步	7.8E-5	5.9E-4	3.9E-5

12.5.2　局部阻尼（Local damping）

局部阻尼是 FLAC3D 静力计算中采用的阻尼形式，但是它的一些特性可以用来进行动力计算。它在振动循环中通过在节点或结构单元节点上增加或减小质量的方法达到收敛，由于增加的单元质量和减小的相等，因此总体来说，系统保持质量守恒。当节点速度的符号改变时增加节点质量，当速度达到最大值（或最小值）时减小节点质量。因此损失的能量 ΔW 是最大瞬时应变能 W 的一定比例，这个比值 $\Delta W/W$，是与频率无关和率无关的。因为 $\Delta W/W$ 是临界阻尼比 D 的函数：

$$\alpha_L = \pi D \tag{12-11}$$

其中，α_L 为局部阻尼系数，临界阻尼比的取值可以参考瑞利阻尼中的 ξ_{min}。

局部阻尼的设置命令为：

```
SET dyn damp local  局部阻尼系数
```

局部阻尼系数不用求解系统的自振频率，而且相对于瑞利阻尼而言不会减小时间步，从这个意义上来说具有较大的优势。但局部阻尼只适合于简单问题的求解，实践证明设置局部阻尼不能有效地衰减复杂波形的高频部分，计算结果会产生一些高频“噪声”。因此，在使用时需慎重，最好将局部阻尼与瑞利阻尼的结果进行对比分析。

继续沿用例 12.4 中的保存文件 12-4_1.sav，比较瑞利阻尼和局部阻尼的计算结果。瑞利阻尼中临界阻尼比设为 5%，根据公式（12-11）可知局部阻尼的阻尼系数为 0.1571。

例 12.6　局部阻尼的例子

```
rest 12-4_1.sav
set dyn damp rayleigh 0.05 22.8
set hist_rep=5
solve age=0.5
title
vertical displacement versus time (5% Rayleigh damping)
plot show
pause
rest 12-4_1.sav
set dyn damp local 0.1571 ; = pi * 0.05
set hist_rep=5
solve age=0.5
title
vertical displacement versus time (5% Local damping)
plot show
```

计算结果见图 12-14 所示，可以看出两种阻尼形式具有相同的计算结果。另外，从时间步上看，瑞利阻尼的时间步为 4.9E-4，而局部阻尼的时间步为 5.9E-4，局部阻尼的时间步略大于瑞利阻尼，但二者相差并不明显。这是因为瑞利阻尼中质量分量的比例（β 值）较小，可以通过 PRINT dynamic 输出动力计算信息了解瑞利阻尼中两种分量的比例。

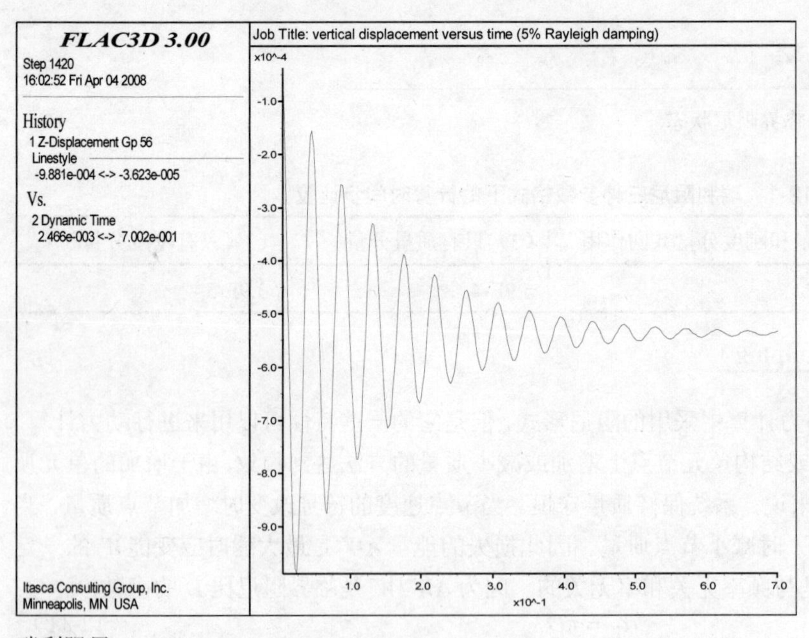

瑞利阻尼

图 12-14　瑞利阻尼与局部阻尼的比较

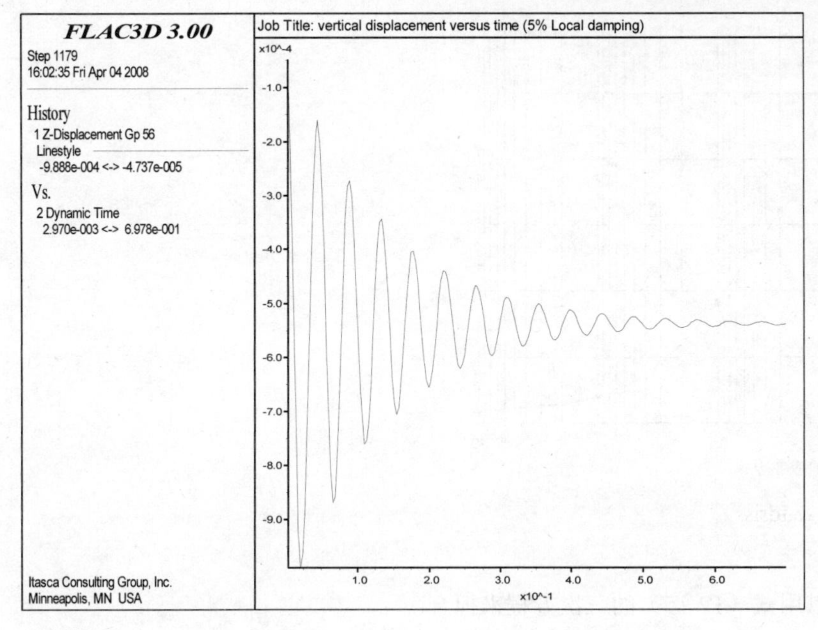

局部阻尼

图 12-14　瑞利阻尼与局部阻尼的比较（续图）

12.5.3　滞后阻尼（Hysteretic damping）

FLAC3D 将土动力学中岩土体的滞后特性用阻尼的形式加入到程序中。使用模量衰减系数 M_s 来描述土体的非线性特性。假设土体为理想粘弹性体，可以从模量衰减曲线上得到归一化的剪应力 $\overline{\tau}$：

$$\overline{\tau} = M_s \gamma \tag{12-12}$$

$$M_t = \frac{d\overline{\tau}}{d\gamma} = M_s + \gamma \frac{dM_s}{d\gamma} \tag{12-13}$$

式中，γ 为剪应变，M_s 为归一化的割线模量，M_t 为归一化的切线模量。则增量剪切模量 G 可以表示为：

$$G = G_0 M_t \tag{12-14}$$

其中，G_0 为小应变下的剪切模量。

滞后阻尼是与材料无关的阻尼格式，在动力计算中，滞后阻尼可以满足 Masing 二倍法，从而构造土体在动力作用下的滞回圈。另外，滞后阻尼的优点是：

- 可以直接采用动力试验中的模量衰减曲线，如图 12-15 所示；
- 相对于瑞利阻尼而言，滞后阻尼不影响动力计算的时间步；
- 可以应用于任意的材料模型，且可以与其他阻尼格式同时使用。

滞后阻尼与瑞利阻尼及局部阻尼的设置不同，采用的是初始条件 INITIAL 命令。

```
INITIAL damp hyst
```

FLAC3D 中滞后阻尼提供了多种形式的割线模量衰减曲线模型，包括默认模型（default）、S 型模型（包括三参数模型 Sig3 和四参数模型 Sig4）以及哈丁模型（Hardin）。下面对这几种模型做简要介绍。

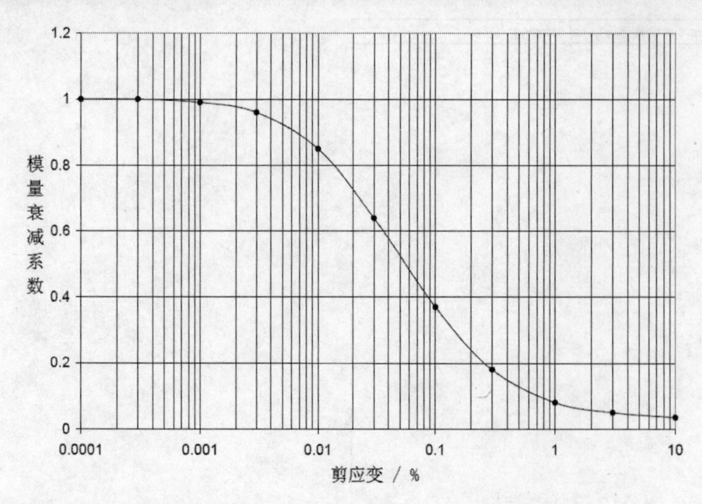

图 12-15　模量衰减曲线（Seed & Idriss）

1．默认模型

默认模型中 M_s 曲线可以用式（12-15）的三次方程来拟合。

$$M_s = s^2(3-2s) \tag{12-15}$$

其中

$$s = \frac{L_2 - L}{L_2 - L_1} \tag{12-16}$$

$$L = \log_{10}(\gamma) \tag{12-17}$$

L_1 和 L_2 为默认模型的两个参数，表示 M_s 曲线的循环应变范围。比如 L_1=-3，L_2=1 表示 M_s 曲线中循环应变的最小值是 0.001%（10^{-3}），最大值是 10%（10^1），因此可见默认模型的参数确定较简单，设置方法是：

```
INITIAL damp hyst default L1 L2
```

2．S 型模型

S 型模型包括三参数模型和四参数模型，采用如下公式来拟合 M_s 曲线。

Sig3 模型包含 a，b，x_0 三个参数，模型公式为：

$$M_s = \frac{a}{1+\exp(-(L-x_0)/b)} \tag{12-18}$$

设置命令为：

```
INITIAL damp hyst sig3 a b x0
```

Sig4 模型包含 a，b，x_0 和 y_0 四个参数：

$$M_s = y_0 + \frac{a}{1+\exp(-(L-x_0)/b)} \tag{12-19}$$

设置命令为：

```
INITIAL damp hyst sig4 a b x0 y0
```

3．哈丁模型

滞后阻尼中有一种 Hardin/Drnevich 模型，采用式（12-20）的双曲线公式来拟合 M_s 曲线：

$$M_s = \frac{1}{1+\gamma/\gamma_{\text{ref}}} \tag{12-20}$$

其中，γ_{ref} 为参考应变，一般取 G/G_{max}=0.5 时的对应的应变值。

哈丁模型只有一个参数，设置命令为：

```
INITIAL damp hyst hardin γref
```

表 12-2 提供了图 12-15 中模量衰减曲线的拟合结果，表 12-3 提供了黏土的模量衰减曲线拟合结果，读者在使用时可参考。

表 12-2　Seed & Idriss 模量衰减曲线的拟合结果

数据来源	默认模型	三参数模型	四参数模型	哈丁模型
砂土 （图 12-15）	L_1 = -3.325 L_2 = 0.823	a = 1.014 b = -0.4792 x_0 = -1.249	a = 0.9762 b = -0.4393 x_0 = -1.285 y_0 = 0.03154	γ_{ref} = 0.06

表 12-3　Seed & Idriss 模量衰减曲线的拟合结果（2）

数据来源	默认模型	三参数模型	四参数模型	哈丁模型
粘土	L_1 = -3.156 L_2 = 1.904	a = 1.017 b = -0.587 x_0 = -0.633	a = 0.922 b = -0.481 x_0 = -0.705 y_0 = 0.0823	γ_{ref} = 0.234

滞后阻尼是 FLAC3D 新开发的一个技术，在使用过程中读者要反复调试，同时也要注意以下几点：

- 低循环应变下得到的阻尼比要小于试验结果，这会导致低级的噪声，尤其在高频情况下。可以在中心频率上增加一个较小分量的 Rayleigh 阻尼（比如 0.2%刚度比例），这样也不会降低时步。
- 若初始剪应力不为 0，剪应力-剪应变曲线可能不匹配，因此在生成初始应力时就要调用 Hyst 阻尼，这一点至关重要。
- 滞后阻尼不仅会增加能量损失，还会导致在大循环应变下的平均剪切模量的降低，在输入波的基频接近共振频率的时候，可能会导致动力响应的幅值偏大。
- 在设置滞后阻尼之前要做一次弹性无阻尼求解，获得各关键部位发生循环应变的最大水平，若循环应变过大导致剪切模量过多的降低，那么使用滞后阻尼可能会存在问题。
- 即使应变较小，使用塑性模型也会增大应变，因此若模型存在广泛屈服的现象时，不能使用滞后阻尼。

12.5.4　关于阻尼设置的一些讨论

力学阻尼的设置是 FLAC3D 动力计算中讨论最多的话题，在这些阻尼形式中，瑞利阻尼由于其理论与常规动力分析方法类似，而且实践证明，瑞利阻尼计算得到的加速度响应规律比较符合实际，因此最易为大家所接受，唯一也是最大的不足就是瑞利阻尼的计算时间步太小，导致动力计算时间过长，因此很多用户不得不使用局部阻尼来代替。

滞后阻尼是新版本 FLAC3D 的一个亮点，但在实际使用过程中读者可以发现存在较多的困难，主要原因是滞后阻尼有过多的使用限制，且目前相关的参考资料较少。作者曾经尝试过一些滞后阻尼的算例，当模型较复杂时，很难得到满意的分析结果，尤其是在处理地震液化分析时更是如此。因此读者在使用滞后阻尼时需要慎重，从简单做起，逐步了解其功能后再应用于工程实践。

注意

不同的阻尼形式之间可以混合使用；对于不同的材料也可以按照初始条件的方式设置不同的阻尼形式和参数；动力分析中如果存在结构单元，需要采用 SEL set damp 命令，指定结构单元的阻尼，否则计算会提示出错。

12.6 网格尺寸的要求

输入波形的频率成分和土体的波速特性会影响土体中波传播的数值精度。Kuhlemeyer 和 Lysmer（1973）的研究表明，要想精确描述模型中波的传播，那么网格的尺寸 Δl 必须要小于输入波形最高频率对应的波长的 1/8～1/10，也就是：

$$\Delta l \leqslant \left(\frac{1}{8} \sim \frac{1}{10}\right)\lambda \tag{12-21}$$

式中，λ 是最高频率对应的波长。

可见在动力计算中，土体的模量越小，即土体越软，最大网格尺寸越小，划分的网格数量越多。注意到，任何离散化的介质都存在能量传播的上限频率，只有当输入荷载的频率小于这个上限频率时，计算结果才有意义。因此上述公式不仅适用于 FLAC3D，同样适用于其他基于时域的动力分析程序。

由于输入荷载的最大频率直接影响到单元的最大尺寸，所以对于脉冲荷载、爆炸荷载等这些频率范围很广的荷载形式，需要进行滤波处理，这部分内容在本章的 12.7.1 节中将会介绍。

12.7 输入荷载的校正

这里的输入荷载一般指的是地震荷载，因为在地震反应分析中，常使用离散的荷载列表，因此在施加之前有必要进行滤波和基线校正。

12.7.1 滤波

滤波的目的是过滤掉原有波形中的高频分量，因为由式（12-21）可知，地震波的最大频率对网格尺寸的影响较大。最大频率越高，满足精度条件下的网格尺寸越小。采用滤波的方式，可以减小地震波的最大频率，从而增大计算所需的最小网格尺寸，减小单元数量，达到节约计算时间的目的。滤波可以通过 OriginPro、SeismoSignal 等软件进行，也可以使用 FLAC3D 提供的 FISH 函数 FFT.fis 进行。

12.7.2 基线校正

在 FLAC3D 地震动力分析中，输入波通常为加速度时程，若将输入的加速度进行积分得到的最终速度和最终位移不为 0，则在动力计算结束时模型底部会出现继续的速度和残余的位移，此时需要对加速度时程进行基线校正。即通过在原始加速度时程上增加一个低频率的波形（多项式或周期函数），使最终的速度和位移均为 0。基线校正可以通过 SeismoSignal 软件进行，该软件提供了多种基线校正的方法，操作简单，建议读者使用。

12.8　动孔压模型与土体的液化

FLAC3D 可以进行动力与渗流的耦合分析，能够模拟砂土在动力作用下的孔压积累直至土体的液化，FLAC3D 采用了 Finn 模型来描述这种孔压积累的效应。Finn 模型的实质是在 Mohr-Coulomb 模型的基础上增加了动孔压的上升模式，并假定动孔压的上升与塑性体积应变增量相关。

设在有效应力为 σ_0' 时砂土的一维回弹模量为 $\bar{E}_r$，则对于不排水条件下孔隙水压力的增量 Δu 与塑性体积应变增量 $\Delta\varepsilon_{vd}$ 的关系为：

$$\Delta u = \bar{E}_r \Delta\varepsilon_{vd} \tag{12-22}$$

FLAC3D 提供了两种不同的塑形体积应变增量公式，包括 Finn 模式和 Byrne 模式。

1. Finn 模式

Martin et al.（1975）[143]的试验表明，塑性体积应变与循环剪应变幅值之间的关系与固结压力无关。为了实用目的，塑性体积应变增量 $\Delta\varepsilon_{vd}$ 仅是总的累积体积应变 ε_{vd} 和剪应变 γ 的函数：

$$\Delta\varepsilon_{vd} = C_1(\gamma - C_2\varepsilon_{vd}) + \frac{C_3\varepsilon_{vd}^2}{\gamma + C_4\varepsilon_{vd}} \tag{12-23}$$

其中，C_1，C_2，C_3 和 C_4 为模型常数。对于相对密度为 45%的结晶二氧化硅砂：C_1=0.80，C_2=0.79，C_3=0.45，C_4=0.73。

2. Byrne 模式

Byrne（1991）提出了一种更简便的计算塑性体积应变增量的方法：

$$\frac{\Delta\varepsilon_{vd}}{\gamma} = C_1 \exp\left(-C_2 \frac{\varepsilon_{vd}}{\gamma}\right) \tag{12-24}$$

其中，C_1 和 C_2 为两个参数，大多数情况下两者存在如下关系：

$$C_2 = \frac{0.4}{C_1} \tag{12-25}$$

参数 C_1 与砂土的相对密度存在如下关系：

$$C_1 = 7600(D_r)^{-2.5} \tag{12-26}$$

另外，相对密度与标准贯入击数存在一定的经验关系：

$$D_r = 15(N_1)_{60}^{1/2} \tag{12-27}$$

因此，参数 C_1 也可以通过标准贯入击数来得到：

$$C_1 = 8.7(N_1)_{60}^{-1.25} \tag{12-28}$$

Byrne 模型中还有一个参数 C_3 表示剪应变阈值，即发生塑性体积应变的最小剪应变值。

由于 Finn 模型的基础是 Mohr-Coulomb 模型，因此 Finn 模型参数包含 Mohr-Coulomb 的所有参数，包括 bulk、shear、cohesion、friction、tension，还包括用于计算孔压增量的参数。

- ff_switch 表示孔压上升模式，0 为 Finn 模式，1 为 Byrne 模式。

- ff_c1、ff_c2、ff_c3、ff_c4 分别为孔压上升模式公式中的 C_1、C_2、C_3 和 C_4。
- ff_latency 表示两次应变反转之间的最小步数。

12.9 完全非线性动力耦合分析步骤

FLAC3D 采用完全非线性的动力分析方法，可以考虑动力与渗流的耦合分析，模拟土体的液化。动力分析是在静力分析的基础上进行的，因此在动力计算之前要进行静力的力学计算和渗流计算，得到正确的应力场和渗流场。在动力计算前要考虑网格尺寸、边界条件、材料参数、阻尼类型、地震波调整等问题，一般动力分析过程见图 12-16 所示。

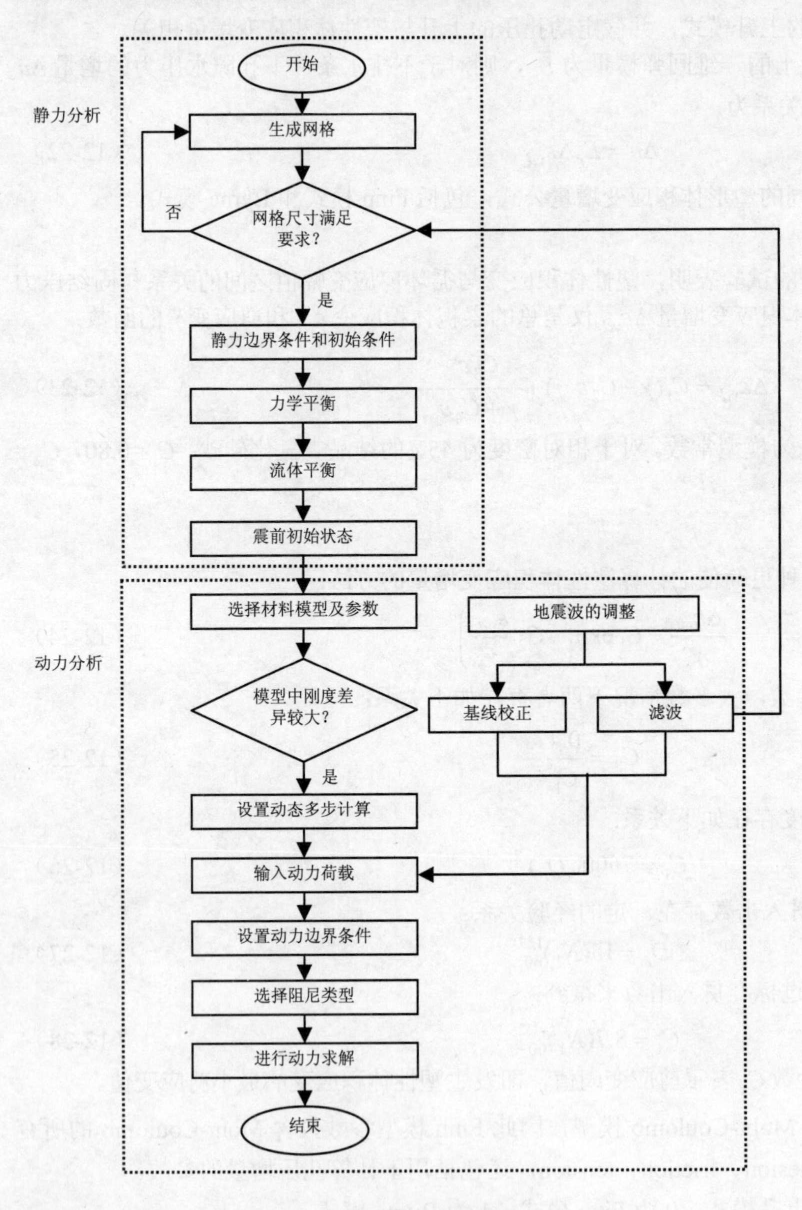

图 12-16 完全非线性动力耦合问题求解流程图

12.10　应用实例——振动台液化试验模拟

下面用一个振动台液化试验的例子来说明动力分析的主要过程。在本节的分析中，比较了不同阻尼形式、流固耦合方式对计算结果的影响。在这个例子的基础上通过进一步细化改进，可以模拟其他条件下的振动台试验。

12.10.1　计算模型及参数

水平场地的液化模拟采用的计算模型见图 12-17 所示。为了减少计算时间，本例中没有采用真实的振动台尺寸，而采用了较大的模型（长 30m，高 11m）。其中，可液化砂土厚度为 10m，其上部有一层厚度为 1m 的非液化层，垂直平面的方向取 1m。计算中考虑了动力计算中的最大网格尺寸的要求，如表 12-4 所示，模型的网格划分见图 12-18 所示，共划分 330 个单元。为了便于不同计算工况的比较，在计算中对可液化层中的一个单元进行跟踪，分别记录该单元的孔压和平均有效应力随动荷载时间的变化曲线。

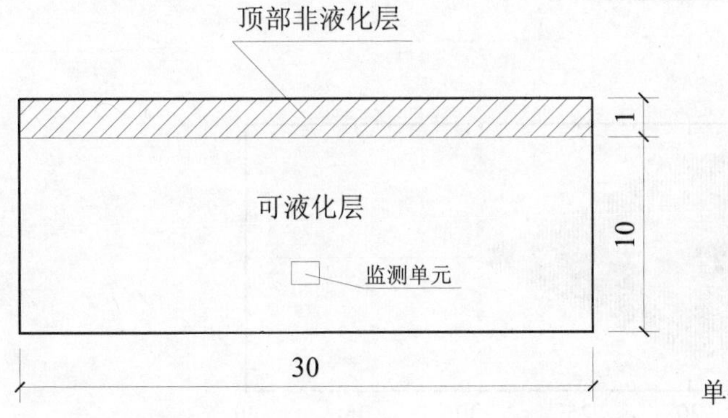

图 12-17　水平场地液化计算模型

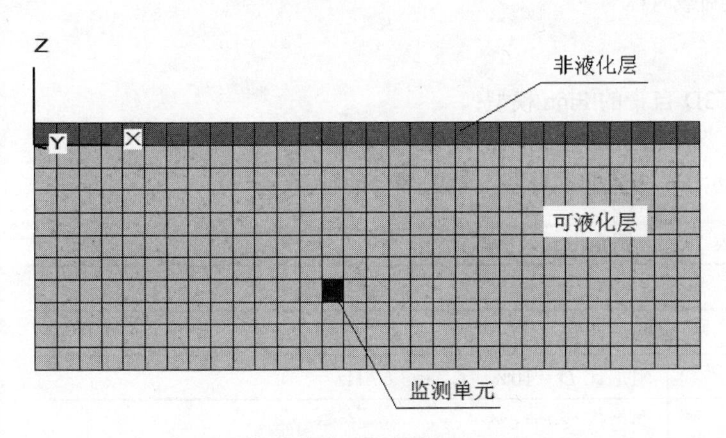

图 12-18　水平场地液化计算的网格划分

计算时，首先利用弹性模型使土体在重力作用下达到平衡，得到动力计算前的初始应力场，然后在模型底部及两侧的水平方向（x 方向）施加正弦的速度边界，见图 12-19 所示。速度时程考虑了振动台试验激振的过程，从 0 ~ 2 s 速度逐渐增大达到最大值并稳定一定时间（2 ~ 20s），随后速度逐渐减小到 0（20 ~ 30s）。计算中采用的速度时程曲线见图 12-20 所示。

表 12-4　水平场地液化计算中最大单元尺寸的计算

G（MPa）	$c_s = \sqrt{G/\rho}$（m/s）	F（Hz）	λ（m）	Δl（m）
30	70.71	5	14.14	1.4144

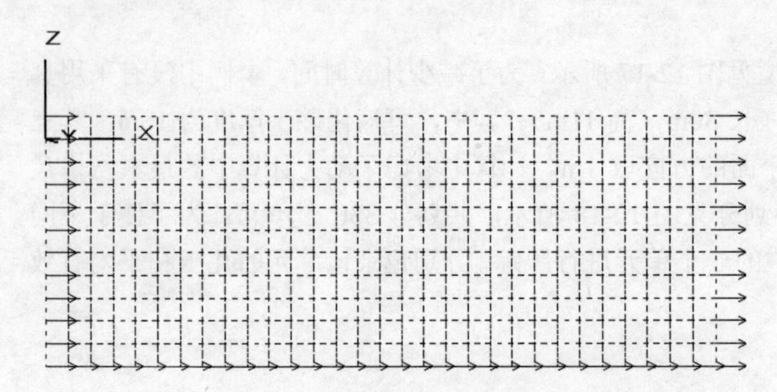

图 12-19　水平场地液化计算采用的边界条件

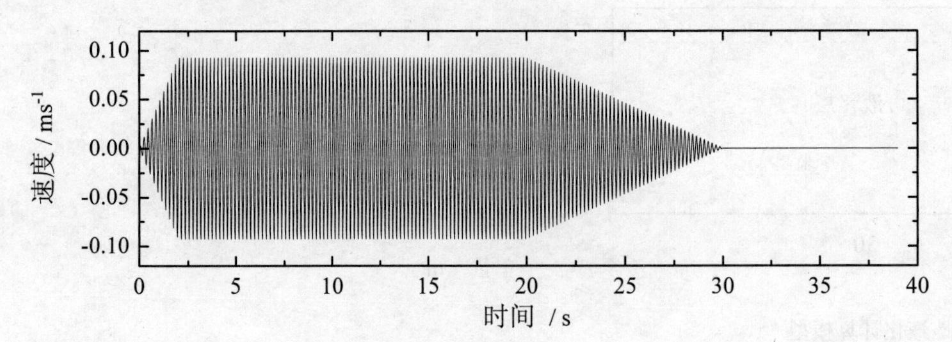

图 12-20　水平场地液化计算采用的速度荷载时程

计算工况为：

- 本构模型：分别采用 FLAC3D 自带的 Finn 模型；
- 阻尼形式：采用局部阻尼、瑞利阻尼和滞后阻尼，三种阻尼形式的参数见表 12-5 所示；
- 耦合形式：分别进行考虑动力 - 渗流的耦合及不考虑耦合的计算。

表 12-5　阻尼形式及参数选择

阻尼形式	阻尼参数
局部阻尼	临界阻尼比 $D = 10\%$
瑞利阻尼	阻尼比 $D = 10\%$，$f_{\min} = 3.67$ Hz
滞后阻尼	参考应变 $r = 6\%$

12.10.2　计算过程

计算过程主要包括静力分析和动力分析，其中静力分析是动力分析的基础。

1. 静力分析

在进行动力分析之前要进行静力计算，获得振动施加前的初始应力状态。本例中初始应力状态的获得分为两步。

步骤 1 设置弹性材料参数、流体模型参数、初始孔压场条件和边界条件，关闭流体模式和动力模式，并设置流体模量为 0，在重力作用下达到静力平衡。

步骤 2 定义了一个设置水平应力的 FISH 函数，_k0 是可以自行设定的侧压力系数，函数运行结束后再次达到平衡，完成初始应力的计算。

静力分析阶段的命令如例 12.7。

例 12.7 振动台模拟的静力分析

```
;振动台试验的例子
new
config dynamic fluid
def model_dim
  h_R = 0
  h_R1 = h_R + 1.0
end
model_dim
gen zon bri p0 0 0 -10 p1 30 0 -10 p2 0 1 -10 p3 0 0 0 p4 30 1 -10 p5 0 1 0 p6 30 0 h_R p7 30 1 h_R size 30 1 10 group sand
gen zon bri p0 0 0 0 p1 30 0 h_R p2 0 1 0     p3 0 0 1 p4 30 1 h_R p5 0 1 1 p6 30 0 h_R1 p7 30 1 h_R1 size 30 1 1 group top
;gen zon bri p0 0 0 -.5 p1 3 0 -.5 p2 0 1 -.5 p3 0 0 0 p4 3 1 -.5 p5 0 1 0 p6 3 0 0 p7 3 1 0 size 30 1 10
model elastic
prop bulk=3e7 shear=1e7 fric=35
ini dens 2000
model fl_iso
prop poro 0.5 perm 1e-8
ini fmod 2e8 fdens 1000
ini pp   0 grad 0 0 -10e3 ran z 0 -10.0
fix z ran z -9.9 -10.1
fix x ran x -.1 .1
fix x ran x 29.9 30.1
fix y
set grav 10
set fluid off dyn off
ini fmod 0
set mech rat 1e-6
solve
def ini_conf
  _k0 = 1.0
  pnt = zone_head
  loop while pnt # null
    val = _k0 * z_szz(pnt) + (_k0-1.) * z_pp(pnt)
    z_sxx(pnt) = val
    z_syy(pnt) = val
    pnt=z_next(pnt)
  end_loop
end
ini_conf
solve
save 12-8.sav
```

2. 动力分析

动力计算的命令文件见例 12.8 所示。在本例中对计算结果采取了分阶段保存的方法，定义了一个 FISH 函数，其功能是在动力计算完成特定的时刻即保存一个文件，这样便于计算结束后对中间结果的调用。

例 12.8　振动台模拟的动力计算

```
rest 12-7.sav
set dyn on fluid on
ini fmod 2e8
set fluid pcut on
model finn ran gro sand
prop bulk=3e7 shear=1e7 fric=35 ran gro sand
ini dens 2000 ran gro sand
prop ff_latency=50 ff_switch = 0 ff_c1=0.8     ff_c2=0.79 ff_c3=0.45    ff_c4=0.73 ran gro sand ;扭剪试验结果
def setup
    freq=5.0
    ampl=2
    omega = 2.0 * pi * freq
end
setup
def sine_wave
   vv = 9.36e-2 * sin(omega*dytime)
   if dytime < 2.0
     sine_wave = dytime / 2.0 * vv
     else
     if dytime < 20.0
       sine_wave = vv
       else
       if dytime <= 30.
            sine_wave = (30.0 - dytime) / 10.0 * vv
       endif
     endif
   endif
   if dytime > 30.0
      sine_wave = 0.0
   endif
end
free x
apply xvel = 1.0 hist sine_wave ran z -9.9 -10.1
apply xvel = 1.0 hist sine_wave ran x -.1 .1
apply xvel = 1.0 hist sine_wave ran x 29.9 30.1
set dyn damp local .314
call ppr.dat①
set hist_rep 100
set large
;set dyn dt 3e-4
set mech rat 1e-20
def solve_ages
   loop n(1,39)
     save_file = '11-8_'+string(n)+'s.sav'
     command
       sol age n
       ;save save_file
     endcommand
```

① ppr.dat 文件的作用是监测计算过程中一些变量的值，由于监测的内容较多，为了使命令的可读性更强，所以将历史变量的监测单独形成了一个文件。可以从本书的附录命令文件中查到此文件，包括超孔压比的定义、平均有效应力的定义 FISH，读者可以借鉴。

```
        endloop
    end
    solve_ages
    save save_file
    hist write 20 21 22 23 24 30 31 32 33 34 vs 2 file 10-8_Outfile_pp.txt
    hist write 40 41 42 43 44 vs 2 file 10-8_Outfile_xdis.txt
```

12.10.3 计算结果与分析

将 Finn 模型应用不同的阻尼形式得到的结果进行了汇总，见图 12-21 所示。可以发现，利用不同阻尼形式得到的计算存在一定的差异，但超孔压时程和平均应力时程曲线的变化趋势基本一致。

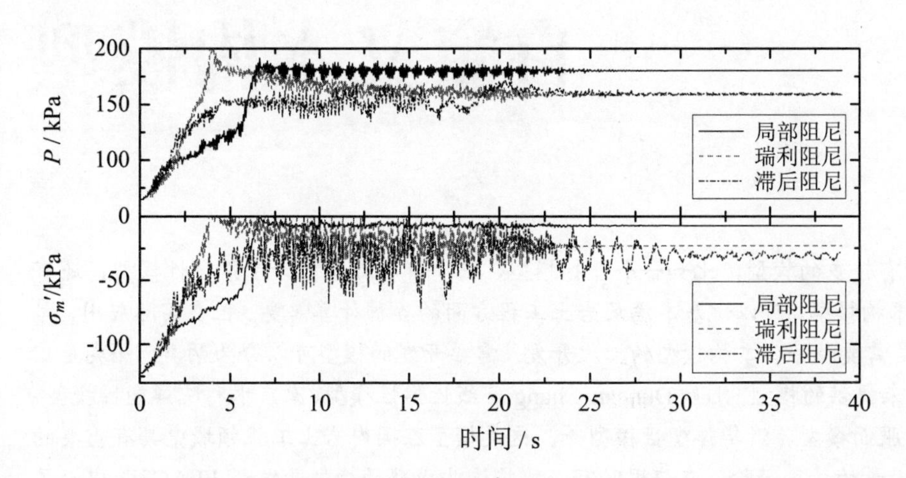

图 12-21 阻尼形式对计算结果的影响（不耦合）

本书中仅提供了不耦合模式下的计算结果，读者可以自行开展耦合模式下的动力计算，可以发现，在耦合模式下，在动荷载作用到 20s 后，随着荷载幅值的减小，超孔隙水压力会逐渐消散，而在不耦合模式下，积累的超孔压将不会消散。因此在实际分析中，如果需要考虑动孔压在震动过程中的积累和消散效应，则在流固耦合的同时也需要将渗流计算模式打开。

12.11 本章小结

本章以 FLAC3D 为例，对动力分析中边界条件的设置、阻尼形式的选择、网格尺寸的要求、动荷载的调整、土体的液化等内容进行了介绍。FLAC / FLAC3D 软件在动力分析方面具有强大的功能，同时也具有一定的难度。在进行动力分析前要对静力计算非常熟悉，因为初始应力计算的正确才能保证后续动力计算的顺利开展。

FLAC3D 的动力计算往往要耗费很多的时间，主要原因是由于有限差分法本身需要较小的时间步，因此建议在进行动力分析前首先进行简单模型的分析，熟悉边界条件、荷载施加、阻尼选择等方面的基本内容，虽然在这些“小例子”中会花费读者一定的时间，但是这样会大大提高分析的效率。

13 自定义本构模型

FLAC3D 本身带有较多的模型，比如一个开挖模型，三个弹性模型、六个弹塑性模型，还有一些各专业模块中的本构模型，可以说基本满足岩土工程方面的各种计算需要。但在实际应用，尤其是科研工作中，还是需要做一些本构模型的二次开发。需要开发的模型可以分为两类：一类是广泛应用而 FLAC3D 并未提供的模型，比如 Duncan-Chang 非线性弹性模型、南京水科院弹塑性模型、殷宗泽椭圆-抛物双屈服面模型、清华弹塑性模型等。这类模型在国内岩土工程领域中具有重要的地位，且已经积累了大量的计算经验，在应用时有必要将这些成熟的模型开发到 FLAC3D 中。另一类是新近开发的模型。现在很多高校、研究所都在做本构模型研究，比如特殊材料的本构模型、对已有模型进行改进得到的本构模型等。这些本构模型的理论研究完成后，一个重要的工作就是利用研究得到的本构模型进行计算与应用。研究者可以自行编程来应用这些本构模型，也可以在成熟的商业软件基础上进行二次开发。相对于自行编程而言，在成熟软件上进行本构模型的二次开发，花费的时间少，工作效率高，而且可以利用原有软件成熟而强大的计算功能，因此这种方法也受到越来越多研究者的青睐。

本章要点：

- ✓ 自定义本构模型的功能
- ✓ 自定义本构模型的运行方法
- ✓ Mohr-Coulomb 模型的编译文件
- ✓ Duncan-Chang 模型的自定义实例
- ✓ 自定义本构模型的调试与验证

13.1 自定义本构模型的实现

目前，FLAC3D 3.0 版本的自定义本构模型需要 Visual Studio 2005 的版本来创建。Visual Studio 使用一个解决方案的概念（*.sln 文件）来包含一个或多个工程（*.vcproj）的集合。FLAC3D 程序给出了一个解决方案和工程的示例来演示如何创建用户定义的本构模型。这个示例的文件位于系统盘\Program Files\itasca\shared\models\UDM①目录下的 udm.zip 文件中。将该文件进行解压，会找到一个名为 udm.sln 的求解文件和一个名为 udm.vcproj 的工程文件，如图 13-1 所示。各文件的说明如表 13-1 所示。

名称	大小	类型
example_src		文件夹
AXES.H	3 KB	C/C++ Header
Conmodel.h	11 KB	C/C++ Header
CONTABLE.H	2 KB	C/C++ Header
STENSOR.H	3 KB	C/C++ Header
ss.dat	2 KB	DAT 文件
udm.sln	1 KB	Microsoft Visual Studio Solution
vcmodels.lib	17 KB	Object File Library
udm.vcproj	6 KB	VCPROJ 文件
Readme.txt	5 KB	文本文档

图 13-1 udm.zip 解压后的文件

注意

这些文件的文件名不要修改。

表 13-1 Udm.zip 解压后的文件

文件名	用途
example_src	包含基于 Mohr-Coulomb 模型的 UserMohr 模型文件和基于软化模型的 UserSoft 模型文件
AXES.H	坐标系头文件
Conmodel.h	包含与本构模型通信的结构体
CONTABLE.H	本构模型定义所需的表格头文件
STENSOR.H	张量头文件
ss.dat	UserSoft 模型的一个应用实例
udm.sln	自定义本构模型的解决方案文件
vcmodels.lib	自定义模型的库文件
udm.vcproj	自定义本构模型的工程文件
Readme.txt	自定义本构模型的说明文件

13.2 模型运行方法

启动 Visual Studio 2005，执行【视图】|【解决方案资源管理器】菜单，确保解决方案管理器处于打开的状态，这个管理器可以方便浏览到解决方案中的各个组成部分。然后执行【文件】|【打开】|【项目/解决方案...】，弹出打开项目对话框，在查找范围中选择系统盘\Program Files\itasca\shared\models\UDM\udm 目录，选择 udm.sln 文件并单击【打开】按钮。在打开解决方案文件时，可能由于版本的差别会弹出 Visual Studio 转换向导对话框，此时可以直接单击【下一步】按钮，直到单击【完成】按钮，完成格式的转换。完成以后，可以在解决方案浏览器中看到解决方案文件和

① UDM 是 User Defined Model（自定义本构模型）的缩写。

项目文件，如图 13-2 和图 13-3 所示。

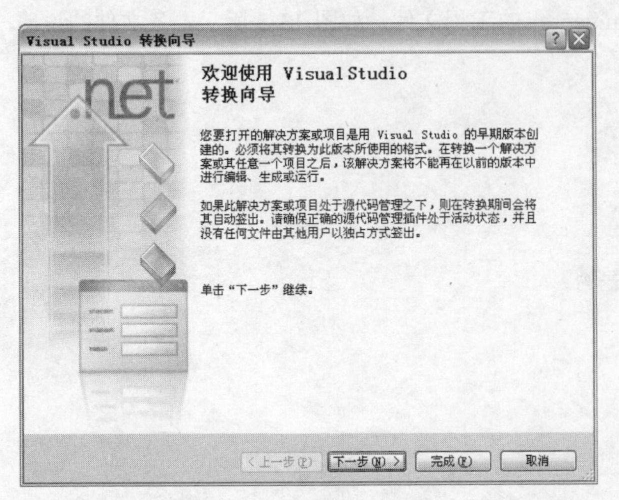

图 13-2　由于解决方案文件版本差异系统提示转换向导对话框

图 13-3　解决方案资源管理器的窗口

13.2.1　编译项目

在 Visual Studio 顶部的菜单中，执行【生成】|【重新生成解决方案】命令，所有在解决方案文件中的项目都被重新生成了。UDM 项目在工作目录中生成了一个 Debug 子目录，并创建了一个名称为 usersoft.dll 的动态链接库文件。这个动态链接库文件就是用来作为自定义本构模型的文件。

13.2.2　创建一个新的项目

利用现有的项目文件（*.vcproj）来创建用户自定义本构模型是最简便的方法。具体操作如下：

步骤 1　复制 udm.vcproj 文件为 mymodel.vcproj（或者取为用户自定义的名字）；

步骤 2　在解决方案图标 解决方案“udm”(1 个项目)（解决方案浏览器最顶部的选项）上单击鼠标右键，执行【添加】|【现有项目...】命令，选择 mymodel.vcproj 文件。这时会发现在解决方案浏览器当中出现了 2 个名称均为 udm 的项目。在目录树中选择第二个项目，单击鼠标右键，执行【重命名】命令，将名称改为 mymodel。执行上面的步骤可以在相同的解决方案当中创建和放置多个项目。

13.2.3　选择 Release/Debug 编译选项

选择 Release/Debug 编译选项的具体操作步骤如下：

步骤 1　在主目录中执行【生成】|【配置管理器】，弹出配置管理器对话框；

步骤 2　选择 Release 或者 Debug 选项。

注意　vcmodel.lib 是一个 Release 生成库文件，不包含任何编译的信息，但是它可以用于 Debug 模式下创建用户的动态链接库，并装载到 FLAC3D 中，虽然这个编译没有太多的用户，甚至由于一些优化开关被关闭而导致运行变慢。详细的信息请参考 Visual Studio 关于 Debug 和 Release 选项的说明。另外，这些设置仅仅用于当前的生成配置。

13.2.4　改变输出文件名为自定义的 DLL

改变输出文件名为自定义的 DLL 的具体操作步骤如下：

步骤 1　在解决方案浏览器中，在 mymodel 项目上单击鼠标右键，执行【属性】命令，弹出 mymodel 属性页窗口，如图 13-4 所示，在窗口左侧目录树中执行【配置属性】|【链接器】|【常规】命令；

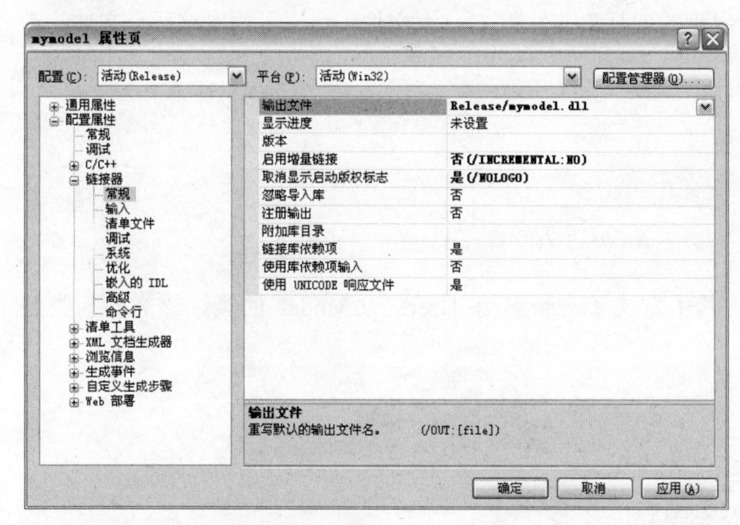

图 13-4　mymodel 属性页对话框

步骤 2　在输出文件输入 Release/mymodel.dll。这样就可以在工作目录的 Release 文件夹中生成一个名为 mymodel.dll 的动态链接库文件。

13.2.5　在项目中添加用户自定的源文件和头文件

在项目中添加用户自定的源文件和头文件的具体操作步骤如下：

步骤 1　在解决方案浏览器中，在 mymodel 项目的 usersoft.cpp 上单击鼠标右键，执行【在项目中排除】命令，并用同样的方法将 usersoft.h 文件排除；

步骤 2　在解决方案浏览器中添加现有的文件。在 Source Files 上单击鼠标右键，执行【添加】|【现有项】命令，选择 Example_src 文件夹中的 usermohr.cpp 文件。并用同样的方法将 usermohr.h 文件添加到浏览器中；

步骤 3　改变输出动态链接库的文件名，并执行【生成】|【生成解决方案】命令。

13.3　以 Mohr-Coulomb 模型为例

FLAC3D 自定义本构模型的主要功能是对给出的应变增量得到新的应力，辅助功能还包括提供模型名称、版本等基本信息及完成读写等基本操作。模型文件的编写主要包括五部分的内容：

- 基类（class Constitutive Model）的描述；
- 成员函数的描述；
- 模型的注册；

- 模型与 FLAC3D 之间的信息交换；
- 模型状态指示器的描述。

由于 FLAC3D 自带的本构模型和用户自己编写的本构模型继承的都是同一个基类，因此用户自定义的本构模型和软件自带的本构模型的执行效率处在同一个水平上。

在 FLAC3D 软件提供的 udm.zip 文件包中包含了 Mohr-Coulomb 模型和软土模型的开发实例。在 udm\example_src 文件夹中分别提供了 Mohr-Coulomb 模型和软土模型所需头文件（.h）和 C++源文件（.cpp）。由于模型开发主要用到的就是头文件和 C++源文件，所以下面对这两个文件的基本构成作简要介绍。

13.3.1 头文件（usermohr.h）

```
#ifndef __USERMOHR_H
……
#endif
// EOF
```

头文件主要是一个预处理块，其中定义了一个名为 UserMohrModel 的类，该类的基类是 ConstitutiveModel。

```
#ifndef __CONMODEL_H
#include "conmodel.h"
#endif
```

下面是一个预处理器块。

```
class UserMohrModel : public ConstitutiveModel {
```

主要内容就是下面对公共基类（ConstitutiveModel）的重载，在本例中重载的类名定义为：UserMohrModel。

```
public:
    // static
    enum ModelNum { mnUserMohrModel=209 };
```

首先定义公共部分。公共部分包括类的注册、编号和虚函数等信息。其中，枚举函数 ModelNum 定义了模型的编号，由于 FLAC3D 软件本身带有较多的本构模型，为了避免冲突，模型的 ID 编号最好大于 100，在本例中编号设为 209。

```
// Creators
EXPORT UserMohrModel(bool bRegister=true);
```

定义公共的输出函数。

```
// Accessors
```

定义公共的数据交换虚函数。

```
virtual const char *Keyword(void) const { return("usermohr"); }
```

const char*Keyword () 函数的作用是，当用户用 MODEL 命令调用该模型时，返回本构模型名称的指针。例如，“elastic”在 C++中是一个有效字符串，本实例中返回值为“usermohr”。

```
virtual const char *Name(void) const { return("User-Mohr-Coulomb"); }
```

const char *Name() 函数返回一个指向用于打印输出的本构模型名称的字符串数组指针。使用 PRINT zone 命令可以看到这个返回指针的结果。该名称可以与*Keyword()函数给出的相同，也可以不同。

```
virtual const char **Properties(void) const;
virtual const char **States(void) const;
virtual double GetProperty(unsigned ul) const;
```

Properties()为材料参数名称函数、States()为单元状态指示器函数、GetProperty()为材料参数赋值函数，这三个函数在本构模型开发中不用更改。

```
virtual ConstitutiveModel *Clone(void) const { return(new UserMohrModel()); }
```

clone()函数创建了一个同当前对象同一类的新对象，并返回一个 ConstitutiveModel 类型的指针。当 FLAC3D 在单元内装载模型时，都要调用此函数。在进行模型开发时，new 后面的函数名称必须与前文 EXPORT 函数的名称保持一致。

```
virtual double ConfinedModulus(void) const { return(dBulk + d4d3*dShear); }
virtual double ShearModulus(void) const { return(dShear); }
virtual double BulkModulus(void) const { return(dBulk); }
virtual double SafetyFactor(void) const { return(10.0); }
```

以上四句分别是侧限模量函数、剪切模量函数、体积模量函数和安全系数函数，其中侧限模量一般按照弹性模型的定义，等于 K+3/4G。因此，在 FLAC3D 本构模型开发中，一般都需要定义弹性模量和剪切模量这两个变量。

```
virtual unsigned Version(void) const { return(2); }
```

Version()函数返回定义的本构模型的版本，这是为了便于以后修改而让用户自己定义的版本号，版本号必须为无符号整型数据。

```
virtual bool SupportsHystDamp() const {return true;}
```

SupportsHystDamp()函数是为了支持动力计算模式下滞后阻尼的使用，滞后阻尼在第 11 章中会有介绍，一般返回值为 true。

```
// Manipulators
virtual void SetProperty(unsigned ul,const double &dVal);
virtual const char *Copy(const ConstitutiveModel *m);
virtual const char *Initialize(unsigned uDim,State *ps);
virtual const char *Run(unsigned uDim,State *ps);
virtual const char *SaveRestore(ModelSaveObject *mso);
virtual void HDampInit(const double dHMult);
```

以上函数将在 C++源文件中作详细介绍，在头文件中这些语句都不用修改。

```
private:
    double dBulk,dShear,dCohesion,dFriction,dDilation,dTension,dYoung,dPoisson;
    double dE1,dE2,dG2,dNPH,dCSN,dSC1,dSC2,dSC3,dBISC,dE21;
    double dRnps;
```

下面定义的是私有变量，可以看出 Mohr-Coulomb 模型中私有变量主要分为两类：

- 模型本身所需要的参数，比如体积模量、剪切模量、粘聚力和摩擦角等；
- 模型理论描述中常用到的关键变量。

13.3.2 C++源文件（usermohr.cpp）

```
#include "usersoft.h"
#include "contable.h"
#include <math.h>
//variables used by all model objects. Hence only one copy is maintained for all objects
static const double d1d3       = 1.0 / 3.0;
static const double d2d3       = 2.0 / 3.0;
static const double dPi        = 3.141592653589793238462643383279502884197169399;
static const double dDegRad = dPi/180.0;
```

首先是一些文件调用和常数的声明，可以看出为了提高计算精度，FLAC3D 程序中的常数 π 保留到了小数点后 45 位。另外要注意，常数的定义要满足 C++语言的基本运算要求，定义浮点数时必须用浮点数进行运算，比如 1/3 的定义为 1.0/3.0。

```
// Plasticity Indicators
static const unsigned long mShearNow      = 0x01;   /* state logic */
static const unsigned long mTensionNow    = 0x02;
static const unsigned long mShearPast     = 0x04;
static const unsigned long mTensionPast = 0x08;
```

以上语句为塑性状态指示器的变量定义，并按照十六进制的格式进行变量赋值。由于 Mohr-Coulomb 模型只涉及到剪切塑性和拉伸塑性状态，由此这里只定义了 4 种塑性变量。FLAC3D 一共提供了 16 种塑性状态变量，如表 13-2 所示。由于采用了十六进制的赋值方式，当单元的塑性状态不止一种时，通过状态变量的数值累加便得到一个唯一的十进制数值来表示该塑性状态。例如，某单元的状态为当前发生剪切屈服（ShearNow）并在过去发生了拉伸屈服（TensionPast），那么这个单元的塑性状态变量数值为 1+8=9。另外，FLAC3D 还提供了 6 个未使用的状态变量（unused）供用户使用，比如在动力液化分析中，为了形象描述单元的液化状态，就可以将其中的两个 unused 变量分别定义为 LiquefyNow 和 LiquefyPast 来表示单元当前处于液化状态和过去曾处于液化状态。

表 13-2　FLAC3D 提供的塑性状态变量

变量名称	十六进制赋值	十进制数值
mShearNow	0x0001	1
mTensionNow	0x0002	2
mShearPast	0x0004	4
mTensionPast	0x0008	8
mJointShearNow	0x0010	16
mJointTensionNow	0x0020	32
mJointShearPast	0x0040	64
mJointTensionPast	0x0080	128
mVolumeNow	0x0100	256
mVolumePast	0x0200	512
unused	0x0400	1024
unused	0x0800	2048
unused	0x1000	4096
unused	0x2000	8196
unused	0x4000	16384
unused	0x8000	32768

```
// One static instance is neccessary as a part of internal registration process of the model with FLAC/FLAC3D
static UserMohrModel usermohrmodel(true);
```

作为自定义本构模型内部注册过程的一部分，这里需要一个静态的实例。

```
UserMohrModel::UserMohrModel(bool bRegister)
        :ConstitutiveModel(mnUserMohrModel,bRegister), dBulk(0.0),
         dShear(0.0), dCohesion(0.0), dFriction(0.0), dDilation(0.0),
         dTension(0.0), dYoung(0.0), dPoisson(0.0), dE1(0.0), dE2(0.0),
         dG2(0.0), dNPH(0.0), dCSN(0.0), dSC1(0.0), dSC3(0.0),
```

```
        dBISC(0.0), dE21(0.0) {
}
```

这里给出了头文件定义的所有私有变量的初始值，一般都赋值为 0.0，注意语句中最后一个变量赋值后没有“,”。在用户自定义的本构模型中，要按照头文件中定义的私有变量名称，对这里进行修改。

```
const char **UserMohrModel::Properties(void) const {
  static const char *strKey[] = {
    "bulk",     "shear","cohesion","friction","dilation",
    "tension","young","poisson" , 0
  };
  return(strKey);
}
```

Properties()函数给出了本构模型中所有参数名称的字符串格式，以 0 结束。比如 Mohr-Coulomb 模型中的体积模量为 bulk，剪切模量为 shear。注意到，Mohr-Coulomb 模型中还提供了弹性模量 young 和泊松比 poisson 变量，所以在使用 Mohr-Coulomb 模型时也可以直接用弹性模量和泊松比进行参数赋值，只不过在 FLAC3D 计算循环中，程序会对弹性模量和泊松比再自动进行计算得到体积模量和剪切模量。

```
const char **UserMohrModel::States(void) const {
  static const char *strKey[] = {
    "shear-n","tension-n","shear-p","tension-p",0
  };
  return(strKey);
}
```

State()函数给出了单元各种塑性状态的输出形式的字符串，以 0 结束。字符串的数量要与 C++ 文件开始进行的塑性状态常量赋值的个数相等。

```
double UserMohrModel::GetProperty(unsigned ul) const {
  switch (ul) {
    case 1:   return(dBulk);
    case 2:   return(dShear);
    case 3:   return(dCohesion);
    case 4:   return(dFriction);
    case 5:   return(dDilation);
    case 6:   return(dTension);
    case 7:   return(dYoung);
    case 8:   return(dPoisson);
  }
  return(0.0);
}
```

GetProperty()函数的作用是返回各模型参数的值。注意到，返回值是按照序列数的顺序进行的，从 1 开始，且这个顺序要与 Properties()函数中给出的字符串顺序相同。

```
void UserMohrModel::SetProperty(unsigned ul,const double &dVal) {
  switch (ul) {
    case 1: {
      dBulk = dVal;
      YoungPoissonFromBulkShear(&dYoung,&dPoisson,dBulk,dShear);
      break;
    }
    case 2: {
      dShear = dVal;
      YoungPoissonFromBulkShear(&dYoung,&dPoisson,dBulk,dShear);
```

```
            break;
        }
        case 3: dCohesion = dVal;    break;
        case 4: dFriction = dVal;    break;
        case 5: dDilation = dVal;    break;
        case 6: dTension   = dVal;    break;
        case 7: {
            dYoung = dVal;
            BulkShearFromYoungPoisson(&dBulk,&dShear,dYoung,dPoisson);
            break;
        }
        case 8: {
            if ((dVal==0.5)||(dVal==-1.0)) return;
            dPoisson = dVal;
            BulkShearFromYoungPoisson(&dBulk,&dShear,dYoung,dPoisson);
            break;
        }
    }
}
```

SetProperty()函数从用户输入命令 PROP name=dVal 中获得模型参数的赋值。同样，赋值的顺序按照 Properties()函数中定义的顺序，从 1 开始。注意到，在参数赋值中提供了 YoungPoissonFromBulkShear()函数和 BulkShearFromYoungPoisson()函数，可以实现弹性模量、泊松比与体积模量、剪切模量之间的换算。不论用户输入的参数是弹性模量、泊松比还是体积模量、剪切模量，这两个换算函数都要执行其一，从效率上看是相等的。只不过 FLAC3D 计算循环中常用到剪切模量和体积模量两个变量，因此用户在软件手册和一些参数书中看到的例子都是用体积模量和剪切模量来赋值。

```
const char *UserMohrModel::Copy(const ConstitutiveModel *cm) {
    //Detects type mismatch error and returns error string. otherwise returns 0
    const char *str = ConstitutiveModel::Copy(cm);
    if (str) return(str);
    UserMohrModel *mm = (UserMohrModel *)cm;
    dBulk        = mm->dBulk;
    dShear       = mm->dShear;
    dCohesion = mm->dCohesion;
    dFriction = mm->dFriction;
    dDilation = mm->dDilation;
    dTension    = mm->dTension;
    dYoung       = mm->dYoung;
    dPoisson     = mm->dPoisson;
    return(0);
}
```

Copy()函数的作用主要是从指定的函数拷贝必需的数据，主要是拷贝模型的参数变量数据。

```
const char *UserMohrModel::Initialize(unsigned uDim,State *) {
    if ((uDim!=2)&&(uDim!=3)) return("Illegal dimension in UserMohr constitutive model");
    dE1 = dBulk + d4d3 * dShear;
    dE2 = dBulk - d2d3 * dShear;
    dG2 = 2.0 * dShear;
    double dRsin = sin(dFriction * dDegRad);
    dNPH    = (1.0 + dRsin) / (1.0 - dRsin);
    dCSN    = 2.0 * dCohesion * sqrt(dNPH);
    if (dFriction) {
        double dApex = dCohesion * cos(dFriction * dDegRad) / dRsin;
```

```
        dTension = dTension < dApex ? dTension : dApex;
    }
    dRsin = sin(dDilation * dDegRad);
    dRnps = (1.0 + dRsin) / (1.0 - dRsin);
    double dRa = dE1 - dRnps * dE2;
    double dRb = dE2 - dRnps * dE1;
    double dRd = dRa - dRb * dNPH;
    dSC1   = dRa / dRd;
    dSC3   = dRb / dRd;
    dSC2   = dE2 * (1.0 - dRnps) / dRd;
    dBISC = sqrt(1.0 + dNPH * dNPH) + dNPH;
    dE21   = dE2 / dE1;
    return(0);
}
```

Initialize()函数对模型计算中的一些常用变量进行初始化。在 FLAC3D 执行运行（Solve，Cycle）或执行大应变校正时，该函数执行一次。注意，在 Initialize()函数中，应变是没有定义的，因此该函数中不能进行应变的引用和修改，而应力变量是可以引用的，但不能修改。

```
const char *UserMohrModel::Run(unsigned uDim,State *ps){
    if ((uDim!=3)&&(uDim!=2)) return("Illegal dimension in Mohr constitutive model");
    if(ps->dHystDampMult > 0.0) HDampInit(ps->dHystDampMult);
//与动力计算的滞后阻尼相关的语句，不用修改
    /* --- plasticity indicator:                                          */
    /*         store 'now' info. as 'past' and turn 'now' info off ---*/
    if (ps->mState & mShearNow)
        ps->mState = (unsigned long)(ps->mState | mShearPast);
    ps->mState = (unsigned long)(ps->mState & ~mShearNow);
    if (ps->mState & mTensionNow)
        ps->mState = (unsigned long)(ps->mState | mTensionPast);
    ps->mState = (unsigned long)(ps->mState & ~mTensionNow);
//定义塑性指示器
    int iPlas = 0;
    double dTeTens = dTension;
    /* --- trial elastic stresses --- */
    double dE11 = ps->stnE.d11;
    double dE22 = ps->stnE.d22;
    double dE33 = ps->stnE.d33;
//获得单元的三个方向的主应力
    ps->stnS.d11 += dE11 * dE1 + (dE22 + dE33) * dE2;
    ps->stnS.d22 += (dE11 + dE33) * dE2 + dE22 * dE1;
    ps->stnS.d33 += (dE11 + dE22) * dE2 + dE33 * dE1;
    ps->stnS.d12 += ps->stnE.d12 * dG2;
    ps->stnS.d13 += ps->stnE.d13 * dG2;
    ps->stnS.d23 += ps->stnE.d23 * dG2;
//进行弹性计算，也称为弹性猜想。即按照弹性公式（胡克定律）计算单元的六个应力张量分量，然后再按照塑性
//理论对这六个分量进行塑性修正
    /* --- calculate and sort ps->incips->l stresses and ps->incips->l directions --- */
    Axes aDir;
    double dPrinMin,dPrinMid,dPrinMax,sdif=0.0,psdif=0.0;
    int icase=0;
    bool bFast=ps->stnS.Resoltopris(&dPrinMin,&dPrinMid,&dPrinMax,&aDir,uDim, &icase, &sdif, &psdif);
    double dPrinMinCopy = dPrinMin;
    double dPrinMidCopy = dPrinMid;
    double dPrinMaxCopy = dPrinMax;
//根据弹性猜想计算得到的应力状态计算三个主应力分量
```

```
    /* --- Mohr-Coulomb failure criterion --- */
    double dFsurf = dPrinMin - dNPH * dPrinMax + dCSN;
    /* --- Tensile failure criteria --- */
    double dTsurf = dTension - dPrinMax;
    double dPdiv = -dTsurf + (dPrinMin - dNPH * dTension + dCSN) * dBISC;
    /* --- tests for failure */
    if (dFsurf < 0.0 && dPdiv < 0.0) {
  //进行剪切塑性判断与剪切修正
      iPlas = 1;
      /* --- shear failure: correction to ps->incips->l stresses ---*/
      ps->mState = (unsigned long)(ps->mState | 0x01);
      dPrinMin -= dFsurf * dSC1;
      dPrinMid -= dFsurf * dSC2;
      dPrinMax -= dFsurf * dSC3;
    } else if (dTsurf < 0.0 && dPdiv > 0.0) {
  //进行拉伸塑性判断与拉裂修正
      iPlas = 2;
      /* --- tension failure: correction to ps->incips->l stresses ---*/
      ps->mState = (unsigned long)(ps->mState | 0x02);
      double dTco = dE21 * dTsurf;
      dPrinMin += dTco;
      dPrinMid += dTco;
      dPrinMax    = dTension;
    }
    if (iPlas) {
  //按照完成塑性修正得到的三个主应力进行应力状态的恢复
      ps->stnS.Resoltoglob(dPrinMin,dPrinMid,dPrinMax,aDir, dPrinMinCopy,dPrinMidCopy,dPrinMaxCopy, uDim, icase,
sdif, psdif, bFast);
      ps->bViscous = false; // Inhibit stiffness-damping terms
    } else {
      ps->bViscous = true;   // Allow stiffness-damping terms
    }
    return(0);
  }
```

Run()函数在 FLAC3D 单元计算中的每一个循环、每一子单元都要调用。其主要作用是根据应变增量计算应力张量。

```
  const char *UserMohrModel::SaveRestore(ModelSaveObject *mso) {
   // Checks for type mismatch and returns error string. Otherwise 0.
    const char *str = ConstitutiveModel::SaveRestore(mso);
    if (str) return(str);
    // 8 represents 8 properties that are doubles
    // and 0 represents 0 properties that are integers
    mso->Initialize(8,0);
    mso->Save(0,dBulk);
    mso->Save(1,dShear);
    mso->Save(2,dCohesion);
    mso->Save(3,dFriction);
    mso->Save(4,dDilation);
    mso->Save(5,dTension);
    mso->Save(6,dYoung);
    mso->Save(7,dPoisson);
    return(0);
  }
```

SaveRestore()函数主要是为了保存和重新载入已保存的计算结果而存储的模型信息，主要包括模型的各种参数。

注意

mso->Initialize(8,0)函数中的数值 8 必须与模型参数的数量一致。

13.4 开发实例——Duncan-Chang 模型的开发

Duncan-Chang 非线性弹性本构模型在国内岩土工程领域中广泛应用，其最大的特点是模型参数易于从常规三轴试验中获得。由于目前境外的大型商业软件，包括 ABAQUS、ADINA 等软件本身都没有提供 Duncan-Chang 本构模型，因此一些用户也将该模型开发到这些商业软件中。本节以 Duncan-Chang ***E-B*** 模型为例，讲述 FLAC3D 中对本构模型进行二次开发的基本思路和方法。

13.4.1 理论描述

根据定义在 stensor.h 文件中应力张量结构体 StnS 的导出函数（EXPORT bool Resoltopris()）可以得到当前单元应力场的三个主应力大小及方向，且输出的三个主应力大小是按照弹塑性理论的应力符号约定的。为了统一标准，在编程过程中仍然采用了弹塑性理论的应力符号约定。因此，土力学中大主应力应为输出的最小主应力 $-\sigma_3$，中主应力即为 $-\sigma_2$，小主应力为最大主应力 $-\sigma_1$。

Duncan-Chang 本构模型的切线弹性模量的表达式为

$$E_t = \left(1 - R_f s\right)^2 k p_a \left(\frac{-\sigma_1}{p_a}\right)^n \tag{13-1}$$

体积模量的表达式为

$$K_t = k_b p_a \left(\frac{-\sigma_1}{p_a}\right)^m \tag{13-2}$$

式（13-1）中应力水平的表达式为

$$s = \frac{(\sigma_3 - \sigma_1)(1 - \sin\varphi)}{2c\cos\varphi - 2\sigma_1 \sin\varphi} \tag{13-3}$$

由于材料的泊松比只能在 0~0.49 之间变化，因此式（13-2）得到的 K_t 需要进行限制，在程序中限制在 $(0.33 \sim 17)E_t$ 之间。

对于卸载情况的处理，回弹模量的表达式为

$$E_{ur} = k_{ur} p_a \left(\frac{-\sigma_3}{p_a}\right)^n \tag{13-4}$$

同时，为了考虑颗粒体材料的抗剪强度随围压增大而降低，内摩擦角改用

$$\varphi = \varphi_0 - \Delta\varphi \log\left(\frac{-\sigma_1}{p_a}\right) \tag{13-5}$$

计算，以反映颗粒材料压碎对内摩擦角降低的影响。计算中，如果输入参数 $\Delta\varphi = 0$，则不考虑内摩擦角降低的影响。

至此，由式（13-1）～（13-5）可以确定 Duncan-Chang ***E-B*** 增量本构方程，其表达式为

$$\Delta\sigma_{ij} = 2G_t \Delta\varepsilon_{ij} + \alpha \Delta\varepsilon_{kk} \delta_{ij} \tag{13-6}$$

其中

$$G_t = \frac{3K_t E_t}{9K_t - E_t} \tag{13-7}$$

$$\alpha = K_t - \frac{2}{3}G_t \tag{13-8}$$

设土的抗拉强度为σ_p（正值），如果计算中土的小主应力超过了土的抗拉强度($\sigma_1 < -\sigma_p$)，则把σ_1修正到零，称为拉裂修正。本节开发的 Duncan-Chang 模型中的拉裂修正采用下式进行：

$$\sigma'_x = \left(1 - \frac{2a}{1+a}\right)\sigma'_z \tag{13-9}$$

$$\tau' = \frac{\sigma'_x - \sigma_z}{\sigma_x - \sigma_z}\tau \tag{13-10}$$

式（13-9）中

$$a = \frac{\sigma_x - \sigma_z}{\sigma_3 - \sigma_1} \tag{13-11}$$

13.4.2 开发流程

Duncan-Chang 模型的开发是在 Visual Studio 2005 的环境中进行的，主要开发工作包括 VS2005 的环境设置以及.h 文件和.cpp 文件的修改，开发过程中 UDM 解决方案中的其他文件（包括坐标轴头文件 AXES.H 和本构模型结构体头文件 Conmodel.h）都不用修改。

1. Visual Studio 环境设置

VisualStudio 环境设置的步骤如下：

步骤 1 针对需要开发的本构模型，在 FLAC3D 提供的本构模型库中选择开发的蓝本模型，也就是说本构模型的开发工作最好是基于一个已有的本构模型基础上进行，这样便于修改。本节开发的 Duncan-Chang 模型是非线性弹性模型，而且应力塑性修正是按照 Mohr-Coulomb 准则进行的，所以选择 Mohr-Coulomb 模型作为 Duncan-Chang 本构开发的蓝本。

步骤 2 将 UDM 文件夹复制一份，并重命名为 Duncan，作为本次模型开发的工作文件夹。运行 Visual Studio 2005，执行【文件】|【打开】|【项目/解决方案…】命令，打开 Duncan 文件夹中的 udm.vcproj 文件。

步骤 3 在 Visual Studio 2005 界面左侧的解决方案资源管理器窗口中修改 usermohr.h 和 usermohr.cpp 两个文件的文件名分别为 duncan.h 和 duncan.cpp。将 duncan.cpp 文件第一行声明中的#include "usermohr.h"改为#include "duncan.h"。

步骤 4 执行【项目】|【udm 属性】命令，在 udm 属性对话框中选择【配置属性】|【链接器】|【常规】|【输出文件】，修改输出文件名为 Debug/duncan.dll，这就是模型开发生成的动态链接库文件。还可以修改【常规】|【调试】以及【常规】|【高级】中的文件名，不过这些不是很重要。

步骤 5 执行【生成】|【生成解决方案】命令，在 Visual Studio 的输出信息中会看到“生成已成功”的提示，且在 Duncan 文件夹中生成了 Debug 文件夹，里面就包含了刚才重新命名的 Duncan.dll 文件。这说明目前为止，该 udm 可以正确地生成 dll 文件。读者在进行模型开发时，要养成“边修改，边生成”的编程习惯，尽早发现错误，提高编程效率。

步骤6　执行【编辑】|【查找和替换】|【快速替换】命令，选中【查找选项】|【大小写匹配】，将.h 文件和.cpp 文件中的 UserMohrModel 修改为 DuncanChang，其中.h 文件中替换了 4 处，.cpp 文件中替换了 15 处。

2. 修改 Ducan.h 文件

修改 Ducan.h 文件的操作步骤如下：

步骤1　修改.h 文件中模型的 ID 编号、模型名称字符串、模型输出名称字符串，如下：

```
enum ModelNum { mnDuncanChang=401};
virtual const char *Keyword(void) const { return("duncan"); }
virtual const char *Name(void) const { return("duncan-chang"); }
```

步骤2　重新定义私有变量，包括模型的参数及迭代所需的中间变量。其中 dSDHistroy、dS3Histroy、dSLHistroy 分别为单元历史上承受的最大主应力差、最大小主应力和最大应力水平。

```
private:
// 邓肯模型的参数列表
//分别对应凝聚力 c，摩擦角 fai，破坏比 Rf，初始模量系数 K，初始模量指数 n,
//为切线泊松比系数 Kb，Mb，回弹模量 Kur
double dCohesion,dFriction,dFricDel,dFailRatio,dKe,dNe,dKb,dMb,dKur;
////utility members for ease of calculation
//程序迭代所需的中间变量
double dF,dFcos,dFsin,dShear,dBulk,dSDHistroy,dS3Histroy,dSLHistroy;
```

3. 修改 Duncan.cpp 文件

修改 Duncan.cpp 文件的操作步骤如下：

步骤1　由于 Duncan-Chang 模型理论公式中涉及到大气压力这个常数，所以在常量声明中增加一个 dPa 的赋值。

```
static const double dPa        = 101325.0;//标准大气压
```

步骤2　对模型参数和中间变量进行初始化。

```
DuncanChang::DuncanChang(bool bRegister)
            :ConstitutiveModel(mnDuncanChang,bRegister), dCohesion(0.0),dFriction(0.0),
  dFailRatio(0.0), dFricDel(0.0), dKe(0.0),dNe(0.0),dKb(0.0),dMb(0.0), dKur(0.0),
  dF(0.0),dFcos(0.0),dFsin(0.0),dShear(0.0),dBulk(0.0),
  dSDHistroy(0.0), dS3Histroy(0.0), dSLHistroy(0.0) {
}
```

步骤3　设置 Properties()函数中变量名称的字符串。

```
const char **DuncanChang::Properties(void) const {
  static const char *strKey[] = {
//double dCohesion,dFriction,dFailRatio,dK,dNe,dKb,dMb,dKur;
   "cohesion","friction","fricdel","ratiofail","ke","ne",
   "kb","mb","kur",0
  };
  return(strKey);
}
```

步骤4　设置 DuncanChang()函数中模型参数的返回值，注意必须按照 Properties()函数中变量名称的顺序进行设置。

```
double DuncanChang::GetProperty(unsigned ul) const {
  switch (ul) {
////double dCohesion,dFriction,dFailRatio,dKe,dNe,dKb,dMb,dKur;
    case 1:   return(dCohesion);
    case 2:   return(dFriction);
    case 3:   return(dFricDel);
```

```
      case 4:   return(dFailRatio);
      case 5:   return(dKe);
      case 6:   return(dNe);
      case 7:   return(dKb);
      case 8:   return(dMb);
      case 9:   return(dKur);
    }
    return(0.0);
}
```

步骤 5 设置 SetProperty()函数中的模型变量赋值，也要按照 Properties()函数中变量名称的顺序。

```
void DuncanChang::SetProperty(unsigned ul,const double &dVal) {
    switch (ul) {
////double dCohesion,dFriction,dFailRatio,dKe,dN,dKb,dMb,dKur;
      case 1: dCohesion   = dVal;   break;
      case 2: dFriction   = dVal;   break;
     case 3: dFricDel    = dVal;   break;
      case 4: dFailRatio = dVal;   break;
      case 5: dKe          = dVal;   break;
      case 6: dNe          = dVal;   break;
      case 7: dKb          = dVal;   break;
      case 8: dMb          = dVal;   break;
     case 9: dKur         = dVal;   break;
  }
}
```

步骤 6 修改 Copy()函数中的变量名称。

```
const char *DuncanChang::Copy(const ConstitutiveModel *cm) {
    //Detects type mismatch error and returns error string. otherwise returns 0
    const char *str = ConstitutiveModel::Copy(cm);
    if (str) return(str);
    DuncanChang *mm = (DuncanChang *)cm;
    dCohesion   = mm->dCohesion;
    dFriction   = mm->dFriction;
    dFricDel    = mm->dFricDel;
    dFailRatio = mm->dFailRatio;
    dKe          = mm->dKe;
    dNe          = mm->dNe;
    dKb          = mm->dKb;
    dMb          = mm->dMb;
    dKur         = mm->dKur;
    return(0);
}
```

步骤 7 修改 Initialize()函数。在编程中发现，Initialize()函数与 Run()函数之间程序将自动调用侧限模量函数，如果 ConfinedModulus()的返回值为 0，则出现结点刚度为零的错误提示。由于 Duncan-Chang 模型没有 E,μ 等弹性参数，为了避免侧限模量函数的返回值为 0，所以在 Initialize()函数中计算体积模量和剪切模量。Duncan-Chang 模型的体积模量和剪切模量是根据切线弹性模量和切线体积模量换算得到的，同时要进行加卸载判断。由于需要调用单元的应力结果，所以在 Initialize 函数定义时增加了 State *ps 的声明。

```
const char *DuncanChang::Initialize(unsigned uDim,State *ps) {
    if ((uDim!=2)&&(uDim!=3)) return("Illegal dimension in DuncanChang constitutive model");
    Axes aDir;
    double dPrinMin,dPrinMid,dPrinMax,sdif=0.0,psdif=0.0;
    int icase=0;
```

```
    bool bFast=ps->stnS.Resoltopris(&dPrinMin,&dPrinMid,&dPrinMax,&aDir,uDim,&icase, &sdif, &psdif);
    double dSD = dPrinMax - dPrinMin;//主应力差>0
    if (dSD > dSDHistroy)
    dSDHistroy = dSD;
    if (-1.0*dPrinMax > dS3Histroy)
    dS3Histroy = -1.0*dPrinMax;
    //(1)考虑摩擦角随围压的影响
    double dlog = (dS3Histroy != 0.0)? log10(dS3Histroy / dPa) : 0.0;
    dF = dFriction - dFricDel * dlog;
    dFcos = cos(dF * dDegRad);
    dFsin = sin(dF * dDegRad);
    //(2)计算应力水平
    double dSF = 2* dCohesion * dFcos + (-2.0) * dPrinMax * dFsin;//破坏摩尔圆直径
    double dSL = (dSF != 0)? dSD * (1-dFsin) / dSF : 0.0;          //除数(no p)
    if (dSL > dSLHistroy)
    dSLHistroy = dSL;
    if (dSL >= 0.99) dSL = 0.99;
    //(3)加卸载判断，计算模量
    double dSPa = dS3Histroy / dPa;
    double dEi = dKe *dPa * pow(dSPa,dNe);
    double dEt;
    if (dSD < dSDHistroy && dSL < dSLHistroy)
    {
  dEt = dKur *dPa * pow(dSPa,dNe);
    }
    else
          dEt = dEi * (1 - dFailRatio * dSL) * (1 - dFailRatio * dSL);
    //设置最小模量 Emin
    double dEtmin = 0.25 * dKe * dPa * pow(0.02, dNe);
    if (dEt <= dEtmin)
    dEt = dEtmin;
    //根据 0<v<0.49 确定体积模量的范围 0.33~17Et
    dBulk = dKb * dPa * pow(dSPa,dMb);
    dBulk = (dBulk < 0.33*dEt)? 0.33 * dEt : dBulk;
    dBulk = (dBulk > 17.0*dEt)? 17.0 * dEt : dBulk;
    dShear = 3 * dBulk * dEt / (9 * dBulk - dEt);    // Divide!
    return(0);
  }
```

步骤8 修改Run()函数。Run()函数是整个模型开发中最重要的函数。主要包括模量计算、摩擦角修正、加卸载判断、泊松比修正、计算新的应力、进行塑性判断与修正。

```
  const char *DuncanChang::Run(unsigned uDim,State *ps){
    if ((uDim!=3)&&(uDim!=2)) return("Illegal dimension in Mohr constitutive model");
    if(ps->dHystDampMult > 0.0) HDampInit(ps->dHystDampMult);
    if (ps->mState & mShearNow)
         ps->mState = (unsigned long)(ps->mState | mShearPast);
    ps->mState = (unsigned long)(ps->mState & ~mShearNow);
    if (ps->mState & mTensionNow)
         ps->mState = (unsigned long)(ps->mState | mTensionPast);
    ps->mState = (unsigned long)(ps->mState & ~mTensionNow);
    Axes aDir;
    double dPrinMin,dPrinMid,dPrinMax,sdif=0.0,psdif=0.0;
    int icase=0;
    bool bFast=ps->stnS.Resoltopris(&dPrinMin,&dPrinMid,&dPrinMax,&aDir,uDim, &icase, &sdif, &psdif);
    double dSD = dPrinMax - dPrinMin;//主应力差>0
```

```
if (dSD > dSDHistroy)
 dSDHistroy = dSD;
if (-1.0*dPrinMax > dS3Histroy)
 dS3Histroy = -1.0*dPrinMax;
//(1)考虑摩擦角随围压的影响
double dlog = (dS3Histroy != 0.0)? log10(dS3Histroy / dPa) : 0.0;
dF = dFriction - dFricDel * dlog;
dFcos = cos(dF * dDegRad);
dFsin = sin(dF * dDegRad);
/*/下面语句为调试所用
char temp[200];
sprintf(temp,"%f",dF);
return(temp);
//调试结束*/
//(2)计算应力水平
double dSF = 2* dCohesion * dFcos + (-2.0) * dPrinMax * dFsin;//破坏摩尔圆直径
double dSL = (dSF != 0)? dSD * (1-dFsin) / dSF : 0.0;            //除数(no p)
if (dSL > dSLHistroy)
dSLHistroy = dSL;
if (dSL >= 0.99) dSL = 0.99;
//(3)加卸载判断，计算模量
double dSPa = dS3Histroy / dPa;
double dEi = dKe *dPa * pow(dSPa,dNe);
double dEt;
if (dSD < dSDHistroy && dSL < dSLHistroy)
{
 dEt = dKur *dPa * pow(dSPa,dNe);
}
else
    dEt = dEi * (1 - dFailRatio * dSL) * (1 - dFailRatio * dSL);
//2006-06-11 add Emin
double dEtmin = 0.25 * dKe * dPa * pow(0.02, dNe);
if (dEt <= dEtmin)
dEt = dEtmin;
//(4)根据 0<v<0.49 确定体积模量的范围 0.33~17Et
dBulk = dKb * dPa * pow(dSPa,dMb);
dBulk = (dBulk < 0.33*dEt)? 0.33 * dEt : dBulk;
dBulk = (dBulk > 17.0*dEt)? 17.0 * dEt : dBulk;
dShear = 3 * dBulk * dEt / (9 * dBulk - dEt);    // Divide!
//(5)计算应力增量
//根据模量 Kt,Et 求剪切模量
double dE1       = dBulk + d4d3 * dShear;
double dE2       = dBulk - d2d3 * dShear;
//利用 M, λ 模型
double dE11 = ps->stnE.d11;
double dE22 = ps->stnE.d22;
double dE33 = ps->stnE.d33;
ps->stnS.d11 += dE11 * dE1 + (dE22 + dE33) * dE2;
ps->stnS.d22 += (dE11 + dE33) * dE2 + dE22 * dE1;
ps->stnS.d33 += (dE11 + dE22) * dE2 + dE33 * dE1;
ps->stnS.d12 += ps->stnE.d12 * 2 * dShear;
ps->stnS.d13 += ps->stnE.d13 * 2 * dShear;
ps->stnS.d23 += ps->stnE.d23 * 2 * dShear;
//(6)计算新的主应力分量
double dSDM = dPrinMax - dPrinMin;//主应力差>0
```

```
//剪坏修正
double dNPH = (1.0+dFsin)/(1.0-dFsin);
if( dPrinMin - dPrinMax * dNPH + 2.0*dCohesion*sqrt(dNPH) < 0.0)
{
ps->mState = (unsigned long)(ps->mState | 0x01);
double d13Copy = ps->stnS.d13;
ps->stnS.d13 = (-1.0 * (dPrinMax+dPrinMin) *
        dFsin + 2 * dCohesion*dFcos)/dSDM;
ps->stnS.d33 = -0.5*(ps->stnS.d11 + ps->stnS.d33) + 0.5*(ps->stnS.d11 - ps->stnS.d33)*
        ps->stnS.d13 / d13Copy;
ps->stnS.d11 = -0.5*(ps->stnS.d11 + ps->stnS.d33) - 0.5*(ps->stnS.d11 - ps->stnS.d33)*
        ps->stnS.d13 / d13Copy;
double da2 = 2.0 * (-1.0*ps->stnS.d33 * dFsin + dCohesion * dFcos) /
        ((ps->stnS.d11 - ps->stnS.d33) * dFsin + dSDM);
ps->stnS.d13 *= da2;
ps->stnS.d11 = ps->stnS.d33 - da2 * (ps->stnS.d33 - ps->stnS.d11);
}
return(0);
```

13.4.3　调试与验证

模型的调试包括两个方面，一是对程序编辑过程中出现的语法错误进行改正；二是根据FLAC3D应用新模型时的计算结果对程序进行改正和完善。对于第一方面的调试，用户参照C++语言的语法规定即可改正。对于第二方面的调试，往往需要将模型的计算结果与理论值或已有的正确结果进行比较，以说明模型编辑的正确性和适用性，这个过程也称为模型的验证过程。

用户开发的本构模型需要进行严格的调试和验证，遵循的原则是：由少单元到多单元、由简单到复杂，逐步完善。在模型调试初期，常用一个单元进行计算，称为One Zone Test。因为一个单元本身的应力和应变状态简单，可以通过理论计算得到单元和节点的响应，这样便于和FLAC3D计算结果进行比较。

1. 调试方法

程序调试有两种主要方法：

- 在VC++的工程设置中将FLAC3D软件中的EXE文件路径加入到程序的调试范围中，并将FLAC3D自带的DLL文件加入到附加动态链接库（Additional DLLs）中，然后在Initialize()或Run()函数中设置断点，进行调试。
- 在程序文件中加入return()语句，这样可以将希望得到的变量（或表达式）的值以错误提示的形式在FLAC3D窗口中得到。下面的语句就是调试模型参数体积模量的一个例子。注意，用sprint()函数进行数据格式转换时，需要在.cpp文件开始时增加对#include <stdio.h>标准输入输出头文件的调用。

```
char temp[200];
sprintf(temp,"%f",dBulk);
return(temp);
```

2. 三轴试验模拟的验证

为了对开发好的Duncan-Chang本构模型进行测试，本文采用三轴试验的数值模拟来验证开发模型的正确性。Duncan-Chang *E-B* 模型参数如表13-3所示。

表 13-3　Duncan-Chang 模型参数

参数	数值	参数	数值	参数	数值
c (kPa)	110	R_f	0.79	K_b	303
φ_0 (°)	48.5	k	704	m	0.18
$\Delta\varphi$ (°)	0.0	n	0.38	K_{ur}	844.8

计算模型的尺寸采用大型三轴仪的试样大小，同时为了简化边界条件，采用 1 个边长为 600mm 的立方体 brick 单元，底面为竖直向位移约束，周围的四个面采用应力边界条件，模型顶部荷载使用 FISH 函数分级施加，每级 20kPa，不平衡力比为默认的 10^{-5}。计算中分别采用了 3 种不同的围压条件（300kPa、600kPa 和 900kPa），利用开发的 Duncan-Chang 模型为 FLAC3D 的力学模型。计算结果主要分析偏应力-轴向应变关系及体积应变-轴向应变的关系，同时与 Duncan-Chang 的理论值进行对比分析以了解计算结果的正确性。单元的轴向应变通过单元顶部的竖向位移计算得到，体积应变通过 FISH 函数 z_vsi()获得。Duncan-Chang 模型关于轴向应变和体积应变增量的理论值分别由式（13-12）和式（13-13）得到。

$$\varepsilon_a = \frac{\sigma_3 - \sigma_1}{(1 - R_f s) k p_a \left(\dfrac{-\sigma_1}{p_a} \right)^n} \tag{13-12}$$

$$\Delta\varepsilon_v = \frac{\Delta(\sigma_3 - \sigma_1)}{3K_t} \tag{13-13}$$

例 13.1　Duncan-Chang 模型的三轴试验模拟算例

```
config cppudm  ;必须设置 cppudm 的选项才可以进行模型载入
model load① DuncanChang.dll
gen zon bri p1 .6 0 0 p2 0 .6 0 p3 0 0 .6 size 1 1 1;三轴试验尺寸：0.6*0.6*0.6 m
model duncan
prop cohesion 110e3 friction 48.5 fricDel 0.0 ratiofail 0.79 ke 704 ne 0.38 kb 303 mb 0.18 kur 844.8
fix z ran z -.01 .01 ;模型底部边界的竖直向速度约束
def sigma3 ;定义一个 sigma 变量便于进行多工况计算
  sigma3=-600e3
end
sigma3
;设置初始应力
app nstress sigma3 ran x -.01 .01
app nstress sigma3 ran x .59 .61
app nstress sigma3 ran y -.01 .01
app nstress sigma3 ran y .59 .61
app nstress sigma3 ran z .59 .61
;ini den 2190 ;为了与理论值作比较，不考虑重力、密度的作用
ini szz sigma3
ini syy sigma3
ini sxx sigma3
solve ;得到加载前的初始应力
ini xdis 0 ydis 0 zdis 0 xvel 0 yvel 0 zvel 0 ;位移和速度清零
```

① model load 后面可以跟完整路径，中英文均可，但是中间不能有空格，比如 Program files 这样的路径就会出错。

```
tab 1 name loads ;建立一个空表，用来保存荷载-沉降曲线
plo tab 1
;第 1 次加卸载
def load1
  p_gp = gp_near(0,0,0.6)
  loop n(1,50)
    zss_load= sigma3 - float(n)*20e3           ;加载 1000kPa
    command
      app nstress zss_load ran z .59 .61
      solve
    endcommand
    z_dis = -1.0 *gp_zdisp(p_gp) / 0.6         ;得到应变
    z_load = (sigma3 - zss_load)               ;得到主应力差
    command
      tab 1   z_dis z_load                     ;分别保存应变和主应力差
    endcommand
  end_loop
end
load1
save 13-1.sav
```

对比结果如图 13-5 和图 13-6 所示。从两个图中可以看出，FLAC3D 的计算结果同 Duncan-Chang 理论值十分接近，轴向应变和体积应变随轴向应变的变化关系十分吻合，表明在 FLAC3D 中开发实现 Duncan- Chang 模型的计算结果是正确的。

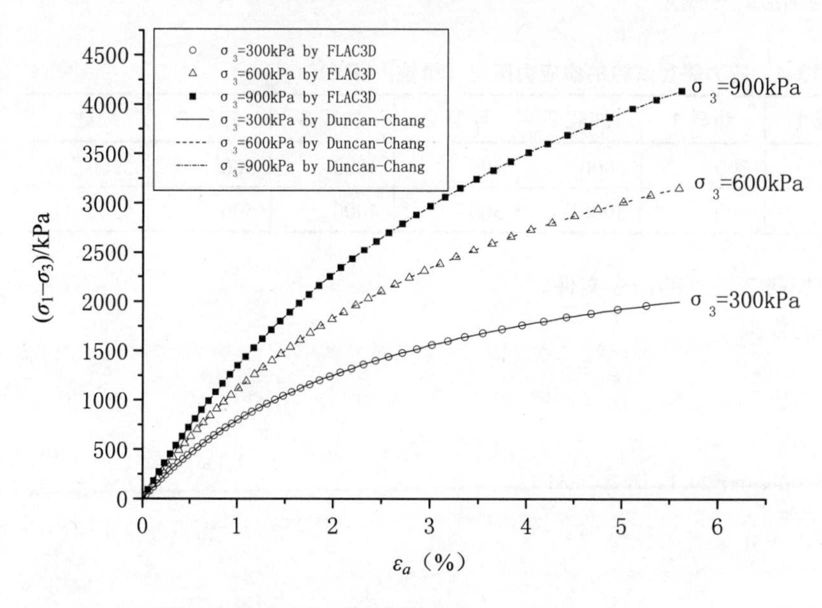

图 13-5　不同围压下偏应力与轴向应变曲线

3. *应力路径试验模拟的验证*

计算中分别考虑了两种围压（600kPa 和 900kPa）下的加卸载过程来测试 FLAC3D 开发的 Duncan-Chang 模型对应力路径的适应性。对于卸载过程的轴向应变增量的理论值按式（13-14）计算。两种围压下的加卸载循环过程如表 13-4 所示。

$$\Delta\varepsilon_a = \frac{\Delta(\sigma_3 - \sigma_1)}{k_{ur} p_a \left(\frac{-\sigma_1}{p_a}\right)^n} \tag{13-14}$$

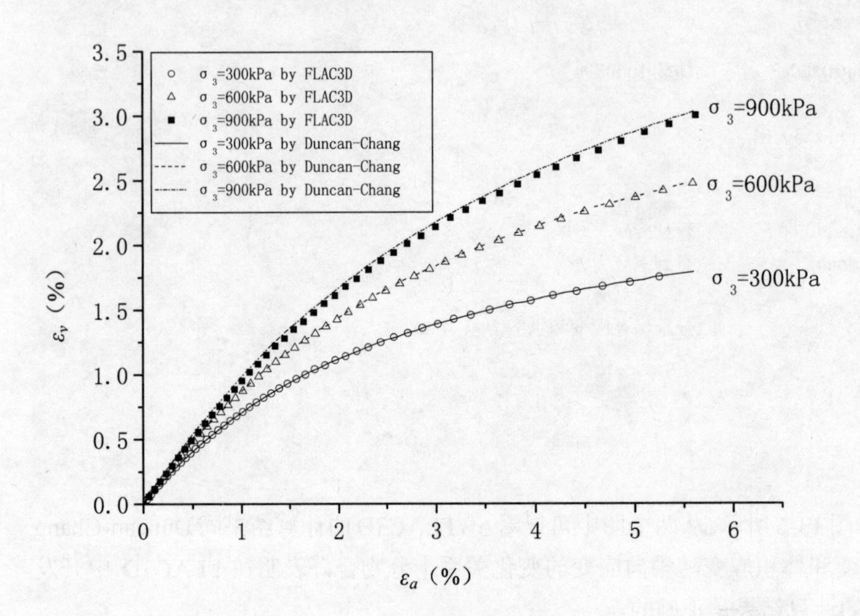

图 13-6　不同围压下体积应变与轴向应变曲线

表 13-4　应力路径试验的偏应力历史（单位：kPa）

围压	初始	加载 1	卸载 1	加载 2	卸载 2	加载 3	卸载 3	加载 4
600	0	1000	500	2000	500	3000	500	3200
900	0	2000	500	3000	500	4000	500	4300

例 13.2 给出了卸载 1 和加载 2 过程的命令文件。

例 13.2　应力路径试验的模拟

```
rest 13-1.sav
def unload1
  p_gp = gp_near(0,0,0.6)
  loop m(1,25)
    zss_load= sigma3 - 1000e3 + float(m)*20e3   ;卸载 500kPa
    command
      app nstress zss_load ran z .59 .61
      solve
    endcommand
    z_dis = -1.0 *gp_zdisp(p_gp) / 0.6
    z_load = (sigma3 - zss_load)
    command
      tab 1   z_dis zss_load
    endcommand
  endloop
end
```

```
unload1
set log on
set logfile 1.log
pri tab 1
set log off
;第 2 次加卸载
def load2
  p_gp = gp_near(0,0,0.6)
  loop n(1,75)
    zss_load= sigma3 - 1000e3 + 500e3 - float(n)*20e3 ;加载至 2000kPa
    command
      app nstress zss_load ran z .59 .61
      solve
    endcommand
    z_dis = -1.0 *gp_zdisp(p_gp) / 0.6
    z_load = (sigma3 - zss_load)
    command
      tab 1   z_dis zss_load
    endcommand
  end_loop
end
load2
save 13-2.sav
```

FLAC3D 计算结果同 Duncan-Chang 的理论值对比见图 13-7 所示，可以发现在加载和卸载的过程中计算结果都同理论值十分吻合，这进一步证明了模型开发的正确性。

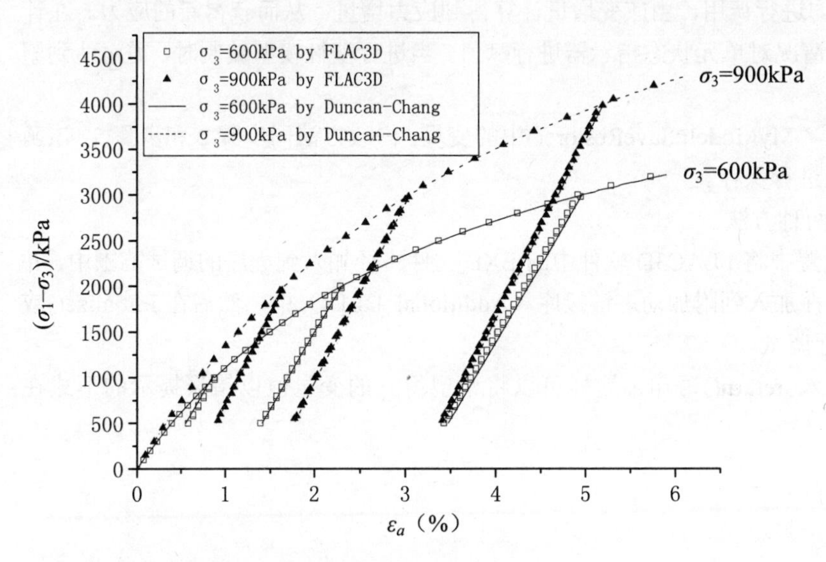

图 13-7 加卸载条件下偏应力与轴向应变关系

13.5 本章小结

FLAC3D 的二次开发环境提供了开放的用户接口，在软件安装文件中包含软件自带所有本构模型的源代码，且给出了 Mohr-Coulomb 模型和应变软化模型的编译示例，因此可以方便地进行本构模型的修改与开发。本章利用 Duncan-Chang 模型的开发经验，对 FLAC3D 中自定义本构模型的基本方法进行了总结。为了方便起见，以下面的步骤建立 MyModel 模型。

步骤 1 在模型头文件（MyModel.h）中进行新的本构模型派生类的声明，修改模型的 ID（为避免与已有模型冲突，一般要求大于 100）、名称和版本，修改派生类的私有成员，主要包括模型的基本参数及程序执行过程中主要的中间变量。

步骤 2 在程序 C++文件（MyModel.cpp）中修改模型结构（MyModel::MyModel(bool bRegister): Constitutive Model）的定义，这是一个空函数，主要功能是给步骤 1 中定义的所有私有成员赋初值，一般均赋值为 0.0。

步骤 3 修改 const char **MyModel::Properties()函数，该函数包含了给定模型的参数名称字符串，在 FLAC3D 的计算命令中需要用到这些字符串进行模型参数赋值。

步骤 4 const char **MyModel::States()函数是单元在计算过程中的状态指示器，可以按照需要进行修改指示器的内容。

步骤 5 按照派生类中定义的模型参数变量修改 double MyModel::GetProperty()和 void MyModel:: SetProperty()函数，这两个函数共同完成模型参数的赋值功能。

步骤 6 const char * MyModel::Initialize()函数在执行 CYCLE 命令或大应变模式下对于每个模型单元（zone）调用一次，主要执行参数和状态指示器的初始化，并对派生类声明中定义的私有变量进行赋值。值得注意的是，Initialize()函数调用时没有定义应变分量，但可以调用应力分量，但不能对应力进行修改。

步骤 7 const char * MyModel::Run()是整个模型编制过程中最主要的函数，它对每一个子单元（sub-zone）在每次循环时均进行调用，由应变增量计算得到应力增量，从而获得新的应力。在计算过程中，要根据单元应力情况对单元状态指示器进行赋值。当进行塑性模型编制时，需对达到塑性的应力状态进行修正。

步骤 8 修改 const char * MyModel::SaveRestore()中的变量，修改方法同步骤 2 和步骤 5，该函数的主要功能是对计算结果进行保存。

步骤 9 程序的调试有两种方法。

（1）在 VC++的工程设置中将 FLAC3D 软件中的 EXE 文件路径加入到程序的调试范围中，并将 FLAC3D 自带的 DLL 文件加入到附加动态链接库（Additional DLLs）中，然后在 Initialize()或 Run()函数中设置断点，进行调试。

（2）在程序文件中加入 return()语句，这样可以将希望得到的变量值以错误提示的形式在 FLAC3D 窗口中得到。

14

边坡安全系数求解

边坡稳定性一直是岩土工程领域的一个热点研究课题，人们通常采用安全系数来评价其稳定性状态。因其原理简单，物理意义明确，至今仍为边坡稳定性分析中最重要的指标和概念。严格来说，安全系数是基于极限平衡分析方法的一种评价指标，而数值模拟方法则是与极限平衡分析方法并行的一种分析方法，侧重于岩土体应力－应变即破坏机理的分析，在早期的边坡稳定性分析中这两者是不存在交汇点的。基于数值模拟技术的强度折减法的出现则改变了这一局面，成为联系这两种分析思想的纽带。

本章要点：

✓ 强度折减法基本原理

✓ FLAC3D 中边坡安全系数的强度折减法求解

✓ FLAC3D 中自编强度折减法的实现

✓ 强度折减法的优点及局限性

14.1 强度折减法

本节分为两部分，主要内容为强度折减法的基本原理和数值计算过程的实现，并针对折减法数值计算过程中所采用的终止条件进行详细的说明。

14.1.1 基本原理

强度折减法中边坡稳定的安全系数定义为：使边坡刚好达到临界破坏状态时，对岩、土体的抗剪强度进行折减的程度，即定义安全系数为岩土体的实际抗剪强度与临界破坏时的折减后剪切强度的比值。强度折减法的要点是利用公式（14-1）和（14-2）：

$$c_F = c / F_{trial} \tag{14-1}$$

$$\phi_F = \tan^{-1}((\tan\phi) / F_{trial}) \tag{14-2}$$

来调整岩土体的强度指标 c 和 ϕ（式中，c_F 为折减后的粘接力，ϕ_F 为折减后的摩擦角，F_{trial} 为折减系数)，然后对边坡稳定性进行数值分析，通过不断地增加折减系数，反复计算，直至其达到临界破坏，此时得到的折减系数即为安全系数 F_s。此外，在 FLAC3D 中采用强度折减法时，除折减抗剪强度参数外，用户也可以选择是否对界面单元（interface）强度参数和抗拉强度 σ^t 进行折减，详情可参见 FLAC3D 用户命令手册中关于 **Solve fos** 命令的说明。

14.1.2 实现过程

强度折减法的提出已有较长的历史，在国外 20 世纪 80 年代就有应用，但由于力学概念不十分明确，而且易受到计算程序及计算精度的影响，因而其推广应用一直进展缓慢。随着计算机性能的提高以及各种成熟商用软件的推出，强度折减法受制于计算程序和计算精度的局面已得到了根本性改观，在 20 世纪 90 年代末重新成为岩土工程数值模拟研究的一个热点。目前所碰到的困难是，尚无统一的边坡失稳判据也即安全系数数值求解过程的终止条件。现行的边坡失稳判据主要有以下几种：

- 以数值计算的收敛性作为失稳判据（Ugai K，1989；赵尚毅，郑颖人，张玉芳等，2005）；
- 以特征部位位移的突变性作为作为失稳判据（Zienkiewicz O C, Humpheson C and Lewis R W，1975；宋二祥，1997）；
- 以塑性区的贯通性作为失稳判据（栾茂田，武亚军，年廷凯，2003）。

在 FLAC3D 中求解安全系数时，单次安全系数的计算过程主要采用的是第（1）种失稳判据。假设数值计算模型所有非空区域都采用摩尔－库仑本构模型，便可使用命令 Solve fos 来求解安全系数：首先，通过给粘结力设定一个大值来改变内部应力，以找到体系达到力平衡的典型时步 N_r；接着，对于给定的安全系数 F_s，执行 N_r 时步，如果体系不平衡力与典型内力比率 R 小于 10^{-3}，则认为体系达到了力平衡。如果不平衡力比率 R 大于 10^{-3}，那么再执行 N_r 时步，直至 R 小于 10^{-3} 后退出当前计算，开始新一轮折减计算过程。除上述的以力不平衡比率小于 10^{-3} 作为终止条件外，FLAC3D 还采用：

- 前后典型时步运算结束时的不平衡力比率 R 差值小于 10 %；
- 强度折减后的计算过程已运行了 6 个典型时步 N_r 作为计算终止条件。

计算过程中，只要满足上述三个标准中的任何一个，便退出当前计算。这样做的目的，主要是为了控制整个强度折减法循环计算过程的求解时间。因为即使对单次计算采用更严格的计算终止条件，也只会成倍增加计算时间，却不会对最终结果精度的提高产生多大效果。

14.2 应用实例

本节以 Dawson 等人（1999）所述的一个稳定性分析例子为分析对象，分两小节阐述在 FLAC3D 中是如何采用内置强度折减法和自编强度折减法实现边坡安全系数求解的。

图 14-1 为这一分析模型的示意图，计算所采用的岩土体物理力学指标列于表 14-1。由于 Dawson 等人的示例为二维模型，因此，在本例的 FLAC3D 分析中，y 方向只采用一个单元宽度（该方向取为 0.5m），并对模型中所有节点的 y 方向速度进行约束，以便等效地进行平面应变分析。

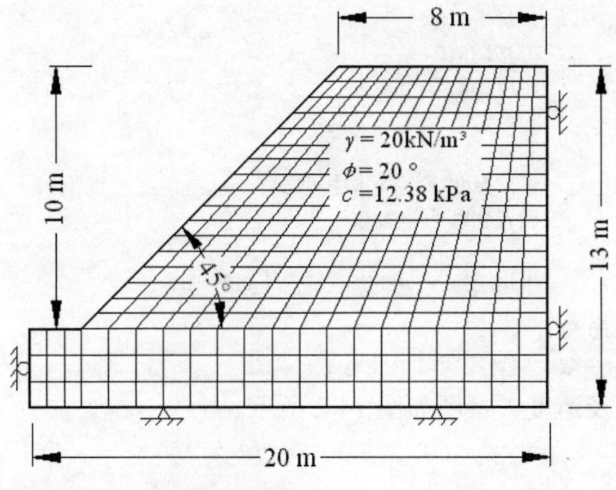

图 14-1 分析模型示意图

表 14-1 物理、力学参数指标

ρ / kg • m^{-3}	K / MPa	G / MPa	c / kPa	ϕ / （°）	σ^t / MPa
2000	100	30	0.35	20	10000

14.2.1 安全系数求解

FLAC3D 内置的强度折减法，使得安全系数的求解实现起来十分容易。但是安全系数的求解结果也会受多种因素制约，因此，在求解时需予以注意。本小节将分述其求解过程和主要影响因素。

1. 命令流及计算结果

上述分析模型的安全系数强度折减法求解命令文件见例 14.1。

例 14.1 边坡安全系数求解

```
; new                                                    ;开始一个新的分析
;=====================================
;建立网格模型
gen zone brick   &
p0 0 0 0 p1 2 0 0 p2 0 0.5 0 p3 0 0 3 size 3 1 3
gen zone brick   &                                       ;生成块体区域，三个方向各自分为 3、1、3 等份
p0 2 0 0 p1 20 0 0 p2 2 0.5 0 p3 2 0 3 &                 ;生成块体区域，三个方向各自分为 17、1、3 等份，
size 17 1 3 ratio 1.03 1 1                               ;其中 x 方向临近单元比率为 1.03
gen zone brick   &
p0 2 0 3 p1 20 0 3 p2 2 0.5 3 p3 12 0 13 &
p4 20 0.5 3 p5 12 0.5 13 p6 20 0 13 &                    ;生成块体区域，三个方向各自分为 17、1、17 等份，
p7 20 0.5 13 size 17 1 17 ratio 1.03 1 1                 ;其中 x 方向临近单元比率为 1.03
;=====================================
;设置边界条件
fix x y z range z -0.1 0.1                               ;固定模型底部边界的 x、y、z 方向速度
fix x range x 19.9 20.1                                  ;固定模型边界 x=20 面所有点 x 方向速度
fix x range x -0.1 0.1                                   ;固定模型边界 x=0 面所有点 x 方向速度
fix y                                                    ;固定模型边界所有点 y 方向速度
;=====================================
;初始地应力的生成
model elas                                               ;设置弹性本构模型
prop density 2000 bulk 3e9 shear 1e9                     ;设置物理力学参数
set gravity 0 0 -10.0                                    ;设置重力加速度
```

```
solve                                                    ;求解
ini xdisp 0 ydisp 0 zdisp 0                              ;位移场清零
ini xvel 0 yvel 0 zvel 0                                 ;速度场清零
;======================================
;安全系数求解
model mohr                                               ;设置摩尔-库仑本构模型
prop density 2000 bulk 1.0e8 shear 3.0e7 &               ;设置物理力学参数
coh 12380.0 tens 1.0e6    fric 20 dila 20
solve fos file slope3dfos1.sav associated                ;采用关联流动法则求解安全系数①
```

运行上述命令，将图形背景设置为白色，键入命令：

```
plot fos cont ssi outline on vel red                     ;绘制安全系数、剪切应变增量及速度矢量图
```

之后得到的模型安全系数、剪切应变增量云图及速度矢量图如图 14-2 所示。

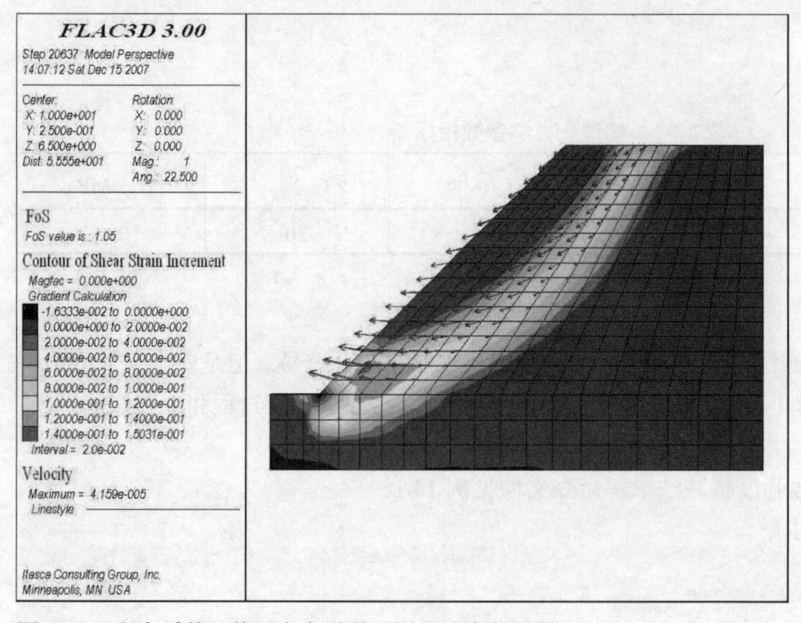

图 14-2　安全系数、剪切应变增量云图及速度矢量图

从图 14-2 中可以明显看到塑性贯通区域即潜在滑动面，速度矢量图则有力地佐证了这一判断：因滑动面外侧区域各网格点速度明显大于其他区域，说明这一区域已经出现明显滑动，即发生了破坏。

有时候，出于某些需要，需要显示更高精度的安全系数（即增加安全系数小数点后的位数），这时如在命令栏中输入如下命令：

```
def _getfos                          ;定义获取高精度安全系数的函数
fos1=fos_f                           ;将当前安全系数值赋给 fos_f②
end                                  ;函数定义结束
_getfos                              ;执行已定义的函数
print fos1                           ;在屏幕上显示当前安全系数值
```

则获得显示精度更高的安全系数：`fos1 = 1.048828125000e+000`。

---

① 采用关联流动法则求解安全系数时，摩擦角等于剪胀角。FLAC3D 中求解安全系数时，默认的是非关联流动法则。

② fos_f 为 FISH 语言中预先定义的显示当前安全系数值的变量。

2. 结果校核

由于强度折减法的真正兴起才10余年，不少人对之仍持怀疑态度，为此，不少学者试图采用大家广为接受的极限平衡方法来校核和验证强度折减法计算结果的合理性，并获得了较为一致的结论：对于简单的均质边坡，强度折减法的安全系数计算结果与严格的极限平衡方法计算结果较为接近。但是，这种校核方式有一个明显的缺陷，原因在于：极限平衡方法求解的安全系数是基于条块间力假设的解析解，而强度折减法求解的安全系数则为基于应力—应变分析的近似解，因此这两种方法求得的安全系数都不是所谓的"真实解"，再加上两者求解的基础不同，假定条件类型不同，其计算结果相互间的校核从数学意义上来说并不严格。

鉴于此，本小节采用有限单元应力法（John Krahn，2004）校核FLAC3D中的强度折减法计算结果。所谓有限单元应力法，是指在传统的极限平衡分析中输入有限元的应力计算结果（包括潜在滑移面），然后根据这些计算结果求得每一条块底部中点的法向力和下滑剪切应力，最后按安全系数的定义，即滑移面上条块抗滑力之和与条块下滑力的比值求得安全系数。由于这种方法的安全系数计算是基于应力－应变分析结果进行的，无需进行任何条块间力的假设并且考虑了岩土体中应力分布的影响，因此，其分析基础及假定条件与强度折减法最为接近。对图14-1所示模型的有限单元应力法验证采用Geostudio软件中的Sigma/W和Slope/W模块联合实现，计算结果分别见表14-2和图14-3。

表14-2 强度折减法和有限单元应力法安全系数计算结果

方法	强度折减法	有限单元应力法
安全系数	1.05	1.07

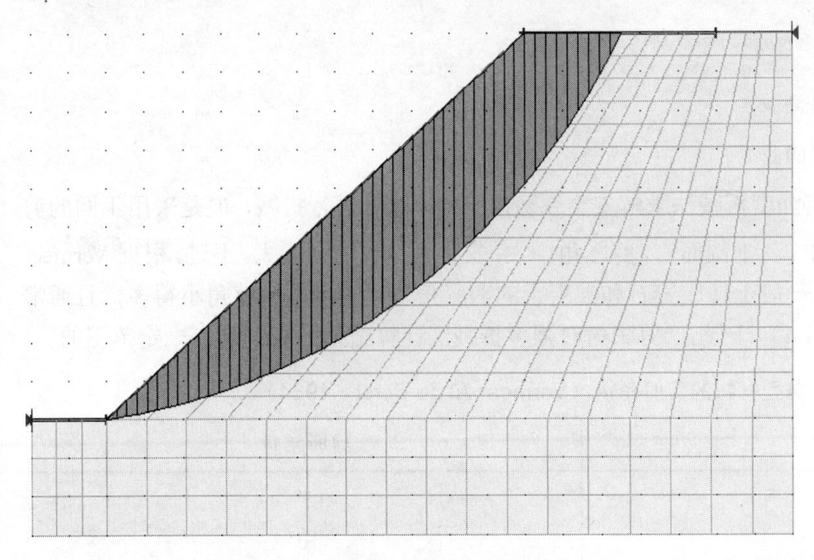

图14-3 有限单元应力法计算结果中的潜在破坏面

比较强度折减法和有限单元应力法的计算结果不难看出，由这两种方法获得的潜在破坏面和安全系数都较为接近。这表明基于有限差分法的强度折减法用于边坡安全系数求解是可行的。

3. 精度影响因素探讨

尽管强度折减法只对抗剪强度参数c和ϕ进行折减，但由于其基于数值模拟技术，相对极限平衡方法而言，要输入更多的强度参数。此外，还受到某些因素如网格、边界范围等因素的影响，因此，有必要评估这些因素对计算结果的影响。由于在实际工程分析时，变形参数（杨氏模量 E、泊松比 ν）往往是给定的，而剪胀角及抗拉强度较少提供，因此，本小节将主要从剪胀角、抗拉强度、网格疏密程度及边界范围等方面初步探讨这些因素对 FLAC3D 强度折减法计算结果的影响。分析方案这样确定，以例 14.1 为基准比较方案，通过单一改变潜在影响因素的量值并求得相应的安全系数，与基准方案进行对比，以便直观地观察它们对计算结果的影响。

- 剪胀角 ψ

表 14-3 为采用不同的剪胀角时，计算得到的安全系数；根据表 14-3 作出的安全系数随剪胀角变化的曲线见图 14-4。

表 14-3 剪胀角对安全系数的影响

剪胀角 ψ（°）	20	15	10	5	0
安全系数	1.05	1.04	1.04	1.03	1.01

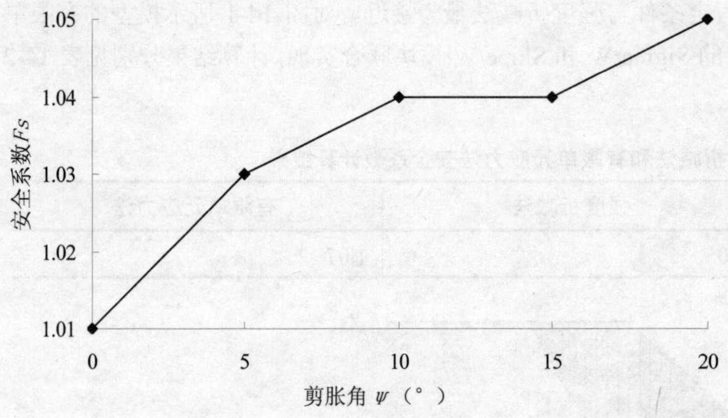

图 14-4 安全系数随剪胀角变化的曲线

计算结果表明：尽管采用强度折减法求解安全系数时只对 c 和 ϕ 进行折减，但是采用不同的剪胀角仍会得到不同的计算结果。就本例而言，剪胀角增大，安全系数也随之增大。不过，根据 Vermeer 和 de Borst（1984）的研究，一般土体、岩石和混凝土的剪胀角要比它们的摩擦角小得多，且通常在 0°～20°内变化（列于表 14-4）。因此，剪胀角对强度折减法计算结果的影响是有一定范围的。

表 14-4 典型材料的剪胀角 ψ（Vermeer 和 de Borst，1984）

名称	剪胀角 ψ
密实的砂	15°
松散的砂	<10°
正常的固结粘土	0°
粒状的完整大理石	12° ～20°
混 凝 土	12°

- 抗拉强度 σ^t

表 14-5 为采用不同抗拉强度时计算得到的安全系数。从表中可以看出，尽管抗拉强度的变化

幅度很大，从 1kPa 到 10^7 kPa，安全系数变化却很小，这表明强度折减法计算结果对抗拉强度这一因素并不敏感。

表 14-5　采用不同抗拉强度得到的安全系数

σ^t（kPa）	1×10^7	1×10^6	1×10^5	1×10^4	1000	100	10	1
安全系数	1.05	1.05	1.05	1.05	1.05	1.05	1.03	1.03

- 网格疏密程度

图 14-5 为将基准方案中的网格加密一倍后，得到安全系数、剪切应变增量云图及速度矢量图。图中所示安全系数为 1.03，与基准方案的 1.05 有略微差异；而剪切应变增量云图及速度矢量图的位置和分布范围却没有明显的变化。这表明，网格疏密程度对安全系数有一定影响。其实也不难理解，强度折减法基于数值模拟技术，而数值模拟技术依赖于网格，其计算结果自然要受网格疏密程度的影响。由于 FLAC3D 对网格数目十分敏感，网格如果过密，势必耗时较大，一味加密网格将导致计算不经济（即耗时和计算精度的提高程度不协调），因此，根据实际分析需要选择合适的网格密度达到分析目的即可。

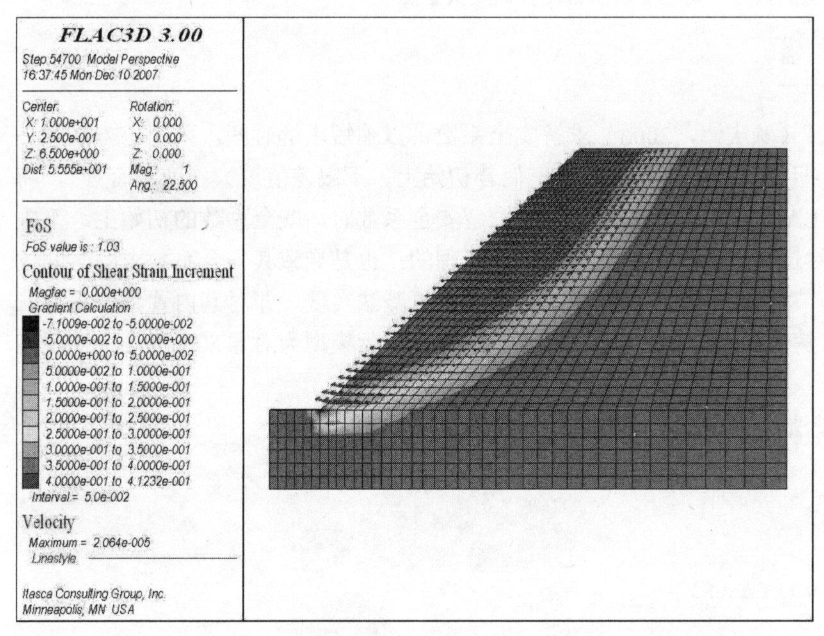

图 14-5　加密网格后得到的安全系数、剪切应变增量云图及速度矢量图

- 边界范围

将基准方案中的模型边界按张鲁渝、郑颖人等人（2003）的建议，即左边界至坡脚的距离等于 1.5*H*（边坡高度），坡顶至右边界的距离等于 2.5*H*，坡顶部到底部边界等于 2*H* 的方式进行扩大。图 14-6 为对扩大边界后的模型进行求解后得到边坡安全系数、剪切应变增量云图及速度矢量图。

计算结果中显示的安全系数为 1.06，与基准方案相比，变化不大；剪切应变增量云图位置和分布也没有明显的改变。这表明，在 FLAC3D 中，计算得到的滑动面只要在边界范围之内，边界范围的选取对强度折减法的计算结果影响不大。

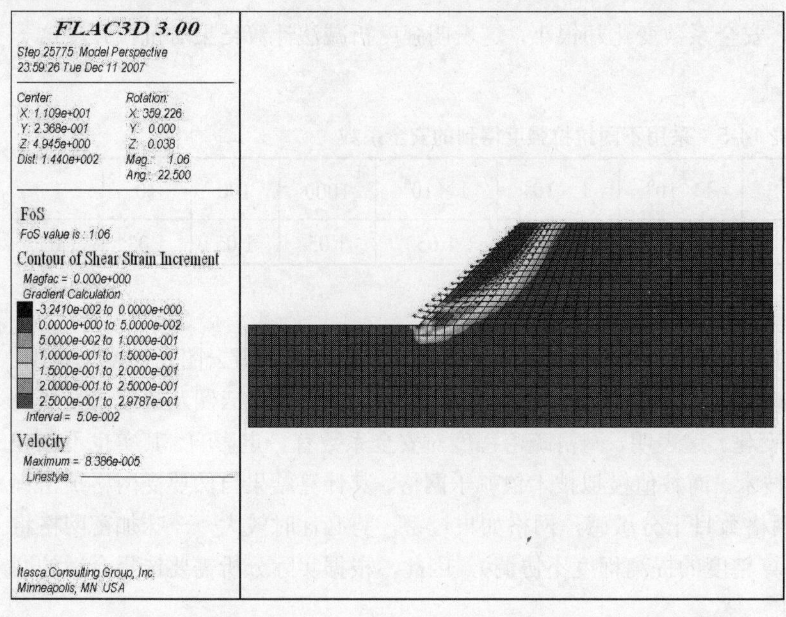

图 14-6　边界扩大后得到的安全系数、剪切应变增量云图及速度矢量图

14.2.2　自编强度折减法的实现

FLAC3D 采用“二分法”（颜庆津，2006）求解安全系数，以缩短求解时间。采用该方法时，需初步定义解所在的区间，即定义初始上、下限值，倘若初始上、下限差值过大（或不合理），将耗费大量的计算时间。在 FLAC3D 中采用强度折减法求解安全系数时，安全系数的初始上、下限值分别定义为 0 和 64，显然这两个值在边坡工程中是不合理的，也是导致其安全系数求解时间过长的主要原因。为此，本小节将叙述 FLAC3D 中的自编强度折减法实现，即对其内置强度折减法进行改进以缩短安全系数求解时间。为便于比较，仍以图 14-1 所示模型为对象来说明这一实现过程，命令文件见例 14.2。

例 14.2　自编强度折减法

```
new
;==========================================
;建立网格模型
gen zone brick   &
p0 0 0 0 p1 2 0 0 p2 0 0.5 0 p3 0 0 3 size 3 1 3
gen zone brick   &
p0 2 0 0 p1 20 0 0 p2 2 0.5 0 p3 2 0 3 size 17 1 3 &
  ratio 1.03 1 1
gen zone brick   &
p0 2 0 3 p1 20 0 3 p2 2 0.5 3 p3 12 0 13 &
p4 20 0.5 3 p5 12 0.5 13 p6 20 0 13    &
p7 20 0.5 13 size 17 1 17 ratio 1.03 1 1
;****************************************
;自定义强度折减法
def SSR                                              ;定义强度折减法函数
;==========================================
;定义有关参数及循环终止条件
```

```
aitl=0.02                                   ;定义安全系数上下限之差的临界值
k11=1.0                                     ;初始安全系数上限值（用户自定义）
k12=2.0                                     ;初始安全系数上限值（用户自定义）
ks=(k11+k12)/2                              ;上下限值的第一次更新
loop while (k12-k11)>ait1                   ;定义计算循环的终止条件
  coh1=12380/ks                             ;定义粘结力折减公式
  fri1=(atan((tan(20*pi/180))/ks))*180/pi   ;定义摩擦角折减公式
dila1=20.0                                  ;赋予剪胀角
  ten1=1e6                                  ;赋予抗拉强度
  grav0=-10                                 ;赋予重力加速度
  dens1=2000                                ;赋予密度
  K1=1e8                                    ;赋予体积模量
  G1=3e7                                    ;赋予剪切模量
;==================================
;折减的实现过程
  command                                   ;开始执行下面的命令流
model null    model null                    ;设置空模型
 ;初始应力场的生成
model elastic                               ;设置弹性本构模型
pro bulk 1e10 she 3e9 dens dens1            ;设置物理力学参数
fix x y z range z -0.1 0.1                  ;固定模型底部边界的 x、y、z 方向速度
    fix x range x 19.9 20.1                 ;固定模型边界 x=20 面所有点 x 方向速度
    fix x range x -0.1 0.1                  ;固定模型边界 x=0 面所有点 x 方向速度
    fix y                                   ;固定模型边界所有点 y 方向速度
set grav 0 0 grav0                          ;设置重力加速度
    solve                                   ;求解
    ini xdisp 0 ydisp 0 zdisp 0             ;位移场清零
    ini xvel 0 yvel 0 zvel 0                ;速度场清零
 ;塑性阶段求解
model mohr                                  ;设置摩尔-库仑本构模型
    pro bulk K1 she G1 dens dens1 coh coh1 & ;设置物理力学参数
friction fri1 dil dila1 tens ten1
set mech ratio 9.8e-6                       ;设置力不平衡比率
    solve step 10000                        ;设置求解极限时步
  endcommand                                ;结束上一段命令的执行
  ;二分法的实现过程
  if mech_ratio<1.0e-5
    k11=ks
    k12=k12
  else
    k12=ks
    k11=k11
  endif
    ks=(k11+k12)/2
endloop
;===================================
;计算结果的保存
fosfile0='_fos'+'.sav'                      ;定义结果保存的文件名
command
  save fosfile0                             ;保存计算结果
```

```
endcommand
end                                          ;结束整个强度折减法函数的自定义过程
;*****************************************
;程序执行及结果显示
SSR                                          ;执行自定义的强度折减法函数
pr ks                                        ;显示安全系数
```

运行上述命令流后得到的安全系数为ks = 1.039062500000e+000，与采用命令 **solve fos** 得到的结果比较接近，所用时间为 656 秒[①]，却要比内置强度折减法所用 1301 秒少得多。图 14-7 为剪切应变云图和速度矢量图。从该图可以看出，剪切应变增量云图及速度矢量图的位置和分布范围相较于内置强度折减法的计算结果（如图 14-2 所示）并未发生明显变化。因此，这一自编强度折减法的实现是可信的。

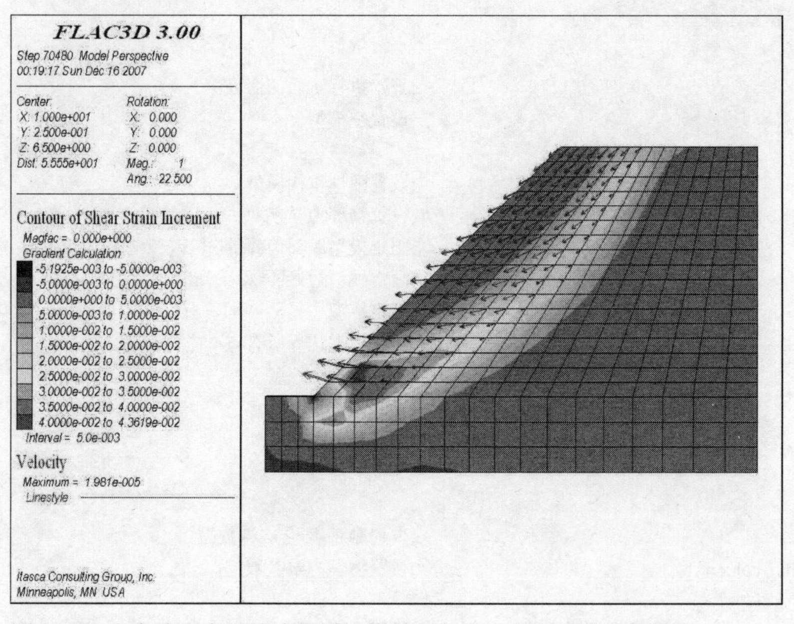

图 14-7　由自编强度折减法得到的剪切应变增量云图及速度矢量图

这里对这一段命令文件的思路做些说明，以便读者更容易理解。该命令文件中，**model null** 是关键，其目的是通过这一命令清除先前的计算结果，同时更新安全系数的上、下限值，然后采用其他非空本构模型来激活网格单元，接着进行下一次强度折减后的计算。如此反复循环计算，直至上、下限值之差小于 0.02 时，终止整个强度折减法的执行，此时上、下限的均值即为最终的安全系数。

- 力不平衡力比率 R 小于临界值 9.8×10^{-6} 时；
- 运行时步超过 10000 时步时。

折减后的单次计算过程在满足上述任何一种情况时，便退出当前计算，开始新的折减计算过程。之所以不完全以 R 小于临界值作为单次折减计算过程的终止条件，是因为有时候会出现这种情况：体系可能会在力不平衡比率远小于 9.8×10^{-6} 时，便已达到稳定的塑性流动（实际上已达到力平衡），

① 计算时间与计算机配置有关。

计算过程即使再进行下去，力不平衡比率也不可能达到这一临界值。对这种情况，该标准显然过于苛刻，也是不可能达到的，这时便可借助定义运行时步极限即第二条标准来实现计算过程的终止。不过，运行时步极限往往需要事先粗略试算确定（即对应内置折减法中体系典型时步 N_r 的估算），该时步一般要大于体系达到力平衡状态时所对应时步的临界值。通过上述说明可以看出，这段自定义强度折减法的单一计算过程是以第一条标准为首选终止标准，只有当第一条终止标准无法达到时，才启用第二条标准，这实际上与 FLAC3D 内置强度折减法计算过程的终止标准是大体一致的，这有效确保了该自编强度折减法的通用性。

14.3 强度折减法评述及使用建议

14.3.1 强度折减法评述

从物理意义上来说，强度折减法是基于材料强度储备的概念，因而其物理意义与极限平衡方法的安全系数的意义是相同的。从数值计算的角度来说，如果是对一个给定边界条件、确定强度参数的边坡进行安全系数求解，由于解是唯一的，其实现过程实际上就是某方程单一解的数值求解过程。因此，强度折减法在物理意义及数值计算的实现方面并无特别之处。而且，强度折减法仍未脱离极限平衡分析思想的范畴，即试图采用单一指标来评价边坡的稳定性状态，这已为工程实践证明是不合理的。加之随着抗剪强度的折减，边坡内部的初始应力状态（即抗剪强度未折减时）发生了改变，真实应力分布对计算结果的影响没有得到完整体现。这样，由强度折减法确定的潜在破坏面与极限平衡法获得的一样，仅能作为工程判断的初始依据。况且，数值模拟技术的优势在于材料破坏机理分析和预测，若仅采用来求解安全系数，不免有“舍本求末”之嫌。因此，强度折减法只能说是一种新的安全系数求解方法，丰富了极限平衡分析的思想而已。

尽管如此，相对于传统的安全系数求取方法，强度折减法仍具有如下优点：

- 能够对具有复杂地貌、地质构造的边坡进行计算；
- 考虑了岩土体的本构关系及变形对应力的影响；
- 能够模拟边坡的变形过程及其滑动面形状；
- 能够模拟岩土体与支护结构（超前支护、土钉、面层等）的共同作用；
- 求解安全系数时，不需要事先假定滑动面的形状，也无需进行条分。

14.3.2 强度折减法使用建议

通过前述分析，这里对强度折减法的使用提出几点建议：

- 由于 FLAC3D 在安全系数求解过程中主要采用的是以力不平衡比率小于某一临界值为失稳判据的，对此学术界尚存争议，因此在强度折减法计算结束后，应观察速度矢量图和塑性区标识以判断结果的合理性。
- 从计算的角度来说，要保证强度折减法求解结果的精确性，除重点关注抗剪强度参数外，还应根据试验结果输入合理的剪胀角、抗拉强度等其他强度参数；不过，也不必有限地提高安全系数值小数点后 2～3 位的精度而无限地加大网格密度和边界范围。
- 从工程应用的角度来说，强度折减法与极限平衡方法一样，只提供一个评价指标，是一种相对笼统的方法，仅适用于边坡工程的初步分析。因此在实际的边坡工程数值模拟分析中，应摆正应力－应变分析和强度折减法求解安全系数的主从和先后关系，不宜将强度折减法的实现作为分析的主要目的。

14.4 本章小结

本章介绍了强度折减法的基本原理及其 FLAC3D 中的实现。全章以计算精度的校核、影响因素的探讨和自编强度折减法的实现为基础，对强度折减法进行了评述，并提出几点使用建议，以便读者对其基本原理、实现过程、优点及局限性等方面有个全面的了解，最后学会合理利用该方法进行工程分析。

15 冰碛土边坡稳定性研究

边坡工程是岩土工程领域的一个分支，其稳定性研究一直是个热点课题。本章将以重钢集团太和露天铁矿冰碛土边坡为研究对象，介绍以 FLAC3D 为主要工具进行冰碛土抗剪强度数值模拟和边坡稳定性分析。

本章重点：

✓ 岩、土体随机模拟结构导入 FLAC3D

✓ 冰碛土三轴数值模拟试验

✓ 地下水面在 FLAC3D 中的生成

✓ 边坡稳定性结果分析

15.1 概述

重钢集团太和露天铁矿在实施 300 万 t/a 采矿扩建工程项目的过程中，边坡发生了多处台阶体塌落破坏和失稳，严重影响了矿山的正常生产。其中，尤以冰碛土边坡的破坏情况最为普遍：在已生成的台阶中，边坡滑落、塌落和冲蚀病害随处可见，线性破坏比高达 50.7%以上，直接影响到了该扩建项目的顺利实施乃至企业今后的生存与发展，因此，需进行该边坡的稳定性分析以评定其稳定性状态和风险水平。

要评定这一边坡工程的稳定性状态和风险水平，有两个问题需要解决，即选用恰当的稳定性分析方法和获取合理的冰碛土抗剪强度参数。目前，极限平衡分析方法、数值分析方法和可靠度分析方法是最常用的几种边坡稳定性分析方法（夏元友，李梅，2002），人们通常单独使用或联合使用它们来评定边坡的稳定性分析状态。由于每种分析方法都是在一定假设下建立的，自身都具有不确定性和局限性，加之边坡工程的复杂性，单一方法不足以有效评定边坡的稳定性状态，需采用多种分析方法。不过，在使用多种方法时，若各方法间缺乏有效整合，其结果只是各方法计算结果的简单罗列，无法充分发挥各种分析方法的长处，其效果与采用单一分析方法并无不同。至于冰碛土，其强度的获取，目前主要还是通过对传统试验方法（室内试验和原位试验等）的试验成果进行有针对性分析之后提出参数（张斌，屈智炯，1991；屈智炯，刘开明，肖晓军等，1992）。但这一处理方式带有很大的经验性和随意性，通常会带来较大的参数选取误差。近年来，不少人尝试以数值方法进行岩土材料破坏过程的细观模拟研究（马志涛，谭云亮，2005；刘恩龙，沈珠江，2006；王士民，冯夏庭，王泳嘉，2005，等），但多应用于岩石和混凝土材料的研究，很少用于冰碛土这类土－砾石混合体材料的研究。

本研究即根据太和铁矿西端帮冰碛土边坡的具体情况，以强度参数研究为基础，以稳定性分析为目的，分为两大部分：一是充分利用已有的传统试验成果，借助三轴数值模拟试验建立起太和铁矿冰碛土的抗剪强度模型；二是以强度模型为输入基础，以数值模拟为平台，建立起有效整合数值分析方法、极限平衡分析方法和可靠度分析方法的边坡稳定性综合分析方法，进行太和铁矿西端帮冰碛土边坡稳定性分析，从而评定其稳定性状态和风险水平。

15.2 边坡工程地质模型

太和铁矿露天采场呈东西向，西端帮地势较高，构成边坡岩体主要为厚层冰碛土和下伏辉长岩。在本研究域中，最低标高（1650 m 水平）以上，基本上全为冰碛土体。在采场转向北帮处（17 和 18 号勘探线之间），冰碛土沉积受原始地形控制，厚度较薄，并与辉长岩大角度整合接触，接触面呈 S 形。可以认为，这是一个岩性单一、地质界面形状复杂的独立边坡工程地质单元。考虑完整地反映西端帮边坡的工程单元、构成完整的应力边界条件以及反映矿山决策者的意愿，确定西帮边坡工程地质模型 3D 空间为：纵向坐标范围 X = 511700 至 512300；横向坐标范围 Y = 3087600 至 3088300；东北角以 17 勘探线为界；Z = 1650 m 水平以上。

地表调查和钻探资料表明，构成边坡坡脚和东部边界的岩体为辉长岩体，坡脚区正置断层破碎带，边坡岩体的整体性和连续性遭受强烈破坏，东部辉长岩体为古地形表面，风化和蚀变较强。

从局部看，冰碛土体中砾石尺寸、砾石和粘土空间分布（密集程度或含量多寡）和形态、局部滞水及出水点位置，呈现高度随机性；而从总体上看，冰碛土体性态的高度随机性恰恰表现为宏观均匀性。因此，计算中将冰碛土体看成砾－土组成、展布形态与工程性质“视均匀”的同质体（即同一性质的边坡冰碛土体），故西端帮边坡工程地质模型可简单概化为：以同质的冰碛土体构成边坡主体，以破碎辉长岩体构成边坡脚和东部边界的双介质、各向同性边坡（徐鼎平，汪斌，江龙剑等，2006）。图 15-1 为该边坡的工程地质模型示意图。

图 15-1 边坡工程地质模型示意图

15.3 冰碛土抗剪强度参数研究

本节主要阐述冰碛土随机结构试样的“制备”、三轴数值模拟的试验过程和抗剪强度预测模型的建立，并对冰碛土的变形和强度特性进行探讨。

15.3.1 冰碛土的组成和结构特性

太和铁矿露天采场的地表勘察和边坡岩体钻探表明，冰碛土组成和结构的主要特点是：

（1）冰碛土固相可简单地看作由“二元材料”组成，即软弱的粘质土和坚硬的砾石，粘质土为基质，砾石为填充物，而砾石级配极为宽阔，粒径从 2mm 到约 3.5m；

（2）不同粒径的砾石，无分选地、随机地分布在粘土基质中，就是说，砾石分布具有强烈的不均匀性和随机性。在沉积过程中，由于环境的制约，在局部，砾石含量可能相对集中，呈“聚团”状产出，或者粘质土相对集中，形成粘质土夹砾的透镜体，疑视成层，显示出“聚团”状产出、组成多变的特性，如图 15-2 所示。

（a）1818m 台阶

（b）1842m 台阶

图 15-2　西帮台阶坡面上的砾石产出状态

（3）砾石与粘土间的胶结程度取决于含水量和产出部位，一般较弱，特别是裸露在坡面的冰碛土，由于暴雨冲刷、日久风化作用和爆破振动的影响，多失粘结，很多地段分崩离析地坍塌在平台上。

15.3.2 抗剪强度参数研究思路

显然，太和铁矿冰碛土的结构和组成特点，使其抗剪强度试验的取样即有限尺寸的原位试样的代表性无法保证，从而降低了传统试验结果的可信度。因此，需另辟蹊径以获取合理的强度参数。

在本次强度参数研究中，按图 15-3 所示的思路进行：首先，采用元胞自动机程序模拟冰碛土结构，制备任意砾石含量的“试样”；接着，将模拟试样网格数据导入 FLAC3D 进行三轴数值模拟试验，获取抗剪强度参数样本；最后，对试验结果进行分析并建立冰碛土体的抗剪强度模型，为后续的边坡稳定性分析之用。

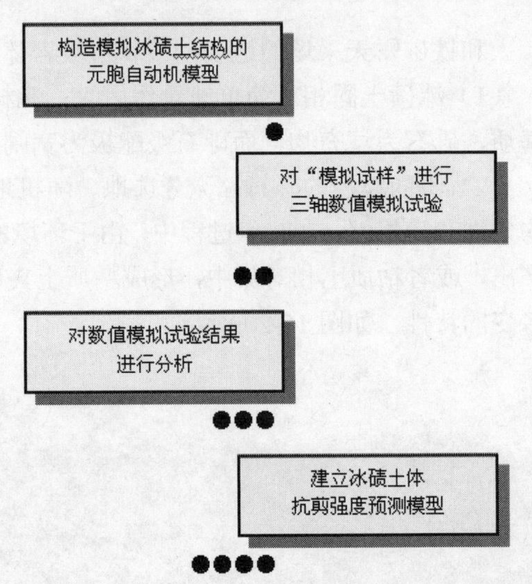

图 15-3 冰碛土体三轴数值模拟基本研究思路

15.3.3 冰碛土结构的元胞自动机模拟

元胞自动机是空间、时间和状态都离散的动力系统，无需构造复杂的数学模型，而由一些极简单的局部相互作用的规则来驱动整个系统的演化。元胞的状态变化只决定于其自身及其邻居的状态，对元胞自动机整个空间来说，元胞更新是彼此独立的，元胞自动机的规则是通用的（Bastien Chopard，Michel Droz，1998）。因此，采用元胞自动机模型来模拟冰碛土的沉积结构，为三轴数值模拟试验“制备”任意尺寸的试样。

冰碛土结构的元胞自动机模拟，是指在指定的二维空间内，以方形网格形式，根据砾石在冰碛土沉积过程的动力特性，以及工程现场勘察所描述和测定的砾石级配、分布以及结构特性，拟定砾石“沉积”的演化规则，通过元胞自动机演化，随机生成冰碛土的结构图。它能从总体上、近似现场观察结果来描述冰碛土的结构特性，充分反映砾石分布的随机性，以及砾石沉积过程“聚团”的视层性。虽不能具体表示出每块砾石的“可能形状”，但因“砾石土”的特定组成所决定，并不会因此而影响模拟的最终结果。依据这一方法，开发了能量化描述砾石沉积结构特性的元胞自动机软件 GTSM（徐鼎平，汪斌等，2007）。该软件可在试件尺寸、单位长度、初始条件以及砾石含量（确定性的和不确定性的）等多方面为用户提供选择，来“制备”三轴试验试样，并输出包含砾石单元 ID 号信息的.bak 文件。这些 ID 号以阿拉伯数字表示，形式输出虽然简单，却包含了某次冰碛土随机演化生成结果的全部信息，并非简单意义上的数字随机抽取。软件在开发过程中，考虑与 FLAC3D 的对接，方形网格编号规则与 FLAC3D 完全一致。图 15-4 为 GTSM 界面及其模拟生成的随机砾石含量的两幅冰碛土结构图，图中黑色部分为砾石单元，灰色部分为土体（细粒组成部分）单元。从其外观上看，砾石“聚团”几何形态与现场观察结果颇为相似，表明采用该程序“制备”试样是十分合适的。

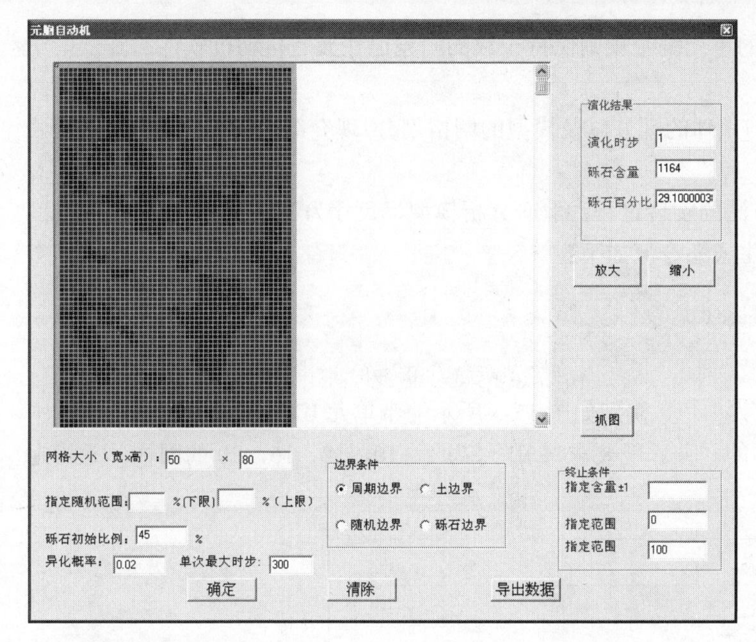

（a）砾石含量 29.1 %

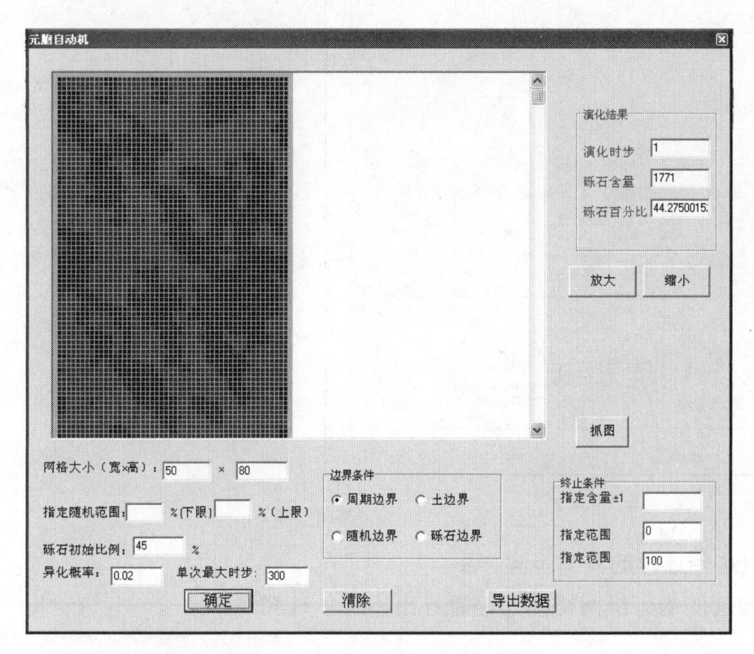

（b）砾石含量 44.3 %

图 15-4　GTSM 界面及其模拟生成的冰碛土结构图

15.3.4　元胞自动机模型的导入

元胞自动机程序与 FLAC3D 的输出输入格式存在差异，使得“制备”的试样——元胞自动机模型不能直接导入到 FLAC3D 中。但是，只要将这些标识砾石单元的 ID 号在 FLAC3D 网格单元中实现并归为一组，即可实现砾石与土体的区分，也即实现元胞自动机模型导入 FLAC3D。由于两种软件（GSTM 和 FLAC3D）的单元编号规则保持一致的问题已在元胞自动机软件的开发中予以考虑，所以并不存在技术障碍。

如何在 FLAC3D 中实现砾石与土体的区分以及模型的网格剖分，现介绍一简单方法：Expgrid & Impgrid 法。

这里以一简单示例说明这一方法的实现过程。取一分析模型，尺寸为 10 m×0.2 m×10 m，剖分为 20 个网格单元，网格模型的生成命令流如下：

```
gen zone brick &
p0 0 0 0 p1 add 10 0 0 p2 add 0 0.2 0 p3 add 0 0 10 &
size 5 1 4
plot block group id on                                  ;显示单元 ID 号的分组网格单元
```

运行完上述命令流，将背景设为白色，得到如图 15-5 所示的带单元 ID 的网格模型图，从图中可看出，模型尚未实现砾石与土体的区分。现要求将 ID 号为 1，10，12，16，20 的网格单元指定为砾石单元，其他为土体单元。

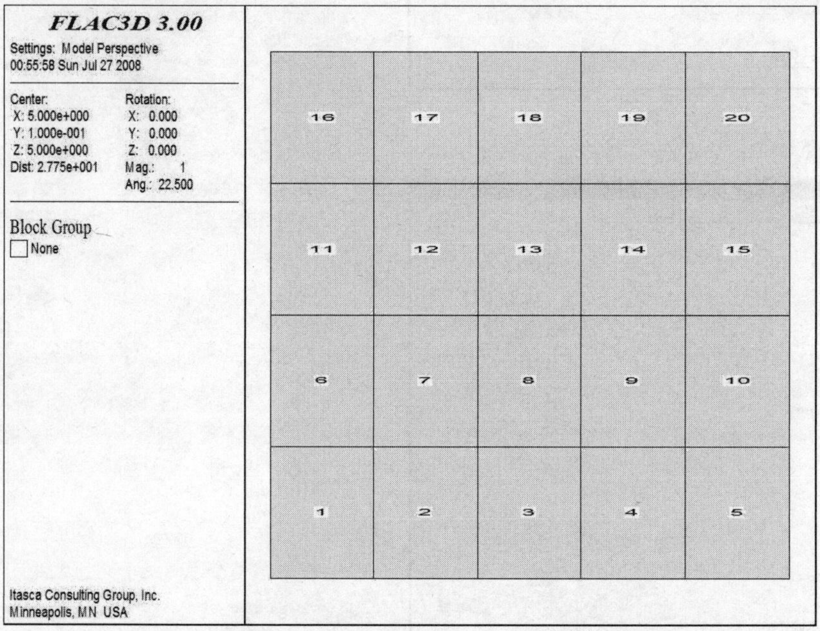

图 15-5　显示单元 ID 的网格模型

采用 Expgrid & Impgrid 法实现这一过程的具体步骤如下：

步骤1　采用命令 **Expgrid** 将最初的未分组网格单元信息导出，存为 11.FLAC3D 文件，这一步骤命令如下：

```
gen zone brick &
p0 0 0 0 p1 add 10 0 0 p2 add 0 0.2 0 p3 add 0 0 10 &
size 5 1 4
plot block group id on
expgrid 11
```

步骤2　将导出的 11.FLAC3D 用记事本打开，显示的内容为：

```
FLAC3D grid produced by FLAC3D
* GRIDPOINTS
G 1 0.000000000e+000 0.000000000e+000 0.000000000e+000
```

```
G 2 2.000000000e+000 0.000000000e+000 0.000000000e+000
… … … … … … … … … … … … … … … … … … … …
G 59 1.000000000e+001 1.000000000e+001 0.000000000e+000
G 60 1.000000000e+001 1.000000000e+001 2.000000000e-001
* ZONES
Z B8 1 1 2 3 4 5 6 7 8
Z B8 2 2 9 5 7 10 8 11 12
… … … … … … … … … …
Z B8 19 43 45 55 44 57 56 46 58
Z B8 20 45 47 57 46 59 58 48 60
* GROUPS
```

步骤 3　在上述文件中添加如下代表砾石单元信息的 ID 号：

```
ZGROUP ROCK
1 10 12 16 20
```

仍保存为 11.FLAC3D。

步骤 4　采用命令 **Impgrid** 导入修改后的 11.FLAC3D 文件，实现砾石和土体单元 FLAC3D 中分组，命令如下：

```
impgrid 11
group soil range rock not
plot block group id on
```

在完成上述 4 个步骤后，可得到如图 15-6 所示的已实现砾石与土体区分的网格模型。

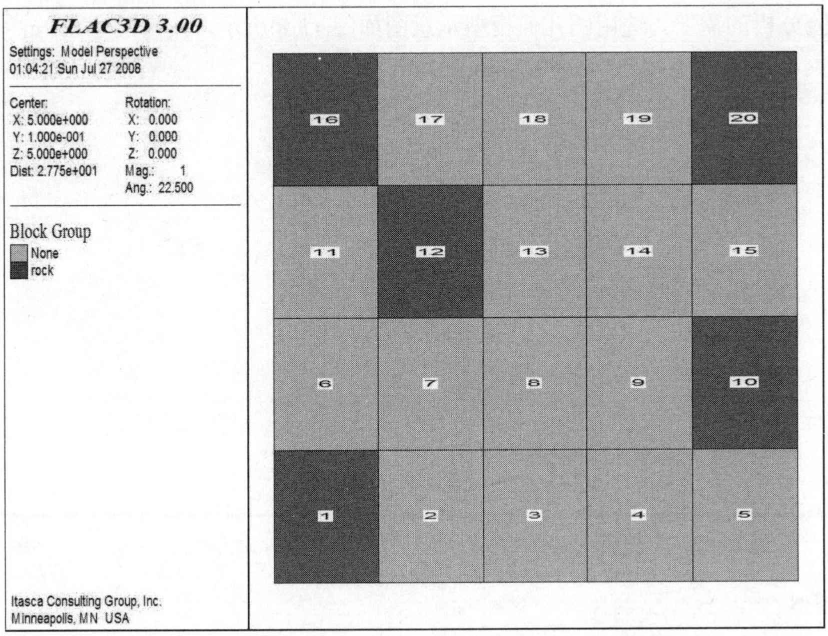

图 15-6　实现砾石与土区分后的网格模型

采用 Expgrid & Impgrid 法按照上述步骤，即可将模拟冰碛土体结构的元胞自动机模型导入 FLAC3D。图 15-7 为采用 Expgrid & Impgrid 法导入的图 15-4（a）所示的冰碛土元胞自动机模型，对比这两幅图可发现两者的砾石单元分布完全一致，说明采用该法导入元胞自动机模型是成功的。

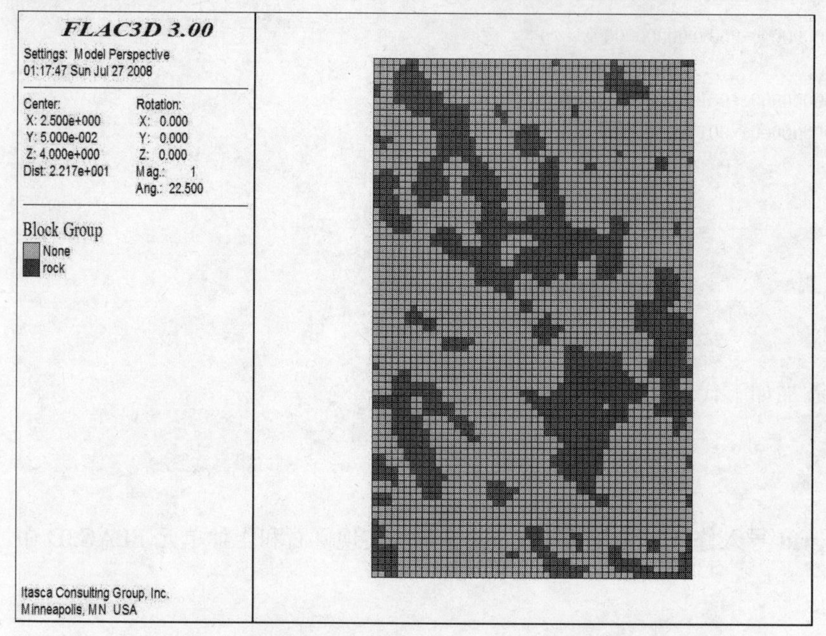

图 15-7 导入 FLAC3D 的冰碛土元胞自动机模型

15.3.5 三轴数值模拟试验

根据三轴数值模拟试验分析的需要，选用的几何模型示意图如图 15-8 所示，几何尺寸 0.1 m × 5 m × 8 m，剖分后得到的网格单元大小为 0.1 m × 0.1 m × 0.1 m。

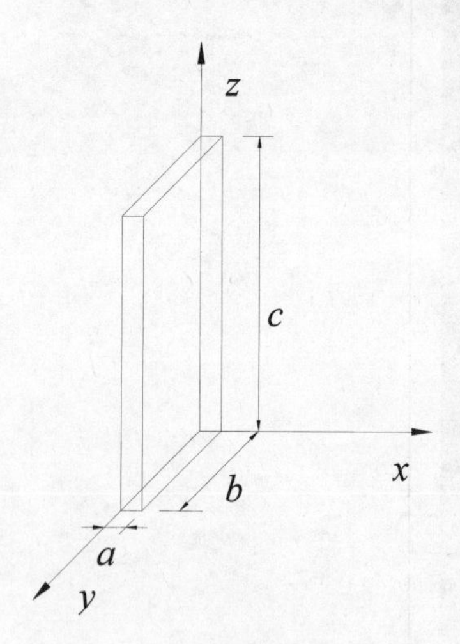

图 15-8 三轴模拟试验几何模型

以 FLAC3D 为平台，对导入其中的冰碛土元胞自动机模型进行三轴数值模拟试验。模拟过程中，本构模型采用摩尔－库仑模型；冰碛土体和砾石的物理力学参数取自该边坡的两份工程勘察报告（侯克鹏，穆大跃等，2002；曹作中，周玉新等，2006），具体取值如表 15-1 所示。

冰碛土三轴数值模拟试验的具体步骤（徐鼎平，汪斌，江龙剑等，2008）如下：

步骤 1 选取“试件”的一个方向作为轴压方向，其他方向作为围压方向，施加约束条件。

表 15-1　冰碛土体和砾石力学参数

名　称	ρ / t·m^{-3}	K / GPa	G / GPa	c / MPa	ϕ / (°)	σ^t / MPa	ψ / (°)
土　体	2.2	0.04	0.015	0.08	28	0.09	10
砾　石	2.9	25	12	4	45	2	15

步骤2　保持加载速度不变，直至“试件”屈服破坏，记录轴压方向和侧压方向多个测点的应力和位移值并绘制轴压方向的应力—位移关系曲线。

步骤3　对同一“试件”，改变施加的围压（侧向应力）大小，重复步骤 2，以 3 次模拟试验为一组。

步骤4　数据处理：在 AutoCAD 中绘制应力—位移关系曲线上的“屈服点”对应的主应力莫尔圆，求取抗剪强度参数；取各测点的应变增量平均值，绘制应力差与应变增量的关系曲线，根据该曲线计算弹性模量；取轴压方向测点与侧压方向测点的应变平均值，计算泊松比。

例 15.1 为砾石含量为 47.5 %时，某次冰碛土的三轴数值模拟试验的命令流。

例 15.1　冰碛土三轴数值模拟试验

```
n                                                        ;开始一个新的分析
;导入分组网格
impgrid 1                                                ;导入砾石与土体分组后的网格
group soil range group rock not                          ;定义砾石、土体单元组别
;定义材料性质
model mohr                                               ;设置摩尔-库仑模型
pro den 2200 bulk 4e7 she 1.5e7 co 8e4 &                 ;赋值物理力学参数（土体单元）
fric 28 ten 9e3 dil 10 range group soil
pro den 2900 bulk 2.5e10 she 1.2e10 co 4e6 &             ;赋值物理力学参数（砾石单元）
fric 45 ten 2e6 dil 15 range group rock
;设置边界条件
fix x y z range z -0.1 0.1                               ;固定模型底部边界的 x、y、z 方向速度
fix x y z range z 7.9 8.1                                ;固定模型上部边界的 x、y、z 方向速度
fix y                                                    ;固定模型边界所有点 y 方向速度
;加载
app nstress -5e5 range x -0.1 0.1                        ;在 x=0 边界施加法向应力
app nstress -5e5 range x 4.9 5.1                         ;在 x=5 边界施加法向应力
;设置初始条件
ini zvel -2.5e-5 range z 7.9 8.1                         ;在上部边界施加 z 方向初始速度
;定义轴向应力求解函数
def axi_stress                                           ;定义轴向应力求解函数名称
  f_accum=0.0                                            ;设置轴向应力初始值
  pnt = gp_head                                          ;点指针赋值给 pnt
  loop while pnt # null                                  ;设置循环终止条件
    if gp_zpos(pnt) <0.15 then                           ;设置轴向应力求解的条件
      f_accum = f_accum + gp_zfunbal(pnt)                ;设置轴向应力求解公式
    endif                                                ;结束轴向求解公式的设置
    pnt = gp_next(pnt)                                   ;开始下一个节点的轴向应力求解
  endloop                                                ;结束循环
  axi_stress = f_accum / 0.5                             ;求解轴向应力大小（力除以面积）
 end                                                     ;求解轴向应力函数的定义
;定义侧向应力求解函数
 def lat_stress                                          ;定义侧向应力求解函数名称
  g_accum=0.0                                            ;设置侧向应力初始值
  pnt = gp_head                                          ;点指针赋值给 pnt
```

```
    loop while pnt # null                         ;设置循环终止条件
      if gp_xpos(pnt) <0.1 then                   ;设置侧向应力求解的条件
        g_accum = g_accum + gp_xfunbal(pnt)       ;设置侧向应力求解公式
      endif                                       ;结束侧向求解公式的设置
      pnt = gp_next(pnt)                          ;开始下一个节点的侧向应力求解
    endloop                                       ;结束循环
    lat_stress = g_accum / 0.8                    ;求解侧向应力大小（力除以面积）
  end                                             ;求解侧向应力函数的定义
;跟踪记录有关重要变量
hist n 1                                          ;设置跟踪记录的时步
hist axi_stress                                   ;记录各时步轴向应力值
hist lat_stress                                   ;记录各时步侧向应力值
hist gp zdis 0 0 8                                ;记录坐标为（0 0 8）的点的竖向位移
hist gp xdis 0 0 4                                ;记录坐标为（0 0 4）的点的侧向位移
hist gp xdis 0 5 4                                ;记录坐标为（0 5 4）的点的侧向位移
hist unbal                                        ;记录各时步体系最大不平衡力
;绘制应力-位移曲线
plot hist -1 vs -3 ;axial stress vs axial displace ;绘制轴向应力-位移关系曲线
;求解                                              ;绘制轴向应力-位移关系曲线
step 15000                                        ;求解
;结果保存及数据输出
save 1.sav                                        ;保存计算结果
hist write 1 file axi_stress.dat                  ;输出各时步轴向应力值
hist write 2 file lat_stress.dat                  ;输出各时步侧向应力值
hist write 3 file axi_dis.dat                     ;输出各时步监测点竖向位移值
hist write 4 file lat_dis1.dat                    ;输出各时步监测点侧向位移值
hist write 5 file lat_dis2.dat                    ;输出各时步监测点侧向位移值
hist write 6 file unbalance.dat                   ;输出各时步体系最大不平衡力
```

15.3.6 试验结果及分析

运行例 15.1 的命令文件后，最终屏幕上将显示图 15-9 所示的轴压方向应力—位移关系曲线图。图 15-10 为根据某次冰碛土三轴模拟试验输出的主应力求取冰碛土抗剪强度参数的示意图。

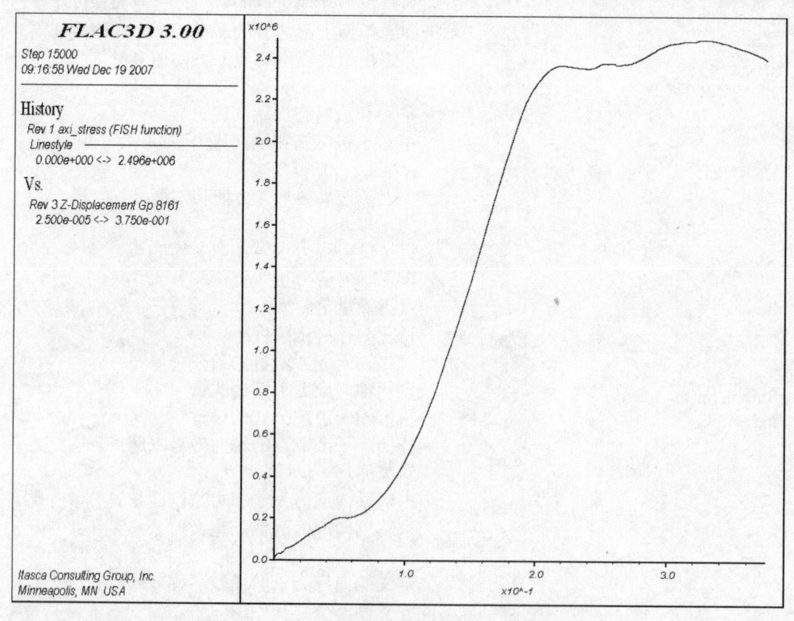

图 15-9　轴压方向的应力—位移关系曲线图

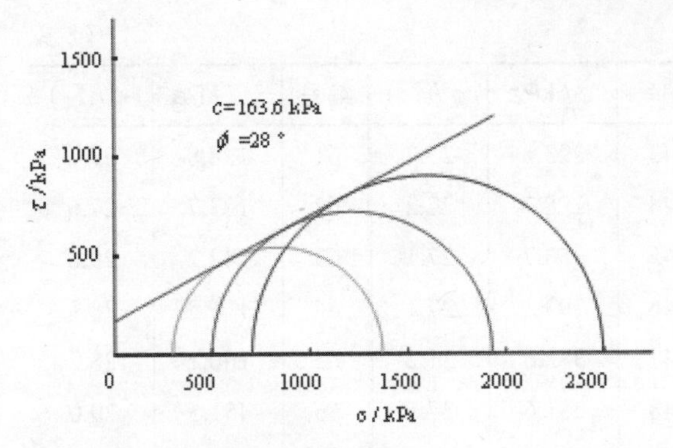

图 15-10　抗剪强度参数的求取

依照上述过程，进行 72 组共计 216 次三轴模拟试验，最终得到包括抗剪强度参数在内的 72 组试验结果。图 15-11 所示的是两幅不同砾石含量的冰碛土剪切应变率云图。取置信区间为 95%，即参数均值 μ 有 95%可能落于正负 2 倍标准差 σ 的区间内，依此剔除 72 组抗剪强度参数中在 $[\mu-2\sigma,\mu+2\sigma]$ 区间之外的异常值，再加上砾石含量为 0%的基准抗剪强度参数样本，最终获得 69 组抗剪强度参数值 c 和 ϕ（徐鼎平，2007），如表 15-2 所示。

（a）砾石含量为 0

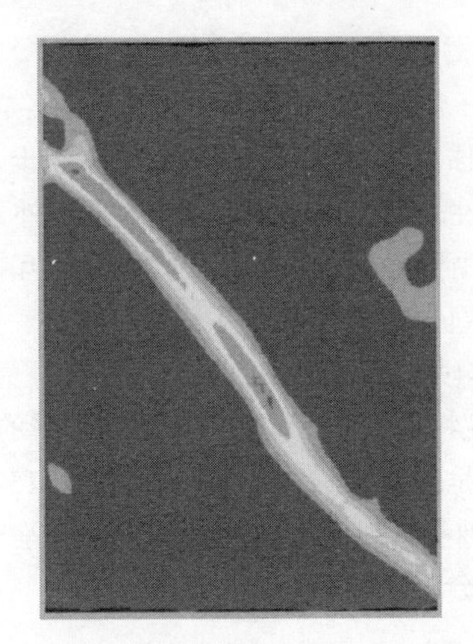

（b）砾石含量为 47.5 %

图 15-11　不同砾石含量下冰碛土剪切带剪切应变率云图

表 15-2　数值模拟试验抗剪强度参数

编号	c /kPa	ϕ /(°)	编号	c / kPa	ϕ /(°)	编号	c / kPa	ϕ /(°)	编号	c / kPa	ϕ /(°)
1	201.9	27.8	19	269.3	28.0	37	275.7	27.3	55	428.3	29.3
2	189.1	26.3	20	341.5	24.8	38	207.5	29.0	56	325.1	30.5
3	227.1	25.4	21	236.7	27.6	39	168.6	31.7	57	450.8	31.1
4	161.3	31.0	22	242.5	29.6	40	336.1	28.8	58	97.1	28.2
5	257.4	28.5	23	254.6	28.6	41	287.1	26.0	59	113.3	27.6
6	243.5	24.4	24	151.1	32.3	42	179.9	30.7	60	87.6	27.1

续表

编号	c /kPa	φ /(°)	编号	c / kPa	φ /(°)	编号	c / kPa	φ /(°)	编号	c / kPa	φ /(°)
7	190.0	27.8	25	243.7	27.5	43	223.5	27.7	61	128.8	27.2
8	194.4	30.9	26	165.6	34.0	44	298.7	27.2	62	123.7	27.6
9	243.4	26.8	27	177.7	30.4	45	353.7	27.1	63	143.2	29.6
10	252.6	23.1	28	251.0	29.0	46	193.3	27.1	64	115.5	28.9
11	162.9	28.8	29	206.5	32.1	47	382.6	31.2	65	160.1	28.2
12	217.7	26.7	30	247.1	29.7	48	281.6	27.5	66	451.5	29.0
13	165.1	32.3	31	275.1	26.1	49	257.9	29.4	67	395.2	31.9
14	182.5	27.1	32	282.2	24.0	50	251.5	29.6	68	417.6	32.6
15	211.1	25.5	33	258.0	23.5	51	297.5	32.7	69	80.0	28.0
16	285.4	25.8	34	212.8	30.5	52	163.6	28.0			
17	208.4	27.2	35	180.5	28.1	53	307.9	30.8			
18	222.7	31.6	36	416.6	23.8	54	420.7	28.2			

根据数值模拟试验结果，揭示的冰碛土变形特性如下：

（1）考虑冰碛土强度时，不能忽略冰碛土体和砾石的各自贡献。从 47.5%砾石含量下冰碛土“试件”的轴压方向应力－位移关系曲线图可以看出，冰碛土表现出明显的“欺软怕硬”特性：加载初期，由于砾石与土强度特性差异巨大，砾石只作为传递外力给土体的载体，土体承担绝大多数变形，直至其发生屈服；随后由于砾石发生位移，彼此间相互挤压、咬合，重新组合，构成了继续承受加荷的骨架，承担变形，直至试件整体发生屈服、破坏。

（2）砾石的展布形态对冰碛土的变形和破坏形式存在巨大的影响。从图 15-11（b）可以看出，由于冰碛土的“欺软怕硬”强度特性，表征试件破坏的剪切带的贯通、闭合完全由砾石的分布控制，而非将其当作均质体处理时，呈现对称的“X”形态，如图 15-11（a）所示；同时，砾石分布也影响相互间的挤压、咬合，构建砾石骨架的阶段会出现较大的差异，对应力—位移关系曲线的形态有着重要影响，导致该曲线可能会出现两次以上的爬坡。

15.3.7 抗剪强度预测模型

对于抗剪强度参数研究，最终目的是为了建立冰碛土的抗剪强度预测模型。通过对数值模拟试验获得的 69 组抗剪强度参数进行统计分析，获得表 15-3 所示的统计特征值。

表 15-3 抗剪强度参数统计特征值

参数名称	均值 μ	标准差 σ	变异系数 δ	经验值	备 注
c (kPa)	241.1	89.4	0.37	150.0～250.0	经验值来源于
ϕ (°)	28.5	2.4	0.08	32.0～35.0	E.Heok 等（1981）

从表中可以看出，数值模拟获得的抗剪强度参数范围与 E.Heok 等人所述的参数范围内较为接近，说明了本次强度参数研究结果的可信性。

根据以往的工程经验，抗剪强度参数 c 和 ϕ 一般服从正态分布，因此对其进行正态分布假设的

χ^2 检验。检验结果表明，c 和 ϕ 均接受服从正态分布 $N(\mu,\sigma)$ 分布的假设，μ 和 σ 具体取值如表 15-3 所示。图 15-12 和图 15-13 为粘结力与摩擦角直方图以及拟合正态分布曲线。

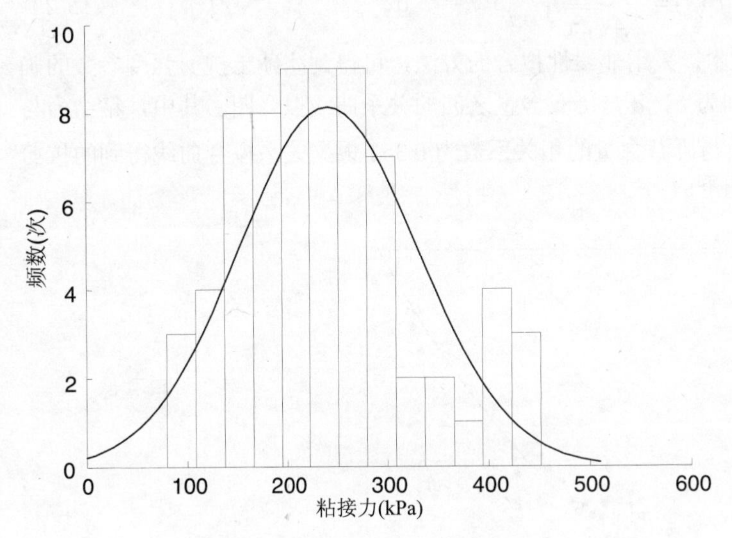

图 15-12　粘结力直方图与拟合正态分布曲线

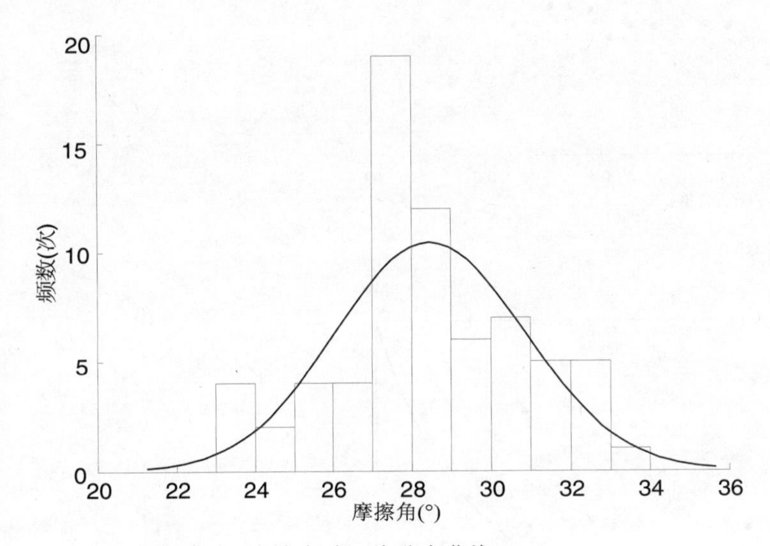

图 15-13　摩擦角直方图与拟合正态分布曲线

由于岩土体抗剪强度参数不可能为负，其分布范围也往往有一定限度，因而需对上述正态概率模型进行“截尾”处理(即按经验值确定参数分布的下限值，得到所谓的“截尾正态分布概率模型”)，方能应用于工程实际。众所周知，经过理论检验的累积概率分布函数是最能完整真实地描述参数分布的，故可将小于特定取值的累积分布概率与截尾下限累积分布概率之差视为“小于该值”的概率。由此，得到太和铁矿冰碛土体抗剪强度的概率模型（徐鼎平，汪斌，江龙剑等，2007）如下：

粘结力 c：

$$F(x)=\frac{1}{89.4\sqrt{2\pi}}\int_{62.3}^{x}\mathrm{e}^{-\frac{(x-241.1)^2}{15984.72}}\mathrm{d}x \qquad (15\text{-}1)$$

摩擦角 ϕ：

$$F(x)=\frac{1}{2.4\sqrt{2\pi}}\int_{23.7}^{x}\mathrm{e}^{-\frac{(x-28.5)^2}{11.52}}\mathrm{d}x \tag{15-2}$$

同样根据 69 组 c 和 ϕ 的模拟样本，采用非线性拟合的方法，可得到冰碛土抗剪强度参数的确定性模型。图 15-14 和图 15-15 分别为 c、ϕ 与砾石含量之间的关系曲线拟合图，其中，粘结力与砾石含量的相关系数为 0.79，摩擦角与砾石含量的相关系数为 0.35。根据关系拟合曲线得到的抗剪强度参数 c 和 ϕ 的确定性预测模型如下：

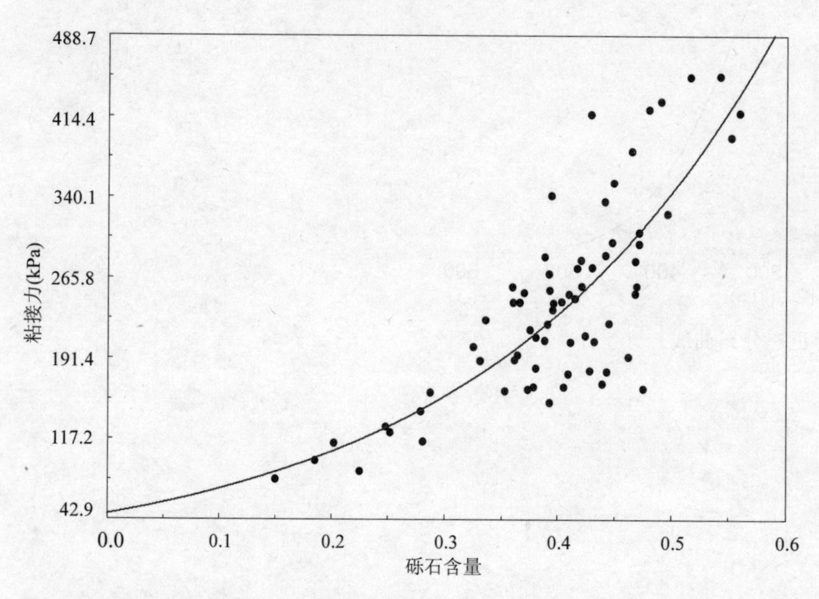

图 15-14　c 与砾石含量关系曲线拟合图

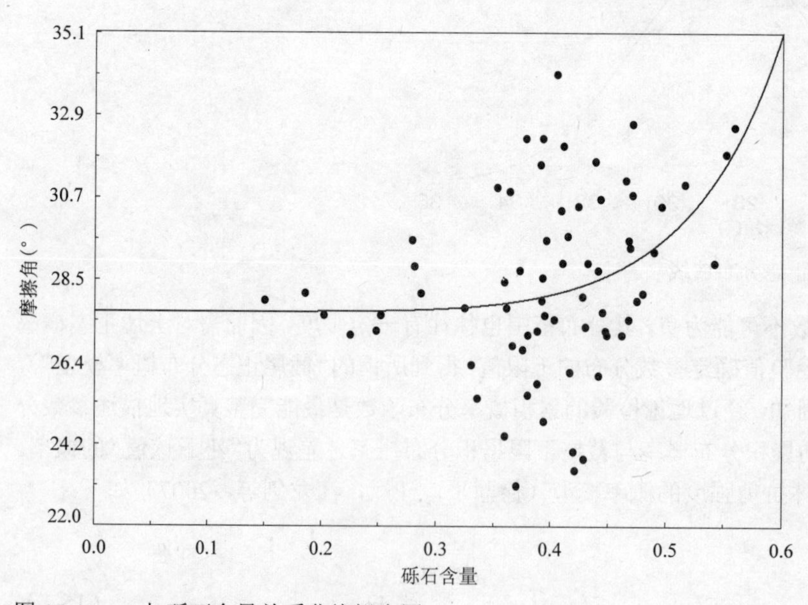

图 15-15　ϕ 与砾石含量关系曲线拟合图

粘结力 c：

$$c = 48.1 \times 51.5^{x} \tag{15-3}$$

式中，x 为指定的砾石含量（%）。

摩擦角 ϕ：

$$\phi = \frac{1}{0.036\text{-}0.19x^{6.32}} \tag{15-4}$$

式中，x 为指定的砾石含量（%）。

由于冰碛土三轴数值模拟试验未考虑土体含水量、振动扰动和长期风化等因素对强度指标的影响，因此，在边坡稳定性分析中使用这一模拟试验结果中的强度指标时，根据太和铁矿冰碛土边坡的具体工作环境和工程判断，作适当的经验折减。

15.4 边坡稳定性分析方法研究

尽管边坡稳定性分析方法很多，但由于它们都有一定的使用条件和范围，因此，并不存在适用一切的通用分析方法。本研究以常用的分析方法为基础，通过对它们进行有效整合，以便构建适合太和铁矿冰碛土边坡的综合分析方法，对其进行稳定性研究。

15.4.1 边坡稳定性综合分析方法的构建

选择三维数值模拟为整个分析方法的实现平台，以 FLAC3D 为实现工具，根据已构造的冰碛土抗剪强度概率模型，选用依据工程经验折减后的抗剪强度参数均值进行应力－应变分析，观察荷载作用下边坡体的力学响应特性，预测其潜在的破坏机理；接着采用强度折减法求解各种参数取值下的边坡整体安全系数，并以它为输入参数，由 Rosenblueth 法（祝玉学，1993）求得边坡的三维整体破坏概率；同时，为对比边坡三维总体破坏概率与二维破坏概率，依据三维应力－应变结果勾勒出的典型剖面的潜在破坏面，采用简化一次二阶矩法（徐鼎平，2007）和蒙特卡洛模拟法，分别进行指定破坏面的二维可靠度分析（徐鼎平，朱大鹏，2008）。图 15-16 为这一综合分析方法的结构示意图。

15.4.2 简化一次二阶矩法（Sfosm 法）

Sfosm 法为搜索最小可靠度指标破坏面并进行该破坏面的可靠度分析而提出，它实质上是针对某一指定破坏面进行可靠度分析的一种简便方法，本研究采用它进行指定破坏面的可靠度分析。Sfosm 法的基本原理如下：

取状态函数 $M_S = F_S - 1$（M_S 为安全储备）和极限状态方程为 $F_S - 1 = 0$，按均值一次二阶矩方法，若 F_S 服从正态分布，其可靠度表达式为：

$$\beta = \frac{E[F_S]-1}{\sigma[F_S]} = \frac{F_S\left(\mu_{x_i}\right)-1}{\sqrt{\sum_{i=1}^{n}\left(\frac{\partial F_S}{\partial X_i}\right)^2 \sigma^2[X_i] + 2\sum_{i,j=1}^{n}\left(\frac{\partial F_S}{\partial X_i}\right)\left(\frac{\partial F_S}{\partial X_j}\right)\rho\sigma[X_i]\sigma\left[X_j\right]}} \tag{15-5}$$

式中，n 为土参数（c_1，ϕ_1，c_2，ϕ_2，…）的数量；$E\left[F_S\right]$ 为 F_S 的期望值；$\sigma\left[F_S\right]$ 为 F_S 的标准差；μ_{x_i} 为土参数 X_i 的均值；$\sigma\left[X_i\right]$ 为 X_i 的标准差；ρ 为 X_i 和 X_j 之间的相关系数。

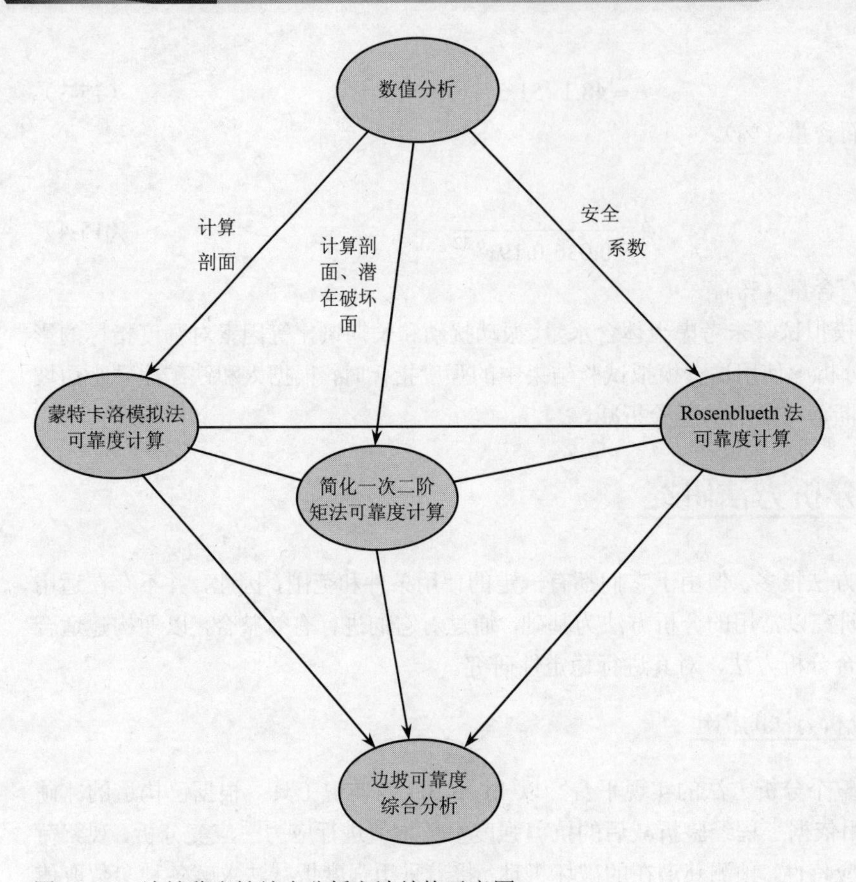

图 15-16　边坡稳定性综合分析方法结构示意图

安全系数对每个土参数的偏导数的求取方法为：采用大于和小于参数均值 1 个标准差 $\sigma[X_i]$ 的土参数值，求得相应的安全系数 $F_S{}^+$ 和 $F_S{}^-$ 并代入式（15-6）：

$$\frac{\partial F_S}{\partial X_i}=\frac{F_S{}^+-F_S{}^-}{2\sigma[X_i]} \tag{15-6}$$

将式（15-6）代入式（15-5），整理即得 Sfosm 法的可靠度表达式：

$$\beta=\frac{F_S\left(\mu_{x_i}\right)-1}{\sqrt{\sum_{i=1}^{n}\left(\frac{F_{Si}{}^+-F_{Si}{}^-}{2}\right)^2+2\rho\sum_{i,j=1}^{n}\left(\frac{F_{Si}{}^+-F_{Si}{}^-}{2}\right)\left(\frac{F_{Sj}{}^+-F_{Sj}{}^-}{2}\right)}} \tag{15-7}$$

15.4.3　边坡稳定的 FLAC3D 分析

边坡网格模型由 ANSYS 建立，这一模型通过接口程序（ANSYS-FLAC3D，郑文棠提供）转化后，即可得到符合 FLAC3D 要求的网格单元；接着以之为分析对象，依图 15-16 所示的基本思路进行边坡稳定分析。

1. 计算模型

（1）网格单元。由 ANSYS 导入的 FLAC3D 得到的边坡网格单元如图 15-17 所示，整个模型由四面体、五面体和六面体混合网格单元组成，共 7220 个节点、14231 个单元。

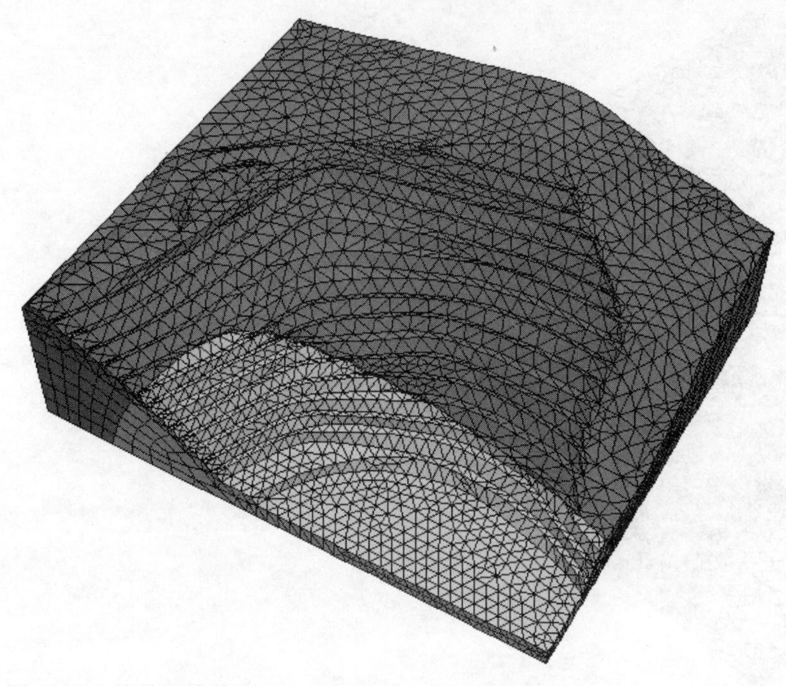

图 15-17　边坡网格单元

（2）地下水面的生成。

由于在 FLAC3D 中直接生成符合勘察资料所述的复杂空间几何形态的地下水面比较困难，本次模拟充分利用 FLAC3D 中的界面单元能自动依附于指定范围内模型表面生成的特性，按下述思路生成地下水面。

步骤 1　在 ANSYS 中首先生成一个比已有工程地质模型尺寸大一些的规则几何实体；

步骤 2　依据勘察资料提供的地下水面上的有限个点，在 ANSYS 中按点、线、面自下而上的方式，利用蒙皮技术（采用命令 ASKIN）生成地下水面；

步骤 3　利用蒙皮生成的地下水面切割规则的几何实体，得到地下水面及其下部的几何实体，并进行网格剖分，导出网格数据；

步骤 4　将地下水面下实体的网格数据导入 FLAC3D，借助界面单元能自动依附于网格单元表面生成的特性生成与地下水面空间形态一致的界面单元；

步骤 5　以之为辅助单元，采用 FISH 语言遍历界面单元节点，生成依附于水下部分表面的水面，同时生成静水压力；

步骤 6　导入工程地质模型的网格单元数据，并按实际材料性质进行分组；

步骤 7　删除先前导入的作为水面和静水压力载体的网格模型，地下水面和静水压力由于有了新的网格模型载体依然得以存在。

整个过程前三个步骤在 ANSYS 中完成，后四个步骤在 FLAC3D 中完成。采用上述方法生成的地下水面及其在模型中的位置如图 15-18 所示；同时生成的静水压力云图如图 15-19 所示。

不过按上述步骤生成潜水面时，需特别注意第一次导入的网格数据单元的整体尺寸一定要大于已有的工程地质模型的几何尺寸，否则生成的静水压力云图可能会在边界处出现如图 15-20 所示的“斑点”。

图 15-18　地下水面形态及其在模型中的位置

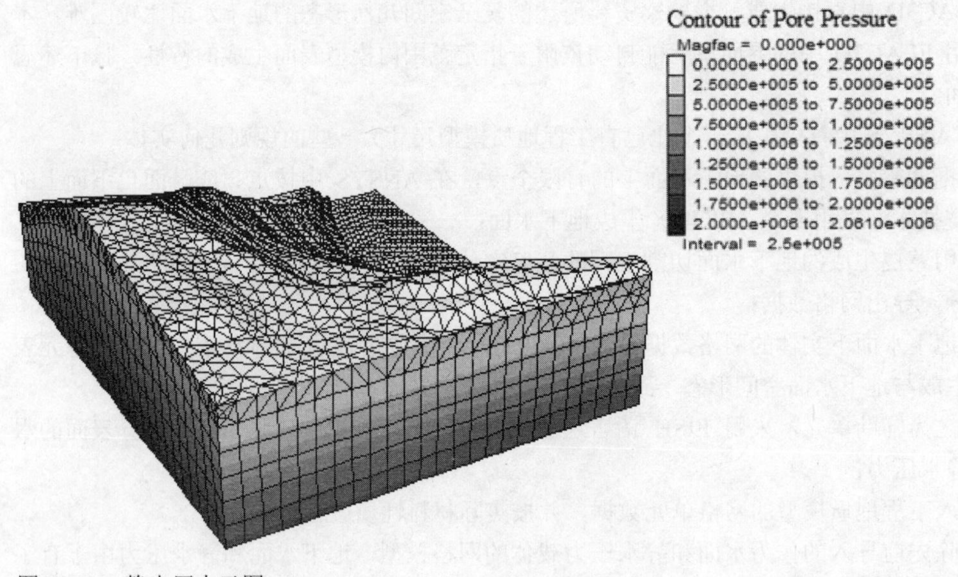

图 15-19　静水压力云图

（3）约束条件、初始条件及岩土体物理力学参数。

计算本构模型采用 Mohr-Cloumb 模型。除坡面为设为自由边界外，模型底部为固定约束边界，模型四周为单向边界。在初始条件中，仅考虑自重应力产生的初始应力场和静水压力。

冰碛土抗剪强度依据前述抗剪强度概率模型取值，其均值依工程经验进行了折减和取整；辉长岩体强度则直接采用由地质强度指标（GSI）法获得估计值；其他参数依文献选取。岩、土体物理力学参数的具体取值如表 15-4 所示。

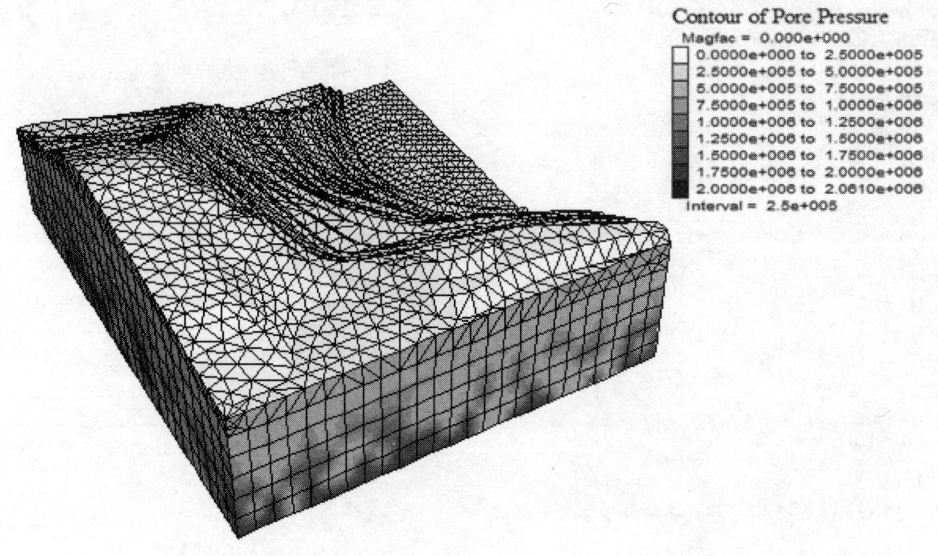

图 15-20 边界存在“斑点”的静水压力云图

表 15-4 岩、土体物理力学指标

名称	ρ / t·m^{-3}	K / GPa	G/ GPa	c/ kPa	ϕ / (°)	σ^t / kPa	ψ / (°)
土体	2.02(2.12)	0.30	0.18	210(89.4)	25(2.4)	10	10
岩体	3.36(3.46)	0.80	0.60	460	37	4	15

提示 密度一栏中，括号内的值为饱和密度；土体抗剪强度参数栏中括号值内的值为标准差。

2. 计算过程

计算时，按下述步骤进行：首先，按前述办法生成静水压力，接着选择弹性本构模型，按前述约束条件，在只考虑重力作用的情况下，进行弹性求解，计算至平衡后对位移场和速度场清零，生成初始应力场；最后进行本构模型为 Mohr-Coulomb 模型的弹塑性求解，直至系统达到平衡。例 15.2 为采用岩、土体物理力学参数均值进行这一过程模拟的命令文件。

例 15.2 边坡稳定性分析

```
n                                                   ;开始一个新的分析
;==========================================
;导入网格数据并生成“辅助”界面单元                  ;导入网格数据
impgrid ww                                          ;定义导入网格的组名
gro water                                           ;建立“辅助”界面单元
interface 1 face ran x -0.9 599.9 y 0.1 300 z 0.5 700.9   ;设置重力加速度
set grav 0 -9.81 0                                  ;设置水密度
water den 1000
;==========================================
;定义生成潜水面的函数
def water_table                                     ;定义生成潜水面函数的名称
```

```
p_i=i_head                                              ;界面 1 指针赋予 p_i
 p_ie=i_elem_head(p_i)                                  ;界面第 1 单元指针赋予 p_ie
  loop while p_ie # null                                ;设置循环终止条件
;返回三个相邻界面单元的三个顶点的地址
      p_gp1=ie_vert(p_ie,1)                             ;返回界面单元 1 顶点的地址
      p_gp2=ie_vert(p_ie,2)                             ;返回界面单元 2 顶点的地址
      p_gp3=ie_vert(p_ie,3)                             ;返回界面单元 3 顶点的地址
;将顶点坐标赋给网格节点
x1=in_pos(p_gp1,1)                                      ;界面单元 1 顶点 x 坐标赋给 x1
y1=in_pos(p_gp1,2)                                      ;界面单元 1 顶点 y 坐标赋给 y1
z1=in_pos(p_gp1,3)                                      ;界面单元 1 顶点 z 坐标赋给 z1
x2=in_pos(p_gp2,1)                                      ;界面单元 2 顶点 x 坐标赋给 x2
y2=in_pos(p_gp2,2)                                      ;界面单元 2 顶点 y 坐标赋给 y2
z2=in_pos(p_gp2,3)                                      ;界面单元 2 顶点 z 坐标赋给 z2
x3=in_pos(p_gp3,1)                                      ;界面单元 3 顶点 x 坐标赋给 x3
y3=in_pos(p_gp3,2)                                      ;界面单元 3 顶点 y 坐标赋给 y3
z3=in_pos(p_gp3,3)                                      ;界面单元 3 顶点 z 坐标赋给 z3
;以这三个节点，生成潜水面
command
      water table face x1,y1,z1   x2,y2,z2   x3,y3,z3   ;生成水面
endcommand
 p_ie=ie_next(p_ie)
endloop                                                 ;结束循环
end                                                     ;结束生成潜水面函数的定义
;=====================================
;进行边坡分析
impgrid aa                                              ;导入真实的材料网格单元
group soil range group 2 any group 4 any                ;进行土体单元分组
group rock range group 1 any group 3 any                ;进行砾石单元分组
;生成潜水面
water_table                                             ;执行生成潜水面的函数
;删除为“辅助”网格单元和界面单元
int 1 dele                                              ;删除“辅助”界面单元
dele range group water                                  ;删除为生成水面而导入的网格
;初始化材料密度: 饱和的和非饱和的
def ini_dens                                            ;定义密度初始化函数
     p_z = zone_head
     loop while p_z # null
            if z_group( p_z)='soil' then
                if z_pp( p_z) # 0.0 then
                     z_density( p_z) = 2120
                else
                     z_density( p_z) = 2020
                endif
            endif
            if z_group( p_z)='rock' then
                if z_pp( p_z) # 0.0 then
                   z_density( p_z) = 3460
                else
                   z_density( p_z) = 3360
                endif
           endif
         p_z = z_next( p_z)
     endloop
end
```

```
ini_dens                                                    ;执行密度初始化函数
;施加边界约束条件
fix x y z rang y -0.1 0.1                                   ;固定底部边界的 x、y、z 方向速度
fix z range x 0 600 z -0.1 0.1                              ;固定左侧边界所有点 z 方向速度
fix x range x -0.1 0.1 z 0 700                              ;固定右侧边界所有点 x 方向速度
fix z range x 0 600 z 699.9 700.1                           ;固定北侧边界所有点 z 方向速度
fix x range x 599.9 600.1 z 0 700                           ;固定南侧边界所有点 x 方向速度
;通过弹性求解生成初始应力场
model elas                                                  ;设置弹性本构模型
pro bulk 1e10 she 1e10 range group soil                     ;设置弹性本构下土体强度参数
pro bulk 1e10 she 1e10 range group rock                     ;设置弹性本构下砾石强度参数
solve fo 10                                                 ;求解
;位移和速度归零
ini xdisp 0 ydisp 0 zdisp 0                                 ;位移场清零
ini xvel 0 yvel 0 zvel 0                                    ;速度场清零
;定义材料特性
;冰碛土物理力学参数指标
model mohr                                                  ;设置摩尔-库仑模型（土体和砾石）
pro bulk 3.0e8 she 1.8e8 co 2.10e5 fric 25 ten 1e4 &        ;设置冰碛土体物理力学参数
dil 10 range group soil
;强节理化辉长岩物理力学参数指标
pro bulk 8e8 she 6e8 co 4.60e5 fric 37 ten 4e3 &            ;设置砾石物理力学参数
dil 15 range group rock
hist n=5                                                    ;设置记录数据的时步间隔
hist unbal                                                  ;记录体系最大不平衡力
plo hist 1                                                  ;绘制体系最大不平衡力历时曲线
set mech ratio 1.0e-6                                       ;设置力不平衡比率
solve                                                       ;求解
```

图 15-21 为数值计算过程中，屏幕上显示的弹塑性求解阶段体系不平衡力演化的全程曲线，图形显示体系最大不平衡力逐渐趋近于 0，表明体系最终达到了力平衡状态。

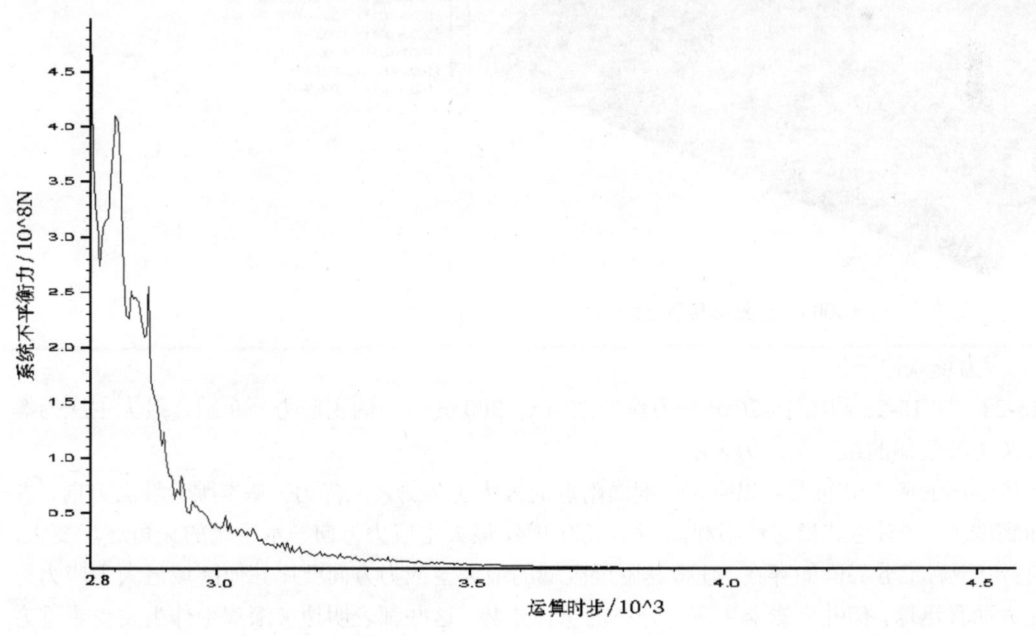

图 15-21　系统不平衡力演化全程曲线

3. 计算结果分析

（1）位移场计算结果分析。

图 15-22 和图 15-23 分别为典型剖面 y =300 m 的位移矢量图，以及边坡的整体位移分布图。从位移矢量图来看，边坡上部位移矢量垂直向下，表现为“沉降”；中部位移矢量近乎与坡面平行，表现为“剪切”；下部位移矢量在渐近坡趾处表现为“剪出”。与之对应，位移分布图在剖面上的表现形态为：在边坡中上部呈半封闭状，不与坡面相交，且拐点距坡面较远；在下部则与边坡底部近乎平行，而后在近坡面处上翘。这些现象表明，边坡的潜在破坏以浅表层圆弧形剪切破坏为主。

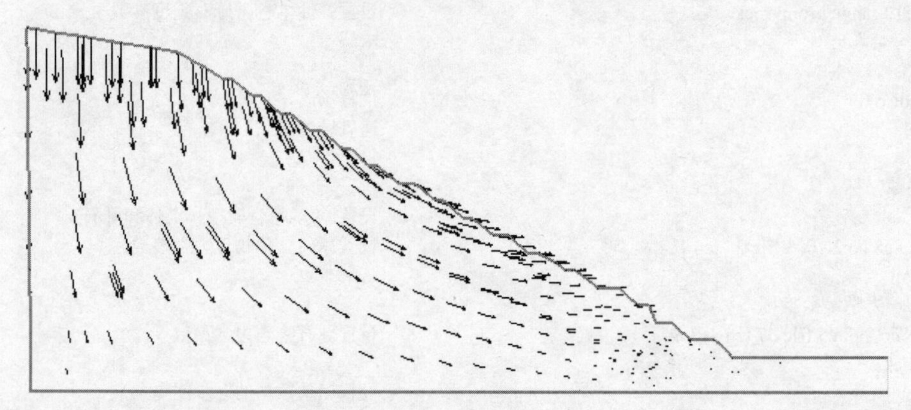

图 15-22　y= 300 m 剖面位移矢量图

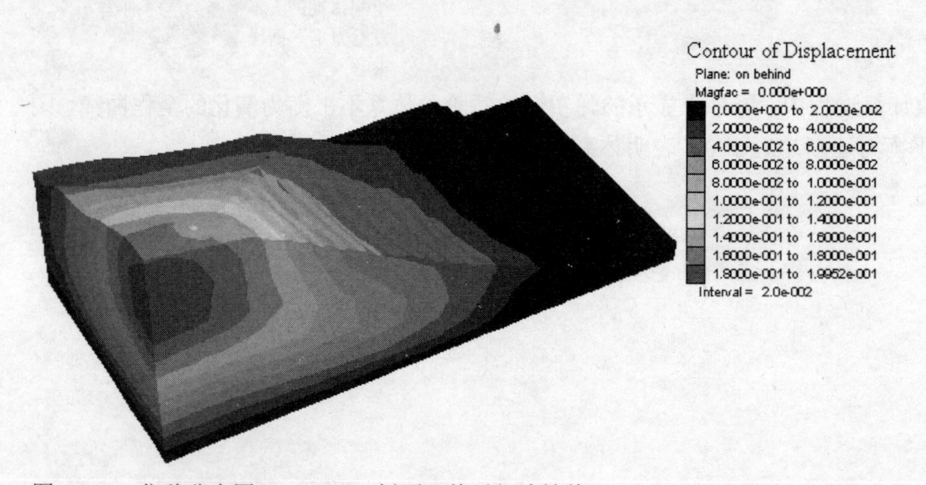

图 15-23　位移分布图（y= 300 m 剖面及其后部边坡体）

（2）应力场规律分析。

图 15-24、图 15-25 和图 15-26 分别为典型剖面 y =300 m 剖面的主应力分布图、最大主应力等值线图以及边坡整体的最大主应力云图。

从典型剖面的应力分布图可以看出，剖面附近的最大主应力（压应力）基本顺着坡面方向，并一直延伸到坡脚，这对边坡稳定性不利。而往边坡内部，最大主应力方向与水平轴的夹角逐步变大，直至铅直；由于岩土分界面的存在，使得其附近区域的最大主应力方向要比其他区域最大主应力方向的变化大而且迅速，但并未影响主应力分布的总体走势。这些都表明边坡深部土体主要受铅垂方向的压应力作用，体现为受压屈服。

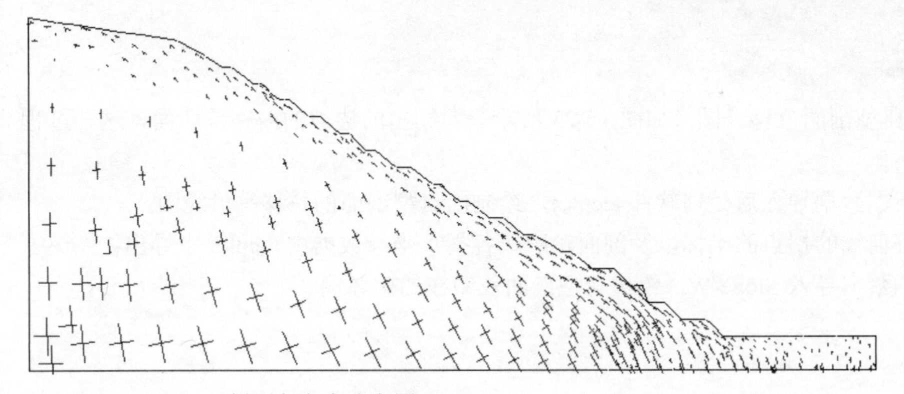

图 15-24　y= 300 m 剖面主应力分布图

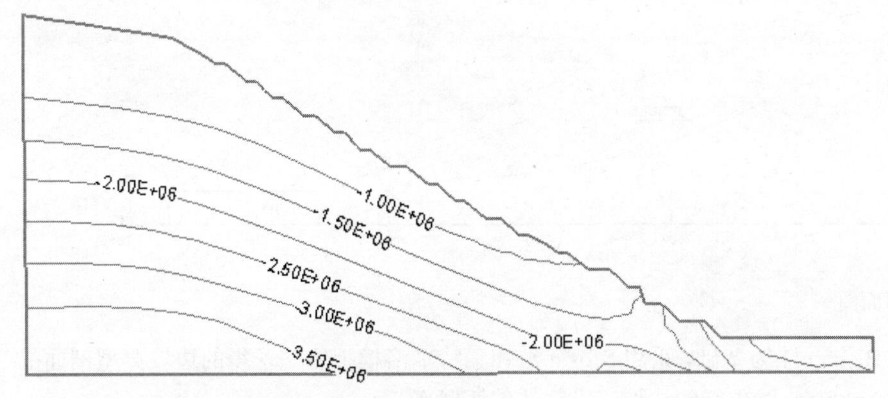

图 15-25　y= 300 m 剖面最大主应力等值线图

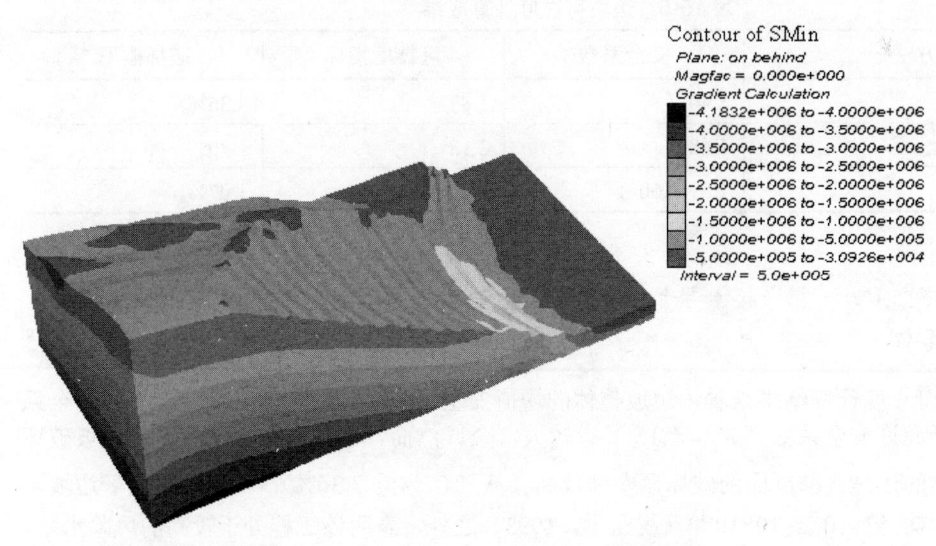

图 15-26　最大主应力云图

从最大主应力图来看，主应力等值线平滑，几乎相互平行，很少出现突变，仅在岩土体分界面附近区域和坡脚区域产生不明显的应力集中效应，这表明凹形的边坡整体几何形态有效地降低了边坡的应力集中程度，这与张世雄、彭涛等人（2001）对深凹露天矿边坡稳定性的研究结论相一致。

15.4.4 边坡可靠度分析

图 15-27 为根据典型剖面位移云图（如图 15-23 所示）勾勒出的边坡的潜在破坏面，这一过程实现的具体步骤如下：

步骤1 将位移云图数据导入后处理软件 tecplot，绘制出典型剖面的位移等值线图；

步骤2 将位移等值线的拐点的坐标以及剖面轮廓线各拐点坐标数据由 tecplot 中导出；

步骤3 将导出的数据导入 Slope/W，绘出典型剖面及潜在的破坏面。

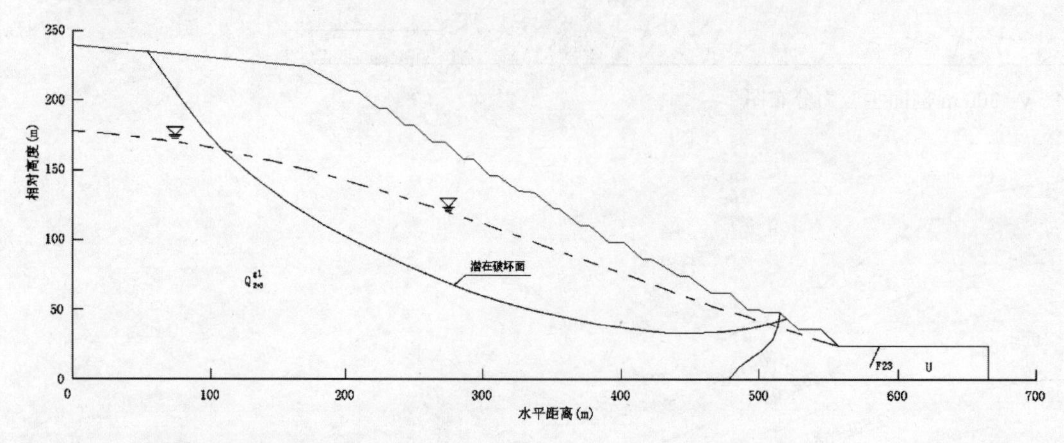

图 15-27 可靠度计算剖面图

表 15-5 为以简化 Bishop 法为基础，采用 Sfosm 法和蒙特卡洛模拟方法求得的边坡典型剖面的破坏概率，以及由 Rosenblueth 法求得的边坡三维整体破坏概率。

表 15-5 边坡可靠度计算成果

计算方法	安全系数	可靠度指标	破坏概率
Sfosm 法	1.40*	1.83	3.36%
蒙特卡洛模拟法	1.48	2.12	1.70%
Rosenblueth 法	1.59(1.60*)	2.37	1.07%

提示

安全系数一栏中标 * 号者为采用取变量均值求得的安全系数，其他为均值安全系数。

从表 15-5 的可靠度计算结果来看，边坡整体的均值安全系数（或采用变量均值求得的安全系数）较高，相对于允许安全系数（$F_S = 1.15$）有较大富余。然而，由这三种方法获得的边坡破坏概率，无论是整体的还是典型剖面的破坏概率都较高（从 1.07%至 3.36%），均处于露天矿边坡可接受的破坏概率范畴（3×10^{-3}～10×10^{-3}）（祝玉学，1993）之外，表明该工程处于较高的风险水平，需采取适当工程措施以降低风险。而之所以会出现均值安全系数和破坏概率“双高”的现象，其根本原因在于冰碛土自身抗剪强度的高变异特性（特别是 c 值变异系数达 0.37）。

表 15-5 的结果还显示，采用相同的分析对象和计算条件，简化一次二阶矩法得到的破坏概率稍高于蒙特卡洛模拟方法的计算结果，但从精度上来说，可满足实际工程可靠度初步分析的需要。

而由 Rosenblueth 法求得的边坡均值安全系数（为 1.59）与采用状态变量均值计算出来的安全系数（为 1.60）非常接近，表明本次采用强度折减法与 Rosenblueth 法耦合进行三维空间边坡总体破坏概率的计算是成功的。

15.5 本章小结

（1）本研究充分利用太和铁矿冰碛土原位试验和室内试验成果的基础上，进行了冰碛土的三轴数值模拟试验并根据其试验结果，建立了较为合理的冰碛土抗剪强度模型。

（2）本研究基于数值模拟平台，建立了有效整合数值分析方法、极限平衡分析方法和可靠度分析方法的边坡稳定性综合分析方法，从多角度分析了太和铁矿冰碛土边坡的稳定性。位移矢量和变形分析表明，边坡的潜在破坏主要以浅表层剪切破坏为主；边坡均值安全系数较高，但因参数不确定性大，致使破坏概率亦较高，处于不可接受的风险水平，需采取适当的工程措施以降低风险。

（3）本研究虽然针对的是太和铁矿西端帮冰碛土边坡这一具体工程，但其强度参数的获取方式和多种分析方法综合应用的思路可供类似工程借鉴和参考。

16 阪神地震液化大变形分析

土体的液化是由于孔隙压力的增大和有效应力的减小，导致土体由固体状态转变为液体状态的行为和过程。20世纪60年代以来世界上发生的多次大地震中出现了大量的液化破坏事例，引起了各国学者对液化问题的广泛重视和研究。近年来，2008年我国“5.12”汶川大地震（里氏震级M=8.0），2010年智利“2.27”大地震（里氏震级M=8.8）以及2011年日本“3.11”本州岛海域大地震（里氏震级M=9.0）等强震中均存在因饱和砂土液化而引起的震害。土体液化产生的变形是地震液化研究的核心问题，引入流体力学的观点开展液化后大变形研究是一种较新的思路。这种流体力学的观点可以很好地解释包括建筑物的沉陷、地下管线的上浮、液化场地的侧向大变形等各种震害现象。目前这种分析方法尚处在初步阶段。

本章将基于流体力学分析的液化后流动大变形本构模型开发到FLAC3D中，并对阪神地震中神户港码头震害进行数值模拟，为读者提供液化大变形分析的实例。

本章重点：

- ✓ 基于FLAC3D内置Finn模型的液化后变形分析模型的二次开发
- ✓ 在单元状态指示器中增加液化状态的显示
- ✓ 复杂动力问题的分析步骤
- ✓ 复杂场地的液化分析
- ✓ 土体与结构的动力相互作用

16.1 前言

本章采用在FLAC3D基础上进行二次开发的方法验证液化后流动特性本构模型的适用性。具体做法是，在FLAC3D软件自带的Finn模型基础上，加入了通过试验得到的液化后流动特性本构模型，得到了能够反映土体液化后特性的PL-Finn（Post Liquefaction Finn）模型。PL-Finn模型能够考虑土体在动荷载作用下的孔压积累与消散，以及土体达到液化时强度的降低及液化后强度的恢复。

本章计算的对象是阪神地震中的神户港，神户港是日本第二大国际港口。1995年1月17日凌晨5时46分，日本兵库县南部发生了7.2级大地震，这是二战以来遭受破坏最严重的地震之一。在神户港区地面最大地震加速度达到0.6g，从而导致大量沉箱岸壁严重破坏。

16.2 液化后流动本构模型及其在 FLAC3D 中的开发

FLAC3D 提供了可以计算土体液化的 Finn 模型，该模型是在 Mohr-Coulomb 模型的基础上增加了孔压的上升模式，可以模拟土体在动力作用下的超孔隙水压力的积累直至土体液化。土体的应力应变关系主要遵守 Mohr-Coulomb 准则，在计算中不能反映完全液化状态下土体的流动变形以及液化后土体的强度增长。作者根据空心圆柱样的动扭剪液化大变形试验和饱和砂土流动特性振动台试验的结果，总结出了一个液化及液化后流动特性本构模型，该模型考虑了液化及液化后状态下土体的变形特性。为了使该模型能够应用于实践，作者在 FLAC3D 软件的 Finn 模型基础上进行了改进，将液化及液化后的变形特性加入到 Finn 模型中。

16.2.1 液化后流动本构模型

液化后砂土流动特性本构模型的建立主要根据砂土的两种不同的状态：零有效应力状态和非零有效应力状态。对于零有效应力状态，可以用幂律函数来描述其剪应力 - 剪应变率之间的关系：

$$\tau = k_0^s \left(\dot{\gamma}\right)^{n_0^s} \tag{16-1}$$

式中，k_0^s，n_0^s 为拟合参数。

对于非零有效应力状态，根据试验发现，对于一定的应变率下，可以归纳出其表观动力粘度与超孔压比的关系：

$$\log(\eta) = k_1^s (1 - r_u)^{n_1^s} \tag{16-2}$$

或

$$\log(\frac{\tau}{\dot{\gamma}}) = k_1^s (1 - r_u)^{n_1^s} \tag{16-3}$$

式中，k_1^s，n_1^s 为拟合参数。

式（16-1）~（16-3）为建立的一维本构模型，为了便于编程和软件实现，需要将这个本构方程推广至三维情况。本章采用广义剪应力 q（式（16-4））来代替方程（16-1）和（16-3）中的剪应力 τ。

$$q = \sqrt{\frac{3}{2} S_{ij} S_{ij}} \tag{16-4}$$

式中，S_{ij} 为应力张量 σ_{ij} 的偏张量。

对于剪应变率张量 $\dot{\varepsilon}_{ij}$ 可以分解为球应变率张量和偏应变率张量，再将偏应变率张量 $\dot{\varepsilon}_{ij}^d$ 分解为两个分量：弹性分量 $\dot{\varepsilon}_{ij}^{de}$ 和流动变形分量 $\dot{\varepsilon}_{ij}^{df}$ 。

$$\dot{\varepsilon}_{ij}^d = \dot{\varepsilon}_{ij}^{de} + \dot{\varepsilon}_{ij}^{df} \tag{16-5}$$

用流动剪应变率的概念来表示流动变形中的应变率，由于偏应变率张量的流动变形部分与偏应力张量是同轴的，因此流动剪应变率表示为：

$$\dot{\varepsilon} = \frac{2}{3} \dot{\varepsilon}_{ij}^{df} \left(\frac{q}{S_{ij}} \right) \tag{16-6}$$

用流动剪应变率的概念 $\dot{\varepsilon}$ 来代替本构方程中的剪应变率 $\dot{\gamma}$ 。则式（16-1）和（16-3）变为：

$$q_0 = k_0 \left(\dot{\varepsilon}_0\right)^{n_0} \tag{16-7}$$

和

$$\log\left(\frac{q_1}{\dot{\varepsilon}_1}\right) = k_1 \left(1 - r_u\right)^{n_1} \tag{16-8}$$

其中，$\dot{\varepsilon}_0$ 和 $\dot{\varepsilon}_1$ 分别表示零有效应力状态和非零有效应力状态下的应变率，q_0 和 q_1 分别表示零有效应力状态和非零有效应力状态下的广义剪应力。

16.2.2 一般应力条件下饱和砂土液化的判定准则

饱和砂土发生液化是从固态转变为液态，当不考虑液体的粘滞力时，其抗剪强度为 0。把这个液化的定义和特征表示为动荷载作用过程中广义剪应力 q 和有效球应力 p 的变化时，则有：

$$\begin{aligned} q &= \frac{1}{2}\sqrt{(\sigma_1' - \sigma_2')^2 + (\sigma_2' - \sigma_3')^2 + (\sigma_3' - \sigma_1')^2} = 0 \\ p &= \frac{1}{3}(\sigma_1' + \sigma_2' + \sigma_3') = 0 \end{aligned} \tag{16-9}$$

满足式（16-9）的解只能是

$$\sigma_1' = \sigma_2' = \sigma_3' = 0 \tag{16-10}$$

式中 $\sigma_i'(i = 1,2,3)$ 为液化时的三个有效主应力。这表明，当有效应力均为零时，饱和砂土发生液化。

根据有效应力原理，式（16-10）还可以改写为：

$$\sigma_1 = \sigma_2 = \sigma_3 = u \tag{16-11}$$

式中 $\sigma_i(i = 1,2,3)$ 为液化时的三个总主应力，u 为液化时的孔隙水压力。这表明，当作用在土单元三个方向的总主应力相等（处于均压状态）且等于该时刻的孔压时，饱和砂土发生液化。

上述式（16-10）和（16-11）的液化准则既符合液化定义，又与试验方法和仪器无关，是一个客观的统一准则。

在数值计算中由于计算精度的影响，常用超孔压比的概念来描述液化。在三维数值计算中超孔压比 r_u 的定义为：

$$r_u = 1 - \frac{\sigma_m'}{\sigma_{m0}'} \tag{16-12}$$

式中，σ_{m0}' 为动力计算前单元的平均有效应力，σ_m' 为动力计算过程中单元的平均有效应力，定义为：

$$\sigma_{m0}' = (\sigma_{10}' + \sigma_{20}' + \sigma_{30}')/3 \tag{16-13}$$

$$\sigma_m' = (\sigma_1' + \sigma_2' + \sigma_3')/3 \tag{16-14}$$

式中，$\sigma_{j0}{}'(j = 1,2,3)$ 是动力计算之前的应力张量的三个主应力，$\sigma_j{}'(j = 1,2,3)$ 为动力计算过程中应力张量的三个主应力。

16.2.3 开发过程

Finn 模型中考虑了应变反转的问题。对于三维分析问题，至少存在六个应变率张量分量。在 Finn 模型中这六个应变率张量定义为：

$$\left.\begin{aligned}
\varepsilon_1 &:= \varepsilon_1 + \Delta e_{12} \\
\varepsilon_2 &:= \varepsilon_2 + \Delta e_{23} \\
\varepsilon_3 &:= \varepsilon_3 + \Delta e_{31} \\
\varepsilon_4 &:= \varepsilon_4 + \frac{(\Delta e_{11} - \Delta e_{22})}{\sqrt{6}} \\
\varepsilon_5 &:= \varepsilon_5 + \frac{(\Delta e_{22} - \Delta e_{33})}{\sqrt{6}} \\
\varepsilon_6 &:= \varepsilon_6 + \frac{(\Delta e_{33} - \Delta e_{11})}{\sqrt{6}}
\end{aligned}\right\} \tag{16-15}$$

其中，Δe_{ij} 为应变增量张量。

在应变空间中寻找应变轨迹的极值点。用上标（^{o}）定义前一个点，用上标（^{oo}）定义前面第 2 个点，应变空间中前一个单位矢量 n_i^{o} 的计算方法为：

$$v_i = \varepsilon_i^{\text{o}} - \varepsilon_i^{\text{oo}} \tag{16-16}$$

$$n_i^{\text{o}} = \frac{v_i}{\sqrt{v_i v_i}} \tag{16-17}$$

其中，v_i 表示个分量上的应变增量，下标 i 表示 1~6 个分量。

新的应变增量 $\varepsilon_i - \varepsilon_i^{\text{o}}$ 在前一个单位矢量上的投影 d 为：

$$d = (\varepsilon_i - \varepsilon_i^{\text{o}}) n_i^{\text{o}} \tag{16-18}$$

若 d 为负值，则表示应变发生了反转。计算中监测 d 的绝对值，当达到最小计算周期（计算中两次反转之间最小的时间步）时，如果 $|d|$ 达到最大值 $d_{\max}$，则进行反转计算，即：

$$\gamma = d_{\max} \tag{16-19}$$

$$\left.\begin{aligned}
\varepsilon_i^{\text{oo}} &= \varepsilon_i^{\text{o}} \\
\varepsilon_i^{\text{o}} &= \varepsilon_i
\end{aligned}\right\} \tag{16-20}$$

得到剪应变 γ 后，得到塑性体积应变增量 $\Delta\varepsilon_{\text{vd}}$，从而对塑性体积应变 ε_{vd} 进行更新：

$$\varepsilon_{vd} := \varepsilon_{vd} + \Delta\varepsilon_{vd} \tag{16-21}$$

根据 $\Delta\varepsilon_{vd}$ 对剪应变增量进行修正：

$$\left.\begin{aligned}
\Delta e_{11} &:= \Delta e_{11} + \frac{\Delta\varepsilon_{vd}}{3} \\
\Delta e_{22} &:= \Delta e_{22} + \frac{\Delta\varepsilon_{vd}}{3} \\
\Delta e_{33} &:= \Delta e_{33} + \frac{\Delta\varepsilon_{vd}}{3}
\end{aligned}\right\} \tag{16-22}$$

FLAC3D 中压缩应变增量是负值，塑性体积应变是正值，因此，随着塑性体积应变积累的增加，平均有效应力逐渐减小。

16.2.4 PL–Finn 模型的开发流程

本章的程序是在 FLAC3D 原有的液化计算模型——Finn 模型的基础上开发完成的，图 16-1 为程序开发的流程图，在 Finn 模型（图中虚框所示）的基础上增加了液化后计算模块，考虑发生初始液化以后的零有效应力状态和非零有效应力状态的流动模型。由于程序考虑了液化后砂土的性状，因此将形成的模型命名为 PL-Finn（Post-Liquefaction Finn）模型。

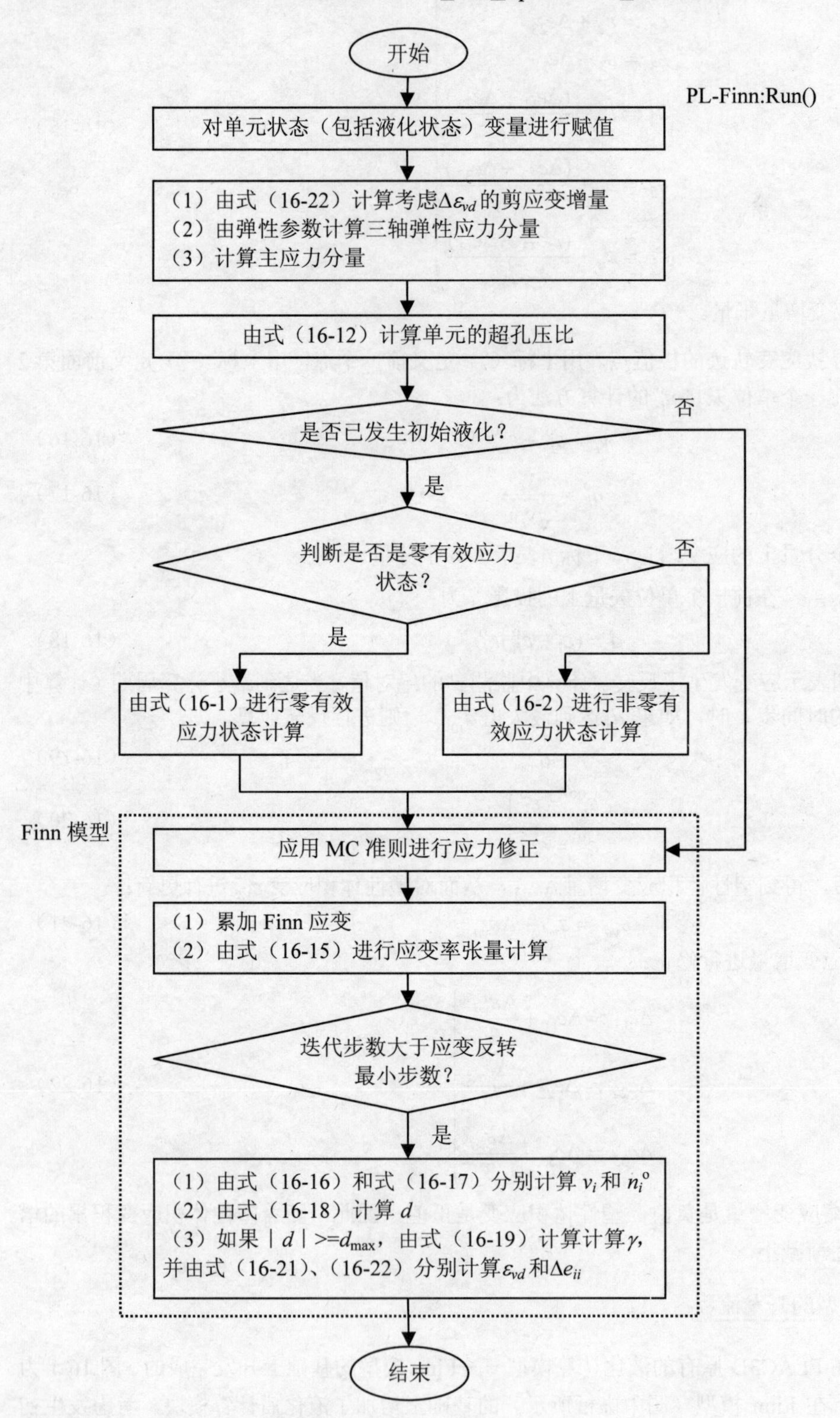

图 16-1　PL-Finn 模型开发流程图

16.2.5　液化状态指示器的编写

本章计算中主要分析单元的液化状态和液化变形，为了能够在计算过程中实时地显示单元是否处于液化状态，可以采用修改单元状态指示器的方法。在 Visual Studio 2005 编辑器中，需要对 plfinn.cpp 文件进行修改，具体有三个步骤。

步骤 1　在单元指示器变量定义中增加下述两个变量：

```
static const unsigned long mLiquefyNow    = 0x0010;
static const unsigned long mLiquefyPast = 0x0020;
```

步骤 2　在 PLFinnModel::State()函数中增加 liquefy-n 和 liquefy-p 两个状态标志，在计算过程中就可以在图形窗口中显示单元的 liquefy 状态。

```
const char **PLFinnModel::States(void) const {
  static const char *strKey[] = {
    "shear-n","tension-n","shear-p","tension-p",
// add new indicator for liquefaction
"liquefy-n","liquefy-p",
0
  };
  return(strKey);
}
```

步骤 3　在 const char *PLFinnModel::Run(unsigned uDim,State *ps)函数中增加 liquefy 状态的初始值赋值，可以参考其他状态变量进行初始值的赋值操作。

```
  if (ps->mState & mLiquefyNow) ps->mState |= mLiquefyPast;
       ps->mState &= ~mLiquefyNow;
```

步骤 4　下面要根据当前计算的结果对单元的液化状态进行赋值，程序中定义一个表示临界超孔压比的变量 dPPRC，如果计算中发现单元的超孔压比 dPPR 大于或等于 dPPRC，则判断此单元正处于液化状态。

```
if (dPPR >= dPPRC){
  ps->mState |= mLiquefyNow;
……
}
```

步骤 5　当采用被修改的模型进行动力计算时，可以使用 PLOT 命令绘出单元的液化状态图，比如：

```
plot block state liquefy
```

上述命令可以对单元的 liquefy 状态进行显示，包括 liquefy-n 和 liquefy-p。

16.3　前处理

利用 FLAC3D 进行动力计算时，其前处理的内容包括网格划分、动力荷载的调整、网格最大尺寸的确定等，在本书的第 12 章对这些内容进行了介绍，下面根据本章具体的实例对上述前处理内容进行描述。

16.3.1　模型尺寸及计算参数

计算采用的范围为长 170m，高 50m，厚度方向（*y* 方向）取 10m。计算中采用水位线为海底粘土层（sea silt）以上 14m。模型中沉箱（caisson）高为 18m，宽为 12m，在沉箱与基础毛石（foundation）

之间设置了接触面单元来模拟两者之间的相互作用。由于在动力计算中要使用自由场边界条件，而设置接触面对生成自由场边界存在一定的困难，所以分析中使沉箱的 z 方向的尺寸略小于 10m。计算中考虑置换砂（replaced sand）与回填砂土（land sand）为可液化层。动力荷载以加速度时程的方式施加到模型底部的粘土层（clay）上。模型的具体尺寸如图 16-2 所示。计算中采用的力学参数、流体参数和液化参数、接触面参数分别见表 16-1、表 16-2 和表 16-3 所示。

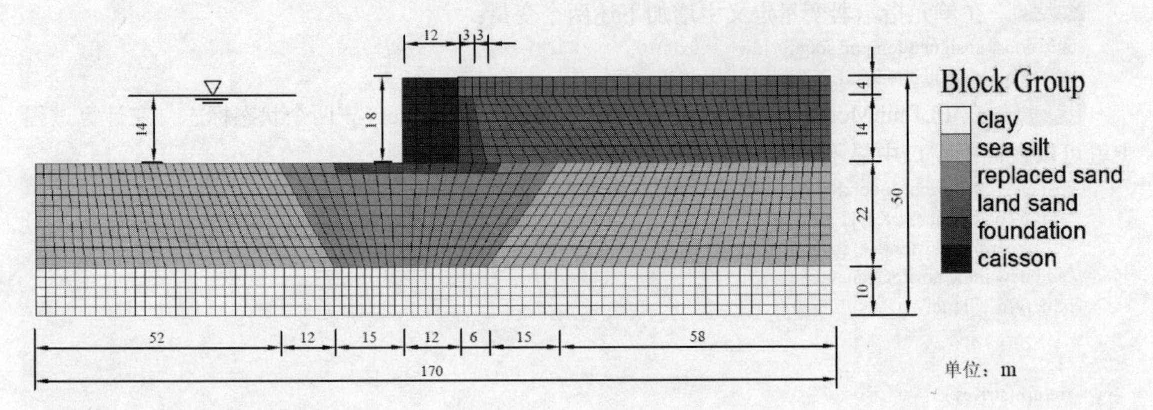

图 16-2　Kobe 码头计算模型尺寸

表 16-1　Kobe 地震分析采用的力学参数

材料名称	本构模型	ρ_d（kg/m^3）	E（MPa）	μ	C（kPa）	φ（°）
粘土	MC	1350	50	0.33	30	20
海底粉砂	MC	1250	20	0.33	0	30
置换砂	MC	1350	15	0.33	0	37
回填砂土	MC	1350	13.7	0.33	0	36
块石	MC	1550	100	0.33	0	40
沉箱	Elastic	3500	2000	0.17	-	-

表 16-2　Kobe 地震分析采用的流体参数及液化参数

材料名称	流体模型	渗透系数 K（cm/s）	孔隙率 n	阻尼比 D	液化参数
粘土	fl_iso	1.0E-6	0.45	0.05	-
海底粉砂	fl_iso	1.0E-05	0.45	0.05	-
置换砂	fl_iso	1.0E-03	0.45	0.05	Byrne 模型 Dr = 40 % C1 = 0.751 C2 = 0.533 C3 = 0

续表

材料名称	流体模型	渗透系数 K（cm/s）	孔隙率 n	阻尼比 D	液化参数
回填砂土	fl_iso	1.0E-03	0.45	0.05	Byrne 模型 Dr = 25 % C1 = 2.432 C2 = 0.164 C3 = 0
块石	fl_iso	1.0E-01	0.45	0.05	-
沉箱	fl_null	-	-	0.05	-

表 16-3　Kobe 地震分析采用的接触面参数

最大单元尺寸（m）	法向刚度 k_n（Pa/m）	切向刚度 k_s（Pa/m）	凝聚力 c_{if}（kPa）	摩擦角 ϕ_{if}（°）
1.5	1.00E8	1.00E8	0	5

16.3.2　地震波的调整

本章采用水平向（模型中的 x 方向）和竖直向（模型中的 z 方向）同时振动，水平向地震波峰值为 0.6 g，竖直向地震波峰值为 0.2 g。由于地震波每次往返作用的周期大约为 0.2 ~ 1.0 s，地震作用的频率约为 1 ~ 5 Hz，因此本章计算中对地震波进行了滤波调整，过滤了地震波中频率大于 5Hz 的成分，如图 16-3 至图 16-8 所示。

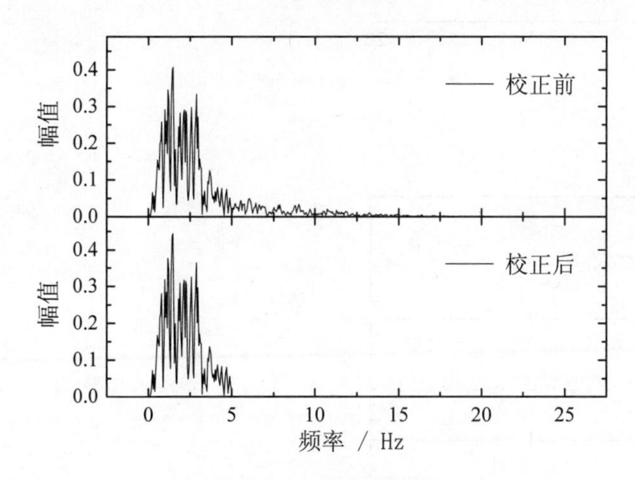

图 16-3　水平向加速度滤波前后谱分析

对地震波进行滤波处理以后，再进行基线校正，即通过在地震波时程曲线上添加一个多项式，使积分得到的累积速度和累积位移近似为零，这个操作可以在 SeismoSignal[150]软件上进行。表 16-4 为地震波基线校正前后的对比，可以发现校正前两条地震波的累积位移较大，分别为 0.16m 和 -0.10m，校正后累积位移均小于 1.5cm，且累积速度也较小。

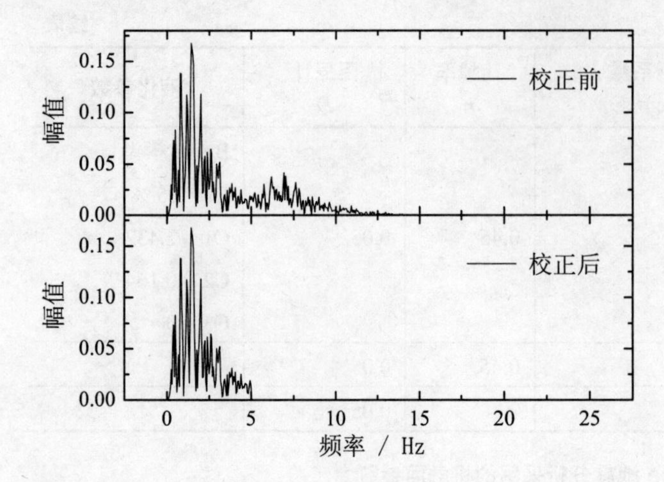

图 16-4　竖向加速度滤波前后谱分析

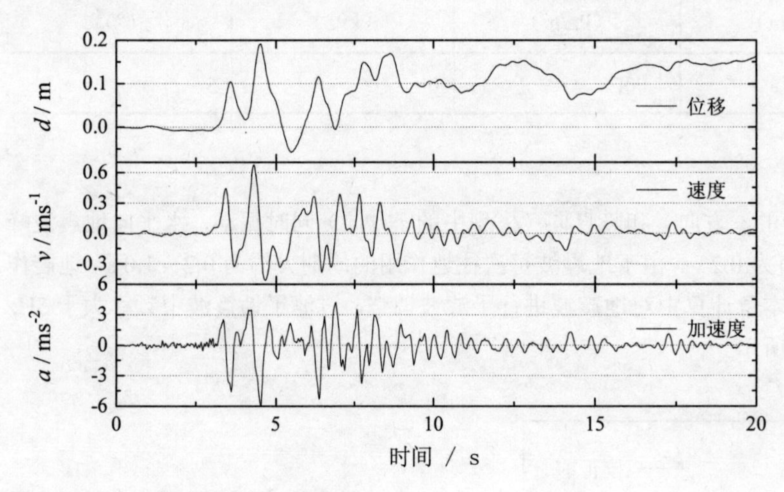

图 16-5　水平向地震波校正前数据

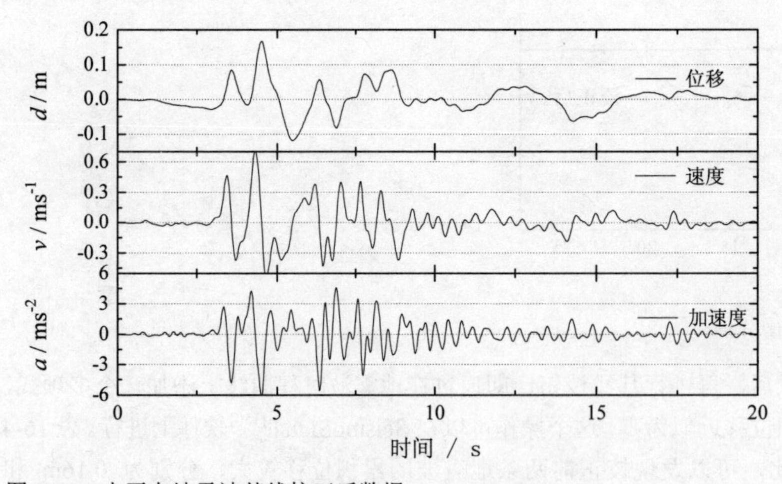

图 16-6　水平向地震波基线校正后数据

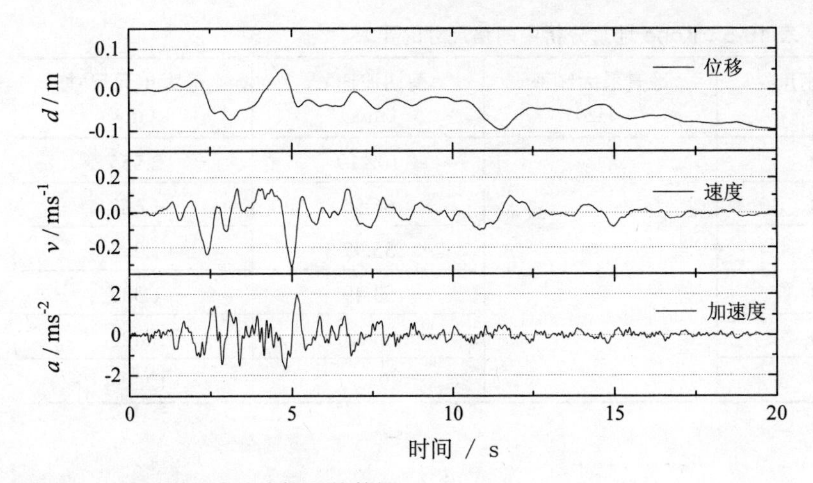

图 16-7 竖向地震波基线校正前数据

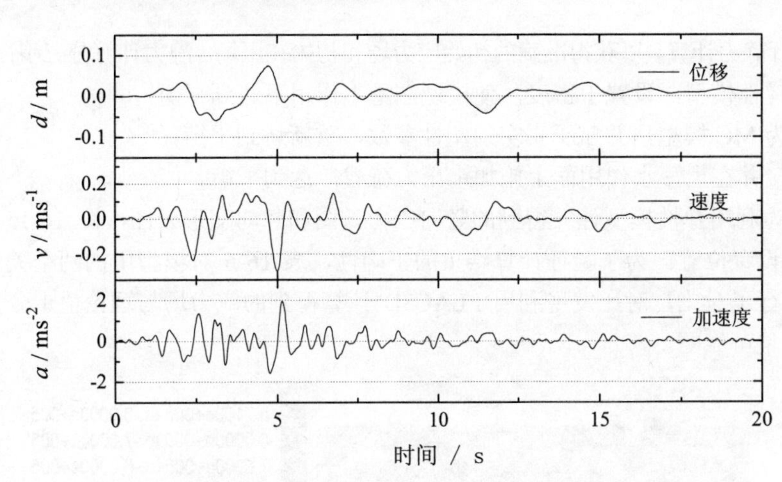

图 16-8 竖向地震波基线校正后数据

表 16-4 地震波基线校正前后对比

地震波		加速度（m/s^2）	速度（m/s）	位移（m）
水平向	校正前	3.51E-03	2.68E-02	1.62E-01
	校正后	-6.33E-03	1.55E-04	1.88E-03
竖向	校正前	7.63E-04	-5.36E-03	-9.71E-02
	校正后	-7.45E-02	1.46E-03	1.47E-02

16.3.3 网格划分

按照本书第 12 章的式（12-21）计算出了各种材料在动力计算中满足精度的最大单元尺寸，如表 16-5 所示。由于 16.3.2 节对地震波采用了滤波处理，因此使用较少的单元就可以满足动力计算精度的需要。按照表 16-5 的要求对模型进行了单元划分，共划分 8 050 个单元，10 386 个节点，880 个接触面单元。

表 16-5　Kobe 地震分析中网格尺寸的要求

材料名称	饱和密度（kg/m^3）	地震最大频率（Hz）	剪切波速 C_s（m/s）	最大单元尺寸（m）
粘土	1800	5	102.19	2.555
海底粉砂	1700		66.50	1.663
置换砂	1800		55.97	1.399
回填砂土	1800		53.49	1.337
块石	2000		137.10	3.428
沉箱	3500		494.17	12.354

16.4　静力计算结果

在动力分析之前首先要进行静力计算，以获得准确的初始应力场和初始孔压场。静力计算分三步：

步骤 1　设置各种材料为弹性模型，设置干密度，使模型在重力作用下达到平衡；

步骤 2　将模型材料设置为 MC 模型，并赋予真实的塑性参数，重新达到平衡；

步骤 3　设置初始孔压场，并在土 - 水作用面上施加水压力荷载，达到平衡。

图 16-9 至图 16-14 分别为利用弹性模型计算得到的竖向应力云图和竖向变形云图，图 16-15 中显示了模型中应力监测点的设置位置。为了验证计算结果的正确性，表 16-6 对模型中的两个关键点的应力计算值与理论值进行了对比，对比发现利用 FLAC3D 计算得到的应力场与理论值十分接近，可以认为初始应力计算是可靠的。

图 16-9　利用弹性模型生成的初始竖向应力云图（单位：Pa，压为负）

图 16-10　利用弹性模型计算得到的竖向变形云图（单位：m）

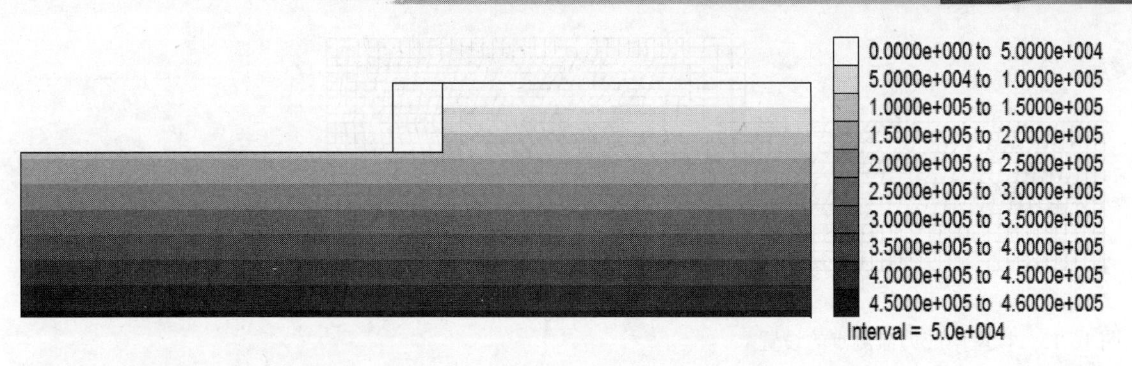

图 16-11　施加孔压后的孔压云图（单位：Pa，压为正）

图 16-12　施加水压力作用下的竖向总应力云图（单位：Pa，压为负）

图 16-13　施加水压力作用下的竖向有效应力云图（单位：Pa，压为负）

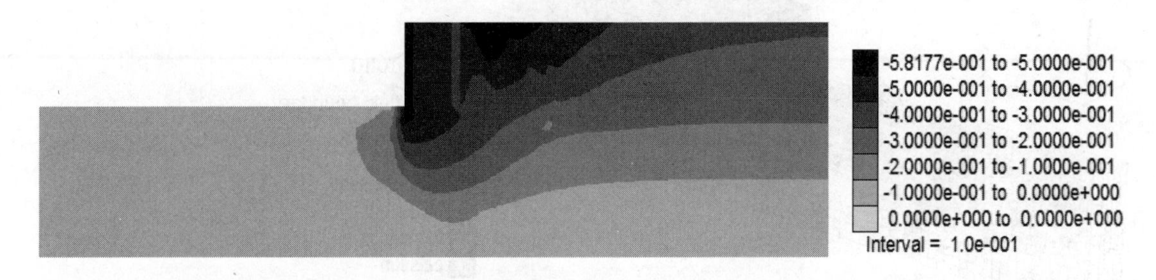

图 16-14　施加水压力作用下的竖向沉降云图（单位：m）

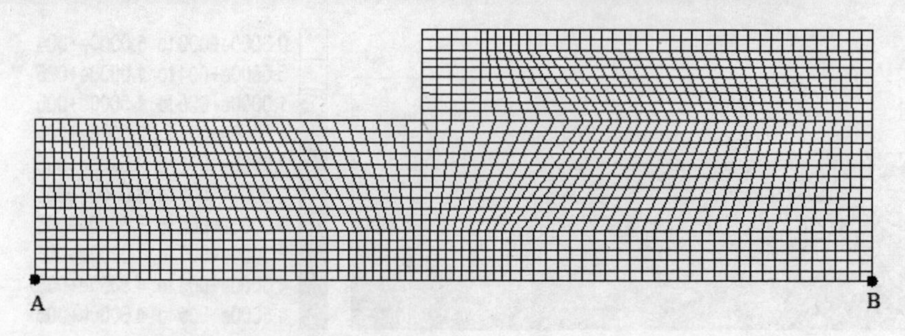

图 16-15　模型中应力监测点的设置

表 16-6　应力监测点的比较

比较内容	应力点	理论值（kPa）	计算值（kPa）
弹性静力分析的竖向应力	A	401.8	399.9
	B	639.9	635.4
施加孔压场后的孔压值	A	460.0	460.0
	B	460.0	460.0
施加水压力荷载后的总应力	A	680.1	682.9
	B	842.8	857.4
施加水压力荷载后的有效应力	A	220.1	222.9
	B	382.8	397.5

16.5　动力计算结果

为了吸收地震过程中地震波在边界上的反射，在动力计算中设置了自由场（free field）边界，设置自由场边界后，程序会自动在模型的四周生成一圈自由场网格，通过自由场网格与主体网格的耦合作用来近似模拟自由场地振动的情况。施加自由场边界后的网格如图 16-16 所示。计算结果主要分析沉箱在动力作用过程中的变形情况及可液化砂土的液化情况。

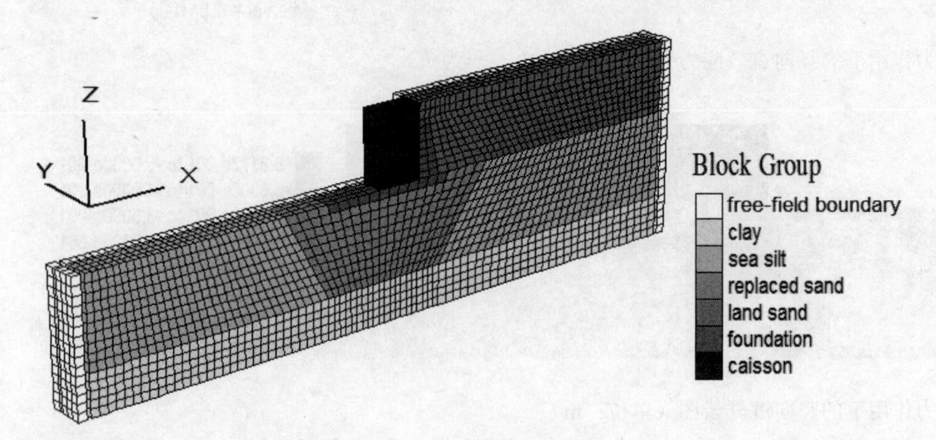

图 16-16　施加自由场（Free-field）边界条件后的网格

16.5.1 变形分析

图16-17为动力计算前后的网格变形对比，图16-18和图16-19分别为动力计算结束时刻的水平位移和竖向沉降云图，从中可以发现最大水平位移和沉降均发生在沉箱附近。模型的最大水平位移为3.41m，最大沉降为1.95m。另外，回填砂土层发生了较大的沉降。

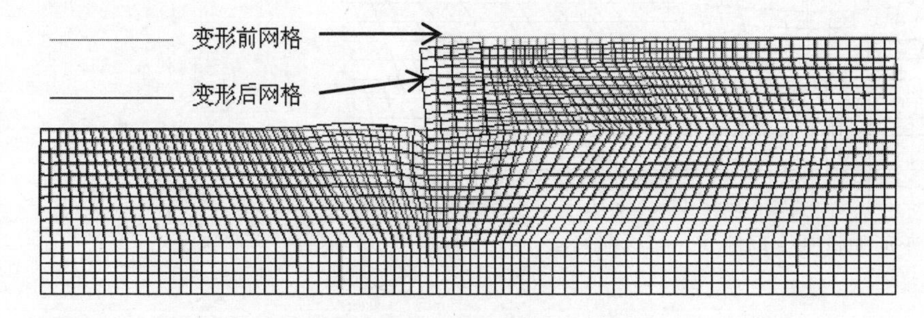

图16-17 动力计算前后的网格变形

图16-18 动力计算结束时刻水平位移云图（单位：m）

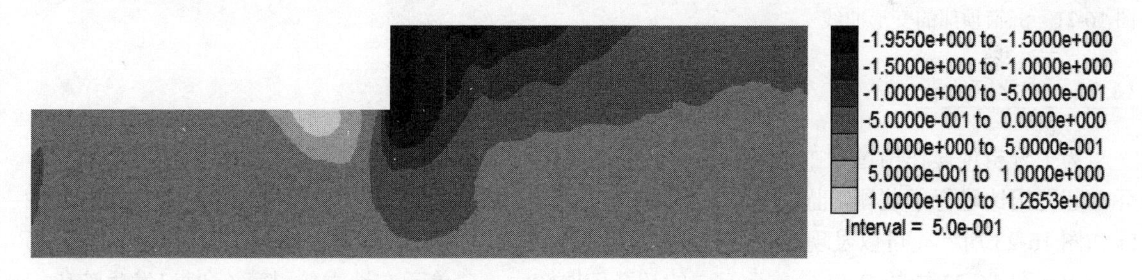

图16-19 动力计算结束时刻沉降云图（单位：m）

图16-20为沉箱附近网格的位移矢量图，可以看出沉箱整体发生了转动。计算中对沉箱顶部的一个节点进行了位移监测，图16-21为监测得到的计算过程中水平位移和沉箱的时程曲线。可见，随着地震作用时间的增长，水平位移和沉降均逐渐增大，且位移和沉降主要发生在5 ~ 10 s的范围，在这个范围内加速度的幅值较大，如图16-6和图16-8所示，随着加速度幅值的减小，沉箱的变形发展逐渐变缓，计算时刻结束时得到的变形即为地震作用产生的残余变形。根据地震后调查表明，沉箱顶部水平残余位移最大达5m，平均为3.5m，残余沉降为1 ~ 2m，沉箱向海侧倾斜角3º ~ 5º。本章计算得到的沉箱最大水平位移为3.41m，最大沉降1.95m，海侧倾斜角4.5º，可以发现计算结果与震害调查基本一致。

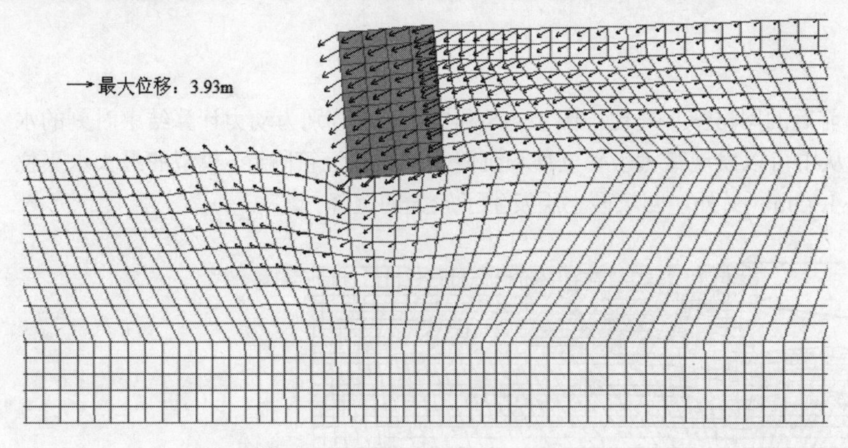

图 16-20　计算结束时刻的变形矢量图（局部）

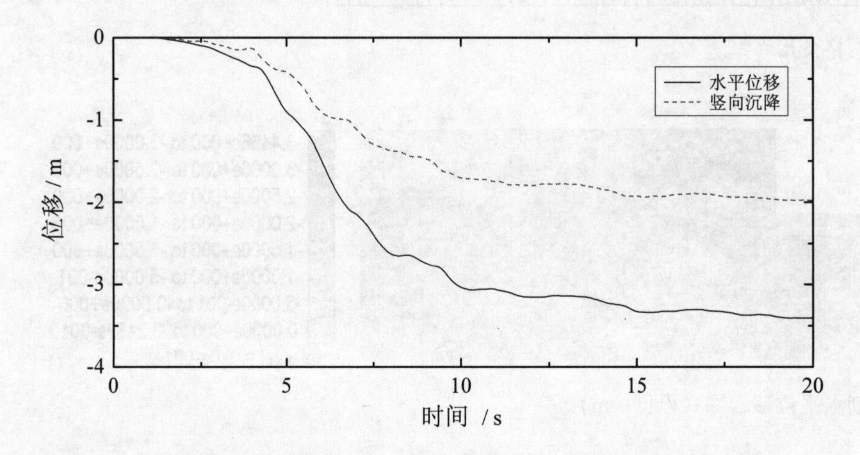

图 16-21　沉箱顶部的变形曲线

16.5.2　液化区比较

为了分析地震作用过程中两层可液化砂土的液化情况，计算中对置换砂和回填砂土层中典型单元的超孔压比进行了监测，监测位置见图 16-22 所示，计算得到的三个典型单元的超孔压比时程曲线如图 16-23 所示。可以发现，置换砂土（图 16-22 中的 A 单元）的最大超孔压比在 0.3 左右，而回填土（图 16-22 中的 B 和 C 单元）中的超孔压比较大，C 单元在地震作用第 6s 时已发生液化。

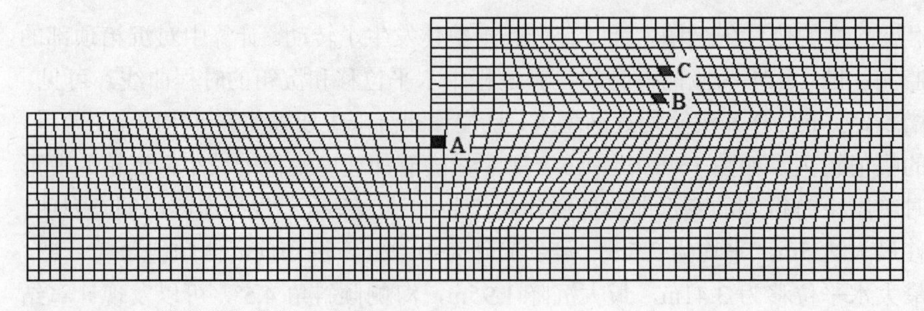

图 16-22　计算过程中监测点布置

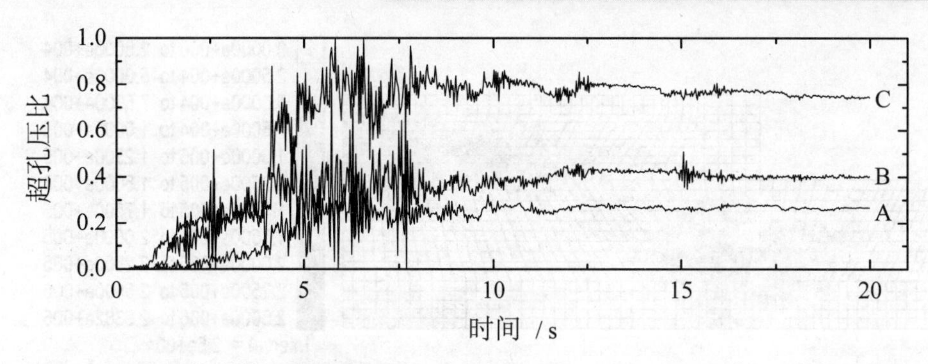

图 16-23　动力计算结束时刻监测点的超孔压比时程

图 16-24 为动力计算时间为 6 s 时液化区的分布图，可以看出，沉箱后侧的回填砂土发生了大面积的液化，而置换砂土基本没有发生液化现象。这主要是因为从表 16-2 可以看出回填砂土的相对密度较小，标贯击数较小，因此在动荷载作用下更易发生液化。另外，置换砂土位于沉箱的底部，由于沉箱的重力作用使置换砂中的平均有效应力大于回填砂土的平均有效应力，因此较难发生液化。

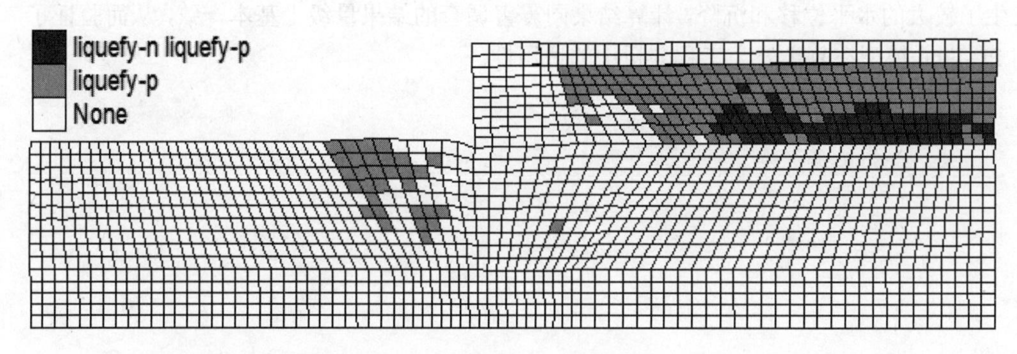

图 16-24　动力计算中液化区的分布（$t = 6$ s）

图 16-25 和图 16-26 分别为计算结束时刻模型的残余超孔压比云图和超静孔隙水压力云图，也可以看出，回填砂土的残余超孔压比较高，达到了 0.8～0.9，而置换砂土中的超孔压比较小。因此可以认为，沉箱发生的大变形主要是由于沉箱后侧回填砂土的液化造成的，这也与现场调查的结果相符合。

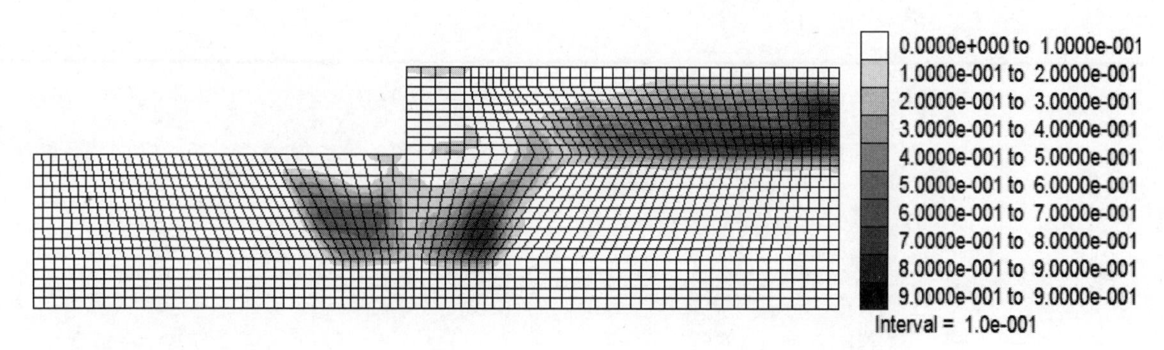

图 16-25　动力计算结束时超孔压力比云图

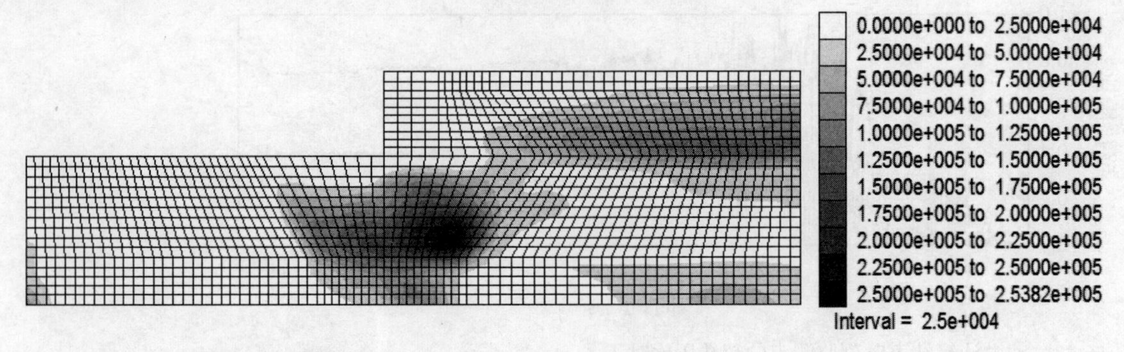

图 16-26 动力计算结束时超静孔隙水压力云图（单位：Pa，压为正）

16.6 本章小结

本章进行了 Kobe 地震沉箱式码头的完全耦合非线性动力分析，土层中的可液化砂土采用 PL-Finn 模型进行模拟，计算结果表明，沉箱后侧的回填砂土在地震作用过程中发生了大面积液化，使得沉箱发生了较大的水平位移和沉降，计算结果同震害调查的结果量级上基本一致，从而验证了本章开发的 PL-Finn 模型在复杂岩土工程分析中的适用性。

17 抗液化排水桩的数值模拟

FLAC3D 中包含专门的动力分析模块，可以做三维的动力分析，而且 FLAC3D 拥有 Finn 孔压模型来模拟砂土在动力作用下的孔压积累及达到液化状态。本章通过动力与渗流的耦合分析，对动力与渗流共同作用下孔压的发展进行研究。

本章重点：

✓ 利用 REFLECT 建立对称模型

✓ 渗流模式下接触面单元的设置

✓ 桩土之间的接触面设置

✓ 接触面渗流属性的设置

✓ 超孔隙水压力的定义方法

✓ 超孔隙水压力比的定义方法

✓ 完全耦合动力分析方法的应用

17.1 前言

位于可液化土层中的桩基础在地震作用下易遭受严重破坏，采取改良措施可有效降低土体液化的可能性，减小其破坏程度，其中设置良好的排水路径是其主要途径之一。河海大学刘汉龙教授开发了一种抗振动液化的刚性排水桩（专利号 200520076660.4）。这种新型桩在构造上具有如下特点：在刚性桩的侧面沿竖向设置凹槽，在凹槽中设置排水管，以形成竖向的排水通道。

本章对位于可液化场地中的刚性排水桩和普通桩进行了数值模拟，同时借助 FLAC3D 内置 FISH 语言的强大功能定义了所关注的一些变量，对两种桩各自工况下土体的超孔压比、超孔隙水压力、有效应力等响应进行了研究，通过两种桩型的相互比较来分析刚性排水桩的抗液化性状。其实现的主要步骤如下：

步骤 1 建立可液化场地的模型，并获得初始平衡状态；

步骤 2 生成桩的模型，根据刚性排水桩和普通桩的特性设置接触面，并对其渗流的属性进行区别，获得动力计算前的平衡状态；

步骤3 定义所关注的变量，进行动力计算，并对结果进行分析。

17.2 前处理

计算模型的土层分布：Z 方向上为底部、顶部厚度各为 1m 的非液化土层和中部厚度为 8m 可液化土层。在振动方向 X 方向上，模型范围为 40m，在 Y 方向上，模型范围为 20m。模型计算参数如表 17-1 所示。

表 17-1 模型计算参数

材料	高度 m	干密度（kg/m^3）	孔隙率	粘聚力（kPa）	摩擦角（°）	体积模量（MPa）	剪切模量（MPa）	渗透系数（cm/s）
soila	1	1040	0.64	10	25	14.71	5.640	1E-7
soilb	8	1440	0.46	0	30	29.41	11.28	1E-2
soilc	1	1100	0.6	15	25	14.71	5.640	1E-7
桩	12	2400	/	/	/	1.67E+04	7.69E+03	/
桩顶重物	1	24000	/	/	/	1.67E+04	7.69E+03	/

17.2.1 网格建立与初始应力生成

使用 FLAC3D 建立轴对称模型时，采用 REFLECT 命令可以减小建模的难度，提高建模的效率。在本例中，首先建立四分之一的模型，然后通过如下命令来形成整个模型。

```
gen zone reflec dip 90 dd 0
gen zone reflec dip 90 dd 90
```

本例中设置了合理的初始应力，包括初始孔压场的大小、三个土层的总应力大小等，具体设置如下：

```
ini pp 0 grad 0 0 -10e3    ran z 0 -10.1
ini szz 0 grad 0 0 17e3     ran z 0 -1    ;soila
ini syy 0 grad 0 0 13.5e3 ran z 0 -1
ini sxx 0 grad 0 0 13.5e3 ran z 0 -1
ini szz 2e3 grad 0 0 19e3     ran z -1 -9    ;soilb
ini syy 1e3 grad 0 0 14.5e3 ran z -1 -9
ini sxx 1e3 grad 0 0 14.5e3 ran z -1 -9
ini szz -16e3 grad 0 0 17e3      ran z -9 -10.1     ;soilc
ini syy -8e3 grad 0 0 13.5e3    ran z -9 -10.1
ini sxx -8e3 grad 0 0 13.5e3    ran z -9 -10.1
```

通过这样的初始条件设置，可以发现初始平衡计算时收敛很快，不需要迭代就达到了平衡状态。图 17-1 为计算得到的初始孔压云图。

17.2.2 桩模型及接触面单元的生成

本例主要考虑排水桩和普通桩在动力作用下的响应。在完成初始应力设置后，要生成桩的模型以及桩土之间的接触面单元。其中，桩体截面尺寸为 0.6m×0.6m，桩长 12m，桩顶作用一重物来模拟上部结构的惯性力作用。排水桩和普通桩两种工况下的桩体截面图如图 17-2 所示。

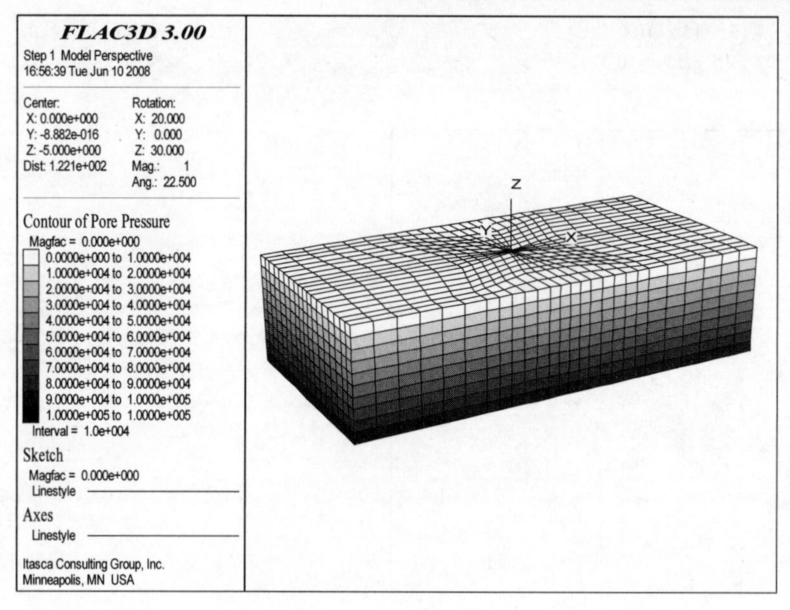

图 17-1 初始状态孔压云图

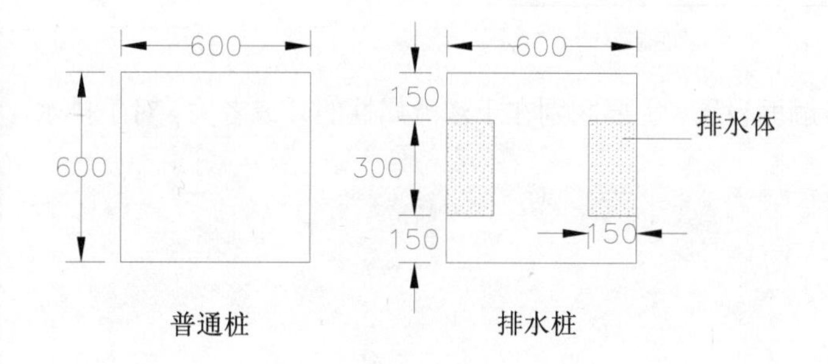

图 17-2 普通桩与排水桩截面示意图（单位：mm）

另外，本例的计算主要与振动台试验进行对比分析，因此在边界条件设置上与振动台试验的设置一致。桩的底部与计算模型的底部在同一水平面上，而且桩的底部与模型底部均采用了竖向速度约束的边界条件，这是因为在模型桩振动台试验中，桩的底部是固定在振动台模型箱的底部，这与实际工程情况会有些差别，读者可以自行建立适合于实际桩基工程的分析模型。

由于本例中在初始平衡状态下没有生成接触面，因此在生成桩模型时要考虑接触面的设置。首先将桩部分的单元删除，并在桩土接触位置的网格表面生成接触面，最后将预先生成的桩模型单元“移”到桩体的位置，同时为了考虑排水桩的截面形式，设置了两个接触面，沿桩外侧除排水体部分的接触面 ID 号为 1，排水体部分的接触面 ID 号为 2。生成接触面单元的命令如下，生成的接触面 ID 见图 17-3 所示。

```
del range group soil1 z -10 0
interface 1 face range x -0.29 -.31 y -.29 -.15 z -10 0
interface 1 face range x -0.29 -.31 y  .15  .29 z -10 0
interface 1 face range x  0.29  .31 y -.29 -.15 z -10 0
interface 1 face range x  0.29  .31 y  .15  .29 z -10 0
interface 1 face range y -0.29 -.31 x -.29 .29 z -10 0
interface 1 face range y  0.29  .31 x -.29 .29 z -10 0
```

```
interface 2 face range x -0.29 -.31 y   -.15   .15 z -10 0
interface 2 face range x   0.29   .31 y   -.15   .15 z -10 0
ini z add -12 ran gro pile2
```

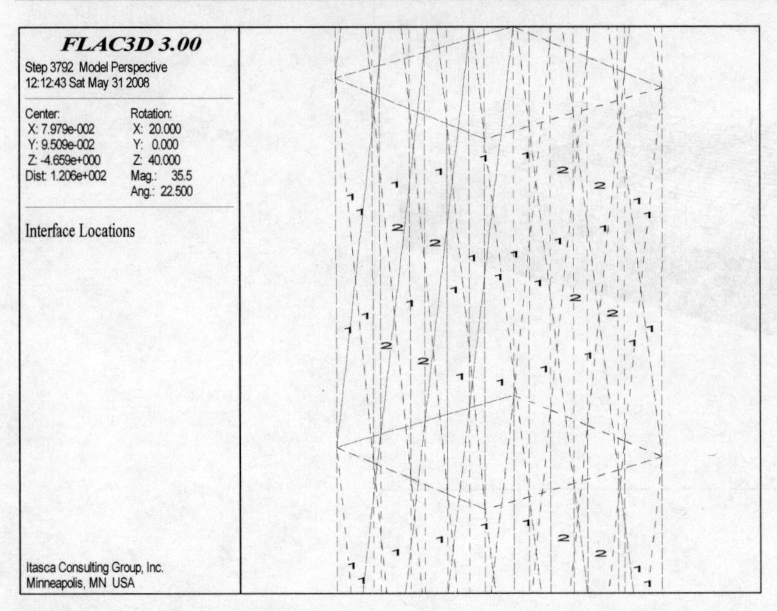

图 17-3　接触面 ID 示意图

对于普通桩和排水桩两种工况下的接触面设置，主要区别在于渗流属性的开或者关。对于排水桩工况下，接触面命令为：

```
interface 1 perm = off
interface 2 perm = on
interface 1 effe = off
interface 2 effe = off
```

普通桩工况下接触面的命令为：

```
interface 1 perm = off
interface 2 perm = off
interface 1 effe = off
interface 2 effe = off
```

17.3　震前初始应力状态的计算

在生成桩模型和接触面单元以后，主要考虑桩顶重物（group pile1）对初始应力的影响。由于重物的密度很大（24000 kg/m^3），试算发现一次性加载产生的误差较大，因此采用分级加载的方法来实现桩顶重物的作用。具体做法是，定义了一个 FISH 函数，如下所示，将重物密度分为 10 级，每增加一级进行一次平衡计算，这样得到的初始应力比较符合真实情况。

```
def add_top
  loop n (1,10)
    ini_add = n * 2400
    save_file = string(n) + 'G.sav'
    command
      ini dens ini_add ran gro pile1
      set mech rat 1e-5
```

```
            solve
            save save_file
        endcommand
    endloop
end
add_top
```

图 17-4 为普通桩工况下计算得到的竖向初始应力云图，图 17-5 为孔压云图。可以根据土层分布情况手动计算竖向应力和孔压的大小，并与计算结果进行比较，以确定初始应力计算的正确性。

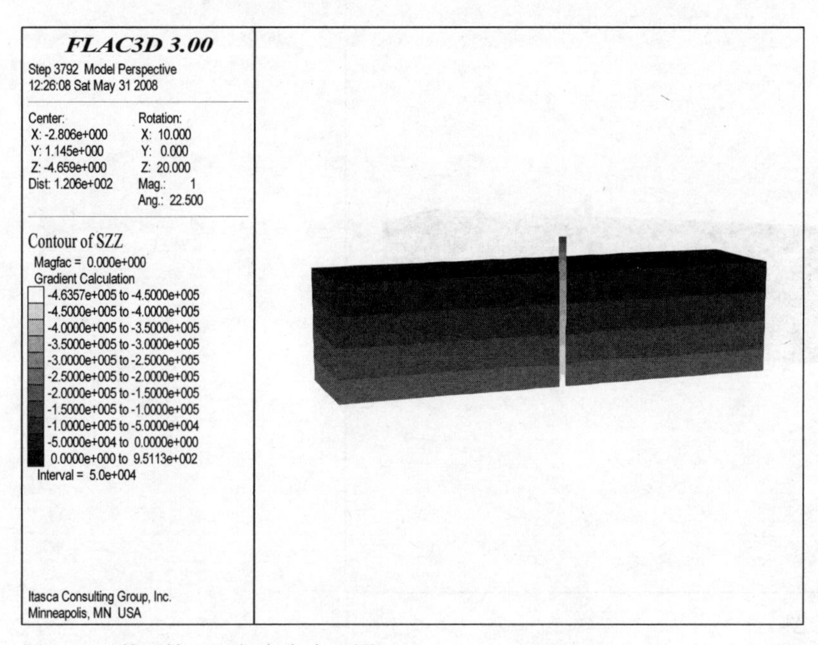

图 17-4　普通桩工况竖向应力云图

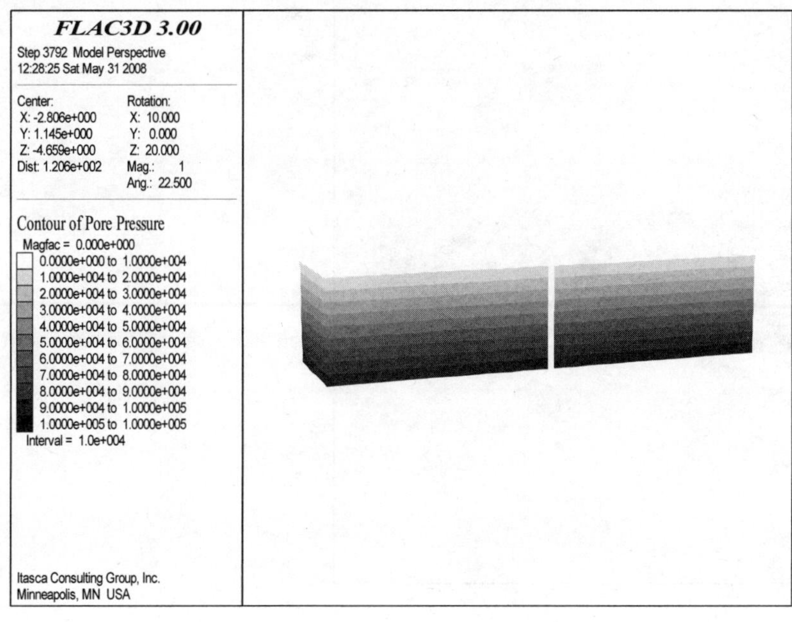

图 17-5　普通桩工况孔压云图

对于排水桩工况，由于桩体中存在排水体，所以要将排水体材料与桩体材料区分开来。根据排水桩的截面形式，将桩体分为 toushui、butoushui 两个 group，其中与 butoushui 部分相对应的 interface 1 perm = off，与 toushui 部分相对应的 interface 2 perm = on。

图 17-6 和图 17-7 分别为排水桩工况下计算得到的竖向应力和孔压云图。从计算结果可以看出，排水桩工况和普通桩工况的计算结果一致，这也与实际情况相符合。

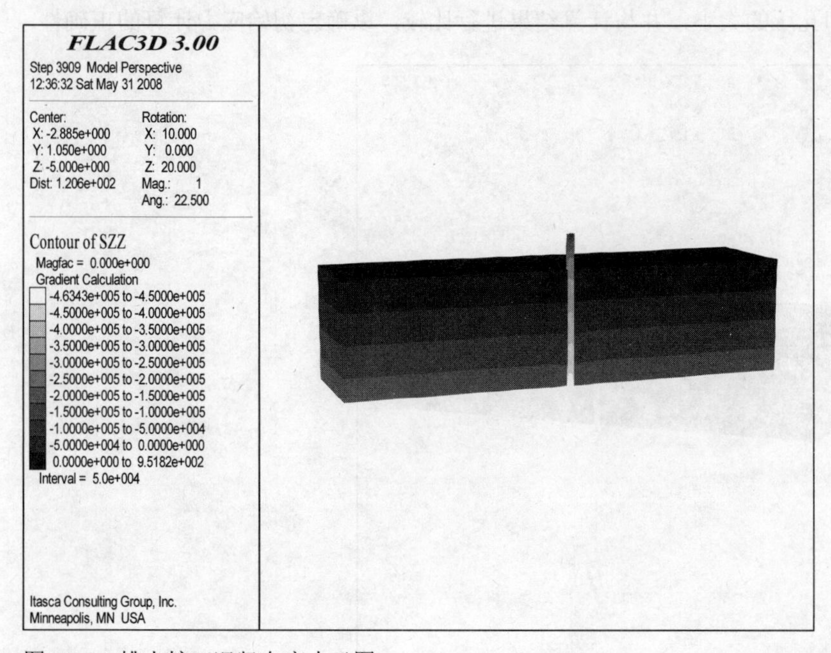

图 17-6　排水桩工况竖向应力云图

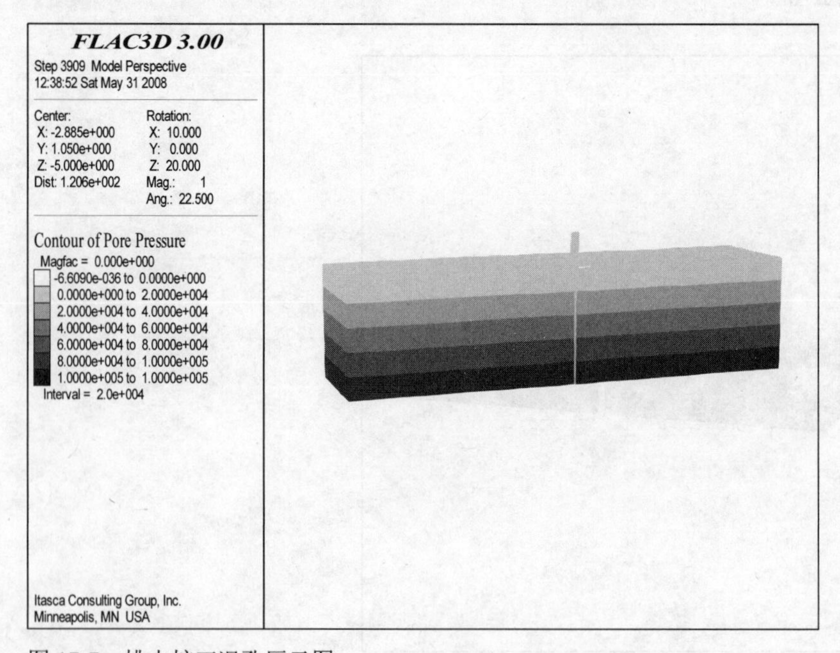

图 17-7　排水桩工况孔压云图

17.4　动力计算

通过上述计算过程达到平衡状态后，开始进行动力计算。使用动力分析模块计算时，必须注意以下几个方面：①边界条件，②阻尼形式，③动荷载的输入，④动荷载的传播。本节将对本例中的动力输入、单元额外变量的定义及其记录进行说明。

17.4.1　动力输入

在模型底部输入图 17-8 所示的加速度。加速度峰值在 2 s 内达到 0.2 *g*，从 15 s 起逐渐减小，17 s 时减小到 0，计算时间至 20 s。由于本例中施加的动力输入荷载比较规则，可以用表达式进行描述，所以采用 FISH 函数的方法。本例的计算命令中采用速度施加荷载的 FISH 程序如下，所输入速度荷载的加速度时程曲线见图 17-8 所示。

```
def setup
   freq=5.0
   ampl=2
   omega = 2.0 * pi * freq
end
setup
def sine_wave
  vv = ampl/omega*cos(omega*dytime)
  if dytime < 2.0
    sine_wave = dytime / 2.0 * vv
  else
    if dytime < 15.0
      sine_wave = vv
    else
      if dytime <= 17.0
          sine_wave = (17.0 - dytime) / 2.0 * vv
      endif
    endif
  endif
  if dytime > 17.0
     sine_wave = 0.0
  endif
end
```

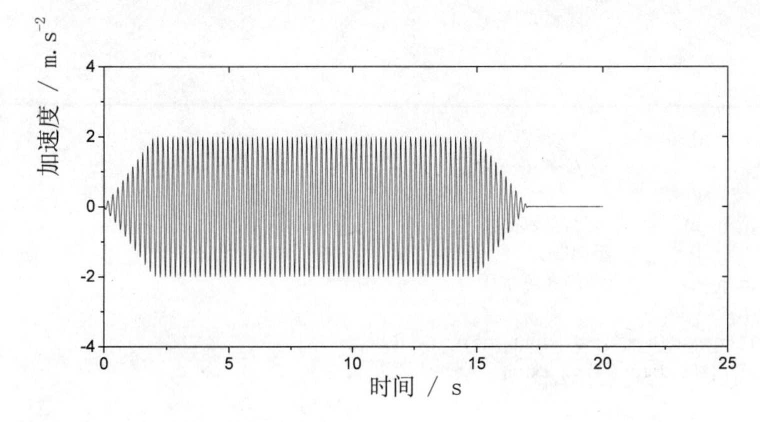

图 17-8　底部输入加速度时程

17.4.2 单元额外变量的定义

本章的例子中，主要分析目的是了解排水桩在振动荷载作用下排出超孔隙水压力的性能。因此需要对震动过程中单元的超孔压、超孔压比等变量进行分析。而在 FLAC3D 中，软件提供了多个单元变量，包括六个方向的应力分量、三个主应力分量、孔压分量等，但是用户使用过程中往往需要更多的信息，比如本例中的超静孔隙水压力、超孔压比等，这些变量需要对 FLAC3D 已有的变量进行计算才能得到。在实际应用中，有两种方法可以实现额外变量的信息（以超孔压的时程曲线为例）：

- 通过 History 命令记录已有的变量信息，包括三个方向的应力以及单元的孔压时程。在计算完成后，将这些时程曲线输出到文本文件中，利用 Excel 等计算软件得到需要的结果。
- 利用 EXTRA 来定义额外的单元变量。FLAC3D 专门提供了基于单元和节点的额外变量，通过这些额外变量的定义，用户可以在计算过程中方便地输出这些额外变量信息，这种方法更方便，效率更高。本章采用的就是 EXTRA 变量定义的方法。

本例中对单元超孔压比、超孔压、竖直向有效应力等额外变量进行定义，具体如表 17-2 所示。

表 17-2 单元额外信息的定义

单元额外信息 ID	描述	定义方式
EXTRA2	超孔压比	(-z_extra(p_z,6)) / (z_extra(p_z,4)+ z_extra(p_z,5))
EXTRA3	超孔压比	1.0 - z_extra(p_z,7) / (z_extra(p_z,4)+ z_extra(p_z,5))
EXTRA4	竖直方向应力	z_szz(p_z)
EXTRA5	初始孔压	z _pp(p_z)
EXTRA6	超静孔隙水压力	z_pp(p_z) - z_extra(p_z,5)
EXTRA7	竖直方向有效应力	z_szz(p_z) + z_pp(p_z)

```
config zextra 20
def get_old_stress
  p_z = zone_head
  loop while p_z # null
    z_extra(p_z,5) = z_pp(p_z)                          ;初始孔压
    p_z = z_next(p_z)
  endloop
end
get_old_stress
def get_PPR
  whilestepping
  p_z = zone_head
  loop while p_z # null
    z_extra(p_z,7) =   z_szz(p_z) + z_pp(p_z)          ;竖向有效应力
    z_extra(p_z,4) = z_szz(p_z)                         ;竖向应力
    z_extra(p_z,6) = z_pp(p_z) - z_extra(p_z,5)         ;超静孔隙水压力
    z_extra(p_z,9) = z_szz(p_z)
    z_extra(p_z,2) = (-z_extra(p_z,6) ) / (z_extra(p_z,4)+ z_extra(p_z,5))   ;超孔压比
    z_extra(p_z,3) = 1.0 - z_extra(p_z,7) / (z_extra(p_z,4)+ z_extra(p_z,5)) ;超孔压比
    p_z = z_next(p_z)
  endloop
```

```
end
get_PPR
```

17.4.3 历史变量的记录

对于利用 EXTRA 命令定义的额外单元变量，在历史记录时需要采用 FISH 函数的方法。定义一个反复执行的 FISH 函数，函数中定义了新变量，并表示为某个额外单元变量的数值，然后在 HISTORY 定义时调用该变量，这样就能实现额外变量的实时跟踪。

下面的 FISH 就对坐标为（1，0.1，-5.5）附近的单元进行了监控，包括超孔压比、超静孔隙水压力、竖向有效应力等进行了历史变量的记录。在 FLAC3D 命令行中，可以使用 PLOT 命令对这些监控结果进行输出。

为了便于分析排水桩的抗液化效果，需设置一些监测点：沿 X 方向上取通过原点的对称剖面，在该平面上，水平方向上取位于同一水平位置距桩体由近到远的 a、b、c、d 四个单元，如图 17-9 所示，并根据图中所示坐标系，表 17-3 统计了各监测位置的相关信息，表 17-4 给出了历史记录的 ID 号。

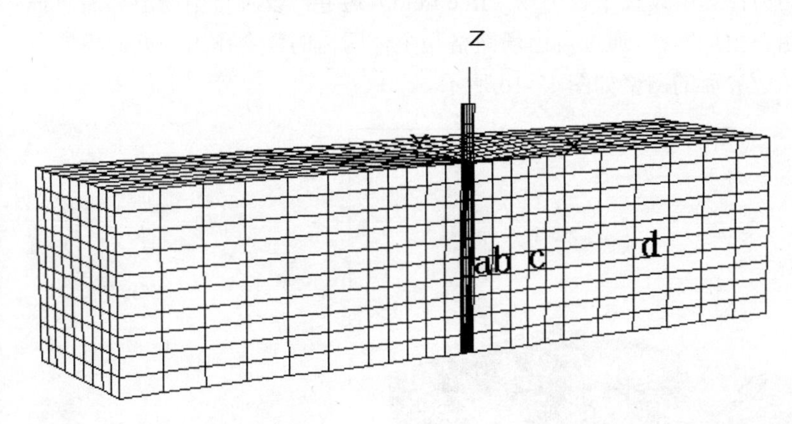

图 17-9 监测点位置示意图

表 17-3 水平向监测位置统计表

监测位置名称	单元 ID 号	单元坐标(X、Y、Z) 单位：m	备注
a	152	（0.65, 0.00, -5.50）	a、b、c、d 四处位于同一水平高度处，但与桩身的距离不同
b	172	（2.00, 0.00, -5.50）	
c	212	（4.30, 0.00, -5.50）	
d	582	（11.50, 0.00, -5.50）	

表 17-4 单元额外信息的历史记录 ID 表

	单元额外信息	a 点	b 点	c 点	d 点
历史变量记录 ID	EXTRA2	639	643	651	663
	EXTRA3	640	644	652	664
	EXTRA6	641	645	653	665
	EXTRA7	642	646	654	666

```
def get_ppr_zone
   whilestepping
p_z43 = z_near(1 , 0.1, -5.5)
   ppr_431 = z_extra(p_z43,2)
   ppr_432 = z_extra(p_z43,3)
   ppr_433 = z_extra(p_z43,6)
   ppr_434 = z_extra(p_z43,7)
end
hist id    2 dytime
his id 639 ppr_431                ;   (1    0.1 -5.5)
his id 640 ppr_432
his id 641 ppr_433
his id 642 ppr_434
```

17.5 计算结果与分析

在动力分析之前首先要进行静力计算，以获得准确的初始应力场和初始孔压场。为了吸收振动过程中波在边界上的反射，在动力计算中设置了自由场（free field）边界，设置自由场边界后，程序会自动在模型的四周生成一圈自由场网格，通过自由场网格与主体网格的耦合作用来近似模拟自由场地振动的情况。施加自由场边界后的网格如图 17-10 所示。

图 17-10　动力计算模型

17.5.1 超孔压比分析

两工况下土体的超孔压比的时程曲线如图 17-11 至图 17-18 所示。通过对两工况下超孔压比发展规律的比较可知：在排水桩工况下，距桩体一定范围内土体的超孔压比峰值较低，且下降趋势明显，随着与桩距离的增加，效果逐渐减弱。而在普通桩工况下，各位置处的超孔压比峰值基本达到 1.0，且在振动过程中维持在 1.0 左右。可见在桩周一定区域内，排水桩能及时有效地消散超孔隙水压力，降低土体发生液化的可能性。

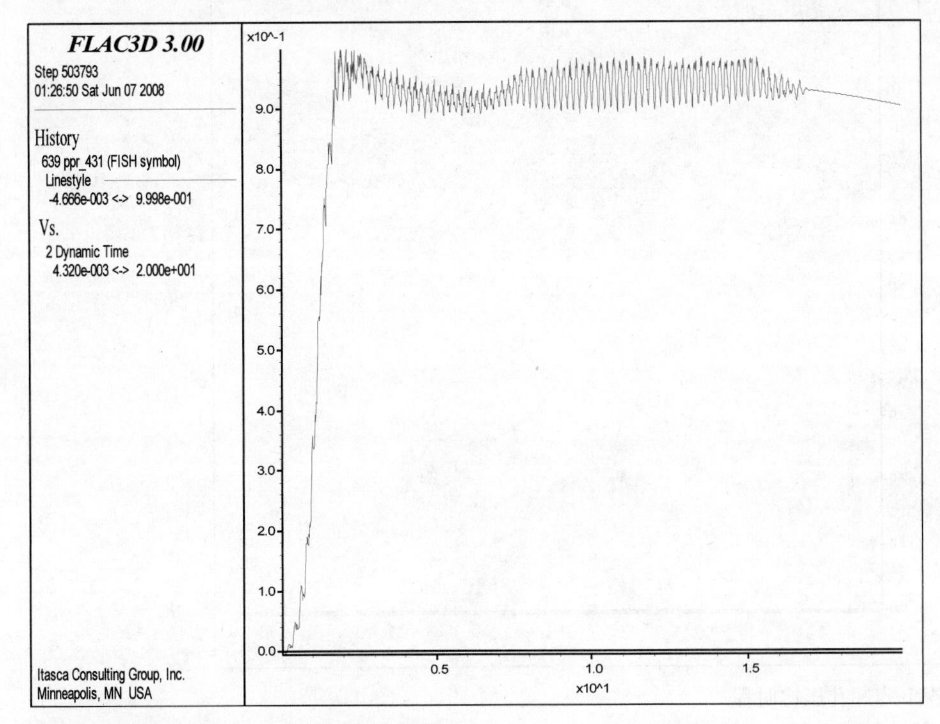

图 17-11　普通桩工况 a 点超孔压比时程

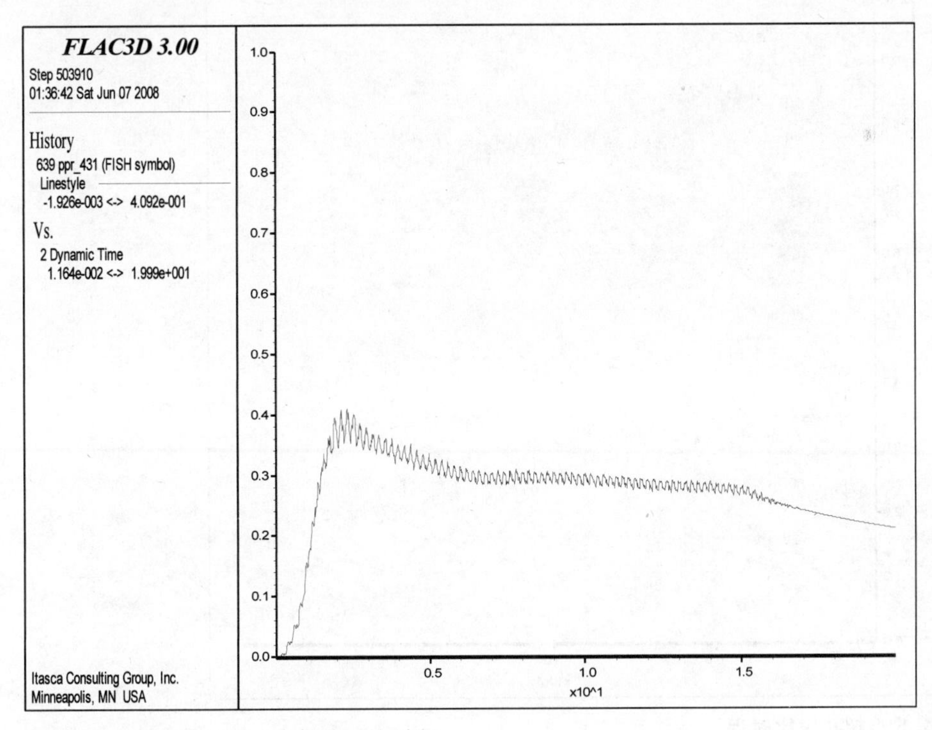

图 17-12　排水桩工况 a 点超孔压比时程

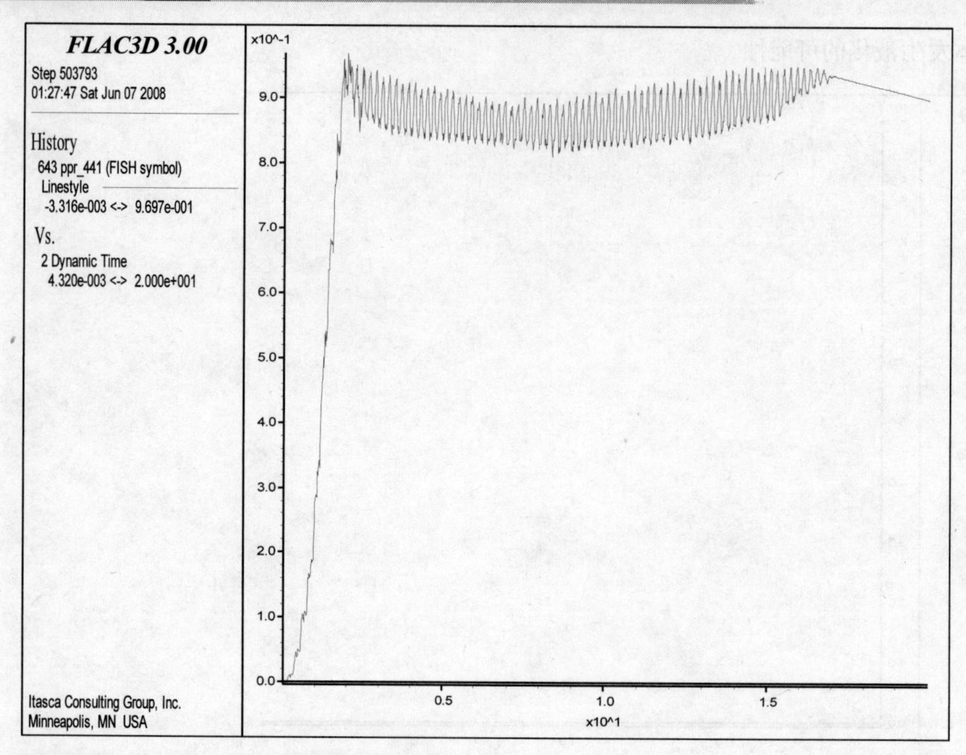

图 17-13　普通桩工况 b 点超孔压比时程

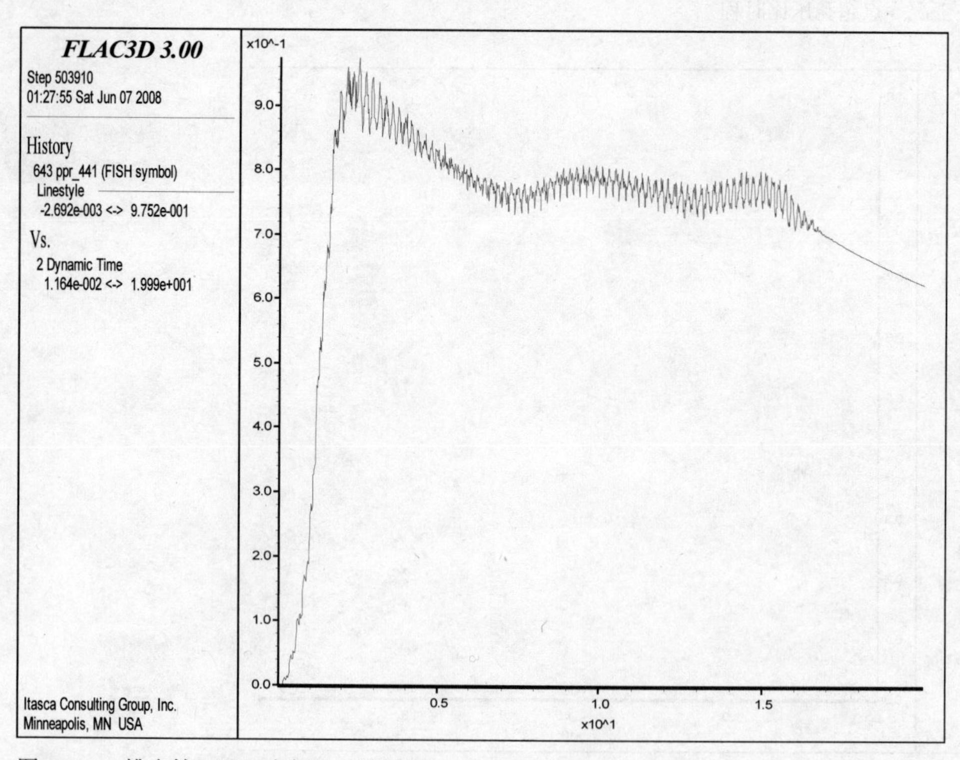

图 17-14　排水桩工况 b 点超孔压比时程

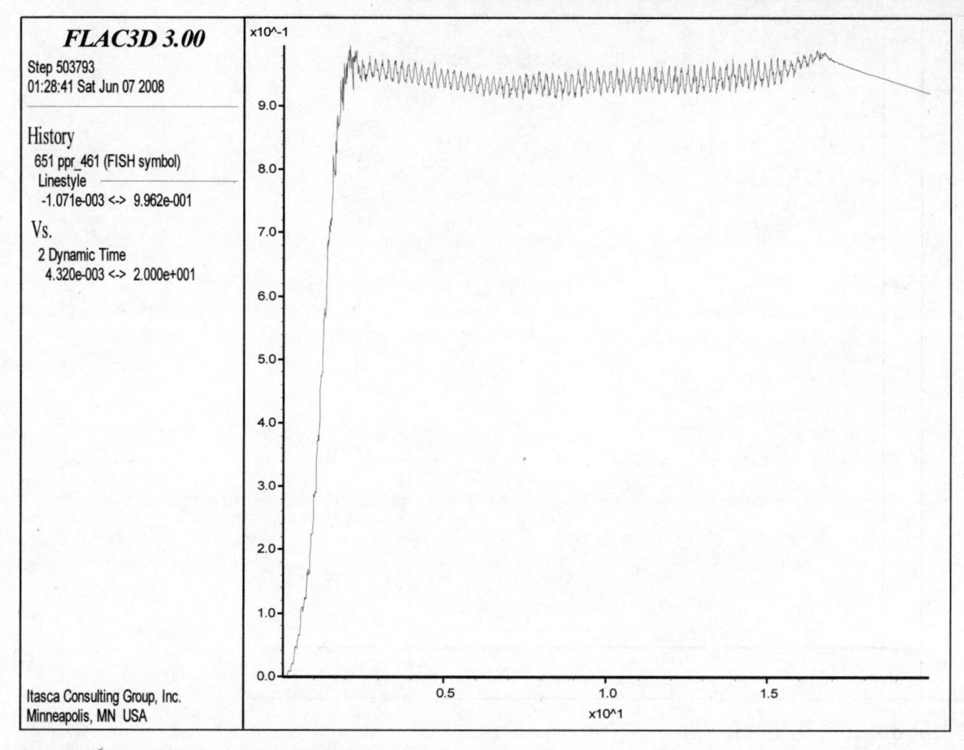

图 17-15　普通桩工况 c 点超孔压比时程

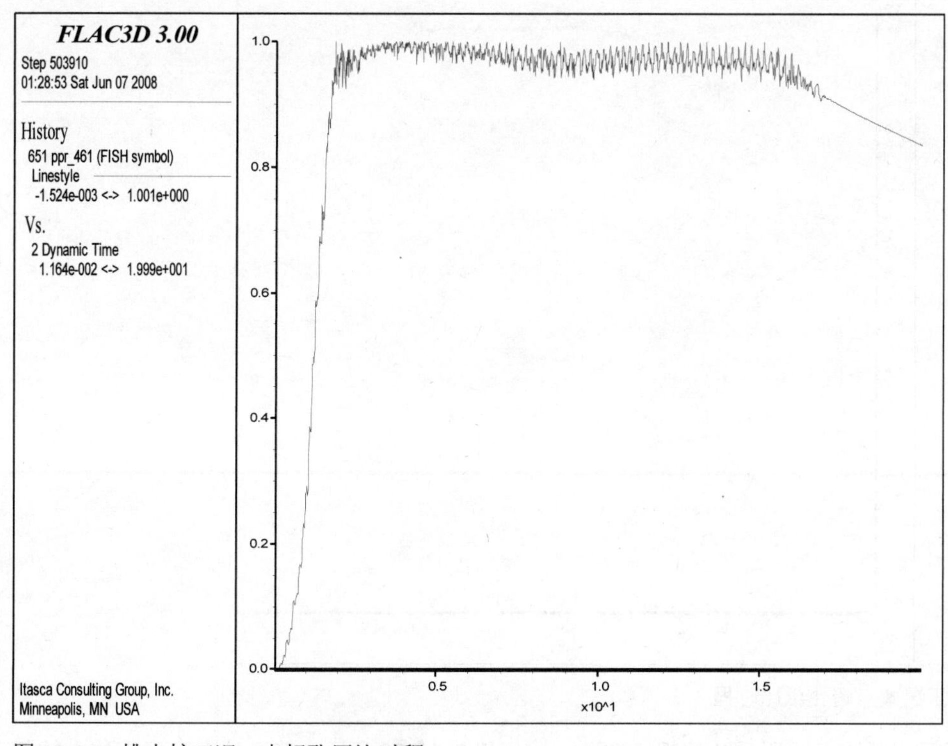

图 17-16　排水桩工况 c 点超孔压比时程

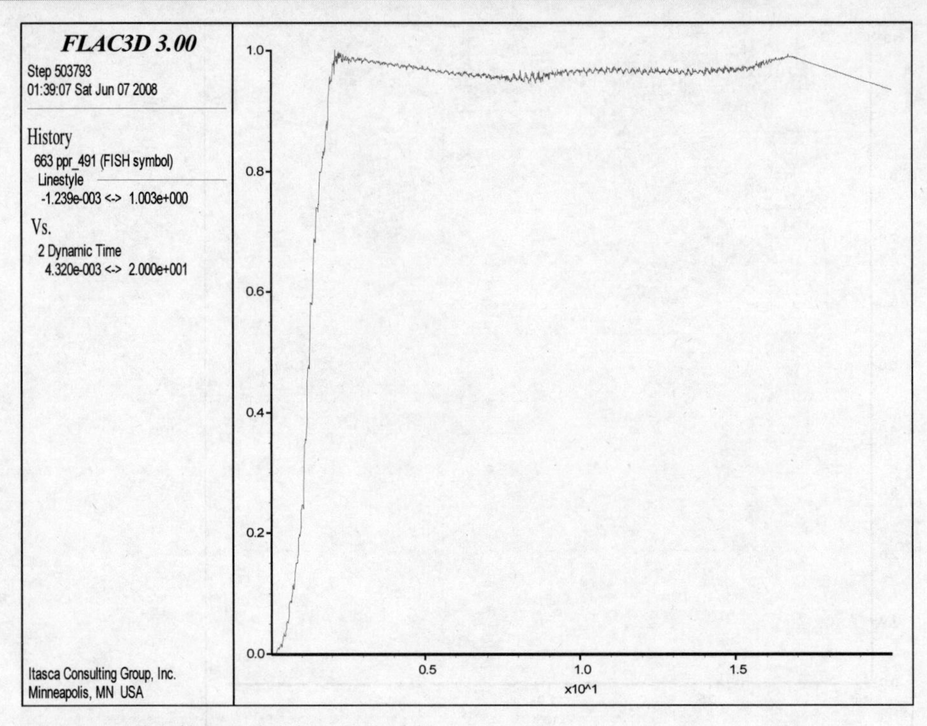

图 17-17　普通桩工况 d 点超孔压比时程

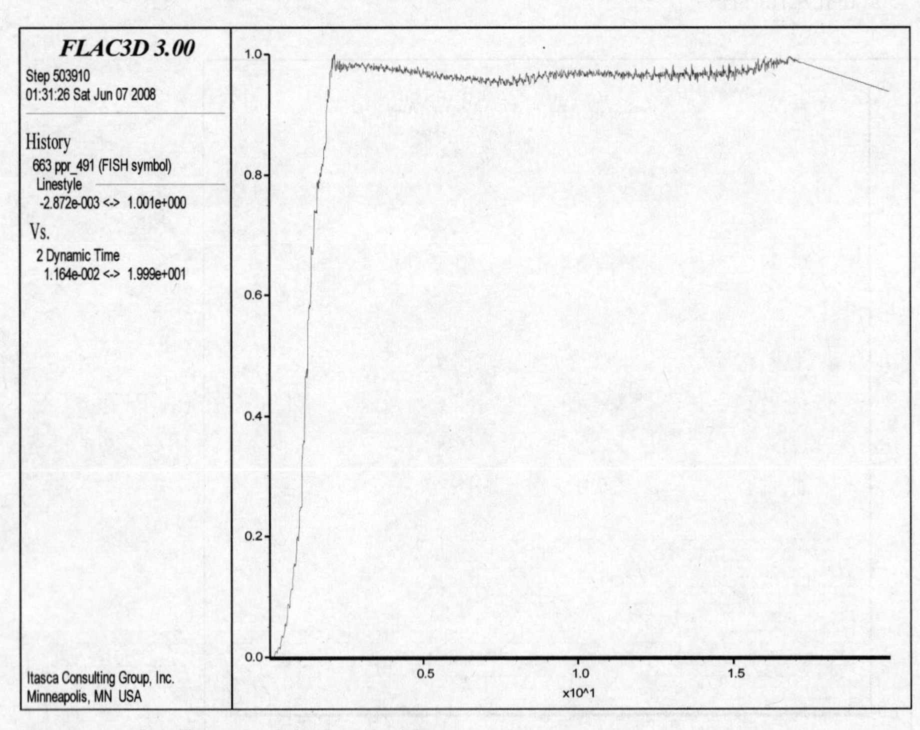

图 17-18　排水桩工况 d 点超孔压比时程

两种工况下超孔压比云图所反映的规律如图 17-19 和图 17-20 所示。普通桩工况下土体中的超孔压比整体上均处于较高的水平。排水桩工况下，沿桩长方向，距离桩身一定范围内的土体的超孔压比均处于一个比较低的水平，远低于普通桩工况下的相同位置，距离桩体较远位置处土体的超孔压比的分布规律与普通桩工况基本一致，这表明排水桩的布置对该范围的影响已基本消失。

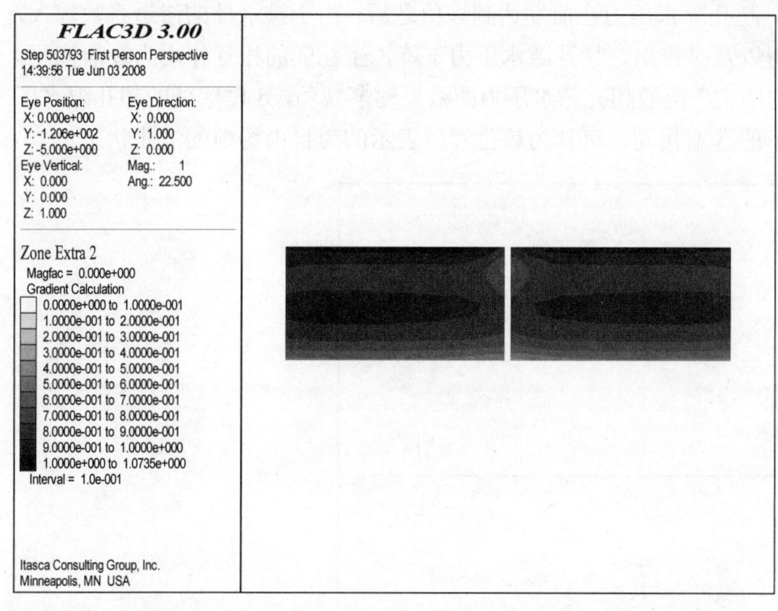

图 17-19　普通桩工况超孔压比云图（t=20s）

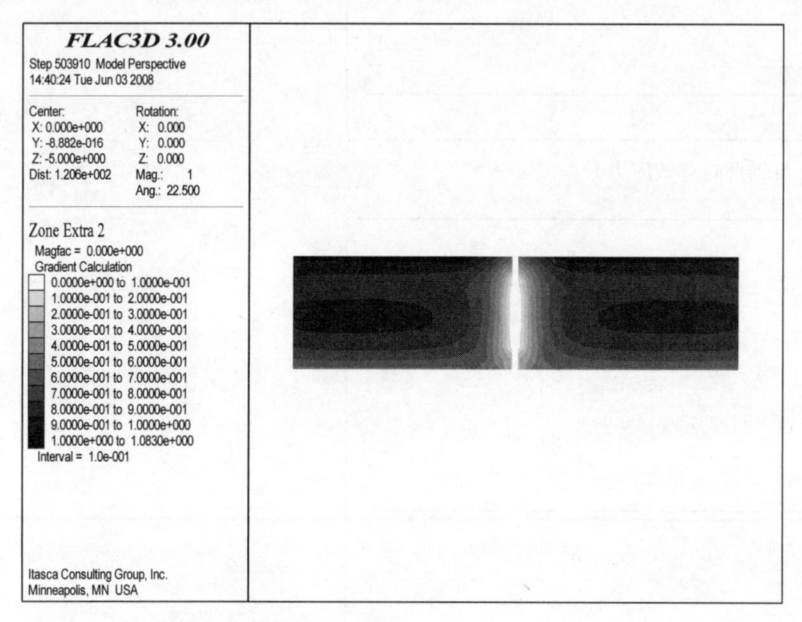

图 17-20　排水桩工况超孔压比云图（t=20s）

通过对两工况下超孔压比的比较说明排水桩工况下距桩身一定范围内土体的超孔压比远低于普通桩工况下的相对应位置，表明了排水桩具有良好的抗液化性能。

17.5.2　超孔压与竖直向有效应力分析

图 17-21 至图 17-28 表示的是两种工况下监测位置 a、b、c、d 处的超孔隙水压力及有效应力

的时程。通过两工况的比较可以发现：普通桩工况下监测位置 a、b、c、d 各位置处超孔隙水压力发展较快并维持在较高水平，有效应力均接近于零，土体基本处于液化状态。在排水桩工况下，距离桩体较近的位置，如 a、b 处，超孔隙水压力在前期达到峰值之后，由于排水体的渗透系数较大，形成良好的排水通道，孔隙水得以及时排出，超孔隙水压力下降，土粒间的相互作用力逐渐恢复，有效应力增加。随着与桩距离的增大，消散超孔隙水压力的效果逐渐减弱，d 位置处的超孔隙水压力与有效应力值与普通桩工况下的基本相同，可认为该位置所表示的为自由场地的液化状态。

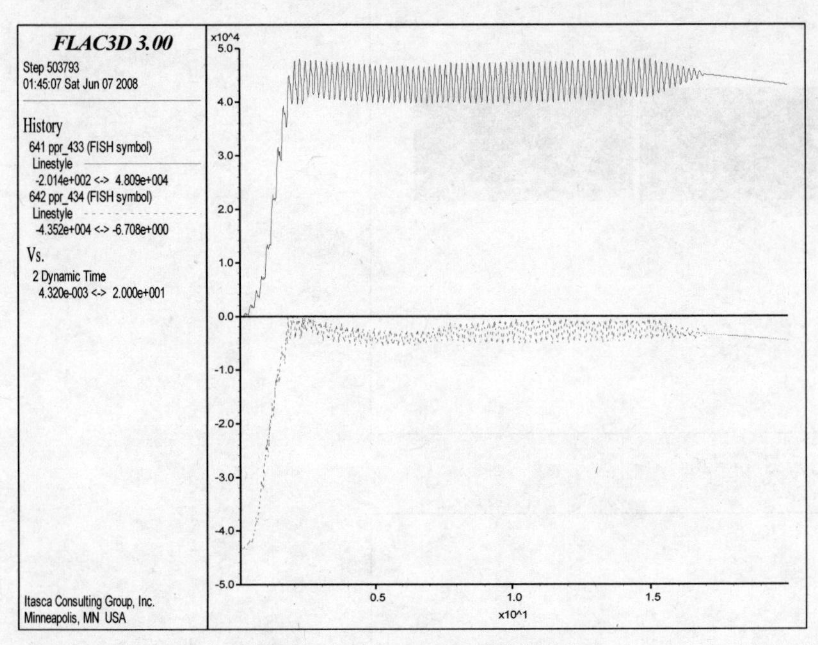

图 17-21　普通桩工况 a 点超孔压与竖直向有效应力时程

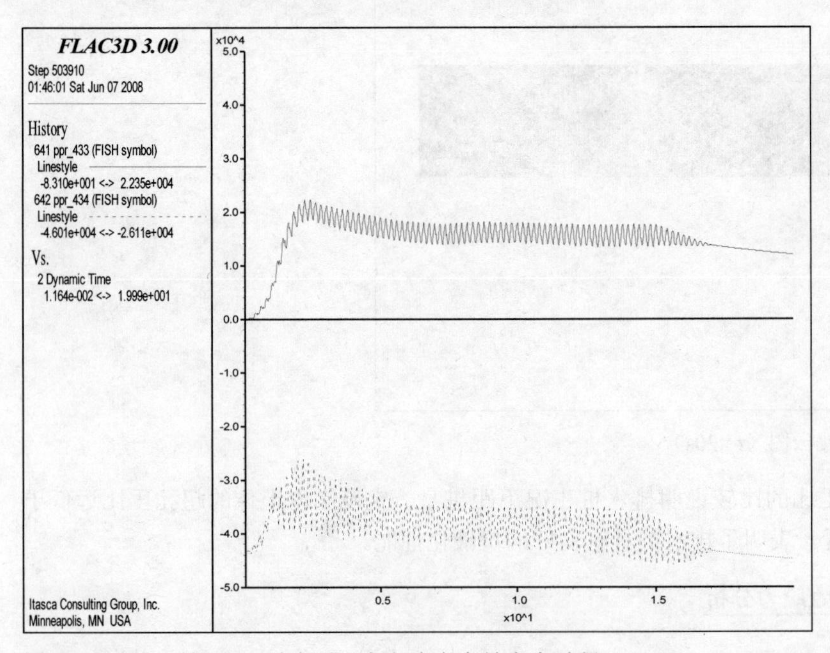

图 17-22　排水桩工况 a 点超孔压与竖直向有效应力时程

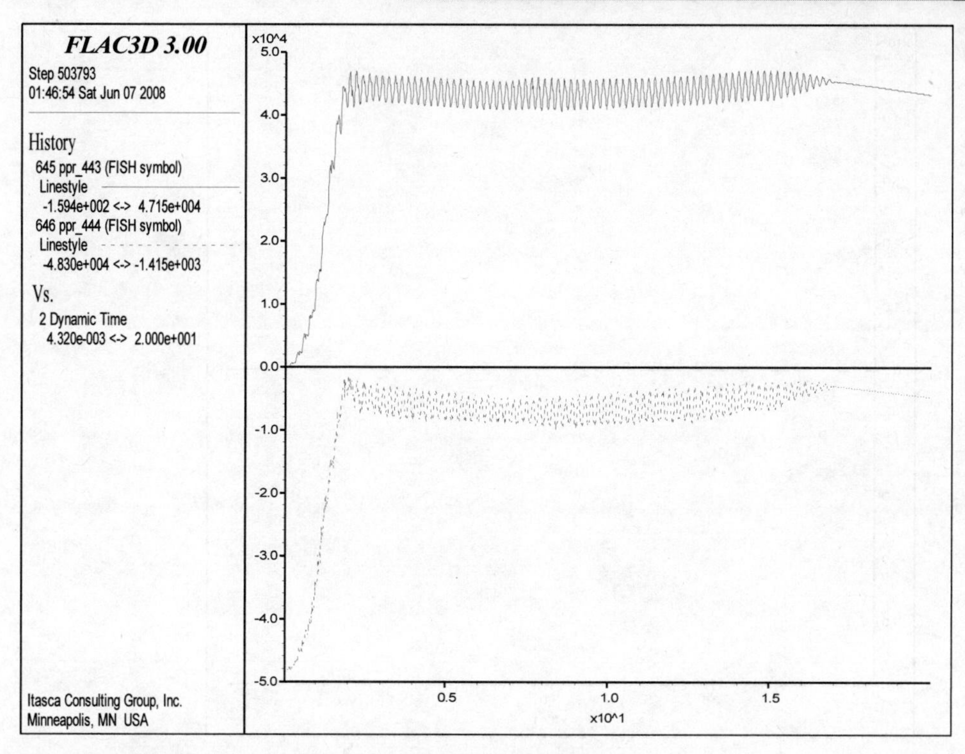

图 17-23 普通桩工况 b 点超孔压与竖直向有效应力时程

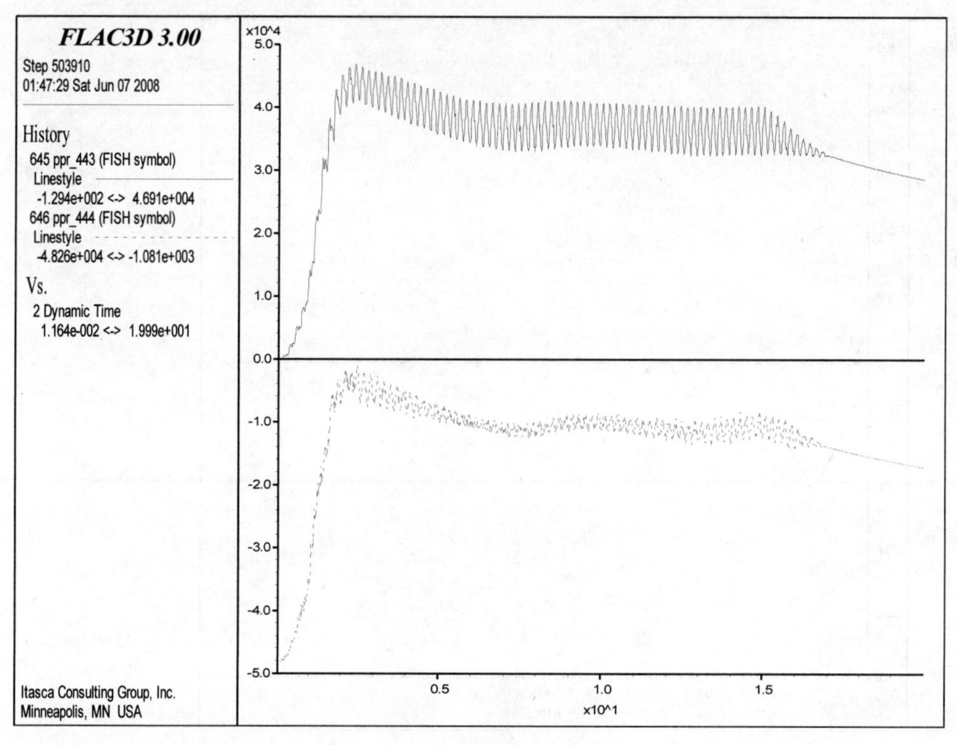

图 17-24 排水桩工况 b 点超孔压与竖直向有效应力时程

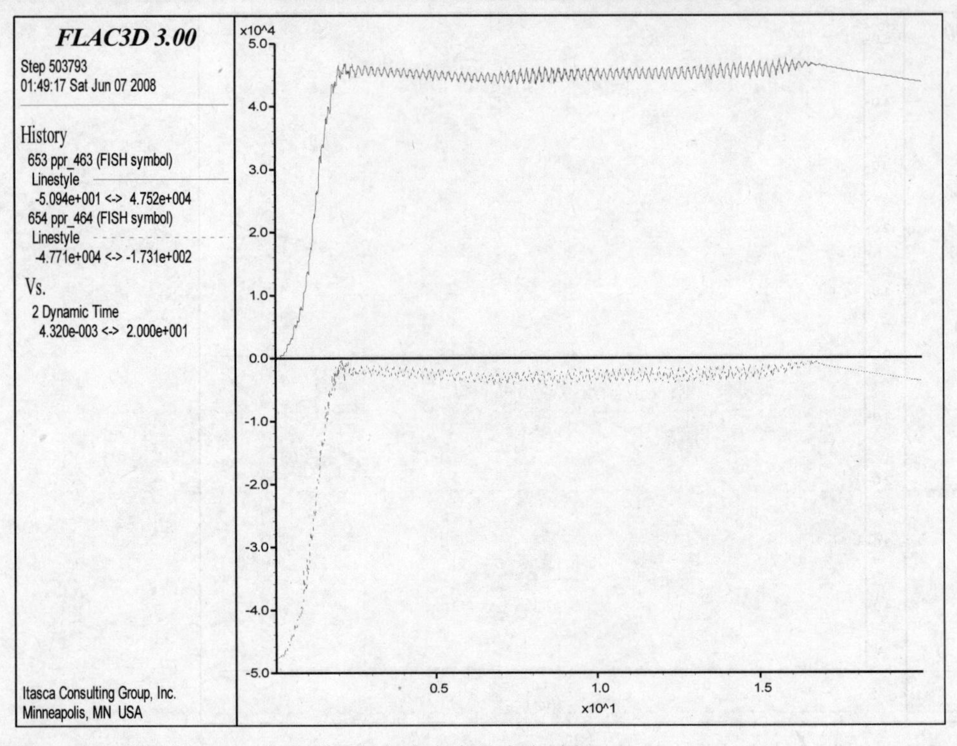

图 17-25 普通桩工况 c 点超孔压与竖直向有效应力时程

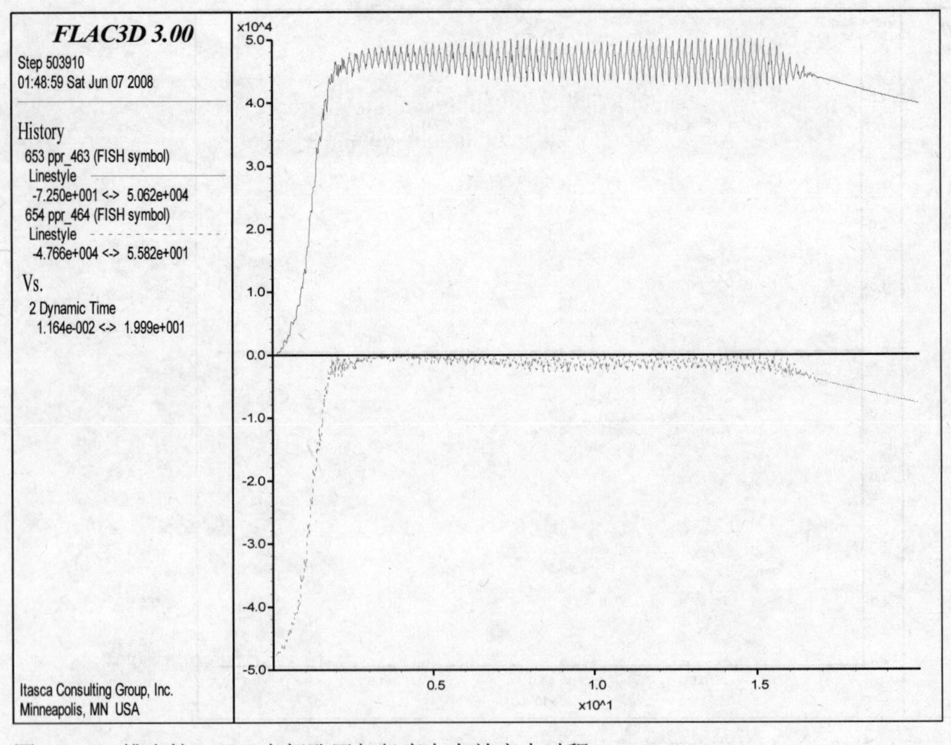

图 17-26 排水桩工况 c 点超孔压与竖直向有效应力时程

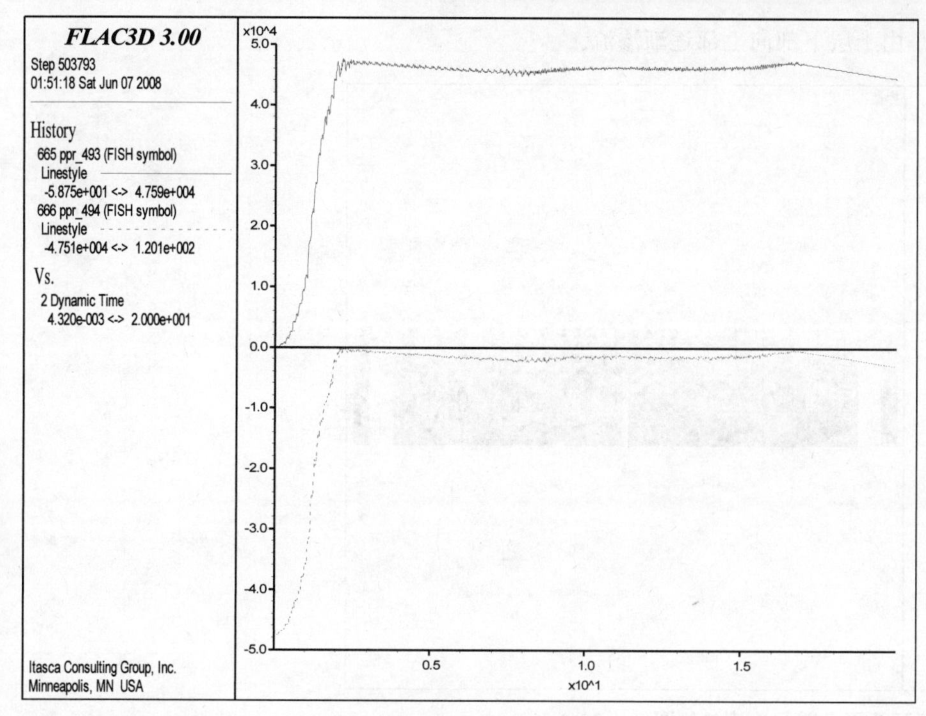

图 17-27　普通桩工况 d 点超孔压与竖直向有效应力时程

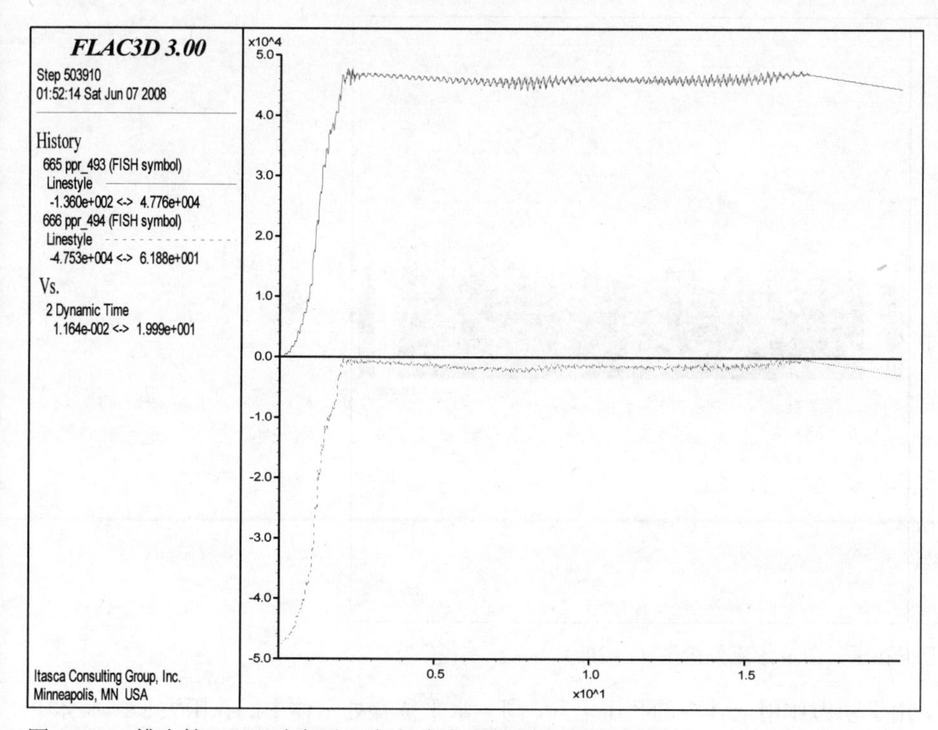

图 17-28　排水桩工况 d 点超孔压与竖直向有效应力时程

两工况下孔压云图和渗流矢量分布如图 17-29 和图 17-30 所示，普通桩工况下由于同一水平位置土层的物理、力学性质相同，故孔压分布较均匀，同一水平位置的孔压基本相同，渗流矢量的分布也相对规则，均是由土层下部向上部逐渐渗流。

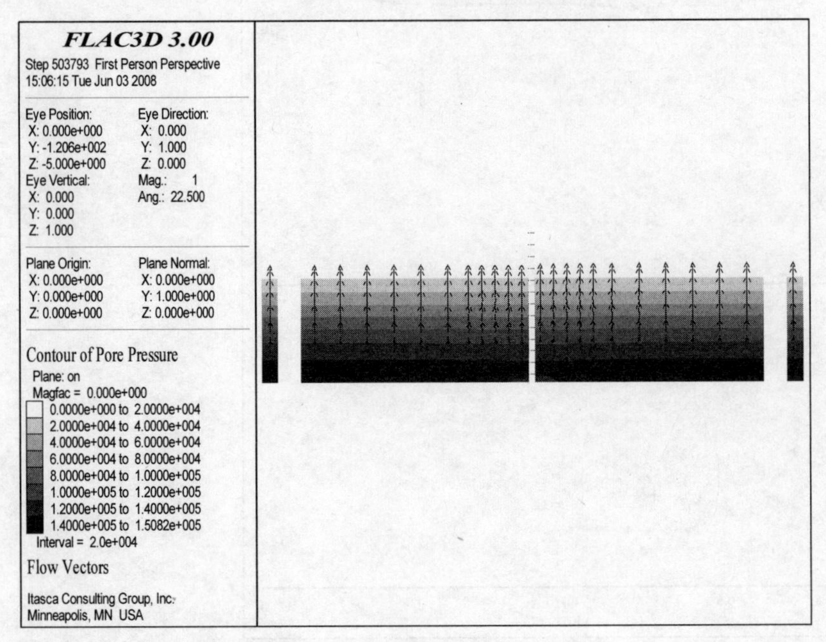

图 17-29　普通桩工况下孔压云图及渗流矢量图（t =20s）

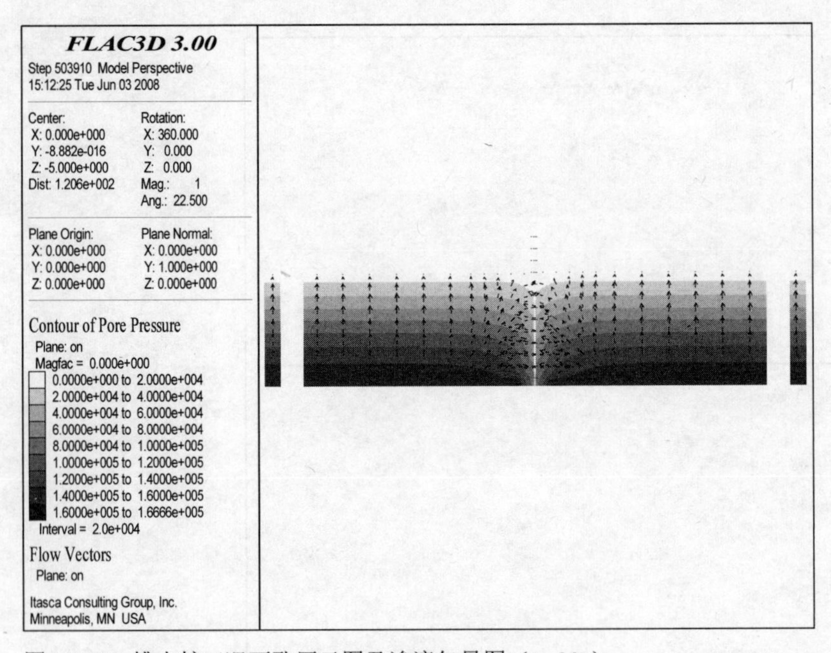

图 17-30　排水桩工况下孔压云图及渗流矢量图（t =20s）

排水桩工况下，由于动力作用土体中的孔压上升，同一水平位置处土体中的孔压大于排水体中水体的孔压，形成一定的水头差，土体中的孔隙水均“涌向”排水体，孔隙水可通过排水体及时排出，超孔隙水压力得到有效消散，这种效果随着与桩距离的增大而逐渐减弱，因此在同一水平位置上，距离桩体一定范围内土体中的孔压要明显低于距离桩体较远处土体中的孔压，孔压分布表现为以桩为中心的漏斗状。从渗流矢量的分布也可看出，距桩体一定范围内孔隙水的渗流矢量均指向桩体，可见排水桩中的排水体是一有效的排水通道。

17.6 本章小结

本章针对抗液化排水桩的抗液化特性，分别对普通桩和排水桩两种工况进行了数值分析，其中涉及到的知识点包括：

- 简单介绍了利用 REFLECT 建立对称模型，利用对称性可以快捷、高效、无误地建立分析模型，在划分模型网格时首先要考虑的就是模型是否具有对称性。
- 讨论了渗流模式下接触面单元的设置方法，包括接触面的 perm 属性和 effec 属性。
- 对额外单元变量的定义方式进行了说明，在动力分析中，经常要使用到超孔隙水压力、超孔压比、平均应力等新的单元变量，本章中给出了这些变量的具体定义方法和历史跟踪方法。
- 采用完全耦合的动力分析方法对排水桩技术的抗液化效果进行了数值模拟，本章的模拟结果基本可靠，为类似的分析提供了参考。

18 深基坑工程分析

随着城市建设的快速发展，各类用途的地下空间已在世界各大中城市中得到开发与利用。随着地下室由一层发展到多层，相应的基坑开挖深度也从地表以下几米增大到几十米，深基坑工程在城市中将会越来越多，因此与深基坑相关的数值分析，包括支护结构的内力和变形、周围地层的位移对周围建筑物及地下管线等的影响等将是一系列复杂的课题。本章将以一个具体的深基坑工程实例来介绍利用 FLAC3D 进行深基坑数值模拟的基本方法。

本章重点：

✓ 基坑工程的分析流程

✓ 结构单元的建模

✓ 土与结构的相互作用

18.1 前言

本章以上海绿洲中环中心深基坑工程为例，对基坑工程的建模、结构单元的设置、开挖计算等进行了描述，可以从本章的实例中学习到基坑工程的计算方法和分析思路。

18.1.1 工程概况

绿洲中环中心工程场地位于真北路以西，金沙江路以北，虬江河以南，拟建 2 幢 31 层办公楼、2 幢 5 层商务楼、2 幢 3 层的商业步行街、1 幢 12 层的综合楼及 2 层地下车库，占地面积 77 700m^2。工程基坑实际开挖深度：地下车库部分为 8.3m，1#、2#塔楼开挖深度为 9.7m，电梯井、集水井等设施，低于底板 2.0m 左右。基坑近乎为一直径 200 m 左右的圆，周长 640 m 左右，面积约 34 000m^2。基坑开挖至坑底后照片如图 18-1 所示。

基坑工程中开挖部分涉及的土层为：第①1 层填土（局部涉及第①2 杂填土），第②1 层粉质粘土夹砂质粉土，②3 层砂质粉土，第③层淤泥质粉质粘土，第④层淤泥质粘土，第⑤1-1 层粘土，第⑤1-2 层粉质粘土；坑底位于第②3 层砂质粉土中。场地的主要土层情况如表 18-1 所示。

图 18-1 支撑开挖至坑底后照片

表 18-1 基坑工程的土层情况

土层层号	土层名称	层厚（m）	重度 γ（kN/m^3）	孔隙比 e_0	含水量 w %
①1	杂填土				
②1	粉质粘土夹砂质粉土	1.1	18.7	0.84	29.4
②3	砂质粉土	7	18.4	0.92	33.3
③	淤泥质粉质粘土	1.5	17.4	1.19	41.6
④	淤泥质粘土	5.6	17	1.33	47.5
⑤1-1	粘土	5.9	17.7	1.10	38.7
⑤1-2	粉质粘土	5.9	18.1	0.98	33.8

18.1.2 基坑围护方案

基坑围护方案主要包括竖向设计的维护桩和水平支撑系统，这些维护结构之间相互连接，共同作用，形成一个整体，共同维持基坑的稳定。

1. 竖向设计

本工程开挖深度为 8.3m，1#、2#塔楼的基础部分开挖 9.7m 左右，且塔楼基础接近围护边界。基坑竖向支护方案设计为用双排搅拌桩作为防渗帷幕隔断坑内外的地下水，并采用直径 0.8 m（深区为 0.9 m）的钻孔灌注桩作为围护桩。

另外，本工程处于真北路与金沙江路的交叉路口，两条路上都有需要保护的市政管线。因此，为了有效限制位移，采用了两道支撑设计。第一道支撑落低 1.2 m，位于中楼板与首层底板之间；第二道支撑落低 5.5 m，位于中楼板与承台底板之间，均不妨碍承台和地下室顶板施工。具体设计如图 18-2 所示。

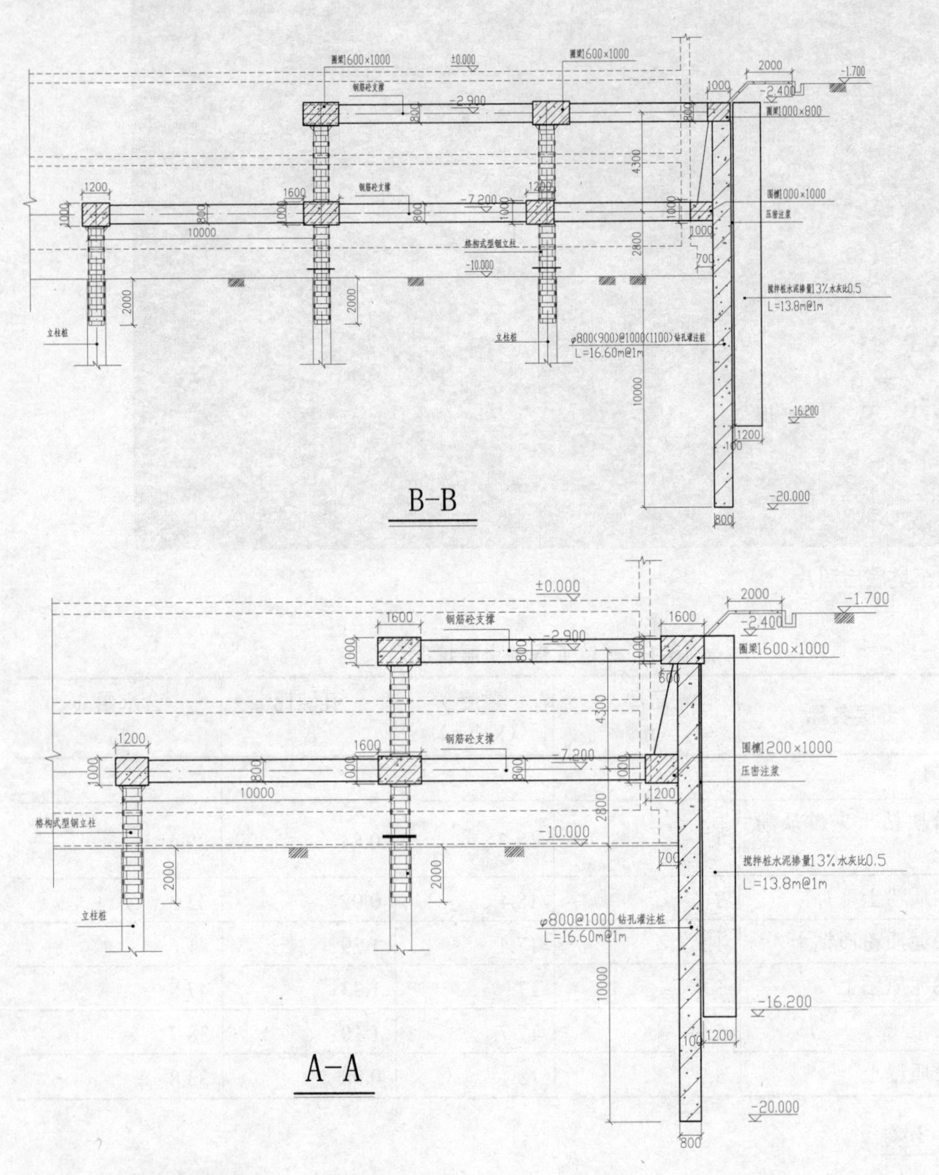

图 18-2　基坑维护剖面图

2. 平面设计

本工程由三幢高层相互连成片的两层地下室组成，在平面上基本为一圆形，外径约为 210m，所以采用的支撑形式为多个圆环组成的圆形桁架。第一道支撑为双圆环，第二道支撑为三圆环。考虑到该圆直径比较大，为了增加整体刚度，环形支撑截面比较大，分别为 1600×1000（第一道支撑，外环梁），1600×1000（第一道支撑，内环梁）；1200×1000（第二道支撑，外环梁），1600×1000（第二道支撑，中环梁），1200×1000（第二道支撑，内环梁）。环与环之间半径相差为 10m 左右，以 600×800 的联系梁连接，目的是形成整体受力。第二道支撑平面布置图如图 18-3 所示。

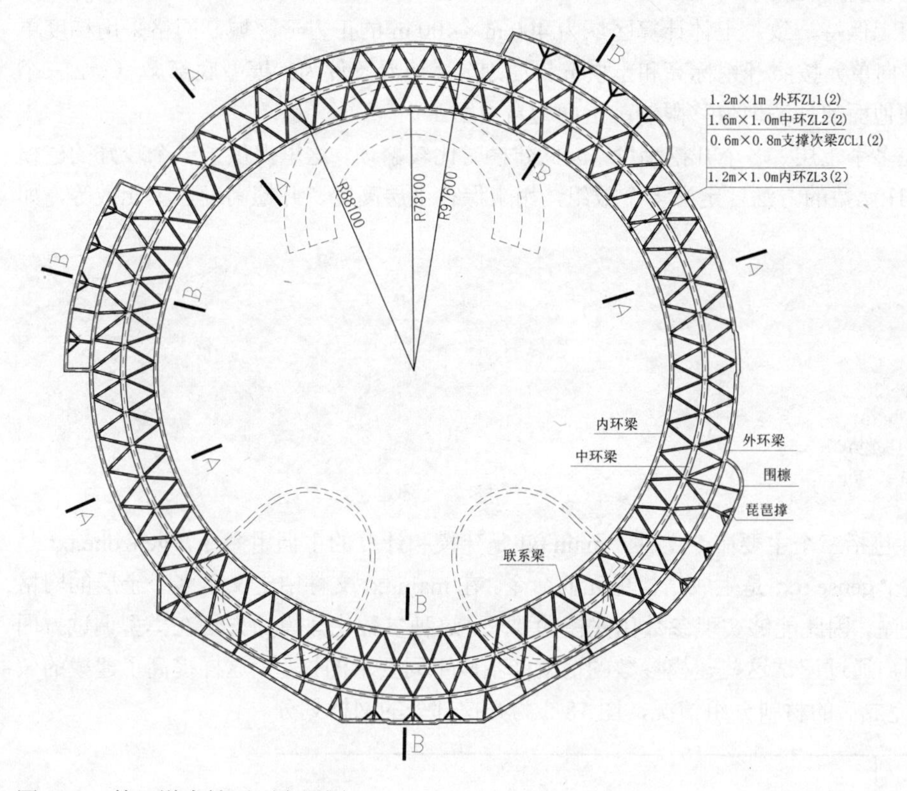

图 18-3　第二道支撑平面布置图

3. 立柱

为支撑两道 ϕ200m 圆环水平支撑的自重及其上的施工荷载，同时为抵御水平支撑在坑外主动土压力作用下产生的沉降和隆起，进而控制圆环水平桁架支撑的平面外失稳，每一节点处均匀设置了 470×470 的 4L140×14 的钢格构柱，钢格构柱通过与之连成一体的钻孔灌注桩与土体嵌固。钢格构柱共 138 根。

18.2　计算模型及参数

本章采用 FLAC3D 对基坑工程开挖过程中土与结构的相互作用进行了分析。由于圆环桁架承受荷载的特性类似于拱结构，其在均匀荷载下的性能非常优越，但是抵抗不均匀荷载的能力比较弱，因此圆桁架在极端不利工况下的性能即决定了其整体性能。分析过程中，分别考虑了圆环桁架在遍布圆环 1/4、1/2、3/4、1 倍的圆周作用荷载下的变形和受力情况，以期得出其承载力的上限。

分析中考虑了土层的分层情况、分块开挖，以模拟实际的施工过程。土体具有强烈的非线性，且对应力路径非常敏感，故采取分块开挖的方法非常有必要。当然本章计算中土体采用的是 Mohr-Coulomb 弹塑性模型，该模型不能很好地反映土体的回弹。而且，由于没有做高级土工试验，无法得到有效应力和回弹模量等指标，故对土体模量的估计按照经验取值。按照有关工程资料，取土体的模量为侧限模量（Es）的3倍左右。

为便于建模，不考虑地下车库的出入口，将基坑考虑为一圆形基坑。采取这种假设，对计算结果的影响不会很大，主要简化在于，地下车库区域传给环形支撑的集中荷载转化为均匀荷载考虑，而荷载的总和在数值上保持一致。土体计算区域为400 m×400 m的正方形区域，网格采用梯度单元划分，土层厚度方向单元按照开挖标高和土层分界面划分。边界条件为：模型底部x、y、z三个方向的位移约束，其他面的外法向位移限制，上面为自由面。

由于本例中存在多个土层、多个开挖高度，因此建模时比较繁琐。这里提供了一个较好的建模思路，就是采用FISH函数的方法，定义多个数组，用来保存土层高度、开挖高度、单元数等，如下面的命令：

```
def inisoil
  array soil_z(20)
  array exca_z(20)
  array mp_z(20)
  array soi_depth_seg(20)
  array mp_depth_seg(20)
  array exca_depth_seg(20)
  global_group_id=1
end
```

本例的数据文件包括三个主要命令文件，main.txt是建模和计算的主调用命令，genzone.txt是生成实体单元的命令，gensel.txt是生成结构单元的命令。在main.txt文件中定义了多个土层的网格数量、网格比例等变量，因此能够实现参数化建模的要求。这种参数化建模的方法在模型调试方面具有较强的优势，用户通过调试这些建模参数的值就能生成不同要求的模型，这样提高了建模的效率。图18-4为建模完成后的材料分组情况，图18-5为开挖部分的网格划分。

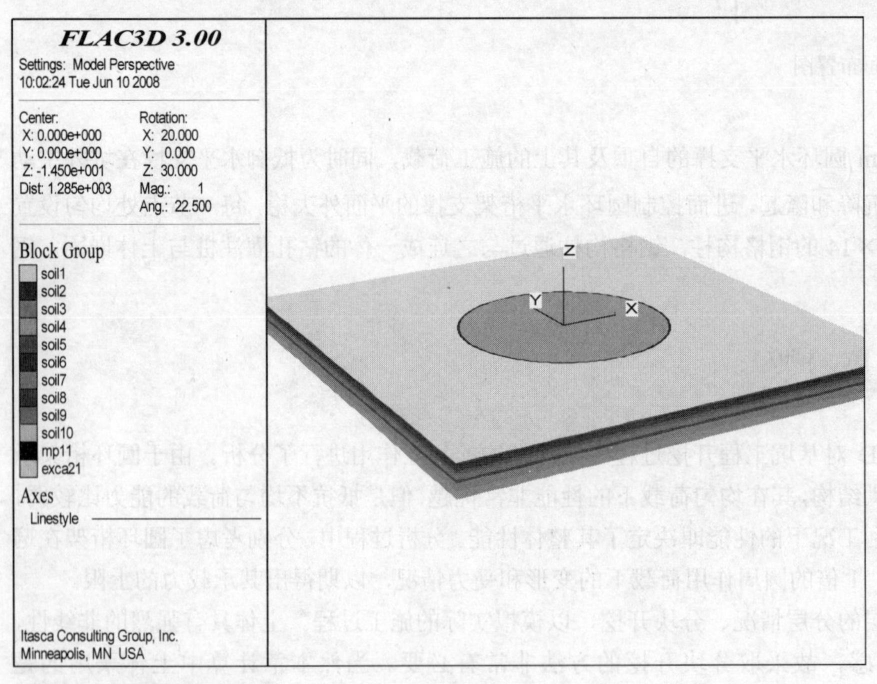

图18-4 建模完成后的模型

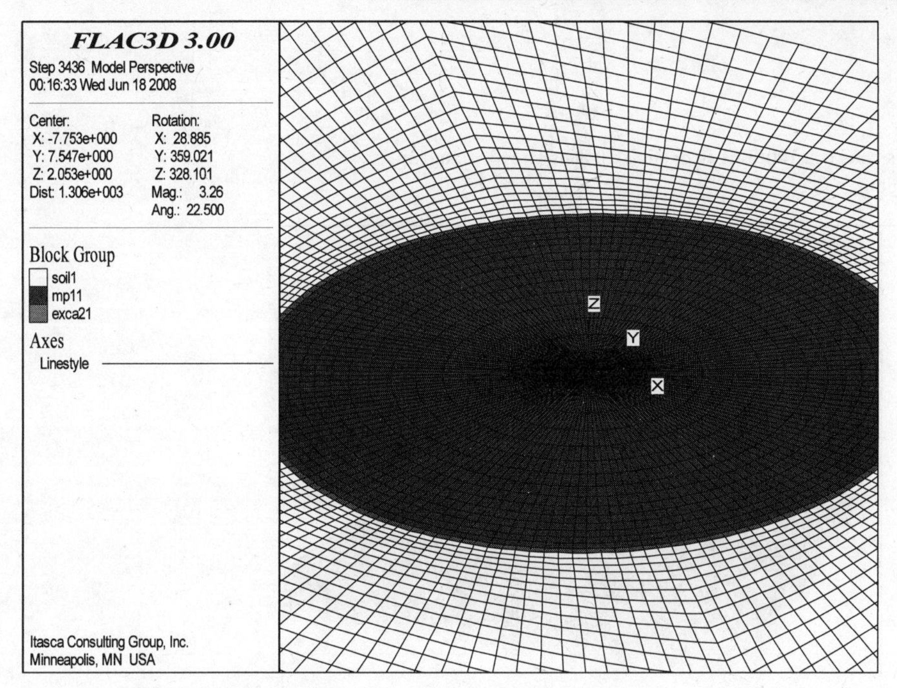

图 18-5　开挖区域的网格划分

从图中可以看出，网格划分得比较密，这是因为在本章计算中要考虑大量的结构单元（支撑、桩单元等），这些结构单元的建立需要对其周围实体网格的密度有一定的要求，简单地说就是每个实体单元的 zone 中至多只能有一个结构单元节点，否则会违反结构单元建模的要求。因此，在本章计算中共划分了 80640 个单元，5995 个结构单元节点，计算工作量十分庞大，所以在本章的例子中没有考虑流体的作用以及流固耦合的作用。

18.3　分析过程

分析过程包括初始应力计算、支护结构的施工以及土体的开挖等，利用 FLAC3D 进行基坑分析时，应该按照真实条件下的基坑开挖方案进行数值模拟。

18.3.1　初始应力计算

本章采用的是 SOLVE elastic 的方法求解开挖前的初始应力，这种求解方法只适合于所有材料均为 Mohr-Coulomb 模型的情况。计算得到的竖向应力云图如图 18-6 所示。

18.3.2　支护桩的施工

在初始应力完成后，首先将支护桩所在单元的材料置换成桩体的材料。由于建模时采用了参数化建模方法，因此模型中存在多个支护桩单元的组（Group），为了便于对这些组进行操作，采用了 NAME 命令对分散的组名整合成名为 mp 的一个范围，然后在属性赋值时直接调用这个 mp 即可完成操作。

```
rang name mp group mp11 any group mp12 any group   mp13 any group &
   mp14 any group   mp15 any group mp16 any group mp17 any
```

```
mod mohr rang mp
set y_mod 200e6
set p_ratio 0.30
trans
pro bulk b_mod shear s_mod coh 100e3 fri 20 dilation 0.0 dens 1.85e3    rang mp
pro tension 150e3 rang mp
```

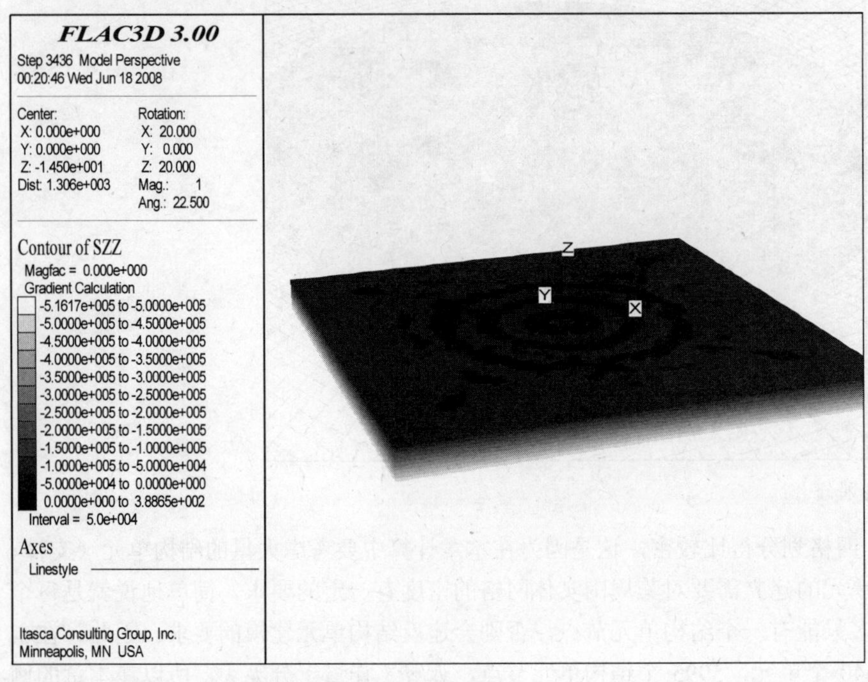

图 18-6　初始应力计算完成时的竖向应力云图

18.3.3　开挖计算

本章计算中开挖部分分为三层，每层分四块开挖。为了便于对各开挖部分的描述，采用了 RANGE name 命令对各开挖部分进行定义。例如下面的命令首先将第一层开挖部分命名为 exca_stage1，并对该层的 4 个开挖部分也进行了定义。这种 RANGE name 的方法不受 Group 名称的限制，也就是说不改变单元所隶属的 Group 组，比如本例中 sub_11 仅仅是第一层第一次开挖部分的单元集合，而这些单元的 Group 属性仍然属于 exca21。

```
range name exca_stage1 group exca21
range name sub_11    exca_stage1 y -500 0 not    x -500 0 not
range name sub_12    exca_stage1 y -500 0 not    x 500 0 not
range name sub_13    exca_stage1 y 500 0 not    x -500 0 not
range name sub_14    exca_stage1 y 500 0 not    x 500 0 not
```

在第一层开挖之前，首先进行围护桩、A 型立柱桩、B 型立柱桩的打设。这些桩均采用 Pile 单元来模拟。由于本章计算中的基坑是圆形，所以可以用 FISH 函数的方法快速生成这些 Pile 单元。图 18-7 为结构单元模型完成后的情况。

第一层第一部分开挖完成后的竖向变形云图见图 18-8 所示，可以发现开挖部分的底部由于卸载的作用，有部分隆起变形。图 18-9 为第一层开挖结束时的竖向变形云图，图中开挖面的土体均产生了一定的隆起变形，而基坑周围一定范围的土体均产生了沉降。

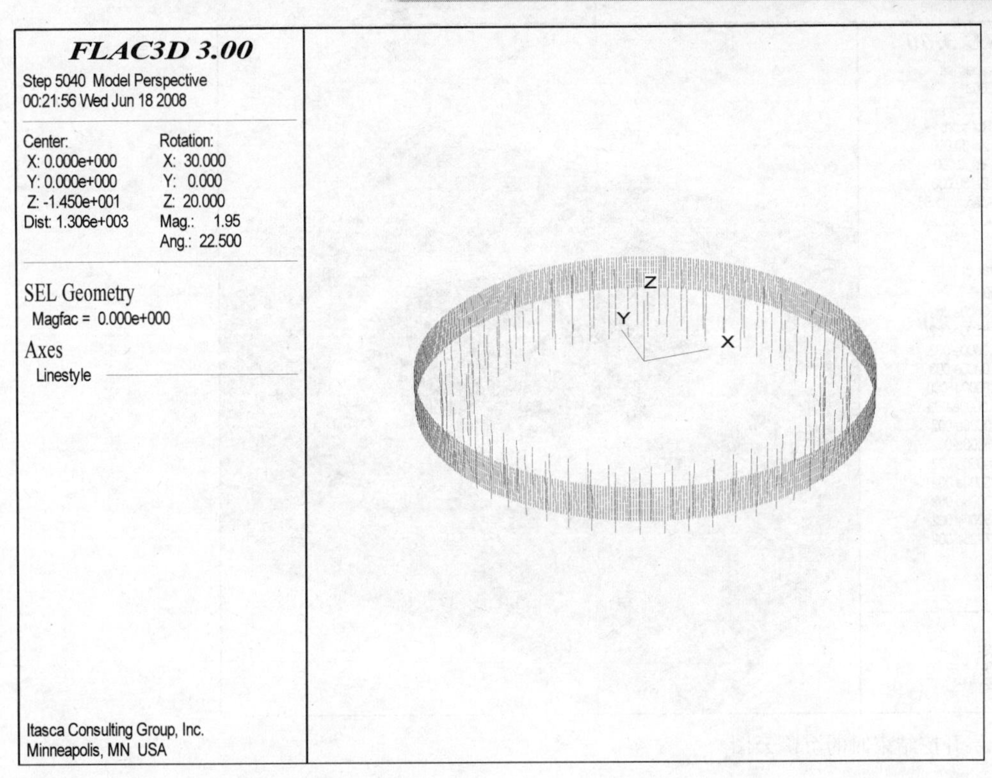

图 18-7 第一层开挖前打设的维护桩和立柱桩

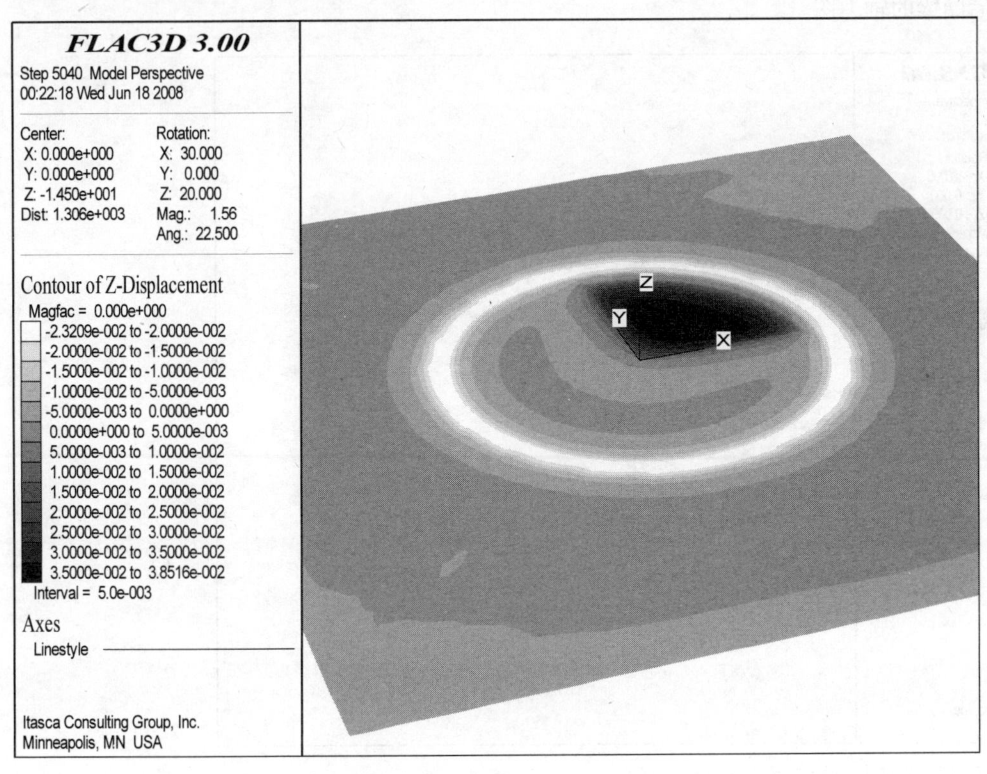

图 18-8 第一层第一部分开挖后的竖向变形云图

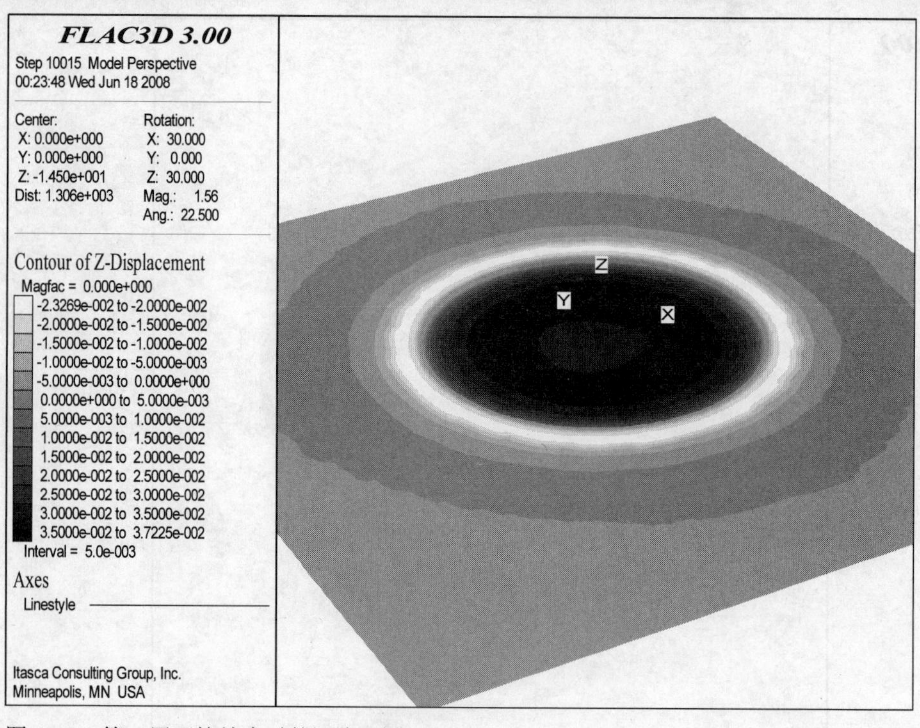

图 18-9　第一层开挖结束时的沉降云图

限于篇幅，这里没有给出各开挖步的结果。图 18-10 为第三层开挖前生成的圈梁情况，图 18-11 为开挖完成后圈梁的轴力图。

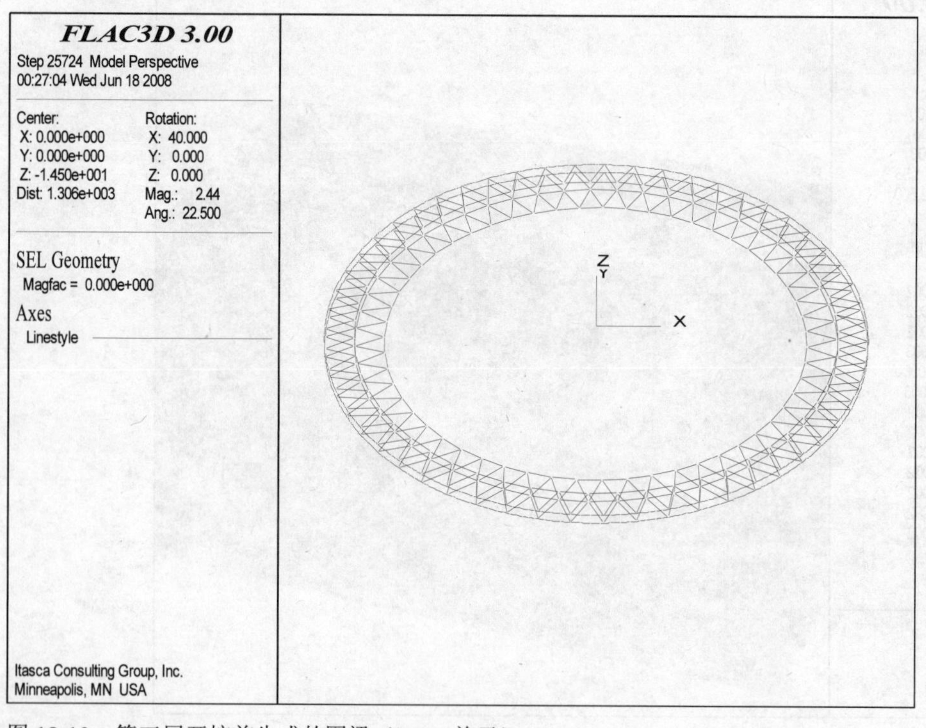

图 18-10　第三层开挖前生成的圈梁（beam 单元）

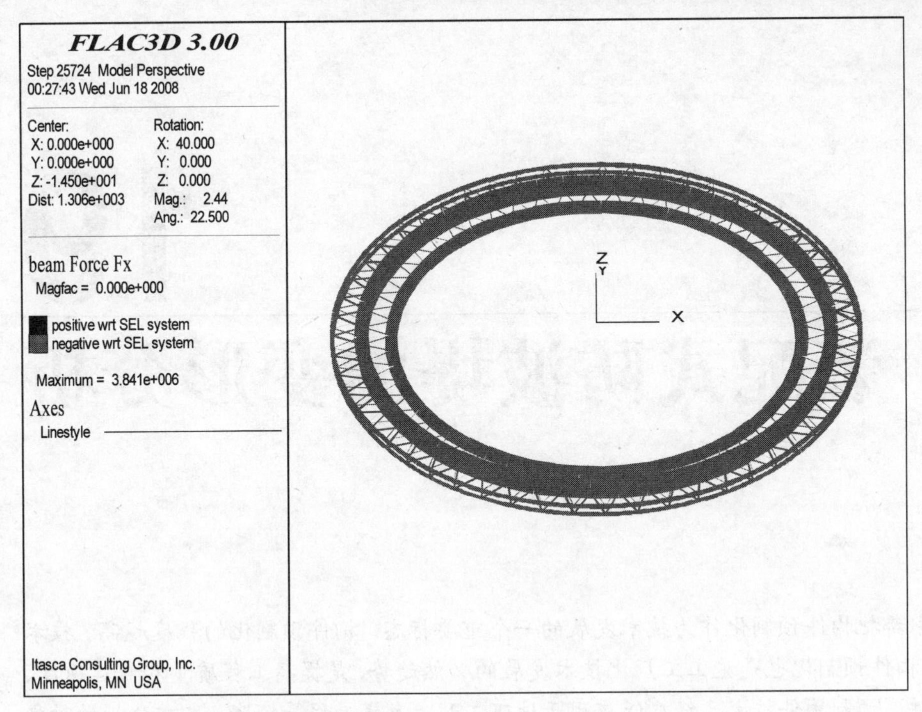

图 18-11 开挖结束后圈梁的轴力图

18.4 计算结果分析

由三维数值分析计算，得到第 1 道支撑结构的最大位移 1.29cm，最大轴力 3 857 kN；第 2 道支撑结构的最大位移 4.1cm，最大轴力 3 454kN。即便考虑了最不利开挖工况（非对称开挖），各道环梁的计算轴力仍小于 4 000kN。而按照 Terzaghi 主动土压力预估的轴力为 5 000~6 000kN，计算值小于预估值 20%以上。这是由于支撑系统与周围土体的共同作用造成的，对该计算结果是可以接受的。而联系杆件上的轴力就更小了。支撑系统的弯矩即便在非对称开挖的情况下，最大值不超过 500kN·m，对于这么大的截面，承受这样的弯矩有很大的富余量。灌注桩的弯矩最大值为 630kN·m（在非对称开挖工况），最后工况为 450kN·m。由于空间效应而造成的桩体弯矩的差别是符合理论和实践经验的。

18.5 本章小结

本章以上海绿洲中环中心深基坑工程为例，对基坑开挖及支护过程的 FLAC3D 模拟做了介绍。基坑工程涉及到大量的支护结构，以及这些支护结构之间的连接情况，因此十分复杂。限于工作量等原因，本章的计算尚未涉及到基坑降水、流固耦合等问题。但本章的例子仍然包含很多有趣又有用的处理方法，包括大量结构单元模型生成的 FISH 函数方法、多种土层的参数化建模方法、开挖部分的定义方法等，在借鉴这些有意义的做法的同时，可以考虑流体作用等更复杂的工况，从而实现实际基坑工程的分析。

19 装配式防波堤的变形分析

目前，许多国家都把构件预制化作为技术发展的一个重要标志。构件预制化的程度越高，技术水平也越高。同时，构件预制化也是施工工厂化技术发展的必然趋势，是提高工程质量和修建速度、降低成本的主要方法。预制构件技术已经广泛应用于地下工程、海岸工程等领域，本章分析的对象是近年来新兴的一种海岸建筑工程技术，是将板桩、梁等构件进行组装，形成一种装配式板桩梁防波堤，目前正推广应用于进海路、防波堤、海港码头和人工岛等海岸工程领域。

本章通过 FLAC 对装配式防波堤的装配方式、施工过程进行数值模拟，分析施工过程中土与结构的变形以及波浪荷载作用下结构的响应。

本章重点：

✓ 结构单元的建模

✓ 结构单元之间的连接

✓ 桩单元参数的确定

✓ 结构单元与土的相互作用

19.1 概述

装配式桩板梁防波堤是一种新型的防波堤型，它由预制板桩、插板和系梁构成外框，在装配完成的构件框架中间充填满毛石并夯实，依靠毛石的侧向塌落力（主动土压力）向外侧挤压，将构件互相锁定，使框架形成为无底开口沉箱结构。装配式结构断面如图 19-1 所示。

图 19-2 为装配式板桩梁防波堤的模型图和现场施工情况，由于采用了装配式的结构，因此这种新型防波堤具有以下优点：

- 可以通过桩板联体的桩插入地基，充分利用地基土产生的被动土压力；
- 各个钢筋混凝土构件之间相互锁定，和毛石结合成一整体大质量坝体；
- 依靠系梁的连接与支撑以及框架内毛石侧向挤压确保结构的整体刚度。

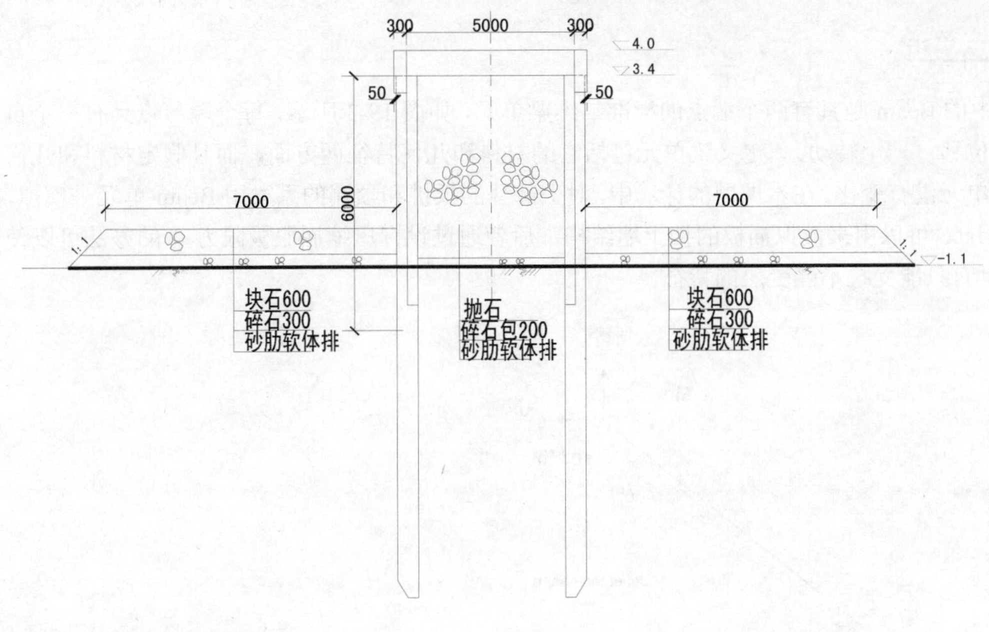

图 19-1　装配式结构断面图

（a）模型示意图

（b）现场施工图

图 19-2　装配式板桩梁防波堤

19.2　分析思路

本章主要分析装配式板桩梁防波堤在施工过程中的变形特性以及结构在波浪荷载作用下的响应。由于该结构主要用于防波堤等结构，因此可以简化成二维情况以降低分析难度。同时，装配式结构涉及到多种预制构件的连接，所以在分析中采用了多种结构单元，利用结构单元之间的连接来模拟预制构件之间的相互作用。在分析中主要涉及到 FLAC 软件中的 Beam 单元、Pile 单元以及接触面单元的使用，下面对具体的使用情况进行简要介绍。

本章主要考虑结构的变形情况，计算中采用了有效应力的计算模式，但是并未考虑流固耦合作用，感兴趣的读者可以在本程序的基础上进行改善。

19.2.1　Beam 单元

FLAC 中的 Beam 是具有两个端点的标准二维梁单元，如图 19-3 所示，每个端节点具有三个自由度（两个位移，一个转动）。定义梁单元包括它的材料和几何特征两方面，而且假定材料和几何特征在每个单元没有变化。在本课题的计算中，对上部分的板桩和顶端的系梁用 Beam 单元来模拟，前者与 Interface 可以用来模拟插板的挡土墙结构，后者通过设置压缩屈服极限为 0 的办法可以使 Beam 单元具有只能受拉不能受压的特征。

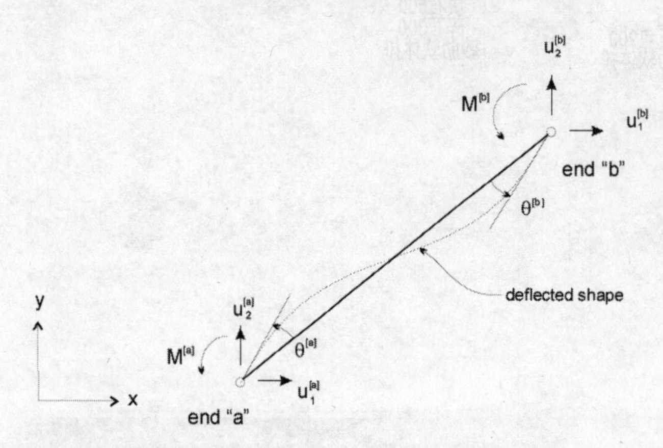

图 19-3　梁单元示意图

19.2.2　Pile 单元

FLAC 当中的桩单元（Pile 单元）结合了梁单元和锚索单元的特征，在每个结构节点具有三个自由度（两个位移，一个转动）。同时，Pile 单元同利用剪切和法向的弹簧实现与 FLAC 网格的相互作用。在本课题的计算中，用 Pile 单元来模拟板桩的下部分（因为上部分已用 Beam 进行了模拟），通过指定桩单元截面的高度和宽度来表示板桩的截面特征。

19.2.3　Interface 单元

FLAC 中的 Interface（接触面）单元可以用来模拟掩体介质中的解理、断层，以及土体与地基的接触作用等。Interface 通过 A、B 两个面上的切向和法向的弹簧、塑性体来模拟两个截面之间的粘结、滑移与分开。本书中的第 8 章对 FLAC 的接触面单元做了详细介绍。

本计算中采用了多组 Interface 单元，分别模拟插板与填土之间的相互作用、插板与板桩之间的相互作用、插板与地基土之间的相互作用。

19.3　施工过程的模拟

首先进行施工过程的模拟，包括模型的前处理、计算参数和路堤填筑的过程。

19.3.1　计算模型及参数

根据地质勘察结果，建立有限差分网格如图 19-4 所示，材料属性如图 19-5 所示。各土层的参数及防波堤结构的参数如表 19-1 和表 19-2 所示。防波堤结构顶部的标高为 3.4 m，水位与结构顶部标高一致，也为 3.4m。

在图 19-4 和图 19-5 中，模型顶部预留了一部分的网格，并定义成“User:plate”材料。这些预留的网格的作用是为了在后续计算中能够作为插板单元插入到两侧板桩旁边，并和板桩之间形成接触面以模拟板桩和插板之间的相互作用。

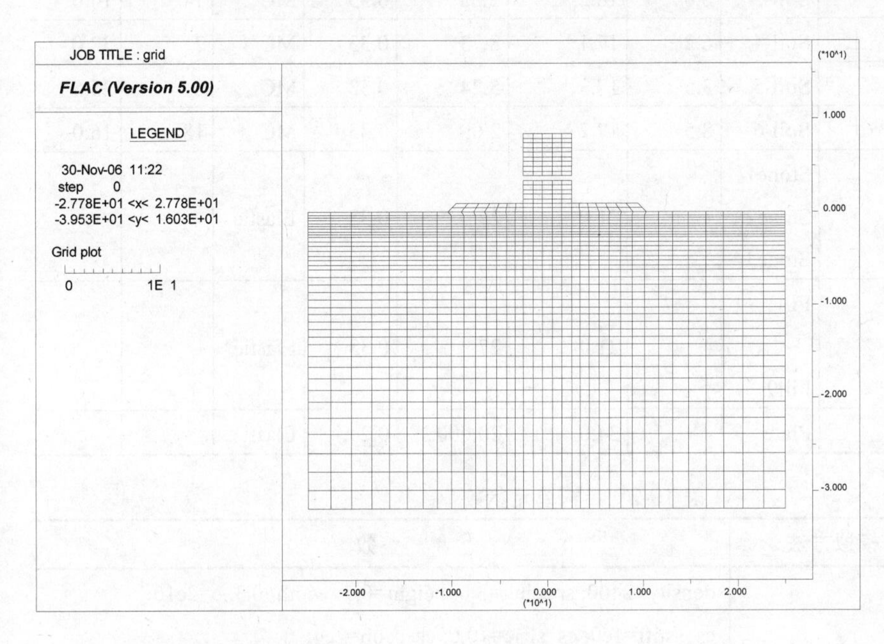

图 19-4　计算模型的差分网格

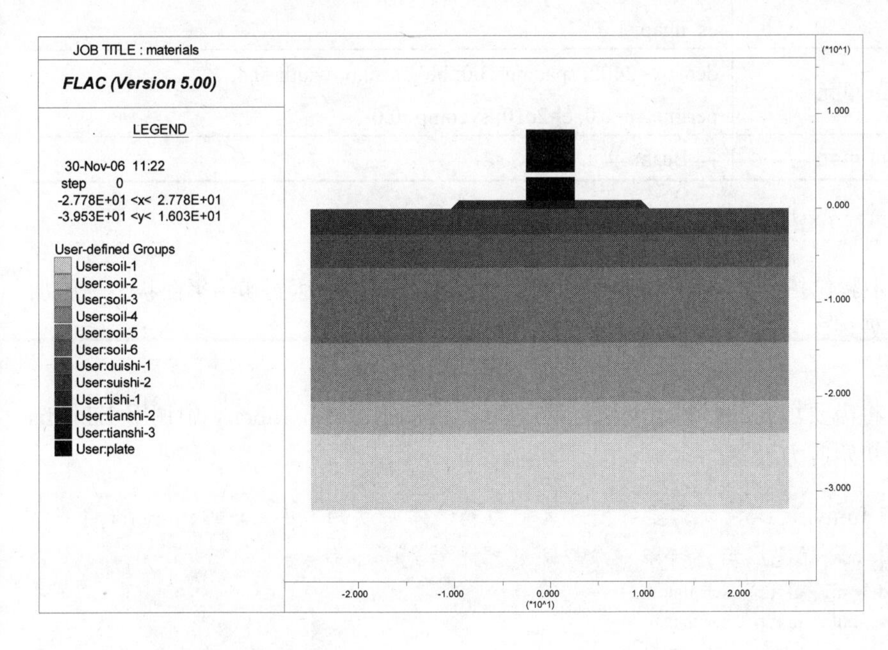

图 19-5　计算模型的材料定义

表 19-1　土体模型及计算参数

土层编号	名称	代号	厚度（m）	重度（kN/m³）	弹性模量（MPa）	泊松比	本构模型	C（kPa）	φ（°）
①	冲填土	Soil-1	2.6	16.7	2.67	0.33	MC	15	15.5
②3-1	砂质粉土	Soil-2	3.5	18.1	3.68	0.33	MC	10	22.5
②3-2	粉砂	Soil-3	8.0	18.2	2.55	0.33	MC	14	14.0
③1	淤泥质粉质粘土	Soil-4	6.2	17.1	8.73	0.33	MC	2	32.0
③2	粘质粉土	Soil-5	3.5	17.3	5.24	0.33	MC	8	25.5
⑤1	淤泥质粉质粘土	Soil-6	8.5	17.2	2.09	0.33	MC	18	16.0
-	抛石、块石	Stone1 Stone2 Stone3	-	21.0	27	0.33	Elastic	-	-
-	回填石	Fill1 ~ Fill9	-	21.0	27	0.33	Elastic	-	-
-	板桩	Plate	-	24.0	20,000	0.2	Elastic	-	-

表 19-2　结构单元参数

结构名称	模拟方法	参数

板桩	Pile 单元	density=2400; spacing=3.0; height=0.5; width=0.3; e=2e10;
		cs_sstiff=1e9; cs_sfric=10.0; cs_scoh=2e4;
		cs_nstiff=1e9; cs_nfric=15.0; cs_ncoh=1e4;
		cs_ngap=1.0

系梁	Beam 单元	density=2400; spacing=3.0; height=0.6; width=0.4; perimeter=2.0; e=2e10; sycomp=0.0
拉杆	Beam 单元	同 Beam 单元

19.3.2　计算步骤

FLAC 分析的基本步骤包括：建立网格→施加边界条件和初始条件→达到初始平衡状态→施加外荷载→求解平衡→后处理。

1. *初始应力的计算*

网格建立完成后，将需要填充的材料组网格挖除（Cut），同时在 Fish Library 中调用 Ininv.fis 函数进行地下水问题的初始应力设置。

在调用 Ininv.fis 函数前需要首先设置重力和流体密度的大小，否则 Ininv.fis 将不起作用。设置完成后，可以在命令浏览器中看到如下命令：

```
model null    group 'User:plate'
model null    group 'User:tianshi-3'
model null    group 'User:tianshi-2'
```

```
model null    group 'User:tishi-1'
model null    group 'User:suishi-2'
model null    group 'User:duishi-1'
set gravity=9.81
water density=1000.0
set flow=off
set echo off
call Ininv.fis
set wth=water_level k0x=.5 k0z=.5
ininv
```

由于模型的水位高出模型表面，因此模型表面必须施加一定的水压力。计算中涉及到多个模型表面的水压力问题，所以编辑了一个 water_pressure.fis 文件，用来计算各种表面标高情况下的水压力大小。在 FLAC 计算之前调用这个命令便可以在计算过程中调用该文件中的水压力变量。因此，在命令浏览器中还可以看到以下两条命令：

```
call water_pressure.fis
……
apply pressure w_p1 from 1,38 to 36,38
```

完成好水压力赋值后可以开始初始应力的计算，计算得到的竖向应力云图如图 19-6 所示，孔压云图如图 19-7 所示。

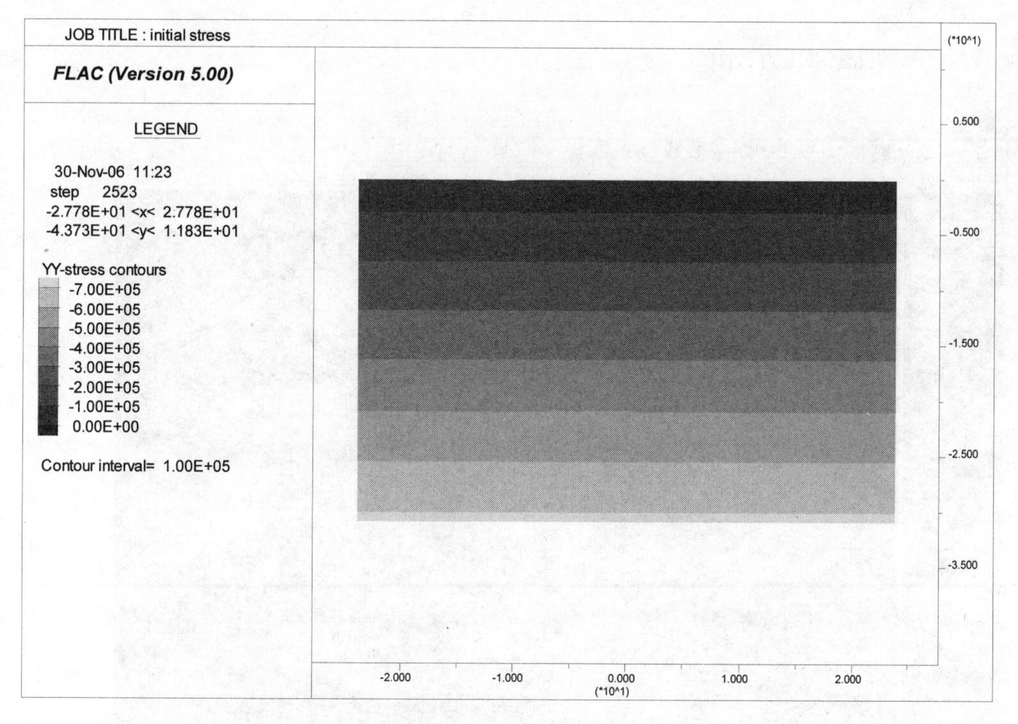

图 19-6　初始应力计算得到的竖向应力云图

2. 板桩的模拟

初始应力计算完成后，首先进行板桩的施工，在 Structure 标签下可以建立 Pile 单元和 Beam 单元，建模时软件界面如图 19-8 所示。在参数赋值时需要设置 Z-Spacing，表明结构单元在垂直与平面方向上的分布情况，在本章计算中板桩间距为 3.0m，如图 19-9 所示。

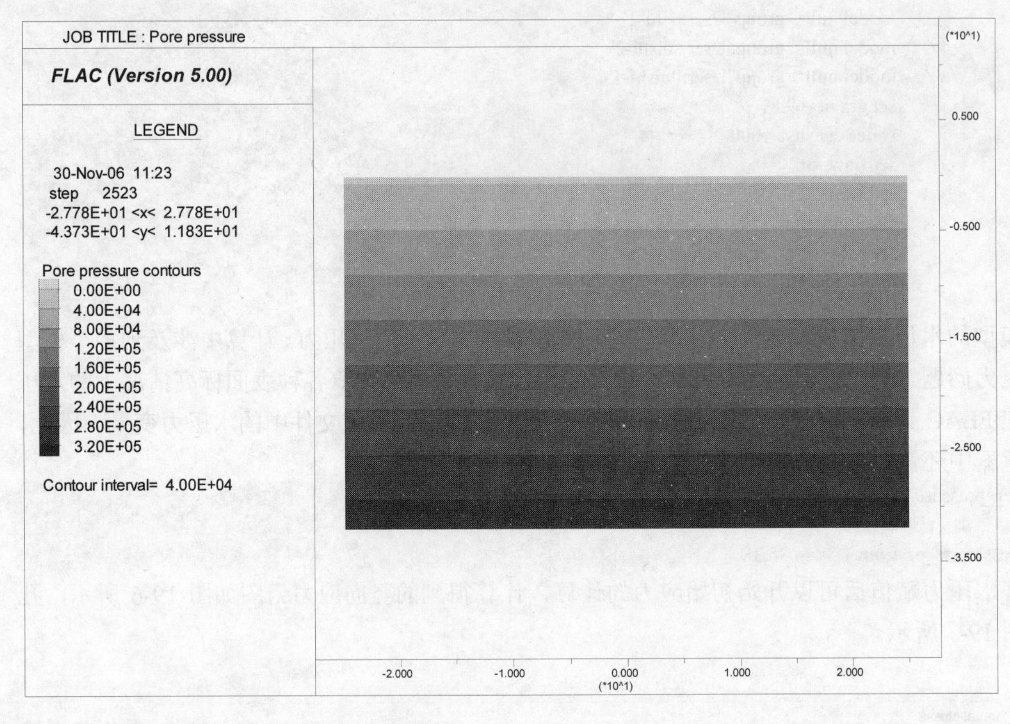

图 19-7 初始应力计算的孔隙水压力云图

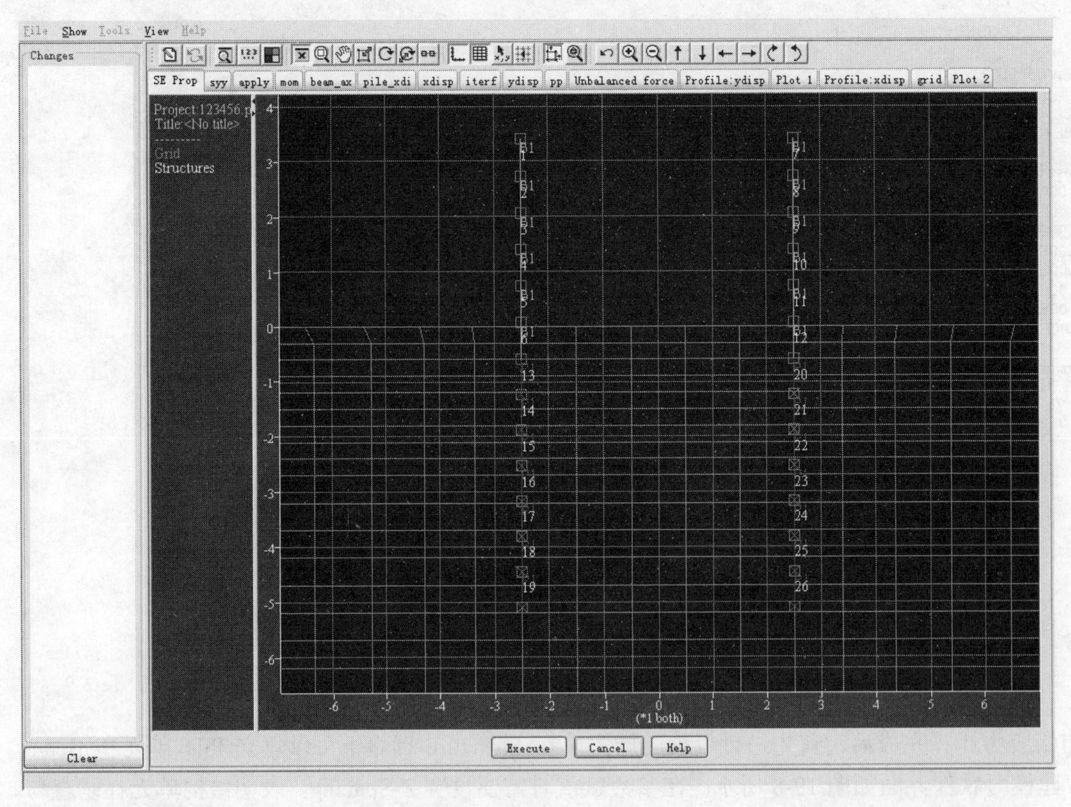

图 19-8 打设两侧的板桩（Pile 单元和 Beam 单元）

Beam Element Properties

Property list:　B1　New　Clone

Properties　Geometric　Mechanical

Cross-sectional parameters
1: Area [m2] 0.3
Mom./Inertia [m4] 0.005078
2: Height [m] 0.0
Width [m] 0.0
3: Radius [m] 0.0

2D/3D Equivalence
Continuous in Z-direction
Spaced Reinforcement
Z Spacing [m] 3.0

Default Values

OK　Cancel　Help

图 19-9　结构单元参数赋值对话框

本章计算中的结构单元设置了密度，因此在板桩打设完成后地基土产生了一定的沉降变形，如图 19-10 所示。

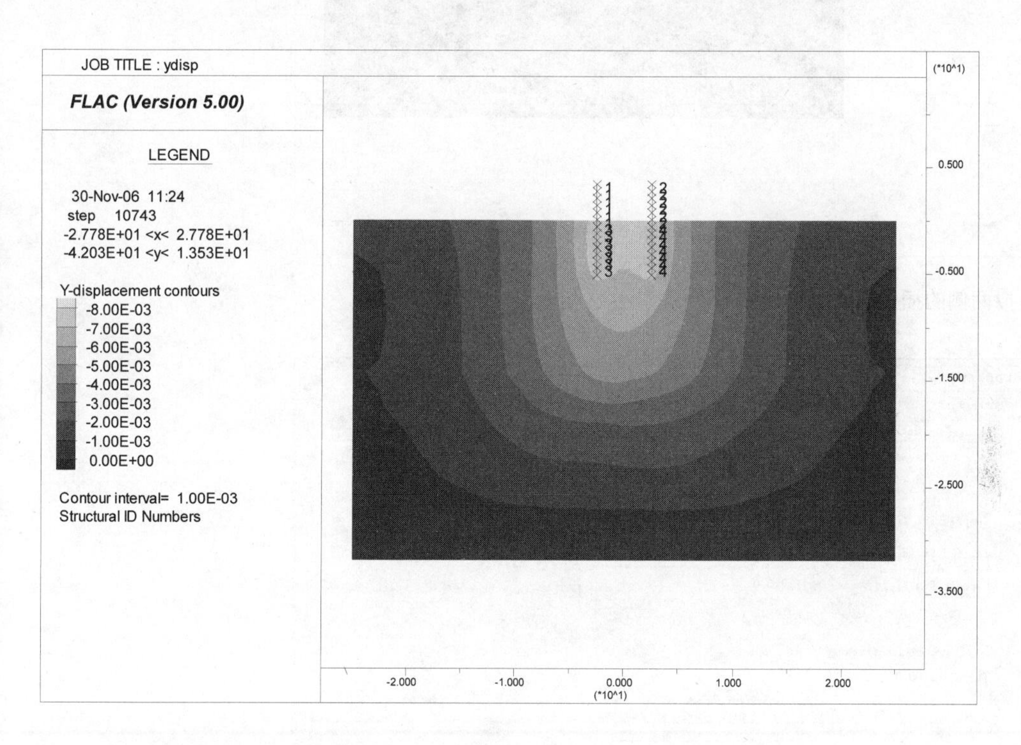

图 19-10　打设板桩后的沉降变形

3．插板的模拟

插板采用实体单元来模拟，使用模型建立时预留的部分网格。当模型中部分区域需要设置接触面时，可以使用这种预留部分网格的思路，这样生成的网格比较规则，也便于接触面的设置。

在板桩模拟的计算中采用了 4 组接触面，分别模拟板桩结构与插板单元之间的接触以及板桩与周围土体的接触。计算得到的沉降云图如图 19-11 所示。

4．顶部系梁的模拟

顶部系梁采用 Beam 单元来模拟。在 Beam 单元建模时，利用了板桩顶部的两个结构单元节点来生成，这样就省略了 Beam 单元与 Pile 单元在相同位置两个节点之间的连接。由于在装配式防波堤中系梁的主要作用是拉住两侧板桩结构，因此基本不承受压应力，所以在模拟时将 Beam 单元的抗压屈服值设为 0，如图 19-12 所示，表示这种 Beam 单元只能承受拉应力。

JOB TITLE : ydisp
FLAC (Version 5.00)
LEGEND
30-Nov-06 22:01
step 71365
-2.778E+01 <x< 2.778E+01
-4.203E+01 <y< 1.353E+01
Y-displacement contours
-2.00E-02
-1.75E-02
-1.50E-02
-1.25E-02
-1.00E-02
-7.50E-03
-5.00E-03
-2.50E-03
0.00E+00
Contour interval= 2.50E-03
(*10^1)
0.500
-0.500
-1.500
-2.500
-3.500
-2.000
-1.000
0.000
1.000
2.000
(*10^1)

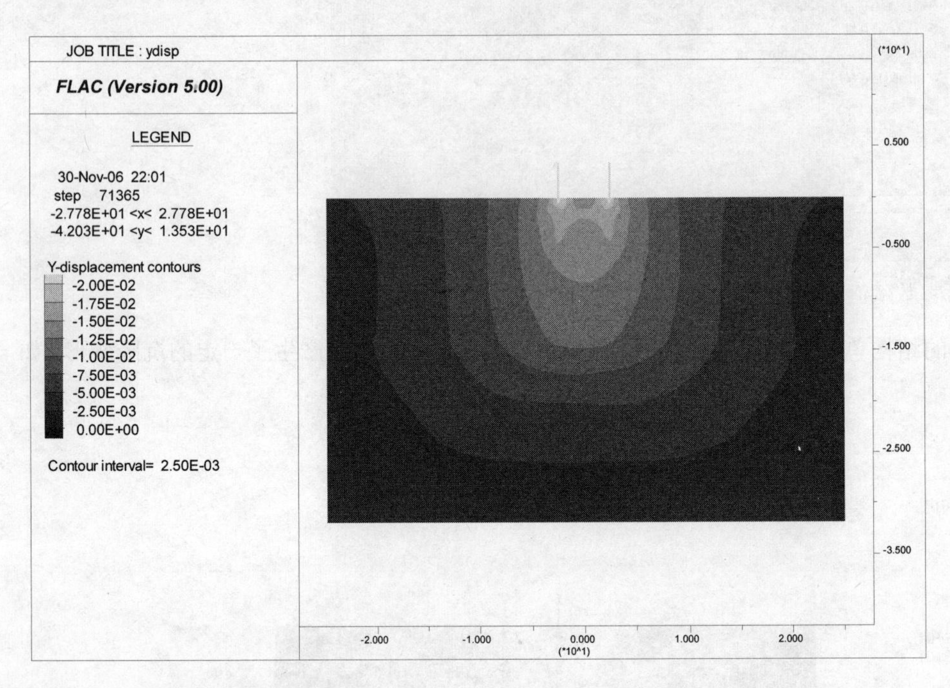

图 19-11　模拟两侧的插板后的沉降云图

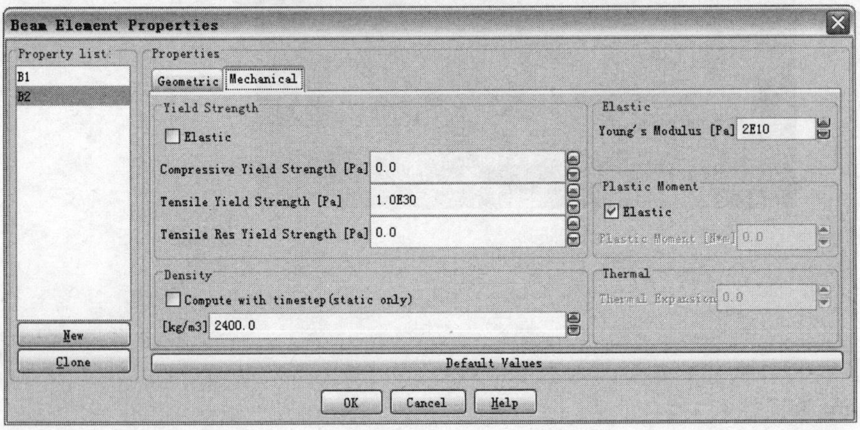

Beam Element Properties
Property list:
B1
B2
Properties
Geometric
Mechanical
Yield Strength
Elastic
Compressive Yield Strength [Pa] 0.0
Tensile Yield Strength [Pa] 1.0E30
Tensile Res Yield Strength [Pa] 0.0
Elastic
Young's Modulus [Pa] 2E10
Plastic Moment
Elastic
Plastic Moment [N*m] 0.0
Density
Compute with timestep(static only)
[kg/m3] 2400.0
Thermal
Thermal Expansion 0.0
New
Clone
Default Values
OK
Cancel
Help

图 19-12　系梁 Beam 单元的参数设置

5. 填充料的模拟

结构单元的模拟完成后，下一步要在框架内填充石料，即进行回填的模拟。在回填过程中，主要注意两个问题：

- 回填部分仍然处于水下，因此在激活回填单元时，需要对新的模型表面进行水压力边界条件的设置，这就要用到“初始应力的计算”中提到的 water_pressure.fis 函数中的变量。
- 回填部分将会与插板单元形成新的接触面，这些新的接触面需要重新生成并给予参数赋值，而不能采用建立一个较长接触面的方法。读者感兴趣的可以自行设计小算例，对回填问题中的接触面情况进行分析。

回填过程按照分层施工的原则进行模拟，这里仅给出填充完成后的计算结果。图 19-13 为施工结束时的沉降云图，图 19-14 为弯矩云图。

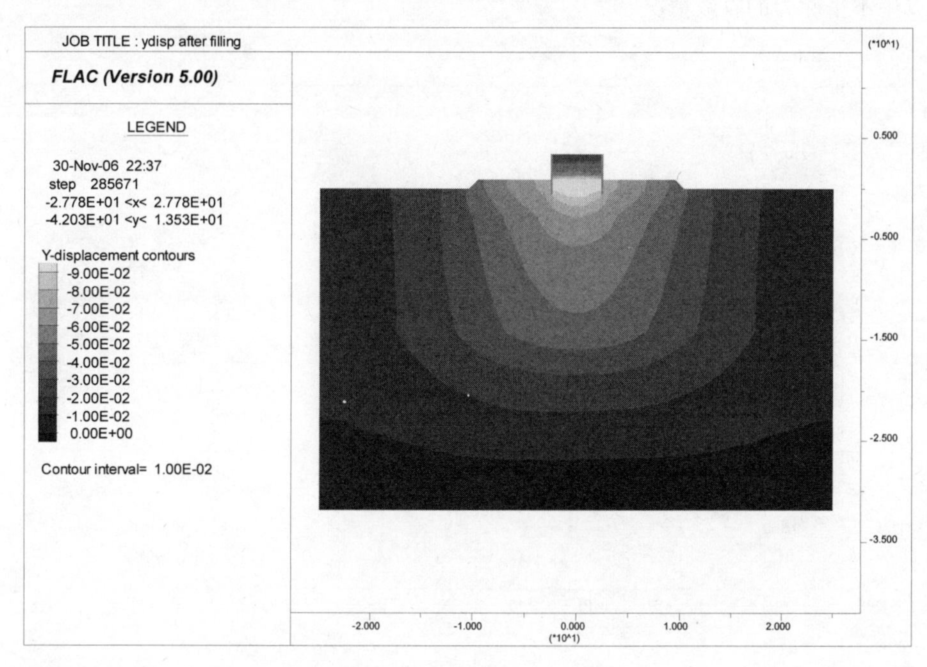

图 19-13 填充完成后的沉降云图

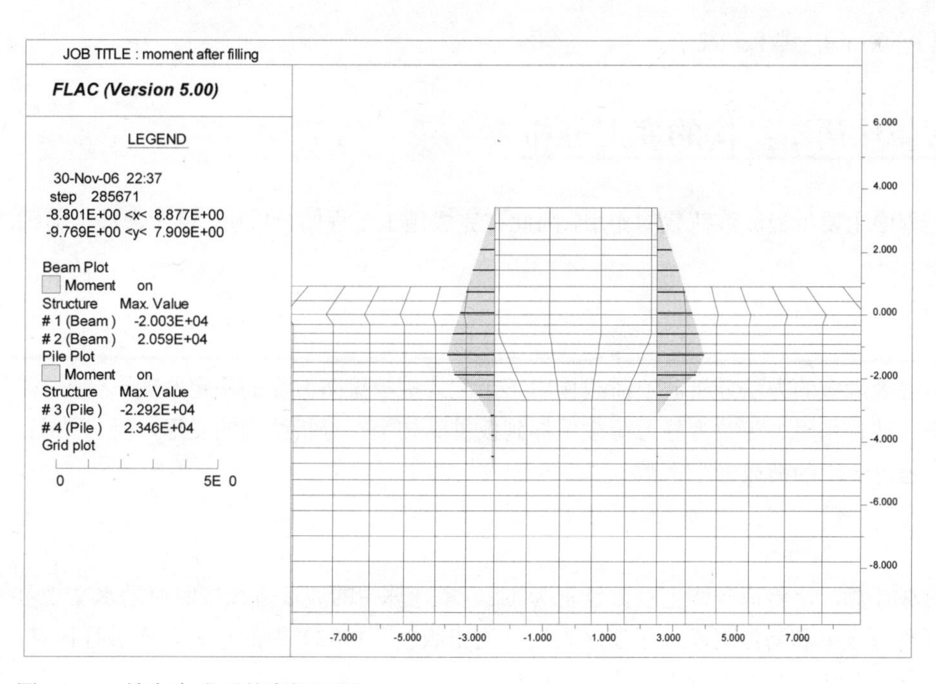

图 19-14 填充完成后的弯矩云图

计算中存在 Beam 单元和 Pile 单元，因此在绘制弯矩云图时需要将两种结构单元云图显示中的 Maximum 参数设置为相同，即两种云图显示的最大值相同，这样才能保证生成的弯矩图连续，便于读懂。

FLAC 在设置求解时自动将系统的不平衡力保存为历史变量，并且规定该变量的 ID 号为 999。图 19-15 给出了计算中不平衡力的收敛情况。

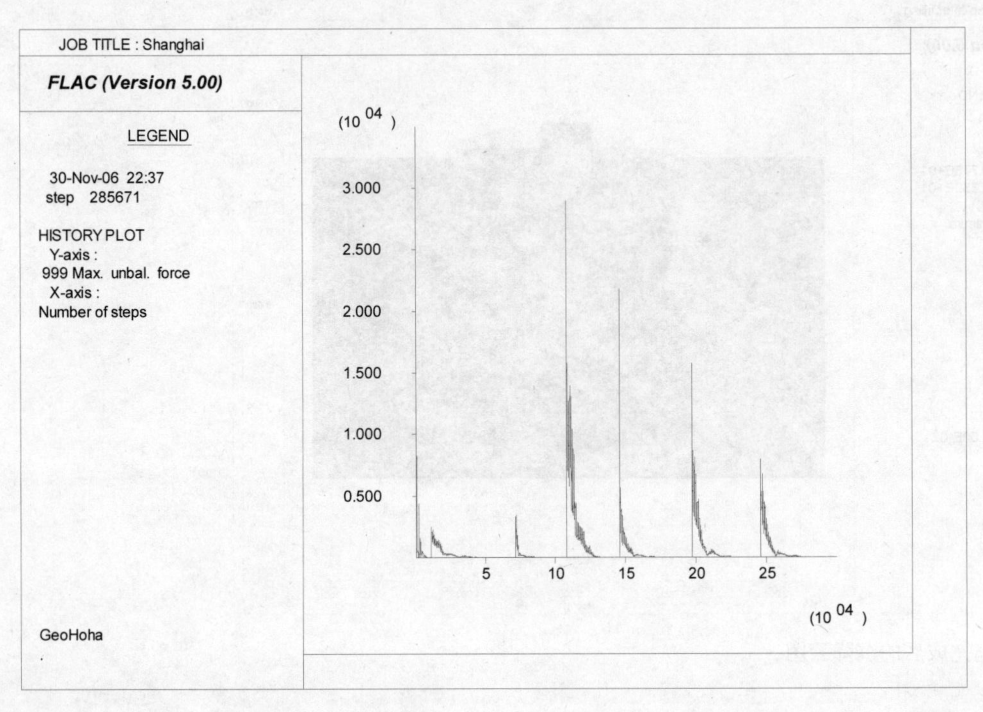

图 19-15 计算过程中的不平衡力收敛情况

19.4 波浪荷载作用下结构的变形分析

码头在使用过程中主要承受波浪荷载的作用，因此在完成施工过程的分析后，将考虑波浪荷载对码头结构的作用。

19.4.1 分析方法

本次计算按照等效静力的方法分析波浪荷载作用下装配式桩板梁防波堤的稳定及变形情况，即将波浪荷载的波峰、波谷作用力等效为静力荷载施加到板桩结构上，分析结构的变形、受力情况。在等效静力计算时考虑一定的荷载修正系数。

19.4.2 波浪荷载的计算

在进行波浪荷载计算时，将荷载修正系数设置为 1.5。本计算中的波浪荷载按照海港水文规范 JTJ 213－98（交通部颁发）和防波堤设计手册（人民交通出版社，1982）中的相关公式进行计算，计算时使用的具体参数及计算结果见表 19-3 和表 19-4 所示。

表 19-3　计算所采用的波要素

设计标准		浅水波要素			累计率波高（m）				
风速	潮位（m）	波高（m）	周期（s）	波长（m）	$H_{1\%}$	$H_{2\%}$	$H_{4\%}$	$H_{5\%}$	$H_{13\%}$
9 级风下限（20.8m/s）	3.0	0.80	5.23	26.28	1.59	1.50	1.39	1.36	1.18
	3.5	0.81	5.30	28.45	1.65	1.55	1.44	1.40	1.21
	4.0	0.83	5.39	30.63	1.73	1.62	1.50	1.46	1.25
	4.5	0.85	5.45	32.52	1.79	1.68	1.55	1.51	1.29
	5.0	0.88	5.52	34.39	1.88	1.75	1.62	1.57	1.34

表 19-4　波峰、波谷作用力计算结果

作用力		水位（m）				
		3.0	3.5	4.0	4.5	5.0
波峰	P_{oc}（kPa）	18.41	19.25	20.31	20.06	22.34
	P_{bc}（kPa）	12.06	12.54	13.10	12.87	15.52
	P_{dc}（kPa）	10.57	11.11	11.76	11.87	12.97
波谷	P_{ot}（kPa）	-11.22	-12.40	-13.58	-13.86	-15.76
	P_{dt}（kPa）	-10.61	-11.34	-12.04	-11.76	-13.10
	η_t（m）	-1.12	-1.24	-1.36	-1.39	-1.58

19.4.3　波峰作用下的计算结果

下面首先分析波峰作用下结构的变形情况。在分析之前，需要将施工过程形成的单元变形及结构单元变形进行清零。然后在插板单元上施加波浪力的等效荷载。计算采用的命令如下，计算得到的水平位移云图和弯矩图如图 19-16 和图 19-17 所示。

```
initial xvel 0 yvel 0
struct node range 1 35    initial    xvel 0.0 yvel 0.0 rvel 0.0 xdis 0.0 ydis 0.0
apply pressure 26850.0 from 16,55 to 16,54
apply pressure 24000.0 from 16,54 to 16,53
apply pressure 21150.0 from 16,53 to 16,52
apply pressure 18750.0 from 16,52 to 16,51
apply pressure 18150.0 from 16,51 to 16,50
solve
```

下面来观察一下波峰作用下板桩底部及顶部的水平位移情况。在 FLAC 中，可以在 Structure 标签中查看结构单元节点的信息。图 19-18 为 ID 号 1 的结构单元节点的基本信息对话框，其中可以方便地查看节点的位移（Displacement）、作用在该节点处的荷载（Load）以及该节点的转动量（Rotation）。从中可以看出，桩顶节点的水平位移约为 3.2cm。通过查看桩底节点的信息可知，桩底的水平位移约为 1cm。

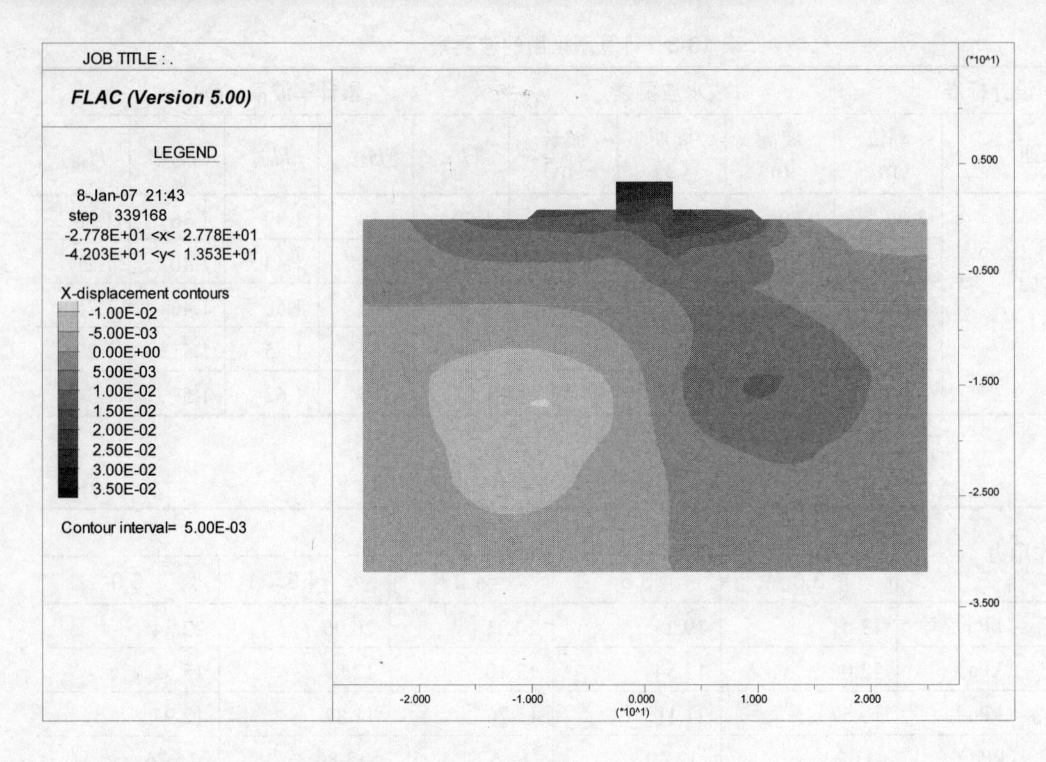

图 19-16　波峰作用下水平位移图

图 19-17　波峰作用下桩身弯矩图

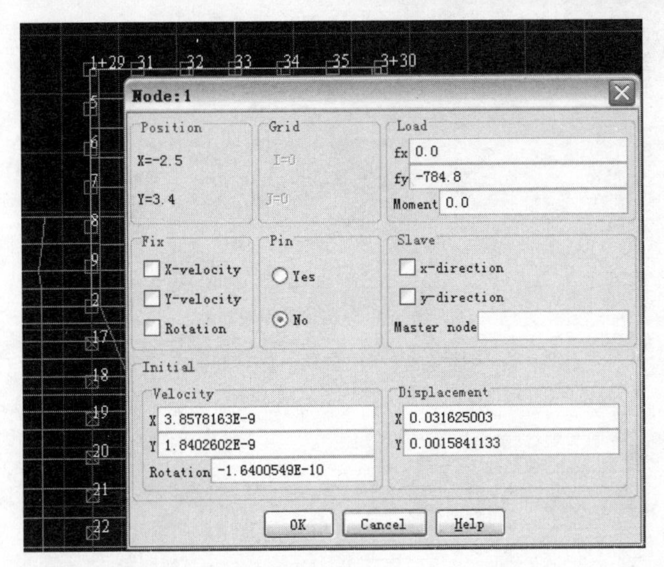

图 19-18　结构单元节点的信息

19.4.4　波谷作用下的计算结果

波谷的荷载主要表现为作用在插板结构上的拉力，计算命令如下，计算得到的水平位移云图和弯矩图如图 19-19 和图 19-20 所示。

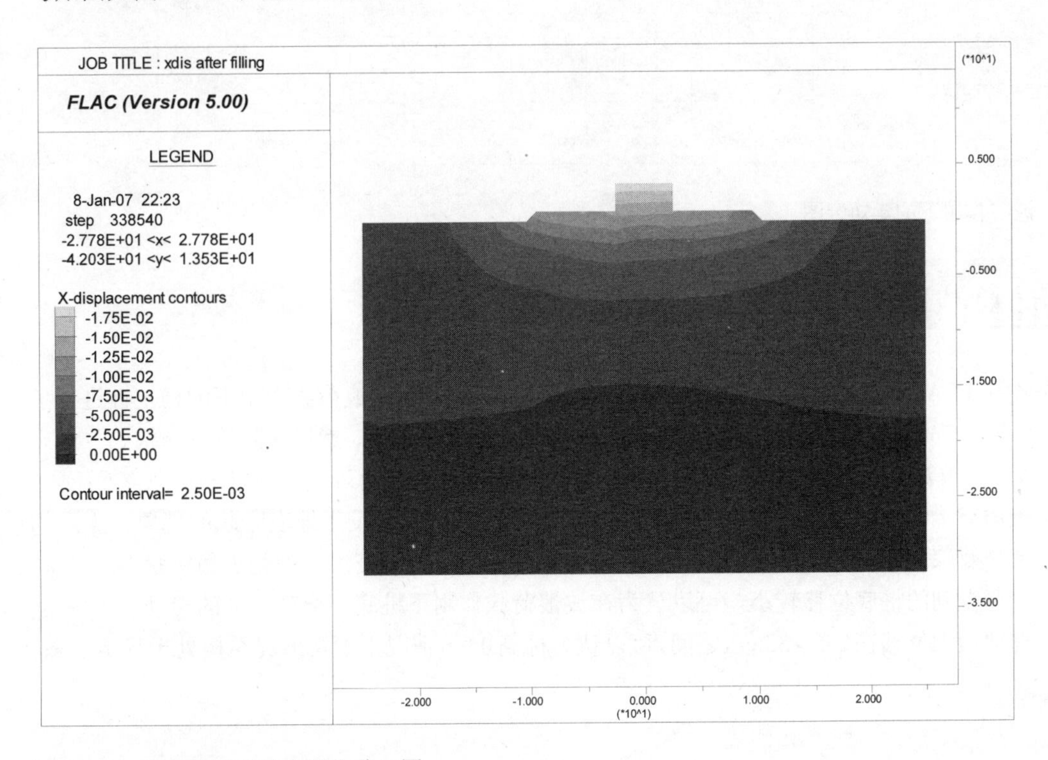

图 19-19　波谷作用下的水平位移云图

```
initial xdisp 0 ydisp 0
initial xvel 0 yvel 0
```

```
struct node range 1 35    initial    xvel 0.0 yvel 0.0 rvel 0.0 xdis 0.0 ydis 0.0
apply pressure -5250.0 from 16,55 to 16,54
apply pressure -12750.0 from 16,54 to 16,53
apply pressure -18450.0 from 16,53 to 16,52
apply pressure -18150.0 from 16,52 to 16,51
apply pressure -17850.0 from 16,51 to 16,50
solve
```

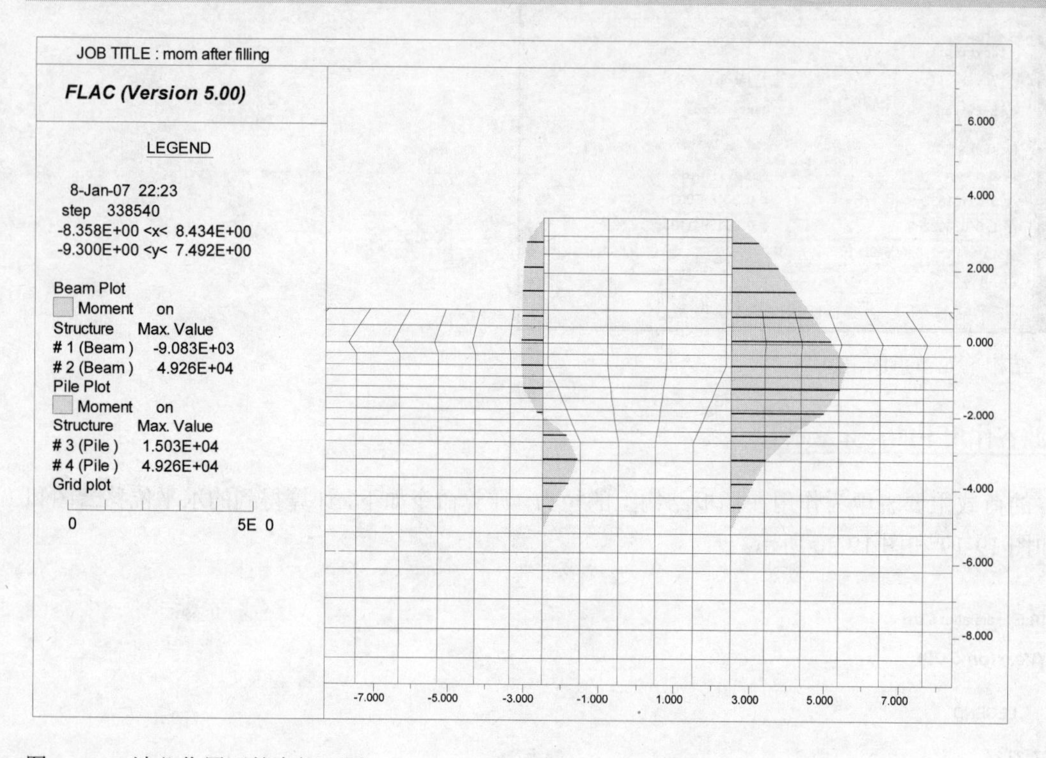

图 19-20　波谷作用下的弯矩云图

19.5　计算结论与本章小结

本章采用 FLAC 软件对装配式桩板梁防波堤在填筑期间及在波浪荷载作用下的稳定性进行了数值分析研究，首先对防波堤结构在填充过程中的稳定性进行了分析，然后在防波堤结构的一侧施加波浪荷载，计算波浪荷载作用下结构的变形、受力情况。计算结论可概括为以下几个方面：

- 在填充物回填过程中，桩身变形较小，板桩结构外侧没有发生地表隆起的现象，土层的沉降及深部水平位移较小，因此可以认为各种工况下的填充过程均处于稳定状态。
- 计算得到的桩底位移较小，可以认为在波浪荷载作用下桩底不会产生大的滑动。
- 桩顶最大位移在 2.0～3.2cm 之间，可以认为标高 0.0m 情况下的防波堤结构处于稳定状态。

20

盾构开挖对软粘土地层的扰动模拟

使用盾构法开挖隧道在我国已经广泛应用于各项工程领域，随着工程项目的增多，盾构法开挖隧道所遇到的工程问题也更加多样化，数值模拟成为分析盾构开挖问题的方法之一。本章利用FLAC3D对盾构开挖引起的软粘土地层扰动问题进行了数值模拟。

本章重点：

✓ 采用修正剑桥模型描述土体的非线性

✓ 修正剑桥模型参数的取值规则

✓ 修正剑桥模型参数赋值的FISH实现

✓ 利用Shell结构单元模拟盾构初衬

✓ Shell单元与Liner单元的理论

✓ 采用流固耦合的方法模拟土体的固结

20.1 概述

目前有较多的商业程序都可以开展盾构开挖的数值模拟，相当于其他软件而言，FLAC 和 FLAC3D 在分析隧道开挖问题时具有以下几方面的优势：

- FLAC3D 有比较完备的土体本构模型可供选择，能够针对工程实际分析各种类型的土层或岩层；
- FLAC3D 程序中设置了管片单元（Liner）、壳单元（Shell）等结构单元，可以比较方便地将隧道中的衬砌嵌入分析模型中；
- 通过 FLAC3D 中流-固耦合（Fluid-Mechanical Interaction）模块可以较充分地考虑开挖隧道过程中地下水的影响，同时可利用孔隙水渗流计算中时间参数与真实时间相对应的优势，结合实际施工程序较为真实地模拟盾构开挖过程的时间性，分析地层随时间变形过程。

本章通过一个比较典型的分析实例——软粘土地层盾构开挖对地层扰动影响分析——为广大 FLAC3D 应用者提供一个讨论平台，为解决 FLAC3D 模拟盾构隧道问题提供帮助。

20.2 问题的描述

在展开程序模拟前，要对所模拟的问题有一个大概的机理性的认识，这种认识也是进行程序模拟的基础。任何数值模拟都不应该脱离问题实际而独立存在，否则就变成了为了模拟而进行模拟的程序游戏。这应该是我们进行数值模拟的一个基本认识。

在探讨程序模拟之前，先来讨论一下盾构开挖问题的物理过程，即问题的发生机理。盾构开挖过程中，由于对土体的开挖和扰动破坏了土体的原始应力状态，使土体单元产生了应力增量，引发周围地层产生不排水变形，从而引起土体位移，同时在饱和土地层由于应力状态的变化伴随产生超孔隙水压力，由于超孔隙水压力的存在，在软粘土地层中隧道周围土体会在开挖过后相当一段时间内产生了持续位移，如此一系列的持续变形构成了盾构开挖扰动地层变形过程，如图 20-1 所示。

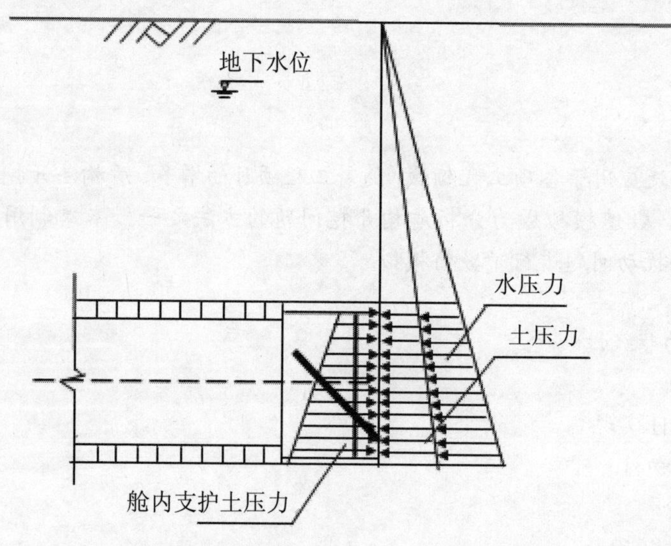

图 20-1　土压平衡盾构平衡原理

根据以往隧道施工时的观测，盾构隧道的施工扰动过程以隧道轴线地表点的经时变位曲线为例，地表点的地层移动经历 5 个阶段，如图 20-2 所示。

- 先期沉降，盾构尚未到达该点时的变位，表现为地表下沉。对于砂质土，其可能是由于地下水下降引起的，对于极软粘性土，则沉降可能是由于开挖面过量取土引起的。
- 开挖面前方地基变位，盾构机前方刀盘即将到达之前发生的变位，表现为地表隆起或下沉。其主要是由于盾构机对开挖面土层施加的支护压力过大或过小，致使开挖面失去平衡状态，从而发生地基变位。
- 盾构机通过时低级表面产生变形，一般从盾构开挖面到达该地表点的正下方开始，直至盾尾即将脱离该点为止时发生的地基变位，地表表现为隆起或沉降。产生这部分地基变位的原因，主要是盾壳对土体的摩擦力，破坏了土体的结构强度，另外超挖及盾构姿态的非水平向也加剧了地基变位。

- 盾构机尾部脱离时变位，指盾尾空隙形成至注浆结束为止的那段时间内的下沉或隆起。管片从盾尾脱离之前，盾壳对土体有一约束力，方向指向土体，一旦盾尾脱离，盾构机壳土体之间产生空隙，如果在盾构脱离后未能及时注浆或填充率不足，则空洞断面就会向内缩小，引起应力释放力，产生地表沉降，相反，如果注浆压力过大，则会导致地表隆起。
- 后期沉降，指从注浆结束开始，直到下沉停止的那部分下沉，引起这部分沉降的原因，主要是固结变形与蠕变变形，在软粘土地基表现尤为明显。

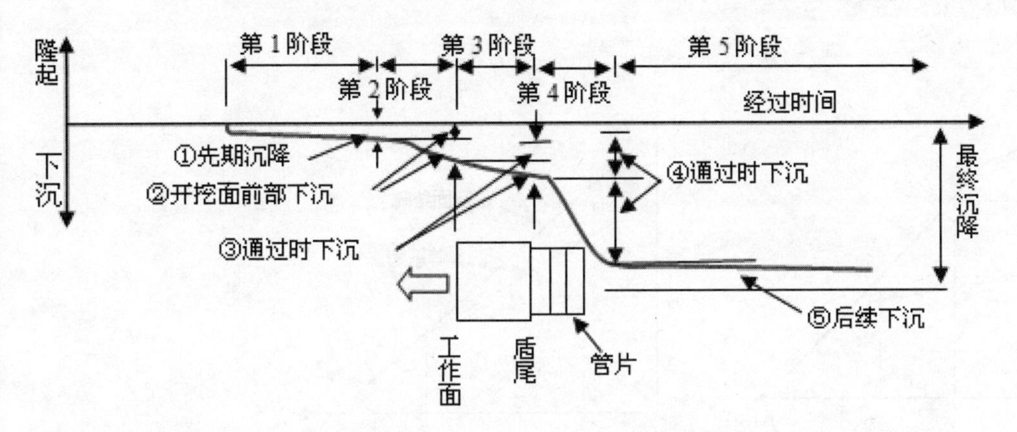

图 20-2 盾构通过粘土地层变形过程

20.3 FLAC3D 模拟隧道开挖中若干问题的解决

本章中土体的本构模型采用修正剑桥模型，考虑流固耦合作用，同时使用 Shell 结构单元来模拟盾构隧道中的初衬。在开始计算前，本节将对计算中的若干问题进行阐述。

20.3.1 采用修正剑桥模型模拟软粘土地层应力应变特性

英国学者 Rosco 等 1969 年提出了应用于正常固结粘土或弱超固结粘土的修正剑桥模型。它实际上是一个能够反映土体应力-应变性能的弹塑性本构模型，它能够反映土体的弹性非线性、硬化/软化以及屈服特性等土体特有性质，比较适合用于描述含水率较高的软弱粘土。

具体修正剑桥模型的理论可以参考相关工具书，这里不再展开。这里仅就 FLAC3D 中采用修正剑桥模型的参数选取、具体程序模拟展开讨论。

由于修正剑桥模型的参数需要在原有室内实验参数的基础上进行一定的二次推导转化，且现有国内相关文献报道的相关参数转化均比较粗略，这里结合 FLAC3D 有限差分程序应用修正模型中的参数进行阐述。

FLAC3D 中针对修正剑桥模型需要输入的参数主要有 M、λ、κ、V_{λ}、p_1、p_{c0} 等六个参数，具体转换如下：

1. *摩擦常量 M*

可以根据下式确定，式中 ϕ' 为有效内摩擦角。

$$M=\frac{6\sin\phi'}{3-\sin\phi'} \tag{20-1}$$

正常固结曲线及等压膨胀曲线（λ、κ）：

$$\lambda = C_c/\ln(10) = C_c/2.303 \tag{20-2}$$

$$\kappa \approx C_s/\ln(10) \tag{20-3}$$

C_c、C_s 可由正常固结线和等压膨胀线（$e\sim \lg p$ 曲线）得到，如图 20-3 所示，这里实际选取 κ 时通常可在 $(\frac{1}{5}\sim\frac{1}{3})\lambda$ 范围内选取。

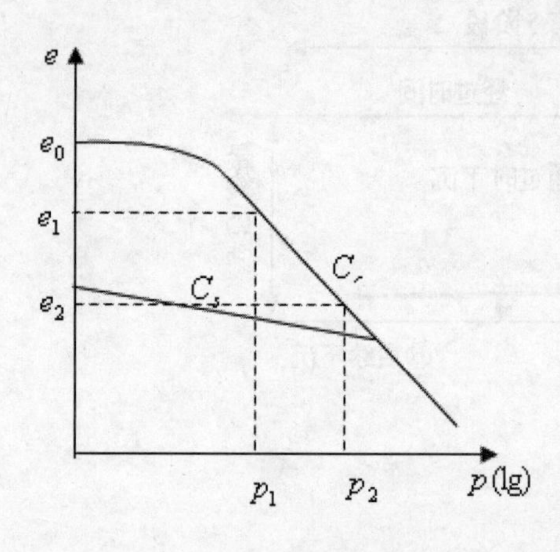

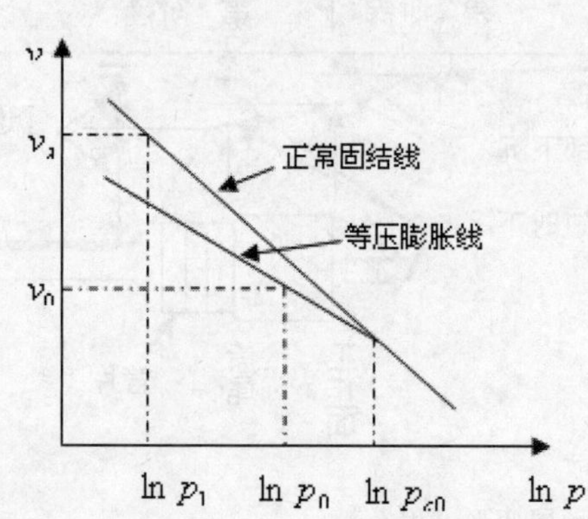

图 20-3　正常固结线与等压膨胀线的两种表达

2. 正常固结曲线位置（$v\sim\ln p$ 曲线，(v_λ, p_1)）

确定土体的正常固结曲线（$v\sim\ln p$ 曲线）位置是一个相对较复杂的过程，牵涉到一些公式的推导，这里着重阐述一下。

要确定正常固结曲线必须确定正常固结线上的初始计算点 (v_λ, p_1)。

在土体破坏状态线（Critical State Line）上，如图 20-4 所示，有如下关系式：

$$q = Mp' \tag{20-4}$$

$$V = \Gamma - \lambda\ln(p') \tag{20-5}$$

在土体不排水强度有如下关系（Britto）：

$$c_u = \frac{Mp_1}{2}\exp(\frac{\Gamma - v_{cr}}{\lambda}) \tag{20-6}$$

在稳定状态面（Stable State Boundary Surface）有：

$$\Gamma = v_\lambda - (\lambda-\kappa)\ln(2) \tag{20-7}$$

联立式（20-6）和式（20-7）可得到土体初始正常等压固结曲线的参数 p_1，v_λ。这里 p_1 可取 1。

3. 前期固结应力 p_{c0}

设土体历史上受到过的最大应力为 p_{max}，q_{max}。

对于屈服方程：

$$q^2 = M^2[p(p_{c0}-p)] \tag{20-8}$$

前期固结应力 p_{c0} 有：

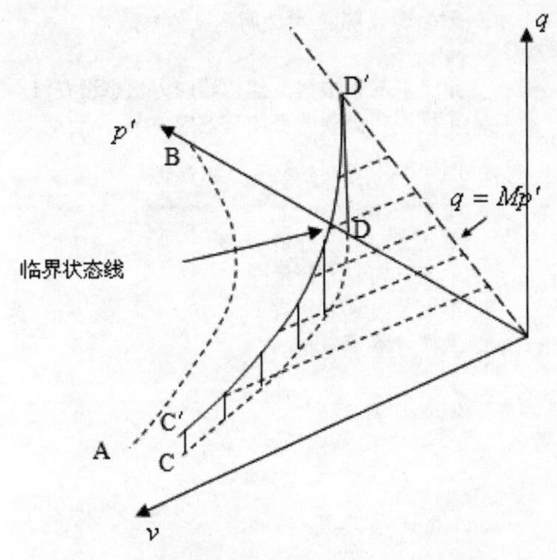

图 20-4 在 (p',v,q) 空间中的临界状态线

$$p_{c0}=p_{\max}+\frac{q_{\max}^2}{M^2p_{\max}}=p_{\max}[1+(\frac{q_{\max}}{Mp_{\max}})^2]=p_0[1+(\frac{q_0}{Mp_0})^2]OCR \tag{20-9}$$

其中：OCR 为超固结比，p_0，q_0 分别为现有土体应力状态。

4. 切模量与最大体积弹性模量 G，$K_{\max}$

修正剑桥模型中定义土体单元的实际计算时的体积模量与其平均有效应力、孔隙比容相关，其在计算过程中随着土体的应力应变状态而自动改变。

$$K=\frac{vp}{\kappa} \tag{20-10}$$

这里需要设置剪切模量和最大体积模量以保持系统的稳定，剪切模量 G 可根据实际室内试验测得值确定，而最大体积模量 $K_{\max}$ 则应根据土体的实际应力状态合理选取，如果选取过大，则系统计算中有可能会出现收敛速度慢等情况。计算中采用的土体物理力学性质参数和修正剑桥模型参数分别见表 20-1 和表 20-2 所示。

表 20-1 选用土体物理力学性质

内摩角	孔隙比	孔隙率	侧向土压力系数 K_0	渗透系数（cm/s）	干密度（kg/m^3）
19	1.13	0.53	0.674	2.66E-07	1.269

表 20-2 修正剑桥模型参数

内摩擦常量/M	正常固结曲线/ λ	回弹曲线/ κ	超固结比/OCR	基准应力/ p_1（Pa）	基准比容/ v_λ
0.73	0.09377	0.02344	1.2	1	3.27

下面给出在 FLAC3D 中设置参数的命令。

```
model cam-clay                                        ;开启修正剑桥模型
prop shear 150000 bulk_bound 20e6                     ;设置土体剪切模量及最大体积模量
prop mm 0.73 lambda 0.0938 kappa 0.0234
prop mpc 0.395e6 mp1 1.0 mv_l 3.32                    ;定义修正剑桥模型参数（本例所采用的参
```

```
def camclay_ini_p                                        ;数值均取自表 20-2 所示土体参数）
   pnt = zone_head
   loop while pnt # null                                 ;定义 fish 以根据土体初始应力状态设置修
       OCR=1.2                                           ;正模型所需要的平均有效应力 p0 及前期
       s1=-z_sxx(pnt)                                    ;固结应力 pc0 参数
       s2=-z_syy(pnt)                                    ;超固结比
       s3=-z_szz(pnt)                                    ;单元 x 向应力分量
       p0=(s1+s2+s3)/3.0-z_pp(pnt)                       ;单元 y 向应力分量
       z_prop(pnt,'cam_cp')=p0                           ;单元 z 向应力分量
 q0=sqrt(((s1-s2)*(s1-s2)+(s2-s3)*(s2-s3)+(s3-s1)* (s3-s1))*0.5)   ;平均有效应力 p
 temp1=q0/(z_prop(pnt,'mm')*p0)
                                                         ;偏应力 q
 pc=p0*(1.0+temp1*temp1)*OCR
      z_prop(pnt,'mpc')=pc
      pnt=z_next(pnt)
   endloop                                               ; temp1= q0/(Mp0)
 end
 camclay_ini_p                                           ; 前期固结应力 pc 参考式
```

注意 这里所选取的地层参数原型均取自典型上海软粘土。

20.3.2　流固耦合模拟隧道开挖地层变形时效性

在介绍流固耦合固结理论之前，首先来认识一下什么是排水/不排水分析。排水/不排水分析是分析渗透速度（seepage speed）和加载速度（loading speed）对地层的影响。诸如粘土这种透水性差的地基在饱和状态下受荷时，地层中的水不能及时地排出去，将和土骨架（soil skeleton）一同受力。与土壤相比，水的体积模量（bulk modulus）较大时，水将承受大部分的荷载，这种状态的分析叫不排水分析。

相反，像砂土地层那样透水性较好的地基，不管加载速度有多快，荷载大部分由土壤骨架承担，这种状态的分析通常称为排水条件分析或排水分析。

粘土地层的固结分析是与排水/不排水分析密切相关的分析功能。固结分析与非排水相同，是分析水在荷载作用下产生的超孔隙水压力随时间变化的过程。这种固结现象实际上就是没有及时排除的承受荷载的水随着时间的推移会逐渐通过边界流出，超孔隙水压力也会随着时间逐渐减小，土壤骨架随之产生变形，土壤骨架上的有效应力也随之发生改变。

FLAC3D 可以模拟流体在类似土等多孔介质中的流动。这种流体的模拟可以是独立于一般力学计算而独自循环迭代计算，也可以与力学计算耦合计算以实现流体—固体相互影响的效应。流体—固体相互影响（fluid/solid interaction）的现象就是我们常称的固结效应，即孔隙水压在土体里的缓慢消散引起了土体进一步变形。这种固结效应通常会涉及到两种力学上的影响，一种是孔压的变化引起土体有效应力的改变（这种改变会影响土体的力学性能，比如有效应力的降低可能引起塑性屈服）；另一种是这种孔压变化以及由其引起的孔隙水流通可能引发土体体积的改变。FLAC3D 为我们提供了一个良好的分析模拟平台，其基本实现了基于数值方法采用流固耦合分析固结现象的设想。

采用流固耦合分析中，必须要谨记的一点是：每当系统的应力边界或位移边界发生变化时，均需关闭流体场，单独计算力学场使系统达到平衡，然后考虑流固耦合计算或单渗流场计算。

本例中隧道开挖过程的程序实现如图 20-5 所示。首先去除需开挖管片环的地层单元，同时添加管片单元模拟该环管片的支护，在开挖面上施加支护应力，关闭 FLAC3D 中的流体渗流分析部分，计算模型在单力学场中的土体不排水变形量，迭代计算使模型在不排水状态下达到平衡，然后开启流体渗流场，使用流固耦合计算土体在该环开挖时间内的排水变形量（固结变形量），耦合计算该时步完成后，进入下一环开挖过程计算，如此往复循环，直至隧道完成。

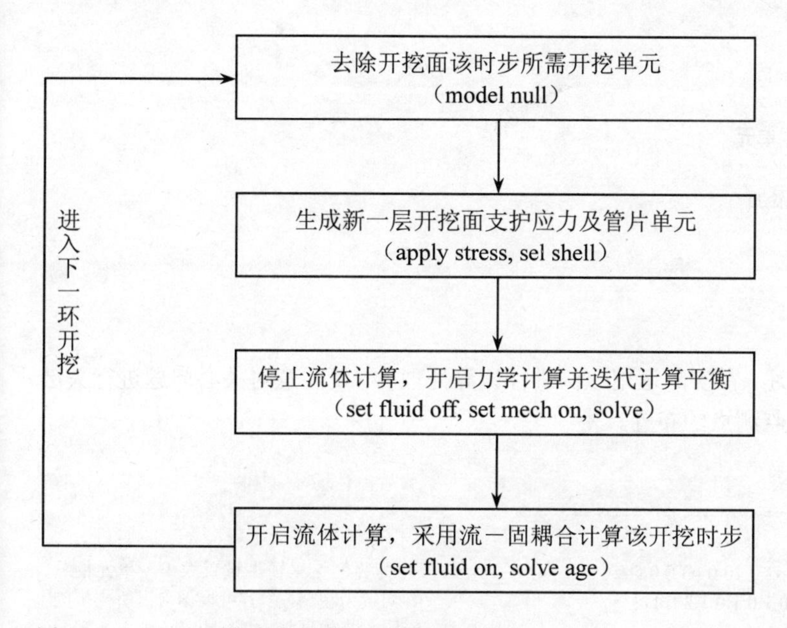

图 20-5　FLAC3D 程序处理盾构开挖循环流程

20.3.3　壳单元模拟隧道衬砌支护

在 FLAC3D 中提供了 Shell、Liner 等隧道管片结构单元可供模拟隧道管片。Shell 单元可直接粘附在地层单元上，Liner 单元则可提供管片与地层的接触面，通过设置接触面参数以实现地层与隧道共同作用现象的模拟。Shell 和 Liner 结构单元的基本理论介绍可以参照本书第 9 章的内容。

考虑分析的重点，本例分析中采用 Shell 单元模拟隧道管片，如图 20-6 所示，未采用 Liner 单元的接触面形式，如采用 Liner 单元形式则可在下列程序后加入接触面命令，将 sel shell 改为 sel liner 即可，读者如有兴趣可自行调试。实际程序处理如下所示。

```
sel shell id=1 range cyl end1 0 a1 0 end2 0 a2 0 rad 3.0 group &                    ;施加管片单元
  tunnel not
sel node local xdir 1 0 0 ydir 0 -1 0          range x -0.1 0.1                      ;壳单元节点号的排列
sel node fix lsys                               range x -0.1 0.1
sel node fix x yr zr                            range x -0.1 0.1
sel node local xdir 0 0 -1 ydir 0 -1 0         range y -0.1 0.1
sel node fix lsys                               range y -0.1 0.1
sel node fix y xr zr                            range y -0.1 0.1                      ;设定管片宽度、密度、弹性
sel shell id=1 prop iso=(3.45e10,0.3)   thick=0.35 density 2450                       ;模量等结构参数
sel shell apply press -160e3                    range cid n1 n2                       ;在管片底面施加施工荷载
```

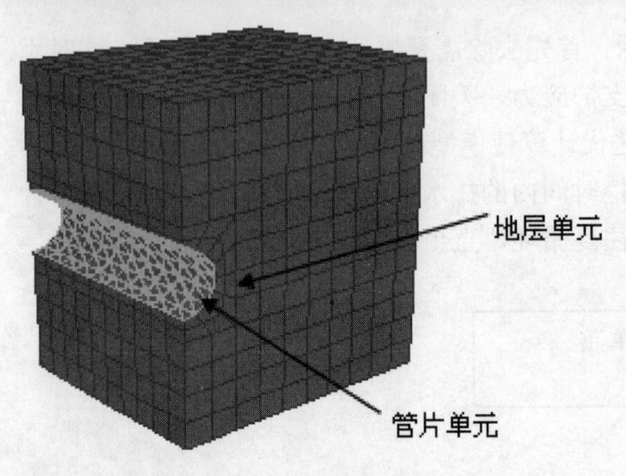

图 20-6　管片单元在 FLAC3D 中的添加

20.4　计算文件

具体建模及计算命令如下所述，在实际运用该例进行计算处理时，要注意对关心问题进行关键点的各方面监测，这里程序省去监测点的布置。

```
new
config fluid                                                    ;设置流体场
;===============================================
;划分模型单元网格
gen zone radcyl    p0 0 0 0 p1 5 0 0 p2 0 20 0 p3 0 0 5 &       ;作为算例这里模型设置大小，单元剖分
  dim 3 3 3 3 size 2 10 4 2    ratio 1.0 1.0 1.0 1.2 fill &     等均较为粗略，读者可根据自己所分析的
  group tunnel                                                  问题，将模型加大或细化剖分。
gen zone brick p0 0 0 5 p1 5 0 5 p2 0 20 5 p3 0 0 15 &
  ratio 1.0 1.0 1.0    size 2 10 4
gen zone brick p0 5 0 0 p1 25 0 0 p2 5 20 0 p3 5 0 15 &
  ratio 1.0 1.0 1.0    size 8 10 6
group soil range group tunnel not
gen    zone    reflect    normal    0 0 -1
;=================================================
;设置显示位移云图
plot create displ
  plot set back white
  plot set rot 0 0 40
  plot set mag 1
  plot add axes red
  plot add contour disp out on
  plot show
;=================================================
;加位移边界条件
fix   x              range x      -0.1       0.1
fix   x              range x      24.9    25.1
fix   y              range y      -0.1       0.1
fix   y          range y     19.9    20.1
fix   z          range z   -14.9    -15.1
;=================================================
;设置 cam_clay 模型参数
model cam-clay
prop shear 150000 bulk_bound 20e6
```

```
prop mm 0.73 lambda 0.0938 kappa 0.0234
prop mpc 0.395e6 mp1 1.0 mv_l 3.32
ini dens 1270                                  ;干密度 1.27g/cm3
;==================================================
;设置流体特征参数
model fl_iso                                   ;设置等向流体
prop perm 2.66e-13                             ;设置渗透系数
ini fdens 1000                                 ;流体密度
ini fmod 2e9                                   ;流体模量
ini sat 1.0                                    ;饱和度
set grav 0, 0, -10
;==================================================
;初始地应力及孔压设置
ini szz -190500 grad 0 0 1.27e4                ;孔压的设置需根据地层特性（孔隙率 n）设置
ini szz add -0.795e5 grad 0 0 0.53e4
ini sxx -128509.5    grad 0 0 0.857e4          ;有效水平土压力应严格按照侧向土压力系数(下式所示)与竖向有效应力乘积设置
ini sxx add -0.795e5 grad 0 0 0.53e4
ini syy -128509.5 grad 0 0 0.857e4             K0 = 1 - sin φ'
ini syy add -0.795e5 grad 0 0 0.53e4           ;静水位孔压设置
ini pp 1.5e5              grad 0,0,-10000
fix pp 0 rang z 14.9 15.1
;==================================================
;设置修正剑桥模型参数
def camclay_ini_p
  pnt = zone_head
  loop while pnt # null                        ;必须保证平均有效应力为正，即土体单元为受压状态。
     OCR=1.2
     s1=-z_sxx(pnt)
     s2=-z_syy(pnt)
     s3=-z_szz(pnt)
     p0=(s1+s2+s3)/3.0-z_pp(pnt)
     z_prop(pnt,'cam_cp')=p0
q0=sqrt(((s1-s2)*(s1-s2)+(s2-s3)*(s2-s3)+ &
(s3-s1)*(s3-s1))*0.5)
    temp1=q0/(z_prop(pnt,'mm')*p0)
    pc=p0*(1.0+temp1*temp1)*OCR
    z_prop(pnt,'mpc')=pc
    pnt=z_next(pnt)
  endloop
end
camclay_ini_p
;==================================================
;迭代初始平衡
set fl off mech on
solve
ini xdis=0 ydis=0 zdis=0                       ;位移归零
sav initial_equivalence.sav
hist fltime                                    ;记录流体时间
;==================================================
;定义开挖面支护压力参数
def   sup_stress
lumda=0.9
o_press=-208009.55                             地层应力
o_grad=1.39e4                                  地层应力梯度
s_press=o_press*lumda                          设定开挖面梯形支护压力
```

平均有效应力：

$$p_0 = \frac{\sigma_1 + \sigma_2 + \sigma_3}{3} - u_0$$

偏应力：

$$q_0 = \frac{1}{2}\sqrt{[(\sigma_1 - \sigma_2)^2 + (\sigma_1 - \sigma_3)^2 + (\sigma_2 - \sigma_3)^2]}$$

支护压力比：$\lambda = \frac{\sigma_s}{\sigma_0}$

```
s_grad=o_grad*lumda
end
sup_stress
;================================================
;设置第一环开挖参数
def   excate_step1                    ;参数化的编排有利于避免入错误且容易变更
n=1
a1=2*n-2                              ;a1—该开挖环隧道轴线方向起始点距离
a2=2*n                                ;a2—该开挖环隧道轴线方向终止点距离
b1=2*n-0.01                           ;b1、b2—开挖面所处位置
b2=2*n+0.01                           ;n1、n2—施加施工荷载的管片单元号
n1=16*n-1                             ; t —该开挖时步开挖过后所需时间（需将前面的开挖环的时间累加）
n2=16*n
t=4*3600*n
end
excate_step1
;================================================
;开挖第一环地层单元并设置管片支护
model null range cyl end1 0 a1 0 end2 0 a2 0 rad 3.0
;添加管片支护
sel shell id=1 range cyl end1 0 a1 0 end2 0 a2 0 rad &
  3.0 group tunnel not
sel node local xdir 1 0 0 ydir 0 -1 0      range x -0.1 0.1
sel node fix lsys                          range x -0.1 0.1
sel node fix x yr zr                       range x -0.1 0.1
sel node local xdir 0 0 -1 ydir 0 -1 0     range y -0.1 0.1
sel node fix lsys                          range y -0.1 0.1
sel node fix y xr zr                       range y -0.1 0.1
sel shell id=1 prop iso=(3.45e10,0.3) thick=0.35 &
  density 2450
sel shell apply press -160e3 range cid n1 n2
;================================================
;开挖面施加支护压力
apply nstress s_press grad 0 0 s_grad range cyl end1 0 &
  b1 0 end2 0 b2 0 rad 3.0
;================================================
;关闭流体场，计算不排水平衡
set fl off
solve
;开启流体场，耦合计算该开挖环时段地层排水固结
set fl on
solve age t                           时间 t 为真实时间，这里设置时应为累计的总历时
;================================================
;开挖第二环

def excate_step2
n=2
a1=2*n-2
a2=2*n
b1=2*n-0.01
b2=2*n+0.01
n1=16*n-1
n2=16*n
t=4*3600*n
end
```

```
excate_step2
model null range cyl end1 0 a1 0 end2 0 a2 0 rad 3.0
;添加管片支护
sel shell id=1 range cyl end1 0 a1 0 end2 0 a2 0 rad &
  3.0 group tunnel not
sel node local xdir 1 0 0 ydir 0 -1 0       range x -0.1 0.1
sel node fix lsys                          range x -0.1 0.1
sel node fix x yr zr                       range x -0.1 0.1
sel node local xdir 0 0 -1 ydir 0 -1 0     range y -0.1 0.1
sel node fix lsys                          range y -0.1 0.1
sel node fix y xr zr                       range y -0.1 0.1
sel shell id=1 prop iso=(3.45e10,0.3) thick=0.35 &
  densityz 2450
sel shell apply press -160e3 range cid n1 n2
apply nstress s_press grad 0 0 s_grad range cyl end1 0 &
  b1 0 end2 0 b2 0 rad 3.0
set fl off
solve
set fl on
solve age t
;==========================================;
;为节省篇幅这里省略中间各环的开挖步骤
;==============================================;
;开挖第十环
def excate_step10
n=10
a1=2*n-2
a2=2*n
b1=2*n-0.01
b2=2*n+0.01
n1=16*n-1
n2=16*n
t=4*3600*n
end
excate_step10
model null range cyl end1 0 a1 0 end2 0 a2 0 rad 3.0
sel shell id=1 range cyl end1 0 a1 0 end2 0 a2 0 rad &
  3.0 group tunnel not
sel node local xdir 1 0 0 ydir 0 -1 0    range x -0.1 0.1
sel node fix lsys                       range x -0.1 0.1
sel node fix x yr zr                    range x -0.1 0.1
sel node local xdir 0 0 -1 ydir 0 -1 0   range y -0.1 0.1
sel node fix lsys                       range y -0.1 0.1
sel node fix y xr zr                    range y -0.1 0.1
sel shell id=1 prop iso=(3.45e10,0.3) thick=0.35 &
  density 2450
sel shell apply press -160e3 range cid n1 n2
apply nstress s_press grad 0 0 s_grad range cyl end1 0 &
  b1 0 end2 0 b2 0 rad 3.0
set fl off
solve
set fl on
solve age t
```

20.5 计算结果分析

模型网格划分如图 20-7 所示，本模型出于计算时间考虑，模型边界选取相对较小，可根据各自分析需要，将模型尺寸适当加大。

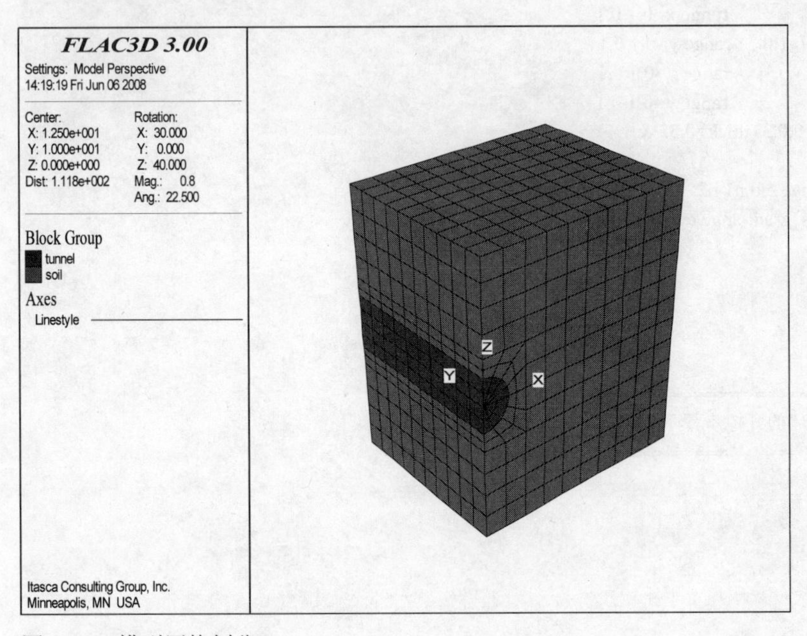

图 20-7 模型网格划分

如图 20-8 所示，为开挖至第五环时地层变形云图及位移矢量图，可以发现在算例中设置开挖面支护压力小于地层原始静止土压力时，地层会发生明显的向隧道内部的位移，可以发现开挖面土体最大位移量为 9.929cm。

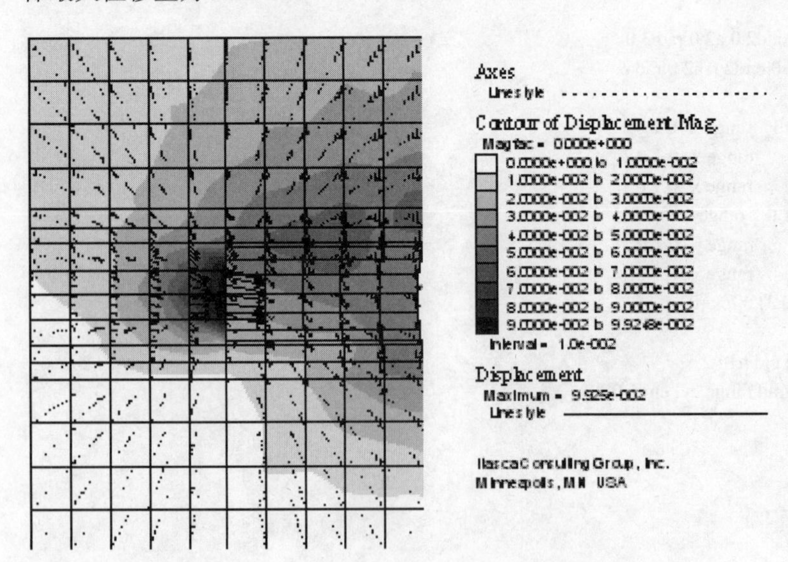

图 20-8 开挖至第五环时地层变形云图及位移矢量分布图

如图 20-9 所示，为开挖至第五环时地层中孔压云图及孔隙水渗流矢量图，可以发现，由于开挖面附近土体的膨胀，引起开挖面附近形成负的超孔隙水压力，从而孔隙水由上部向下部开挖面附近流动。

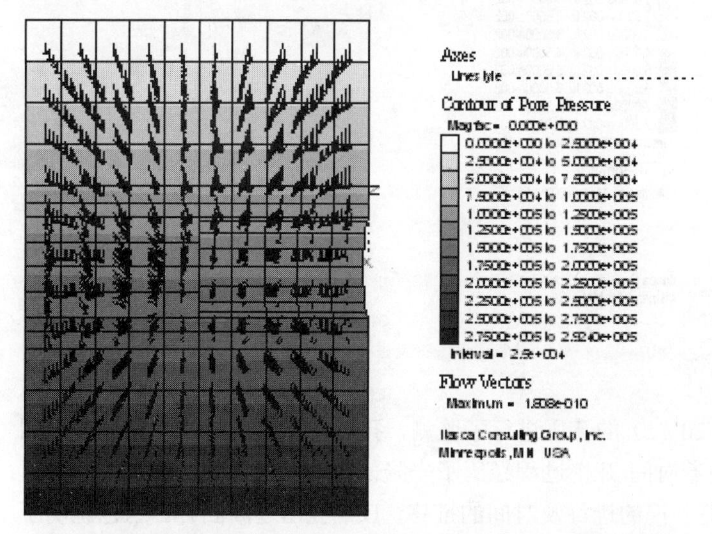

图 20-9　开挖至第五环时地层孔压云图及孔隙水渗流矢量分布图

开挖完成时地层孔压云图及渗流矢量分布见图 20-10 所示，可以看到，由于扰动引起的地层中的孔隙水压力与原始地层静水位状态下孔压分布明显不同（也即产生了所谓的超静孔隙水压力），超孔压的产生进一步引起了孔隙水在地层内部的渗透流动，由图中流体矢量可发现孔隙水在开挖完成后仍持续发生向隧道方向渗透，这种渗透将持续相当一段时间。

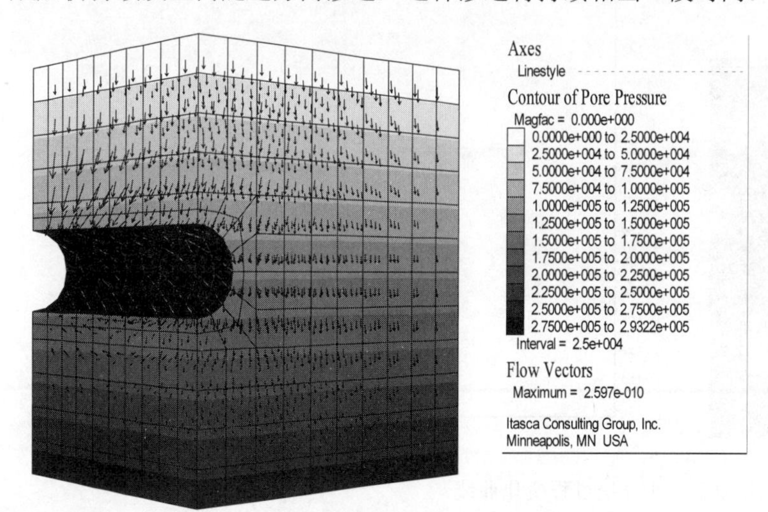

图 20-10　开挖完成时地层孔压云图及孔隙水渗流矢量分布图

开挖完成时地层的沉降云图见图 20-11 所示，可以发现地层的变形在距离隧道较近的区域沉降较大，而随着离开隧道的距离的加大沉降也逐渐缩小。如果在地表横向布置沉降观测点，将很容易描绘出地表沉降槽曲线，感兴趣的读者可以尝试着描绘。

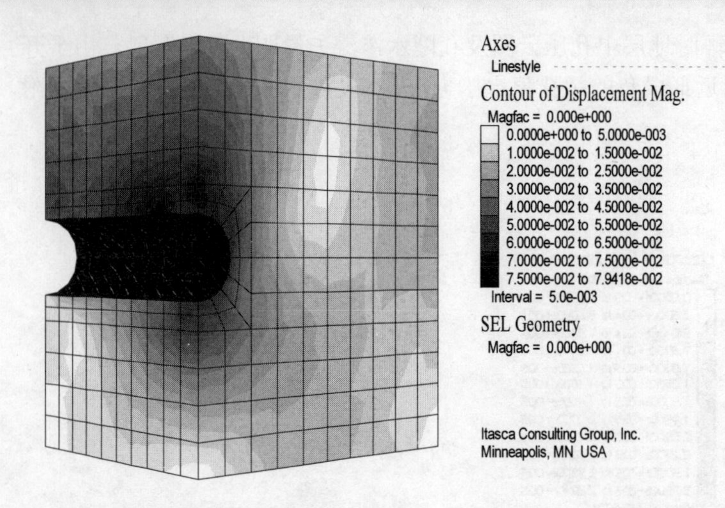

图 20-11　开挖完成时地层变形云图

计算中对横断面中的 B 点（见图 20-12）的孔压进行了监测，孔压随开挖过程的变化曲线见图 20-12 所示。从图中可以看出，孔压随着时间/开挖过程经历了先降低再回升的过程，在开挖面接近 B 点时，B 点孔压降低至最低，而随着开挖的进行及时间的推移，B 点孔压逐渐回升。这也说明了在开挖面越接近的地方对地层的扰动越大。

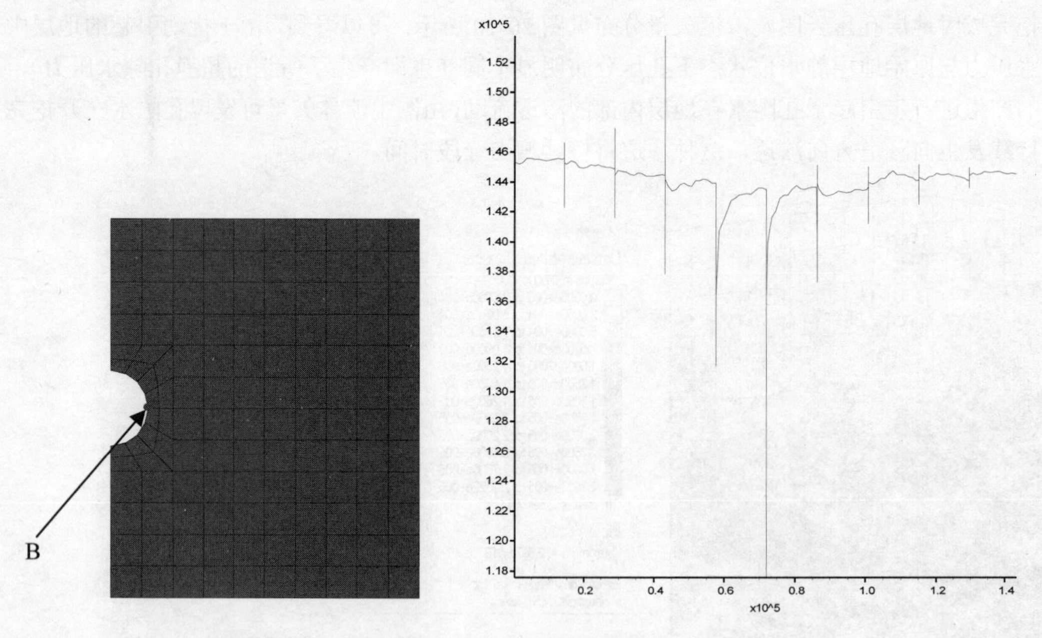

图 20-12　在 y=10m 处横断面 B 点孔压随时间/开挖过程变化曲线

20.6　本章小结

本章采用 FLAC3D 对盾构开挖引起的地层扰动问题进行了数值模拟，总结起来有以下几方面的认识：

（1）对于采用流固耦合分析固结问题，特别是在隧道开挖过程中，采用流固耦合分析须严格按照“采用排水耦合或单渗流场分析时系统的力学场须先达到平衡”的思想，实际上不单FLAC3D中耦合分析中需要如此处理，在绝大多数程序中耦合分析亦需如此处理。

（2）用修正剑桥模型描述软粘土性状中，要密切注意土体单元是否处于受压状态，FLAC3D中的修正剑桥模型无法考虑土体单元受拉的效应（实际的修正剑桥模型也无法考虑土体单元受拉的性状），故模型的初始地应力状态就显得相当重要。另外，修正模型是一个能够比较精确模拟土体性状的模型，在选取土体参数进行分析时，应尽可能采用真实的地层参数。

（3）在采用Shell单元或Liner单元模拟隧道衬砌等支护结构时，从支护效果来看两者之间并无大的差别，而Shell单元与Liner单元的本质区别就在是否需要定义接触面，而土与结构共同作用问题的关键也在接触面的设定，本章的实例分析的重点未涉及到接触面的问题，因此采用了Shell单元。如果在本例的基础上加入接触面分析，则本例的计算时间将大大加大。另外，接触面参数的选取也是一个十分重要的问题，读者可以阅读本书第9章的内容。

21 群桩负摩阻力特性分析

桩基负摩阻力是桩基础设计、施工中必须考虑的重点和难点问题之一。本章结合实际工程实例，采用 FLAC3D 程序考虑流固耦合作用，建立分析群桩负摩阻力特性的数值计算模型，着重分析在地面堆载作用下群桩的负摩阻力性状，继而分析地基土固结时间效应、群桩效应等因素对桩身下拽力和中性点位置的影响规律。

本章重点：

✓ 群桩数值模型的建立

✓ 加载速率控制的 FISH 实现

✓ 流固耦合相互作用模拟土体固结时间效应

✓ 群桩负摩阻力特性结果分析

21.1 概述

当由于地面堆载、地下水位下降及湿陷性黄土遇水等因素造成的土体沉降大于桩体沉降时，桩侧土产生的摩阻力非但不能为承担上部荷载做出贡献，反而要产生作用于桩身且与荷载方向相同的下拽荷载。桩侧土相对于桩向下运动，产生向下的使桩发生压缩的摩擦力，这个作用于桩侧单位面积上的力称为负摩阻力；桩体与土体沉降相同，即桩-土相对位移为零处的位移平衡点，称为中性点；中性点也是作用于桩身所有向下的力（桩顶荷载和负摩阻力产生的下拽荷载）与所有向上的力（正摩阻力和桩端反力）的力平衡点，也是桩侧摩阻力为零、桩身轴力最大的点；由于负摩阻力产生作用于桩身的下拽荷载，称为下拽力；由于负摩阻力产生的作用于桩身的下拽荷载引起的桩体附加沉降，称为下拽位移。

本章结合实际工程实例，考虑流固相互作用对群桩负摩阻力发展的时间效应、群桩效应等进行研究并与实测结果和已有的数值模拟结果进行比较分析。着重讲解了群桩数值模型的建立方法；桩顶加载与地面堆载速率的 FISH 语言的实现方法；流固耦合相互作用模拟土体固结时间效应的实现以及群桩负摩阻力特性结果分析，FLAC3D 计算结果中桩身轴力的转化输出方法等。通过本章的学习，可以掌握群桩分析的基本方法，不仅是本章所写的基桩负摩阻力分析，也包括各种上部荷载（如路堤荷载等）作用下的桩-土相互作用分析等。

21.2 工程实例分析

21.2.1 工程概况

Combarieu et al.研究的某工程 3×4 群桩基础，桩长 L 约为 20 m，桩径 d 为 0.5 m，桩间距 s 约为 1.772 m，桩周土为软黏土层、桩端作用在刚性持力层上；试验具体群桩布置方式、桩体及土体参数见图 21-1 所示。参考 Lee et al.数值模拟参数取值经验，桩-土接触面参数的取值为：凝聚力 c 为 0，内摩擦角 δ 为 21.8°。地下水位于地表面，假设桩周土体渗透系数为 1.78×10^{-7} cm/s。为了对比分析研究，本章进行是否考虑地基土固结时间效应影响两种情况的模拟分析；同时进行同等条件下单桩形式的数值模拟。

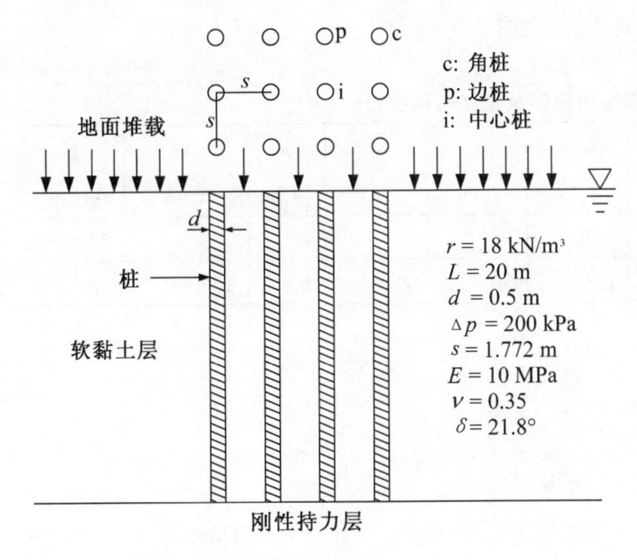

图 21-1 群桩布置形式及土性参数

21.2.2 模型的建立及参数选择

根据 21.2.1 节工程概况提供的参数建立单、群桩数值计算模型。考虑模型的对称性，取 1/4 模型作为计算域，具体几何模型、网格划分及模型尺寸示意图如图 21-2 所示，具体的桩体及土体材料特性如表 21-1 所示，其他同 21.2.1 节所述。桩体采用各向同性弹性模型，土体采用摩尔-库仑弹塑性模型；桩-土接触面采用库仑滑动模型（k_s、k_n 取 10^7 kPa/m）。边界条件为顶部边界为自由边界、侧面边界为水平向滑动支座（即水平向约束、竖向可动）、底面边界为竖向滑动支座（即竖向约束、水平向可动）。地下水位位于地表。具体建模过程及参数设置可参考相应计算文件。

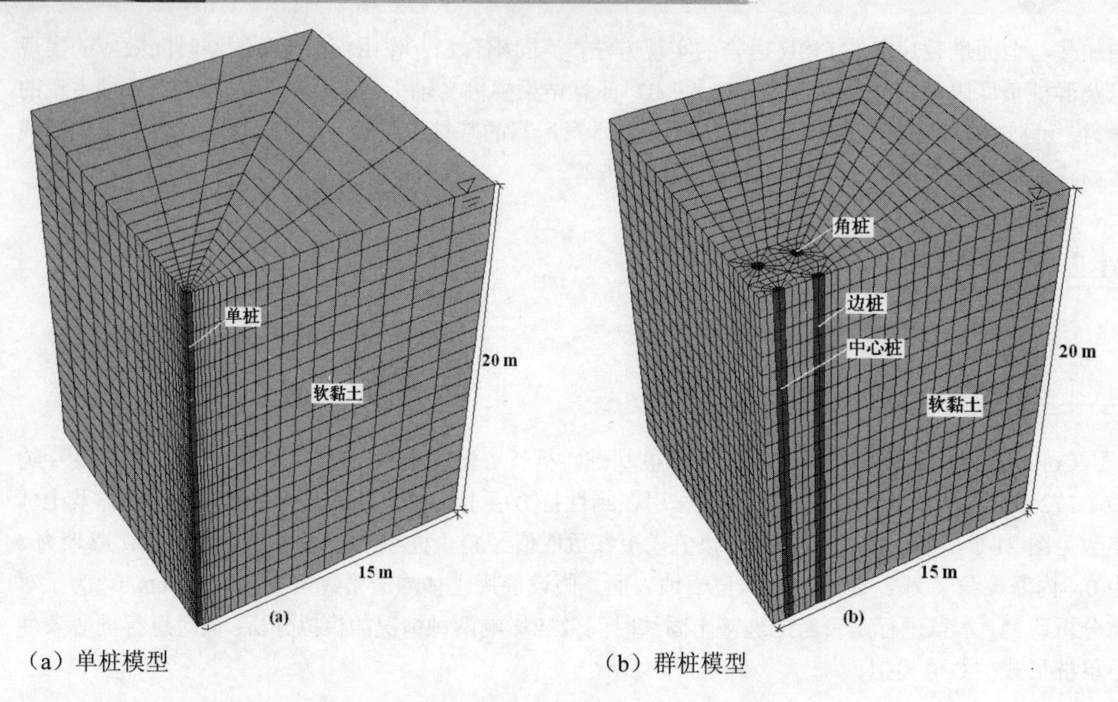

（a）单桩模型　　　　　　　　　　　　（b）群桩模型

图 21-2　单、群桩几何模型，有限差分网格及模型尺寸示意图

表 21-1　数值模拟中桩体及土体材料特性

材料	本构模型	E /MPa	ν	c /kPa	φ /°	ψ /°	k /cm/s	γ /kN/m^3
混凝土桩	弹性模型	20,000	0.30	-	-	-	-	25
软黏土	摩尔-库仑模型	10	0.35	30	21.8	0.1	1.78×10^{-7}	18

21.3　分析过程

21.3.1　群桩数值模型的建立

参考单桩数值模型的建立方法，对群桩数值模型进行分步建模。以 3 × 4 群桩模型为例，其分步建模过程和网格划分（1/4 模型）如图 21-3 所示。以绝对坐标值控制各基桩位置，随后先建立桩间土模型并设置桩-土接触面模型，再建立桩体模型，最后建立群桩外土体模型；建立完成 1/4 模型后，可以通过如下命令形成整个模型。

```
gen zone reflect dip 90 dd 90    origin = (0.,0.,0.) range z = -25 0.
gen zone reflect normal (0,1,0) origin = (0.,0.,0.) range z = -25 0.
```

建立完成模型和网格划分之后，对各单元模型进行赋值并进行地应力平衡运算，其赋值平衡语句如下，地应力平衡结果竖向应力云图如图 21-4 所示。

```
model mohr                                          range group clay     ;设置本构模型
prop bulk 1.11e7 shear 3.704e6 coh 30000 fric 21.8 range group clay     ;材料特性赋值
model elas                                          range group pile
prop bulk 1.11e7 shear 3.704e6                      range group pile
```

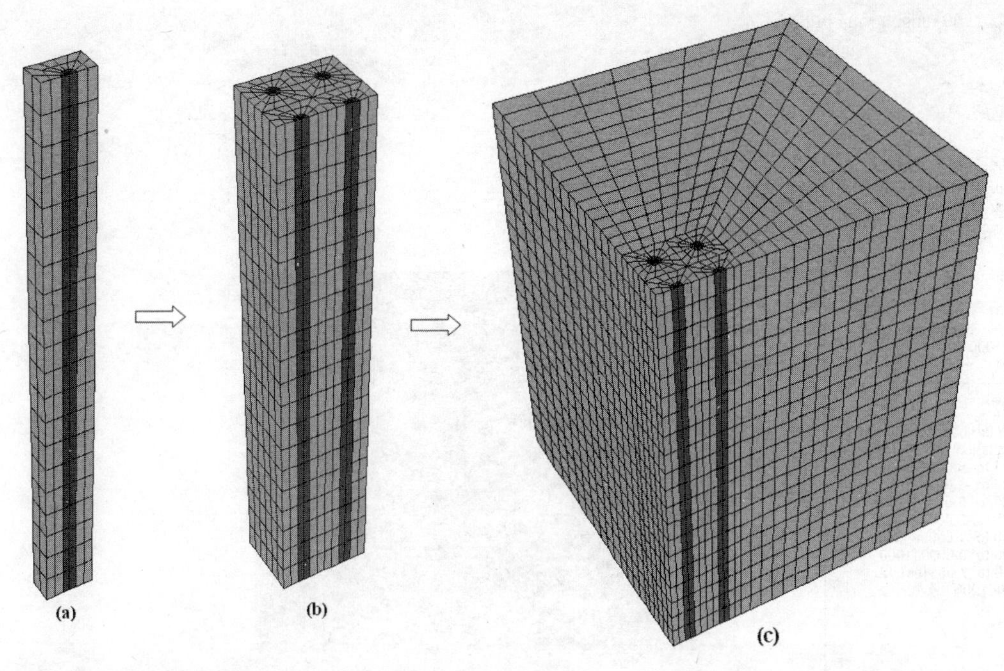

图 21-3　3 × 4 群桩模型的建立过程及网格划分（1/4 模型）

```
interface 1    prop kn 1e10 ks 1e10 fric 21.8 coh 0                    ;接触面特性赋值
interface 2    prop kn 1e10 ks 1e10 fric 21.8 coh 0
interface 3    prop kn 1e10 ks 1e10 fric 21.8 coh 0
interface 4    prop kn 1e10 ks 1e10 fric 21.8 coh 0
interface 5    prop kn 1e10 ks 1e10 fric 21.8 coh 0
interface 6    prop kn 1e10 ks 1e10 fric 21.8 coh 0
interface 7    prop kn 1e10 ks 1e10 fric 21.8 coh 0
interface 8    prop kn 1e10 ks 1e10 fric 21.8 coh 0
interface 9    prop kn 1e10 ks 1e10 fric 21.8 coh 0
interface 10 prop kn 1e10 ks 1e10 fric 21.8 coh 0
interface 11 prop kn 1e10 ks 1e10 fric 21.8 coh 0
interface 12 prop kn 1e10 ks 1e10 fric 21.8 coh 0
ini dens 1800 range group clay                                          ;材料特性赋值
ini dens 1800 range group pile
fix z range z -20.1    -19.9                                            ;边界面状态设置
fix x range x -14.9    -15.1
fix x range x    14.9      15.1
fix y range y -14.9    -15.1
fix y range y    14.9      15.1
set grav 0 0 -10                                                        ;设置重力加速度
ini szz          0. grad 0 0 18000. range z -20 0
ini sxx          0. grad 0 0 11700. range z -20 0
ini sxx add 0. grad 0 0 10000    range z -20 0
ini syy          0. grad 0 0 11700. range z -20 0
ini syy add 0. grad 0 0 10000    range z -20 0
water density 1e3                                                       ;地下水位设置
water table origin 0,0,0 normal 0 0 -1
solve rat 1.0e-6          ;求解，为了提高计算精度将 rat 设置为 1.0e-6，一般计算采用默认值 1.0e-5 即可
save save_file                                                          ;保存
model elas                                range group pile
prop bulk 1.6667e10 shear 7.6923e9 range group pile
```

```
ini dens 2500 range group pile
solve                                                    ;求解
save save_file                                           ;保存
plo con sz                                               ;显示竖向应力云图
```

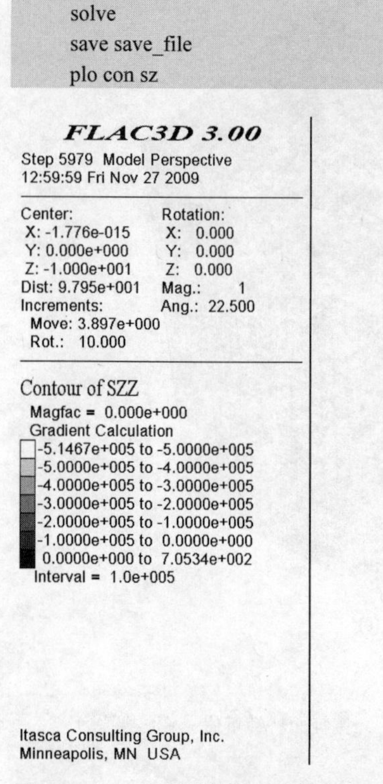

图 21-4　3 × 4 群桩模型竖向应力云图

21.3.2　加载速率控制的 FISH 实现

桩顶加载或者地面堆载的速率影响地基土体中孔隙水压力的消散，从而影响桩侧负摩阻力的发展，本节结合 FLAC3D 内置的 FISH 语言对桩顶加载或者地面堆载速率进行控制。在本例中，为了分别控制桩顶加载和地面堆载速率，定义两个函数名分别为 ramp_A 和 ramp_B 的自定义函数。在运算前先设置运算步 step 为零，且尽量采用浮点数来定义数值；下列语句中，ramp_A 表示 200 kPa 桩顶加载应力按 1 个 step 和 step/2000 两者比较小者速度加载；ramp_B 表示 50 kPa 地面堆载应力按 1 个 step 和 step/200 两者比较小者速度加载；其中 2000 和 200 数值可以根据读数实际计算控制的需要进行调整控制。具体 FISH 语言的基本语法、编程技巧等知识请参考本书第 8 章。可以结合 21.2 节工程实例和本节加载速率的自定义方法，进行加载速率对群桩负摩阻力特性影响的分析研究。

```
ini state 0
ini xdis 0 ydis 0 zdis 0
ini xvel 0 yvel 0 zvel 0
;--------自定义桩顶加载速率---------
def ramp_A                                                          ;自定义函数
    ramp_A = min (1.0,float(step)/2000.0)
end
apply szz -2.0e5 hist ramp_A range z -0.1 0.1 group pile            ;桩顶加载 200 kPa
solve                                                               ;求解
;--------自定义地面堆载速率---------
def ramp_B
```

```
    ramp_B = min (1.0,float(step)/200.0)
  end
  apply szz -5.0e4 hist ramp_B range z -0.1 0.1 group soil          ;地面堆载 50 kPa
  solve                                                              ;求解
```

21.3.3 流固耦合相互作用模拟土体固结时间效应

桩侧负摩阻力是由桩周土体相对于桩体的向下相对位移或者相对位移趋势造成的，而土体的固结沉降需要一个较长的时间过程，从而导致桩侧负摩阻力的发挥发展存在一个时间过程。在本例中，通过下列语句来实现模拟土体固结时间效应对群桩负摩阻力特性的影响。结合 21.2 节工程实例算例中的命令语句对流固耦合相互作用模拟土体固结时间效应的方法进行描述。参数选择参照 21.2 节；根据试算可知，本实例地基土固结 10 年左右时间基本稳定，转化为秒单位进行计算。

具体流固相互作用分析的基本方法、分析模式等知识请参考本书第 12 章。

```
title
  pile groups (coupled)
config fluid
def setup
    c_perm        = 1.82e-13
    c_fdensity    = 800
    c_fmoduls     = 1.6e8
    c_biotc       = 1.
    c_biotm       = 3.2e8
    c_porosity    = 0.5
    c_bulk        = 1.11e7
    c_shear       = 3.704e6
    comod         = c_bulk + 4. * c_shear / 3.
    storage       = 1. / c_biotm + c_biotc * c_biotc /comod
    cv            = c_perm / storage
    hh            = 20.
    bt            = cv / (hh * hh)
    pi2           = pi * .5
    pz            = 2.e5
    sig0          = -pz
    p0            = pz * c_biotc / (comod * storage)
    uz0           = pz * hh / comod
    csig          = c_biotc * 2. * c_shear / comod
end
setup
apply szz -1.5e5 range z -.1 .1 group clay
; ----- fluid flow model------
model fl_isotropic
set fluid biot on
prop perm c_perm    porosity 0.5    biot_c 1.
ini fdensity c_fdensity
ini biot_mod c_biotm
fix pp 0 range z -.1 .1
set fluid on
solve age 3.1536e8                                      ;计算时间 10 年，注：按秒算
save save_file
```

21.3.4 计算成果的处理方法

由于 FLAC3D 软件计算所得的一般是单元的应力和节点的位移，因此如何将这些结果转化成桩身轴力、桩侧摩阻力等分布情况是大家普遍关心的。下面就群桩负摩阻力特性结果分析以及桩身轴力和桩侧摩阻力值分布规律处理方法进行简单介绍。首先在主界面单击【PlotItems】|【Block Group】|【Modify】菜单操作，弹出【Block Group】对话框，选择【ID Number】选项，然后单击 OK 按钮；随后界面将显示得到各桩体沿桩身分布的 ID 号，然后按照下列语句建立一个 dat 文件；打开相应等级荷载下的计算结果，随后调用该 dat 文件，即可批量输出相应 ID 号的应力状态。对同截面上的各 ID 号的应力值取平均值，然后乘以该截面面积即得到该截面的轴力值；两相邻断面的轴力差除以该两邻断面的侧表面积即为该侧表面段的平均侧摩阻力值。

```
set log on
set logfile stress
print zone stress ran id 4801 a id 4802 a id 4803 a id 1          ;注：可添加所有的需要输入应变量的 ID 号
set log off
```

21.4 计算结果对比分析

通过与实测结果以及已有文献计算结果进行对比分析，验证考虑地基土固结时间效应分析负摩阻力特性的必要性和合理性，计算和实测结果如表 21-2 所示。由表可知，相对于不考虑地基土固结时效的数值模拟而言，考虑地基土固结时效分析所得的计算结果与实测值更加符合。

表 21-2 地面堆载条件下下拽力和群桩效应系数比较

算例 S.L. = 200 kPa	下拽力 F_d / kN 和群桩效应系数 η / %			
	典型特征桩			单桩
	角桩	边桩	中心桩	
Combarieu（1985） 实测值	1265 52 %	758 71 %	420 84 %	2640
Jeong（1992） 数值模拟值	2054 20 %	1541 40 %	642 75 %	2568
Lee et al.（2002） 数值模拟值	1486 5 %	1465 6 %	1442 7 %	1558
Comodromos et al.（2005） 数值模拟值	1446 9 %	1264 20 %	1205 24 %	1558
本文（不考虑固结时效） 数值模拟值	1486 12 %	1418 16 %	1389 18 %	1690
本文（考虑固结时效）（T=10 年） 数值模拟值	1780 13 %	1739 15 %	1680 17 %	2036

由图 21-5 可知，当地面堆载为 20 kPa 且不考虑地基土固结时间效应时，桩身下拽力分布规律基本一致，由于受群桩效应的影响，单桩的桩身下拽力值大于角桩、边桩和中心桩的相应值。以角

桩为例，由图 21-6 可知，不考虑地基土固结时间效应时桩身下拽力随着地面堆载等级的增加而增大，且随着堆载等级的增大下拽力增长幅值减小。由图 21-7 可知，单桩桩身下拽力随固结时间的增加而增大并逐渐趋于一个稳定值。以中心桩为例，由图 21-8 可知，地基土固结时间 T 为 1 年时，不同地面堆载等级作用下，桩身下拽力分布规律基本一致，并随着地面堆载等级的增加而增大。

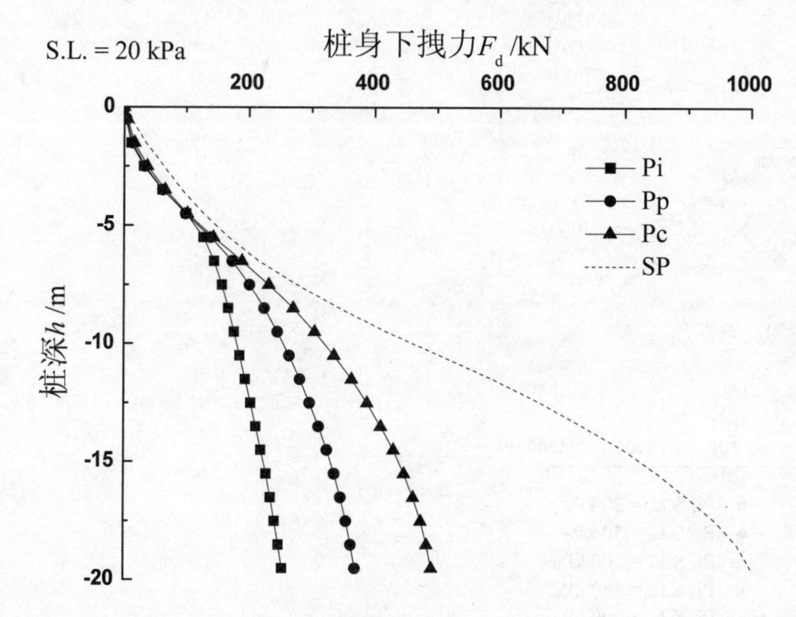

图 21-5　单、群桩桩身下拽力沿桩深方向分布曲线

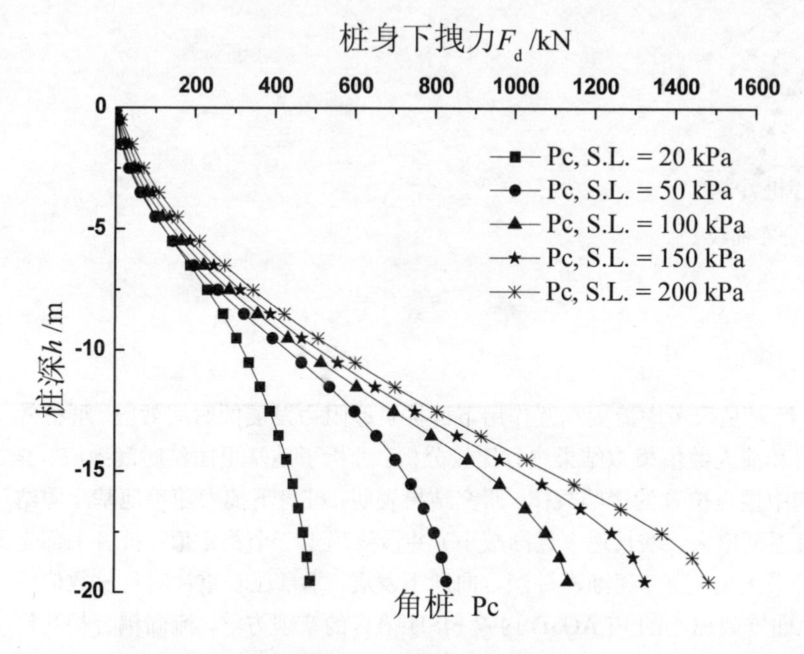

图 21-6　桩身下拽力沿桩深方向分布曲线

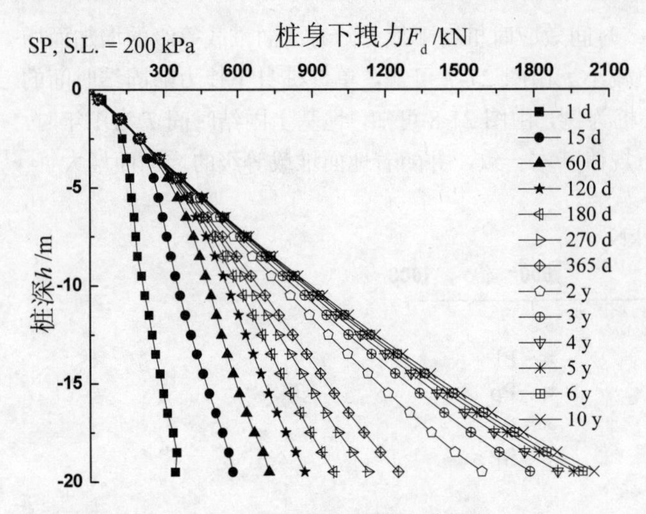

图 21-7　桩身下拽力分布与固结时间关系曲线

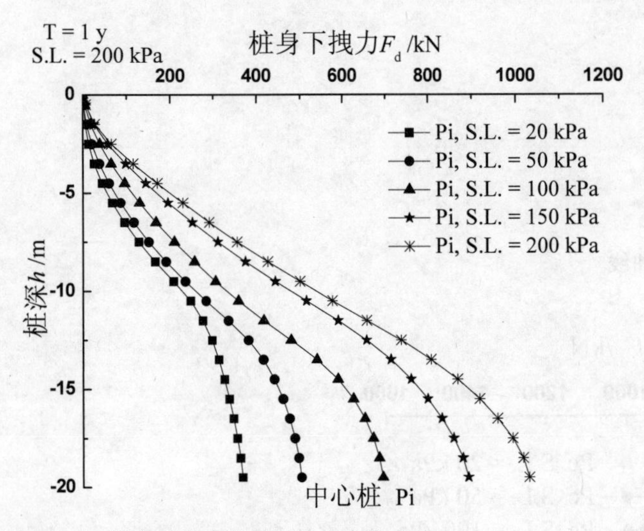

图 21-8　桩身下拽力沿桩深方向分布曲线

21.5　本章小结

本章结合实际工程实例，针对是否考虑流固相互作用下群桩负摩阻力发展的时间效应、群桩效应等进行了研究并与实测结果和前人数值模拟结果进行比较分析。分析了地基土固结时间效应、群桩效应等因素对桩身下拽力和中性点位置的影响规律。研究结果表明，桩身下拽力随着地基土固结时间的增加而逐步发展（数值逐渐增大、增长速率逐渐减小）并最终趋于一个稳定值；桩身上部先产生桩侧负摩阻力并先达到其最大值，随后逐渐沿桩深方向向下发展。本章还着重针对群桩数值模型的建立过程，桩顶加载与地面堆载速率的 FLAC3D 内置 FISH 语言的实现方法，流固耦合相互作用模拟土体固结时间效应的实现以及群桩负摩阻力特性结果分析，FLAC3D 计算结果中桩身轴力的转化输出方法等进行了介绍，为后续类似的分析研究提供参考。

22 软弱土层的冻胀性能分析

软弱土体加固常用的方法有注浆加固、深层搅拌桩加固、旋喷桩加固、冻结加固等，其中人工冻结土层加固法具有适应性强、隔水性能好、无噪音、无污染、施工工艺简单等许多优点。该方法现已广泛应用于德国、法国、美国、加拿大等许多国家的地铁、隧道、基坑等地下工程及环境保护中，而且在我国城市地下工程中已经逐渐开始使用。人工冻结法存在的主要问题在于冻胀和融沉、冻结钻孔和地下障碍物的钻进。以上问题中，由于冻胀引起的地表隆起过大时，会影响到地表建筑物的正常运营，特别是在建筑物、道路、地下管线密集的城市修建地下铁道，隧道冻结法施工引起的土体变形对工程影响更大。

本章通过 FLAC3D 的热力学模块，采用热力耦合的方式，分析地铁水平冻结过程中发生的冻胀效应，以及给周围环境带来的影响。通过将数值计算结果与现场监测数据进行对比分析，对所建立的数值模型进行了验证。本章将为读者提供一个 FLAC3D 应用热力耦合分析的实例，为应用 FLAC3D 进行温度场模拟提供参考。

本章重点：

✓ 冻胀分析的基本原理

✓ 工程概况与计算模型

✓ 主要分析结果

22.1 冻胀分析的基本原理

22.1.1 FLAC3D 温度场分析基本理论

FLAC3D 中的温度模块可模拟材料中的瞬态热传导，以及因温度发展而产生的位移与应力。此模块具有以下特征：

（1）两种温度材料模型有效：各向同性热传导模型和零模型。

（2）不同的区域可以有不同的模型和材料参数。

（3）任何一种力学模型都可以与温度模型并用。

（4）可以考虑温度、热流量、对流和绝热等边界条件。

（5）热源（点源或体积源源）可内嵌在材料体内，这些热源可随着时间呈指数衰变。

（6）可以采用显式或者隐式的求解算法。

（7）温度模块通过热膨胀系数能进行单一方向的力学应力和孔隙压力的计算耦合。

（8）单元的温度可通过内嵌的 FISH 语言进行定义得到。

FLAC3D 中能量方程的表达形式为：

$$-q_{i,j}+q_v=\rho C_v\frac{\partial T}{\partial t} \tag{22-1}$$

式中：q_i 为热流量向量，W/m^2；q_v 为体热源强度，W/m^3；ρ 为密度；C_v 为在定体积中的热量，J/kg °C；T 为温度；t 为时间。

对于静态、均一的各向同性固体，傅立叶定律可表达为：

$$q_i=-kT_j \tag{22-2}$$

式中：T 为温度；k 为热传导系数， W / m ℃。

FLAC3D 的热力学耦合是通过温度改变引起单元的应变而实现的，温度引起应变增量（$\Delta\varepsilon_{ij}$）与温度改变量（ΔT）的关系为：

$$\Delta\varepsilon_{ij}=\alpha_t\Delta T\delta_{ij} \tag{22-3}$$

其中 α_t 为温度线膨胀系数，δ_{ij} 为 Kroneeker delta 函数。

FLAC3D 的热力学耦合计算为单向模型，即温度变化可改变单元的应变，从而引起应力的变化；但单元应力的变化却不能改变温度的分布。在涉及非线性土体模型计算时，为考虑塑性分析中的路径相关性，在较小的温度时段内，温度引起的应力变化必须参与总应力应变的计算。FLAC3D 采用力学与热学耦合的循环算法，即在每一较小温度时段计算后，必须完成相应的力学计算才能进行下一阶段的热力学模拟。

22.1.2 冻胀效应计算的假定及方法

冻胀是由于土中的水分在低温下冻结成冰，一定范围内形成了冻结壁，土体强度得到提高，同时周围土体体积发生膨胀，在浅埋隧道中，对地表造成较大的影响。该过程非常复杂，采用 FLAC3D 进行模拟计算时，作了如下假设：

（1）土体应力的改变不影响土体的温度，即热应力分布只与温度有关，不随结构应力的改变而改变。

（2）流体的分布不受结构应力的影响。

（3）冻结过程某一小段时间内，土体的导热系数及冻胀率近似认为是常量。

对于冻胀的模拟，首先选定合理的计算分析范围，建立相关地质模型，采用摩尔－库仑本构模型进行力学分析，施加初始地应力和外界约束，使模型计算达到平衡态，该过程是建立和实际情况接近的天然状态下的地质稳态模型。冻结管的致冷效应，采用温度模式下的线热源来模拟，设定其发热功率为负值（即吸热），冻结管的布置按照设计的位置准确定位，其冻结时间也按预计的天数进行计算。设定温度计算为主步，静力计算为从步，土的膨胀系数设定为负值，则可模拟出土冻结时的膨胀效应。

22.2 工程概况与计算模型

22.2.1 工程概况

该冻结工程斜穿上部公路，附近为商贸城和汽车客运站，该区段道路两侧地下管线纵横交错，数目较多；其次，上部公路交通繁忙，不能封路施工。故设计采用水平冻结法加固地层，矿山法开挖、构筑，其双线隧道地层冻结长度为 136.4～140.8 m，采用全断面帷幕冻结。隧道顶面距离地表平均约为 8 m。双线隧道净断面为马蹄形，隧道净高 9146 mm，净宽 11400 mm。隧道临时支护为厚 350 mm 的 C20 网喷混凝土，内衬为 C30 厚 450 mm 的 S8 模筑钢筋混凝土。

22.2.2 计算模型

本工程属于浅埋隧道工程，隧道截面形状为马蹄形，隧道断面具体是由 10 段对称光滑弧线组成。如图 22-1 和图 22-2 所示，以隧道中心为原点，水平向右为 X 轴正方向，Y 轴正向为垂直向上，沿隧道轴向为 Z 轴方向，模型上边界为地表，下边界为原点向下-66.3 m，并且模型左右对称，两侧边界为距原点 50 m 处。整个模型尺寸为 100 m×80 m×20 m，共划分网格单元 55840 个，节点 60438 个。

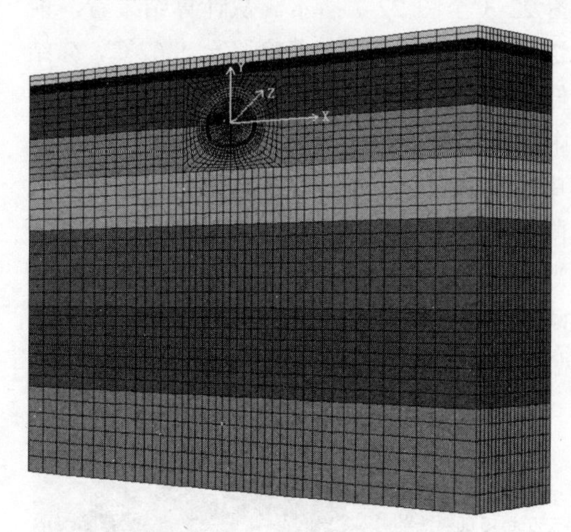

图 22-1　三维网格划分模型

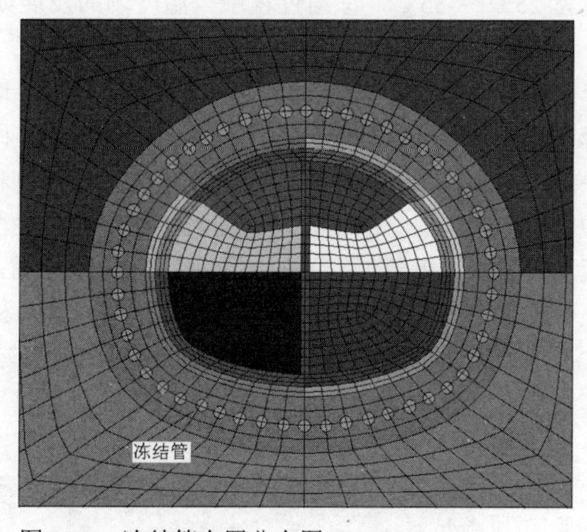

图 22-2　冻结管布置分布图

模型周边是自由边界法向固定，底面约束三方向的自由度，顶面为自由表面。综合考虑公路荷载和地表建筑物的自重，顶面施加永久荷载 10 kPa，初始水平地应力侧压力系数根据现场测量结果，X 方向取为 0.8，Z 方向取为 1.2。对于地表边界的温度限制，取与当地气候相应的温度控制地表周围土体的温度分布。

22.2.3 计算参数

模型采用摩尔-库仑本构关系，当温度为-8℃时，每米冻结管的吸热功率为-17 W/m，冻土的导热系数为 1.5 W/m·℃，冻胀率为-5e-5/℃，冻土比热为 500 J/ Kg·℃，随着土层温度的变化，发生相应改变。地层从上往下共分 8 层，前 6 层为土层，下部两层为岩层，分别为：①人工填土层；②冲积-洪积土层；③可塑状残积土层；④硬塑状残积土层；⑤岩石全风化带；⑥岩石强风化带；⑦岩石中风化带；⑧岩石微风化带，各土层物理参数取值见表 22-1。

表 22-1　土层物理参数

岩性	①	②	③	④	⑤	⑥	⑦	⑧
体积模量 K/MPa	20.83	5.00	14.71	16.67	26.67	53.33	303	530.3
剪切模量 G/MPa	3.52	1.07	5.64	7.69	16	32	156	273.4
摩擦角 ϕ/°	18	16	29	28	28	29	32	32
粘聚力 c/kPa	20	12	13	19	22	25	700	1600
泊松比 γ	0.42	0.4	0.33	0.3	0.25	0.25	0.28	0.28

22.3　主要分析结果

22.3.1　温度场分析结果

工程前期，首先是进行五个月的积极冻结，使土层各项属性提高，形成冻结壁。冻结盐水的温度为-25℃～-35℃，冻结过程中，温度场的发展如图 22-3 至图 22-7 所示。从计算结果看，前一个月冻结后使得冻结壁内最低温度降至-0.1155℃，冻结两个月后，最低温度降至-8.62℃，冻结三个月后，最低温度降至-15.3℃，冻结四个月后，最低温度降至-18.7℃，冻结五个月后，最低温度降至-20.2℃，冻结壁平均温度约为-8℃。冻结过程中盐水的温度是不断变化的，根据现场测试结果进行函数拟合，将得到的函数作为整个冻结过程中的盐水温度，编程输入，得到比较接近现场的合理结果。随着冻结时间的增长，地层温度逐渐降低，冻结壁厚度及强度亦逐渐提高，各图中蓝色温度圈温度最低，此处土体处于冻结管周围，温度最先降低，随着能量的扩散，逐渐使周围土体温度降低，冻结三个月后，最低温度降至-15.3℃，冻结壁厚度为 2m，继续冻结 2 个月，加大冻结壁的厚度，使冻结壁厚度增大到 4.5m，有效冻结壁厚度为 2.5m，平均温度为-8℃，此时其强度取实验室结果（-8℃）为 2.09MPa。

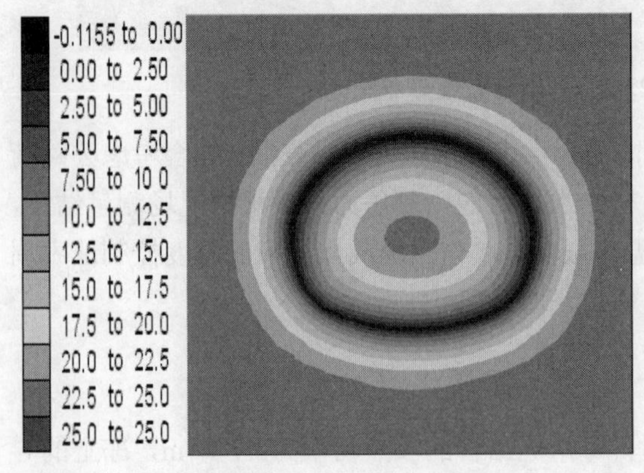

图 22-3　冻结一个月温度分布图

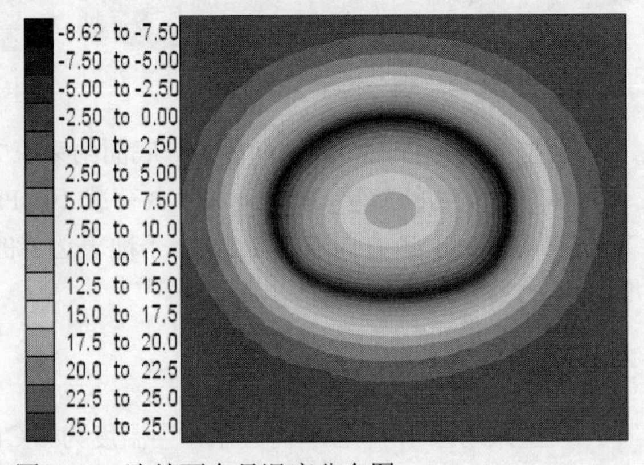

图 22-4　冻结两个月温度分布图

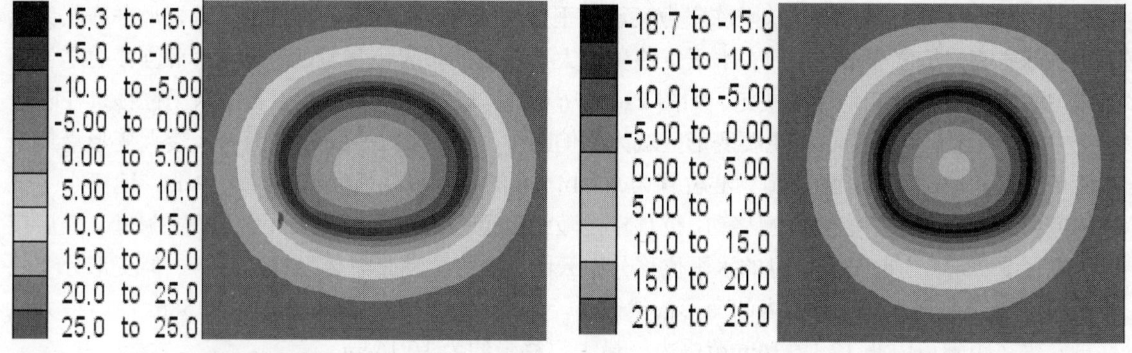

图 22-5　冻结三个月温度分布图

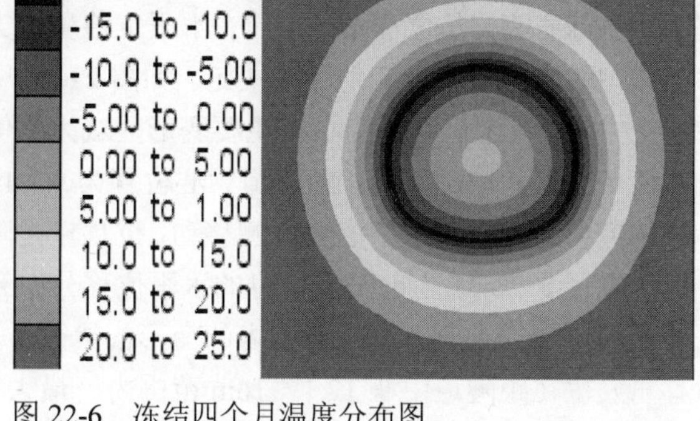

图 22-6　冻结四个月温度分布图

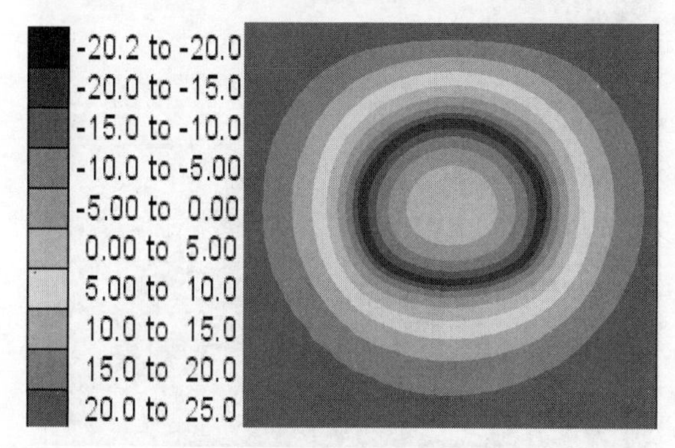

图 22-7　冻结五个月温度分布图

22.3.2　冻胀位移分析

本工程开挖前冻结预计期为五个月，此阶段为积极冻结期，主要目的是形成 2.5m 厚的冻结壁，以保证后期的开挖支护工作能够顺利进行。土体中的水结成冰，发生了相变，与土体一起形成冰透镜体，此过程将产生体积膨胀，由于隧道埋深较浅，对地表将产生明显的影响，如产生的冻胀位移量较大，将影响地面的交通运输。由计算结果可知，冻结三个月后，地表产生了向上的位移，隧道垂直上方地表 8.5m 范围内产生的平均位移为 8.7cm。以隧道垂直上方为中心，随着向两侧的延伸，冻胀位移量逐渐减小，每延伸 1m，平均位移量减小 0.75cm。总体地表垂直上方约 35m 范围内发生了比较明显的位移，最小位移量为 3cm，如图 22-8 所示。冻结五个月后，地表最大冻胀量增大到约 17.9cm，变形范围也增大到地表 12m 范围，仍主要集中在隧道上方。随着向两边的延伸，每 2m 长距离冻胀位移量减小 2cm。地表受影响的范围扩大到 66.7m。距离隧道中心的长度越大，垂直冻胀量越小，如图 22-9 所示。隧道正上方位移变化率最大，随着向两端的延伸，位移变化率呈减小趋势。产生这种情况的原因是土体的冻胀率在不同的温度下是不同的，在各阶段，随着土体温度的降低，冻结壁强度不断提高，其周围土体的膨胀率也呈增大趋势，同时伴随着越来越多的土体被冻结，冻胀位移总量在不断的增长之中。根据分析，地表产生最大冻胀位移的范围随冻胀时间逐渐扩大，每月最大冻胀位移量依次为 1.33cm、5.37cm、8.87cm、13.6cm 和 17.9cm。

地表的水平位移量也较大，主要集中在中心两侧的土体，而隧道正上方水平位移几乎为零，这是因为水平位移主要由水平冻胀力引起的，而隧道正上方水平冻胀力几乎为零，主要承受垂直方向的冻胀力，而两侧土体既承受水平冻胀力又承受垂直冻胀力，相对两侧较远处土体，水平冻胀力大于垂直冻胀力，从位移角度来看，水平位移量也大于相应的垂直位移量，当然，水平位移的产生还与模型的约束条件及其他因素决定。如图 22-10 所示，为冻结三个月后，地表的水平位移量在隧道正上方 4m 范围内几乎为零，主要变形区域为两侧距中心距离约 2～36m 范围内，最大变形量集中在两侧变形的中部区域，距隧道中心位置为 9～14.8m 的范围内，最大值约为 5.19cm，地表水平位移的方向是背向隧道中心向两侧移动，位移量是随距隧道中心距离的变大而先增大后减小，最后接近于零。图 22-11 为冻结五个月的水平位移分布云图，水平位移量总体呈增大趋势，但变形分布趋势不变，隧道正上方 4m 范围内的变形依然很小，主变形区扩大到两侧 2.13～40.58m 内，最大位移量发生在距隧道中心 12.1～16m 范围内，最大位移量约为 10.15cm。

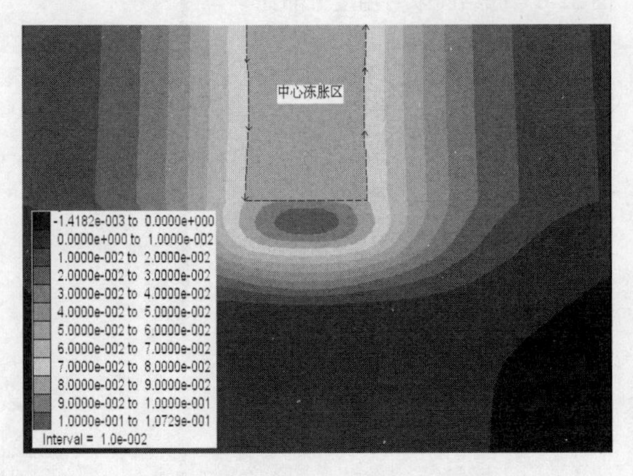

图 22-8 冻结三个月地表垂直位移分布云图

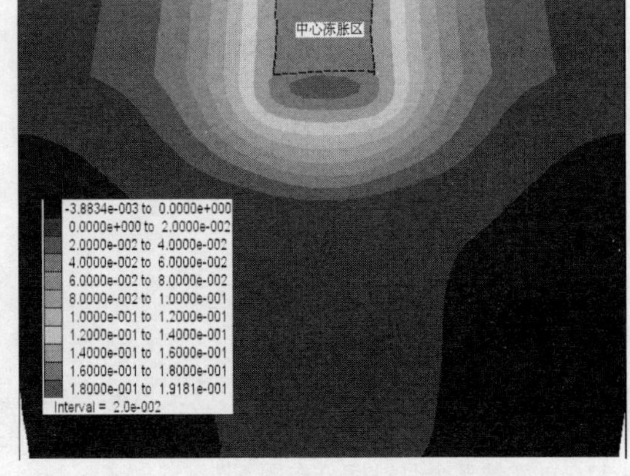

图 22-9 冻结五个月地表垂直位移分布云图

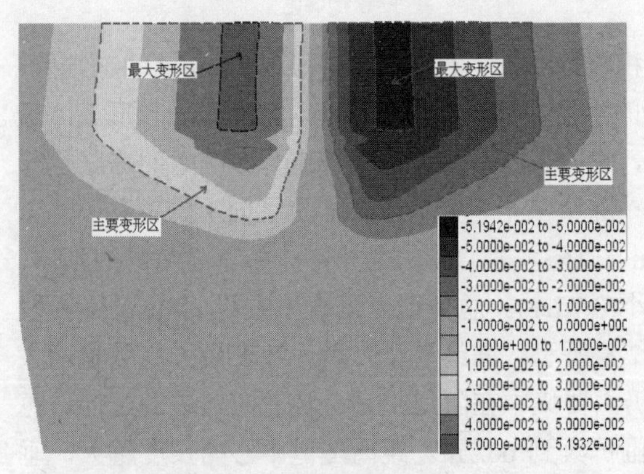

图 22-10 冻结三个月地表水平位移分布云图

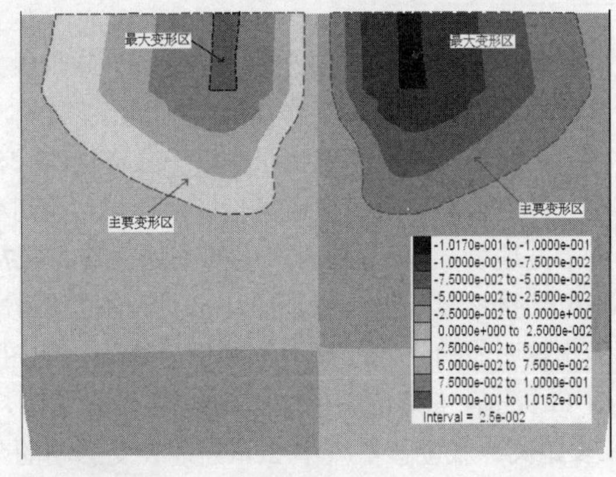

图 22-11 冻结五个月地表水平位移分布云图

计算过程中，对地表一些关键点的水平位移作了详细的监测（见图 22-12），分析地表变形速度、最大位移值及分布趋势，为现场的监测及施工作指导。图 22-13 反映出了地表水平位移量先增大后减小的趋势。各监测点位移变化曲线见图 22-14 和图 22-15 所示。由图中可以看出，监测点 5 和监测点 6 的变化梯度最大，这两点处于最大位移区域，而其他监测点随着位置的不同，变化梯度逐渐变小。水平位移产生的过程中，位移变化率的情况和垂直冻胀位移情况基本一致，但总体位移分布趋势不同。

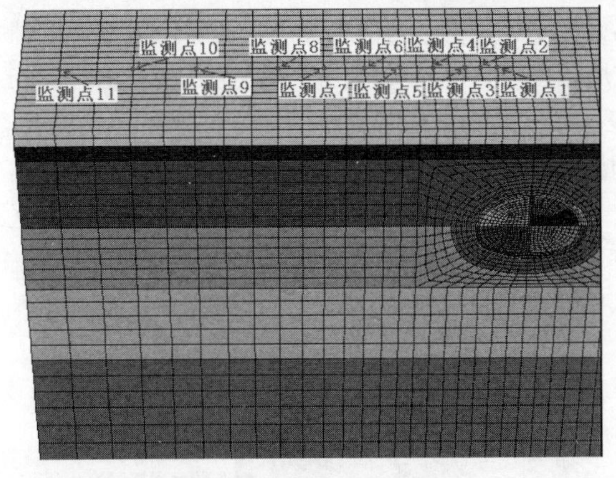

图 22-12　地表水平冻胀监测点布置图

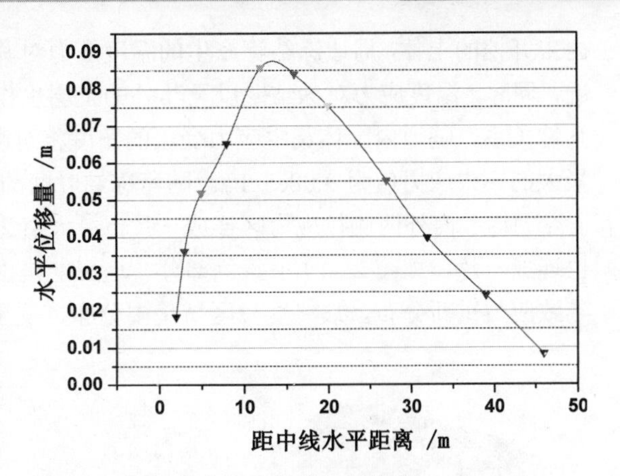

图 22-13　地表冻胀位移变化曲线图

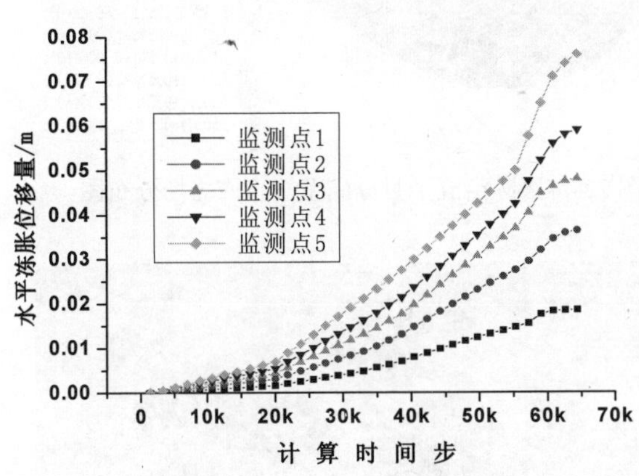

图 22-14　中部监测点水平位移变化曲线图

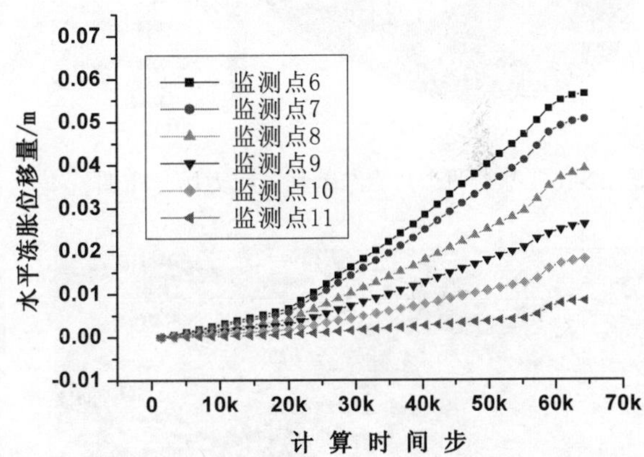

图 22-15　远程监测点水平位移变化曲线图

22.3.3　应力场分析

积极冻结期，由于冻结管连续不断地对地层进行冻结，在热交换的过程中，产生了温度应力，伴随着冻胀力的产生，同时，冻胀使得初始的地应力重新分配，在各个因素的综合作用下，产生了比较复杂的应力场，总体上提高了隧道所处的垂直方向的应力水平。如图 22-16 所示，为冻结两个月冻结壁垂直方向的应力分布图，其最大应力值达到了 3.95e5 Pa，与天然所处自重应力相比，增大了 10 倍之多，最大应力值位移处于隧道底板处，而顶板处应力为 1.25e5 Pa，仅为底板处的 1/3。由于隧道属于浅埋型，上覆土层厚度有限，产生冻胀效应后，地表在冻胀力的作用下产生冻胀位移，一定程度上对冻胀力起到释放的作用，而底板处由于产生了向下的冻胀力，且其周边土体均受约束作用，无法产生大的变形，故冻胀力逐渐增大，正如计算结果所显示的底板处的冻胀应力大于隧道顶板处。图 22-17 为冻结五个月时的垂直应力分布图，此时最大冻胀力达 8.01e5 Pa，顶板应力释放区的应力也达到 2.19e5 Pa，总体上垂直冻胀应力随冻结时间的增长在不断增大。

在隧道和冻结壁边缘的 45 度角方向，均产生了应力集中情况，如图 22-18 所示，为冻结两个月时的剪应力分布云图，产生这种“花瓣”状的集中情况主要是与冻结管的布置位置有关。对隧道内未开挖的土体，周边冻结管产生的温度应力对其施加了压应力，使得土体产生了剪应力集中的情况，同时，温度应力对冻结壁以及其外的土层也作用压应力，也使其产生了剪应力集中，由力的相互性关系，隧道内土体集中应力受压的角度将对应冻结壁的集中应力为拉的效应，计算结果显示，最大的集中应力值为 3.08e5 Pa。随着冻结时间的增长，冻结锋面的剪切应力值不断增大，当冻结五个月时，内外两侧拉应力区连成一片，最大值达 1.45 MPa，如图 22-19 中黄色区域；而压应力区也连成一片，如图 22-19 中蓝色部分。这可能是由于长期的冻结，使冻结锋面产生了相应的位移，导致应力重新分布，最终受拉区域集中分布，受压区域也连在一起，总体上达到静力平衡。

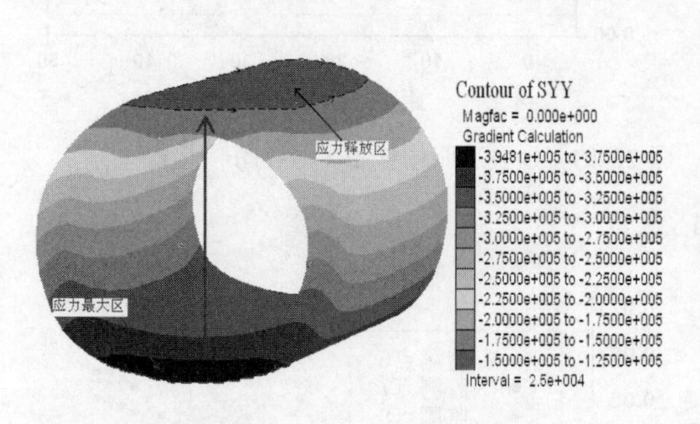

图 22-16　冻结两个月冻结壁垂直应力场分布图

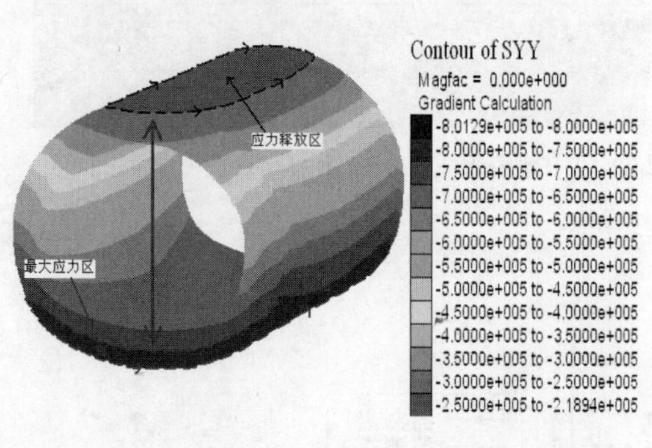

图 22-17　冻结五个月冻结壁垂直应力场分布图

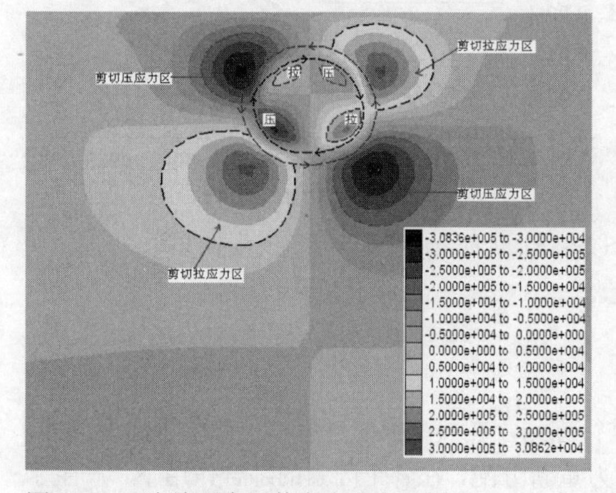

图 22-18　冻结两个月剪应力分布云图

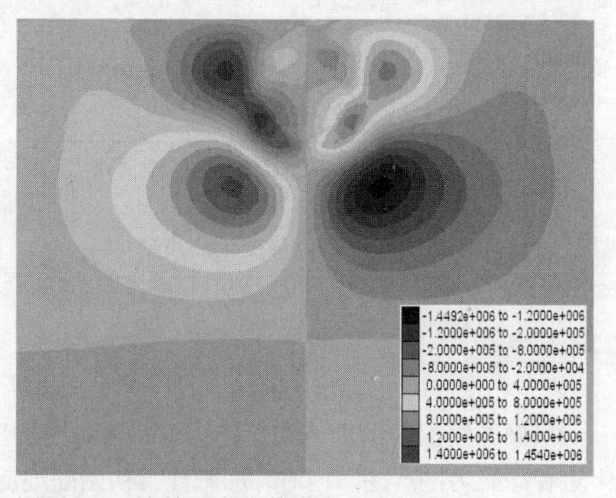

图 22-19　冻结五个月剪应力分布云图

22.3.4　分析结果验证

由图 22-20 可以看出，隧道垂直上方地表的冻胀位移量与实测值很接近，总体上反映了现场施工的情况。根据现场采样实验室实测冻土的冻胀率，并结合现场监测数据进行反分析，得出比较合理的物理参数，使得数值模拟结果与现场监测值比较吻合，图中显示：冻结一个月地表几乎不发生冻胀现象，冻结两个月初，温度降低至零度以下，土体开始发生冻胀，冻胀率接近实验室结果，整个冻结过程中冻胀率比较稳定，直至冻结完毕。最终数值模拟得出的计算结果比实测值稍大，总体变化趋势较吻合。

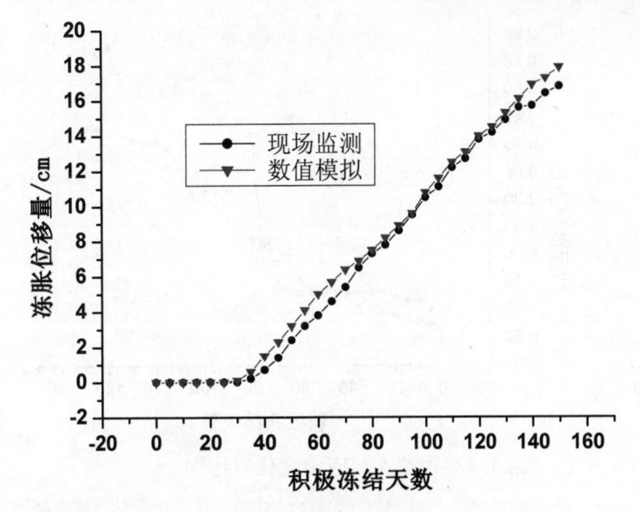

图 22-20　X=0.5m 处测点地表冻胀量变化对比图

地表 X=6.7m 处测点冻胀位移发展变化趋势与实际监测值也较吻合，如图 22-21 所示，但最终冻胀量较实际值大 5cm 之多。分析产生这些情况的原因可能是：①现场不同位置处的监测点其周围土层以及地表荷载不同，数值模拟计算时不能全部反映出这种变化；②数值模拟监测点位置与实际监测点的位置无法完全吻合；③位移反分析主要以隧道正上方发生最大冻胀量的部位为参考，不能保证所有监测点与实测值完全一致；④现场实际监测值存在误差。

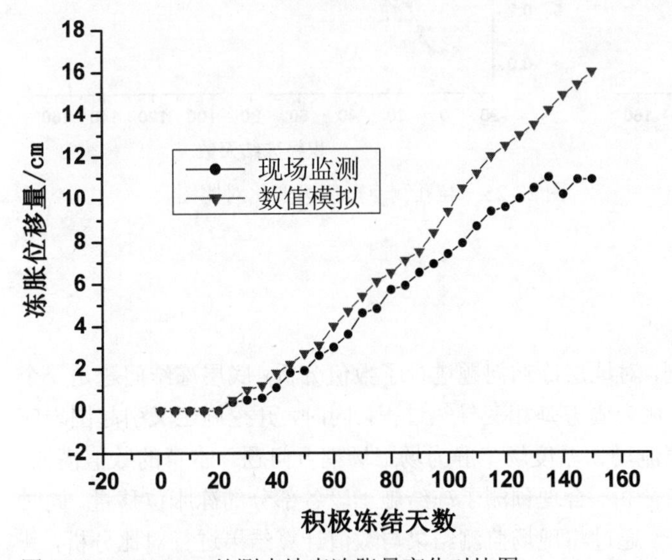

图 22-21　X=6.7m 处测点地表冻胀量变化对比图

根据现场压力监测点的布置，在数值模拟的相应位置布置监测点，现场共四个测孔，分别位于隧道上部两斜 45°角处和右下角 45°方向以及隧道底部的冻结壁内。每个测孔在水平方向设四个测点，将计算模型段内测点的数值计算结果与实测值进行对比分析，见图 22-22 至图 22-25。由图可知，压力测孔的数值模拟值与实测值比较吻合，总体上反映了其变化趋势，数值模拟结果显示各测点压力值均随冻结时间呈增大趋势，最后趋于稳定。

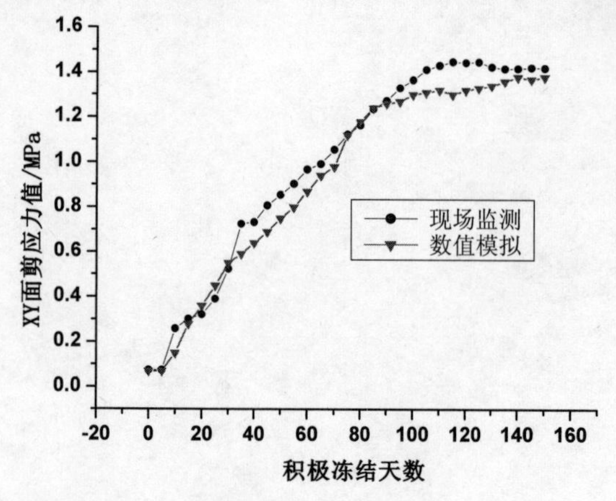

图 22-22　1#孔测点剪应力变化对比图

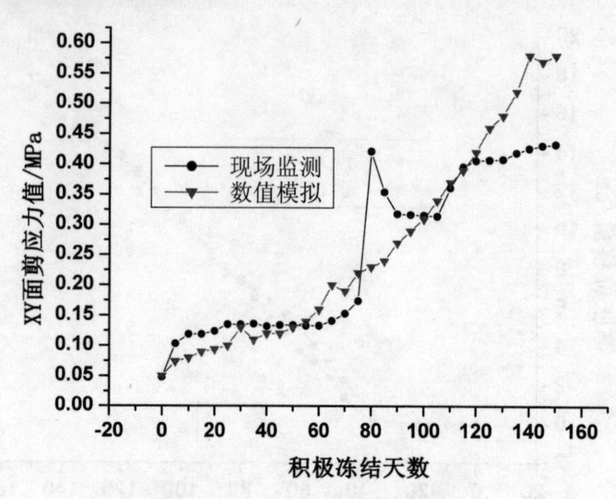

图 22-23　2#孔测点剪应力变化对比图

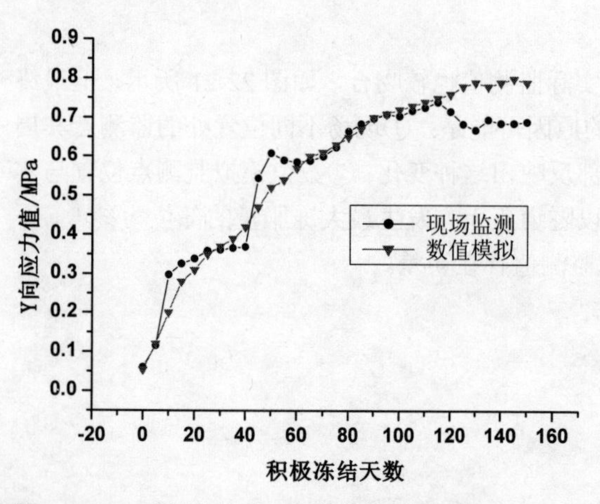

图 22-24　3#孔测点垂直应力变化对比图

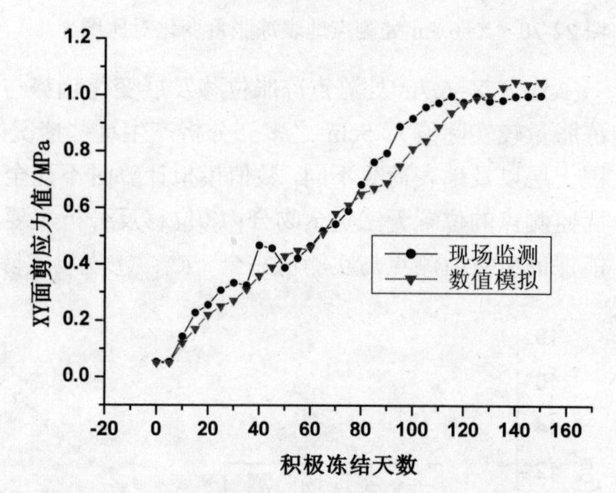

图 22-25　4#孔测点剪应力变化对比图

22.4　本章小结

本章提供了一个热力耦合分析的实例，对地层冻结问题进行了数值分析。底层冻结问题是一个复杂的物理力学过程，冻结时水由液态转化为固态是相变导热过程，同时，开挖施工又引起围岩应力、位移场的多次变化，因此冻结过程属流场、温度场、静力场三场耦合问题。本章的数值模拟，对积极冻结期冻土的冻胀破坏效应进行了分析，合理预测了冻结施工段各部分的冻胀位移量，同时得到了冻胀发生后地层应力场的分布特征。通过将现场监测结果与数值计算结果进行对比分析，其相互吻合性较好，使得数值计算结果更有可信性，为监控量测的测点布置提供了合理的设计依据，也为广大读者提供了一个热力耦合分析的样板。

23 基坑工程中既有下穿隧道隆起变形分析

随着我国城市现代化进程步伐的加快，城市地下空间的规划与设计、开发与利用愈来愈多地受到重视。目前，城市地下工程建设中穿越既有建筑物的情况越来越多，地下工程施工时，既要保证既有建筑物的安全，又要确保工程本身的顺利进展，因此超近距离基坑开挖过程中既有下穿地铁隧道隆起变形的研究成为当今地下工程中的热点问题。本章结合某城市地铁隧道明挖基坑工程，通过三维有限差分程序 FLAC3D 对基坑工程中既有下穿地铁隧道的隆起变形规律及其影响因素进行优化分析。本章的实例可以为应用 FLAC3D 进行复杂隧道模型的分析提供参考。

本章重点：

✓ 复杂隧道模型的 FLAC3D 建模

✓ 基坑支护的模拟

✓ 结构单元的连接

23.1 工程概况

23.1.1 基本情况

某隧道基坑工程（南侧）隧道全长为 572.08 m，其中隧洞部分长 260 m，东西两个引道部分共长 312.08 m，引道的最大纵向坡度为 4.75%；隧洞部分的结构净宽为 10 m，最小净高为 4.73 m；隧洞顶板厚为 650 mm，壁板厚为 600 mm，底板厚为 800 mm，顶板最小埋深为 1.95 m；车辆荷载的设计标准为城－A 级，车速设计为 50 km/h。在新隧道施工场地共有 3 条已运营通车隧道，其中老隧道（箱型隧道）位于新隧道的北侧，与新隧道相平行，水平向间距约为 9 m，其断面尺寸与新隧道相同，具体见图 23-1（a）所示。双线盾构隧道沿南北向与新隧道成约 70° 角斜穿整个基坑，地铁盾构隧道在此段的洞顶埋深约为 10.23 m，双线盾构隧道的中心间距约为 19.44 m，净间距约为 12.84 m，地铁盾构隧道顶部距离基坑开挖底面的距离为 2.15～3.10 m，盾构隧道的管片厚度为 0.35 m，内半径为 2.75 m，其尺寸标示详见图 23-1（b）所示。

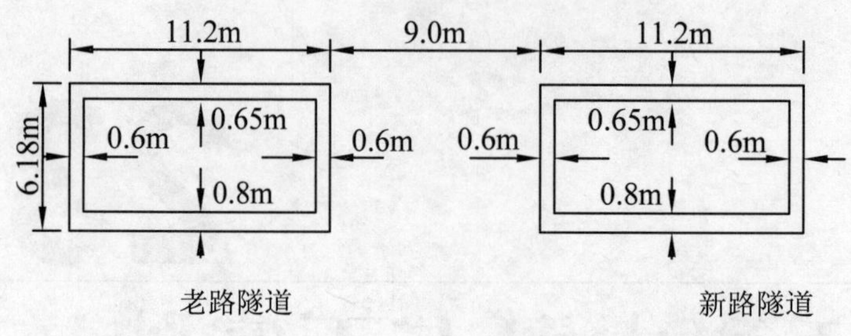

（a）某隧道

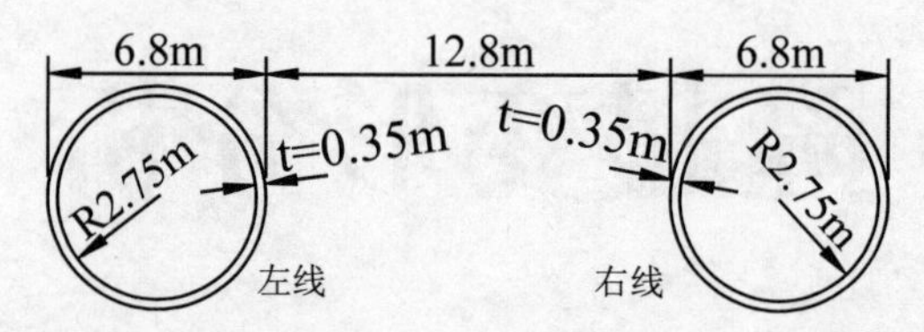

（b）地铁盾构隧道

图 23-1　隧道断面尺寸图

相互交错的 4 条复杂隧道平面示意图及其立面剖视图如图 23-2 所示。新隧道基坑采用明挖方式施工，在地铁盾构隧道顶部采用分块方式开挖，基坑分块开挖的宽度为 12.8 m，深度为 7.8 m，长度为 13.5 m，地铁盾构隧道在上方基坑施工期间为正常运营状态。

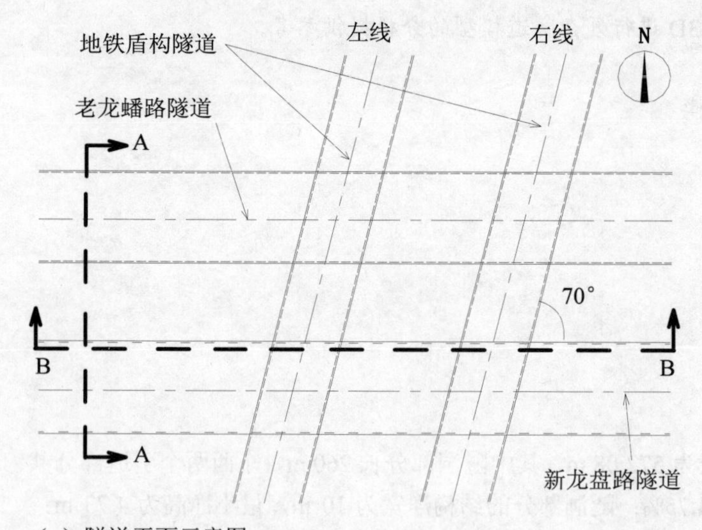

（a）隧道平面示意图

图 23-2　隧道位置布局示意图

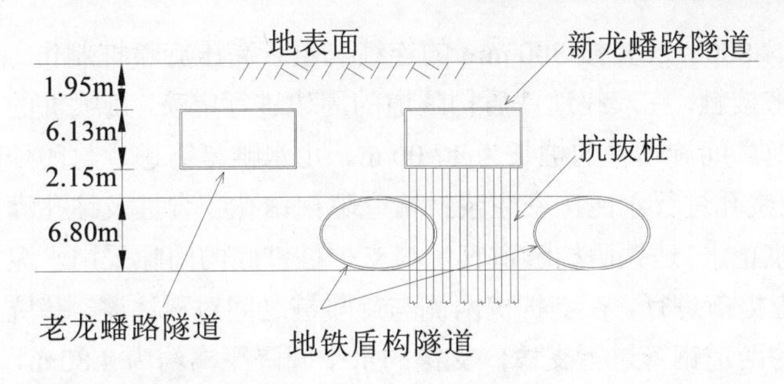

（b）隧道立面剖视图（A-A）

图 23-2　隧道位置布局示意图（续图）

23.1.2　基坑支护方案

新隧道基坑骑跨双线地铁盾构隧道的两侧坑壁采用 ϕ1000@800 mm 的钻孔咬合桩结合 ϕ1000@1200 mm 钻孔灌注桩支护，其中钻孔咬合桩桩长为 16.50 m，钻孔灌注桩桩长为 8.20～16.50m（用于盾构隧道顶部，共 28 根），均采用 C25 混凝土浇注。钻孔咬合桩分 A、B 两种桩型，A 型桩为素混凝土桩，B 型桩为钢筋混凝土桩，两种桩型间隔布置，咬合厚度为 200 mm，其平面布置详见图 23-3。钻孔灌注桩桩底控制距离地铁盾构管片的最小距离为 500 mm。支护桩桩顶设 C30 钢筋混凝土冠梁，冠梁梁顶标高为 11.50 m，厚度为 800 mm，宽度为 1100 mm，支护桩桩顶嵌入冠梁深度为 100 mm。基坑坑壁支护桩布置的立面视图如图 23-4 所示。

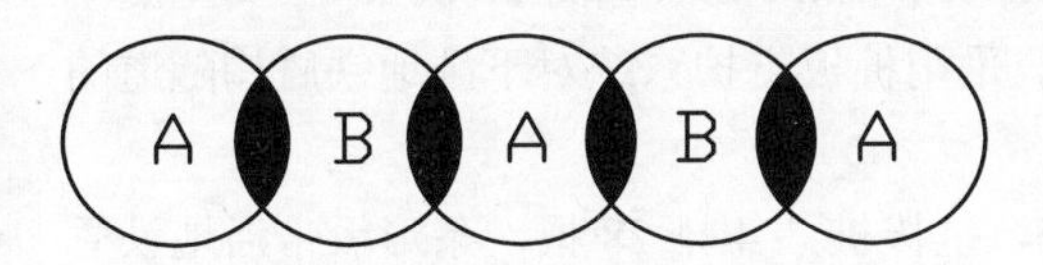

图 23-3　钻孔咬合桩平面布置图

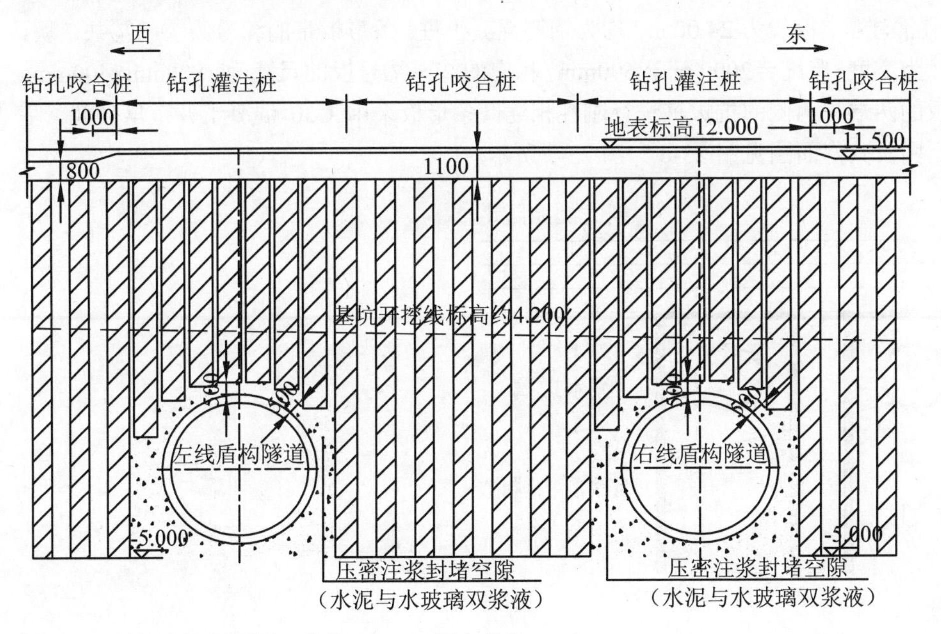

图 23-4　基坑支护剖面图（单位：mm，标高单位：m）

基坑坑壁支护桩两侧的止水帷幕采用 ϕ800 mm 搭接 300 mm 的连续二重管高压旋喷桩制作。为了使地铁隧道管片与支护桩桩体尽量紧密接触，在双线地铁盾构隧道的周边进行定喷，旋喷桩的水泥掺量由现场试喷结果确定，两地铁隧道之间旋喷桩的桩长为 17.00 m。止水帷幕需进行封闭处理，在钻孔灌注桩之间采用 2～3 个预埋注浆孔进行水泥压密注浆封堵空隙；钻孔咬合桩及钻孔灌注桩与外侧止水帷幕之间采用水泥压密注浆止水；地铁盾构隧道管片与支护桩桩底的间隙采用水泥与水玻璃双浆液压密注浆封堵，同时注浆应提前进行，在支护桩两侧与旋喷桩之间对称注浆。基坑内部采用直径为 609 mm，壁厚为 12 mm 的两道钢管进行支撑，支撑的水平间隔距离约为 4.80 m，垂直间隔距离约为 4.10 m，交错安装并施加了预应力。

23.1.3 盾构隧道抗隆起支护方案

正常运营地铁对其所在盾构隧道的变形要求极为严格：

（1）盾构隧道的绝对最大沉降≤15 mm；

（2）盾构隧道的最大隆起位移量≤10 mm；

（3）盾构隧道变形的曲率半径＞15000 m；

（4）盾构隧道的相对曲率＜1/2500。

为了严格控制基坑施工过程中因开挖卸荷所引起的地铁双线盾构隧道的回弹变形，采取了一系列的抗隆起加固措施：对基坑坑内一定深度范围内的土体采用 ϕ800 mm 二重管高压旋喷桩进行满堂加固，地铁盾构隧道附近土体的加固深度从基坑底至盾构管片周边 500 mm 范围，盾构隧道两侧土体的二重管旋喷桩加固深度为基坑开挖面标高 7.500 m 以下 12.50 m（标高-5.000 m），高压旋喷桩在加固面以上继续注浆提升，但水泥掺量减半；同时，采用桩板支护系统对下卧地铁盾构隧道的隆起位移进行加固控制。

桩板支护系统由“Π”形抗拔桩与条形板组合构成，抗拔桩共 4 排 28 根，条形板带沿地铁盾构隧道左右线共 2 排 14 块，如图 23-5 所示。抗拔桩为直径 800 mm，间距分别为 1400 mm、1800 mm 和 1900 mm 的钻孔灌注桩，桩长为 24.00 m，均为钢筋混凝土桩。条形板带的编号为①～⑦共 7 块，其中①号板的尺寸为宽度×厚度＝2000 mm×600mm，相应的②～⑦号板的尺寸为 1800mm×400mm，同时每一个条形板的两端与两侧的抗拔桩进行刚性相连，条形板采用 C50 混凝土并掺早强剂。基坑综合支护的平面图及其剖面图见图 23-6 和图 23-7 所示。

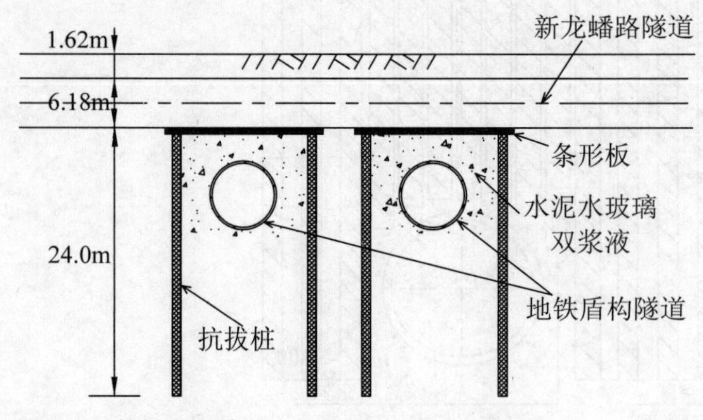

图 23-5 桩板支护系统

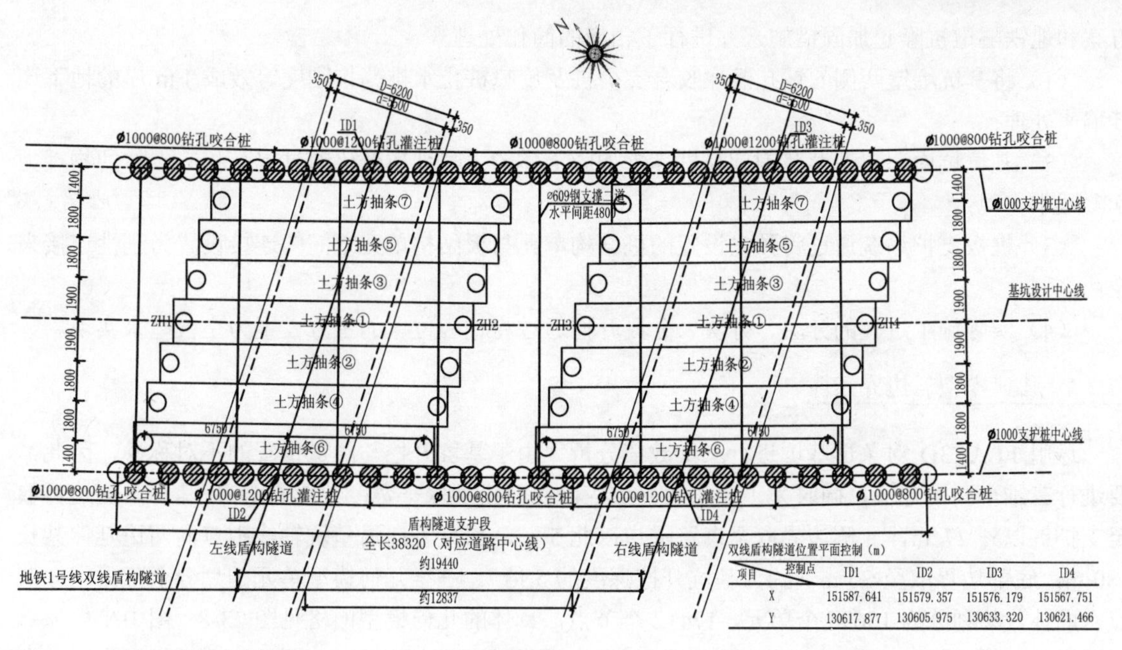

图 23-6　桩板支护平面图

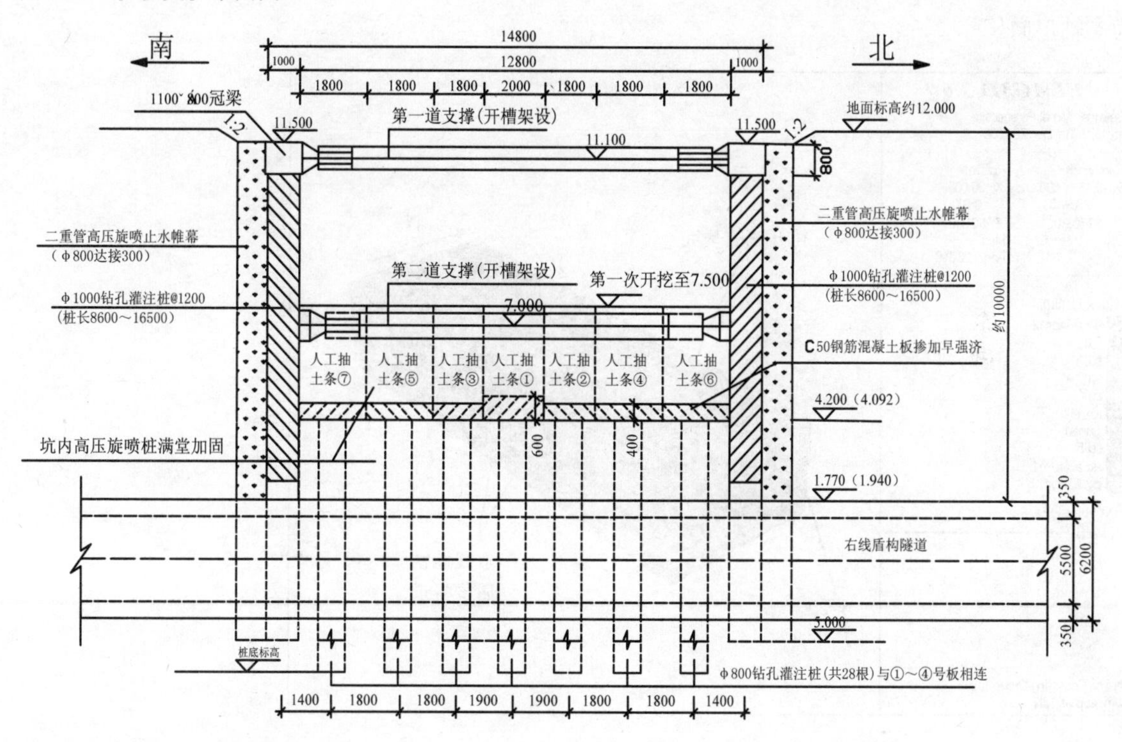

图 23-7　板桩支护剖面图

23.2　分析过程

本章在利用 FLAC3D 进行三维数值分析时，必须体现设计上和实际施工中所采取的基坑支护方案和地铁隧道抗隆起加固措施，并进行了相应的简化处理。

（1）将基坑坑壁两侧的钻孔灌注咬合支护桩及旋喷桩止水帷幕按刚度等效成 1 m 厚的地下连续墙来处理；

（2）基坑坑内一定深度范围旋喷桩满堂加固土体的力学性质变化通过提高相应土体的物理力学参数来实现；

（3）桩板支护系统通过将预先设置的桩结构单元与板结构单元之间的连接设置为刚性连接来表达；

（4）实际施工过程的分层、分块、分段开挖通过将相应位置的土方设置为空模型来实现。

23.2.1 几何模型与边界条件

运用 FLAC3D 对条形基坑进行三维数值分析，由于基坑开挖与隧道位置的不对称性，因此需要进行三维全断面建模，同时为了减小边界效应，几何模型水平宽度共取 60 m，其中南侧边界取至支护桩以外 27 m，北侧边界取至老路隧道以北 5 m，长度方向沿基坑轴线中点向两边延伸共长 180 m，底部边界取至-35 m（约为基坑开挖深度的 5 倍）。三维几何模型单元的划分全部采用 8 节点六面体，共划分为 15696 个单元，17412 个节点，具体的几何模型网格见图 23-8。图中坐标原点设在地表基坑开挖的几何形心处，以南北方向为 y 轴方向，东西方向为 x 轴方向，垂直向上的方向为 z 轴正向。

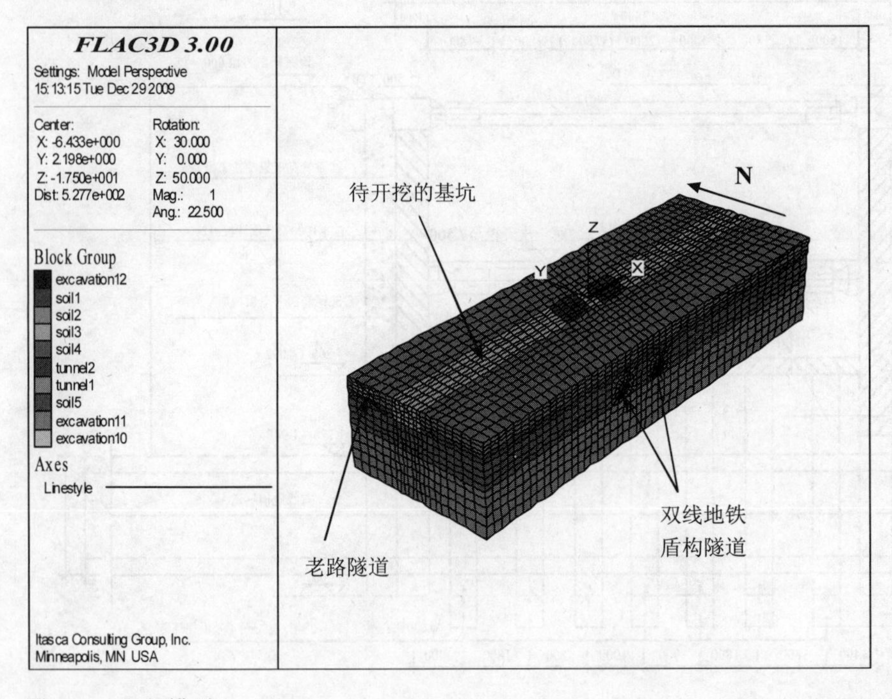

图 23-8　几何模型

边界条件设置为：在几何模型地基土的底面和四个侧面的法向方向位移施加了固定约束（水平方向位移固定，垂直方向位移可自由变化）。此外，共采用 9152 个 3 节点壳单元来模拟隧道管片结构，820 个 2 节点桩单元来模拟桩板支护系统中的抗拔桩，148 个 2 节点梁单元来模拟钢支撑结构，结构单元的模型建立如图 23-9 所示。

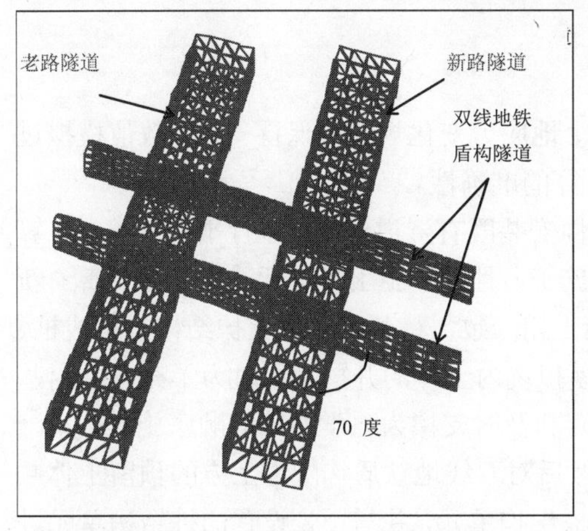

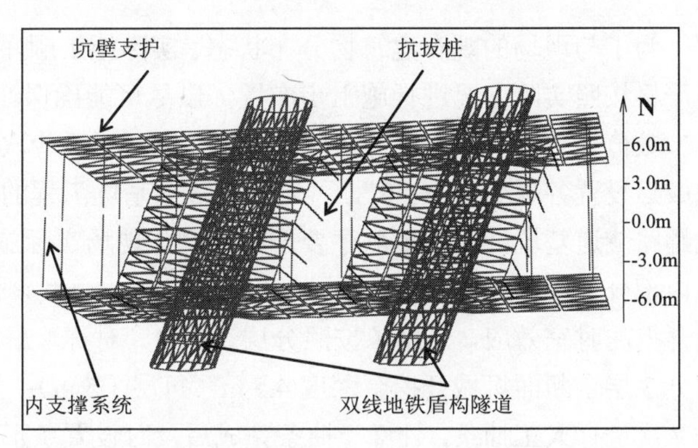

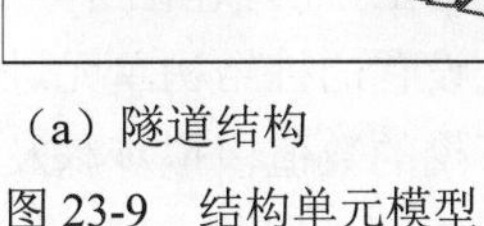
（a）隧道结构　　（b）基坑支护结构

图 23-9　结构单元模型

23.2.2　本构模型与材料参数

数值模拟计算过程中，土体的材料单元设置为 Mohr-Coulomb 模型，混凝土、钢筋混凝土、钢支撑等材料结构单元设置为各向同性弹性模型，同时与现场实际测量仪器埋设的位置相对应地设置了具有代表性的变形和受力监测特征点，从而实现时时监测数值模拟基坑开挖过程中既有下穿双线地铁盾构隧道及其支护结构的变形和受力。

为了便于数值分析中的模型材料赋值，土体从上至下依次划分为杂填土、粉砂夹粉质粘土、淤泥质粉质粘土与粉质粘土共 4 层，相应的各土层及二重管高压旋喷桩满堂加固后水泥土的物理力学性质指标参见表 23-1。

表 23-1　土体物理力学指标

土层名称	层厚 H（m）	密度 ρ（g/cm^3）	粘聚力 c（kPa）	内摩擦角 φ（°）	回弹模量 Eri（kPa）	基床系数 k（kN/m^3）
素填土	4.5	1.80	20.0	15.0	25200	2.5×10^4
粉砂夹粉质粘土	3.3	1.88	6.0	29.7	70900	4.0×10^4
淤泥质粉质粘土	9.7	1.76	12.0	12.0	20600	1.0×10^4
粉质粘土	17.5	1.96	16.0	35.0	37900	5.0×10^4

表 23-2 给出了隧道管片、抗拔桩、条形板、钢支撑等结构的相关计算参数，均为按混凝土等级和钢材型号查询相关规范获得。其中支撑体系的材料参数按钢材选取，惯性矩、横截面积等几何参数折算到每米范围上来确定。

表 23-2　结构单元的参数

名称	密度 ρ（g/cm^3）	弹性模量 E（MPa）	泊松比 ν	横截面积（m^2）	惯性矩（m^4）
条形板	2.5	3.5×10^4	0.2		
抗拔桩	2.5	3.0×10^4	0.2	0.500	0.020
钢支撑	7.8	2.0×10^5	0.18	0.023	0.001
隧道管片	2.5	3.5×10^4	0.2		

23.2.3 施工过程数值模拟

为了与现场的既有建筑物分布状态、实际施工顺序、地应力变化规律等保持一致，数值模拟过程严格按照实际工况进行施工步布置，以尽可能确保计算的准确性。

数值计算过程中，首先初始地应力平衡，然后一次性安装既有隧道结构，进行平衡计算，计算完成后设置各项变形为“0”，再进行新隧道基坑工程的施工，且每一施工步进行一次平衡计算。新龙蟠路隧道基坑开挖模拟顺序要严格控制与现场实际施工相一致，待基坑坑壁支护结构、抗拔桩、坑内部分土体满堂加固设置完成后，运用 null 模型来模拟坑内土体的开挖。同时为了充分利用基坑开挖的时空效应，采用了按照分层、分块、对称、平衡和及时支撑为科学原则的顺序施工：第一次分 3 层全断面机械开挖至深度 4.5 m（每层 1.5 m）；然后对双线地铁盾构隧道上方的预留土体共分 7 次进行人工抽条，且每一抽条完成后及时设置条形板结构单元，并与预先设置的桩结构单元进行刚性相连以形成桩板支护系统，从而实现了施工全过程的动态模拟。基坑开挖的数值模拟步骤及现场实际施工的时间顺序详见图 23-10。

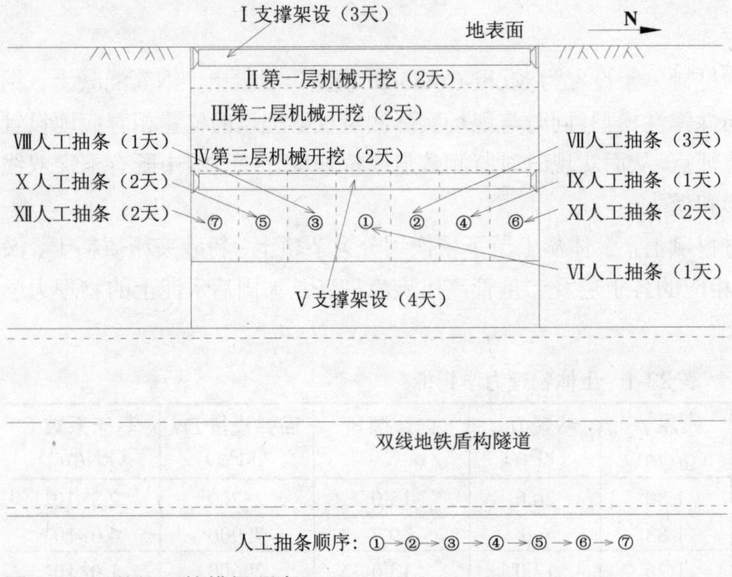

图 23-10 基坑开挖模拟顺序

23.3 计算结果分析

FLAC3D 三维数值模拟分析的重点是研究基坑开挖对既有下穿地铁隧道隆起变形的影响，现就计算结果首先从整体上分析基坑的变形特征，然后分别以地铁隧道的隆起位移量及其影响因素为研究对象，探讨基坑在分条、分层、分段、分块开挖过程中地铁隧道的隆起变形规律。

23.3.1 基坑的沉降变形特征

开挖施工完成后，整个基坑的数值计算沉降云图如图 23-11 所示（该图是用 Tecplot 程序绘出的等值线图），基坑中心位置处坑底以下沿基坑长轴方向剖面的竖向位移等值线图见图 23-12。从图中的沉降分布不难看出，在相同的开挖施工条件下，新龙蟠路隧道基坑底板浇注完成后坑底的纵向回弹变形沿隧道两边基本上呈对称状态变化，且距离地铁隧道越远，坑底的隆起回弹量就越大，并以地铁隧道上部坑底的回弹量为最小，双线地铁盾构隧道之间坑底的回弹量相对较小；基坑坑底竖向隆起回弹量的最大值约为 6.5 cm，且随着基坑坑底以下计算点深度的增加其回弹量逐渐减小；地铁双线盾构隧道由于其上方基坑土体的开挖卸荷，均产生了一定的回弹变形，但相对隆起位移量较小。这可能是由于地铁盾构隧道的结构刚度与土层相比相对较大，同时对地铁盾构隧道周围的土体进行了二重管旋喷加固处理，大大改善了土体的工程力学性质，此外桩板支护系统的构建，也大大有效地限制了盾构隧道及其周围土体的隆起变形。

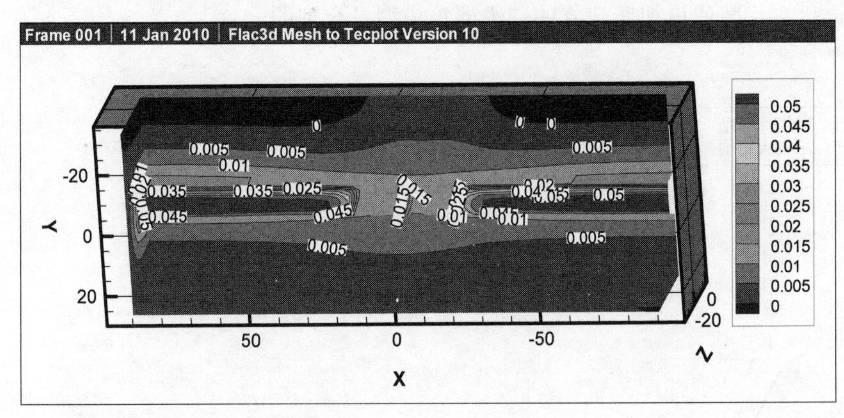

图 23-11　基坑沉降云图（单位：m）

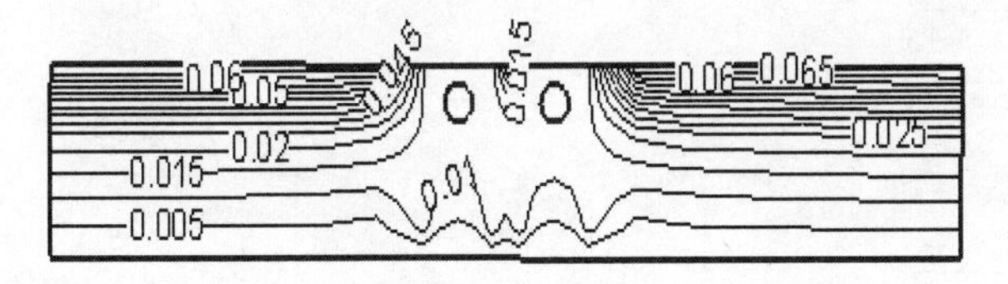

图 23-12　地铁剖面位移等值线图（单位：m）

23.3.2　地铁隧道的隆起变形分析

在数值模拟分析中，遵循分层、分段、分块、对称、平衡的原则，对新路隧道基坑严格按照实际的开挖顺序施工，地铁盾构隧道隆起变形的数值分析结果如下。

（1）地铁隧道纵向沉降变形分析。基坑开挖完成后，下卧地铁盾构隧道沿其纵轴线方向的隆起位移量变化如图 23-13 所示。分析可知，左线地铁盾构隧道的隆起位移数值计算值和现场实测值均小于右线隧道。同时还可看出，地铁隧道的最大隆起位移点发生在基坑开挖的几何中心点处，这一结论与已有文献的研究结果相一致；现场实测地铁盾构隧道的最大隆起位移量与基坑开挖深度的比值约为 0.071%，表明地铁隧道是安全的。

（2）地铁隧道中心点处隆起变形分析。以右线地铁盾构隧道为例，随着基坑开挖施工步的增加，基坑中心点处①号条形板带几何形心下地铁盾构隧道的隆起位移理论计算值、数值分析值及现场实测值对比研究如图 23-14 所示。由图可见，既有下穿地铁盾构隧道隆起变形的现场实测值最小，理论计算值最大，数值模拟值则处于两者之间，且理论计算值在抽条开挖过程中增长迅速，与现场实测值的变化规律较不相符，这可能是由于在理论分析中没有考虑基坑降水及旋喷桩满堂加固的影响，且没有考虑每一土条开挖完成后及时浇注形成的桩板支护系统所提供的抗拔力对坑底土体卸荷应力的部分抵消作用。随着坑内土体开挖卸荷量的逐步增加，地铁盾构隧道的隆起位移初始增长迅速，而后渐渐增长缓慢，且当整个坑底底板浇注完成后变形趋于稳定，这一现象表明当基坑一次开挖卸荷增量较小时，其回弹增量也较小，符合地铁盾构隧道隆起变形的一般规律。此外不难发现，数值分析结果略大于现场实测值，潜在的原因在于数值模拟过程中将地基土体看成是均质的成层土，不能够体现现场原位土体的非线性特性。基坑开挖完成后所引起的现场实测值和数值计算值均小于 10.0 mm，且两者的变形趋势基本一致，符合下卧地铁盾构隧道的隆起变形要求，反映出地铁盾构隧道和基坑均处于稳定状态，数值模拟所建立的三维计算模型是合理的。

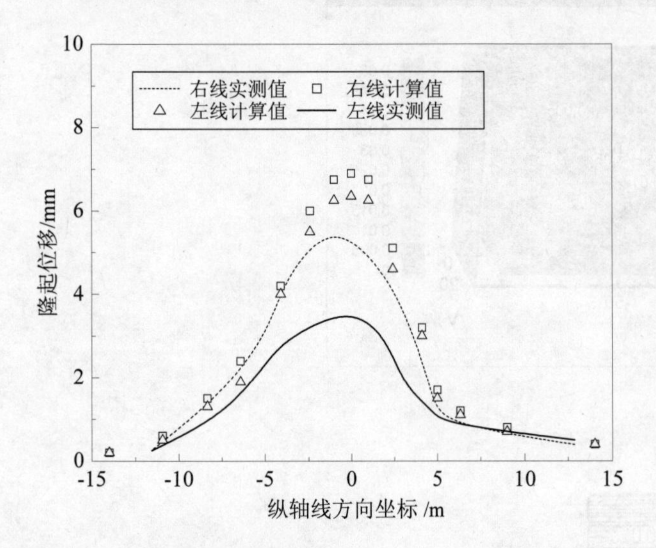

图 23-13　地铁隧道的隆起位移量

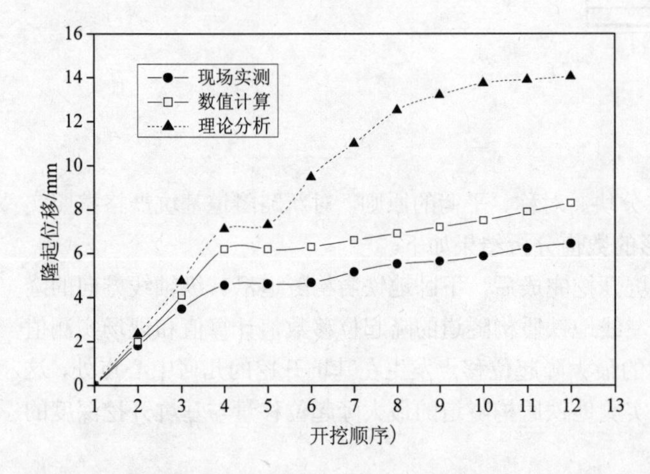

图 23-14　地铁隧道隆起位移累计值

23.3.3　抗拔桩桩侧摩阻力的分布

运用抗拔桩与条形板进行刚性相连来控制基坑工程中既有下穿地铁盾构隧道隆起变形的处理

措施，目前在国内外尚不多见。基坑坑内每一土条抽条开挖完成后及时浇注条形底板，并与两端预先设置的抗拔桩相结合，从而形成了"Π"形桩板支护系统，基坑中心点处①号板带下所对应的抗拔桩的桩侧摩阻力随抽条开挖过程的变化如图 23-15 所示。桩侧摩阻力随着抽条开挖的施工进展逐步增大，初始增长迅速，而后随着抽条位置与计算点距离的增加慢慢减缓并趋向于一稳定值。通过对比分析，发现桩侧摩阻力的变化趋势与地铁隧道的隆起变形规律较一致，隆起位移量越大则相应位置的桩侧摩阻力也越大。

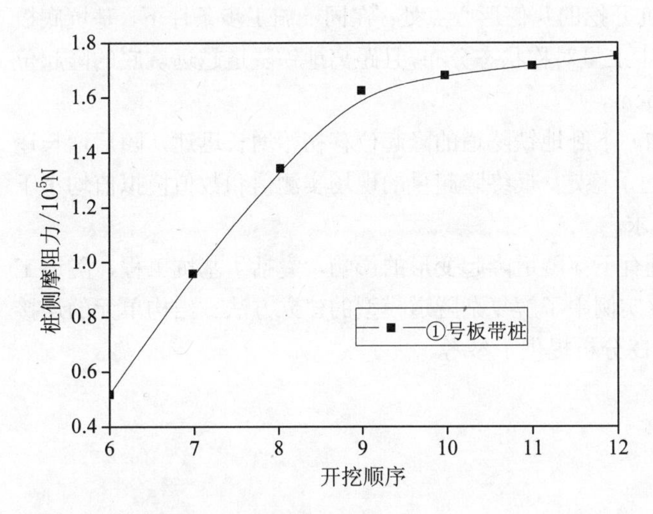

图 23-15　桩侧摩阻力变化

基坑抽条开挖完成后，桩侧摩阻力沿桩长的变化见图 23-16，其中图 23-16（a）为桩侧摩阻力的数值计算分布云图，图 23-16（b）为桩侧摩阻力的计算值随桩身长度的变化。可见，桩侧摩阻力在桩的中部和中下部出现了两个峰值点，上下两端处其值较小。原因可能在于土层的力学性质差异较大，且在 4.5～17.0m 深度范围内进行了旋喷桩满堂加固，改善了土层的工程性质，大大提高了桩土之间的摩阻力，从而对该部分土体卸荷应力的抵消作用也相对较强。

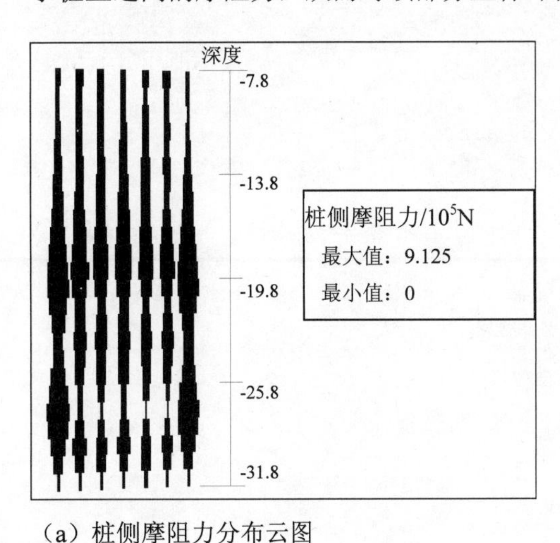

（a）桩侧摩阻力分布云图

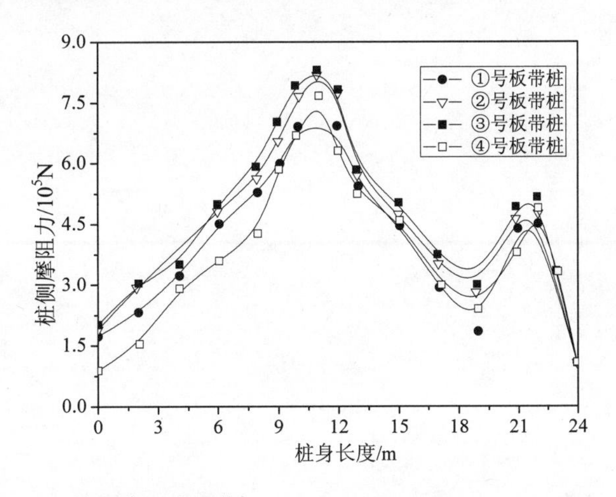

（b）桩侧摩阻力变化

图 23-16　桩侧摩阻力随桩长的变化

23.4 本章小结

本章采用三维有限差分程序 FLAC3D 对基坑支护及其开挖的全过程进行了动态模拟，通过对计算结果的总结分析可以得到如下几点结论：

（1）基坑下既有地铁盾构隧道隆起位移的现场实测值较小，理论分析值较大，数值模拟值则处于两者之间，且最大位移点均发生在基坑开挖的几何形心点处；在同一施工步条件下，基坑底板浇注完成后坑底的纵向变形沿隧道两侧基本上呈对称状态分布，且距离地铁隧道越远坑底的隆起位移量就越大，坑底回弹量的最大值约为 6.5cm。

（2）随着基坑土体开挖卸荷量的增加，下卧地铁隧道的隆起位移初始增长迅速，随后增长逐步放缓，当条形底板全部浇注完成后变形趋于稳定，最终隆起量的现场实测值和数值模拟值均小于 10.0mm，符合地铁盾构隧道的隆起变形要求。

（3）本章考虑了基坑开挖过程中对既有下穿隧道隆起变形的影响，囊括了基坑工程、隧道工程中 FLAC3D 的主要分析方法，可以从本实例中了解复杂隧道模型的建立方法、结构单元的连接方式等内容，为类似的工程问题的 FLAC3D 分析提供了参考。

24

常见问题及学习建议

FLAC 特别是 FLAC3D 界面简洁，程序运行以命令操作为主，而且在运行过程中的错误提示很少，所以增加了初学者学习的难度。本章收集和整理了作者和 Simwe 仿真论坛 FLAC / FLAC3D 爱好者的一些学习经验和心得体会，供读者学习和参考。

本章重点：

✓ 常见问题及其解答

✓ FLAC3D 常见错误提示和解决办法

✓ FLAC、FLAC3D 的学习经验及建议

24.1 常见问题及其解答

1．FLAC3D 是有限元软件吗？

答：不是，是有限差法软件。

2．FLAC3D 最先需要掌握的命令有哪些？

答：需要掌握 gen、ini、app、plo、solve 等建模、初始条件、边界条件、后处理和求解的命令。

3．怎样看模型的样子？

答：应用命令 plo blo gro 可以看到不同的 group 的颜色分布。

4．怎样看模型的边界情况？

答：应用命令 plo gpfix red sk。

5．怎样看模型的体力分布？

答：应用命令 plo fap red sk。

6．怎样看模型的云图？

答：对于位移，应用命令 plo con dis (xdis, ydis, zdis)。

对于应力，应用命令 plo con sz (sy, sx, sxy, syz, sxz)。

7．怎样看模型的矢量图？

答：应用命令 plo dis (xdis, ydis, zdis)。

8．怎样看模型有多少单元、节点？

答：应用命令 print info。

9．怎样输出模型的后处理图？

答：选择菜单 File | Print type | Jpg file，然后选择 File | Print，将保存格式选择为 jpg 文件。

10．怎样调用一个文件？

答：使用菜单 File | Call 或者 Call 命令。

11．如何施加面力？

答：app nstress ran <……>

12．如何调整视图的大小、角度？

答：综合使用 x、y、z、m、Shift 键，配合使用 Ctrl+R、Ctrl+Z 等快捷键。

13．如何进行边界约束？

答：fix x ran <……>（约束的是速度，在初始情况下约束等效于位移约束）

14．如何知道每个单元的 ID？

答：使用鼠标双击单元的表面，可以知道单元的 ID 和坐标。

15．如何进行切片？

答：plo set plane ori (点坐标) norm (法向矢量)

plo con sz plane (显示 z 方向应力的切片)

16．如何保存计算结果？

答：save filename（文件名可自定义）

17．如何调用已保存的结果？

答：使用菜单 File | call 或者命令 rest filename（文件名可自定义）。

18．如何暂停计算？

答：运行中使用 Esc 命令。

19．如何在程序中进行暂停，并可恢复计算？

答：在命令中加入 pause 命令，键入 continue 命令后可恢复计算。

20．如何跳过某个计算步？

答：在计算中按空格键可跳过本次计算，自动进入下一步。

21．FISH 是什么？

答：它是 FLAC3D 的内置语言，可以用来进行参数化模型、完成命令本身不能运行的功能。

22．是否一定要学 FISH？

答：可以不用，需要的时候查 Manual 获得需要的变量就可以了。

23．FLAC3D 允许的命令文件格式有哪些？

答：只要是符合 FLAC3D 格式要求的文本文件，无论是什么后缀名，都可以用 FLAC3D 调用。

24．如何调用一些可选模块？

答：使用命令 config dyn (fluid, creep, cppudm)。

25．如何使用 gauss_dev 对符合高斯正态分布的材料参数进行赋值？

答：假定某材料的摩擦角均值为 40°，标准差是 2，则命令如下：

```
prop friction 40 gauss_dev 2
```

26．FISH 函数中是否能调用“.sav”文件？

答：不能。FLAC3D 中规定，new 和 restore 命令不允许出现在 FISH 函数中，因为 new 和 restore 命令会将原有存储信息清除掉。

27．initial 与 apply 命令有何区别？

答：initial 是初始化命令，如初始化计算体的应力状态等。

apply 是边界条件限制命令，如施加边界的力、位移等约束。

initial 的应力状态会随计算过程的发生而发生改变，一般体力需要初始化，而 apply 施加的边界条件不会发生变化。

28．FLAC3D 动力分析中是如何计算永久变形的？

答：FLAC3D 采用动态运动方程求解动力方程，因此采用弹塑性本构模型可以计算永久变形。而土动力学常用的粘弹性模型由于没有考虑土体的塑性，因此不能计算永久变形。

29．对于初学者而言，是学习 FLAC 还是 FLAC3D？

答：FLAC 有较好的图形化操作界面，而 FLAC3D 目前只能通过命令流来操作，从学习难度上来说，FLAC 要简单一些，不过复杂的三维问题还是需要使用 FLAC3D 才能解决。FLAC 和 FLAC3D 的某些命令和分析方法类似，读者在学习过程中可以相互借鉴。

30．interface 建模命令中的 dist 关键词是否表示接触面的厚度？

答：FLAC3D 中的 interface 是没有厚度的，dist 关键词表示的是接触面建模时选择范围时的容差，表示该范围内的“面”上将被赋予 interface 单元。

31．初始应力场计算中位移场和速度场是否都要清零？

答：是的。一般 FLAC 和 FLAC3D 中位移场和速度场的清零命令都是同时使用的。

32．加了 fix 边界，再使用 apply 施加应力边界有效吗？

答：无效。fix 和 apply 都是边界条件，两者不能混用，fix 的作用是固定节点的速度，只要用户不更改这个速度，在计算中都会保持不变。

33．solve age 后面跟随的时间是真实的时间吗？

答：FLAC 和 FLAC3D 在动力、渗流、流变模式下才有真实的时间，时间的单位默认为秒，也可以根据读者使用的量纲进行调整。

34．FLAC3D 中主应力大小是怎么规定的？

答：FLAC 和 FLAC3D 中的主应力大小是根据应力的数值大小来规定的，并且规定压为负，而土力学中一般规定压为正，所以 FLAC3D 中的主应力大小 z_sig1(p_z)、z_sig2(p_z)和 z_sig3(p_z)分别对应于土力学中的小主应力、中主应力和大主应力，在使用时要注意区别。

35．FISH 函数中 dof 的含义是什么？

答：一些关于结构单元的 FISH 函数中常常出现 dof 变量，该变量表示的是自由度，如 nd_pos(np, p, dof)函数中 dof∈{1,2,3}表示结构节点的三个方向的自由度。

36．怎么在不规则的面上施加水压力？

答：设置合理的水压力梯度和作用范围，使用 apply nstress 命令即可。因为 apply 施加的应力边界条件是作用在“边界”上的，所以程序会在用户设置的 range 范围中自动寻找“边界”，而不管这个“边界”有多么复杂，而且 nstress 表示力作用的方向是垂直于“边界”，该关键词可以保证水压力的作用方向始终垂直于作用面。

37．hist 记录的数据如何转到 Excel？

答：使用类似如下的命令：

```
hist write 1 vs 2 file 1.xls
```

可以将历史记录 ID 为 1 和 2 的对应关系输入到文件 1.xls 中，然后用 Excel 打开进行编辑、处理。

24.2 常见错误（警告）提示及其解决办法

本节汇集了 FLAC3D 在使用过程中常见的错误提示，并根据不同的提示总结了出错原因和解决办法。FLAC3D 程序自身的检查功能不多，但也有一部分错误提示，读者可以根据软件提示的内容迅速找到错误的原因，并予以修正。为了便于查阅，以下的错误（警告）提示按照首字母的顺序进行排列。

1．All zones have NULL fluid model

出错原因：在渗流模式下，误将所有单元的流体模型都赋值了 fl_null 模型。

解决办法：在渗流模式下，fl_null 模型肯定只针对模型的局部（比如不透水的桩、挡水墙等），要在 model fl_null 命令后面增加正确的范围。

2．Bad type (pointer) conversion

出错原因：在编写 FISH 函数时，某些变量的赋值错误所致。

解决办法：仔细检查 FISH 函数中的变量赋值情况，尤其注意涉及到指针、FISH 自有变量的赋值等语句。

3．Cannot raised neg. number to real power

出错原因：一般是在 FISH 程序中存在求幂运算，且指数为浮点数时，底不能为负值。

解决办法：出现这种错误的情况，大多是读者没有注意求幂的底可能会出现负值，可以用 abs() 绝对值函数将底取为正值进行运算。

4．Gridpoints 19801 and 19803 have identical coordinates in zone 9703

出错原因：在同一个单元内的两个节点有相同的坐标，这可能是由于将其他软件建立的模型导入到 FLAC3D 时两个软件的节点坐标精度差异导致的。

解决办法：使用 attach face 来合并相关节点，或者重新检查模型。

5．Memory allocation error

出错原因：可能是网格划分得过多，超过了计算的内存所致。

解决办法；减小网格数量或者加大计算机的内存。

6．Mesh primitives does not conform to node numbering convention

出错原因：在建模时各节点坐标设置的顺序与 FLAC3D 中基本网格形状不一致。

解决办法：检查建模时的 p0～p12 等节点坐标，使其符合 FLAC3D 的要求。

7．Source node 2 already has a link!

出错原因：在结构单元计算中，对已存在连接的节点进行设置时会出现此类错误。

解决办法：检查需要设置连接的结构节点，确保已有连接已被删除才能设置新的连接。

8．This model name does not exist

出错原因：进行单元本构模型赋值时，model 后面的关键词出现错误。这种错误分两种情况，一种是拼写错误，一种是在特定计算模式下的本构模型赋值时，没有设置正确的计算模式。后者比如，在未设置流体计算模式（config fluid）的情况下，赋值流体模型（如 model fl_iso），看似拼写无误，但实际上是因为没有设置流体计算模式的原因。

解决办法：按照上述两种情况进行拼写检查和计算模式的检查。

9．Timestep rejected by module

出错原因：一般是由于结构单元的密度没有赋值造成的。

解决办法：用命令 print shell prop dens 来显示结构单元的密度，查看是否所有单元都已经赋值。如有遗漏，应重新赋值。

10．The model name does not exist

出错原因：可能是由于模型名称输入错误，或者在调用某些可选模块（如渗流、动力）的模型时没有设置相应的 Config。

解决办法：检查模型名称是否输入有误，在可选模块下检查是否已设置相应的 Config。

11．Unrecognized parameter 3 (***)

出错原因：命令输入时存在错误的参数，且出错的是命令中的第 3 个参数。

解决办法：检查出错命令的具体位置，找到第 3 个参数进行修改。

12．Viscous damping too high

出错原因：在进行 UDM 编写动力方面的本构时可能会遇到这种错误。

解决办法：可能由于粘性函数偏大造成的，时间步的增大会导致粘性函数值的增大。在 FLAC3D 程序中，如果这个值大于 1，那么就会出现这个错误。

13．Warning – Property not available to any zone in range

出错原因：这种警告一般有两种原因。

（1）由于 prop 关键词后赋值的关键字错误，假如设置所有的单元是弹性模型，然后进行如下的命令赋值：

```
prop young 1e6 nu 0.3
```

本意是设置弹性模量在 1MPa，泊松比为 0.3，但是实际上泊松比的关键字为 poisson，但是读者误以为是 nu，程序就会提示上述警告。

（2）由于 range 后面是一个空的范围，没有选中任何单元，程序也会出现上述的警告提示。

解决办法：按照上述两个方面进行检查，尤其是要注意一些关键字的拼写是否存在错误。

14．Zero stiffness in grid-point xxx

出错原因：“0 刚度”一般是由于材料参数未正确赋值所致。

解决办法：仔细检查计算中的材料赋值命令，看是否有遗漏，如使用以下命令来显示体积模量（bulk）参数的赋值情况。

```
plot block prop bulk
```

15．Zero volume tet in zone xxx

出错原因：一般是在计算分析中使用了大变形模式（set large）。在大变形模式计算过程中，节点坐标会随时步自动，这样有时会导致网格畸形，而无法进行下去。

解决方法：慎用大变形模式，大变形模式适用于粘结力较小材料的开挖过程模拟。因此，一般问题的模拟过程宜采用小变形模式（默认变形模式）进行。即使是大变形问题的初始应力场，也应采用小变形模式生成，再视后续工况的具体情况确定是否改为大变形模式。

16．No master process active

出错原因：一般是在使用主从进程的流固耦合分析以后，读者关掉了主进程，而直接进行从进程计算。这时程序会认为主进程已经被关闭，即会提示上述错误。

解决办法：在出现上述错误时，先检查各种计算模式的信息。可以用下面的命令：

```
print mech (或 fluid)
```

查看进程信息的“SOLVE slave”是否为 ON 状态，若为 ON，则该进程为从进程，不能单独进行计算。

24.3 学习经验和建议

作者与大多数 FLAC/FLAC3D 使用者进行交流，总结了几点软件学习方面的经验和建议，希望可以对读者提供帮助。

1．了解 FLAC 和 FLAC3D 的适用范围、优点和局限性

任何一种方法都是有一定的适用范围，并不能解决所有问题，这就需要读者对所使用工具的优点和局限性有清醒的认识。数值模拟的最终目的是为工程问题的诊断和解决提供服务的，需根据问题的本质选择合适的方法和工具；而非“膜拜”和迷信某种方法，机械地用它去套工程，本末倒置。

2．由简到繁，循序渐进

遵循“由简到繁，循序渐进”的学习方法，切忌盲目求大求全，期望一口气吃成胖子。学习时，可进行少量单元的简单数值试验来理解软件的特点和功能，积累一定的经验后再进行复杂的数值模拟试验。

3．充分利用手册

手册是最权威的软件说明书，一定要充分利用。尽管 FLAC 和 FLAC3D 的手册编制顺序不一定适合中国读者的思维习惯，但应尽量养成查阅手册的习惯，做到常翻常新。手册中的例子大多都是为了说明某个特定的问题而设定的，因此在讲述该问题时往往会忽略与该问题无关的一些细节，比如参数选择等，因此读者在学习手册时不要“迷信”某个特定的例子，也不要“纠缠”于某些无关的细节，而是要从这些例子中掌握分析问题的基本方法。

4．了解计算中每一条语句的含义

初学者由于对 FLAC 和 FLAC3D 软件了解得不多，在计算时往往会直接套用软件手册或教科书中的例子，而对例子中某些语句的含义并不是真正了解，这些“不明其意”的语句往往是造成计算结果不合理的原因。这里建议读者在使用 FLAC 和 FLAC3D 程序时，要对自己编写的命令文件中的每一条语句都有清晰的认识和了解，这就要求读者要勤查手册、注重平时的积累。

5．多做“数值试验”

FLAC 和 FLAC3D 程序功能强大，内容众多，在分析具体问题时，读者往往会遇到无法解决的新问题，这些问题在软件手册或教科书中都很难找到答案，这时读者应该多做一些小的算例，开展数值试验，从而了解程序的功能，达到解决问题的目的。

6．使用“?”

FLAC3D 的命令很多，在初学者看来，记住数量可观的各种命令及语句格式是一件很困难的事情，事实也的确如此。幸运的是，FLAC3D 在命令窗口中提供了“?”功能，无论在命令的什么位置都可以插入“?”字符，系统会提示接下来可以应该输入的是哪些关键字或变量。

7．夯实知识基础

FLAC 和 FLAC3D 的计算结果和中间时步表现出一些不合实际的结果，需要读者具有足够的

专业和数学知识进行判断与解释。因此，决定 FLAC 和 FLAC3D 使用水平高低的决定性因素取决于使用者的专业素养、工程经验和数理知识。因此加强专业知识、数学和力学的学习，夯实知识基础十分重要。

8．相互交流，取长补短

FLAC 和 FLAC3D 命令、关键词和变量繁多，个人学习难免顾此失彼，因此加强交流，与他人共享学习经验是提高 FLAC 和 FLAC3D 应用水平的一个捷径。互联网的出现为大家提供了一个讨论和共享的平台，读者可以在相互间的交流、争论中取长补短，共同提高。

FLAC3D 命令一览①

A.1 程序控制命令

CALL <文件名>

CONTINUE

IMPGRID 文件名

EXPGRID 文件名

NEW

PAUSE <关键字><**t**>

QUIT

RESTORE <文件名>

RETURN

SAVE <文件名>

SET 关键字 <关键字 **value**. . . >

控制条件

case, **cust1**, **cust2**, **dir**ectory, **ec**ho, **geom rep**, **geome**try, **hist_rep**, **log**, **logf**ile, **mem**ory,**mous**e, **mov**ie, **ou**tput, **page**length, **pagi**nation, **pcx**out, **pin**terval, **plo**t, **saf**e, **tr**ack

STOP

SYSTEM

A.2 图形用户界面的命令

MAINWIN 关键字

position, **size**

---

① （1）命令中粗体显示的字符表示该命令可以被缩写，如 CALL 命令可以缩写成 CA；
（2）FLAC3D 中命令的大小写无关；
（3）命令中尖括号< >内表示可选。

A.3 指定计算模型

CONFIG 关键字<关键字. . . >

cppudm, **creep**, **dynamic**, **fluid**, **thermal**

A.4 设置附加变量

CONFIG 关键字<关键字. . . >

gpextra, **zextra**

A.5 网格建模命令

ATTACH 关键字 **range**. . .

delete, **face**, **gp**

GENERATE 关键字**value** . . .

面的生成

surface

面的部分

brick, **polygon**, **triangle**, **xarc**, **xpolygon**

点的生成

point

单元的生成

zone

基本形状

brick, **cshell**, **cylinder**, **cylint**, **dbrick**, **pyramid**, **radbrick**, **radcylinder**, **radtunnel**, **tetrahedron**, **tunint**, **uwedge**, **wedge**

形状特性

dimension, **edge**, **fill**, **group**, **nomerge**, **ratio**, **size**

复制与映射

copy, **reflect**

合并独立网格

merge

分开单元

separate

GEOM TEST <range. . . >

GP {id = gpid} x y z

INITIAL 关键字 <关键字>**value** <**grad gx gy gz**><**range** . . . >

add, **multiply**, **x**, **y**, **z**

ZONE　　{id = zid} {**b**rick **w**edge **p**yramid **d**brick **t**etra} {id = gpid or x y z}

A.6　创建名称对象

GROUP　　组的名称<**remainder**><**none**> name <color><**range**. . . >

MACRO　　string1 string2

RANGE　　**na**me rangename　关键字. . . <**not**><**any**>

annulus, **cid**, **cy**linder, **direc**tion, **group**, **id**, **mo**del, **name**, **plane**, **sph**ere, **vo**lume, **x**, **y**, **z**

A.7　指定本构模型及参数

MODEL　　关键字 <**o**verlay **n**><**ra**nge . . . >

或

load　文件名（.dll）

力学模型

anisotropic, **cam-clay**, **double**yield, **drucker**, **elastic**, **finn**, **h**oekbrown, **mohr**, **n**ull, **orth**otropic,**ss**oftening, **su**biquitous, **u**biquitous

流体模型

fl_**a**nisotropic, **fl**_**i**sotropic, **fl**_**n**ull

蠕变模型

burger, **cp**ower, **cvisc**, **cwipp**, **po**wer, **pwipp**, viscous, wipp

热力学模型

Th_**ac**, **th**_**a**nisotropic, **th**_**i**sotropic, **th**_**null**

用户自定义模型

load

PRO**PERTY**　　关键字 **value** <关键字. . . ><. . . ><**range**. . . >

力学模型

各向同性弹性模型

bulk, **shear**

横观各向同样弹性模型

dd, **dip**, **e1**, **e3**, **g13**, **nu12**, **nu13**

正交各向异性模型

dd, **dip**, **e1**, **e2**, **e3**, **g12**, **g13**, **g23**, **nu12**, **nu13**, **nu23**, **nx**, **ny**, **nz**, **rot**

Drucker-Prager模型

bulk, **kshear**, **qdil**, **qvol**, **shear**, **tension**

Hoek-Brown模型

atable, **bulk**, **citable**, **hba**, **hbs**, **hbmb**, **hbsigci**, **hbs3cv**, **hb_e3plas**, **hb_ind**,**mt**able, **mult**able, **shear**, **stable**

Mohr-Coulomb模型

bulk, **c**ohesion, **di**lation, **fric**tion, **sh**ear, **ten**sion

遍布节理模型

bulk, **c**ohesion, **di**lation, **fric**tion, **jc**ohesion, **jdd**irection, **jdil**ation,**jdip**, **j**friction, **jnx**, **jny**, **jnz**, **j**tension, **sh**ear, **ten**sion

应变硬化/软化模型

bulk, **c**ohesion, **c**table, **di**lation, **d**table, **fric**tion, **f**table, **sh**ear, **ten**sion, **t**table

双线性，应变硬化/软化遍布节理模型

bijoint, **bim**atrix, **bu**lk, **c2**table, **cj2**table, **cj**table, **co2**, **c**ohesion, **c**table, **d2**table,**di2**, **di**lation, **dj2**table, **dj**table, **d**table, **f2**table, **fj**table, **fj2**table, **fr2**, **fric**tion, **f**table,

jc2, **jc**ohesion, **jd2**, **jdd**irection, **jdil**ation, **jdip**, **jf2**, **j**friction, **jnx**, **jny**, **jnz**, **j**tension,**sh**ear, **ten**sion, **tj**table, **t**table

双屈服面模型

bulk, **cap_p**ressure, **c**ohesion, **cp**table, **c**table, **di**lation, **d**table,**ev**_plastic, **fric**tion, **f**table, **mul**tiplier, **sh**ear, **ten**sion, **t**table

修正剑桥模型

bulk_bound, **cv**, **ka**ppa, lambda, **mm**, **mp1**, **mpc**, **mv_l**, **p**oisson, **sh**ear

Finn模型

bulk, **c**ohesion, **c**table, **di**lation, **d**table, **ff_c1**, **ff_c2**, **ff_c3**, **ff_c4**,**ff_l**atency, **ff_s**witch, **fric**tion, **f**table, **sh**ear, **ten**sion, **t**table

蠕变模型

Classical Viscoelastic (Maxwell Substance)

bulk, **sh**ear, **vis**cosity

Burger模型

bulk, **ksh**ear, **kvis**cosity, **msh**ear, **mvis**cosity

幂律模型

a_1, **a_2**, **bu**lk, **n_1**, **n_2**, **rs_1**, **rs_2**, **sh**ear

WIPP模型

act_energy, **a_wipp**, **b_wipp**, **bu**lk, **d_wipp**, **e_dot** star, **gas_c**, **n_wipp**, **sh**ear, **te**mp

Burger流变粘塑性模型

bulk, **c**ohesion, **d**ensity, **di**lation, **fric**tion, **ksh**ear, **kvis**cosity, **msh**ear, **ten**sion,**mvis**cosity

幂律粘塑性模型

a_1, **a_2**, **bu**lk, **c**ohesion, **dil**ation, **fric**tion, **n_1**, **n_2**, **rs_1**, **rs_2**, **sh**ear, **ten**sion

WIPP流变粘塑性模型

act_energy, **a_wipp**, **b_wipp**, **bulk**, **d_wipp**, **e_dot** star, **gas_**c, **kshear**, **n_wipp**, **qdil**,**qvol**, **she**ar, temp, **ten**sion

Crushed Salt模型

act_energy, **a_wipp**, **b_f**, **b** wipp, **b0**, **b1**, **b2**, **bulk**, **d_f**, **d_wipp**,**e_dot** star, **gas_**c, **n_wipp**, **rho**, **s_f**, **shear**, temp

流体模型

各向同性模型

permeability, **por**osity

横观各向同性模型

fdd, **fdip**, **frot**, **h1**, **h2**, **h3**

流固耦合模型

Biot_c

热力流体耦合模型

u_thc

热力学模型

各向同性热传导模型

conductivity, **spec**_heat

热－力耦合模型

thexp

各向同性水平对流条件件模型

spec_heat, **thexp**, **tdd**, **tdip**, **trot**, **tk1**, **tk2**, **tk3**, **tkxx**, **tkyy**, **tkzz**, **tkxy**, **tkxz**, **tkyz**

各向异性热条件件模型

conductivity, **econd**uct, **espec**_heat, **f_qx**, **f_qy**, **f_qz**, **f_rho**, **f_**thexp, **f_t0**,**lcond**uct, **lspec**_heat, **spec**_heat, **thex**p

TABLE　　**n** <关键字> **x1 y1** <**x2 y2**><**x3 y3**>. . .

erase, **ins**ert, **name**, **pos**ition, **read**, **sort**

A.8 设置初始条件

INITIAL　　关键字 <关键字> **value** <**grad gx gy gz**><**ra**nge. . . >

add, **bi**ot mod, **damp**ing, **dens**ity, **fd**ensity, **fmod**ulus, **gpex**tra, **mul**tiply, **pp**, **sat**uration, **st**ate, **sxx**,**sxy**, **sxz**, **syy**, **syz**, **szz**, **temp**erature, **x**, **xdis**placement, **xvel**ocity, **y**, **ydis**placement, **yvel**ocity, **z**,**zdis**placement, **zex**tra, **zvle**ocity

SET　　关键字 <关键字 **value**. . . >

关键字

模型条件

creep, **dyn**amic, **fl**uid, **gr**avity, **lar**ge, **mech**anical, **rat**io, **sm**all, **th**ermal

WATER　　关键字 **value** <关键字 **value**><**range**. . .>

density, **table**

A.9 设置边界条件

APPLY　　关键字 <关键字> **value** <关键字><**range**. . .>

或

APPLY　　**rem**ove <关键字><**range**. . .>

节点类型——力学边界条件

daccel, **dvelocity**, **ff**, **naccel**, **nvelocity**, **saccel**, **svelocity**, **xaccel**, **xforce**, **xreaction**, **xvelocity**,**yaccel**, **yforce**, **yreaction**, **yvelocity**, **zaccel**, **zforce**, **zreaction**, **zvelocity**

节点特性——流体流动边界条件

pp, **pwell**

节点特性——热力学边界条件

psource

单元特性——力学边界条件

xbodyforce, **ybodyforce**, **zbodyforce**

单元特性——流体流动边界条件

vwell

单元特性——热力学边界条件

vsource

面特性——力学边界条件

dquiet, **dstress**, **nquiet**, **nstress**, **squiet**, **sstress**, **sxx**, **sxy**, **sxz**, **syy**, **syz**, **szz**

面特性——流体流动边界条件

discharge, **leakage**

面特性——热力学边界条件

convection, **flux**

选项关键字

add, **gradient**, **history**, **interior**, **multiply**, **plane**

移除边界条件

remove

DELETE **range**. . .

FIX　　关键字. . . <**range**. . .>

pp, **temperature**, **xvelocity**, **yvelocity**, **zvelocity**

FREE　　关键字. . . <**range**. . .>

pp, **temperature**, **xvelocity**, **yvelocity**, **zvelocity**

A.10 指定结构单元

SEL **关键字**<关键字> **value**

beam, **cab**le, **geo**grid, **liner**, **pi**le, **sh**ell

beamsel, **cables**el, **geogrids**el, **liners**el, **piles**el, **shells**el

结构单元参数

property 关键字 **value** <关键字 **value**> . . .

梁和梁单元特性

density, emod, **nu**, **pmoment**, **th**exp, **xcarea**, **xciy**, **xciz**, **xcj**,

ydirection

锚索和锚索单元特性

density, emod, **gr_coh**, **gr_fric**, **gr_k**, **gr_per**, **slide**, **slide_t**ol,thexp,

xcarea, **ycomp**, **ytens**

土工栅格和土工栅格单元特性

cs_scoh, **cs_sfric**, **cs_sk**, density, isotropic, **ort**hotropic, **slide**,**slide_tol**,

thexp, **thi**ckness

衬砌和衬砌单元特性

cs_ncut, **cs_nk**, **cs_scoh**, **cs_scohr**es, **cs_s**fric, **cs_sk**, **d**ensity,

isotropic, **ort**hotropic, **slide**, **slide_t**ol, **th**exp, **thi**ckness

桩和桩单元特性

cs_cfincr, **cs_cft**able, **cs_ncoh**, **cs_nfric**, **cs_ng**ap, **cs_nk**,

cs_scoh, **cs_sct**able, **cs_sfric**, **cs_sft**able, **cs_sk**, **d**ensity, **e**mod,**nu**,

perimeter, **pm**oment, **rockbolt**, **slide**, **slide_t**ol, **tf**strain, **th**exp,**ty**ield,

xcarea, **xciy**, **xciz**, **xcj**, **y**direction

壳和壳单元特性

density, **i**sotropic, **ort**hotropic, **th**exp, **thi**ckness

delete **b**eam, **cab**le, **geo**grid, **liner**, **link**, **n**ode, **pi**le, **sel**, **sh**ell, <**range** . . . >

group **name** <**c**olor><**range** . . . >

link <**id id**> **sid** <**tar**get [**no**de **t**gt **n**um **tid**], [**zone** <**t**gt **n**um **td**>]>

link 关键字 <**range** . . . >

link **net** <**range** . . . >

attach **f**ree, **lind**eform, **ny**deform, **r**igid, **xd**irection, **xr**direction,

ydirection, **yr**direction, **zd**irection, **zr**direction

constit

lindeform **area**, **k**

nydeform **area**, **gap**, **k**, **ycomp**, **ytens**

node <**id id**> **x y z**

id

node 关键字 <range . . .>
apply force, moment, remove, system
fix lsys, x, xrot, y, yrot, z, zrot
free lsys, x, xrot, y, yrot, z, zrot
init xdisp, xpos, xrdisp, xrvel, xvel, ydisp, ypos, yrdisp, yrvel, yvel, zdisp, zpos, zrdisp, zrvel, zvel
ldamp
local xdir Xx, Xy, Xz ydir Yx, Yy, Yz
recover sres, stress, surface
se t damp, liner, link, safety_fac, scale_rmass, v20ndcnd

A.11 设置接触面

INTERFACE i 关键字 <range. . .>
ctol, delete, effective, element, face, maxedge, node, nstress, permeability, property, smalldisp,sstress, wrap, update

和

INTERFACE i property 关键字 value. . .
bslip, cohesion, dilation, friction, kn, ks, sbratio, tension

A.12 设置用户自定义变量和函数

DEFINE 函数名
END
TABLE n <关键字> x1 y1 <x2 y2><x3 y3>. . .
erase, insert, name, position, read, sort

A.13 程序运行中的模型监控

HISTORY <id nh><nstep = n> 关键字. . .x y z

或

HISTORY <id nh><nstep = n> 关键字. . . id = n
gp, interface, ratio, sel, unbalance, zone
真实时间记录
crtime, dt, dytime, fltime, thtime
操作历史记录
delete, dump, limits, print, purge, range, reset, write

PDELETE 关键字. . . range . . .
TRACK x y z . . . <关键字>

A.14 求解

CYCLE **n**

SOLVE <关键字 **value**><关键字 **value**>. . .

age, **clock**, elastic, **fish**halt, **force**, **fos**, **rat**io, step

STEP **n**

A.15 后处理

MOVIE 关键字

PLOT 关键字 <switch <**value**>. . . >

<u>视图操作关键字</u>

clipboard, **close**, **copy**, **create**, **current**, **dest**roy, **export**, **extract**, **hard**copy, **print**, **quit**, **rename**,**show**

<u>视图设置关键字</u>

reset

set angle, **back**, **caption**, **center**, **color**, **dd**, **dip**, **direction**, **dist**ance, **eye**distance,**fore**ground, light,**mag**nification, **mode**, **move**increment, **nor**mal, **origin**, **per**spective, plane, **posi**tion, **rotation**, **rot**increment, **size**, **tit**le, vertical **wait**, **win**dow, zangle

<u>图像操作关键字</u>

add, **clear**, **modify**, **move**, **print** item, **subtract**

<u>图像选项关键字</u>

attach, **axes**, **bcon**tour, **block**, **boundary**, **con**tour, **disp**lacement, **fap**, **flow**, **fob**, **fos**, **gp**fix, **grid**,**h**istory, **int**erface, **location**, **sel**, **sketch**, stensor, **surf**ace, **tab**le, **track**, **velo**city, **vol**ume, water

<u>颜色开关</u>

black, **blue**, **brown**, **cyan**, **dgray**, **green**, **lblue**, **lcyan**, **lgray**, **lgreen**, **lmagenta**, **lorange**, **lred**,**magenta**, **orange**, **red**, **yellow**, **white**

PRINT 关键字 <关键字>. . . <**range**. . . >

apply, **at**tach, **creep**, **dir**ectory, **dyn**amic, **fish**, **fishcall**, **fluid**, **gen**erate, **gp**, **group**, **his**tory,**info**rmation, **inter**face, **ma**cro, **mem**ory, **mo**del, **rlist**, **sel**, **table**, **tet**, **thermal**, **water**, **zone**

SET **关键字** <关键字 **value** . . . >

TITLE <'string'>

B

FLAC3D的FISH保留字

above
abs
add
age
alias
and
angle
anisotropic
annulus
any
apply
area
array
aspect
atan
atan2
attach
auto
average
axes
axial
b_mod
b_wipp
back
background
beam
beamsel
begin
behind
below
bfix
biot_c
biot_mod
block
both
bottom
boundary
brick
bulk
cable
cablesel
call
caption
case
case_of
caseof
center
char
cid
cleanup
clear
clock
close
cm_max
cohesion
color
columns
command
conductivity
config
continue
contour
convection
copy
cos
cparse
crdt
create
creep
crtime
csc
cshell
ctable
current
custom
cycle
cylinder
cylint
d_wipp
damp
damping
datum
dbrick
dd
default
define
degrad
delete
density
destroy
dilation
dim
dip
discharge
displacement
do_update
down
dquiet
drucker
dstress
dt
dtable
dump
dvelocity
dy
dydt
dynamic
dytdel
dytime
e
e_dot_star
e_p
echo
edge
effective
elastic
element
else
emod
end
end_case
end_command
end_if
end_loop
end_section
end1
end2
endcase
endcommand
endif
endloop
endsection
error
ex_1,ex_2,etc.
exit
exp
expand
expgrid
extrude
eyedistance
face
fap
fc
fc_arg
fdensity
filcolor
file
fill
final
fish
fish_msg
fishcall
fix
fl_isotropic
fl_null
flags
fldt
float
flow
flow_ratio
flprop
fltime
fluid
flux
fmem
fmod
fmodulus
fob

fobl
fobu
force
foreground
free
friction
friend
front
fsi
fsr
fstrength
ftable
ftens
gap
gauss_dev
gen
generate
geom
get_mem
gflow
gmsmul
gp
gp_copy
gp_dynmul
gp_extra
gp_group
gp_head
gp_id
gp_mass
gp_near
gp_next
gp_pp
gp_region
gp_temp
gp_xdisp
gp_xfapp
gp_xfunbal
gp_xpos
gp_xvel
gp_ydisp
gp_yfapp
gp_yfunbal
gp_pos
gp_yvel
gp_zdisp
gp_zfapp
gp_zfunbal
gp_zpos
gp_zvel
gpextra
gpp
gradient
grand
gravity
gray
grid
group
gui
gwdt
gwtdel
gwtime
hardcopy
hbm
hbs
help
his
hisfile
hist_rep
history
i_elem_head
i_find
i_head
i_id
i_next
i_node_head
id
ie_area
ie_fhost
ie_id
ie_join
ie_norm
ie_zhost
ieb
ieb_pnt
ierr
if
iface
igp
image
imem
impgrid
implicit
in
in_area
in_ctol
in_disp
in_fhost
in_ftarget
in_height
in_id
in_nstr
in_nstr_add
in_pen
in_pos
in_prop
in_sdisp
in_sstr
in_tweight
in_vel
in_zhost
in_ztarget
inactive
increment
info
information
initial
initialize
inrange
insert
int
int_pnt
interface
internal
isotropic
itasca
item
iterate
izones
jcohesion
jdd
jdilation
jdip
jerr
jfriction
jgp
jnx
jny
jnz
jtension
jzones
kbond
kn
ks
kshear
landscape
large
latency
ldamp
leakage
left
legend
lff_pnt
lfob
light
limits
line
link
list
lmul
ln
local
location
log
logfile
loop
lose_mem
lsys
macro
mainwin
mark
mass
mat_inverse
mat_transpose
max
max_edge
maxdt
maximum
mech_ratio
mechanical
mem
memfree
memory
memsize
merge
message
min
mindt
minimum
mode
model
modgradient
modify
mohr
mohr-coulomb
moment
monchrome
move
movie
msafety
mul
mx
mxx
mxy
my
myy
mz
name
ncontours
ncwrite
nerr
new
ngp
ngrwater
nmechanical
node
normal
not
nquiet
nseg
nstep
nstress
nthermal
nu
null
number
nvelocity
nxx
nxy
nyy
nzone
off
on
open
or

origin
orthotropic
ostrength
out
outline
output
overlay
p_stress
p:4
p1
p10
p11
p12
p13
p14
p15
p16
p2
p3
p4
p5
p6
p7
p8
p9
pac
pagelength
pagination
palette
parse
pause
pcx
pcxout
penetration
permeability
perspective
pfast
pi
pile
pilesel
pinterval
plane
plot
pltangle
pltcohesion
pltfriction
plttension
point
polygon
porosity
portrait
position
positive
post
power
pp
ppressure
preparse
pressure
pretension
print
prop
property
pslow
psource
purge
pwell
pyramid
qdil
query
quit
qvol
qx
qy
r
r_integrate
radbrick
radcylinder
radius
radtunnel
range
ratio
rayleigh
reactivate
read
red
reflect
regenerate
rename
reset
restore
return
reverse
rgb
right
rigid
rlist
rotation
rs_1
rs_2
sat
save
sbond
scale
sclin
section
segment
sel
sel_area
sel_cen
sel_cid
sel_csncoh
sel_csnfric
sel_csngap
sel_csnk
sel_csscoh
sel_cssfric
sel_cssk
sel_density
sel_e
sel_extra
sel_grcoh
sel_grfric
sel_grk
sel_grper
sel_head
sel_id
sel_length
sel_locsys
sel_mark
sel_ndforce
sel_next
sel_node
sel_nu
sel_numnd
sel_ortho
sel_per
sel_press
sel_strglb
sel_strglbpos
sel_strres
sel_strrespos
sel_strsurf
sel_strsurfpos
sel_thick
sel_type
sel_volume
sel_xcarea
sel_xciy
sel_xciz
sel_xcpolmom
sel_ycomp
sel_ypress
sel_ytens
sel_zpress
selcm_depend
selcm_linear
selcm_nyield
selcm_pile
selcm_syield
sellink_head
sillk_deform
sillk_free
sillk_node
sillk_rigid
sillk_zone
selnode_head
seltype_beam
seltype_cable
seltype_pile
seltype_shell
set
sgn
shade
shear
shell
shellsel
show
sig1
sig2
sig3
sin
size
sketch
skip
sm_max
small
smax
smid
smin
solve
sort
source
spec_heat
sphere
sqrt
squiet
ss
ssi
ssoften
ssr
sstress
state
step
stop
string
structure
substep
subtract
surface
surfarea
surfx
svelocity
sxx
sxy
sxz
sys
system
syy
syz
szz
tab_pnt
table
table_size
tan
target
temperature
tenflg
tension
tet
text
th_isotropic
th_null
thdt

then
therm_ratio
thermal
theta
thexp
thickness
thtdel
thtime
time
title
tolerance
top
total
tr:3
tr:4
tr:5
trac_pnt
trace
track
translate
triangle
ttable
ttol
tunint
type
u_thc
ubiquitous
ucs
udm_pnt
ufob
umul
unbal
uniform_dev
unmark
up
urand
us_letter
us_tabloid
v0
v1
v2
v3
v4
v5
vector
velocity
vertex
vfactor
vftol
vga
view
viscosity
viscous
vmagnitude
vol_strain
volume
vs
vsi
vsource
vsr
vstrength
vwell
wait
water
wbulk
wdens
wedge
while
while_stepping
whilestepping
window
wipp
write
x
xacceleration
xbody
xbodyforce
xcara
xcen
xciy
xciz
xcj
xdirection
xdisp
xflow
xfob
xforce
xform
xgrav
xmaximum
xminimum
xmom
xpolygon
xpos
xr
xrdirection
xrdisp
xreaction
xrfob
xrvel
xtable
xvel
xvelocity
xywrite
y
yacceleration
ybody
ybodyforce
ycen
ycomp
ycompression
ydirection
ydisp
ydist
yflow
yfob
yforce
ygrav
yield
ymaximum
yminimum
ypos
yr
yrdirection
yrdisp
yreaction
yrfob
yrvel
ytable
ytens
ytension
yvel
yvelocity
z_code
z_copy
z_density
z_dynmul
z_extra
z_facegp
z_facenorm
z_facesize
z_fri
z_frr
z_fsi
z_fsr
z_gp
z_group
z_id
z_inimodel
z_model
z_near
z_next
z_numgp
z_pp
z_prop
z_pstress
z_qx
z_qy
z_qz
z_sig1
z_sig2
z_sig3
z_sonplane
z_ssi
z_ssr
z_state
z_sxx
z_sxy
z_sxz
z_syy
z_syz
z_szz
z_volume
z_vsi
z_vsr
z_xcen
z_ycen
z_zcen
zart
zbody
zbodyforce
zcen
zde11
zde12
zde22
zde33
zdirection
zdisp
zdist
zdpp
zdrot
zextra
zfob
zforce
zgrav
zmom
zmsmul
zone
zone_head
zpoross
zpos
zr
zrdirection
zrdisp
zreaction
zrfob
zrvel
zs11
zs12
zs22
zs33
zsub
ztea
zteb
ztec
zted
ztsa
ztsb
ztsc
ztsd
zvel
zvelocity
zvisc
zxbar

C FLAC 的 FISH 保留字

abs
acos
and
angle
anisotropic
apply
app_pnt
appgw_pnt
appth_pnt
area
array
asin
aspect
asxx
asxy
asyy
aszz
atan
atan2
attach
att_pnt
a3
a4
back
baud
bicoe
bsxx
bsxy
bsyy
bszz
call
case
case_of
cf_axi
cf_creep
cf_dyn
cf_ext
cf_gw
cf_ps
cf_therm
cga
char
clock
close
cm_max
columns
command
config
constitutive_model
cos
cparse
crdt
creep
crtdel
crtime
csc
csxx
csxy
csyy
cszz
cycle
damp
damping
datum
define
degrad
density
do_update
dsxx
dsxy
dsyy
dszz
dt
dump
dy
dy_state
dydt
dydt_gpi
dydt_gpj
dynamic
dytdel
dytime
echo
ega
elastic
else
end
end_command
end_if
end_loop
end_section
error
exit
exp
ex_1,ex_2,etc.
e_p
ev_p
ev_tot
f_prop
f2mod
filcolor
fish
fish_msg
fix
flags
float
flow
flprop
fmem
fmod
fobl
fobu
force
fos
fos_f
free
friend
fsi
fsr
fstring
ftens
gen
get_mem
gflow
gmsmul
gp_copy
gpp
grand
grid
gwdt
gwtdel
gwtime
g2flow
hbm
hbs
help
his
hisfile
ieb
ieb_pnt
ierr
if
iface
igp
imem
implicit
in
information
initial
int
interface
int_pnt
itasca
izones
jerr
jgp
jzones
large
legend
lff_pnt
limits
list
lmul
ln
log
loop
lose_mem

mark
mat_inverse
mat_transpose
max
maxdt
mechanical
mem
memory
message
min
mindt
mode
model
mohr-coulomb
monchrome
movie
ncontours
ncwrite
nerr
nerr_fish
new
ngrwater
nmechanical
not
nstep
nthermal
null
nwgpp
open
or
out
output
pac
palette
parse
pfast
pi
plot
pltangle
pltcohesion
pltfriction
plttension
poro2
power
pp
preparse
print
prop
pslow
p_stress
quit
r
range
rayleigh
read
reset
restore
return
rff_pnt
rsat
r_integrate
s_3dd
s_dyn
s_echo
s_flow
s_mech
s_mess
s_movie
s_tens
s_therm
sat
save
sclin
sclose
section
set
sgn
sig1
sig2
sin
small
sm_max
solve
sopen
sqrt
sread
ss
ssi
ssr
state
step
stop
string
structure
str_pnt
swrite
sxx
sxy
sys
syy
szz
table
table_size
tab_pnt
tan
temperature
tenflg
tension
tflow
thdt
thermal
theta
thtdel
thtime
title
tolerance
track
trac_pnt
type
ubiquitous
ucs
udm_pnt
umul
unbal
unmark
urand
v_ngw
v_nmech
v_ntherm
vector
vga
vgpcnw
vgpcw
vgp0
viscous
visrat
vol_strain
vs
vsi
vsr
vsxx
vsxy
vsyy
vszz
water
wbiot
wbulk
wdens
while_stepping
window
wipp
wk11
wk12
wk22
write
x
xacc
xbody
xdisp
xflow
xforce
xform
xgrav
xnwflow
xreaction
xtable
xvel
xywrite
y
yacc
ybody
ydisp
yflow
yforce
ygrav
ynwflow
yreaction
ytable
yvel
z_copy
z_model
z_prop
zart
zde11
zde12
zde22
zde33
zdpp
zdrot
zmsmul
zporos
zsub
zs11
zs12
zs22
zs33
ztea
zteb
ztec
zted
ztsa
ztsb
ztsc
ztsd
zvisc
zxbar

参考文献

[1] Itasca Consulting Group,Inc.. Fast Language Analysis of continua in 2 dimensions, version 5.0, user's mannual. Itasca Consulting Group,Inc.,2005.

[2] Itasca Consulting Group,Inc.. Fast Language Analysis of continua in 3 dimensions, version 3.0, user's mannual. Itasca Consulting Group,Inc.,2005.

[3] Acer, Y. B., Durgunoglu, H.T., and Tumay, M.T. Interface properties of sands. J.geotech.engrg.div., 1982, 108(4):648-654

[4] Bastien Chopard, Michel Droz. Cellular Automata Modeling of Physical System. Cambridge:Cambridge University Press,1998.

[5] Beaty M H, Byrne P M. A synthesized approach for modeling liquefaction and displacements. FLAC and Numerical Modeling in Geomechanics, Proc. Int. FLAC Symp. on Num. Modeling in Geomechanics,Rotterdam:Balkema, 1999:339-347.

[6] Byrne P M, Park S S. Seismic liquefaction: centrifuge and numerical modeling. Third International Symposium on FLAC and FLAC3D Numerical Modeling in Geomechanics, Ontario, Canada:2003:

[7] Cundall P A. A simple hysteretic damping formulation for dynamic continuum simulations. 4th International FLAC Symposium on Numerical Modeling in Geomechanics,Madrid, Spain:Itasca Consulting Group, 2006:07-04.

[8] D W 拉萨姆, D J 威廉姆斯.高废石堆边坡稳定性的三维效应.国外金属矿山,2000,(1):21-28.

[9] Dawson E M, Roth W H, Drcscher A. Slope stability analysis by strength reduction. Geotechnique,1999, 49(6):835-840.

[10] Griffiths D V, Lane P A. Slope stability analysis by finite elements. Geotechnique, I999,49(31): 387-403.

[11] Han Y, Hart R. Application of a simple hysteretic damping formulation in dynamic continuum simulations. 4th International FLAC Symposium on Numerical Modeling in Geomechanics,Madrid, Spain:Itasca Consulting Group, 2006:04-02.

[12] Hoek E,Bray J W. 岩石边坡工程．卢世宗译．北京：冶金工业出版社，1983.

[13] Hoek, E., and E. T. Brown. Practical Estimates of Rock Mass Strength Int. J. Rock Mech. Min.Sci., 1998，34(8)：1165-1186.

[14] Leon,Lapidus, George F.Pinder．科学和工程中的偏微分方程数值解法．孙讷正，陆样璇，

李竞生译．北京：煤炭工业出版社，1985.

[15] Marti J., and P. Cundall.Mixed Discretization Procedure for Accurate Modelling of Plastic Collapse. Int. J. Num. & Analy. Methods in Geomech., 6, 129-139, 1982.

[16] Potyondy, J.G. Skin friction between various soils and construction materials. Geotechnique, 1961,11(4):339-353

[17] Tunnelling Association of Canada Conference－Toronto, Canada－July 7 to 10, 2002. Vol.1., pp. 267-271. R. Hammah, W. Bawden, J. Curran and M. Telesnicki, Eds. Toronto: University of Toronto Press, 2002.

[18] Ugai K. A Method of Calculation of Total Factor of Safety of Slopes by Elasto-Plastic FEM. Soils and Foundations JGS, 1989, 29(2): 190-195 (in Japanese).

[19] Wang Z-L, Makdisi F I. Implementing a bounding hypoplasticity model for sand into the FLAC program. Proceedings of 1st International FLAC Conference, Minneapolis: Balkema, 1999:483-490.

[20] Yu-min CHEN, Han-long LIU. Coupled hydraulic-mechanical analysis of large deformation induced by post-liquefied sand. Weiya Xu et al. Ed. Advances on coupled Thermo-hydro-mechanical-chemical processes in geosystems and engineering. 2nd International Conference on Coupled T-H-M-C Processes in Geo-systems: Fundmentals, Modeling, Experiments and Applications. Beijing, Science Press, 2006: 370-375.

[21] Zienk iewiczO C, Humpheson C and Lewis R W. Associated and Non-Associated Visco-Plasticity and Plasticity in Soil Mechanics. Geo technique, 1975,25(4) : 671-689.

[22] 曹作中，江龙剑，周玉新等．重庆钢铁集团太和铁矿采场边坡工程地质勘察报告．马鞍山：马鞍山工程勘察设计研究院，2006.

[23] 褚卫江，徐卫亚，杨圣奇等．基于 FLAC3D 岩石黏弹塑性流变模型的二次开发研究．岩土力学，2006，27(11): 2005-2010.

[24] 陈育民，刘汉龙，周云东．液化及液化后砂土的流动特性分析．岩土工程学报，2006，(9): 1139-1143.

[25] 陈育民，刘汉龙．邓肯-张模型在 FLAC3D 中的开发与实现．岩土力学，2007，28(10): 2123-2126.

[26] 陈育民，周云东．基于流体力学方法的液化后研究进展．河海大学学报 2007，35(4): 418-421.

[27] 陈育民．砂土液化后流动大变形试验与计算方法研究．南京：河海大学，2007.

[28] 戴荣，李仲奎，刘辉．串并行显式拉格朗日有限差分法研究及实现．岩石力学与工程学报，2006，25(8):1951-1597.

[29] 龚纪文，席先武，王岳军等．应力与变形的数值模型方法——数值模拟软件 FLAC 介绍．华东地质学院学报，2002，25(3): 220-227.

[30] 侯克鹏，穆大跃，白玉兵等．重庆钢铁集团公司太和铁矿“扩帮延深”工程边坡稳定性研究报告．昆明：昆明理工大学，2002.

[31] 胡斌，张倬元，黄润秋等．FLAC3D 前处理程序的开发及仿真效果检验．岩石力学与工程学报，2002，21(9):1387-1391.

[32] 寇晓东，周维垣，杨若琼．FLAC3D 进行三峡船闸高边坡稳定性分析．岩石力学与工程学报，2001，20(1):6-10.

[33] 李同春，卢智灵，姚纬明等．边坡抗滑稳定安全系数的有限元迭代解法．岩石力学与工程学报，2003，22(3)：446-450.

[34] 连镇营，韩国城，孔宪京．强度折减有限元法研究开挖边破的稳定性．岩土工程学报，2001，23(4):406-411.

[35] 廖秋林，曾钱帮，刘彤等．基于 ANSYS 平台复杂地质体 FLAC3D 模型的自动生成．岩石力学与工程学报，2005，24(6):1010-1013.

[36] 刘波，韩彦辉．FLAC 原理、实例与应用指南．北京：人民交通出版社，2005.

[37] 刘恩龙，沈珠江．岩土材料破损过程的细观数值模拟．岩石力学与工程学报，2006，25(9):1790-1794.

[38] 刘汉龙，井合进，一井康二．大型沉箱式码头岸壁地震反应分析．岩土工程学报，1998，20(2): 26-30.

[39] 刘金龙，栾茂田，赵少飞等．关于强度折减有限元方法中边坡失稳判据的讨论．岩土力学，2005，26(8):1345-1348.

[40] 栾茂田，武亚军，年廷凯．强度折减有限元法中边坡失稳的塑性区判据及其应用．防灾减灾工程学报，2003，23(3):l-8.

[41] 马志涛，谭云亮．岩石破坏演化细观非均质物理元胞自动机模拟研究．岩石力学与工程学报，2005，24(15):2704-2708.

[42] 彭文斌．FLAC3D 实用教程．北京：机械工业出版社，2008.

[43] 屈智炯，刘开明，肖晓军等．冰碛土微观结构、应力应变特性及其模型研究．岩土工程学报，1992，14(6):19-28.

[44] 宋二祥．土工结构安全系数的有限元计算．岩土工程学报，1997，19(2):1-7.

[45] 宋力，解英艳，张后全．岩石试样弹塑性破裂过程的数值模拟分析．计算力学学报，2004，21(5): 614-619.

[46] 同济大学数学教研室．高等数学（第四版）．北京：高等教育出版社，1996.

[47] 王士民，冯夏庭，王泳嘉等．脆性岩石破坏的演化细胞自动机(ECA)研究．岩石力学与工程学报，2005，24(15): 2635-2639.

[48] 夏元友，李梅．边坡稳定性评价方法研究及发展趋势．岩石力学与工程学报，2002，21(7): 1087～1091.

[49] 徐鼎平，汪斌，江龙剑等．冰碛土三轴数值模拟试验方法探讨．岩土力学（录用待刊）.

[50] 徐鼎平，汪斌，江龙剑等．模拟冰碛土结构的元胞自动机模型．金属矿山，2007，1:62-65.

[51] 徐鼎平，汪斌，江龙剑等．太和铁矿西端帮边坡工程地质模型及其三维剖分方法．矿业快报，2006，11:17-20.

[52] 徐鼎平，朱大鹏．太和铁矿西端帮冰碛土边坡稳定性分析方法研究．岩石力学与工程学报（录用待刊）.

[53] 徐鼎平．基于三维数值模拟的边坡稳定性分析的整合方法研究[硕士学位论文]．马鞍山：马鞍山矿山研究院，2007.

[54] 徐鼎平．某露天铁矿冰碛土台阶边坡可靠性分析．岩土工程技术．2007，21(1):11-14.

[55] 颜庆津．数值分析（第 3 版）．北京：北京航空航天大学出版社，2006.
[56] 岳中琦，陈沙，郑宏等．岩土工程材料的数字图像有限元分析．岩石力学与工程学报，2004，23(6):889-897.
[57] 张斌，屈智炯．冰碛土的应力—应变—强度特性的研究．成都科技大学学报，1991，(3):29-34.
[58] 张鲁渝，郑颖人，赵尚毅等．有限元强度折减系数法计算土坡稳定安全系数的精度研究．水利学报，2003，(1):21-27.
[59] 张世雄，彭涛，王福寿等．岩石深凹边坡工程稳定性的空间原理研究．武汉理工大学学报，2001，23(11):75-79.
[60] 赵楠．抗液化排水桩的试验研究与分析．南京:河海大学，2008.
[61] 赵尚毅，郑颖人，张玉芳．有限元强度折减法中边坡失稳的判据探讨．岩土力学，2005，26(2): 332-336.
[62] 赵尚毅，郑颖人，邓卫东．用有限元强度折减法进行节理岩质边坡稳定性分析．岩石力学与工程学报，2003，22(2)：254-260.
[63] 赵尚毅，郑颖人，时卫民等．用有限元强度折减法求边坡稳定安全系数．岩土工程学报，2002，24(3):343-346.
[64] 郑宏，李春光，李焯芬等．求解安全系数的有限元法．岩土工程学报，2002，24(5):626-628.
[65] 郑颖人，沈珠江，龚晓南．岩土塑性力学原理．北京：中国建筑工业出版社，2002.
[66] 朱万成，唐春安，黄志平等．静态和动态载荷作用下岩石劈裂破坏模式的数值模拟．岩石力学与工程学报，2005，24(1):1-7.
[67] 祝玉学．边坡可靠性分析．北京：冶金工业出版社，1993.